ちくま学芸文庫

戦略の形成 上

支配者、国家、戦争

ウィリアムソン・マーレー
マクレガー・ノックス
アルヴィン・バーンスタイン 編著
石津朋之 永末 聡 監訳
歴史と戦争研究会 訳

筑摩書房

戦略の形成　支配者、国家、戦争　上　目次

第十一章　決定的影響力を行使する戦略

——イタリア（一八八二～一九二二年）

ブライアン・R・サリヴァン（源田孝訳）

下巻　目次

戦略の形成　支配者、国家、戦争　上

指導者が歴史に対して敬意を払わなかったため、また、歴史につきものの不可測な出来事を考慮に入れなかったために、ヴェトナムの地で命を落とした人々——戦友、仲間、無名の友——に捧げる。

第一章　はじめに
——戦略について

ウィリアムソン・マーレー、マーク・グリムズリー
源田孝訳

「戦略（strategy）」の概念が、悪名高いほど定義するのが難しいことはつとに知られている。これまで多くの戦略理論家が戦略の概念の定義を試みてきたが、その努力は後世の批評の嵐を受けて虚しく挫折してきた。リデルハート（B. H. Liddell Hart）のよく知られている戦略の定義——「政治目的を達成するために軍事的手段を配分・適用する術《アート》」——は、戦略という概念を定義することの限界を示唆している。なぜなら、リデルハートのこの率直ではあるが不適切な定義は、戦略を軍事分野に限定しているからである。実際には、戦略ははるかに広い分野で用いられている。[*1]

事実、リデルハートのように戦略を直接的に定義すれば、本筋から外れてしまうであろう。なぜなら戦略とは、偶然性、不確実性、曖昧性が支配する世界で状況や環境に適応させる恒

常的なプロセスにほかならないからである。さらに、こうした世界で策定される戦略には他の参加者の隠された不透明な行動、意図、目的も含まれているため、聡明な政策決定者が知恵をめぐらし洞察する際に負担になるものでもある。クラウゼヴィッツ（Carl von Clausewitz）は、そのような状況では、戦略の「原則或は規則（中略）それどころか体系」でさえも実社会の無限の複雑さによって弱体化し、常に適用不能に陥る可能性を指摘している。一方、モデル化やカテゴリー化を用いて戦略の分析を補うことはできるが、戦略の形成や戦争指導を成功裏に行うための方程式を提供することはできない。理論は固定された価値観をしばしば目的としがちだが、戦争と戦略をめぐる多くの事象は不確実であり可変的である。そのような固定された価値観という不健全なアプローチでは、戦略を構成する客観的要素を探究することは困難である。というのは、戦略には人間の情熱、価値観、信条という不可測な要素も含まれているからである。*2

したがって、戦略の立案は、現実によってより大きな文脈のなかに強く規定されている。政治目的は戦略の形成に重要な影響を及ぼす。もちろん、外交・経済・軍事資源も同様に戦略の形成に重要な影響を及ぼす。こうした要素の重要性は明白であるが、それ以外の要素もまた、それほど明確ではないにせよ重要なかたちで戦略思考に影響を及ぼしている。地理は、特定の政治体にとって脅威が比較的小さいかどうか、あるいは逆に、潜在的な敵に囲まれているかどうかを判断する手掛かりとなる。歴史上の経験は、戦争と政治の本質についての固定観念や、戦略問題についての抗し難い衝動を生み出す。そして、イデオロギーや文化は、意識的あるいは無意識的に政策決定者や社会に影響を与える。イデオロギーや文化は、通常、脅威の有無についての認識を決定付けるばかりでなく、どのような対応策をとるべきかについての認識にも影響を与える。さらに、新たな脅威や機会に対応するにあたっての戦略評価の質の高さや対応速度は、政府組織の特性によって大きな影響を受ける。

本章では、まず戦略の形成に際して影響を与えるこれらの要素について、次にその他の要素について考察する。ここでは、こうした要素が戦略と戦争計画の策定に大きな影響を及ぼすことを認識しておくだけでよいだろう。本書は、こうした影響力を幅広く考察することによって、何が戦略形成のプロセスに影響を与えるのかということを明らかにするものである。

本書の各論文は、一九八五年から八六年にかけてアメリカ海軍大学で行われた戦略と政策に関する多くの有識者の公式および非公式の議論から生まれたものである。[*3] この会議の参加者は、政治および軍事の指導者が外部からの課題に対応して戦略を策定し、その戦略を精緻化させてきた歴史を検証することが必要であるという認識で一致した。会議の参加者は、既存の研究が個々の戦略思想家の影響に焦点を絞りすぎていたり、特定の政治体だけに議論を限定していたりすると感じていた。[*4] しかしながら、いずれのアプローチも、支配者や国家の戦略の形成に実際に影響を及ぼしてきた様々な要因に対する知見を提供できなかった。その結果、「戦略」という捉えどころのない概念を真に理解するためには、戦略の形成（the *making* of strategy）について考えることが極めて重要であるという結論に達した。さらに、会議の参加者は、（歴史家または歴史に造詣の深い政治学者であったため）専門家の通性として特定の国家の事例に精通していた。したがって、幅広い歴史上の時代と政治体の類型の事例研究を扱った研究書を出版することで、有意義な比較研究が可能になると思われた。
このような経緯から生まれた本書は、最高軍事指導部のレベルを超えた高次における戦略の形成に焦点を当てることになった。本書は、国益の追求の手段として使用される軍事力行使を主に扱っているものの、各章の著者は戦争の時期と同様に平和な時期についても重要であると考えている。本書は、戦略に欠陥があった場合には、いかなる作戦上の勝利もそれを克服することができないという前提に立っている。このことについて、二十世紀前半に出版された軍事的有用性を扱った研究書は次のような結論を下している。

いかなる巧みな作戦も（中略）政治的判断の結果生じた根本的な過誤を埋め合わせることはできない。政策が戦略を形成するのか、それとも戦略上の必要性が政策を導くのかは重要な問題ではない。政策と戦略の両方に過誤がある場合には敗北は不可避であった。また、戦勝国の一員として終戦を迎えたとしても、政治と戦略の関連において失策があった場合には破滅的な結果がもたらされた。国家の意志、人的資源、工業力、国富、そして技術的なノウハウの効率的な動員があったとしても、〔政治および戦略レベルにおける〕重大な過誤を取り返すことはできない。なぜならば、作戦および戦術レベルよりも、政治および戦略レベルで正しい決断を下すことの方が重要だからである。作戦および戦術上の過誤は修正が可能であるが、政治および戦略上の過誤は永久に存続するのである。*5

一国の戦略の骨幹を理解することはそれほど困難な作業ではないが、多くの場合、戦略の形成のプロセスは極めて複雑である。優れた戦略が普遍的な原則の発見とその適用から生まれるというマハン〔国家の繁栄を視野に入れたシー・パワーの概念を提唱したアメリカの海軍戦略家〕流の見解は、現実に即していない。戦略的思考とは、何もないところから生まれるものではないし、完全な解決策を提供するものでもない。政治、イデオロギー、地理といった要素が、国家の独特の戦略文化を形成するからである。同様に戦略文化は、国家が直面している戦略問題に対処するための実際的かつ現実的なアプローチを発展させることを困難にする場合もある。

十九世紀から二十世紀にかけてのヨーロッパ諸国の戦略文化のなかでもっとも不可思議な側面の一つは、軍人が作戦上の要求から戦略における政治的側面を排除しようとしたことである。ヘンリー・ウィルソン卿が、イギリスの政治家を「坊主ども」と軽蔑したことは、世紀の変わり目の軍人の発想をよく象徴していた。全ヨーロッパ諸国のうち、特にドイツは、戦争が開始されたならば政治の役割は終わるものであると見なす傾向がもっとも強かった。

ヨーロッパの強国の干渉を極力排してプロイセンを中核としたドイツ統一を果たすことを可能としたのが、オットー・フォン・ビスマルク（Otto von Bismarck）の卓越した政治的・戦略的叡智であったことを鑑みれば、政治の役割を軽視するドイツの傾向は皮肉以外の何ものでもなかった。ドイツ帝国の軍高官は、ビスマルクが駆使した外交および戦略の複雑さを理解していなかった。ドイツ統一戦争におけるケーニヒグレーツ、セダン、メッツの勝利に幻惑された軍部は、作戦上の要求を他の要素の上位に置いてしまった。大モルトケは、「戦術上の勝利さえ得られれば、戦略はそれに続く」[*6]とあからさまに述べており、ルーデンドルフにいたっては、同様に戦術しか眼中になかった。ルーデンドルフは、一九一八年三月、「ミハエル」大攻勢の作戦目的を問われたとき、「「作戦」という言葉は無意味である。我々の任務は、敵〔の前線〕に穴を開けることだけであり、後はどうとでもなる」[*7]と答えている。

第一次世界大戦で敗北を喫したにもかかわらず、ドイツ軍は戦闘を重視するというこだわりを捨てなかった。一九三〇年代初頭のドイツの駐英武官であり、第二次世界大戦中は機甲部隊の指揮官であったガイル・フォン・シュヴェッペンベルクは、一九四九年にハウスホーファーやデルブリュックの著作を一度も読んだことはないとリデルハートに対して認めた。そして、シュヴェッペンベルクは、ドイツ軍将校団にとってクラウゼヴィッツの著作はあまりにも抽象的すぎるため読む価値がないと語った。ドイツ参謀本部でさえ、クラウゼヴィッツを「学者先生向けの理論屋に過ぎない」と見なしていた。[*8]

こうした戦略に対するドイツの軽蔑的な態度は、二度の世界大戦でドイツに破滅をもたらした。しかし、現代の政策決定者が戦略を真剣に検討したとしても、及第点を獲得できるとは限らない。もちろん後から振り返れば、正しい戦略を見出すことは容易である。例えば、第一次世界大戦の勃発に際してヨーロッパ主要国が犯した戦略構想の欠陥を指摘することは容易であろう。その後の大惨事で明らかなように、何かが決定的に間違っていたのである。しかしながら、政府と世論の視点に立ち、とりわけその当時における状況把握の難しさを考えれば、どれが正しい道でどれが誤った道かを見分けるのは容易ではなかった。こうしたプロセスは、力と国益が刻々と変化していくことによってますます複雑なものとなった。一九四五年以降の比較的単純な二極化された世界においてすらアメリカの舵取りは困難なものであったが、一九三〇年代の情勢は、一九四五年以降の二極化時代に比べてはるかに複雑なものであった。ポール・ケネディは、一九三〇年代のイギリスにおける戦略上の意思決定と第二次世界大戦後のアメリカの意思決定とを比較して、戦間期の「極端な流動性と多極性」に着目して、次のように述べている。

> 一九三〇年代初め、大英帝国の陸上における最大の敵はソ連であると広く見なされており、海洋における主要なライバルはアメリカと日本であった。イタリアは旧来からの友好国であり、フランスは過度に独善的で御し難く（ただし敵対的ではなかった）、ドイツは疲弊したままだった。その五年から八年後には、日本がイギリスの極東における権益に対する挑戦者として現れ、ドイツはナチスの支配下に入って「長期的には最大の脅威」と見なされ、イタリアは友好国から敵対国になった。アメリカはそれまで以上に孤立主義的な傾向を強めており、予測不能であった。[*9]

冷戦の終結により、一九三〇年代のような多極化した世界が復活した。主要な国際問題としては、新たな国際場裏の極めて複雑化した様相が核の脅威に取って代わり始めていた。国際政治の本質は、古代ギリシャ時代から歴史家の間で議論の対象となっていた。もっとも極端な立場をとったトマス・ホッブズは、国際政治の本質を恒久的な闘争状態と規定し、「自分たちすべてを畏怖させるような共通の権力がないあいだは、人間は戦争と呼ばれる状態、各人の各人に対する戦争状態にある」[*10]と述べた。トゥキディデスやクラウゼヴィッツは、ホッブズほど極端な立場をとらなかった。両者は、平和な時期の荒っぽい競争と、暴力的で血みどろな戦争の現実との間により大きな裂け目が存在することを認識していた。ただし、ホッブズに強い影響を及ぼしたトゥキディデスは、国際関係の本質を荒々しい力の応酬としても捉えている。事実、前四三二年、トゥキディデスは、同胞のアテネ市民がスパルタ市民に対して次のように述べたと記録している。

われらとしても、けっして人間性に反し、世人の驚きをまねくような奇怪な振舞いをなしたことにはならぬはず、一たんゆだねられた覇権をうけとり、名誉心、恐怖心、利得心という何よりも強い動機のとりことなったわれらは、手にしたものを絶対に放すまいとしているにすぎない。また強者が弱者を従えるのは古来世のつね、けっしてわれらがその先例を設けたわけではない。あわせてわれらはこの地位にふさわしい者たることを自負している。諸君でさえ、今日己が利益をおもい正義論を盾にわれらを非難しはじめるまでは、われらの地位をみとめていた。[*11]

したがって、国際環境は闘争状態が支配する場となる。闘争状態は多様な要因から成り立っており、クラウゼヴィッツはこうした要因を三つに分類した。「戦争は、(中略)奇異な三重性を帯びているのである。第一に、戦争の本領は原始的な強力《きょうりょく》行為にあり、この強力行為は、殆んど盲目的な自然的本能とさえ言えるほどの憎悪と敵意とを伴っている、ということである。第二に、戦争は確からしさと偶然との糾《あざな》う博戯《はくぎ》であり、またこのような性質が戦争を将帥の自由な心的活動たらしめる、ということである。第三に、戦争は政治の道具であるという従属的性質を帯びるものであるが、しかしまた、かかる性質によって戦争は、もっぱら打算を事とする知力の仕事になる、ということである」[*12]。クラウゼヴィッツはこのように三位一体論を用いて武力紛争の本質の説明を試みたが、このクラウゼヴィッツの三位一体論は戦争の時期のみならず平和な時期に戦略を構築する際にも適用できる。イデオロギーおよび宗教と、力についての合理的な計算との間には緊張関係があり、加えて偶然性が決定的な役割を果たすため、国際問題を正確に予測することは不可能である。政策決定者は、内外の圧力を受けて国家戦略を策定することになるのである。

賢明な戦略政策を形成するためには、闘争状態が支配するこうした環境に対する理解が欠かせない。そして、歴史は、そのような理解に不可欠の糸口を提供する。トゥキディデスは、過去の出来事について――人間の本性が変わらないものと仮定すれば――「やがて今後展開する歴史も、人間性のみちびくところふたたびかつての如き、つまりそれと相似た過程を辿るのではないか」[*13]と述べ、『戦史』を著した動機を正当化した。現代の戦略家は、過去の戦略上の政策決定プロセスを理解することによって、現在および将来においてそのプロセスをより良いものとすることができる。しかし、そのような理解は、現在流行している諸原則や国際関係についての支配的な理論とはまったく異なるものである。単なる理論を適応させるには、現実ははるかに捉えどころがなく複雑すぎるのである。理論は、現実世界における複雑な要素を整理する研究方法を提供する程度の役割しか果たさないものである。理論の持つ長所と短所について長いあいだ真剣に考察したクラウゼヴィッツは、次のように結論付けている。

　このような理論は、対象を分析的に研究して、対象に関する正確な知識を得るのである、また経験に適用されると、――我々の場合なら戦史に適用されると、対象の完全な理解に達するのである。ところで理論がかかる究極の目的を達成すると、理論はますます知識（知っている）という客観的形態を脱して、能力（為し得る）という主体的形態をとり、また事態が将帥の才能を俟《ま》たなければ解決されないような場合でも、なお効力を発揮するであろう。戦争を構成している一切の対象は、一見したところ錯綜しておよそ弁別しにくいにも拘らず、もし理論がこれらの対象をいちいち明確に区別し、諸般の手段の特性を残らず挙示し、またこれらの手段から生じる効果を指摘し、目的の性質を明白に規定し、更にまた透徹した批判的考察の光によって戦争という領域を偏《あま》ねく照射するならば、理論はその主要な任務を果したことになる。そうすれば理論は、戦争がいかなるものであるかを書物によって知ろうとする人によき案内者となり、到る処で彼の行手に明るい光を投じて彼の歩みを容易にし、また彼の判断力を育成して彼が岐路に迷い込むのを戒めることができるのである。*14

したがって、本書の目的は、学説を伝えることではなく、国家戦略の形成や結果に影響を与える多様な要素を読者に紹介することである。政策決定者が直面している問題に対して正しい解決策を提供することはできないが、歴史は政策決定者が何を問いかけるべきかを示唆してくれる。

過去の政策決定者がとった戦略上の選択肢を理解するためには、当時の戦略家の議論を支えていた環境、主義・主張、仮説のすべてを把握することが必要である。それらの要素には明白かつ客観的な存在もある。例えば、国家の地理的位置のような要素がそうである。また、イデオロギーや過去の歴史的経験の重みのように実体のない要素もある。経済力の評価のような要素は、それらの中間に位置している。定量化が可能な要素もあるが、不可能な要素もある。それぞれの政治体に特有な要素の相互作用が、戦略形成のプロセスを規定する。例えば、今日のイスラエルが戦略を形成するプロセスは、フランスのブルボン王朝時代のプロセスとは著しく異なる。しかし、異なる国家間の戦略の形成プロセスには類似点も多い。この世界では、すべての条件が独立して存在しているわけではないのである。国や時代によってそれぞれの条件が与える影響の程度は異なるが、驚くほど規則的に繰り返されるものもある。

地理

国家の規模および位置関係は、戦略に対する政策立案者の思考方法にとって極めて重要な決定要因となる。この二つの要素の重要性はあまりにも明白であるが、その影響力を把握することが難しい場合もある。例えば、イスラエルでは地理的な圧迫感があまりにも大きく、自らの安全保障への強迫観念を生んできた。対照的に、アメリカは、歴史上、外部からの主要な脅威からほとんど隔絶しており、勢力均衡政治の原則の多くを無視するか拒絶することができた。

イギリス諸島の地理的位置は、地理的要素が与える影響の大きさを検討するうえで格好の材料である。イギリスは、ヨーロッパ大陸に十分近いためにヨーロッパの経済的・学問的な発展に加わることができた。しかし、北海と英仏海峡が盾となっていたために、一〇六六年以降、イギリスは侵略から守られていた。もっとも、一六八八年にウィリアム三世が血を流さずにイギリスを手に入れたのはその例外であった。ヨーロッパ大陸との近さ故に、イギリス政府は侵略の脅威を強く意識していた。その恐怖によってイギリス政府は海軍力の増強を推し進め、さらに、エリザベス一世時代から目指していた〔オランダ、ベルギーなどの〕低地諸国における大国の影響力の排除という画期的な政策へと進んでいった。

イギリスの地理的位置は、リデルハートが声高に（そして多分に先入観をもって）提唱した「イギリス流の戦争方法（British way in war）」という見掛け倒しだが魅力的な概念を発展させることになった。リデルハートの議論の核心は、それまでの数世紀を振り返れば、ヨーロッパ大陸に陸軍の大部隊を派遣することを回避するとともに、敵の弱点に対するイギリス海軍の展開能力を最大化するという周辺戦略を採用したときに、イギリスはもっとも成功しているというものであった。

もちろんリデルハートが、一九一四年から一八年にかけて七〇万人以上の戦死者を出したイギリスの大陸関与の再現を回避しようとしたことは明らかである。しかし、彼はイギリスの大陸関与を回避するために、多くの重大な事実を無視するかあるいは曲解した。第一に、マールバラ公とウェリントンの亡霊が彼に誤信させたとも考えられるが、歴史的に、イギリスは大陸関与を回避してきたわけではなかった。第二に、イギリスがヨーロッパ大陸へ派遣する兵力の規模を制限することができた度合いは、一義的に、大陸の主要な同盟国が敵国にどれだけ大きな圧力をかけ続けることができたか否かにかかっていた。第三に、イギリスのいわゆる周辺戦略の成功は、敵の貴重な海外の植民地が母国から遠く離れていたため無防備であったことによるものであり、そうした敵の海外の植民地はイギリス海軍にとって格好の攻撃目標となると同時に、イギリス外務省にとっても交渉における強力な切り札となるものであった。第四のもっとも重要な点は、二十世紀の初めの五〇年におけるイギリスの主要な大陸の脅威であったドイツに対して、この周辺戦略が成功する条件が何一つとして整っていなかったことである。この点についてマイケル・ハワードは次のように指摘している。

ヨーロッパ大陸にはけ口を見出したが故に大陸に勢力を集中せざるを得なかったこと、そして、海外に何の権益も保有していなかったことは（中略）ドイツにとってまさに致命的な失敗であった。この失敗により、両大戦におけるドイツは、急激に領土を拡大しつつあった大英帝国にとって特に脅威となった。同じくこの失敗により、スペイン帝国やフランス帝国に対する過去の闘争の経験から導き出された「伝統的な」イギリスの戦略をめぐるすべての議論が誤解を招くものとなった。つまり、敵の海外の植民地を人質にして海軍を展開させることが、イギリスの「伝統的な」戦略であると誤解されたのである。*15

このハワードの意見は認めるとしても、第一次世界大戦についてのリデルハートの反対意見が、大陸関与に対する嫌悪感といった当時の大部分のイギリス国民が持っていた大きな思考様式と合致していたことは指摘する価値があるであろう。リデルハートがヘイグを非難したのと同じように、ジョナサン・スウィフトもまた、「同盟諸国の行状（*The Conduct of the Allies*）」という痛烈な論文のなかでマールバラ公の戦略について激しく非難している。

地理が脅威の評価および戦略に支配的な影響を及ぼしてきたとするならば、地理は同じく軍事ドクトリン上の重要な決定を形成することもある。一九二〇年代から三〇年代にかけて、英米両国の空軍指導者は、陸軍や海軍なしでもエア・パワーが決定的な戦果を上げることができるという当時広く流布した独善的とさえいえる理論を主張した。[*16] 対照的に、ドイツは英米とは大幅に異なるアプローチを発展させた。もっとも、ドイツ空軍の指導者は、空軍の任務は「陸軍の後ろから付いて行く」ことであるという陳腐な信念から「戦略」爆撃の概念を捨て去ったのではない。ドイツで「戦略」爆撃の概念が捨てられた理由は、むしろ、ドイツが英米両国と異なり現実的かつ恒常的な陸からの進攻に対抗する必要があったからである。英米両国の空軍指導者は、戦線を飛び越えて敵の社会の中枢部に打撃を与えることを熱狂的に語っていた。他方、ドイツ空軍の指導者は、〔「戦略」爆撃を優先すれば〕自国の飛行場を失う可能性があり、このような不愉快な事態に対処しなければならなかった。ドイツ空軍が、敵国の工場を爆撃し、プラハ、ワルシャワ、パリの市民を恐怖に陥れることは十分可能であった。しかしながら、もしドイツ陸軍がラインラントとシュレジエンを同時に失えば、そのような戦果はほとんど意味をなさなかったであろう。つまり、ドイツ空軍の作戦担当者は、「戦略」爆撃の価値を認識していたが、それをエア・パワーのもっとも適切な唯一の任務として位置付ける余裕がなかったのである。地理的な理由により、ドイツ空軍は地上戦の支援も考慮しなければならなかった。[*17] このようなドイツの状況とは対照的に、英米両国にとってベルギーやオランダの失陥はおろか、フランスの失陥すらも戦争継続の可能性を奪うものではなかった。

しかしながら、地理の影響――あるいは束縛――により、国家が戦略上の目的を達成するうえで厳しい制約を受けることもある。[*18] 例えば、スペインのフェリペ二世は明らかにヨーロッパにおける支配的地位を追求したが、彼の広大な領土が災いとなり、スペイン本土と国外の領土が多方面からの圧力にさらされ、その結果、しばしば他国から包囲される格好となった。地中海では、オスマン゠トルコが常に強力な脅威であった。北方では、オランダ国内の反乱が常に経済的・イデオロギー的な脅威であり、イングランドは喜んでその反乱軍を後押しした。また、ヨーロッパ中央部では、国内の紛争で混乱していたにもかかわらず、フランスが潜在的な敵対国であった。最後に、ドレーク提督の世界航海によって明らかになったように、ヨーロッパにおいてスペインが優位に立つ基盤であったアメリカ大陸の植民地の富は、〔外部からの〕攻撃に脆弱であった。確かに、フェリペ二世の問題の大部分は、彼が外交的な譲歩をする能力も意志も欠いていたことであり、そのため彼は敵の数を減らすことができなかった。しかし、地図を見ればすぐに分かるように（十六世紀のヨーロッパの通信と移動の状況について言及するまでもなく）、スペインの地理的位置は国家の戦略上の選択にとって大きな制約となっていたのである。

最後になるが、国家の規模も戦略の形成における中心的な要素の一つである。領土が狭隘で縦深性《じゆうしん》が不足しているイスラエルは、攻勢本位の先制攻撃的な戦略をとらざるを得ない地理的環境にあった。これとは反対に、無秩序に大きく広がった領土のため、ロシアは、長期の防衛戦の際に領土の拡大によって時間的余裕を確保するという歴史的な戦略を実行することが可能であった。同じように、ある特定の地理的環境に基づいた軍事ドクトリン上の志向が恣意的に他国に適応される場合には、それによって危険な状況が出現することもある。例

え ば、中部・西部ヨーロッパにおいては内線が存在し、国境は比較的相互に接近しており、そして交通網も整備されていたが、こうした地理的環境により、ドイツの戦争に対する作戦上のアプローチが形成された。しかし、ドイツ軍がソ連の広大なステップ地方に進攻したとき、補給に対する配慮が欠けていたことも手伝って、上記のドイツ特有の作戦上のアプローチは大敗北を招く原因となった。距離という重要な地理的環境に対する健全な見識を持っていた点が、例えば、アメリカの大規模で高度に洗練された戦争方法の特徴であり、そのため、アメリカは遠隔地に向けて軍事力を投入・保持することができた。しかし、ドイツ軍の作戦計画担当者は、そのような距離に対する健全な見識をまったく持っていなかったのである。[*19]

しかしながら、地理は単なる物理的距離以上の影響を持つ。アメリカ植民地の反乱軍との戦争を通じて、イギリスは大西洋を横断して派遣した軍隊を統制することが不可能であることを痛感した。なるほど、イギリスはこの戦争に乗り出すときに政治的な先入観に囚われていたため、開戦当初から疑わしい見通しに立って戦争を進めたことは確かであろう。そのことは認めるとしても、当時の地理的距離を物語る以下のエピソードをここで紹介する価値はあるであろう。一七七八年から八一年の間、ジャーメーン卿がイギリス本国から現地軍のヘンリー・クリントン将軍に約六三通の指令書を送ったが、そのうち二カ月以内に北アメリカに届いたのは六通だけだった。同様に、一二通は約二カ月、二八通は二、三カ月、一一通は三、四カ月、四通は四、五カ月、そして二通は五カ月から七カ月を要してようやくアメリカに到着するという有様であった。[*20] 確かに、現代の驚異的な技術の発達により、命令の指揮・

伝達や軍事力の投入に伴って生じる障害の一部は克服されたが、時間、距離、天候などの要素は、いまだに国家の戦略上の選択や国家の実行力に極めて大きな影響を及ぼしている。

歴史

歴史上の経験は、戦略上の選択に際し、地理とほぼ同程度に大きな影響を及ぼしている。イスラエルの小規模かつ外敵に囲まれた位置は政策決定者の心に重くのしかかっており、その重圧は、ディアスポラ〔バビロン捕囚後のユダヤ人の離散〕とホロコースト〔ユダヤ人に対する大量虐殺〕の記憶と結び付いている。イスラエル周辺のアラブ諸国がユダヤ人を地中海に文字通り追い落とそうと本気で考えてはいないと指摘することは可能だが（現実にはアラブ諸国は本気であろう）、六〇〇万人の犠牲のうえに誕生した国家にとって、アラブ諸国からの攻撃に対する恐怖は単なる言葉以上の意味を持っていた。政策決定者を冷徹な「合理的アクター」と考える人々にとって、イスラエルの行動がいかに理解不可能に思えたとしても、占領地域の保持に強硬に固執し、また、まず攻撃をしてしかる後に問題の解決を図ろうとするイスラエルの姿勢は、歴史上の経験の所産であった。

同じような意味において、一六二〇年にホワイトマウンテンの戦い（この戦いでチェコ軍はハプスブルク軍に壊滅させられた）で敗北したチェコの運命が、二十世紀にチェコがとった行動の多くに反映している。勝利したハプスブルク家は、ボヘミアとモラヴィア地域で「ドイツ化」を進めた。「ドイツ化」は、チェコの国民文化という言葉を十九世紀中頃までチェコ人の村以外で使うことが難しくなるほど徹底的に行われた。こうした記憶が、一九三八年九月、一九四八年二月、そして一九六八年八月の危機に際して、チェコの国家指導者の態度を形成した。すなわち、国家を消滅させるよりは降伏を甘受するという選択である。他の国では、歴史はもう少し寛容だった。ポーランドの悲惨な過去でさえ、一六二〇年以降にチェコが経験した運命ほど破滅的なものではなかった。おそらくその結果として、ポーランド人は、ほとんど勝算のない脅威にもあえて立ち向かう姿勢を示し続けた。*21

仮に歴史の教訓を読み取ることが可能としても、二度の世界大戦でのドイツの事例が示すように、歴史の教訓が誤読されることもある。ドイツの統一は、主としてビスマルクの狡知な政治と注意深い均衡政策の結果であった。しかし、ヴィルヘルム二世と配下の将軍の双方とも、ビスマルクが実行した国家運営に伴って生じる微妙な問題を正しく理解していなかったし、そういった問題の研究もしなかった。その代わりにヴィルヘルム二世と配下の将軍が専念したのは戦闘分野だった。彼らの戦闘分野での働きは、ビスマルクが成功を収めるための必要な条件ではあったものの、とても十分な条件とはいえなかった。デンマーク、オーストリア、フランスに対する戦場における勝利は、作戦上の要請を満たすことが何よりも重要であることをヴィルヘルム二世と配下の将軍に確信させた。こうしてドイツは、政治感覚を欠いた状態で一九一四年から一八年の第一次世界大戦を戦い、その結果、壊滅的な敗北を被った。シュリーフェン計画は、作戦レベルでの迅速かつ決定的な勝利の獲得を目的としていたが、イギリスの干渉を招くという戦略的結果を招いた。柔軟性を欠くこの計画は、軍事優先志向の所産ではあったが、回避できる可能性のあった二正面戦争を不可避なものにした。当初は中欧と東欧に限定されていた危機に際し、ドイツ軍がシュリーフェン計画に厳格に従って動員されるまで、フランスは対ロシア支援に踏み切らなかった。さらに開戦後、ドイツ海軍が無制限潜水艦戦――これもまた純粋に作戦上の勝利のための方策であった――に固執したことにより、アメリカの参戦を招いた。このアメリカの参戦は、ドイツの戦略上の破綻があまりにも大きくかつ明白であり、一方で視野の狭い軍事的「必要性」がドイツを完全に支配していたことからもたらされたものであった。

一九一八年にドイツ帝国が崩壊した特異な経緯は、さらに危険な歴史上の経験の誤解をもたらし、第二次世界大戦に繋がった。一九一七年から一八年までにドイツ軍はロシア軍を破り、フランスに対する勝利も目前のように思われた。その後、国内での革命の勃発に伴いドイツの軍事機構は突然崩壊したが、それが休戦へと繋がった。このとき締結された休戦協定により、ドイツは当時の自国が置かれていた実際の戦略状況を完全に受け入れることから免れることができた。そのため、ドイツ国内での壊滅的な軍事的敗北は、一九四五年まで引き延ばされた。その結果、ドイツ国内ではルーデンドルフが中心となって、ドイツ軍は戦場で連合国軍に敗北しなかったという主張がなされた。彼らは、ドイツの敗北は国内の自由主義者、革命家、ユダヤ人が「背後から匕首《あいくち》で刺した」結果だと唱えた。こうした議論は、ドイツの軍人やアドルフ・ヒトラーに代表される台頭しつつあった急進的な右派の扇動家だけではなく、当時の実際の戦略状況を知る立場にあったはずの多くの人々をも納得させた。ワイマール共和国の新たな大統領に就任した社会民主党のフリードリヒ・エーベルトでさえ、帰還する部隊を「無敗であった」と称讃した。[*22]

ドイツ帝国時代の官吏がそのまま残っていたワイマール政府の官僚組織は、第一次世界大戦の開戦時におけるドイツの果たした大きな役割を矮小化するための大規模な情報操作を開始した。こうした情報操作の努力によって国際世論の多くが騙され、ドイツ国民はごく最近の過去を正確に理解するためのいかなる機会をも奪われた。[*23] 一九四五年、すなわち二度目の破滅的な戦争が終結して初めて、ドイツ国民は過去について正確に理解する機会を得た。その一方で、こうした歴史上の経験についての誤解は、ドイツ第三帝国がとった戦略上の選択に関するドイツ人の見解を歪めた。なぜなら、作戦上の必要性の妄信(the cult of operational necessity)というドイツ軍部の主張に、イデオロギーという新たな固定観念が植え付けられたからである。なおこの作戦上の必要性の妄信という概念は、現在もいまだに実証されていない。

歴史における時代区分は、それ自体が国民国家の戦略形成に大きな影響を及ぼすこともある。例えば、一九三〇年代の西欧民主主義諸国にとって、第一次世界大戦は政策の選択と展望に不気味な影を投げ掛けた。イギリスでは、〔多数の死傷者を出した西部戦線の〕塹壕戦の記憶により、政治家だけでなく多くの国民もナチスの脅威の前例のない特質を直視しようとしなかった。チェコ危機に際し、駐独イギリス大使は本国の外相に対して、イギリスの調停者は「古くからの歴史や、戦略上重要な国境および経済をめぐる議論に影響されるべきではない」[*24]とすら進言した。西部戦線での恐怖に対するイギリスのあらゆる階級の反発は、新たな脅威の特質に対する真の理解をほぼ不可能にした。国家政策の手段として再び戦争に訴える国家が出現するということは、あり得ないように思われた。ましてや、ヨーロッパ大陸の政治家が、意図的にかつ熱心に全ヨーロッパを戦火に巻き込むとは思われなかったのである。一九三八年春に出版された『ニュー・ステーツマン（*New Statesman*）』で、キングスリー・マーティンは次のように記している。「今日、もしチェンバレン首相が我々のもとを訪れて、我々に対し、彼の政策は孤立主義的な政策であることはもとより、実は小イングランド主義に基づいた政策であると述べたならば、すなわち、大英帝国は防衛することができないために放棄されるべきであり、また戦争は文明を完全に終焉させてしまうため、国防は破棄されるべきであると述べたならば、我々は我々で彼を心から歓迎するであろう[*25]」。

フランスにおける雰囲気は、イギリスとほとんど変わらなかった。しかし、少なくともフランス人は、ナチスが国家主義者によって結成された異常者集団という以上の存在であると認識していた。フランスが一九四〇年に敗北した理由を、第一次世界大戦がフランス軍に与えた衝撃に帰することは行き過ぎである[*26]。しかしながら、一九三〇年代後半のフランス政府の外交および戦略上の決定は、第一次世界大戦で命を落とした一三五万人の戦死者がフランス国民に及ぼした共通認識から明確に導き出されたものであった。エドゥアール・ダラディエ首相は、ミュンヘン会談で「我々の時代の平和」を確保して帰国した際、自分を吊るし上げるために群衆が待ち構えていないかどうかを確認しようとして、ル・ブールジェ空港上空で搭乗機の旋回を命じた。しかし、空港にはダラディエを称讃するために群衆が集まっていることを知ったとき、ダラディエは、彼らは事態を何も理解していない「愚か者」だとつぶやいた。[*27] 戦争はせいぜい一時的にしか回避できないであろうと考えていたフランス人でさえ、間違いなく一九一四年から一八年の再来となることが予測された戦争よりも、ミュンヘン会談で確保された数カ月間の平和を好んだのであった。[*28] このフランスが示した第一次世界大戦に対する反応とは大きく異なるドイツ側の反応を観察すれば、歴史上の経験に対する国家ごとの評価には大きな隔たりが生じる可能性があることが分かる。例えば、ドイツ人のエルンスト・ユンガーの回顧録は、フランス人のアンリ・バルビュスやイギリス人のガイ・チャップマンのような人物にはまったく見られない戦闘における野蛮ともいえる喜びを表現している。

体制の特質

戦略の形成には、他に多くの要因が影響を及ぼしている。イデオロギー（あるいは政治体や時代によっては宗教も）、文化的態度、組織上・管理上の処理、軍事・政治組織の衝撃と影響、国家が経済資源を動員する能力、そして政治家と軍事指導者の個人的な選択や固有の行動は、すべて国家戦略の形成に大きな影響を及ぼしているのである。これらの要因相互の適切な関係は国によって大きく異なる。また、国内でさえも、少数の重要人物がいなくなることによって政策方針に大きな影響が生じてくる。

宗教、イデオロギー、文化

宗教、イデオロギー、文化の三つの要素を渾然一体化したものが、ドイツ人が一つの言葉で表現してきた概念——世界観（*Weltanschauung*）——である。この概念は実に便利な用語なので、ドイツ語以外の言語による論議でも広く使われるようになった。戦略における「世界観」の影響は、同じくドイツ語からの借用語である「現実的政策（*Realpolitik*）」の影響に比べて、一般の想像以上に根本的で波及効果が大きく、そしてはるかに強力である。「現実的政策」という言葉からは、政策決定者が実用主義と力に基づいた計算だけを考慮し、それ以外のすべての戦略上の計算を放棄することが想起される。この言葉には、怜悧で抜け目のない感じがよく表れている。しかし、実際には、このような「現実的政策」に対する印象は誤解を招きかねないものであり、観念的な空論ですらある。なぜなら、力を露骨に行使することそれ自体が最終目標であることはまずないからである。力は目的ではなく手段である。支配集団の利益を増進させるために、あるいは集団の利益を守るために、力は存在する。社会の特質についての根深い思い込みや、さらには支配集団に所属する人間の人生観までもが、そこに住む人々の利益に対する認識を次々と作り上げる。歴史的観点から見れば、戦略形成に関するすべてではないにしても多くの事例研究は、思想体系の役割についての考察なしでは意味をなさないといえるだろう。

この点をアメリカ人が理解することは特に難しい。というのは、アメリカ人は、自らの社会をイデオロギー上の問題や宗教上の義務とは無縁の実用主義社会だと思い込んでいるからである。しかし、実際には、アメリカは、戦略形成における「世界観」の役割を考察するには格好の実例である。アメリカ人は、長い間、自らの国家が自由民主主義の唯一の体現者であり、かつ保護者であると信じて疑わなかった。アメリカ建国の生みの苦しみのなかで、トマス・ペインは、「自由は地球上から追い立てられている」と高らかに宣言し、続いて次のように述べた。「アジアやアフリカははるか以前に自由を追放した。ヨーロッパは自由を他人のように考え、イギリスは自由に立ち去るように勧告した。おお！　亡命者を受け入れよ。そしてただちに人類のために避難所を設けよ[*29]」。自由に対するこのようなトマス・ペインの理念を踏まえ、エイブラハム・リンカンはアメリカを「最後で最良の希望の地[*30]」と呼んだ。そして、動機に不純な点があったことも多かったにせよ、アメリカの政策決定者は、概して、戦略の形成にこの例外主義（exceptionalism）の伝統を反映させてきた。そのため、アメリカの政策決定者は、一世紀にわたり例外主義の立場からヨーロッパ大陸の「汚い」専制君主国との同盟を拒絶し、ヨーロッパ人が植民地の獲得に血眼になっていた十九世紀の最後の三分の一の期間においても、植民地に対する獲得欲を捨て去った。いうまでもなく、植民地の獲得に対するアメリカの拒否の姿勢は絶対的な原則ではなかった。アメリカ人の多くは、〔アメリカの膨張主義思想を象徴する〕「明白な〔膨張の〕運命（manifest destiny）」という夢――この夢自体がアメリカ人の例外主義に対する揺るぎない信念の発露であったが――を胸に抱いていた。そして、一八九八年以降、アメリカが海外の領土と権益の獲得を通じて「非公式」

および公式の帝国を建設する段階を迎えても、ほとんどのアメリカ人は、精神的に何の苦痛も感じず気安く状況を受け入れるようになっていた。しかし、他国と比較して、アメリカが植民地をめぐる過重な重荷を抱え込むことなく世界大国への道を選択した事実を見れば、その行動が、アメリカ独自のイデオロギーや文化に深く根付いた確固たる信念を反映したものであったことが分かる。第二次世界大戦中、フランクリン・ルーズヴェルト大統領は、どうやら何の見返りの提案もせずに、大英帝国の植民地のネットワークの解体をイギリスにしきりに迫ったので、ウィンストン・チャーチル首相は怒りを露わにした。国際政治におけるそのような差し出がましい干渉は、「現実的政策」の観点から見れば無意味であり、有害ですらあった。しかし、「最後で最良の希望の地」のリーダーを自負するルーズヴェルトにとって、イギリスに植民地の解体を勧告することは、アメリカの国家政策の基調をなす重要な目標であった。

おそらく過去五〇年間におけるアメリカの例外主義のもっとも顕著な再宣言は、ソ連の封じ込めを目的に作成された極秘の青写真である有名な国家安全保障会議文書第六八号（NSC－六八）のなかに現れた。この一九五〇年に策定されたNSC－六八では、戦後間もない初期の冷戦を、まったく相反する二つの価値体系（value systems）間で戦われる破滅的な対決であると説明されていた。一方の陣営に属したのがアメリカであり、その基本的な国家目標は、「個人の尊厳と価値を基本理念とする我々の自由社会の統一性と活力を保障する」ことであった。これに敵対する陣営に属したのが、クレムリンに怪物が巣食っていると揶揄《やゆ》されたソ連であった。NSC－六八を起草したチームは、「ソ連国内と国際共産主義運動を統制しているソ連の指導部が描く基本構想は、第一にソ連国内で、第二に目下のところソ連の影響下にある地域においてソ連の絶対的な支配力を維持し強化する」ことであると説明した。「法治国家における自由の概念と、クレムリンの陰惨な少数独裁政治における隷属の概念」とは、互いに相容れない考え方であった。自由社会では、「個人の価値そのものが社会の目的」であり、多様性が尊重される。自由社会には、「各個人が自らの創造力を発揮できる機会が与えられるような環境を作り出し、それを維持する」ことが求められる。また、自由社会は、指導イデオロギーである「個人の自由」に本来備わっている力に信頼を置いているため、多様な価値観を持つ他の社会に対して寛容である。さらに、自由社会は、自己防衛の場合以外では政治の道具としての暴力の行使を否定する。というのも、「国家間の関係において自由社会が本質的に拠りどころにしているのはその思想の強さと魅力であり、自由社会は、早晩、他のすべての社会に自らの思想をむやみに押し付ける必要性をまったく感じることはなくなる」からである。NSC－六八のこのような啓蒙的な思想の対極的立場に立つのがソ連の政治体制であった。「〔ソ連の政治体制ほど〕我々の価値体系とまったく相容れず、また、我々の価値体系の破壊を企図するという点で執念深い体制は他に例を見ない」[*31]。

現在から見ても驚かされることは、NSC－六八がアメリカとソ連との間の闘争をマニ教が説くような善悪二元論として描いていた点である。「現実的政策」の特質に照らして考えれば、NSC－六八のこの部分の記述は、ソ連向けの単なるプロパガンダとして片付けてしまうことも可能であろう。しかし、NSC－六八は、プロパガンダであるはずがなかった。NSC－六八はアメリカ政府の最上層部だけに配布され、その骨子はよく知られていたが、一九七五年にいたるまで機密指定が解かれなかった。いずれにせよ、NSC－六八は、一九五〇年以降の四半世紀のほとんどの期間、アメリカの国家安全保障政策の基本理念を提供する役割を果たした。NSC－六八は、当時のアメリカの戦略の基本理念を支えていたイデオロギーを忠実に映し出したものであった。

過去の価値体系も、NSC－六八と同様に政策決定者に強い影響を与えた。ジェフリー・パーカーは、スペインのフェリペ二世について次のような考察を加えている。「フェリペ二世が、臣民が被る苦痛を顧みずに、万難を排して自分の戦略上の目標を追求することを神から許されている以上、その当然の帰結として（中略）フェリペ二世は――死を迎える最後の日まで――善行を積んでいるという信念、つまり、神によって与えられた使命を果たしているという確固たる信念を持っていたはずである」[*32]。その結果として、フェリペ二世は、地中海の覇権をめぐりオスマン＝トルコと死闘を演じつつ、同時にオランダと激烈な消耗戦を戦うことになった。この両方面の戦いにおいて、フェリペ二世は合理的な戦略上の目標を達成するために戦ったが、しかし、ここで同時に考慮に入れるべき点は、彼の宗教上の目標が地政学上の目標とは切り離せない表裏一体の関係にあったことである。さらに、そのような国難の最中、フェリペ二世はイングランドの新教徒の弾圧という新たな使命に乗り出したが、この行動が彼の限られた資力を考えれば過剰拡大であったことは明らかである。次の世紀に起きたプロテスタント教国のスウェーデンとカトリック教国のオーストリア＝ハプスブルク家との抗争において、カトリック教徒であるリシュリュー枢機卿がプロテスタント教国のスウェーデンを支援したことをフェリペ二世が生きて目撃したとすれば、まったく理解することができなかったであろう。

西側諸国の伝統において宗教は、凄惨な三十年戦争（一六一八〜四八年）を経て、戦略に対する影響力の多くを失った。しかし、それでも宗教の影響はその後もなお残存し、とりわけ、西側諸国以外の地域では宗教が戦略上の基本的な動機となっていることに変わりはない。例えば、イランのアーヤットラー・ホメイニは、一九七九年に政権を掌握する直前、聖戦の観念を擁護する姿勢を示した。ホメイニによれば、「聖戦は、非イスラム圏のすべての領土の征服を意味する」。また、「戦争は、おそらく、イスラムの名にふさわしい政権が樹立された後に布告されるであろう。（中略）その後、コーランの至高の教えを地球の果てから果てに広めるという最終目標に向けてこの征服戦争に進んで志願することは、すべての成人男性の義務である」[*33]。イラン革命が引き起こしたその後の人心の荒廃を見ただけでも、このホメイニの託宣がイランで真実味をもって受け入れられたことが容易に分かるであろう。

しかし、それでも過去二世紀にわたり戦略の形成にもっとも強い影響を及ぼしてきたのは、宗教の世俗的な変形であるイデオロギーであった。フランス革命とその後の約四半世紀にわたるナポレオン戦争は、二十世紀の基調を規定する役割を果たした。特に、二十世紀の初めの半世紀、世俗宗教は疫病のような猛威を振るい、そのため、第二次世界大戦では西洋文明の基盤が破滅の淵に追いやられた。ウラル山脈からジブラルタルまでの統一されたヨーロッパをドイツ人（アーリア人）の支配の下で創造したいというヒトラーの衝動――つまり、ユダヤ人のヨーロッパからの完全な排除（*Judenfrei*）――が、彼をほぼすべての競争相手の抹殺に駆り立てるダイナミズムと力となった。[*34] ヨーロッパ主要諸国は、ドイツの政策の背後にある原動力を理解できなかった。しかも、一九三〇年代後半のヒトラーによる戦略の形成には、事実上、目的と手段を調和させる配慮が欠けていた。ヒトラーが目指していたのは、単に、世界最強の陸軍、世界に通用する海軍、そして空軍を築き上げることであった。もし平和な時期に空軍がヒトラーの計画に沿って創設された場合、世界の航空燃料の生産の八五パーセントが消費される計算になる。[*35]

ソ連は、ナチス・ドイツのイデオロギーの脅威を誤って評価するという致命的な失敗を犯した。明らかに、革命はあくまでも左派勢力から起こるというマルクス主義の通説を妄信したことで、ソ連の指導部は、ヒトラーの東方における生存圏（*Lebensraum*）構想をどうしても真剣に受け入れようとしなかった。ナチス運動を「独占資本主義」の産物に過ぎないと確信していたスターリンと彼の側近は、ヒトラーの台頭を好感をもって見守った。一九三〇年代を通じて、ソ連の指導部はベルリンと多くの秘密交渉を進める一方で、西側諸国の共産主義を支持する勢力を後押しするために「人民戦線」の結成を呼びかけた。一九三九年に独ソ不可侵条約を締結したことでスターリンは長年の夢を実現したかに見えた。つまり、この条約の結果、資本主義国同士で戦争が行われることが確実になったと考えられたのである。ところが、その資本主義国同士の戦争の結果、ヨーロッパ大陸において唯一ソ連だけがナチス・ドイツと対峙する格好になった。こうしたヒトラーの目論見に対するスターリンの誤った認識のために、ソ連民衆は、前の大戦と同じように、ドイツとの戦争が避けられないことに気づくことができなかった。

その一方で、ナチスのイデオロギーはヒトラーの運動に革命的なダイナミズムを与え、そのため、世界秩序が崩壊寸前のところにまで追い込まれた。他方で、その同じイデオロギーが、皮肉にも、ドイツのソ連進攻が失敗するうえで重大な役割を演じた。ナチスの世界観は、独ソ戦のほとんどの期間、ドイツ人がソ連を見くびる原因となっただけではなく、ドイツ人——指揮官も兵士も同様——に殲滅戦争を遂行させる原因にもなった。このため、ソ連民衆の広範な抵抗を呼び起こす結果になったのである。[*36] 東部戦線での戦闘の全期間を通じてヒトラーは、その政治的・軍事的影響がどうであろうと、東方のユダヤ人とボリシェヴィキの脅威に対する十字軍を自ら統率しているというイデオロギー観に固執した。その結果、政敵を人種ではなく階級で定義するソ連という人類史上もっともおぞましい政治体制が生き残ることになった。確かに、厳しい戦略的な窮境に直面したとき、スターリンがヒトラーよりも高い適応能力を発揮したことは明らかである。しかしながら、その後、政敵を人種ではなく階級で定義するスターリンのイデオロギー観を除去するためにソ連が払った犠牲は、途方もなく大きいものであることも明らかになった。

文化的態度とは、イデオロギーと密接に関連しているが、イデオロギーほど意識的に感じられることはなく、概して独善的ではない要素のことである。文化的態度は、国家のリーダーシップのスタイルの確立に影響を与えると同時に、そのリーダーシップがどの程度受け入れられるかという民衆の感受性にも影響を与える。ジョン・リンが論証したように、ルイ十四世による「栄光（*gloire*）」の追求を考察することで、彼の戦略上のアプローチの多くが解明され、また、彼が近代の多くの政治家とは著しく異なる価値観を基準として行動したことも明らかになった。二十世紀においても、ヒトラーがドイツ国民の総統の地位に就くことで自己の栄光を追求したが――当時の様子は、ドイツの女流映画監督のレニ・リーフェンシュタールの『意志の勝利（*Triumph des Willens*）』のなかで戦慄的かつ熱狂的に描かれている――、このような自己の栄光化は、ヒトラーに限らず歴史上繰り返し行われてきた。

ともかく、文化的態度は、単に国家のリーダーシップのスタイルの確立に影響を与えるよりもはるかに深遠な影響力を持っている。また、文化的態度が、政治体の戦略上の計算能力をある程度決めることもある。例えば、古代ローマの世界観の中心には戦争があった。つまり、軍事的栄光、家父長的権威主義、そして帝国建設の野心が融合した世界観が、ローマを頑強かつ冷酷で智謀に富んだ敵に作り上げたのである。これとは対照的に、中国の明朝の文化は、健全な戦略の形成を妨げた大きな障害であった。明朝の文化が〔中華思想という〕優越感を助長したため、明朝はモンゴル族の脅威を的確に認識することができなかった。これに加えて、アーサー・ウォルドロンが指摘している通り、儒教的な諸要素の影響のため、「文化的・倫理的な規範によって秩序が作り出される国家、すなわち、単なる軍事力よりも文化的・倫理的な規範が尊ばれ、そういった規範がより強い影響力を及ぼすことができる国家」[*37]を理想とする信念が明朝では生まれた。明朝における理想の治国とは、このような文化的・倫理的な規範を涵養《かんよう》し、それを保持することであった。したがって、敵対勢力を統治するためには、強制的な行為を通じて環境を人為的に作り変えるのではなく、天地万物の自然な秩序に矛盾することなく、単に忠実であることだけが重要だと明朝では考えられた。明朝は時には武力に訴えることもあったが、概して、露骨な武力の行使には難色を示すことが多かった。このような思想体系――西側世界の好戦的な伝統とはあまりにも異質な思想だが――の影響を受けて、明朝は刻々と変化する戦略環境に効果的に対応することができなかったのである。

経済的な要因

どのような戦略を実施する場合も、利用可能な経済的資源に大きく影響を受けることは明らかである。スペインのフェリペ二世の例は、近代国家にとって戦略の実施に十分な資源を確保することがいかに困難かを示している。一五七六年、スペイン政府がフランドル地方に派遣した兵士に給料を払わなかったことが引き金になって、兵士は反乱を起こし、アントワープを略奪した。これによって、フェリペ二世が一〇年間にわたって築き上げてきた戦略上および政治上の成果の大部分が失われた。一方、オランダは発達した商業経済を有していたので、八〇年間もの長期にわたってスペインと抗争を繰り広げたにもかかわらず、最終的に独立を勝ち取ることができた。

事実、近代初期の時代を通じて、国家の資本形成能力はもっとも重要な問題であった。戦費の調達は常に困難であったことから、「戦費を稼ぐために戦争する」ことが重要となった。各国はヨーロッパのもっとも豊かな地域に絶えず軍隊を派遣し、精巧な徴税制度を作り上げた。しかし、そのような方法は、どう見ても効率的ではなかった。兵士は獲得した戦利品をいたずらに浪費するか、あるいは破壊した。自国から離れた場所に駐屯することは、作戦上の深刻な不具合を多発させた。また、安定的な補給が確保されなかったため、中央からの統制が次第に弛緩していった。とりわけ、効果的に資本を調達することができなかったため、強力な陸・海軍の建設が妨げられた。君主は強力な軍隊を構築するために収入源に対する統制の強化をさらに進めたが、このことが絶対主義の台頭に拍車を掛けた。

政府と商人が手を組むことは、資本を調達するためのより良い解決策であった。オランダはその良い先例となったが、一方で、イギリスは、革命と内戦の後にそうした資本調達の方法をより本格的なかたちで受容することとなった。イギリスでは、国王と議会との間で協力関係が成立したことにより、税収の増加が劇的にしかも自発的なかたちで進み、かつ、富裕層が国家に莫大な資金を貸し付けるようになった。イギリスがブルボン朝フランスに挑戦し、最終的にヨーロッパの覇権争いで勝利することができたのは、何よりもイギリスの優れた財政制度の賜物であった。*38

最終的に、すべての西ヨーロッパ諸国は、イギリス式の経済制度の長所を認識し、それを採用した。しかし、近代的な財政制度は戦略遂行上の制約を緩和したものの、そうした制約を完全に取り除くことはできなかった。事実、自給自足を確立することによってすべての経済上の拘束要因を排除しようとする試みは、十九世紀のヨーロッパにおける帝国主義を増長させるとともに、英独間の対立を激化させ、第一次世界大戦の遠因ともなった。同じ理由により、日本は、朝鮮、満州、中国へ進出した。日本は、アメリカの経済的な報復措置——最終的には完全な石油禁輸に至ることになった戦略物資の対日禁輸——によって追い詰められた末、オランダ領東インド（現インドネシア）に進出し、さらにアメリカに対して無謀な戦争を開始した。

第二次世界大戦において名目だけの日本の同盟国であったナチス・ドイツに対しても、経済的要因は深刻な影響を与えた。一九三〇年代のドイツ経済は破綻の淵にあった。ドイツの再軍備計画はヒトラーの目的に完全に適うものではあったが、ドイツの利用可能な資源を考えると、それは途方もない浪費であった。*39 その後、ドイツ経済が過熱したため、ヒトラーは行動を起こさざるを得なくなり、ついには戦争準備が完了する前に戦端を開くことになってしまった。一九三八年、戦争準備が整っていないとの報告を受けた際にヒトラーがいみじくも喝破したように、問題は、ドイツの戦争準備が完了したかどうかということより、むしろドイツ国防軍と敵軍との間にどのような軍事バランスが存在するのかということであった。ドイツ第三帝国は、経済資源が不足していた一九三八年ではなく、ソ連や保護国化されたチェコから資源を利用できるようになった一九三九年に、（少なくとも短期的には）幸いにも戦争を開始したのである。

その一方で、ヨーロッパ大陸で再び戦争が発生することへの恐れによって、イギリスの戦略に制約を与えていた二つの経済問題が増幅された。[*40] 第一に、ネヴィル・チェンバレンはイギリスの経済力の限界を認識しており、イギリスの軍備増強が一九三一年の恐慌以来回復してきた国内外における金融面の信用を台無しにする恐れがあることを理解していた。第二に、チェンバレンは、第一次世界大戦以後、下降の一途をたどっていたイギリスの経済的地位が戦争の再発によって完全に失墜してしまうのではないかと危惧していた。第二の点に関するチェンバレンとイギリス大蔵省の分析官の認識は正しかった。しかし、第一の恐れに関してイギリスは、自らの財政問題に執着するあまりナチス・ドイツの脅威の本質を理解することに失敗し、危うく独立を失いそうになった。

アメリカでは、十九世紀の最初の約三〇年以来、政策の形成が経済・財政上の制約を受けることによる影響は、(南北戦争当時の南部連合国を除き)他の近代国家に比べれば著しく小さいものであった。南北戦争で北部の連邦政府は、戦争の遂行のために必要な経済動員が本格化して以降、南部諸州の奥深くまで強大な軍隊を進攻させ、南部諸州の心臓部において南軍を制圧することができるようになった。二度の世界大戦、特に第二次世界大戦を通じて、「アメリカ流の戦争方法(American way of war)」が確立された。アメリカの経済力は、ドイツを打倒するための大連合を形成し、それを維持するために必要不可欠なものであった。しかし、この世界最大の経済力を誇る国でさえも全能ではなかった。ヴェトナム戦争は、戦略構想に根本的な欠陥がある場合には、いかなる圧倒的な経済力も無意味であることを明らかにした。

政府組織および軍事組織

政府組織および軍事組織の構造は、戦略を形成し、それを現状に適応させるにあたって大きな役割を果たす。政府の形態は、政策決定者が国際環境を分析し理解する能力に影響を与える。専制国家では、悪い報せを持ってきた者を罰するという悪しき慣習が数世紀にわたって存続していた。そのため、このような専制国家では、国際情勢を現実的に分析しようとする官僚の意欲は不十分なものとならざるを得なかった。いかなる制度においても、官僚は指導者が聞きたがっている事柄を伝える技量に大変長けている。また、軍事組織は、特に戦略の立案と実行に適した多様な特徴を持っている反面、そのような組織であるが故に組織全体の有用性が損なわれることもある。

古代ギリシャやローマでは、もっとも重要な二つの西洋的政治のパラダイムである政治と軍事のそれぞれの組織は極めて緊密な関係にあった。都市国家のアテネは、戦略について政策を議論し、定期的に市民の間から将軍（*strategoi*）を選出した。その結果、ペロポンネソス戦争初期のペリクレスのように名声があり有能な指導者は、通常、自己の戦略構想を市民に押し通すことができたが、それでもなお、絶えず民会の移り気な感情に気を配らなければならなかった。そのため、アテネ軍のシチリア遠征で見られたように、民会の決定が悲惨な結果を招いたこともあった。共和政ローマの支配階級のエリートは、全員が戦争に参加した経験を有していた。なぜなら、行政官庁に登用されるためには、参戦の経験が絶対不可欠の要件だったからである。市民は同時に兵士でもあったため、全市民からの徴兵が可能となり、その結果、ローマではよく訓練された大規模な軍隊を常時展開することができた。独特の戦士倫理と美徳観によって強固に作り上げられたローマ軍の鉄の規律は、古代世界で無類の力を発揮した。マキャヴェリは羨望の眼差しでこのローマ軍の特性を研究し、その後、十七世紀に入ってからは、マウリッツ公やグスタフ・アドルフがローマ軍を手本とした軍隊を精力的に創設した。

このような政府と軍隊の同一化は、近代初期に入ってからも引き続き継承された。マウリッツ公もグスタフ・アドルフも、ヨーロッパの他の君主と同様に軍司令官と国家元首の役割を兼ねていた。一八七〇年になってもまだ、プロイセン王ヴィルヘルム一世はフランスへの遠征軍に同行し、戦場の作戦決定に参加していた。このときヴィルヘルム一世は、クルップ社製の大砲による砲火を浴びたフランス軍(皇帝ナポレオン三世自身が率いていた)が屈辱的な降伏を受け入れる様子をセダンの高地から観望した。しかし、新興の自由主義国家では、政治と軍事それぞれの組織間の距離が広がりつつあった。そして、それぞれの体制の特質とは関係なく、多くの近代国家が戦略環境を分析するための政府機関や委員会を設置するのにともない、戦略策定機構の規模と複雑さは着実に増していった。このことは、一八六四年における戦略形成のプロセスと、そのわずか八〇年後の状況とを比較すれば明らかである。

〔南北戦争中の〕一八六四年には、ホワイトハウスで作戦図を囲んでいたのはリンカン大統領、スタントン陸軍長官、グラント総司令官だけであったが、その八〇年後には、ルーズヴェルト大統領、統合参謀本部のスタッフ、様々な情報委員会のスタッフ、そして戦域司令官が全員で戦略を論じ合うようになっていた。一九四四年のルーズヴェルトが一八六四年のリンカンと同様にアメリカの戦略形成をコントロールしていたことは疑いの余地はないが、彼らに深慮熟考された助言を与える政府の組織とその能力は、この八〇年の間に革命的な変化を遂げていた。

官僚組織の影響力の拡大は、戦略上の意思決定に大きく作用してきた。特に、競合する省庁や各軍種の軍隊が戦略形成のプロセスのなかでそれぞれの偏狭な利益を追求した場合、そうした作用は顕著となる。アメリカでは、一九五〇年代末に「大量報復(massive retaliation)」戦略と「柔軟反応(flexible response)」戦略との衝突が起こったが、それは、国家安全保障上の要求を満たすためのもっとも有効なアプローチをめぐる合理的考慮に基づくものであったと同時に、陸・空軍間の予算獲得抗争の結果でもあった。現在においても同様に、アメリカの各軍種の軍隊は、それぞれ伝統的に割り当てられてきた財政上のパイの配分の増加に向けて、あるいは少なくともその配分の維持に向けて既に動き出しており、このことが冷戦後の国際環境を特徴づけている。

戦略の形成

本章で述べたすべての要素が、国家戦略の形成に影響を与える。既に指摘した通り、戦略の形成は、国際的な出来事や脅威からの外圧に加え、国内の政治的影響力および個人の行動の特異性をも含むプロセスなのである。第一次世界大戦の勃発に関する議論のなかで、ウィンストン・チャーチルは戦略の形成における曖昧性について次のように述べている。

第一次世界大戦の原因について分析を試みるとき、世界の動きに対する個人の無力さが重要な要因であったとの印象を受ける。それは、「人間社会では、思い通りに行くことより、行かないことの方が多い」という言葉によく表現されている。いかに有能な人間であってもその能力には限界があり、その権威は絶対ではなく、彼らを取り巻く世論は移ろいやすく、重要な問題についての彼らの貢献は一時的かつ限定的なものに過ぎない。そして、彼らが直面する問題は、その能力をはるかに超えるものであり、あまりにも大きく、あまりにも複雑で、あらゆる面で変容を続けるのだ。敗者にすべての責任を負わせ、あるいは勝者をすべての罪から解放する前に、こうしたすべてのことを熟考しなければならない。事態が（中略）ある方向に向かい始めた場合、何人《なんぴと》もそれを引き戻すことはできない。ドイツは執拗に、無謀に、そして不器用に火口に向けて進み、我々すべてを道連れにした。*41

近代において、一九三〇年代のイギリス・ドイツ両国を比較すれば、それぞれの政府の戦略決定のプロセスのあり方が極めて異なることがよく理解できる。イギリスには精緻に組織化され編成された委員会のシステムが存在した。イギリスの委員会システムは、内閣をはじめとして、それに従属する官僚組織——帝国防衛委員会（Committee of Imperial Defence: CID）、外交政策委員会（Foreign Policy Committee）、参謀総長委員会（Chiefs of Staff Committee）、合同政策委員会（Joint Planning Committee）、合同情報委員会（Joint Intelligence Committee）——で構成されていた。これらの組織は、イギリスの戦略環境をあらゆる面から慎重に分析し、評価する任務を与えられていた。こうした一連のプロセスによって、注意深い計算、綿密な分析、そして政府内のすべてのレベルにおける戦略に関する真剣な議論が確保されていたのである。これらの多くの委員会は、官僚制の厳密性や分析力のモデルともいえる戦略分析を生み出し、官僚制による制約を受けつつも、あらゆる面で卓越した戦略決定の組織であった。

イギリスの例とは対照的に、ナチス・ドイツには、ワイマール共和国や帝政ドイツと同じく、そうした組織化された戦略決定のプロセスが完全に欠如していた。官僚制度は依然として連携が取れておらず、軍事指導者と政治指導者は基本的な戦略問題についてすら互いに意見を交換することはなかった。ナチス・ドイツには、戦略問題に関してより広い視野から経済的・政治的側面を分析するための評価プロセスが存在していなかったのである。このナチス・ドイツにおける組織化された戦略形成システムの欠如は、ヒトラーの統治原理と完全に合致していた。結果として、戦略に関する意思決定のプロセスは、ヒトラーの完全な統制下に置かれており、ヒトラーの意のままになっていた。

しかし、この英独の比較には皮肉な面もある。というのも、イギリスの官僚制度は整然と組織化され、精緻な戦略形成のプロセスを有していたにもかかわらず、一九三〇年代、ナチス・ドイツがイギリスの生存にとって重大な脅威になる危険性があることを概して予測できなかったのである。さらに、イギリスによる情勢の分析評価はブレが大きく、軸足が定まらないという欠陥が露呈した。一九三五年まで、イギリスはナチス・ドイツの脅威を過小評価していた。その後、一九三六年六月から一九三八年にかけて、イギリスはナチス・ドイツの実力を過大評価した。というのも、イギリスは、実際にはまだ十分に準備が整っていなかったドイツの再軍備の進捗状況をはるかに高く見積っていたのである。ところが、一九三九年に、ヒトラーがドイツ国防軍に巨大な資源を惜しみなく投入し続けた成果が現れ、ドイツ国防軍の潜在能力がついに顕在化してきたが、まさに同じ年、イギリスの戦略評価のプロセスは再びナチス・ドイツの軍事的な脅威を過小評価した。もっとも広い観点に立っていえば、イギリスの失敗の原因は、ヒトラーが追求した最終目的から生まれたイデオロギー的・戦略的脅威を適切に評価できなかった官僚制度の能力不足にある。その本質において革命的であったナチス・ドイツの意図を理解できなかったため、イギリスは一九三八年と一九三九年のヒトラーの行動に有効に対処することに失敗したのである。

イギリスとは対照的にヒトラーは、戦略分析を任務とするどのような組織も利用せず、直感だけを頼りに状況をほぼ正確に読み取った。ヒトラーは、彼に批判的な立場をとっていた人々が理解していなかったこと――イギリスとフランスの指導者も国民も、第一次世界大戦のような大戦争をもう一度遂行する意志を持っていないという事実――を見抜いていた。一九三八年、このような独自の情勢判断に基づいて、ヒトラーは外交上および戦略上の大勝利を獲得した。とはいえ、この一九三八年にヒトラーは、勝利の見込みのない絶望的な戦争へとドイツを駆り立てる危険を冒した。というのも、仮に〔ヒトラーの意志に反して〕一九三九年ではなく一九三八年に開戦になっていれば、ドイツはより迅速に敗北に追い込まれた可能性が高く、しかも世界全体が実際よりも断然少ない犠牲を払っただけで第二次世界大戦は終結したと予想されるからである。[*42]

一九四〇年にチェンバレンの後を継いでチャーチルがイギリス首相に就任してから、イギリスの分析システムは上層部からの指示によって機能するようになった。こうしてイギリスの指導部に、官僚組織が生み出す分析結果を正確に評価する能力が具備されたのである。こうした能力は、一九三〇年代には決して見られなかったものであった。一方、第二次世界大戦でアメリカが導入したシステムは、イギリスのシステムとほぼ同様のものであったが、そのシステムは冷戦期において概して大きな効力を発揮した。たとえアメリカに戦略形成システムの効率を損なうような特異な点――すなわち独立した立法府――があるとしても、少なくとも戦略問題に体系的に取り組もうとする意志はあった。ナチス・ドイツにはそのような意志はなかった。第二次世界大戦におけるナチス・ドイツの敗北は、ヒトラーの世界観の特異性だけが原因であったのではなく、戦略問題を——分析はおろか——理解しようとすらしなかったドイツの官僚制度の無能力が原因であった。

結論

ここでは、戦略の形成に関する幾つかの要点を再確認しておきたい。第一に、戦略の形成に携わる者は、たとえ政治家であっても軍部の高官であっても、不完全な情報しか得られない世界に生きている。ほとんどの場合、彼らは相対する勢力の戦略的意図と目的についてそのもっとも基本的な概略以上のことを知ることはできず、彼ら自身についてさえ十分に理解することはできないのである。第二に、彼らはしばしば極度のプレッシャーの下で行動することを強いられる。一旦、危機が発生すれば、熟考する余裕はほとんど与えられない。その結果、彼らは長期的かつ広い視野に基づいた選択肢を考慮することなく、争点を限定してそれに集中せざるを得ない。つまり、数本の木を見ることはできても、森全体を見ることはできないのである。また、文書においても口頭においても、自分の意見を論理的にあるいは詳細に述べることができる者は少ない。なぜなら、多くの人間は、自らの目的を実現するために行動を起こすどころか、既に起こった出来事に対応するだけで精一杯だからである。政治と同様に、戦略は可能性の技術《アート》である。しかし、何が可能で何が可能でないかを見分けることは難しい。そして、歴史と――その結果としての――戦略のどちらも、冷戦の終焉とともに終結したわけではないのである。冷戦という大きな嵐が止んだ後に待っているのは決して静けさではなく、支配者、国家、同盟、民族、そして文化が互いに争う混沌状態であろう。

本書に収められた論文は、二五〇〇年の長きにわたって人類が経験してきた数々の事象を扱っている。この長大な歴史におけるすべての重要な時代や政治体を網羅することは不可能であり、本書で取り上げた事象は限定的であることを断っておく。本書の目的は、すべての場所と時代における戦略の形成についての包括的な手引書になることではなく、むしろ、本章で示した様々な要因——地理、歴史、文化、経済、政府組織——が、戦略の形成のプロセスにいかに大きな影響を与えてきたかを示すことである。それに成功していれば、本書の目的は十分に達成されたといえよう。

(1) B. H. Liddell Hart, *Strategy* (New York, 1967), p. 335（戦略研究学会編、石津朋之編著『戦略論大系④ リデルハート』芙蓉書房出版、二〇〇二年、一九頁）.

(2) Carl von Clausewitz, *On War*, ed. and trans., Michael Howard and Peter Paret (Princeton, 1976), pp. 134, 136（クラウゼヴィッツ、篠田英雄訳『戦争論』上巻、岩波書店、一九六八年、一五七頁）.

(3) 本章は、エリオット・コーエン (Eliot Cohen)、ホルガー・ハーウィック (Holger Herwig)、スティーヴン・ロス (Steven Ross)、ジョン・グーチ (John Gooch)、アルヴィン・バーンスタイン (Alvin Bernstein)、スタン・プラット (Stan Pratt)、およびニューポートのアメリカ海軍大学の戦略・政策コースの講義に参加した多数の研究者に負っている。

（4） 特に次の二つの重要な研究書である Edward Mead Earle, ed., *Makers of Modern Strategy* (Princeton, 1943)（エドワード・ミード・アール編著『新戦略の創始者——マキャベリーからヒットラーまで』上下巻、原書房、一九七八～七九年）, および同書の修正・拡大版である Peter Paret, ed., *Makers of Modern Strategy from Machiavelli to the Nuclear Age* (Princeton, 1986)（ピーター・パレット編、防衛大学校「戦争・戦略の変遷」研究会訳『現代戦略思想の系譜——マキャヴェリから核時代まで』ダイヤモンド社、一九八九年）を参照。

（5） Allan R. Millett and Williamson Murray, "Lessons of War," *The National Interest* (Winter 1988). 同論文は両研究者が編集した *Military Effectiveness*, 3 Vols. (London, 1988) の要点をまとめたものである。

（6） Hajo Holborn, "Moltke and Schlieffen: The Prussian-German School," in Earle, ed., *Makers of Modern Strategy*, p. 180 から引用。

（7） Crown Prince Rupprecht of Bavaria, *Mein Kriegstagebuch*, Eugen von Frauenholz, ed. (Munich, 1929), Vol. 2, pp. 322, 372 n. このルーデンドルフの発言は、Holger Herwig, "The Dynamics of Necessity: German Military Policy During the Great War," in *Military Effectiveness*, Vol. 1, *The First World War*, p. 99 に引用されている。

（8） Leo Geyr von Schweppenburg to B. H. Liddell Hart, 3. 8. 49, in Liddell Hart Papers, 9/24/61, King's College Library, London.

（9） Paul Kennedy, "British Net Assessment and the Coming of the Second World War," in Allan R. Millett and Williamson Murray, eds., *Calculations* (New York, 1992).

(10) Thomas Hobbes, *Leviathan*, ch. 13, para. 62（ホッブズ、永井道雄・宗片邦義訳『リヴァイアサン』中央公論社、一九七一年、一五六頁）.

(11) Thucydides, *History of the Peloponnesian War*, ed. and trans., Rex Warner (Harmondsworth, UK, 1976), p. 80（トゥーキュディデース、久保正彰訳『戦史』上巻、岩波書店、一九六六年、一二六頁）. このテーマについてトゥキディデスは、メロス島対談（Melian Dialogue）のなかで次のように明確に繰り返している。「神も人間も強きが弱きを従えるものだ、とわれらは考えている。したがってこういうわれらがこの法則を人に強いるために作ったのではなく、また古くからあるものを初めて己が用に立てるのでもない。すでに世に遍在するものを継承し、未来末世への遺産たるべく己の用に供しているにすぎぬ。なぜなら諸君とても、また他の如何なる者とても、われらが如き権勢の座につけば必ずや同じ轍を踏むだろう」。Thucydides, *History of the Peloponnesian War*, pp. 404-405（トゥーキュディデース、久保正彰訳『戦史』中巻、岩波書店、一九六六年、三五八〜三五九頁）を参照。

(12) Carl von Clausewitz, *On War*, p. 89（クラウゼヴィッツ『戦争論』上巻、六一〜六二頁）. トゥキディデスは、同様に偶然性が果たす支配的な役割を強調している。しかし、多くの社会科学の決定論者はこのことに不賛成である。例えば、トレヴァー・N・デュピュイ（Trevor N. Dupuy）は、次のように言及している。「仮に戦場で偶然性による影響があるとしても、それは一般には彼・我両軍に均等の影響を及ぼす。そして、あらゆる人間の活動が決定論で説明できるのと同じ程度に、軍事的な闘争も決定論的に予測可能である」。Trevor N. Dupuy, *Understanding War: History and Theory of Combat* (New York, 1987), p. xxv. このデュピュイの見解を我々に教示して頂いたバリー・ワッツ（Barry Watts）氏に感謝の意を表したい。

(13) Thucydides, *The Peloponnesian War*, p. 48（トゥーキュディデース『戦史』上巻、七五頁）.

(14) Clausewitz, *On War*, p. 141（クラウゼヴィッツ『戦争論』上巻、一七二～一七三頁）.

(15) Michael Howard, *The Continental Commitment* (London, 1972), p. 32.

(16) アメリカ空軍の指導者の見解については、Michael Mandelbaum, ed., *America's Defense* (New York, 1989); Williamson Murray, *Luftwaffe* (Baltimore, 1985), Appendix 1を参照。

(17) Williamson Murray, "The Luftwaffe Before the Second World War: A Mission, A Strategy?" *Journal of Strategic Studies* (September 1981), pp. 261-270.

(18) 本書の第五章、ジェフリー・パーカー「ハプスブルク家のスペインの戦略形成――フェリペ二世による「支配への賭け」（一五五六～一五九八年）」を参照。

(19) Martin van Creveld, *Supplying War: Logistics from Wallenstein to Patton* (Cambridge, 1977), pp. 142-181; Klaus Reinhardt, *Die Wende vor Moskau, Das Scheitern der Strategie Hitlers im Winter 1941/42* (Stuttgart, 1972) を参照。

(20) Piers Mackesy, *The War for America, 1775-1783* (London, 1975), p. 73.

(21) 一九三八年と一九三九年の戦略状況の比較については、Williamson Murray, *The Change in the European Balance of Power, 1938-1939: The Path to Ruin* (Princeton, 1985) を参照。ポーランドは戦い、チェコは戦わなかった。

(22) 特に、Gerhard Ritter, *Staatskunst und Kriegshandwerk: Das Problem des Militärismus im*

Deutschland, Vol. 3, *Die Tragödie der Staatskunst: Bethmann Hollweg als Kriegskanzler*（*1914–1917*）（Munich, 1964）を参照。

（23） Holger Herwig, "Clio Deceived: Patriotic Self-Censorship in Germany after the Great War," *International Security*（Fall 1987）.

（24） Documents on British Foreign Policy, 3rd Series, Vol. III, Doc. 590, 6. 8. 38, letter from Henderson to Halifax.

（25） N. Thompson, *The Anti-Appeasers*（Oxford, 1971）, pp. 156–157 から引用。

（26） ロバート・ダウティ（Robert Doughty）による研究書 *The Breaking Point: Sedan and the Fall of France, 1940*（Hamden, CT, 1990）では、一九四〇年六月におけるフランスの崩壊の責任は、フランス軍最高司令部の驚くべき軍事的無能、とりわけ最高司令官のモーリス・ガムラン（Maurice Gamelin）将軍の軍事的無能にあったことを強調している。

（27） Telford Taylor, *Munich: The Price of Peace*（New York, 1979）, pp. 58–59.

（28） このときのフランス人の態度はかなりの程度正しいものであった。すなわち、このときに限ってフランスの崩壊があまりにも早かったために、フランス人は流血の惨事を避けることができたのである。しかし、このときフランス人が国家の名誉、価値観、安定を犠牲にすることで払った代償は、ほとんど破滅的なほど高いものであった。

（29） Ernest R. May, "America's Destiny in the Twentieth Century," in Daniel J. Boorstin, ed., *American Civilization: A Portrait from the Twentieth Century*（New York, 1972）, p. 321（トーマス・ペイン、小松

春雄訳『コモン・センス　他三篇』岩波書店、一九七六年、六七～六八頁）から引用。

（30）　Roy P. Basler, ed., *The Collected Works of Abraham Lincoln*, 8 Vols.（New Brunswick, NJ, 1948–1954）, Vol. 5, p. 537.〔原文は以下の通り。“We（the North）shall nobly save, or meanly lose, the last, best hope of earth.”〕

（31）　“NSC-68: A Report to the National Security Council,” reprinted in *The Naval War College Review* 27（May–June 1975）, pp. 51–108 を参照。引用部分は pp. 54–56 に掲載されている。

（32）　本書の第五章、パーカー「ハプスブルク家のスペインの戦略形成」を参照。

（33）　MacGregor Knox, et al., *Mainstream of Civilization*, 5th ed.（New York, 1989）, p. 1052 から引用。

（34）　ヒトラーのイデオロギーの発展と彼のイデオロギー観の分析については、E. Jäckel, *Hitlers Weltanschauung*（Tübingen, 1969）; MacGregor Knox, “Conquest, Foreign and Domestic, in Fascist Italy and Nazi Germany,” *Journal of Modern History*（March 1984）を参照。

（35）　Wilhelm Deist, *The Wehrmacht and German Rearmament*（London, 1981）を参照。

（36）　東部戦線のドイツの軍事作戦におけるイデオロギーの役割についての最近の研究としては、Horst Boog, et al., *Das Deutsche Reich und der Zweite Weltkrieg*, Vol. 4, *Der Angriff auf die Sowjetunion*（Stuttgart, 1983）; Omer Bartov, *The Eastern Front, 1941–1945: German Troops and the Barbarization of Warfare*（Oxford, 1988）; *Hitler's Army: Soldiers, Nazis, and War in the Third Reich*（Oxford, 1991）; Christian Streit, *Keine Kameraden*（Stuttgart, 1978）がある。

（37）　本書の第四章、アーサー・ウォルドロン「十四世紀から十七世紀にかけての中国の戦略」を参照。

(38) この政府と商人との提携関係について最良の分析を行っている文献は、John Brewer, *The Sinews of Power: War, Money and the English State, 1688-1783* (New York, 1989) である。

(39) Murray, *Change in the European Balance of Power*, ch. 1を参照。

(40) *Ibid.*, ch. 2.

(41) Winston S. Churchill, *The World Crisis* (Toronto, 1931), p. 6.

(42) Murray, *Change in the European Balance of Power*, ch. 7を参照。

第二章　ペロポンネソス戦争におけるアテネの戦略

ドナルド・ケーガン
永末聡訳

はじめに

前五世紀の最後の四半世紀（前四三一〜前四〇四年）、アテネとその同盟諸国は、最初はスパルタとペロポンネソス同盟に加盟していた諸国に対して、最終的には反乱の兆しを見せた多くのアテネの同盟都市や無制限の財政資源を有するアケメネス朝ペルシャ帝国に対して、悲惨かつ破滅的な戦争を行った。この戦争はアテネ側の観点から「ペロポンネソス戦争」と呼ばれていたが、スパルタ側はおそらく「アテネ戦争」と捉えていたと思われる。しかしながら、多くのギリシャの歴史と同様に、本章ではこの戦争をアテネ側の観点から考察する。ペロポンネソス戦争に関する我々の知識の多くは、オロロスの息子であるトゥキディデスが記した著作に負っている。トゥキディデスは、前四二四年に将軍としてペロポンネソス戦争に参戦した経験を持つアテネ人であり、防衛を命じられた都市を敵に明け渡した責任を問われ、それ以後、アテネを追放された。しかし、このトゥキディデスの個人的な逆境は、その後の彼の名声に大きく寄与した。なぜならば、彼はこの追放によってギリシャ世界を広く旅行する機会を得て、アテネ側・スパルタ側の両陣営の戦争参加者に話を聞くことができたからである。その結果、類《たぐい》まれなまでに公正かつ深遠な歴史書が生まれた。

前五世紀当時のギリシャ人にとって、ペロポンネソス戦争は世界大戦であった。当時のギリシャ人の感覚は、一九一四年から一八年に生きたヨーロッパ人が第一次世界大戦に対して抱いた感覚と同じであろう。トゥキディデスは、ペロポンネソス戦争の勃発について『戦史』の冒頭で次のように記している。

この戦乱が史上特筆に値する大事件に展開することを予測して、ただちに記述をはじめた。当初、両陣営ともに戦備万端満潮に達して戦闘状態に突入したこと、また残余のギリシア世界もあるいはただちに、あるいは参戦の時機をうかがいながら、敵味方の陣営に分れていくのを見たこと、この二つが筆者の予測をつよめたのである。じじつ、この争はギリシア世界にはかつてなき大動乱と化し、そして広範囲にわたる異民族諸国、極言すればほとんど全ての人間社会をその渦中に陥れることにさえなった。*1

トラキア
黒海
ビザンティオン
トロイア
小アジア
レスボス島
スミルナ
キオス
エフェソス
サモス島
ミレトス
ロードス島
アテネ帝国
0
100 マイル
0
100 キロ

図 2-1　古代ギリシャ・アテネ帝国（前 450 年頃）

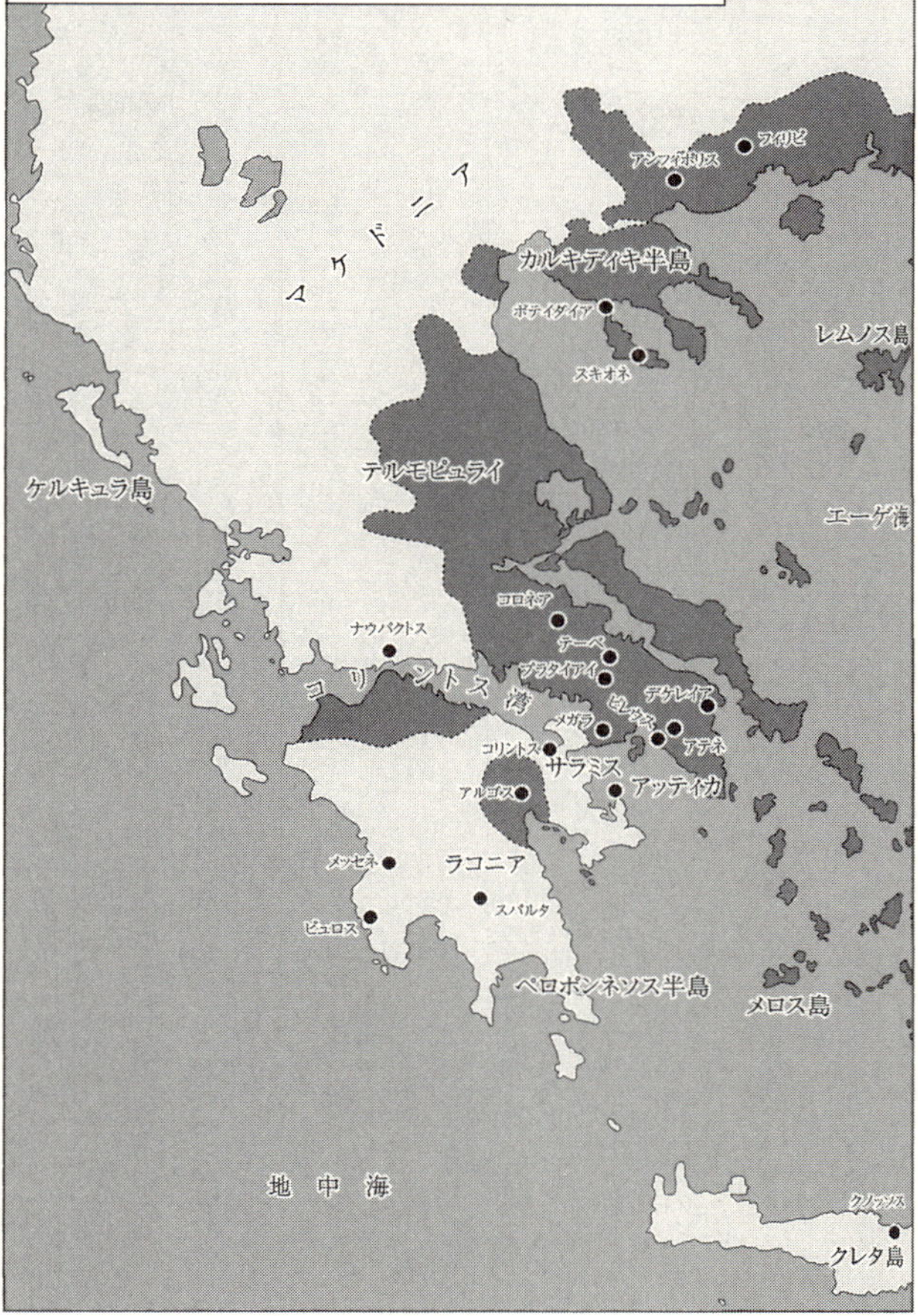

出典：Kagan, Ozment, and Turner, *The Western Heritage*, Volume A: To 1527, 4th ed. (New York: Macmillan, 1991), pp. 76, 79.

ペロポンネソス戦争は、ギリシャの歴史における大きな転換点であった。この戦争で多くのギリシャ人の人命と財産が失われ、各派閥・階級間での闘争が激化し、ギリシャの諸都市は互いに反目し合って分裂し、そして究極的には外部からの征服に対するギリシャ世界全体の抵抗力が弱体化した。

アテネは、多くの災難に遭遇しただけでなく、自ら多くの失敗を犯し、ついには反アテネで結束した大連合の諸都市に立ち向かわなければならなかった。それにもかかわらず、アテネは幾度となく勝利を収める寸前のところまで戦況を持ち込み、完全に勝利を収めることはできなかったが、少なくともアテネの独立と軍事力を無傷に保ったまま戦った。つまり、アテネの最終的な敗北は必然ではなかったのである。事実、トゥキディデスは、アテネを倒すことがどれほど困難であったかを次のように強調している。

シケリア〔シチリア〕遠征が挫折し、アテーナイ〔アテネ〕は海軍力の大半をふくむ諸軍備を失い、内政は今や内乱状態に陥りながらも、なお三年間アテーナイ人の抗戦力は衰えなかった。従来の敵にシケリア諸地の軍勢が加わり、さらにアテーナイ側同盟の過半は離叛して敵側につき、ついにはペルシア王子キューロス〔キュロス〕がペロポネーソス〔ペロポンネソス〕側に海軍建造の軍資金を与えるに至っても、結局は市民間の内紛が嵩じて内部崩壊を来たすまでは、降伏しなかった。*2

一　「アテネ」「帝国」「民主政」

古代ギリシャ時代における最大の戦争をこれほど精力的に戦ったにもかかわらず敗北を喫したアテネとは、どのような性質を持った都市国家であったのであろうか。

アテネを取り巻く当時の状況とアテネの都市国家としての性質を理解するためには、アテネを「アテネ帝国民主政」として捉え、「アテネ」「帝国」「民主政」という三つの要素のそれぞれの意味合いを考慮することが有益である。アテネは、民主政や帝国に発展するはるか以前から独自の歴史を持っており、こうした歴史がアテネの都市国家としての性質を形成するうえで大きな役割を果たした。アテネは、ギリシャ中央部から南東に突き出た三角形の地形をした小さな半島に位置するアッティカと呼ばれる地方の主要な都市国家であった。アッティカ地方は約一〇〇〇平方マイルの面積を持つ土地であったが、その土地の多くは山岳地帯や岩場であったために農業には不向きであった。また、山岳地帯や岩場以外の土地にも第一級の農地といえるような場所はほとんどなかったので、初期のアッティカ地方は、古代ギリシャ世界の基準から見ても比較的貧しい地域であった。しかしながら、このように地勢・地味的な魅力に欠けていたことが幸いし、北方からの侵略者はアッティカ地方を素通りし、より魅力的なペロポンネソス地方を占領してきた。つまり、北方からの侵略者から、アッティカ地方は無理をして征服する価値のある土地ではないと考えられていたのである。一方、豊かなペロポンネソス半島南部の土地を征服したスパルタ人は、自分たちの人口をはるかに上回る先住民をヘロット〔スパルタの完全市民共有の奴隷〕と呼び、彼らを奴隷として働かせることによって、自らは労働に従事することのない生活を送っていた。しかしながら、こうした特異な社会のために、スパルタは大きな代償を払わなければならなかった。スパルタは、国全体が外部から遮断された軍事学校あるいは兵舎のような様相を呈し、外部との接触を嫌うようになり、さらにはヘロットの反乱を常に恐れなければならなかった。他方、アテネ人は、アッティカ地方に土着しており、ギリシャ世界が誕生して以来ずっと同じ土地に住み、同じ土地で発展を遂げてきたことを誇りにしてきた。アテネ人は、不満分子である被征服民を抑圧する負担に悩むことなく、独自の道を自由に切り拓くことができた。

他に考えられるアテネが発展した秘密は、早い時期からアッティカ地方がアテネの手によって統一されたことである。アッティカ地方の北方の辺境に位置するボイオティア地方をめぐって常に戦争してきたテーベとは異なり、アテネは近隣の諸国家と反目することや戦争に巻き込まれることがなかった。アッティカ地方のすべての共同体はアテネの都市国家の一部であり、アッティカ地方で生まれたすべての自由民はアテネ市民と見なされ、アテネ市民と平等の権利を享受していた。このように、国内・国外双方からの重圧から解放されていたアテネの環境から、比較的悠長でかつ非暴力的なアテネの初期の歴史を説明できるし、アテネが前五世紀に世界史上初めての民主主義国家となった理由も説明できるであろう。前五世紀の半ば頃までには、アテネにおける民主政の発展は基本的にほぼ完成し、自らの政府に完全かつ直接的に参加する権利がすべての成年男子市民に対して与えられた。

アテネにおける国政の最高決議機関は民会（*ekklesia*）であった。民会では、外交・内政・軍事・民政に関するすべての政策が決定された。民会は、アクロポリスのそばの野外で年に四〇回以上も開かれ、その場所からは公共広場《アゴラ》を見下ろすことができた。すべての成年男子は民会に出席することができ、自由に投票・提案・討論を行うことが許されていた。ペロポンネソス戦争の勃発時には、約四万人のアテネ市民が民会に参加する権利を有していたが、実際のところ、民会への参加人数が六〇〇〇人を超えることはめったになかった。民会は、平和条約の締結や宣戦布告を承認する国家機関であった。民会は、戦略に関するすべての政策が最初に提議される場であり、何千人もの市民の前で議題が自由闊達に討論された。そして、すべての国家活動の細かな点にいたるまで、参加者の過半数の賛成を必要とした。どのような軍事遠征を行う場合でも、民会は、その遠征の目的と攻撃目標、艦船や兵士の数とその任務の性質、拠出する軍資金の額、さらには兵士を統率する司令官の任命やその司令官に与える特定の指令に関することまで投票で決めた。

アテネの国政におけるもっとも重要な役職は、一〇人の将軍（*strategoi*）であった。将軍職は、くじ引きではなく選挙で選ばれるアテネで数少ない役職であった。戦闘でアテネの陸軍や艦隊を指揮するために、将軍は軍人でなければならなかった。一方、無制限の再選が可能ではあるものの、わずか一年間の任期の将軍の職を確保し続けるためには、優れた政治家としての資質も必要とされた。前五世紀に将軍に選出されたほとんどの人物は、軍事と政治の両方の分野において有能な技量を有していた。もちろん、どちらか一方の分野の技量のみに傑出していた将軍がいたことはいうまでもない。戦役の間、将軍には兵士に対して厳しい軍規を課すことが許されており、将軍は厳しい軍規を実際に課していたが、アテネにおける将軍自身の地位はそれほど安定したものではなかった。なぜなら、将軍は少なくとも年に一〇回、彼らの指揮・指導に不満を持つ市民から正式に査問され、その任期の最後には、彼らの公務の軍事・財政についてすべて明確に説明することが求められたからである。そして、こうした査問会において不正行為が告発されれば、その将軍は裁判にかけられ、有罪の判決を受ければ厳罰に処される可能性があった。不満分子から厳しい扱いを受けた将軍はトゥキディデス一人だけではなかったのである。

一〇人の将軍が、内閣や政府を連帯で組織しているわけではなかった。なぜなら、民会自体が政府そのものだったからである。しかし、時には一人の将軍が、法的に権力を得るのではなく、アテネ市民の強力な政治的支持と自己の影響力を背景にアテネの指導者として登場することもあった。キモンは、このような地位を獲得することに成功した将軍の一人であった。前四七九年から前四六二年にかけての一七年間、キモンは毎年将軍に選出され、すべての重要な軍事遠征を率い、彼の内政・外交に対するアテネ民会の支持を取り付けることに成功したようである。キモンの引退後、ペリクレスはキモンと同じような地位をキモンよりもさらに長い期間にわたって獲得することに成功した。ペロポンネソス戦争が始まる前の三〇年間、ペリクレスは毎年将軍に選出され、彼の政治的同志の選挙活動を支援し、彼自身が必要と判断した軍役を指揮し、さらには彼が実施する内政・外交政策に対するアテネ市民の支持を獲得することに成功したようである。しかしながら、ここで指摘すべき重要な点は、ペリクレスは決して他の将軍よりも強大な法的権力を掌握していたわけではなく、民主政における法律の変更を要求したことも一度もなかったという事実である。ペリクレスも他の将軍と同じように法的に定められた査問を受け、いかなる活動を行うときにも民会において自由で束縛のない選挙による投票を必要としたのである。ペリクレスは彼が欲したもののすべてを手に入れることはなかった。時には、ペリクレスの政敵が、ペリクレスが打ち出した政策に反対するよう民会で工作することもあった。トゥキディデスは、ペロポンネソス戦争の勃発直前のこのようなアテネの政治を、ペリクレスという第一級のアテネ市民によって率いられた理想的な民主政として描いている。ペリクレスが影響力を持つことができたのは、彼が何か神秘的な能力を有していたからではなく、あるいは軍隊を掌中に収めていたからでもない。それでもアテネ市民がペリクレスの指導に従ったのは、ペリクレスが聡明で英知に富み、正直で愛国主義者であるという評判が高かったからであり、演説者として類まれな能力を持っていたからであり、さらには彼が打ち出す政策や彼のリーダーシップによる成功とそれに対するアテネ市民の支持を獲得することができたからである。トゥキディデスは『戦史』のなかのペリクレスを紹介した個所で、「クサンティッポスの子ペリクレース〔ペリクレス〕が登壇した。かれは当時のアテーナイ〔アテネ〕では第一人者と目され、弁舌・実行の両面においてならびない能力をもつ人物であった」[*3] と記述している。さらに、トゥキディデスは、ペリクレス時代のアテネを「その名は民主主義と呼ばれたにせよ、実質は秀逸無二の一市民による支配がおこなわれていた」[*4]とさえ述べている。実際、ペリクレス時代のアテネは、あらゆる点において常に完全な民主主義の国家であることに変わりはなかった。しかし、戦争へと続く危機の最中に戦争を戦い抜くために必要な戦略を採用するにあたり、アテネ市民は二期目に入った偉大な指導者の忠告を仰ぐ以外の術を持たなかった。

民主政アテネの権力と繁栄は、エーゲ海とそこに浮かぶ島々、そして海岸沿いの都市群を支配することによって成り立っていた。ペルシャに占領された国を救うための解放戦争やペルシャに対する復讐戦争を準備するため、ギリシャ諸国はアテネを中心に自主的にデロス同盟という軍事同盟を結成した。デロス同盟は次第にアテネを盟主とした帝国へと変質し、主にアテネの利益を増幅するための機能を果たすようになる。結成後の数年でデロス同盟のすべての加盟国は自国艦隊の建設を諦め、艦隊と兵士を供出する代わりに共通の国庫に金銭を貢租することを選んだ。アテネは、自国の艦隊を増強し、毎年八カ月間勤務することを条件として雇った漕ぎ手に賃金を支払うためにこの貢租金を充て、かつてない最大かつ最高の艦隊を作り上げていた。また、加盟国から拠出される貢租金は艦隊が必要とする額をはるかに上回っていたため、アテネは市街美化のための大建設計画を実行して市民のために雇用を創出するなど、余剰金を自国の目的に用いるようになった。デロス同盟の国庫からの歳入によって、アテネは多額の準備金を蓄積することが可能になった。アテネ海軍は、アテネに繁栄をもたらす地中海の周辺とその他の海域の貿易ルートを確保するためにアテネ商船を保護した。アテネ海軍の保護により、アテネはウクライナ地方の小麦地帯や黒海の漁場にも通航することができるようになり、その結果、国内の貧しい食糧供給を補うこともできた。さらに、戦争時に国内の農場を手放すことを余儀なくされた場合には、帝国の国庫を使って必要な食糧のすべてを外部から賄うこともできた。アテネが市街を取り巻く城壁を完成させ、その城壁と要塞化された外港のピレウスとを繋げれば、アテネは難攻不落であった。なお、アテネは、前五世紀半ばに市街の城壁と外港のピレウスを長城壁で結ぶことに成功したことを付言しておく。アテネは、ギリシャの歴史上、他の都市が採用することができなかった戦略を選択することができた。アテネは数的・戦術的に優位な敵に対しては大規模なすべての陸上戦を回避し、アテネ市民を城壁のなかに籠城させた。また、城壁外の農場は敵の手に蹂躙されることを許しながら、それでも敵国に海から攻撃を仕掛けることでほとんど無期限にアテネ市民を守り通すことができたのである。ペロポンネソス戦争にアテネが突入したとき、ペリクレスはこうした防衛的な計画を採用するように市民に呼びかけた。

二　ペリクレスの戦略

ペリクレスが設定した目標とそれを達成するために彼が選択した戦略を理解するためには、ペロポンネソス戦争の起源を考察する必要がある。途中何度か戦闘が中断した時期があったが、前四六一年から前四四五年にかけてアテネは、スパルタおよびペロポンネソス同盟諸国に対して戦争を戦った。現在の学者はこの戦争を第一次ペロポンネソス戦争と呼んでいる。第一次ペロポンネソス戦争の大部分の期間、アテネはギリシャ中央部からコリントス地峡にかけて広がるギリシャ本土の領土を確保していた。アテネはギリシャ本土の領土を確保しながらスパルタをペロポンネソス半島に閉じ込め、ペロポンネソス同盟諸国の貿易を妨害した。特に、アテネはスパルタの主要な海洋同盟国であるコリントスの貿易を妨害した。その一方で、アテネはあらゆる方向からの敵の攻撃に対して自国を守ることができた。しかしながら、アテネ帝国内の植民地の反乱を契機としてアッティカ地方へ通じる道がペロポンネソス同盟諸国に占領された結果、ペリクレスは「三十年の和約」を締結することによって大規模な陸上戦をかろうじて回避した。この「三十年の和約」は、ペリクレスおよび多くのアテネ市民にとって満足すべき内容を持つ和約であった。なぜなら、この和約によりアテネ帝国が承認されたからである。さらには、エーゲ海におけるアテネの支配権やギリシャ本土におけるスパルタの支配権が確認されたことで、ギリシャ世界がアテネとスパルタの二つの勢力圏に分割された。「三十年の和約」には、将来、両国に意見の不一致があった場合には強制的な仲裁機関を設けることを定めた独自の条項があり、この条項を通じて「平和的共存」への真剣な努力が保障されていた。ペリクレスの長期的な目標はこの和約を維持することであった。

コリントスがケルキュラ島(現コルフ島)という中立の植民市を攻撃したことを契機として、ペリクレスの期待を大いに裏切るかたちで〔次の〕大戦争が勃発した。そして、ケルキュラは、共同でコリントスに対抗するための同盟を結成することをアテネに要請した。「三十年の和約」では、中立国がアテネ・スパルタの両陣営のいずれかと同盟を結ぶことができると特別に認められていたが、コリントスに対抗してケルキュラと同盟を結ぶことは、アテネにとって大きな問題に発展しかねなかった。しかしながら、アテネ以外にギリシャで大艦隊を保有しているのはコリントスとケルキュラだけであるという事実から、ペリクレスとアテネ市民はケルキュラによる同盟の要請を受け入れた。もしコリントスとケルキュラの両艦隊が敵として一つの指揮系統に入れれば、その連合艦隊はアテネの制海権を脅かすことはもとより、アテネの安全保障そのものを脅かす恐れもあった。他方、スパルタはこの争いに関わることには消極的だった。なぜなら、アテネが「三十年の和約」を公式に破ったわけでもなく、また、本国に直接関係のない争いをめぐって戦争に巻き込まれることにスパルタは乗り気ではなかったからである。ペリクレスは、スパルタが合理的に考え行動することに期待をかけていた。つまり、アテネはスパルタやペロポンネソス同盟諸国に対して陰謀を企んでいるのではなく、単に自衛的な行動をとっているだけであるとスパルタが合理的に考えてくれることを、ペリクレスは望んでいたのであった。危機が緊張の度を増すにつれ、コリントスは、アテネは本来拡張主義的な国で永久的に危険を与え続けるであろうとスパルタに対して警鐘を鳴らし、アテネ帝国を破滅に追い込むしか手立てがないことを訴えた。

ペリクレスは戦争を望まなかったが、その一方で、彼はペロポンネソス同盟諸国の怒りや恐怖を煽り立てるような多くの行動をとりながら、スパルタにおいて主戦派が主導権を握るように巧みに政治工作を仕掛けた。ペリクレスは、アテネがケルキュラと同盟を結ぶことを支持した。そして、アテネの同盟国であるポテイダイアの自治に干渉した。なぜなら、ポテイダイアは伝統的にコリントスと密接な関係を築いていたために、ポテイダイアがアテネに対し反旗を翻すのではないかとペリクレスが恐れたからである。アテネによるケルキュラとの同盟締結とポテイダイアへの干渉はコリントスを激怒させた。さらに、ペリクレスは、メガラとアテネとの間の貿易並びにメガラとデロス同盟諸国との間の貿易を禁止するとともに、コリントスとケルキュラとの紛争でコリントス側を援助したことを理由にメガラに制裁を加えた。メガラに制裁を加えることで、他のペロポンネソス同盟諸国がコリントスとケルキュラとの紛争に介入することを抑止する企図がペリクレスにはあったのである。怒ったメガラは、アテネに対抗するために、ペロポンネソス諸国の結集を呼びかけた。ペリクレスはスパルタの要求をすべて退け、その代わりに、すべての意見の食い違いを「三十年の和約」の条文に従って仲裁機関を通じて解決することを主張した。スパルタ側は、アテネに対してケルキュラとの同盟の破棄を要求したことは一度もなかった。またある一時期には、アテネがメガラに対する貿易禁止令を撤廃することを条件に、スパルタがアテネに講和を申し入れたこともあった。実際のところ、メガラに対する貿易禁止令はアテネにとって本質的にそれほど重要な問題ではなかったので、多くのアテネ市民はスパルタの講和の申し出を受け入れることを望んだ。なぜペリクレスはスパルタの講和の申し出を拒否したのだろうか。どのような脅威が存在したため、ペリクレスは「紙くず」同然の貿易禁止令にこだわってスパルタの講和の申し出を受け入れようとせず、誰からも歓迎されない戦争を継続しようと決意したのであろうか。

ペリクレスは、スパルタがアテネ帝国の存在を苦々しく思いながら仕方なく黙認してきたことを知っていた。スパルタでは、アテネの力が増大することを嫌い、アテネを破滅させることを願う主戦派がかなり初期の時代から存在した。通常、こうした過激な主戦派は少数派に過ぎなかった。ところが、特に状況が変化してアテネが脆弱に見えるときに、スパルタの主戦派は台頭する傾向があった。アテネの意図が無害なときでも、スパルタの主戦派はアテネの行動を糾弾し、スパルタ市民の大多数を戦争へと駆り立てた。過去三〇年間、スパルタの主戦派の企図が成功する可能性が二度あったが、そのうち一度はスパルタを開戦の瀬戸際にまで追い込んだ。ペリクレスにとって、「三十年の和約」、とりわけその仲裁条項は、スパルタで主戦派が台頭する脅威を抑止するための一つの方法であった。しかしながら、以下のトゥキディデスの記述が示唆しているように、この危機の期間、スパルタ側は和約の義務条項を一貫して無視し続けた。

ラケダイモーン〔スパルタ〕人がわれらにたいして先頃より陰謀を企んでいたことは周知の事実であるが、いまやかれらの意図は明々白々となった。なぜならば、和約の明文には、紛争解決は合法的裁判にま（つ）（中略）とうたわれているにもかかわらず、かれらが法的裁決を要求した例はなく、われらが裁判に応じる旨をつたえてもこれを了承しようとはせず、相互の不満を法にはよらず戦によって解決しようと望んでいる。しこうして今日までかれらの遣わした使節らは一方的命令を伝えるのみで、対等の立場にたった要求を述べたものがない。*5

これがペリクレスを悩ませた根本的な原因であった。もしアテネがスパルタの力の脅威に屈してスパルタの要求を受け入れれば、アテネを取り巻く環境は、スパルタが絶対的な力を持つ唯一のギリシャの盟主であった半世紀前に戻るであろう。そうなれば、アテネの力と独立は、スパルタ国内の派閥政治の動向に左右されることになる。「三十年の和約」は、アテネとスパルタの対等性と両者の勢力圏を保障するものであった。この和約の協定は、相互不干渉の原則のうえに成り立っており、中立国との関係を規定するものでもあり、さらにもっとも重要なことには、意見の不一致があった場合には仲裁機関を設けることを定めていた。もしアテネが今の段階で戦争の脅威に屈すれば、アテネはスパルタとの対等性を自ら放棄することになり、今後スパルタからの脅威にさらされ続けることになる。したがって、メガラに対する貿易禁止令を撤廃せよとのスパルタの要求をペリクレスは拒否したのである。以下、ペリクレスがアテネ市民に向けて自己の考えを説明した場面を紹介する。

メガラの禁令さえ解けば戦争は回避できる、とかれらはしきりに強調しているが、しかし諸君のうちで一人たりとおそれて、メガラの禁令を固執するのは些細な問題で戦乱を惹起することではないか、わずかな紛議から開戦したという責めを後世に負うことになるのではないか、と疑問をはさむものがあってはならぬ。なぜなら、この些細な問題に諸君の安否がかかっている。そしてこれは諸君の政治的決断をためす試金石であるからだ。もし諸君がかれらの要求に譲歩すれば、恐怖心から些細なことにも妥協した、と思われて、ただちにまたこれに上廻る要求をつきつけられるにちがいない。*6

このアテネの事例は、宥和《ゆうわ》政策を拒否する場合の古典的な理論的説明であり、アテネが見せた勇気と決意は称讃に値するであろう。しかし、ペリクレスのこのような懸念あるいは危惧は正当化されるものであろうか。当面の危機への対処という観点からいえば、答えは否である。アテネとスパルタとの間に横たわる特定の不平・不満というものは、本質的に重要ではなかった。もしアテネがメガラに対する貿易禁止令を撤廃したならば、危機は戦争に発展することなく過ぎ去ったであろう。しかし、その一方で、スパルタに存在する、アテネに敵対的な派閥の執念深さに対するペリクレスの懸念は正当なものであった。また、もしアテネがスパルタの要求を受け入れて妥協すれば、当分の間は、普段は慎重かつ温和なスパルタの多数派の恐怖は緩和されるであろう。しかし、その一方で、将来の紛争においてスパルタ内でより好戦的な派閥が台頭する可能性もあった。ペリクレスは、スパルタを説得して戦争と威嚇の政策を放棄させることができる唯一の戦略を発見したと信じていた。彼が主導する戦略をアテネ市民に承認させ、その戦略を実行することのできる人物は自分以外にいないというペリクレスの信念も正しいものであった。ペリクレスはメガラに対する貿易禁止令の撤廃の要求を拒絶した。その主な理由は、スパルタの要求を退けることこそが、アテネ帝国およびアテネ・スパルタ関係を永久的かつ安定的な基礎のうえに築き上げるための絶好の機会だとペリクレスが考えたからである。しかし、一見素晴らしく見えるこのような戦略を実行できる可能性があったこと自体が、戦争を誘発した要因になったのかもしれない。

ペリクレスは、スパルタが戦争に訴える可能性はないと確信したために、スパルタ側に自らの失敗に気づかせることで、両国の間に危機以前の平和を回復させることを企図した戦略を採用した。彼は、両国が互いに自国の意志を他国に押し付けることなく、互いの領土保全を尊重し合うような世界を構想していた。

三　ペリクレスの戦略の功罪

戦略を成功裏に実行するためには、戦争目的を明確に理解し、敵・味方それぞれに利用可能な資源を正確に評価することが不可欠である。同じく、戦略を成功裏に実行するためには、敵の弱点に対して味方の長所を使用し、過去の経験を最大限に活かし、さらには物質的・心理的な環境の変化に上手く適応する必要がある。また、戦略を堅実に実行するためには、最初の計画が予想に反して効果を上げることができない場合のために、予め代替案を用意しておく必要がある。しかしながら、国家や政治家がこのような理想的なかたちで戦争を始めた事例はほとんどない。

ペリクレスの戦略目的は、戦闘においてスパルタを敗北させることではなく、単にアテネとの戦争は無益であるとスパルタ側に確信させることであった。したがって、彼の戦略上の目標は完全に消極的なものであった。ペリクレスは、アテネ市民に対して次のように状況を説明した。「もしアテーナイ〔アテネ〕人が沈着に機をまち、海軍力の充実につとめ、かたわら戦時中は支配圏の拡大をつつしみポリスに危険を招かぬようつとめるならば、戦は勝利に終る」[*7]。ペリクレスが設定した目標を達成するために必要な具体的な計画とは、陸上戦を回避し、アテネの城壁外にある農場や住宅をスパルタに蹂躙させたままアテネ市民を城壁内に籠城させる一方で、アテネ海軍が沿岸に位置するペロポンネソス同盟諸国に対してゲリラ的な急襲を繰り返すというものであった。こうした戦略は、アテネの執拗な攻撃に嫌気がさした敵が講和を申し込んでくるまで継続する予定であった。ペリクレスは、アテネ海軍の急襲や上陸作戦によって敵を苛立たせ、アテネがその気になればどれほど大きな損害を敵に与えることができるかを証明しようと試みたのである。このペリクレスの戦略は、ペロポンネソス同盟諸国を肉体的・物質的に疲弊させるのではなく、心理的に追い詰めることを企図していた。ペリクレスは、主要な敵であるスパルタに対してアテネと戦っても勝つ見込みがないと思わせようと努めていたのである。現在の学者がこうした状況を以下のように的確に説明している。

〔ペリクレスは〕まず、アテネおよびアテネ帝国の存在を消滅させることは不可能であることを証明しなければならなかった。〔中略〕次に、アテネは敵国に害を与えることができることを証明しなければならなかった。アクロポリスの国庫が底を突く前に、敵の神経と意志力が先に底を突くであろうという予想は、道理に合った計算であった。また、アテネの力と意志力は不屈であると敵が認めるであろうという予想も、道理に合った計算であった[*8]。

このような戦略を試みたギリシャの都市国家はかつて存在しなかった。なぜなら、アテネ帝国民主政が成立する以前では、どの都市国家もこのような戦略を遂行する手段を持っていなかったからである。実際のところ、アテネは第一次ペロポンネソス戦争の後半の時期に同じような戦略を実行できる立場にあったが、結局そのときは実行しなかった。これは、おそらくペリクレスが政治的に安定した立場を確保しておらず、民会の同意を取り付けることができなかったことによるためであろう。彼の任務は易しいものではなかった。というのも、この過去に例のない戦略は、ギリシャの伝統に本質的に反していたからである。古代のギリシャ文化が形成されるうえでもっとも強力な力となったのは、ホメロスの『イリアス』や『オデュッセイア』に代表される叙事詩の伝統であった。何世紀にもわたる詩、物語、戦争、競技の活動によって、こうした叙事詩の伝統が強化された。そして、叙事詩では、戦争における勇敢さがもっとも崇高なギリシャの美徳であると称讃された。前七世紀までには、高い規律を持った重装歩兵が密集して攻撃するファランクスと呼ばれる攻撃方法が、ギリシャで主要な軍事力となった。このファランクスは、市民の規律、勇気、闘争精神を成功の拠りどころにしていた。その結果、戦闘において自ら進んで戦うという意志、勇敢さ、不《ふ》撓《とう》不屈の精神などがギリシャの自由民および市民にとって本質的な特徴となっていた。このため、ペリクレスの消極的な戦略はギリシャの伝統に真っ向から反するものであった。

さらに、アテネ市民の多くは農民であり、彼らの農地や住宅は城壁の外にあった。ペリクレスの戦略は、アテネの城壁の外にある住宅、穀物、ワイン畑、オリーブの木などがスパルタに破壊されるのを黙って見過ごすことを農民に要求するものであった。これらの事実、伝統の力、当時の文化的な価値観を考慮して現在から振り返って考えてみても、ペリクレスがどのようにして彼の戦略を採用するようにアテネ市民を説得したのか理解に苦しむ。ペリクレスがアテネ市民の説得に成功した理由の一つは、前四三一年までに彼が獲得した極めて強力な政治的基盤にある。二〇年間、抜本的な体制変革が一度も行われなかったということを別にしても、ペリクレスは、役職を確保し政敵を追い出すことに長《た》けた自らの才能によって前例のない影響力を手に入れたのである。前四四三年、ペリクレスが反対派の首謀者を追放することに成功して以来、組織的な政治グループが彼と対決することは一度もなかった。当時の支配的な伝統や偏見に囚われることなく計画を立てる構想力とその計画を実行に移すだけの能力を兼ね備えた人物は、おそらくペリクレス以外には存在しなかったであろう。このような能力を持っていたペリクレスをハンス・デルブリュックは称讃し、「世界の歴史上もっとも偉大な将軍の一人」であると述べている。ペリクレスの偉大さは、計画を立案し、計画を実行に移すときは中途半端な手段は使わず、アッティカ地方の総力を挙げて決定的に計画を遂行する点にあった。しかしながら、ペリクレスの特筆すべき偉大さは、計画を民主的な民会に諮問したうえで彼の個人的な能力によってその計画を実行に移した点にあった。

「このような決定を遂行することは将官の手腕の一つであって、それ自体、いかなる勝利とも同じ価値を持つのである」[*9]。

ペリクレスは、彼が提案した戦略だけが唯一実行可能なものであり、戦略を成功に導くのに必要なだけの資源をアテネが有していると信じるだけの十分な根拠を持っていた。敵と陸上で戦うことは、ペロポンネソス同盟諸国が数的に圧倒的に有利であるという理由から愚かな行為であると考えられていた。例えば、実際に戦争が勃発した場合、アテネ側で会戦を戦うことができる状態にあった歩兵部隊の数は一万三〇〇〇人程度であり、これに加えて、一万六〇〇〇人が国境の要塞、アテネの城壁、そしてアテネと外港のピレウスとを結ぶ長城壁に駐屯していた[*10]。プルタルコスは、前四三一年にアッティカ地方に進攻したスパルタ側の軍隊の数は六万人であったと記録している[*11]。プルタルコスが記録したこのスパルタ側の軍隊の数は明らかに誇張である。とはいえ、一回の戦闘でスパルタとペロポンネソス同盟諸国が動員する兵士の数は、ギリシャの他のすべての国の兵士を結集する数に匹敵するであろうと戦争の開始直前にペリクレス自身が認めていた[*12]。さらに、当時の歴史を振り返ってみれば、賢明なアテネ人は、アテネ軍が比較的弱体であることに既に気づいていた。第一次ペロポンネソス戦争においてアテネ軍は勇敢に戦ったが、数的には有利であったにもかかわらず、前四五七年のタナグラの戦いで敗北を喫して悲惨な損害を被った。また前四四六年、ペロポンネソス同盟諸国がアッティカ地方に進攻した際、アテネ軍は戦わず休戦を申し出て帝国の領土の一部を放棄した。スパルタ国内の反アテネ派は、このようなアテネ軍の記憶を巧みに利用してスパルタ市民を説得し、再びアテネとの戦争に赴かせたに違いない。もしスパルタ側が農作物の生長する時期にアッティカ地方に進攻すれば、アテネ側は城壁のなかに閉じこもったままスパルタ側による土地や住宅の破壊を許すようなことは決してしなかったであろう。前四四六年のようにスパルタ側と一戦も交えることなく屈するのか、あるいは一戦を交えて敗北を喫するのか、アテネにはこの二通りのシナリオしか存在しないように思われた。いずれのシナリオにせよ、戦争は短期間のうちに終わり、スパルタ側の勝利は明らかであるように思われた。

ペリクレスは、スパルタにおける「タカ派」の主張が間違いであることを証明するために戦争を開始した。彼はこの点についてアテネ市民に以下のように明確に伝えている。「若し私が諸君なら、自分で畑屋敷に赴いて己が手でこれを打ち壊し、このような物を惜しんで他国への追従に甘んじるわれらでないことを、ペロポネーソス〔ペロポンネソス〕勢に示すだろう」[*13]。アテネ側が勝利を収めるうえで必要な犠牲を厭わないという意志を示し、陸上戦を回避し、前例のない戦略を遂行しさえすれば、スパルタはアテネとの戦争が無益なことに気づき講和を申し出るであろうとペリクレスは信じていた。その結果締結される和約は、その本質的な内容が「三十年の和約」と同じであったとしても、スパルタがアテネの強さを十分認識するはずなので、安定的かつ長期的な講和になるであろうと考えられた。

自ら立案した戦略を遂行するために、ペリクレスはかつて存在したどのギリシャ国家も持つことがなかったほどの十分な財政力を有しており、その財政力の規模はスパルタ側のそれを凌駕していた。金銭や漕ぎ手を供出していたアテネ帝国の植民市だけでなく、数多くの自由同盟国がアテネの味方に加わっており、アテネに軍艦や船員だけでなく、歩兵、騎兵、軍資金も提供していた。アテネにとって力と希望の源泉は壮麗な海軍の存在であった。アテネの造船所では少なくとも約三〇〇隻の戦闘可能な艦船が停泊しており、その他にも、緊急時に修理して即座に使用できる艦船も停泊していた。レスボス、キオス、ケルキュラなどのアテネの自由同盟諸国も、おそらく三カ国で一〇〇隻以上の艦船をアテネに供給することができた。こうしたアテネの大艦隊に対して、ペロポンネソス同盟諸国は約一〇〇隻の艦船を集めることができたが、ペロポンネソス戦争の最初の一〇年の歴史が繰り返し示したように、これらの国の船員の技量と経験は、アテネ側とは比較にならないほど低いものであった。

ペリクレスは、海上での戦いで勝利を握る鍵、すなわち彼の戦略を成功に導く鍵となるのは、海軍を建設・維持し、船員に賃金を支払うために必要な財政力の確保にあることを認識していた。この点についても、アテネは極めて優位な立場にあった。前四三一年、アテネの年間の歳入は一〇〇〇タラントンであり、そのうち四〇〇タラントンが国内から、六〇〇タラントンが植民市やその他の帝国の領土からもたらされた。[*14] 毎年約六〇〇タラントンを戦費として使うことができたが、その額ではペリクレスの計画を継続するには不十分であった。そのため、アテネは大事な資本を切り崩す必要があったのである。ペロポンネソス戦争が始まったとき、アテネは国庫のなかに六〇〇〇タラントンの銀硬貨を保有していたが、これに加えて、五〇〇タラントンの非鋳造の金銀も保有していた。さらに、四〇タラントン相当の純金のめっきで装飾されたアクロポリスにあるアテナ女神像を緊急時に取り出して溶かすことが許されていた。[*15] ペロポンネソス同盟諸国は、アテネのこの想像を絶する富に太刀打ちできるほどの富を持っていなかった。スパルタ王はこの点を次のように代弁している。「[スパルタには] 公《おおやけ》の資金もなく、個人からの調達も容易なことでは必要をみたさぬ」。コリントスは他のペロポンネソス同盟諸国に比べて裕福な方であったが、準備金を保有していなかった。ペリクレスは、ペロポンネソス同盟諸国について、「かれらは個人も国も、財貨のたくわえをもたぬ」[*16] とアテネ市民に語ったが、この彼の言葉は筋の通ったものであった。

もっとも賢明でよく準備された戦略であっても、戦略を執行する者によってそれが計画通り忠実に遂行されなければ失敗に終わることが多い。デルブリュックが指摘しているように、ペリクレスが直面した困難な問題は、いかにアテネ市民をして計画を忠実に実行させるかという点にあった。ペロポンネソス同盟諸国の先遣隊の進攻のスピードは、故意に遅々としたものであった。なぜなら、自らの土地が荒らされるのを見れば、アテネは正気を取り戻して講和を申し出るのではないかとペロポンネソス同盟諸国側は期待していたからである。攻撃側のペロポンネソス同盟諸国が前四四六年に進攻してきた地点を越えない限りにおいて、アテネは敵が以前のように立ち去るであろうと予想して持ち堪《こた》えることができた。しかし、ペロポンネソス同盟諸国がアテネの城壁外にある土地を略奪しているのが見えるほど近くにアテネ市街へ迫ると、アテネ市民はもはや耐えることができなかった。トゥキディデスはこのときのアテネ市民の反応を次のように描写している。

自分たちの畑や村がこれ見よがしに破壊されていく光景は、若者たちの経験を絶するものであり、年老いた者でさえペルシア戦争いらいついぞ眼にしたことがなかったので、かれらがいたく動揺したのは無理からぬ次第であった。なかでも若者たちはただちに迎撃すべきこと、看過すべきではないことを強硬に主張した。（中略）ポリスはあらゆる所で蜂の巣をつついた騒ぎを演じ、ペリクレース〔ペリクレス〕にたいする怒りをつのらせた。市民はかれが先頃与えた訓戒をことごとく忘れさり、指揮官のくせに兵を出さぬ怯懦《きょうだ》を悪しざまに罵り、自分らの蒙る惨害はみなペリクレースの責任である、と考えた。*[17]

反ペリクレス派の急先鋒の重鎮はクレオンであった。クレオンは長らくペリクレスを非難し続けてきた政治家であり、ペリクレスの死後、アテネの「タカ派」の指導者として登場した。喜劇作家のヘルミッポスが、アテネ市民やクレオンのペリクレスに対する攻撃の模様をおそらく前四三〇年の春に上演された劇のなかで的確に描写している。この劇のなかで、ペリクレスは次のように描かれている。「サテュロスたちの王よ、なぜ一向槍を構へようともせずに、戦争について立派な言葉ばかり並べ立て、テレースの根性を隠してゐるのか。片手で握れる刀を固い砥石に合はせただけでも火と輝くクレオーン〔クレオン〕に咬まれた思ひで歯の根も合はない*[18]」。

ペリクレスがこうした圧力のなかで自分の政策を訴え続けたことは、彼の勇気と意志の強さの表れであり、称讃に値する。また、ペリクレスがアテネ市民に彼の政策を最後まで捨てさせなかったことは、彼の卓越した影響力と指導力の証明でもある。徴兵可能な年齢に達しているすべての成年男子のアテネ市民が、民政と軍事の両方の分野の政策決定に参加していた。民政と軍事を区別した近代的な政府は、当時のアテネでは存在しなかった。これには不便な点もあったものの、将軍が民政と軍事の両方の分野を担当していたが故に、ペリクレスは彼の戦略に対するアテネ市民の本能的な反対にもかかわらず、その任務を遂行することができたのである。トゥキディデスは、このような状況を以下のように記述している。

ペリクレース〔ペリクレス〕は、かれらが現状にたいする憤懣《ふんまん》のあまり良識を失しているのを見ると、出撃を禁じた自分の判断が正しいことを確信していたので、民議会も非公式の集会も開こうとしなかった。市民らが政策によらず激情によって一群となったとき、かれらが犯すやも知れぬ致命的な過失を未然に防ぐためであった。かれはポリスの警備を厳重におこなわしめ、できうる限り人心を平静に復することに力をもちいた。*19

緊張が張りつめ、おそらくアテネにとっては決定的に重要であったこの短い期間中、正常な政治的討論や議論は行われなくなった。一つの法律も成立しなかったし、非常事態の権力がペリクレスや他の将軍職全体に委譲されることもなかった。民会は確かに定期的に開かれたが、そこでは将軍の活動とは関係のない議題が討議された。ペリクレスは一〇人いる将軍のうちの一人に過ぎず、法的には他の将軍と何も変わらない権力を持っていたに過ぎない。それではなぜ、ペリクレスはこの時期、アテネ国内の政治に煩わされることなく自分の戦略を保持することができたのであろうか。

こうした疑問に対する答えの一つとして、スパルタがアテネ市を攻囲していたことが挙げられる。戦略上の必要性から、通常認められる以上の権力が将軍に与えられたのである。アテネ市民は城壁を守るため戦闘態勢に入っていたため、民会に出席しようとすれば城壁の守備をないがしろにすることになる。その一方で、兵士がそれぞれの守備位置に就いたまま民会を開催しても、意味のある討議ができるだけの出席者の数は得られない。こうしたアテネの事情は、通常開催されるべき民会を休会するための十分な理由となった。あとの残りの政治は、ペリクレスがその個人的な影響力――指導者として非公式だが強力な社会的地位――を使ってすべて引き受ける仕組みになっていた。他の将軍のうちの何人かはペリクレスの政治的支持者であり、ペリクレスが他の将軍に対して強い影響力を持っていたことは間違いなく、彼は自分の思い通りに自分の政策を遂行できた。将軍の職にある者の多くが共同で民会の休会を勧告すれば、その勧告に反してアテネ市民に民会を開くように訴えるような者は一人もいなかった。ローマ人の言葉を借りるならば、ペリクレスは権力（*imperium*）ではなく権威（*auctoritas*）によってその目的を達成したのである。

ペリクレスは自分が立案した戦略を選択し、その戦略をアテネ市民に受け入れさせるために十分な政治的手段を持っていただけでなく、さらにはその戦略を遂行するだけの知略も備えていた。ペリクレスの戦略は正しかったし、成功を収めるに値する戦略であったことは確かであると、トゥキディデスはペリクレスの戦略を次のように極めて高く評価している。

かれは開戦後、二年六ケ月間生きていた。その死後、彼の戦争経過の見通しは一そう高く評価されるにいたった。かれは、もしアテーナイ〔アテネ〕人が沈着に機をまち、海軍力の充実につとめ、かたわら戦時中は支配圏の拡大をつつしみポリスに危険を招かぬようつとめるならば、戦は勝利に終ると言っていた。（中略）ペロポネーソス〔ペロポンネソス〕同盟だけを相手の戦であればアテーナイ側の勝利はまことに易々《やすやす》たるべきことを、予言してはばからなかったのである。*20

トゥキディデスは、ペリクレスの戦略の失敗の原因は彼の後継者が「すべてこの忠告に反することばかりをしてしまった」*21点にあると弾劾している。しかし、ペリクレスの戦略は、彼の死後も二年間そのまま実行されたのである。この点を突き詰めて考えれば、後知恵ながら、ペリクレスの戦略は彼が生きているときに既に失敗していたと評価できるかもしれない。ペロポンネソス戦争が二年目に入ったとき、ペリクレスの意志に反して、アテネは講和を話し合うための使節をスパルタに送った。今となってはこのときの講和条件の詳細を知る術《すべ》はないが、アテネがスパルタの提示した講和条件を厳しすぎると判断したことは明らかである。なぜなら、その後アテネは講和を拒否し、再び戦争を継続したからである。しかしながら、スパルタが提示した講和の条件は、ペリクレスが望んでいた内容とは違ったものであったにせよ、アテネにとって十分受け入れる価値のあるものであったことは確かである。ペリクレスにとって、どのような講和の条件であってもそれを受け入れることは敗北を意味した。さらに、ペリクレスの意見に反してアテネが講和を求めて話し合いのためスパルタに使節を送った事実自体、アテネ市民がペリクレスの戦略に否定的な見解を持っていたことを示している。ペリクレスはその後も彼の戦略に固執したが、その結果、彼は自己の政治的基盤とその他の多くを失った。つまり、アテネ市民は、ペリクレスに対する失望と怒りから彼を解任し、裁判にかけ、重い罰金を科したのである。こうしたアテネ市民の行動は、ペリクレスの戦略の失敗から引き起こされたものであり、彼の戦略の失敗を証明するものでもあった。

ペリクレスの戦略はなぜ失敗したのであろうか。その原因の一つは、誰もが予測しなかった疫病の流行にある。当時の医学知識のレベルを考えれば、疫病の流行は予測不可能であった。ペロポンネソス戦争が二年目に入った前四三〇年、疫病の猛威がアテネを襲った。このような疫病の猛威は、以前にはまったく起こっていなかった。現在まで、学者や医学者がこの疫病の原因や種類の特定をめぐって論争を続けているが、統一的な見解は出されていない。アッティカ地方の全住民がアテネ市の城壁のなかに逃げ込んだため、疫病の被害は特に甚大なものになった。疫病の猛威が収まるまでに、アテネ市民の三分の一が命を失った。この疫病の猛威によりアテネ側の継戦意志が弱まり、逆にスパルタ側は元気づいたことを考えれば、疫病の流行がペリクレスの戦略に打撃を与えたことに疑いの余地はない。しかし、スパルタとの講和の話し合いが決裂した後も、なおアテネは継戦意志を保ち続けた。その一方で、スパルタの継戦意志が弱まる兆しもまったく見られなかった。以下に見ていくように、ペリクレスの戦略はその出発点から失敗を運命付けられており、疫病の流行が始まる以前から既に破綻をきたしていた。

ペリクレスの戦略の功罪を評価するためには、スパルタがどれほど長く戦いを続けることをペリクレスが想定していたのかという問題を検討する必要がある。アルキダモス戦争（前四三一〜前四二一年）の戦況の考察からペリクレスの戦略が正しかったと論じている専門家は、通常、ペリクレスが想定した戦争期間の長さに関する問題を取り上げていない。しかし、こうした専門家は、戦争が一〇年間続くことはペリクレスにとって決して想定外ではなかったと暗に考えているようである。こうした議論の根拠の一つとなっているのが、ペロポンネソス戦争の直前にペリクレスがアテネ市民に向けて行った演説である。この演説のなかでペリクレスは、スパルタは「国境を接する隣国との紛争の経験はあるが、資金をもたぬため、長期戦や海外戦をおこなったためしがない」[*22]と述べている。スパルタの兵士を除いたペロポンネソス同盟諸国のほとんど大多数の兵士は、自分たちの土地で農業に従事していた。彼らは自分たちの土地を長く離れることができなかったし、自弁で軍事遠征の費用を負担しなければならなかった。このような兵士は、自分たちの財産を賭けて戦うというより、むしろ自分たちの命を賭けて戦うであろう。なぜなら、「資金は戦が終るより先に無くなる恐れが多々ある、という理屈だ。とくに、今回の戦は多分そうなるだろうが、予期に反して長期戦になると、ますますその恐れは大きい」[*23]からである。

ペロポンネソス同盟諸国は、アテネ帝国を危機に陥れるほど大きな軍事遠征を遂行するために必要な資源を持っていないというペリクレスの主張には正当性があったものの、ペロポンネソス同盟諸国による毎年のアッティカ地方への進攻および略奪に対しては、彼はなす術を持っていなかった。こうした進攻は一月以上続くことはなかったので、アテネ側が負担しなければならない費用は兵士の食料費だけであった。ここで重要な問題は、ペリクレスの戦略を維持するために必要な年間経費を捻出しながら、アテネの財政がどれほど長く持ち堪えることができるのかという点である。ペリクレスの戦略に必要とされる平均的な年間経費は、ペロポンネソス戦争の一年目を調べることである程度算出することができる。戦争の一年目は、ペリクレスが確固たる政治的基盤を確保していた時期であり、彼の戦略が厳格に実行されていた時期でもあった。また、この戦争の一年目は、もっとも平穏な年の一つであり、アテネの戦闘準備もまだきちんと整っていた時期であった。前四三一年にペロポンネソス同盟諸国がアッティカ地方に進攻したとき、アテネは一〇〇隻の艦船をペロポンネソス半島の周囲に派遣した。続いて、三〇隻の艦船からなる艦隊も重要地帯であるエウボイア島に派遣された。これに加え、既に七〇隻の艦船がポテイダイアの海上封鎖に参加していたので、戦争一年目にアテネが所有していた稼動可能な艦船の数は総数二〇〇隻に上った。一隻の艦船には一カ月当たり一タラントンの費用がかかった。そして、艦隊が海上で任務に当たる期間は通常八カ月であった(ポテイダイアの海上封鎖に参加した艦隊は、一年中海上で任務に当たる必要があった）。こうした数字を計算すれば、アテネの海軍関連の支出は年間一六〇〇タラントンになる。さらに、陸上部隊の費用も海軍関連の支出に加える必要がある。陸上部隊の費用のなかでは、ポテイダイアの攻囲作戦に参加していた陸上部隊にかかる費用が最大の割合を占めていた。三〇〇〇人を超える歩兵がポテイダイアの攻囲作戦に参加しており、その数はしばしば増えることがあった。したがって、ポテイダイアの攻囲作戦に参加していた歩兵の平均人数は、ごく控えめに見積っても三五〇〇人はあった。アテネの兵士には一日に約一ドラクマが支払われ、それとは別個に、部下を保持するために部下一人当たり一日一ドラクマが支払われた。したがって、アテネの軍隊にかかる一日の費用は、少なくとも七〇〇〇ドラクマ、つまり約一・一七タラントンであった。この数字に三六〇を掛けて計算すると、年間およそ四二〇タラントンになる。当然、他の軍事活動の費用も必要だが、海軍関連の費用とポテイダイアの攻囲作戦に展開した陸上部隊にかかる費用だけでも、年間二〇〇〇タラントン以上かかる計算になる。なお、ここで用いたものとは別のデータを基礎として計算された研究が二つあるが、これとほぼ同じような数字が算出されている。*24

明らかにペリクレスは、戦争を遂行するために年間約二〇〇〇タラントンの支出を覚悟していたはずであった。同じような戦争が三年間続けば、六〇〇〇タラントンが必要である。ペロポンネソス戦争の二年目、アテネ市民は一〇〇〇タラントンを国庫から取り出して蓄えることを投票で決定した。そして、アテネ市民はこの一〇〇〇タラントンを「敵勢が海上からポリスを攻撃しこれを撃退する必要が生じたとき」にのみ使うことを取り決め、この特別資金を他の目的のために使った者は死刑に処せられることも同時に決められた。[*25] 結局、ペリクレスが自由に使うことのできる予備金の金額は五〇〇〇タラントンほどであり、これに帝国からの歳入の三年分の金額である一八〇〇タラントンを加えれば、総計六八〇〇タラントンになる。これらを計算すれば、ペリクレスは彼の戦略を三年間までは遂行できるが、四年以上は遂行できないことになる。

ペリクレスは、本章で行った試算よりもはるかに緻密にアテネの戦費を計算することができたはずである。彼は、戦争が一〇年間続くことをほとんど想定していなかった。最終的にペロポンネソス戦争は二七年間戦われたが、このような長期戦を彼が予測していたはずがない。ペリクレスは、ペロポンネソス同盟の政策を実質上握っているスパルタの国内世論を強制的に変えることを望んだ。この彼の希望は、以下の理由からまったく不合理な希望というものではなかった。というのも、スパルタは戦争を始めるにあたってもともと乗り気ではなく、参戦投票の決議から実際に軍事活動を始めるまで時間がかかったのである。また、スパルタは途中講和を申し込み、さらには、スパルタ王自身がこの戦争に乗り気ではなかった。[*26] スパルタの世論を変えて講和の話し合いのテーブルにつかせるためには、民選長官と呼ばれるスパルタの五人の執政官のうちたった三人の同意がありさえすればよかった。その三人の同意を取り付けてスパルタの評議会に講和を承認させるためにアテネがすべきことは、スパルタの影響力をペロポンネソス半島内に限定することを望んでいた昔からの多数派がスパルタで勢力を回復するように手助けするだけであった。

こうした事実を総合して考えれば、ペリクレスの戦略は非常に合理的なものであったように感じられる。スパルタ側が今次の戦争の性質を見誤った点、アテネ側が陸上戦を回避するために簡単に打ち負かすことができない点、そして今となってはスパルタ側には他に遂行可能な戦略を持ち合わせていない点について、スパルタ王アルキダモスはスパルタ市民に対し警鐘を鳴らしていた。しかし、スパルタ市民はアルキダモスの警告を信じなかった。したがって、ペリクレスは、スパルタ王がスパルタ市民に鳴らす警鐘が正しいことを証明しなければならなかった。その一方で、ペリクレスが直面した戦術上の問題は、血気にはやるアテネ市民の気持ちを鎮めさせて、彼らがアッティカの地でスパルタ側と戦闘を起こさないように配慮するという防衛的なものであった。その他、海軍による攻撃的な軍事活動は、長期戦がペロポンネソス同盟諸国に損害を与えることを証明するためだけに行われ、故意に目立たないようにした。事実、攻撃的な軍事活動は、ペリクレスの戦略と相容れない性質のものであった。そのような軍事活動では、勝利を呼び込むことができないばかりか、スパルタ市民を激怒させてアルキダモスの穏当な政策への支持が低下する恐れすらあった。とはいえ、アテネの抑制を基調とした内外政策により、遅かれ早かれスパルタ国内で和平派が主導権を握る可能性が高いと思われていた。

ペリクレスは、そのようなスパルタの世論の軟化が早晩起こるであろうと想定していたに違いない。おそらく、一回目の軍事活動期が終わればスパルタの世論は軟化すると彼は思っていたであろう。実際のところ、同じような軍事活動を二年は継続させる必要があったにせよ、三年以上継続させる必要はなかったと考えるのが妥当であろう。なぜなら、スパルタがアテネの防衛的な戦略の壁に向かってこぶしを振りかざし、怒りの仕種《しぐさ》を無為に三年以上も示し続けるという観測は不合理だからである。しかし、実際には、ペリクレスの計画通りには事が運ばなかった。戦争が始まってから一年目には、彼の計画の失敗の予兆が既に現れた。スパルタはアテネに屈服して講和を申し込む素振りを見せず、陸と海から包囲されたポテイダイアも頑強に抵抗したので、アテネの財政は予想を上回る速さで底を突き始めた。この戦争の一年目の状況は、ペリクレスの予想に反して危険水域に達しつつあった。戦争の二年目には疫病がアテネを襲い、アテネはほとんど壊滅状態になった。さらには、疫病が流行する前でさえ、ペリクレスは、ペロポンネソス同盟側の都市国家エピダウロスに大攻勢をかけることで敵に対する圧力を激増させていたのである。こうしたアテネによる敵に対する圧力の激化は、ペリクレスの戦略の変更を示すものではなく、圧力を加えることで単にペロポンネソス同盟諸国にこれ以上の戦争継続が無益なことを分からせるためのものであった。ペリクレスがこの世を去ったとき、彼は「防衛的な戦争の継続という遺言を残した」[*27]のであった。

ペリクレスは、思惑が外れて戦争の泥沼化が明らかになっても、それでもなお同じ戦略に固執するような人物ではなかったはずである。彼は智謀に富んだ指導者であり、しばらくすれば、アテネにとって必要なことを即座に見抜いてそれを実行できていたかもしれない。彼が犯した失敗は重大な結果を招いたとはいえ、誰でも犯す可能性のある一般的なものであった。つまり、攻撃による懲罰を受けてこれ以上の戦闘は無益であることが明らかになれば、敵は正気に戻るであろうとペリクレスは想定していたのである。現代でも、空爆、圧倒的な火力、海上支配といった手段を基礎とした戦略の失敗で明らかになったことは、敵が（一般的な合理性の基準から見て）必ずしも合理的に計算して行動するわけではないし、心理的な衰弱に陥るわけでもなく、懲罰的な軍事行動を継続的に受ければ、往々にして以前にも増して戦争継続の意志を強固にするということであった。国家の政策立案者が貴族出身の専門家集団によって占められるのではなく、市民が政策立案に参加するような政体では世論の動向が大きな影響力を持つので、市民の熱狂や敵に対する憎悪が国益を基礎とした合理的な判断力を完全に曇らせてしまう場合が多い。スパルタとアテネは、典型的にそのような国家であった。現在でも、圧倒的に優越な強国の攻撃に対して弱小国が常識では考えられぬほど頑強に抵抗を示す場合があるが、両陣営がほぼ互角の力を持っていたアテネとスパルタが戦う場合には、双方が頑強な抵抗力や犠牲的精神を示す可能性がさらに高まるのである。この点を見落としていたからこそ、ペリクレスの戦略は失敗に帰したといえる。

四　ペリクレス以後のアテネの戦略

ペリクレスの戦略の功罪をどのように評価するにせよ、前四二九年秋の彼の死はアテネに致命的な打撃を与えた。ペリクレスの死後、彼のように強大な影響力をもって国難に殉じる意志を持った偉大な人物はアテネにはいなかった。この点についてトゥキディデスは、「ペリクレスの後継者は、誰も彼も平凡な人物」であり、戦争時に必要とされるような統一的かつ首尾一貫したリーダーシップを発揮する能力を持っていなかったと述べている。前四二九年の段階で理論上アテネに残された実行可能な選択肢は以下の三つであった。(1)即座にスパルタに講和を申し込むこと。(2)危険を承知のうえで攻撃的な戦略を採択して、スパルタを早期に敗北させること。(3)ペリクレスの政策を受け継ぎ、危険を回避しながらスパルタ側を消耗させて、戦前の状況に戻すことを前提とした講和を模索すること。これらの三つの政策にはそれぞれ支持派が存在したが、前四三〇年の講和の話し合いの決裂によって、アテネの和平派は完全に面目を失った。その後、アテネは、スパルタが提案する講和条件がいかなるものであれ受託を拒むようになった。アテネの和平派は、市民から愛想を尽かされていたようである。なぜなら、和平派のどの指導者も、スパルタと講和することによって自分の名を汚すようなことをしたがらなかったからである。主戦派の指導者はクレオンであったが、彼の政敵とは違い、クレオン自身には将軍の経験が一度もなかった。クレオンの軍事指導者としての経験不足は、アテネ市民に攻撃的な戦略をとらせようとする際の大きな障害となっていた。ここで明記すべきさらに重要な点は、一向に収まる様子が見えない疫病と底を突き始めた厳しい財政状態のために、アテネの軍事力と市民の士気が既に大幅に低下していたという事実である。その後、和平派の実権は、有能で豊富な経験を持つものの、慎重で想像力に乏しい将軍であるニキアスに移った。ニキアスは粘り強くペリクレスの戦略を継承したので、ペリクレスの戦略は前四二七年にいたるまでその本質を変えることなく実施された。

前四二七年の春に選出された将軍のほとんどはペリクレスの古い戦略を受け継いだが、このときデモステネスが将軍に選ばれた事実は、アテネ市民の一部が変化を求めていたことを示している。この新しく選出されたデモステネスは、アルキダモス戦争におけるもっとも攻撃的で機略に富んだ将軍であることが次第に分かってきた。デモステネスは、ペリクレスの戦略の原則から完全に逸脱した軍事遠征を立案・実行した人物であった。しかしながら、新戦略への移行は漸進的なものであり、アテネは状況の必要に迫られて仕方なく新戦略を実行した。ペリクレスの古い戦略は、前四二八年、既に大きな危機に見舞われていた。つまり、この年、アテネと同盟関係にあったレスボス島の主要な自治都市ミティレネが、スパルタとボイオティアの支援を受けてアテネに反旗を翻したのである。帝国の内部からの反乱という最悪の悪夢に見舞われたアテネは、ちょうど財政が破綻状態に近付きつつあったときに、レスボス島の包囲という財政的に負担が重い軍事遠征を実行しなければならなかった。この軍事遠征の戦費を調達するために、アテネはおそらくその歴史上初めて戦費調達のための直接税を導入した。レスボス島の包囲戦は前四二七年まで続き、この島を救援するためにペロポンネソス同盟諸国の艦隊がエーゲ海に入り、その艦隊の一部は小アジア地方の沿岸まで達することもあった。そして、敵側のアテネ帝国内への工作が功を奏して、当分の間、アテネ帝国の各地に反乱が飛び火する勢いが続いた。しかしながら、スパルタの軍事指導者はこの好機を逸し、アテネの艦隊が接近するのを見て狼狽し、ミティレネを見捨てて逃げ去った。

しかし、こうしたアテネとスパルタの攻防の歴史で明らかになったことは、ペリクレスが唱えた戦略は当初から危険を伴うものであったという点である。四年にわたって防衛的な戦争を遂行したことにより、資源の面でアテネの消耗の度合いが強くなったので、スパルタはエーゲ海で海軍による遠征を進んで実行するようになった。この時期にペロポンネソス同盟側が強力なリーダーシップの下に一致団結してアテネに対する攻撃を実施したならば、アテネは致命的な打撃を受けたに違いない。というのも、前四二七年の夏までには、二〇年後のアテネの敗因のすべての要素が既に出そろっていたのである。つまり、この時期までにアテネは資金不足に陥り、帝国の一部はアテネに反旗を翻し、アテネからの救援が見込めない小アジアの海岸都市は反乱の機会をうかがっており、さらにはペルシャもアテネに対して戦争を始める機会を虎視眈々《たんたん》と狙っていたのである。その一方で、トゥキディデスが後年述べているように、スパルタはアテネにとってもっとも相手にしやすい対戦国であったことも事実であった。[*28]ところが、次回の戦役において、スパルタには現在の指導者よりもさらに勇敢で有能な指導者が登場することになる。

同じく前四二七年、ケルキュラで内戦が起こり、この重要な同盟都市におけるアテネの支配権が危機にさらされた。この危機への対応を誤れば、アテネ陣営でさらなる反乱が連鎖して起こる可能性があり、さらにはアテネ陣営自体の崩壊に繋がる危険があった。このような危険を認識していたことから、前四二七年にアテネが以前よりも冒険的な行動をとった理由が説明できるであろう。アテネは、ケルキュラの同胞を救援するためにエウリュメドン将軍率いる艦隊をケルキュラに向かわせ、ついで、シチリア島の同盟諸国からの救援の要請に応じて同島にも艦隊を派遣した。シチリア島の主要な都市国家であったシラクサはコリントスの植民市であり、したがって、ペロポンネソス同盟諸国と友好的な関係を築いていた。シチリア島のアテネの同盟諸国は、シラクサによるシチリア全島の支配を恐れていたし、アテネも、シラクサによるシチリア全島の支配によってペロポンネソス同盟諸国が強大な富と権力を得ることを恐れていた。

前四二六年、用心深い人物と目されていたニキアスでさえも、メロス島とボイオティアに討伐軍を派遣した。スパルタの植民市のメロス島は宗主国のスパルタを財政的に支援しており、他方、ボイオティアは軍隊をアッティカ地方の略奪に参加させていた。これらの二つの軍事遠征は、ペリクレスの戦略が想定した範囲内での軍事活動の緩やかなエスカレーションとなっていた。同年、デモステネスが小さな艦隊を率いてペロポンネソス半島の周りを航海したが、この航海もアテネが以前から企図していた任務と同じ任務を帯びたものであった。つまり、その任務とは、ギリシャ東部地方のアテネの同胞を支援し、自らの身を危険にさらすことなく敵にできるだけ多くの損害を与えることであった。コリントス湾の北西にあるアテネの同盟諸国は、アテネに対してレフカス島の攻撃を執拗に要請した。レフカス島はコリントスの植民地であり、ケルキュラ、イタリア半島、シチリア島へと通じる海洋ルートの中継点になっている戦略的に重要な島であった。レフカス島はアテネにとって賢明かつ明白な攻撃目標であったが、デモステネスは、強い信念をもってレフカス島に向かうのではなく、アイトリアの異民族の脅威からナウパクトス地方の港を守るために現地に急行し、アイトリアの異民族に攻撃を仕掛けた。同じナウパクトス地方に住むメッセニア人もアテネの同盟者であり、彼らの都市はコリントス湾にある貴重な港であった。しかし、デモステネスは、メッセニア人の救出のためだけでなく別の理由から、レフカス島ではなくナウパクトス地方に向かう決断をしたのである。つまり、デモステネスは大胆な構想力を用いて、戦局を一挙に逆転させる可能性のある乾坤《けんこん》一擲《いってき》の計画を思い付いたのである。その計画とは、デモステネスがコリントス湾の北側に上陸した後、直ちに東方へ兵を進めてアイトリア地方を突き抜け、ギリシャ中央部で他の同盟諸国と合流した後にボイオティアを背後から奇襲するという案であった。そして、このデモステネスの奇襲と同時に、本国から派遣されるアテネ陸軍がボイオティアの東海岸から攻撃を仕掛ける手筈になっていた。しかし、不幸な出来事が重なったため、この計画の目論見が外れた。デモステネスは、気がついてみると不慣れな山岳地帯で現地を熟知した先住民と戦う羽目に陥っていた。この敗戦でアテネは一二〇人の兵士を失い、デモステネスはアテネに帰国して同胞から糾弾を受けるよりもナウパクトスに滞在することを選んだ。

現代の学者の多くがデモステネスの行動を非難しているが、そうした非難はおそらく公平さを欠くであろう。デモステネスには、アテネの同胞から失策を糾弾されることを恐れるだけの十分な理由があった。デモステネスの軍事遠征の問題を詳細に考察するためには、デモステネスの失敗よりもさらに有名な軍事的大失敗であった一九一五年のガリポリ戦役と、その作戦の立案者であったウィンストン・チャーチルを比較の対象として取り上げることが有益であろう。ガリポリ戦役では、前四二六年のギリシャ世界と同じように、二つの強大な同盟ブロック同士の大戦争が膠着《こうちやく》状態に陥っていた。また、両陣営とも戦前に立案した戦略の遂行を目指したが、双方の戦略の失敗もすぐに明らかになった。双方ともこれといった適切な戦略を考え出すこともできぬままに、戦争は消耗戦の様相を強く呈するに至った。戦局が好転しないことに不満を募らせたチャーチルは、他にもっと良い方法があるのではないかと考えるようになった。チャーチルの以下の見解は、デモステネスの軍事遠征の功罪を考察するに際して応用できるだろう。

国家の成立や偉大な軍事指導者の名声の軌跡を克明にたどると、そこには必ず軍事術《アート》の傑作と称讃されてきた戦いの存在がある。そして、軍事術《アート》の傑作と称讃されてきたほとんどすべての戦いは、機動作戦を主とした戦いであった。機動作戦では、ある場合には独創的な臨機の処置や兵器によって、またある場合には迅速で思いもよらない奇妙な敵陣突破や戦略によって、敵は気がついてみるといつの間にか負けていたという例が多い。このような機動作戦を主とした戦いでは、勝者側の損害は比較的少ないのが通常である。機動作戦を成功に導くことができる偉大な軍事指導者には、膨大な常識、理解力、想像力などが必要なだけでなく、本質的には、奇術的な臨機の奸策を弄する能力も必要である。この奸策により、敵は戦いに敗れることはもとより、当惑して立ち往生するのである。軍事指導者の任務の名誉が高く重んじられるのは、彼らが勝利を確実にして、なおかつ味方の犠牲者を最小限に留める上記のような能力を有しているからである。[*29]

戦略のレベルにおいて、チャーチルはこうした手品師的な臨機の奸策を弄する能力を持った指導者であった。彼は、コンスタンティノープルを陥落させることでトルコを戦争から脱落させて、三国同盟諸国の側面を包囲することを企図した計画を考え出した。この計画は失敗したが、それは、計画の構想が綿密に練られていなかったからではなく、計画を実行する際に不手際があったからである。もしこの計画が成功した場合には、第一次世界大戦は実際よりも早く終結したであろうし、少なくとも三国協商側はロシアへの通商路の確保に成功し、ロシアを実際よりも長く三国協商側に引き留めることができたであろう。

さて、デモステネスもまた、そのような臨機の奸策を弄する能力を持った指導者であったのであろうか。彼が主導したアイトリア軍役は、後の批評家が非難しているように無謀で軽率な軍事的大失態であったのであろうか。それとも、アイトリア軍役は「敵を敗北させることはもとより、当惑させる」ことを企図した見事な機動作戦であったのであろうか。単にデモステネスのアイトリア戦役が失敗に終わった事実を取り上げるだけでは、こうした問いに対する答えを得ることはできない。第一次世界大戦中にチャーチルは、彼自身の行動指針として以下のような一般原則を書き留めた。これらの原則は、アルキダモス戦争における戦略の分析にも役立つであろう。

一　勝敗を決する決定的戦域とは、どのようなときでも、その地において決定的な勝敗が決せられる戦域を指す。これに対し、主要戦域とは、主要な軍隊や艦隊が展開される戦域を指す。主要戦域が必ずしも常に決定的戦域となるわけではない。

二　敵の正面部隊や本隊を突破することができない場合には、敵の側面を回って後方に出なければならない。もし敵の側面が海岸に接していれば、敵の側面を回って後方に出る機動作戦は、シー・パワーを基礎とした水陸両用作戦でなければならない。

三　敵のもっとも無防備な戦略地点を攻撃目標として選択する必要がある。敵がもっとも強固に守っている戦略地点を攻撃目標に選んではならない。

四　数カ国と同盟を結成している敵と対抗する場合、そのなかでもっとも強大な国を直接的に打ち負かすことができないことが明らかで、かつ、その強大な国がもっとも弱い同盟国の支援がなければ戦争を遂行できないことも明らかなときには、まず何よりもっとも弱小な同盟国に攻撃を加えるべきである。

五　陸上戦の攻勢を遂行するために必要な効果的な手段（兵士、奇襲、弾薬、機械装置）が見つかるまで、陸上戦の攻勢を開始すべきではない。[*30]

以下、デモステネスのアイトリア軍役をこれらの原則に照らし合わせて分析する。

一　両陣営とも戦場で相手に対して主要な軍隊を展開しなかった。スパルタにとって主要戦域はアッティカの土地であった。アテネにとって主要戦域はスパルタおよびペロポンネソス同盟諸国の領土であり、アテネは敵の継戦意志が弱まることを期待して彼らの領土を略奪した。結局、アッティカの土地もスパルタおよびペロポンネソス同盟諸国の領土も決定的戦域ではないことが判明した。

二　もちろん両陣営とも敵の正面部隊を突破することはできなかった。両陣営の主要な攻撃目標は、前四二六年までには攻撃不可能なことが明らかになった。この膠着状態は、二つの軍隊が西ヨーロッパを横切って塹壕線を張り巡らせた一九一五年と同じような状態であった。アイトリア軍役は水陸両用作戦であり、シー・パワーの持つ優越的な機動力を最大限に利用したため、軍隊を敵の脆弱な地点に上陸させることができた。

三　ボイオティアの西側の国境は、「もっとも無防備な戦略地点」であった。

四　スパルタを直接的に打ち負かすことは難しい。一方、ボイオティアはもっとも弱い同盟国ではないが、明らかにスパルタよりも弱い同盟国であり、特にギリシャ西部では弱かった。ボイオティアが敗北すれば、スパルタが毎年アッティカ地方の略奪を実行することは、不可能とまではいえなくともかなり難しくなる。前四二四年にスパルタはエーゲ海北方のアテネ帝国の分裂を目的として軍隊の陸路による遠征を成功させたが、もしアテネがボイオティアを破りギリシャ中央部を支配すれば、こうしたスパルタの陸路による遠征を阻止することができたであろう。したがって、ボイオティアに対するアテネの攻撃が成功すれば、スパルタはアテネに打撃を与えることができるすべての手段を失ったであろう。そして、スパルタは、第一次ペロポンネソス戦争でのアテネの勝利を思い出して講和の話し合いのテーブルにつく可能性が高かったであろう。

五　デモステネスは奇襲を重視していた。奇襲が効果的だと彼が考えたのは当然であった。ボイオティアは、安全と考えられていた西側から攻撃を受けようとは夢にも思っていなかったのである。

実際のところ、デモステネスの計画自体は素晴らしいものであったが、彼がその計画を思い付いたのはあまりにも急であり、それを実行に移した方法もあまりにも杜撰《ずさん》であった。主な問題はタイミングであった。つまり、デモステネスの計画が成功するためには迅速な計画の実施が必要であったのだが、まさに迅速であろうと計画の実施を急いだことにより、巧妙な協同作戦を遂行するために必要な周到な準備を行うことができなかった。もう一つの問題点は、デモステネスがアイトリアの地勢と軽装のゲリラ軍の戦術に精通していなかったことである。その他、多くの不確定要素があったにもかかわらず軍を前進させた責任と同様に、状況の悪化が明らかになった後でさえ進軍を続けた責任は、デモステネスが背負うべきかもしれない。しかしながら、チャーチルが論じた臨機の奸策を弄する能力は、危険を冒すことを躊躇するような用心深い将軍の資質ではないし、臨機の奸策を弄する能力を持つ将軍がいなければ、国家は大規模な戦争に勝利を収めることができないのである。最後の問題点は、デモステネスはほとんど危険を冒していなかったということである。というのも、アテネはわずか一二〇人の兵士を失ったに過ぎなかった。この一二〇人という犠牲は遺憾ではあるものの、勝利によってもたらされるはずであった膨大な利益を考えれば、その数は決して多くはない。さらに、デモステネスは、自分の失敗から教訓を学ぶことができる類まれな軍人であった。そして、彼は失敗から得た教訓を将来に有利になるように利用した。

デモステネスは、将軍の任期が切れた後もナウパクトスに滞在した。ナウパクトス地方のメッセニア人は、デモステネスの軍役が失敗したにもかかわらず、彼に対し依然として深い尊敬の念を抱いていた。同じく、コリントス湾の北方に位置するアテネの他の同盟諸国もまた、デモステネスを尊敬していた。スパルタがペロポンネソス同盟諸国の軍隊を率いてナウパクトス地方に乱入したとき、アテネの同盟国であったアンブラキア地方の諸国は、デモステネスが既にアテネの一般市民に過ぎなかったにもかかわらず、彼にアンブラキアの軍を率いるように要請した。デモステネスは、重装歩兵と軽武装兵からなる混成部隊を大いに活用し、以前の遠征で学んだ森林・山岳地帯での戦闘の駆け引きを使って罠を仕掛けたうえでペロポンネソス同盟諸国の軍隊を待ち伏せして襲い、敵を潰走させた。その結果、スパルタの影響力はナウパクトス地方から一掃された。

前四二五年の春に名誉回復を果たし、再び将軍に選出されたデモステネスは、ペロポンネソス戦争の局面を一変させるような軍事遠征に乗り出した。アテネの艦隊が、西方のケルキュラとシチリア島に向かって出帆したのである。西方への航行中、デモステネスは部隊長らを苦労の末に説得して、少数の兵士とわずか五隻の艦船を率いてメッセニアのピュロス港〔スパルタ領内の港〕に上陸した。ピュロスはペロポンネソス半島の南西端に位置する港町であった。デモステネスはこの港町の存在を以前の遠征中に気づき、その港町の詳細をナウパクトス地方出身の同胞から聞いていたに違いない。ピュロスは、デモステネスの構想を実現させるためには絶好の天然の要地であった。その構想とは、スパルタがメッセニアやラコニアを略奪する際に根拠地として利用していた海岸に恒久的な砦を設置し、スパルタから逃亡してくるヘロットを受け入れ、あわよくばヘロットにスパルタ国内で反乱を起こさせるというものであった。デモステネスの構想は従来のアテネの戦略から著しく逸脱していたので、艦隊を率いる部隊長らは嘲りの態度をとったが、ついにはデモステネスの構想を受け入れた。当初、部隊長らはあくまでデモステネスの構想に反対であった。ところが、暴風が艦隊を襲ったため、彼らは仕方なくピュロスに停泊することに同意したのである。その後、暴風が収まるや、彼らは艦隊をケルキュラに向けて急行させた。一方、デモステネスは、当初の計画通りピュロスに小さな砦を築いてスパルタ側の反応を待った。他方、デモステネスによる砦の構築の知らせが伝わるや、スパルタは、アッティカ地方で毎年行っていた略奪に参加していた軍隊やケルキュラに展開していた艦隊を本国に呼び戻すと同時に、新たな軍隊をデモステネスが築いた砦の攻撃に出動させた。このように、デモステネスの独創的な構想が功を奏し、アテネはスパルタと一戦も交えることなくスパルタ側を守勢に転じさせることに成功した。

デモステネスがピュロスに築いた砦が強力であり、さらにその砦が要害の地に築かれていることをすぐに悟ったスパルタ側は、ピュロスの砦の攻撃に出動させた軍隊を援護する目的で、ピュロスのわずか南に位置するスファクテリア島に他の援護軍を上陸させた。スファクテリア島は、ナヴァリノ湾の入り口を横切るかたちで広がっている島であった。スパルタにとって、この援護軍のスファクテリア島への派遣は致命的な失敗であった。というのは、デモステネスの要請でケルキュラから戻ってきたアテネ艦隊がスファクテリア島の港に入り、そこでペロポンネソス同盟海軍を撃滅したのである。その結果、多くのスパルタ兵がスファクテリア島内に抑留された。現代に生活を送る人々は、数百万人の犠牲者が記載された死傷者名簿を目にすることに慣れているため、スパルタのように屈強な軍事国家がわずか四二〇人の捕虜の返還を求めてアテネに和平を懇請した事実に驚くかもしれない。四二〇人の捕虜のうち少なくとも一八〇人がスパルタの名門貴族の出身であったという事実を考慮したとしても、スパルタがアテネに和平を懇請した事実は驚くべきことであろう。しかしながら、この四二〇人という捕虜の数は、スパルタの全兵士数の十分の一を優に占める数である。スパルタでは優生結婚の習慣が厳格に実践されており、例えば、発育の悪い乳飲み子は殺された。また、男子はもっとも精力的な時期に女性と隔離されたため、効果的な産児制限が確実に行われていた。スパルタの決闘作法では、兵士は生き延びて恥をさらすよりも戦場で死を選ぶことが求められており、また、特権階級に属する人間はその階級内でのみ結婚することが一般的であった。こうした様々な習慣が厳格に実践されたスパルタのような国にとって、わずか一八〇人の兵士の安否を気遣うことは、単に感情的な問題ではなく、極めて現実的に重大な意味を持つ問題であったことが分かるであろう。

アテネのこの海戦における勝利がもたらした影響の大きさやその重要性については、どれだけ強調してもしすぎるということはない。スファクテリア島に収監された捕虜の救出が容易でないことが判明すると、スパルタは直ちに現地のアテネ軍に休戦を申し込んだが、それと同時に、一般的な和平を交渉するための使節をアテネ本国へ派遣した。トゥキディデスはデモステネスの構想の成功の原因を主に幸運に帰しているが、デモステネスの構想が成功したのは、ただ単に彼が幸運だったからだけではない。デモステネスは、ピュロスやスファクテリア島で千載一遇の好機が生じる可能性を注視しながら、この軍役の立案と実行を一手に引き受けた。デモステネスは、スパルタがアテネ軍から包囲される危険を冒してまでもスファクテリア島の占領に固執するとは考えていなかったであろう。もしアテネがピュロスの占領に成功してそこを拠点にスパルタに襲撃を加え、さらにはスパルタから逃亡してくるヘロットをピュロスに受け入れるならば、スパルタは攻撃的な作戦を今後も遂行する意欲を失うだけでなく、その威信を傷つけられ、心理的にも大きな打撃を受けたであろう。その結果、スパルタにとって憂慮すべき事態に陥ることが予想されたのである。しかし、その一方で、メッセニアの恒久的な砦へのアテネ軍のこれ以上の駐留によって、スパルタが我慢できない状況に至ることも予想された。戦争でこちらが主導権を握って果敢な行動を示した場合、敵愾心に煽られた敵側が何らかの失敗を犯す可能性は高い。逆に、敵側が圧倒的な力を持ち主導権を握った場合には、敵側が失敗を犯す可能性は極端に低くなる。そして、勝利の栄誉は、敵に多くの失敗を犯さしめるような作戦を立案・遂行した将軍に帰するべきである。

スパルタは現状維持に基づいた和平をアテネに申し入れたが、この和平を受諾した方がアテネにとって得策であったという点でほとんどの学者の意見は一致している。多くの学者はこの和平を「ペリクレスの平和」と見なしているが、スパルタが提案した和平はその名称を冠するに値するのであろうか。ペリクレスの戦略の目的は、概して心理的なものであった。ペリクレスの目的は、再びアテネに対して戦争を起こすことができないようにスパルタを無力化することではなく、心理的に戦争を起こすことに気が進まなくなるような感情をスパルタに植え付けることであった。ペリクレスはアテネと戦争しても勝つ見込みがないことをスパルタに確信させようと努力したのだが、スパルタ国内における演説の論調は、ペリクレスの希望とはまったく反対の好戦的なものであった。つまり、スパルタ人の多くは、現在の逆境は単に自国の失策が招いたものであり、いつでも戦局を打開することができると信じていたのである。このように、ペリクレスの見地から見れば、スパルタは有益な教訓を何も学ばなかったといえるであろう。アテネがスパルタに何も見返りを要求することなく無条件で捕虜の返還を約束してただ両国の将来の親善を謳ったこの和平案について、近代の学者のなかには以下のように疑問を呈する者もいる。「将来スパルタにとって好都合な条件が整ったときにもスパルタが再び戦争を起こさないという保障が、この和平案のどこに書いてあるというのか。スパルタが提案したこの和平は、あのような大きな犠牲を払ってでも締結する価値のあるものだったであろうか。そして、アテネ側は、特にその同盟国は、将来同じような状況に置かれることを甘受し、同じような犠牲をもう一度払う覚悟があったであろうか[*31]」。

スパルタの和平案には様々な問題があったにもかかわらず、ニキアスは和平を望んだ。その一方で、クレオンはニキアスとは反対の立場をとり、アテネがスパルタの捕虜を拘束している限りいつでもアテネが欲するときに和平を締結することができるという論陣を張った。クレオンは、アッティカ地方を侵略から守ることが保障された和平を締結すべきであると説いた。クレオンが主張した和平案は、スファクテリア島のスパルタの残兵の降伏と彼らのアテネへの移送、並びに、メガラにある二つの港の接収という二つの項目を条件としていた。当然のことながら、スパルタはこのクレオンの提案を拒絶し、他方、アテネの民会もクレオンの忠告を受け入れてスパルタの和平案を拒否した。

ニキアスの力ではスファクテリア島のスパルタの残兵を捕らえることができないことが明らかになると、クレオンがその任務を引き継いだ。クレオンは、才気煥発なデモステネスと計らって、スファクテリア島のスパルタの残兵を降伏させることに成功し、意気揚々とスパルタの捕虜をアテネに引き連れて凱旋した。ピュロスにおける勝利により、アテネは有利な立場を得ることができた。例えば、スパルタの捕虜をアテネ本国で拘束している限り、アッティカ地方が略奪される恐れはなかった。なぜなら、もしスパルタ軍がアッティカ地方に一歩でも足を踏み入れれば、アテネはスパルタの捕虜を殺すといって脅迫できるからである。スファクテリア島におけるスパルタ兵の降伏は、スパルタの自尊心と威信に大きな衝撃を与えた。「戦時のいかなる事件もこの事件くらい根本的に、ギリシア人の通念をくつがえしたものは他になかった。なぜなら、ラケダイモーン〔スパルタ〕人は饑餓はおろか、いかなる苦痛に直面しても武器を捨てないもの、力のつづくかぎり戦って武器を抱いて死んでいくもの、と一般に信じられていたからである」[*32]。クレオンと彼の支持者は、アテネの有利な立場を利用して帝国領内の年賦金を三倍に引き上げた。この年賦金の引き上げは、アテネがかねてから企図していたにもかかわらず、ずっと実現できなかったことであった。年賦金の引き上げによる大幅な収入増により、アテネは戦争を継続する余裕ができ、さらにはスパルタに対する決定的勝利を目指すようにさえなった。

ピュロスとスファクテリア島におけるアテネの勝利は、ペリクレスの戦略の終わりを意味した。クレオンやデモステネスの定義によれば、勝利とは心理的なものではなく、極めて実体的かつ具体的なものであった。クレオンとデモステネスは、メガラとボイオティアをアテネの支配下に置くことを欲した。前述したように、前四五七年のタナグラの戦いにおけるアテネの勝利の結果、アテネはボイオティアを支配下に置き、その一方で、ペロポンネソス同盟諸国はボイオティアの地から駆逐されたため、アテネは全盛期を迎えた。クレオンとデモステネスは、この先例に倣《なら》ってボイオティアを支配下に置くことにより、もう一度アテネを難攻不落の国に作り上げようとしたのである[*33]。前四二四年、デモステネスは、メガラとボイオティアをアテネの支配下に置いてスパルタをボイオティアの地から駆逐することを目的とした大胆かつ独創的な軍事作戦を立案した。この軍事作戦は、メガラとボイオティアに潜伏する反政府主義者と協力しながら、混乱に乗じて密かに進軍するアテネ軍との協同作戦であり、作戦が成功するためには、反政府主義者とアテネ軍との間の緊密な連携行動と絶妙なタイミングが必要とされた。ところが、メガラとボイオティアの両都市に対する軍事作戦は、どちらも成功の寸前まで行きながら、最終的には失敗に終わった。メガラに対する軍事作戦は、折悪しく、スパルタの名将のブラシダスに率いられたペロポンネソス同盟軍が偶然にも戦場近くにいたため失敗した。しかし、作戦の失敗にもかかわらず、デモステネスが被った損害が小さかったという結果はいかにも彼らしい。一方、ボイオティアに対する軍事作戦は、アテネ側がタイミングを誤ったために不発に終わった。この作戦が失敗に終わったとはいえ、アテネ軍の損害は最小限に留めることができたはずである。しかし、アテネの将軍の一人が戦闘を回避できる立場にあり、実際、戦闘を回避すべきであったにもかかわらず、戦闘を回避するどころかデリオン〔アテネの北西部のボイオティアにあった海港〕に対して攻撃を仕掛け、逆に大損害を被って潰走したのである。

こうした戦局の悪化は、アテネの攻勢的な新戦略に多大な悪影響を及ぼした。そして、ブラシダスは、スパルタ軍をアテネ帝国内のトラキア地方の北方に進軍させて多くのアテネの植民市を占領することでアテネに止めの一撃を加えた。特に、スパルタ軍は、戦略上重要なアンフィポリスの町を占領した。こうした不運な出来事が重なったため、アテネの士気は下がり、ついに前四三二年の春、永久的な和平を将来交渉することを期待して、アテネは一年間の休戦に同意した。しかし、アテネが期待したような和平の達成が不可能なことが明らかになり、休戦の期限が切れたとき、クレオンはトラキア地方の占領都市を奪還するためにアテネ軍を北方へ派遣した。このアンフィポリスの奪還をめぐる戦いで、ブラシダス、クレオンともに戦死した。彼らが戦死したことで、もっとも強硬な主戦派の指導者が、スパルタ、アテネの両国から姿を消したのである。なお、アリストファネスは、ブラシダスとクレオンの二人を「戦争の乳鉢と乳棒」と称している。アテネでは厭戦気分が広がり、他方、スパルタは前四二五年以降に何度も和平の申し入れをした。クレオンが戦死し、アテネの攻勢的な戦略の失敗も明らかになったため、ニキアスはほぼ戦前の状態に戻すことを骨子とした五十年の和平をスパルタと締結した。多くの人々にとってこの五十年の和平は、ペリクレスが設定した目的を一〇年間の戦闘の後についに獲得したものであるように思われたが、実際には、この和平はペリクレスの戦略とは著しく異なった攻勢的な戦略によって獲得されたものであった。

実際のところ、平和の達成は最初から幻想に過ぎなかった。五十年の和平はペリクレスが望んだ条件でさえ満たすものではなかった。というのも、スパルタはいつでもアテネを戦争で打ち負かすことができると思っていたからである。それどころか、アテネの使節が和平交渉のため艦隊を率いてアテネを出航した際に、スパルタはアテネに捕らえられていたスパルタ人の捕虜の安否に構うことなくアッティカ地方を侵略しようとしてアテネを威嚇した。このスパルタの威嚇の前にアテネは屈した。しかし、その一方において、何が何でも平和を欲したスパルタは、このとき同時にスパルタの同盟国を裏切ったのである。というのは、和平案では、メガラの港とコリントスの領土をアテネの支配下に置くことが決められただけでなく、パナクタスにあるアテネが築いた砦をアテネに返還することがボイオティアに要求されたのである。この和平案に激怒したスパルタの同盟諸国は、結束して戦闘を再開しようと試みた。ペロポンネソス同盟諸国のなかではエリスとマンティネイアの二カ国が力を持っており、しかもこの両国はスパルタと深刻な不和の状態にあった。こうしたことから、和平案に激怒したスパルタの同盟諸国は、エリスとマンティネイアを中心に反スパルタ勢力の結集を試みた。他方、前四二一年春にアルゴスとの条約が失効したことが、スパルタがアテネとの和平の締結を強く望んだ主な理由であった。アルゴスは以前からスパルタとの間に結んだ条約の延長を拒否しており、再びペロポンネソス半島におけるスパルタの覇権に挑戦する姿勢を見せていた。アルゴスの野心は、平和が維持されないようにスパルタに脅威を与えることであった。この時点において、アテネはスパルタにとって都合の良いスケープゴート的な敵であった。今やペロポンネソス同盟は崩壊の危機にあり、新たに国力を増しているアルゴスはスパルタの覇権に挑戦の構えを見せていた。さらに、ピュロスからあるいは海上から攻撃を加えることによって、アテネは自由自在にスパルタを大混乱に陥れることができた。しかし、アテネは疲弊していたし、この当時、アテネの主戦派には指導者がいなかった。こうした事情から、アテネは和平を受け入れたのである。

この和平が長く続かないことはすぐに明らかになった。というのは、アンフィポリスの返還というアテネ側が極めて重要視していた条項をスパルタが真摯に履行する意志をまったく持っていなかったのである。アンフィポリスの返還という要件を満たすことなく、アテネとスパルタが前四二一年に和平を結ぶことはあり得なかったたし、たとえこのとき和平が結ばれたとしても、スパルタがアンフィポリスの返還の約束を守らなければ、そういった和平が続く可能性はなかった。アテネのどの政治家も、そして絶頂期のペリクレスでさえも、アンフィポリスの奪回を差し置いて、ピュロスの奪回のために立ち上がるようにアテネ市民を説得することはできなかったであろう。アンフィポリスとピュロスの奪回の両方が実現しない限り、和平が崩れ去るのは単に時間の問題であった。

五　シチリア遠征

アルキビアデスはペリクレスの甥であり、ペリクレスの被後見人でもあったが、何よりカリスマを持った野心的な若者であった。アルキビアデスは、ニキアスの主要な政敵として、また戦争の再開を望むアテネの主戦派の指導者として急速に台頭した。その間に、アルゴスは、その野心を一歩進めてマンティネイアとエリスとともに「第三の勢力」を結集し、反スパルタ同盟を結成した。アルキビアデスは、アテネをこの三国同盟に参加させて民主主義国家による四国同盟の結成を目指した。そして、アルキビアデスは、この四国同盟の結成を契機にペロポンネソス半島におけるスパルタの覇権を崩壊させ、アテネにとって脅威となるような国が出現する可能性を除去することを目指した。アルキビアデスの新戦略が計画通りに進めば、アテネそのものに損害が及ぶ恐れがないようなかたちで、スパルタとの陸上での大決戦で勝利を収めることが可能であった。なぜなら、スパルタを中心としたペロポンネソス同盟諸国に対抗して実際に戦う兵士の大多数は、ペロポンネソス半島の民主主義国家であるアルゴス、マンティネイア、エリスの三カ国出身の兵士であったからである。アルキビアデスの戦略において外交を必要とする部分は完璧に成功した。前四一八年、スパルタは、同盟国であるコリントスとボイオティアからの支援を受けなかったので、わずかな数的有利しか持たない状態で戦わざるを得なかった。後に、アルキビアデスはこのときのことを回顧して、次のような自慢話をした。「私は（中略）諸君に何らの危険も出費も強いることなくして、ラケダイモーン〔スパルタ〕勢をしてかれらの全存亡をかけた決戦を（中略）賭せざるを得ない窮地に追い込んだ*34」。

しかしながら、にわかに信じ難いことであるが、このような戦略を立案したアルキビアデス自身が実際の戦闘には参加することができなかったのである。ペリクレス以後の混乱したアテネ政治において、アルキビアデスの戦略が実行に移されようとするちょうどその年に、アルキビアデスは選挙に負けて将軍に選出されなかった。その一方で、皮肉なことに、アルキビアデスの戦略に反対していたニキアスと彼の支持者が、今度はアルキビアデスの戦略を遂行する責任者になった。ニキアス派一同はわずか一〇〇〇人の歩兵と若干数の騎兵を戦場へ送ったが、海軍を出動させなかった。もし、このとき三〇〇〇人から四〇〇〇人ほど多くの歩兵を戦場に送っていたならば、戦局はスパルタにとって断然不利に推移したであろう。同様に、もし陸上戦が始まる数日前にペロポンネソス同盟諸国に海上から攻撃を加えていれば、スパルタはマンティネイアでの戦いに派遣する兵士の数を減少させたに違いない。しかしながら、アテネはこうした絶好の機会を逃し、マンティネイアの戦いで敗北した。

マンティネイアにおける敗北後、ニキアスもアルキビアデスも信用を失い、アテネの政治の表舞台から姿を消した。そして、「奇妙な」平和が落ち着かない状態で続くにつれ、このような閉塞状況に不満を募らせたアテネ市民は、状況を打破するような新しい政策を模索し始めた。アテネがこのような状況にあった前四一五年、シチリア島のアテネの同盟諸都市からの使節団がアテネに到着し、シラクサとその植民市の脅威に対抗するための支援を次のように要請した。「もしシュラクーサイ〔シラクサ〕側がレオンティーノイ人を駆逐しても何らこれに対する報復措置を蒙ることがないとわかれば、やがてシュラクーサイ側は、今まだ残っているアテーナイ〔アテネ〕側の同盟諸国をも壊滅させ、シケリア〔シチリア〕全島の勢力を一手におさめてしまうであろう。そうなればかれらは（中略）ペロポネーソス〔ペロポンネソス〕勢と力をあわせてアテーナイの戦力を破局に追い込もうとするやも知れぬ危険がある」[*35]。前回のアテネのシチリア島への関与は前四二四年に終わっていた。そのときシチリア島にいたギリシャ人は、シチリア版のモンロー・ドクトリンのような規則を作り、外国勢力のシチリア島への内政干渉を拒絶すると宣言してアテネの使節を本国へ丁重に送り返していた。

前四一五年にアテネがシチリア遠征に着手すべき差し迫った理由はなかった。アテネは、遠く離れたシチリア島の小さな同盟諸都市の要請を単に無視することができたはずである。シラクサがシチリア全島を支配下に入れて、その力を背景にペロポンネソス同盟諸国に呼びかけて新たな戦争を開始させるという脅威は、将来における可能性のほんの一つであり、アテネはすぐに行動を起こす必要はなかった。アテネの一部の人々は（正確な人数は分からないが）、シチリア島は黄金郷であると夢想していた。もしシチリア島を占領してアテネ帝国に組み入れれば、アテネの逼迫した財政問題が一挙に改善され、アテネ市民は豊かになるであろうと考えられていた。ニキアスはもちろんシチリア遠征に反対の立場をとっていたが、アルキビアデスは強力にシチリア遠征を支持した。アルキビアデスは、人気および政治的影響力の点で政敵の老政治家であるニキアスに今や肩を並べる存在になっていた。なお、ニキアスは裕福で信心深い人物で、慎重な性格とはいえ卓越した将軍であったことを付言しておく。ニキアスは、戦闘において一度も負けた経験がなかった。アテネ市民はそのようなニキアスを神の寵児として崇拝していた。一方、アルキビアデスは、偉大な叔父であり後見人であったペリクレスが獲得した偉業と影響力を凌駕しようと心掛けていたようである。シチリア遠征で輝かしい成功を収めれば、その業績はアルキビアデスにとってアテネで栄光を獲得するための架け橋となるはずであった。

アルキビアデスの作戦計画は、彼らしく巧妙かつ危険を伴わないものであった。アルキビアデスが出動を要請した艦船の数はわずか六〇隻であり、この数は前四二四年に実施された前回のシチリア遠征のときの艦船の数と同じであった。アルキビアデスの計画は、この六〇隻の艦船を率いて南イタリアとシチリア島に向かった後に、アルキビアデスが得意の外交手腕を発揮して南イタリアとシチリア島の反シラクサ諸市を糾合して同盟を結成させるというものであった。六〇隻の艦船と手持ちの兵士をもってすれば、アテネはシラクサを戦闘で敗北させるか、あるいはシラクサの町を包囲することができたであろう。さらには、シラクサがアテネの支配下に入れば、アテネはシチリア島で確固とした支配権を確立することができたであろう。しかし、アルキビアデスの作戦計画を客観的に分析してみれば、結局、彼の計画はアテネにとって有利な環境を生み出すものではなかったことが分かる。たとえシラクサが陥落したとしても（その可能性は極めて高かったが）、アテネはアッティカ地方から遠く離れたこの膨大な人口を持つ巨大な島を引き続き支配する必要があった。冬期のシチリア島への航路は危険であるため、シチリア島の反アテネ勢力の動きが活発化する恐れがあったにもかかわらず、アテネにはシチリア島に十分な兵士を駐屯させる余裕がなかった。同時にアルキビアデスの作戦は、アテネ市民が被る被害を最小限に抑制するように計画されていた。つまり、アテネと同盟を組んだシチリア人が戦闘のほとんどを引き受けることが計画されたが、その一方で、計画が失敗した場合、アテネは直ちに本国へ帰還する予定になっていたのである。たとえ六〇隻の艦船とその乗組員全員を喪失する最悪の場合であっても、それ自体は深刻な損害だが、六〇隻の艦船とその乗組員全員の喪失は戦略上の重要な結果ではなかった。いずれにせよ、アルキビアデスの本来の作戦計画のなかにはシチリア遠征が失敗に終わるような要素は一つもなかったが、事実として、アテネのシチリア遠征は失敗に終わった。

アテネに未曾有の惨劇を招いたのは、ニキアスの驚くべき政治的不手際であった。〔将軍を選出する選挙の〕第一回目の投票で敗れたニキアスは、政治的な策略を弄してその決定を覆した。シチリア遠征に反対であったニキアスの今回の狙いは、シチリア遠征の成功と兵士の安全のためという口実を用いて故意に軍隊の規模を必要以上に大きくすることによって、アテネ市民にシチリア遠征そのものを諦めさせることであった。このシチリア遠征をアテネ市民に諦めさせるというニキアスの戦術は不発に終わった。そして、アテネの民会は、ニキアスが提案したシチリア遠征軍の規模の拡大については同意した。その結果、危険を伴わないかたちで実行される予定であったアルキビアデスの小規模な軍事遠征が、突如、膨大な数の兵士、艦隊を伴う大規模な軍事遠征へと変貌したのである。そして、もしこの膨大な数の兵士、艦隊が破壊されれば、アテネに未曾有の惨劇を招くことは明らかであった。アルキビアデスは、シチリア遠征の主唱者であったので遠征軍を率いることになった。しかし、アルキビアデスの若さと衝動的な性格を憂慮したアテネの民会は、シチリア遠征に反対の立場をとっていたニキアスをアルキビアデスの同僚に加えた。ニキアスとアルキビアデスは意見が合わないことが多く、互いに牽制し合うことが予測されたので、アテネの民会はさらに第三の将軍を選出し、この将軍に両者の間を取り持つ役割を与えた。その第三の将軍の名はラマコスであった。ラマコスは大胆で経験豊かな将軍であったが、それほど多くの人々に支持されていなかったので、ニキアスとアルキビアデスに比較すればかなり見劣りする人物であった。

この三人の将軍による「トロイカ」はシチリア島に向けて出航し、途中、イタリア半島の靴の先端にあるレギウムに立ち寄った。しかし、事態は最初から一気に暗礁に乗り上げてしまった。レギウムはアテネの昔からの同盟都市であり、戦略的にいえば、海峡を横切ってメッサナ（現メッシーナ）を攻撃できる要地に位置していた。アルキビアデスはレギウムを重要視し、これを南イタリア地方における主要な策源地にする予定であった。また、アルキビアデスはレギウムを拠点として他のイタリアの諸都市に同盟に参加するよう呼びかける予定であった。しかしながら、アテネの民会におけるニキアスの政治的な不手際によって、アルキビアデスの軍事作戦が成功する見込みは完全に失われた。つまり、必要以上に大きな規模となったアテネ艦隊の出現は、シラクサ人に恐怖心を抱かせる以上に、むしろ協力を請うはずの相手であったイタリアの諸都市とシチリア人に恐怖心を抱かせる結果となったのである。結局、レギウムはアテネ軍の自国への立ち入りを拒絶した。

やがて三人の将軍が集まって次にとるべき方針について協議した。まず、シチリア遠征に最初から反対であったニキアスは、アテネ軍が武力を誇示した後に即座に帰国することを提案した。このニキアスの提案に対しアルキビアデスは、そのような急場しのぎの策をとるのはアテネの恥であると反論した。その代わりにアルキビアデスが提案したのが、元来の彼の戦略の規模を小さくした戦略であった。つまり、兵士と食糧の供給源を確保するために得意の外交手腕を発揮して、シチリア島のギリシャ植民地の住民、さらにはシチリア島の先住民までを味方に引き入れるというものであった。そして、彼らと共同でアテネ軍はシラクサに攻撃を加えるというのである。最後に、ラマコスの提案は、直接的かつ一挙にシラクサを叩くというものであった。トゥキディデスはこのラマコスの提案が最善の策であったと述べているが、トゥキディデスのこの見解は極めて妥当なものである。つまり、戦争準備の態勢がまだ整っていなかったシラクサ人を迅速に攻撃することで、彼らは不意を打たれ、その結果、アテネ軍がシラクサの町を簡単に占拠できた可能性が極めて高かったのである。しかし、ラマコスの提案が受け入れられる可能性は皆無であった。ニキアスはアテネ軍に何も行動を起こさせたくないという意見の持ち主であったので、シラクサに攻撃を仕掛けるというラマコスの考えに間違いなく愕然としたに違いない。アルキビアデスは自分の提案が最善だと信じており、他の二人の提案には一顧だにしなかった。結局、ニキアスの内容の乏しい無為無策の計画を認めようとしなかったラマコスは、不本意ながらアルキビアデスの提案の支持に回った。

新しい状況の下でアルキビアデスが提案した計画が万事首尾よく運ぶ可能性は低かったが、アルキビアデスを本国へ召還するための一隻の船が到着したとき、すべてが失敗に終わったといえるであろう。アルキビアデスを裁判にかけるため、本国が召還命令を出したのである。今回のシチリア遠征に向けてアテネを出航する前の段階で、アルキビアデスは神を冒瀆した大事件への関与が疑われたが、その時点では、彼に対して何の行動も起こされなかった。しかし、アルキビアデスがシチリア遠征へ出航した後に、アルキビアデスの政敵が結託し、巧みに工作して彼を裁判にかけるため召還させることに成功した。アルキビアデスは召還命令に従うのを潔しとせず、敵国のスパルタへ逃亡した。その後、アルキビアデスは、同胞のアテネ市民に対して甚大な害をスパルタから及ぼすことになる。

ラマコスが戦死した後、シチリア遠征に反対であったニキアスが一人で遠征の指揮を執ったが、そのときには既に遠征を放棄するには遅すぎる事態になっていた。シラクサの包囲作戦において、ニキアスは時間稼ぎのために引き延ばし戦術をとったが、結果は失敗に終わった。逆に、彼の時間稼ぎの策が災いして、かえってペロポンネソス同盟諸国によるシラクサ救援のための時間を与える結果となった。そして、このペロポンネソス同盟諸国によるシラクサ救援が、戦局に決定的な影響を与えることになるのである。病に悩まされ、戦局の悪化に絶望したニキアスは、本国に軍隊の増派を要請した。実はこのときニキアスは、この増派の要請がアテネの民会で拒否され、彼と遠征軍に帰還命令が出されることを期待していたのである。しかし、ニキアスの希望に反して民会はアテネの国運を賭けてシチリアへの増派をさらに倍加し、ニキアスの要請通りデモステテネス率いる援軍が現地に派遣されることになった。しかし、アテネ軍はもはやどうしようもない立場にまで追い込まれており、シチリアへの援軍も状況を改善することはできなかったために、デモステネスは兵士を救い出す時間がまだ残っているうちに撤退すべきだとニキアスに詰め寄った。ところが、ニキアスは本国で自分の評判が傷つくことを恐れてアテネ軍の撤退を遅らせた。ニキアスはアテネ軍の撤退に一度は同意したが、しかし、このとき夜空に月食が出ていたため、迷信深いニキアスは再び軍の撤退を延期した。その結果、多くの兵士が脱出が不可能になるほどの長期間、戦場に取り残された。

このシチリア遠征に対するトゥキディデスの見解を以下に紹介する。シチリア遠征は、「今次大戦中の緒戦に比すればもとよりのこと、筆者の判断によれば、われわれが過去のギリシア史から聞き知る限りの事例と比べても、正しく最大の規模を画すものとなり、しかも、勝者がこれに優る光輝を克《か》ち得た例もなく、また敗者がこれに過ぐる悲惨に落ちた類もなきものとなった。じじつ、かれらはあらゆる面で徹底的な敗北を喫し、どの点を見てもかれらの損失の大ならざるはなく、全軍潰滅という言葉さながらに、兵も船も、ことごとく失われ、さしもの大軍も故国に帰りついたものは、数えるほどしかいなかった[*36]」。

当時のほとんどすべての人々が、シチリア遠征の失敗によってアテネはすぐに敗北に追い込まれるであろうと思っていた。一方、スパルタに亡命したアルキビアデスの教唆で、スパルタは恒久的な砦をアッティカ地方に設置した。この砦の存在のため、アテネ市民は城壁外にある自分たちの農場に通うことができなくなり、また銀の採掘場からの収入も期待できなくなった。さらには、スパルタの予期せぬ襲撃に対応するため、アテネ側は安堵する暇《いとま》なく絶えず城壁の守りを固める必要があった。砦に常駐するスパルタ兵の存在は、アテネの財政とアテネ市民の精神および体力を消耗させた。スパルタが築いた砦よりもさらに深刻な問題は、シチリア遠征の失敗の知らせが届くや、アテネ帝国内で反乱が波のように次々と起こったことである。これらの反乱によりアテネは収入源を失った。また、反乱を鎮圧するため多くの兵士を艦船に乗り込ませたので、アテネの財政はいっそう逼迫した。そして、ついにペルシャ帝国がギリシャの内戦に干渉し、スパルタと協定を結んだ。この協定では、ペルシャがスパルタに艦隊建設に必要な資金を提供することが決められ、スパルタはその資金でアテネの艦隊を打ち破るほど大きな艦隊を作り上げた。前四一一年にはアテネでクーデターが勃発し、寡頭政が出現してアテネを支配した。そして、過激派がアテネ市をスパルタに売り渡す計画がほとんど実現するところまで事態が深刻化したが、その前に過激派は追放され、アテネは民主政に復帰した。

ペロポンネソス戦争の最終段階では、スパルタが攻勢に出てアテネの得意分野である海上で戦いを挑むようになったので、ほとんどすべての出来事が海上で起こった。アテネに勝つためにはスパルタはアテネの艦隊を撃滅させる必要があったが、それは簡単には達成できることではなかった。財政の逼迫に加えて、様々な圧迫を受けていたにもかかわらず、アテネはほとんどすべての反乱を鎮圧して、制海権も取り返すことに成功していた。アテネ艦隊がペロポンネソス同盟諸国の艦隊を次から次に撃破したため、その都度、ペルシャ帝国がその損害を補塡しなければならなかった。アテネの狙いは、スパルタかペルシャ帝国が諦めるまで辛抱強く敵の艦隊を撃破することであった。この間、スパルタは現状維持を骨格とした和平を二度アテネに申し込んだが、いずれかの和平の申し入れを受諾することがアテネにとっては賢明であったと思われる。しかし、前四二一年に「ニキアスの和平」がスパルタによって破られて以来、アテネはスパルタをまったく信用しなくなっていた。こうしたことから、アテネは和平よりも決定的な勝利を追求するようになった。スパルタではリュサンドロスという名提督がついに現れたが、一方、アテネでは国内の政争のためもっとも優秀な指揮官たちは解任された。前四〇五年、スパルタのリュサンドロスはアテネの最後の艦隊をアエゴスポタミの戦いで撃滅し、ペロポンネソス戦争はスパルタの勝利に終わった。

結　論

ペロポンネソス戦争の悲惨な結果を見れば、この戦争に関して次のような疑問が湧いてくるだろう。一つは、はたしてペロポンネソス戦争の勃発は回避できたのであろうかという疑問である。もう一つは、当事者が実際とは異なった判断や行動をした場合、戦争の経過や結果は実際とは違ったものになったであろうかという疑問である。歴史家の役目は、こうした疑問に解答を与えることではない。しかし、ごく当たり前の好奇心を備え、真剣に歴史を学ぶことによって歴史に対する理解だけでなく英知すらも得ることができると信じている者であれば、こうした疑問を解きたいと願わずにはいられないであろう。

政治および軍事の両方のレベルにおいてアテネが採用した戦略上の決定を詳細に分析すると、アテネは何回か好機を逸したとの印象を受ける。年代順とは逆に検討を加えるが、まず、ペロポンネソス戦争の最終段階の前四一二年に、アテネの指揮官であったプリューニコスがミレトスの沖でスパルタ艦隊との決戦を回避している。この決断が災いとなって同盟諸国の反乱がアテネの帝国全土に広がったために、アテネは反乱の波が遠くヘレスポントス海峡〔ダーダネルス海峡〕まで達する前に反乱を鎮圧する機会を逸してしまった。このため、ペルシャ帝国がギリシャ国内の政争に本格的に関与し、スパルタにリュサンドロスという名提督が現れることを許してしまったのである。このプリューニコスの決断が後にどれほど重大な影響を及ぼしたかということを考えれば、アテネが相当の危険を冒してもミレトスの沖でスパルタ艦隊に決戦を挑むことは、十分に正当化される行動であった。しかも実際には、スパルタ艦隊との決戦でアテネが負ける危険はさほど大きくなかったのである。したがって、アテネの本国が後にプリューニコスの責任を問い、彼を解任したことは驚くべきことではない。

次に、ペロポンネソス戦争の最終段階においてスパルタが和平を二度申し込んだとき、アテネはもう一つの好機を逸した。このときもし和平を受け入れていれば、アテネは前四〇五年に喫した敗北を回避できたことは明らかであるし、翌年〔前四〇四年〕のペルシャ王の死によってその後長いあいだスパルタの脅威から逃れることができたであろう。なぜアテネはこのとき和平を拒絶したのであろうか。この時期のアテネの政治を研究している学者は、アテネが和平を拒絶した原因として民主政特有のデマゴーグ〔民衆扇動政治家〕の存在とアテネ市民の無知や移り気を挙げている。しかしながら、前四二一年当時のアテネもこの時期と同程度に民主的であり、大衆に迎合する政治家も存在していた。にもかかわらず、より圧力の少ない状況下で、アテネは前四二一年の段階では和平を受け入れているのである。アテネが前四二一年以降のスパルタの和平の申し込みをすべて拒否した原因は、まさにこの前四二一年の「ニキアスの和平」が失敗したからであった。また「ニキアスの和平」の失敗が引き起こしたアテネ市民の失望と猜疑心も、アテネが前四二一年以降のスパルタの和平の申し込みをすべて拒否した原因であった。

前四二一年の「ニキアスの和平」の主唱者はあまりにも和平を渇望していたために、目の前の現実や適切な政策に関する客観的な分析を行うことができなかった。もし「ニキアスの和平」の主唱者が和平の条項の履行義務とそれを言葉より行動で示すことをスパルタ側に求めたならば、スパルタは和平の条項を忠実に履行せざるを得なかったはずであり、これにより、両国の永久的な和平の基盤が確立されたであろう。また、たとえ和平を確立することに失敗したとしても、何の見返りもなくアテネの国益を犠牲にし、将来の和平交渉のための基盤を壊すようなことはしなかったであろう。前四二一年当時、「ニキアスの和平」の主唱者はどのような代価を払ってでも和平を締結することを切望していたが、このようなアテネ側の態度は、後の和平交渉に対する期待を失わせただけでなく、それ以上に、勝利者にふさわしい栄光ある平和の可能性を損ねることになったのである。

実際のところ、アテネがスパルタに対して完全な勝利を収め、スパルタの猜疑心と嫉妬心を永久に除去することができる好機が少なくとも一度あった。前四一八年のマンティネイアの戦いで、もしアテネ艦隊とピュロスに駐留していたメッセニア人をスパルタの兵力を分散させるために使用し、それと同時に大規模な陸軍をアテネ本国から派遣していれば、アテネがスパルタに対して勝利を収める可能性があった。しかしながら、アテネはそうすることができなかった。なぜなら、反スパルタ勢力のアルゴス、マンティネイア、エリスの三カ国との同盟を柱としたアルキビアデスの戦略構想が実現しようとする時期に、アルキビアデスの政敵のニキアス一派がアテネで主導権を握ったからである。ニキアス一派がアテネで主導権を握った主な理由は、スパルタとの陸上での戦いを計画していたアルキビアデスの戦略に対してアテネ市民の多くが拒否反応を示したからであった。

ペロポンネソス戦争は、強大なランド・パワー国家と強大なシー・パワー国家との間の古典的な衝突であった。いずれの陣営も、自国の長所を活かした比較的低コストの方法で勝利を獲得することを望みながら戦争に入った。しかしながら、その後の歴史が示したのは、そのような方法では、いずれの陣営も勝利を収めることができないという事実であった。戦争に勝つためには、両陣営とも相手の陣営が得意としている分野でいかにして賢明に戦うかを学ぶ必要があった。シチリア島でのアテネの敗北を契機として、スパルタはペルシャと同盟を結ぶことによって戦争に勝つ機会を捉えた。そして、多くの失敗を繰り返しながらも、スパルタはアテネの艦隊を撃滅することによって最終的な勝利を得た。最終的な勝利を得るためには他に方法がなかったのである。真の勝利をアテネが獲得するためには、ペリクレス的な消耗戦ではなく、スパルタを陸上戦で打ち破る方法を見つける必要があったであろう。アンフィポリスの返還義務をスパルタが反故にしたとき、アテネ側には、スパルタを陸上戦で撃滅させることで戦争の勝利を獲得することを企図した戦略を採用する機会があった。しかし、ニキアスが受け継いだペリクレスの戦略は、伝統的なアテネの生来の政策に既に変質していた。民主政アテネは、陸上戦を前提とした積極的な戦略を長いあいだ保持することはできなかった。とはいえ、犠牲者の数に関して低リスク・低コストの戦争方法に慣れてしまった民主政アテネにとって、短期間に勝利を収めることも難しかった。アルキビアデスの新戦略が危機に陥った頃までには、ニキアス配下の古参の将軍らが再びアテネで支配権を奪取した。彼らはニキアスと意見を同じくする将軍たちであった。彼らは、新しい積極的な戦略を何の大胆さも確信もなく実行したが、この新戦略の失敗が明らかになるや、喜んで戦地から逃げ出すような輩《やから》であった。マンティネイアでアテネが敗れると、ニキアスと将軍たちはまやかしの平和の到来に喜んだが、真の平和はなおも錯覚に過ぎなかった。この時点で唯一の問題は、次の戦争がいつどこで勃発するのかという点にあった。

従来の古い戦略では、ペリクレスが望んだような限定的な勝利を得るどころか、スパルタのように強固な意志を持った敵の戦闘能力を喪失させるのに十分な勝利を得ることは到底できなかった。その意味では、アテネは相手に攻撃を仕掛け、大規模な陸上戦を戦い、最良の戦い方と最高のタイミングを見つけ出す必要があったであろう。しかし、アテネはそのような積極的なやり方を実行することに及び腰であった。こうしたアテネの消極的な姿勢は、自国を難攻不落の島であると信じ込んでいた国にとってもっともなことである。アテネは、危険で不愉快な重装歩兵による戦闘を大胆に回避するという戦い方を発展させてきた。このような戦い方を採用することにより、アテネは軍隊を素早く戦場に集中させ、まだ準備の整っていない敵に対して攻撃することが可能になった。同じくこうした戦い方により、アテネの城壁や住民を危険にさらすことなく、敵に打撃を与えることが可能になった。こうした戦い方がなまじ成功を収めたために、アテネはそれ以外の戦法は不要であるかのような錯覚を抱き、かつ陸上戦で甚大な損害を被って敗北したことで、それ以後、陸上戦を戦う危険を冒すことに躊躇するようになった。

ペリクレスは軍隊を母国のアテネの防衛にさえも使うことを拒否することによって、伝統的な戦略を極致まで昇華した。こうした方法により、彼は敵を撃滅する希望を失った。アテネができることといえば、スパルタとペロポンネソス同盟諸国をある程度追い返し、敵の継戦意志を弱めるぐらいしかなかった。しかしながら、スパルタ側の〔積極的な〕性質により、この「アテネ流の戦争方法[*37]」は適応性に欠けるものとなり、ペリクレスの戦略は、希望的観測に基づいていたがために失敗に終わった。

現状に満足し、なおかつ敵を寄せ付けないことができた前四三一年当時のアテネのような国にとって、攻撃的な行動をとる危険を回避したいという誘惑は大きい。しかし、このような思考こそ危険を孕んでいるのである。こうした消極的な思考によって、「防御主義への妄信[*38](the cult of the defensive)」と呼ぶべき硬直した精神がアテネで助長された。こうした精神の影響により、指導者は、自己が過去に成功体験を持つ戦略や一般的に理論として支持されている戦略を無意識に不適当な状況に応用しようとするのである。「防御主義への妄信」と呼ぶべき硬直した精神が助長されることには、もう一つ不利な点がある。それは、仮想敵国が戦争を引き起こすことを抑止するこちらの能力が限られることである。断固とした防衛姿勢を示すことで敵が勝利を得る見込みを減少させることを基礎とした抑止は、敵が相当高い合理性と豊かな想像力を持つことを前提としている。前四三一年にスパルタがアッティカ地方に進攻したとき、スパルタはそれほど大きな危険を冒しているとは思っていなかったに違いない。たとえアテネがスパルタとの戦闘を避けたとしても、しかも、そうしたアテネの戦いの拒否の姿勢が長期間続いたとしても（こうした事態は起こりそうもなく、不自然なケースであるが）、スパルタは消費した時間と労力以外はほとんど危険を冒すことはないのである。いずれにせよ、スパルタ本国の土地と都市は無傷で残るであろう。結局、ペリクレスの抑止戦略とは、スパルタのもっとも脆弱な地点を確実に攻撃する能力をアテネが確保しているときに限り、成功する見込みがあるものだった。

一旦、戦争が始まると、「防御主義への妄信」が妨げとなって、アテネは勝利を獲得するために必要な適切な処置をとることができなかった。前四一八年、アテネはスパルタを倒す絶好の機会を失った。三年後になってようやく、アテネは大規模な投資を行い、シチリア遠征という大きな危険を伴う軍事活動に乗り出した。前四一八年にスパルタを倒す絶好の機会を失ったことと、その三年後に行われた大規模投資およびシチリア遠征との二つの事柄の間には、何らかの因果関係があるかもしれない。おそらくマンティネイアの戦いの結果、伝統的な消極策がアテネで信用を失った。そのため、当時さほど重要ではない辺境の軍事遠征に不適切に振り向けられていた、より大胆で攻撃的な精神が、アテネで奨励されるようになった。シチリア遠征の大失敗の後にアテネが自らの国運を何とか持ち堪えていた時期に、スパルタ側の無能と国内分裂とが引き金となって、アテネにとって受け入れ可能な有利な内容を含む和平案に近い提案がスパルタによって示された。この期に及んでも、アテネはスパルタに対する不信を拭い去ることができず、自国の艦隊の優位さに慢心したために、敗北を逃れる可能性があったこの和平の申し出を拒絶した。しかし、その頃までには海軍力の源泉であったアテネの財政は既に逼迫し切っており、また国内の政治闘争が原因でもっとも優秀な軍指導者をアテネは失っていた。その一方で、ペルシャの財政的援助とリュサンドロスの巧みな指導力によって、スパルタは海戦の方法を学び、海戦でアテネに勝つまでに成長した。従来、アテネ人は、行動が機敏で攻撃的・創造的な民族であると考えられていた（ペロポンネソス戦争の勃発前、コリントス人はアテネ人をスパルタ人と比較してそのように見なしていた）。他方、スパルタ人は、愚鈍かつ伝統的で想像力に乏しい民族と昔から考えられていた。両者にそれぞれこのような印象が当時あったことを考えれば、アテネがスパルタほど適切に異なった戦闘方法に適応できなかったという事実は大きな皮肉というしかない。ペロポンネソス戦争におけるアテネの経験から明らかになったことは、戦争時において自由な討論を経て政策を決定する必要がある場合や、比較的無知な多くの人々を説得する必要がある場合には、民主主義国は、民主主義を奉じていない非自由社会に比べて戦争がもたらす様々な状況の変化に適切に順応できないということであろう。おそらく、この教訓こそが、トゥキディデスがアテネの敗北とペリクレスの死を結び付けたときに心に留めていたことである。人々を諭して過去の偏見や経験に囚われない戦争方法を遂行することができた人物は、アテネの多くの政治家のなかでも唯一ペリクレスだけであった。

本章は、筆者が一九六九年から八七年にかけてコーネル大学出版局から出版した四巻のペロポンネソス戦争の歴史書を基礎として執筆したものである。本章の一部は、筆者の歴史書の関連する節に加筆・修正したものである。また、本章の文章の一部は、加筆・修正せずにそのまま転載していることをあらかじめ断っておく。

（1） Thucydides, *History of the Peloponnesian War*, 1. 2. 2（トゥーキュディデース、久保正彰訳『戦史』上巻、岩波書店、一九六六年、五五頁）. 特に明示しない限り、トゥキディデスの『戦史』を参照する。

（2） *Ibid.*, 2. 65. 12-13（トゥーキュディデース『戦史』上巻、二五四頁）.

（3） *Ibid.*, 1. 139. 4（トゥーキュディデース『戦史』上巻、一八三頁）.

（4） *Ibid.*, 2. 65. 7（トゥーキュディデース『戦史』上巻、二五三頁）.

（5） *Ibid.*, 1. 140. 2（トゥーキュディデース『戦史』上巻、一八四頁）.

（6） *Ibid.*, 1. 140. 5（トゥーキュディデース『戦史』上巻、一八五頁）.

（7） *Ibid.*, 2. 65. 7（トゥーキュディデース『戦史』上巻、二五二頁）.

（8） F. E. Adcock, "The Archidamian War, 431-421 B.C.," *Cambridge Ancient History*, Vol. 5 (Cambridge, 1940), p. 195.

（9） Hans Delbrück, *Geschichte der Kriegskunst*, Vol. 1, *Das Altertum* (Berlin, 1920, reprinted 1964), pp. 125-126.

（10） Thucydides, *History of the Peloponnesian War*, 2. 13. 6-7.

（11） Plutarch, *Pericles*; 33. 4.

（12） Thucydides, *History of the Peloponnesian War*, 1. 141. 6.

(13) *Ibid.*, 1. 143. 5（トゥーキュディデース『戦史』上巻、一八九〜一九〇頁）.

(14) 一タラントンは銀の特別な重さを表す。現在の貨幣価値で表すことは不可能であるが、例えば、一タラントンであれば一カ月の艦船の船員の賃金を払うことができた事実は読者の理解を助けるであろう。同じく、一タラントンは六〇〇〇ドラクマであり、一ドラクマは、アテネの熟練工の日当として十分な額であった。

(15) Thucydides, *History of the Peloponnesian War*, 2. 13. 4-5.

(16) *Ibid.*, 1. 80. 4; 1. 141. 3（トゥーキュディデース『戦史』上巻、一一九頁、一八五頁）.

(17) *Ibid.*, 2. 21. 3（トゥーキュディデース『戦史』上巻、二二四頁）.

(18) Plutarch in *Pericles*, 33. 4（プルターク、河野与一訳『プルターク英雄伝』第三巻、岩波書店、一九五三年、四九〜五〇頁）.

(19) Thucydides, *History of the Peloponnesian War*, 2. 22. 1（トゥーキュディデース『戦史』上巻、二二五頁）.

(20) *Ibid.*, 2. 65. 6-7; 13（トゥーキュディデース『戦史』上巻、二五二頁、二五四頁）.

(21) *Ibid.*, 2. 65. 7（トゥーキュディデース『戦史』上巻、二五二頁）.

(22) *Ibid.*, 1. 141. 3（トゥーキュディデース『戦史』上巻、一八五〜一八六頁）.

(23) *Ibid.*, 1. 141. 5-6（トゥーキュディデース『戦史』上巻、一八六頁）.

(24) これらの推計と戦争の費用に関する議論は、Donald Kagan, *The Archidamian War* (Ithaca and London, 1974), pp. 35-40 を参照。

(25) Thucydides, *History of the Peloponnesian War*, 2. 24. 1（トゥーキュディデース『戦史』上巻、二一六頁）.

(26) こうした問題は、Donald Kagan, *The Outbreak of the Peloponnesian War* (Ithaca and London, 1969), pp. 286-342で特に考察されている。

(27) M. H. Chambers, "Thucydides and Pericles," *Harvard Studies in Classical Philology* 62 (1957), p. 86.

(28) Thucydides, *History of the Peloponnesian War*, 8. 96. 5.

(29) Winston S. Churchill, *The World Crisis II, 1915* (London, 1923), p. 21.

(30) *Ibid.*, p. 50.

(31) K. J. Beloch, *Die Attische Politik seit Perikles* (Leipzig, 1884), p. 23.

(32) Thucydides, *History of the Peloponnesian War*, 4. 40. 1（トゥーキュディデース、久保正彰訳『戦史』中巻、岩波書店、一九六六年、一七二頁）.

(33) N. G. L. Hammond, *A History of Greece to 322 B.C.*, 2nd ed. (Oxford, 1967), p. 294.

(34) Thucydides, *History of the Peloponnesian War*, 6. 16（トゥーキュディデース、久保正彰訳『戦史』下巻、岩波書店、一九六七年、四〇頁）.

(35) *Ibid.*, 6. 6. 2（トゥーキュディデース『戦史』下巻、一二七頁）.

(36) *Ibid.*, 7. 87. 5-6（トゥーキュディデース『戦史』下巻、二四三頁）.

(37) この用語は、B. H. Liddell Hart, *The British Way in Warfare* (London, 1932) から援用。

(38) この用語は、「攻勢主義への妄信(the cult of the offensive)」から援用。現在の学者によれば、第一次世界大戦にいたる時期、「攻勢主義への妄信」がヨーロッパの軍事思想を支配していたとされる。

第三章　戦士国家の戦略
――ローマの対カルタゴ戦争（前二六四～前二〇一年）

アルヴィン・H・バーンスタイン
永末聡訳

はじめに

ニコロ・マキャヴェリは、数々の著作のなかで近代国家を定義した理論家であったが、その彼が理想の政治体として選んだのが共和政ローマであった。その理由について、現代の読者の多くは奇異に感じるかもしれない。彼が理想の政治体として共和政ローマを選んだ理由は、まず、ローマ市民軍の軍規の厳格さおよび窮乏に耐え抜くために彼らが示した並外れた献身性、そして、貴族階級が軍事的栄光に対して持っていた並々ならぬ強い衝動と渇望、さらに、帝国主義的な征服を通じてのみ満たされたローマ人の領土に対する獲得欲にあった。[*1] このような共和政ローマの特徴を考察することで、マキャヴェリは、当時のイタリアに対し

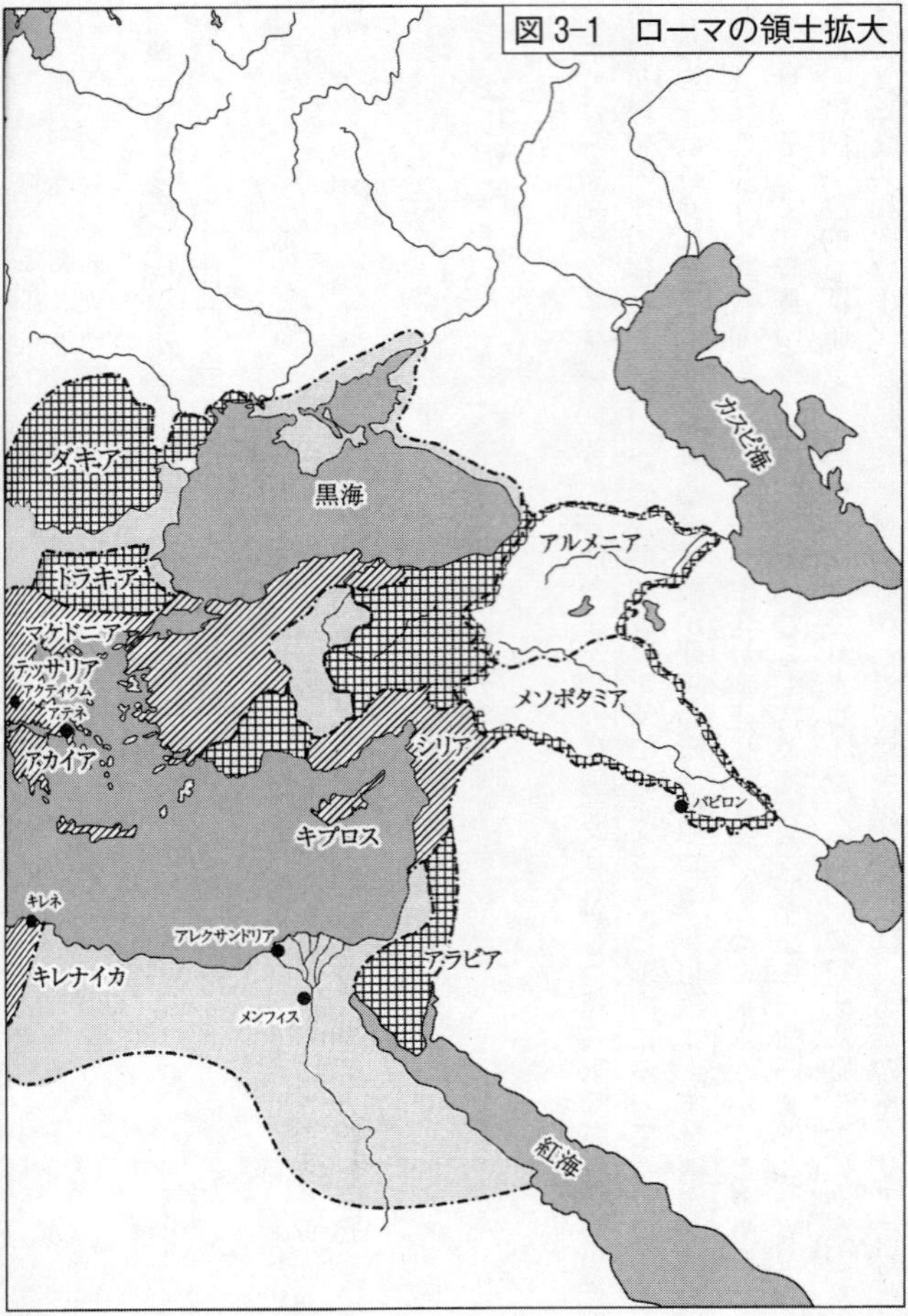
図 3-1　ローマの領土拡大
ダキア
黒海
カスピ海
トラキア
アルメニア
マケドニア
テッサリア
アクティウム
アテネ
アカイア
メソポタミア
シリア
バビロン
キプロス
キレネ
アレクサンドリア
アラビア
キレナイカ
メンフィス
紅海

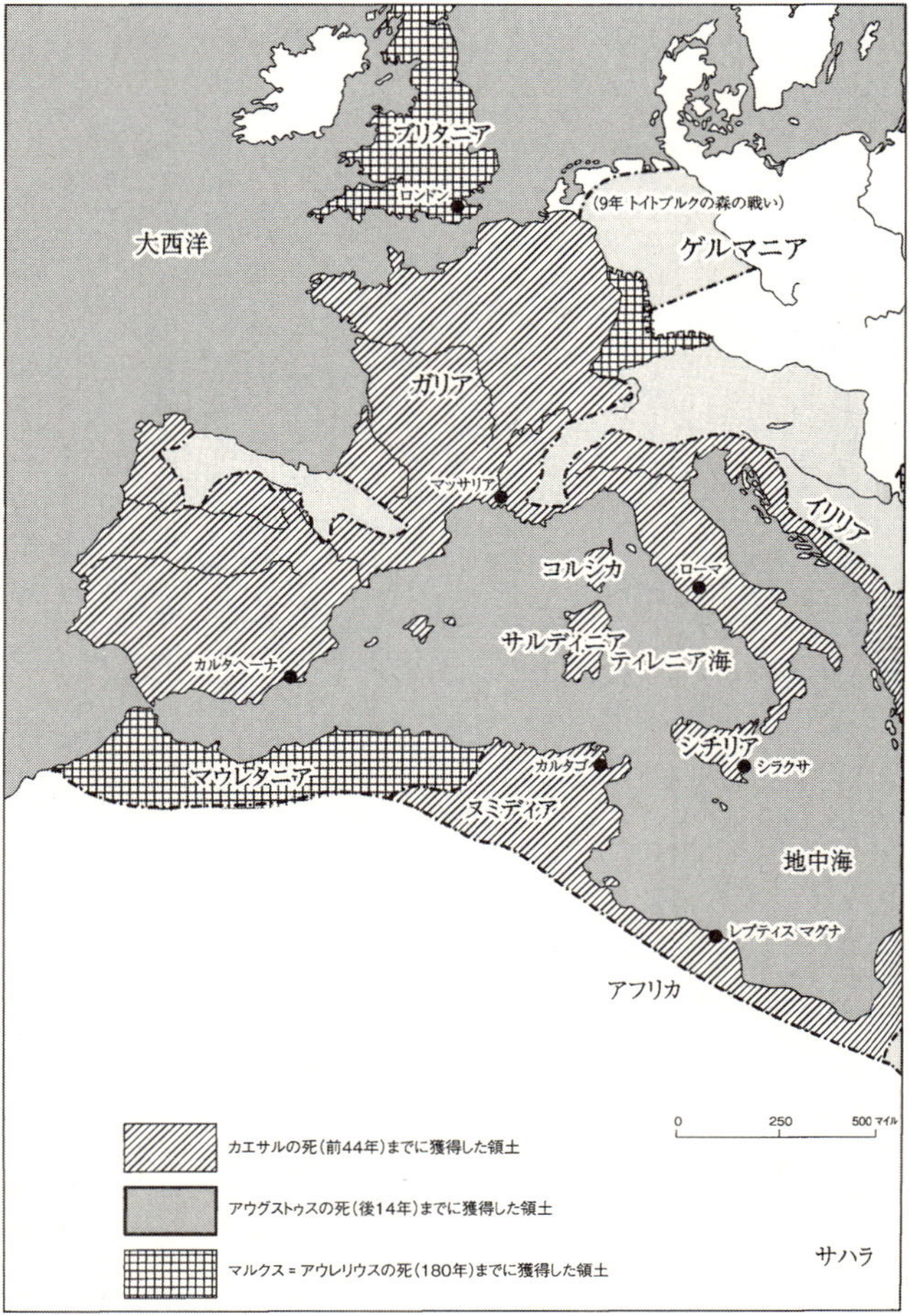

出典：Wallbank, et al., *Civilization Past and Present*, Volume A to 1600, 7th ed. (New York: HarperCollins, 1992), p. 82.

て彼が抱いていた概念とはまったく異なるパラダイムを作り上げた。同胞のイタリア人が有していた冷酷さや権力欲に対してマキャヴェリが実際よりも過小評価したことには、彼なりにまっとうな理由があった。その一方で、天然資源に恵まれず、地理的にも周辺部に位置していたにもかかわらず、群雄割拠の世界で巨大な帝国を築き上げた共和政ローマの実力に対する彼の評価は、極めて正しいものであった。

ローマは小さな都市国家として建国されたが、その初期の歴史を通じてローマの存立は危ういものであった。エトルリア人、ラテン系およびイタリア系の部族、そしてガリア人が次々と進攻を繰り返してローマの独立を脅かした。ローマの防衛は完全に市民軍に依存していた。ローマの地理的な位置も防衛にはそれほど重要な役割を果たさなかった。せいぜい、市内に七つある丘が最小限の城壁の建設に適した地形であったに過ぎなかった。天然の港を持たなかったため、ローマは海上交通や通商によって成り立つ一人前の都市国家として発展することができなかった。[*2] これに加えて、建国当初のローマは、小作人が田畑を耕して得るわずかな作物以外、これといって重要な資源に恵まれていなかった。建国初期のローマが生き残ることができたのは、軍事力のおかげというより、むしろ単にローマが貧しかったからである。つまり、暗黒時代のギリシャのアテネと同じように、ローマには外部の部族の侵入を招くほどの魅力は何もなかったのである。[*3]

しかし、こうした恵まれない基盤から出発したにもかかわらず、最終的にローマは、すべての地中海の周辺部と北ヨーロッパの奥地にいたる広大な領土を支配する帝国へと変貌を遂げた。こうした領土拡大の最終局面、つまり、キリスト教時代にいたるまでにローマが支配した領土は、アメリカ合衆国本土の約三分の二の大きさに匹敵し、そこに住む住民は約五〇〇〇万人から六〇〇〇万人に達した。さらに、衰退と没落の局面に入った時期ですら、ごく控えめに見積っても、ローマはこの地域を約六世紀もの長期にわたって統治したのである。このようなローマの発展の胎動期間とでもいえる時期が、本章が考察する時期である。この時期、元老院およびローマ市民(*Senatus Populusque Romanus*)〔S. P. Q. R. と略して国家ローマを指す〕の驚くべき努力によってローマは大いに発展を遂げた。そして、第二次ポエニ戦争における勝利の後、ローマの拡大に対して対等に近い立場から挑戦する国は再び現れることはなかった。

一　ローマ市民の役割

十九世紀の偉大な戦争理論家であるカール・フォン・クラウゼヴィッツは、戦争はそれ自体が目的ではなく手段に過ぎないと主張したが、*4 この戦争観は、前二世紀に活躍したギリシャ人の歴史家であるポリビオスの戦争観と完全に一致する。*5 もっとも、もしクラウゼヴィッツやポリビオスが共和政中期のローマを観察する機会があれば、彼らの戦争観は再考を迫られたことであろう。二十世紀後半の高尚な学者の世界では、戦闘を遂行するために戦闘そのものを愛する人間が存在することが知られていないどころか、そのような人間が存在するとはまったく想定されていない。しかし、より知的水準が低く、より原始的であり、かつ非常に危険な世界では、暴力それ自体が正当な行為になったり、正当性を帯びたりすることが多い。[*6]

共和政初期の時代、常に外部からの脅威にさらされ、その脅威に対処するために軍事活動が恒常的に必要だったために、ローマでは暴力の能力を美徳の尺度と見なす独特のエトスが形成された。ローマでは、暴力はそれ自体で価値のある特質であると考えられたのである。前三二七年から前二四一年にかけて、つまり、ローマがイタリア半島における覇権国として登場した時期に、ローマが享受した――あるいは退屈に耐えたといえるかもしれないが――平和な期間はわずか五年間だけであった。つまり、極めて異常な環境に置かれた場合に限って、ローマは戦争をしなかったのである。第一次ポエニ戦争の勃発後、ローマ軍団は、どちらかといえば、イタリア半島における版図拡大の期間よりも多くの時間をイタリア半島以外の地域における軍役に費やした。

なぜこのような戦争遂行が可能になったのであろうか。ローマ市民は、十七歳から四十六歳までの誕生日の間に一六年間の軍役に就く義務を国家に負っていた。市民兵として徴兵されたローマ市民が一六年間継続して従軍することはほとんどなかったとはいえ、除隊して通常の市民生活に戻るまでに六年間もしくは七年間の軍役に従事した。さらに、彼らは兵士として多くの経験を積んでいたので、国家は事あるごとに彼らをすぐさま戦場に戻すことが常になった。[*7] 加えて、ローマの法律には、ローマ軍の軍役期間を二〇年に延長する権限を政府に認める条項も存在した。実際にこの条項が適用された事例も記録に残っている。[*8]

もし戦争がローマの世界観（*Weltanschauung*）の中核にあるとすれば、ローマ人がどのように戦争を認識し、どのように準備し、そしてどのように遂行したのかという点を考察することは、ローマの戦略の特異な性質を解明する手掛かりになるであろう。他に類を見ないほどの残忍さと復讐心の強さがローマ人の特徴となっていた。おそらく、ローマで実践された十分の一処刑（decimation）という刑罰ほど、ローマの残忍さと復讐心の強さを典型的に示す例はないであろう。[*9] 戦場で恥をさらして敗北した部隊や、その他、不名誉なかたちで敗北した部隊に対して、執政官《コンスル》から十分の一処刑に処するようにとの命令が下ると、その部隊の隊長（centurion：百人隊長）は、部隊全体から一〇人に一人の割合で犠牲者をくじで抽選して処刑した〔しかも、実際に刑を執行するのは抽選で漏れた同僚の兵士であった〕。ポリビオスは、この刑罰のやり方について次のように述べている。

> もし多数の兵士が（卑怯な）行為に加担していたことが明らかになれば――例えば、もしある歩兵中隊〔一二〇人から成る〕の何人かの兵士が敵前逃亡すれば――その歩兵中隊の全員を（中略）戦犯として処刑することは不可能であると考えられた。しかし、このような刑の執行の難問に対する解決策が間もなく発見された。それは、次のように軍律を維持するのに十分で、なおかつ、兵士に恐怖を植え付けることを計算したものであった。軍団司令官は全軍団を召集し、その後、戦場で卑怯な態度をとったために弾劾された歩兵中隊を前に出させて彼らに罵声を浴びせかけた後、兵士をくじで五人、八人、あるいは二〇

人というように選んだ。その結果、処刑される兵士の数の割合は、その歩兵中隊の全体の約十分の一となった。くじで選ばれた兵士は（中略）容赦なく処刑された。刑罰を逃れた残りの兵士に対しては、小麦ではなく大麦が配給され、さらに城壁（*vallum*）の外側やあるいは野営隊の保護の及ばない場所への宿営を命じられた。この十分の一処刑は、歩兵中隊の兵士の全員に平等にくじに当たる運命を共有させ、くじに漏れた兵士全員が大麦の配給を受けるという露骨な見せしめであった。そのため、この処刑方法は、兵士に常に恐怖心を抱かせるための方法として、また、実際に軍規を乱したときにその部隊が軍規の乱れを自ら正すための方法としては、考えられるもっとも有効な手段であった。*10

タキトゥスは、十分の一処刑の底に流れる重要な原則を敷衍《ふえん》して、以下のように説明している。

戦場で卑怯な態度をとった部隊の兵士が一〇人に一人の割合で棍棒で殴打される場合には、同じ部隊に所属する勇敢であった兵士もその同じくじで十分の一の割合で選ばれる。見せしめのために兵士を大規模に罰すれば、不可避的に不当な仕打ちが含まれることになる。全体の善は、個人の犠牲を看過することでもたらされるのである。*11

十分の一処刑の慣行はローマの異常な懲罰措置を典型的に表しており、とりわけ、それが徴兵された市民兵に対して科された点に、ローマの際立つ特徴がある。西側世界の軍事組織において、戦場で兵士が臆病な行為をしたという理由で、あるいは軍規に違反したという理由で、その兵士を個々に罰するようになったのは、ようやく十七世紀後半になってからであった。そして、ローマと同じ規模で国家が兵士を集団的に処刑する能力を持つようになったのは、大衆軍（mass army）や全体主義国家が登場する二十世紀に入ってからであった。

ところで、歴史家は、スパルタを戦士国家の典型と見なす傾向が強い。しかし、スパルタは都市国家（*polis*）であり、実際のところ、少数のエリート層の戦士がラコニア地方の人口の大部分を占める農奴（ヘロット）を支配していたのが実情であった。少数のエリート層の戦士と多数を占めるヘロットとの間のこのアンバランス（不均衡）の存在こそが、スパルタが――ヘロットの反乱を恐れて――他国の領土の征服戦争に積極的に乗り出さず、他のギリシャ諸国から隔絶した国となった理由であった。他国に対して戦争を起こすということは、同時に、他国の文化にさらされ、しいてはスパルタの戦士を堕落させる危険を伴うことを意味した。これに加えて、戦士団を形成する市民の数が少なかったために、スパルタの指導者層は、対外戦争で生ずる戦死者の数に対して敏感にならざるを得なかった。

ほとんどあらゆる点において、ローマの政体はスパルタの政体と著しく異なる。「元老院およびローマ市民」は、一七九三年のフランスの国民軍召集（*levée en masse*）以後に近代国家で実施された制度と同じような方法で、拡大する領土内から大量の数の小作人を毎年徴兵することができた。[*12] その結果、ローマは大規模かつ強力な軍隊をほとんど途切れることなく戦場に投入することができたのである。また、近代の民主主義国と違い、ローマは戦略目標を変更することなく、高い戦傷者率を甘受することもできた。言い換えれば、ローマは市民兵を基礎とした戦士社会を作り上げたのである。ローマでは、スパルタを大いに悩ませた戦争の犠牲者の数や社会の内部崩壊を恐れる心配もなかった。一旦、戦争に踏み出したとあれば、ローマは最後までやり抜いた。このような特徴を持ったローマこそ、「どのような負担でも耐え忍び、いかなる犠牲をも払う」ことを厭わない社会の名に真にふさわしい。最小限の補償と引き換えに、ローマ市民と同盟諸国の市民の両方からこれほど多数の徴兵を引き出すことができたローマの国家としての能力は驚くべきものがある。こうしたローマの徴兵能力は、二十世紀の西側世界の自由社会とはまったく異質の価値体系を反映したものであった。軍事問題に対するローマのアプローチや戦略の本質についての見解と我々のそれらとの間に違いがあることは、厳然たる事実である。つまり、一般的に西側世界が、あるいは特にアメリカが、戦略および軍事力の本質や行使について他国も自国と同じように英米の尺度で物事を考えていると信じるのは危険な態度である。

家父長的権威主義が、ローマにおいて軍規が尊ばれる土壌を提供した。前三世紀の間、家族制度と国家はまだ別個の実体として存在していなかった。ローマの各々の一族の当主は一族に対して絶対的な権力を保有しており、彼らはその一族の構成員に対して生殺与奪の権利を行使することができた。ローマの国内政治は、元老院に議席を有する有力な一族の間の離合集散から成り立っていた。それ故に、一年交替の執政官職が有するような絶対権力を一族の当主が持つ点や、ローマの元老院議員すなわち「建国の父たち（*patres*）」が有するような人々を畏怖させる集団的権威を持つ点において、ローマの家族制度は公の組織とよく似た構造を持っていたのである。ローマの元老院議員の見識、そして何より彼らの権威（*auctoritas*）の存在が、ローマ軍団の個々の兵士が驚くほどの自制心、服従、従順さを示した理由を説明してくれる。

二　ローマの寡頭政治のエトス

ローマ人は、ドイツ人の言葉を借りれば、極端に好戦的・戦闘的（*kriegslustig*）な民族であった。こうした資質は、一般の兵士だけでなくローマ社会の最高級位の人々にも当てはまる特徴であり、こうした資質がローマ社会の最高級位の人々の価値観から生まれたものであるという点について疑いの余地はない。クラウゼヴィッツは、非常に競争意識が強くかつ貴族的なローマ人の特徴について次のように明確に述べている。

激しい闘争のさなかに人間の心を占める高尚な感情のうちで、名誉と功名とを憧憬する念ほど強力でかつ常住的なものはない、と言ってよい。ところがドイツ語はこのような憧憬を「名誉心」とか「功名心」などと呼んで、これに厭わしい付随的な語義を付加している、これはかかる高尚な感情に対する不当な取扱というべきである。確かにこの高邁な憧憬の念が、特に戦争において濫用されたために、忌わしい幾多の不正事が人類にもたらされたことは否定できない。しかしこの感情は、その起原を糺《ただ》せば、人間性に発する最も高尚な感情に属するものであり、また戦争においては、軍という巨大な集団に魂を吹込む本来の息吹《いぶき》にほかならない。ほかにもこれに類する感情、例えば祖国愛、理念に対する熱情、復讐の念、或は諸般の感激等がある。これらの感情はいずれも功名や名誉を渇仰する感情よりも遥かに一般的なものであり、またそのうちのいくつかは遥かに高尚らしく思われるにせよ、しかしこれらの感情といえども、功名心や名誉心を不必要ならしめるものではない。確かにかかる若干の感情も、遍《あま》ねく将兵を鼓舞してその士気を高めることができる、しかし指揮官に部下の将兵の欲する以上の武勲を立てようとする意欲を生ぜしめるものではない、しかもこのことこそすぐれた功業を志す指揮官が、その地位にかんがみて是非とも必要とするところのものなのである。要するに諸他いっさいの感情は、指揮官に個々の軍事的行動を見ることあたかも彼自身の土地のごとき心事を喚起するものでない。功名心があればこそ彼は勉めてこれを耕し、心してここに種蒔き、こうして豊饒な収穫を求めるためにこの土地を極度に利用しようとするのである。最高指揮官から最下級の指揮官にいたるまで、およそ指揮官の側にこれほどの努力、このような勤勉、このような競争、このような激励があるからこそ、軍のはたらきを活潑にし、かつ効果あらしめるのである。[*13]

少なくとも前二世紀までには、ローマの貴族は戦争について身近に知るようになった。彼らは戦争を知らざるを得なかったのである。いかなるローマ人であっても、毎年のように行われる戦役に一〇回以上従事した経験を持っていないと政治的な役職に立候補することができなかった。[14] 共和主義者のポリビオスやサルスティウスが明確に述べているように、ローマの貴族は英雄的行為《ヒロイズム》を非常に重視しており、白兵戦や戦場での栄光が、政治的・社会的な栄達を獲得するために必要不可欠な要件であった。[15] もっとも価値が高くかつほとんど達成することができない名誉の一つは、スポリア・オピマ（*spolia opimā*［「最高の戦利品」の意］）と呼ばれるローマの軍司令官にとって最高の武勲を立てることであった。これは、一騎打ちにおいて敵の司令官を打ち倒したローマの将軍だけに与えられる栄誉であった。ローマ人がユピテル・フェレトリウス神殿を建設することによって、ロムルスの勝利や建国の神話を創作したことは明らかであるとはいえ、碑文や文学が示すところによれば、前二二二年にマルクス・クラウディウス・マルケルスがブリトマトゥスに対して一騎打ちの勝利を収めた史実は真実の出来事である。ローマの指揮官は、おそらく最高級位の執政官ですらも、古代の戦場における危険を共有していたことは明らかである。この点に関し、現代の学者の一人は以下のように考察している。

> 古代の諸般の条件を考えれば、一旦、戦闘が開始されると、戦場に極めて近い場所に自ら赴くことなしに軍団司令官が戦況に対して影響を及ぼすことなどほとんど不可能であった。（中略）経験豊かな指揮官の体に多くの傷跡が刻み込まれていたという事実は、この階級の人々が頻繁に戦闘で果たした役割を雄弁に物語っている。[16]

第二次ポエニ戦争を見れば、共和政ローマが最高級位の指導者にさえも高い水準の犠牲を要求したことが分かる。一〇年間で二〇人の執政官のうち一二人の執政官が戦死し、さらに「軍団司令官は二人ひと組みで従軍することが常であったが、一二人のうち二人から三人の割合で彼らが凄惨な戦闘で命を落とすことは極めて普通のことであった」[*17]。その結果、国家を統治し、市民に高い水準の犠牲を強いる立場にあった階級の人々は、高い階級に属する人々にも市民と同じ水準の犠牲を強いた。それ故、共和政ローマがトラジメーノやカンネーでの大敗北にもかかわらず戦争を続行したことは驚くべきことではない。

絶え間なく続く戦争の辛苦に耐えることを厭わなかったローマ人は、戦争に際して無慈悲な態度をとったという点においても、歴史上、他に類例を見ない。小スキピオと通称されるスキピオ・アエミリアヌスは、前二世紀のほとんどの共和主義者の貴族よりもはるかに高い文化的素養を持っていた人物であったといわれている[*18]。しかし、その小スキピオですら、スペインのルティアという町で起こった反乱の鎮圧に際して、ローマに対して反乱を企てた四〇〇人の若者の手を――他の住民への見せしめのために――切り落としたのである[*19]。ローマ社会のあらゆるレベルの階級において、ローマ人の征服地に対する態度は概して暴力的なものであった。小スキピオはこの残忍な行為を犯したことで罰せられず、それどころか、彼の功績を称《たた》えてローマが国家として授与することができる最高の名誉の一つである凱旋式が執り行われた[*20]。

特筆すべきことには、ラテン語の「狂暴な（*ferox*）」という言葉には否定的な意味合いはない。共和政ローマの歴史は、その都市が降伏したかどうかに関係なく、破壊された多くの都市の事例によって彩られている。ギリシャの偉大な科学者のアルキメデスがローマ兵に殺害されたことで有名な前二一二年のシラクサの略奪、あるいは前一四六年のカルタゴの滅亡などは、ローマが通常行う慣習のなかのもっとも有名な事例に過ぎない。これに関連してある歴史家が次のように述べている。

ローマ人が示した残忍さの重要性を理解することは難しい。多くの点において、ローマ人の態度は古代の多くの開明的な民族の態度と似ている。しかし、このような極端な水準の残忍さを示しながら、同時に高い水準の政治文化を享受した民族はほとんど他に例がない。ローマの帝国主義は、その大部分が、ローマ人が持っていた高度の合理性に基づく態度の結果もたらされたものであるが、他方で、暗くて非合理的な側面も持っていた。ローマの戦争方法においてもっとも際立った特徴の一つは、その規則性であり――ほとんど毎年ローマ軍は戦争に赴き、他の国に巨大な暴力を振るった――、しかもこの規則性のため、ローマ軍の活動は病的な性質を帯びるようになった。ローマ軍が持つ病的な性質に関する考察に限っていえば、ポリビオスは正確な見解を示している。ポリビオスは第一次ポエニ戦争を記述するに際して現在形で書いているのだが、彼によれば、暴力を（中略）あらゆる目的のために使用するのはローマ人の特徴であるという。[*21]

このように武威を尊ぶ価値観と美徳が強調されたにもかかわらず、初期のローマ社会では、戦争を始めるごとに宗教的な正当化と倫理的な正当化の両方を示す必要があると思われていた。ローマ時代の従軍祭官法（*ius fetiale*）〔宣戦布告と平和条約に関する法律〕は、「自国または同盟国の防衛のために起こす戦争以外に、いかなる戦争も神々がお許しになることはない[*22]」と定めている。自らの安全を保つために行動を起こす必要があるとの論理はローマに特有に見られるものではないが、ローマは自らの立場が倫理的に正当であるという主張をローマ独特の方法で行った。神々の権威が従軍祭官《フェティアレス》（*fetiales*）の活動に権威を与える役割を果たし、その従軍祭官を通じて行われる神々への訴えは、人々の目にローマの戦争が正当であると映らせるために必要不可欠な行為であった。ローマの同盟国の保護を戦争の口実として利用することで、ローマ時代の従軍祭官法は柔軟な解釈が可能となった。そして、後の時代、このように法律を柔軟に解釈することは、宗教上の法令がローマの帝国的な野心の妨げとなるのを防ぐためにいっそう重要になった。

　ローマの従軍祭官法は、戦争を正当化（*ius ad bello*）するために精巧な手続きを必要とした。ローマ人はこうした手続きを踏むことで、自分たちが正当なる戦争（*bella iusta*）だけを戦うことを示し、加えて、宗教的かつ法的に必要な儀式を経てようやく戦争を開始することを身をもって示した。従軍祭官は、宣戦布告を発する責任と権威を持っていた。そして、従軍祭官は、ローマの使節団として不平・苦情を陳述する（*rerum repetitio*）ために、攻撃対象国に三回にわたり赴くことになっていた。定められた手続きを踏んだ後に初めて（*ad res repetandas*）――すなわち、理論的には攻撃対象国に対してローマの要求を満たす機会が与えられた後に初めて――従軍祭官は、神をなだめてローマの勝利を保障するために「魔術」の槍を敵国の領土のなかに投げ入れることができた。

しかし、こうした手続きは、元老院議員が既に開戦を決断した後に行われる単に形式上の法的な要件に過ぎなかった。ローマの要求に交渉の余地はなく、一旦、従軍祭官がローマ本国を出発すれば、屈辱的な降伏を申し出る以外に敵国には開戦を回避できる手立ては何もなかった。講和の条件は、故意に受け入れ難い水準にまでつり上げられて設定され、したがって、相手国が犯したとされる罪の性質にまったく引き合わないものであった。従軍祭官による手続きが存在するからといって、すべてのローマの戦争が客観的に自衛戦争であると規定するにはどう見ても無理があった。ポリビオスの著作に、前二三〇年にローマの使節団がテウタ女王の統治するイリリア〔バルカン半島のアドリア海東岸の地域〕を訪問したときのことを述べた個所がある。その個所でポリビオスは、ローマが開戦するにあたり、自らが侵略者ではなく同盟国の擁護者として見られるようにこしらえた口実の有用性について説明している。ローマの使節団の一人は、テウタ女王に対してローマの倫理的な美徳について次のような見解を述べた。「ローマ人の間には私的な不正行為を公の手で処罰し、不正をこうむった人を助けるというすばらしい習慣がある」[*23]。使節団の随員の見解は、ローマが地中海の「警察官」になるという使命を全うするという宣言に等しいのだが、こうした「警察官」としてのローマの使命は、純粋に自衛戦争だけを戦っているのだというローマの信念と必ずしも両立しなかった。キケロは、スキピオ・アエミリアヌスの相談役（*consigliere*）であった前二世紀のローマ人のラエリウスに対して次のように伝えている。「私たちの国の人々は、同盟国を守ることによって、今や全世界を征服する力を獲得しました」[24]。

三　同盟の構造

「（ローマが収めた数々の戦争の勝利にとって）根本的に重要であったのは、ローマ人、ラテン人として知られる民族、ローマと同盟関係にあったイタリア半島の他の地域に住む諸民族、そして、コローニアと呼ばれる植民地の入植者の存在である。これらの人々から膨大な数の兵士を集めることによって、ローマは戦争を遂行して全世界を支配下に置くことができたのである」。マキャヴェリは、ローマが数多くの戦争に勝利を収めることができた重要な理由をこのような言葉でまとめている。ローマは、緻密に同盟関係を構築することでもっとも手強い敵国をも敗北させることのできる軍事力を手にした。こうした軍事力は、ローマが古代の地中海世界を支配するようになるまで継続的に膨張・拡大を繰り返した[25]。

前三世紀のローマ軍は、幾つかの別個の集団から構成されていた。それらの集団とは、まずローマ人自身、そして人種的および言語的にローマ人と共通点が多かったラテン人、さらにはイタリア半島の非ラテン系の部族で結成された同盟国の人々である。この三番目の非ラテン系の部族で結成された同盟国の人々は、ローマ軍の全兵士の半分以上を占めた。この非ラテン系の部族で結成された同盟国のネットワークは、ローマがイタリア半島において隣国と何世紀にもわたって高圧的な外交や戦争を繰り返した結果生まれたものである。前三三八年以降、多くのラテン人の共同体はローマの国家の一部となった。ラテン人には、ローマの完全な市民権(*civitas optimo iure*)が与えられた。彼らは、ローマ人と結婚できる通婚権(*conubium*)だけでなく、ローマ人との間の契約がローマ法の下で保護される営業権(*commercium*)などの特権も持っていた。ラテン人はローマの公職に就くことができず、ローマの市民集会において投票することもできなかったが、その一方で、そのいずれかの特権を獲得するためには、単にローマの土地(*ager Romanus*)に移住する権利(*ius migrandi*)を行使するだけでよかった。その他、ローマに編入された(ローマ人と近縁関係にあった)カンパーニャ人などの民族は、ラテン人と同じような特権を享受することができた。カンパーニャ人などの民族に対してローマの完全な市民権が与えられなかった理由は、そのような権利を行使するには、彼らの土地が地理的に離れすぎていたことの自然な帰結でしかなかった。*26

ローマとソーチ(*socii*)と呼ばれる同盟国との間の関係は、ローマとラテン人との間の関係と著しく異なっていた。エトルリア北部、ウンブリア地方、イタリア南部、アペニン山脈などに住む民族を含むこれらのソーチは、文化、言語、制度上の体制をローマと共有していなかった。プーリア地方の二、三カ国、そしてウンブリア地方の数カ国を除けば、これらのソーチは、前三二七年から前二六四年の間にローマと幾度にもわたる血なまぐさい抗争を繰り広げた後にようやく降伏した。イタリアの大部分の共同体や部族が——自発的にせよ強制的にせよ――ローマと協定を締結したが、これらの協定の内容は明らかにローマにとって有利なものであった。

ソーチのなかには、「平等条約（*foedus aequum*）」と呼ばれる取り決めに基づく特権を享受した国もあった。ローマの進軍を援助し、あるいは少なくともローマ軍に抵抗を試みなかったことなどの模範的な行動をとったことにより、この種類のソーチの住民には、理論上、ローマ本国の市民と同等の権利が与えられた。しかしながら、実際、ローマは決してこの種のソーチとの間に対等な関係を認めなかった。平等条約を結んだこれらのソーチに課せられた義務は公式には存在せず、ローマはそれらの国内政治に干渉しないことを保障したとはいえ、この部類に属するソーチに与えられた特権はまったく有名無実なものに過ぎなかった。この種のソーチはローマの事実上の従属国であり、自国の外交をローマの意に沿うように変更し、ローマの友邦を自国の友邦と見なすとともにローマの敵を自国の敵と見なし、ローマが起こす戦争に対して自国の兵士を提供するという非公式かつ暗黙の義務が課せられた。こうした義務は、ローマに友好を結んでもらい、「自由」を保障してもらい、外部勢力による干渉から守ってもらうことの見返りとして、ローマがこの種のソーチに払わせた代償であった。

ローマはイタリアの部族や共同体と様々な種類の条約を結んだが、こうしたすべての条約を通じて同盟国に対して軍隊の供出を要求できる権利を得た。そのようなソーチは、自分たちが望む政治体制を自ら作り、宗教も自由に選択することができた。また、戦争状態にあるときを除いて（ターラントのような二、三の都市の例外はあるが）、ローマはこれらのソーチに駐屯地の提供や貢納金の支払いを要求することすらしなかった。条約の内容には不平等な点があったにせよ、このような条約を基盤とした同盟の枠組みはよく機能した。というのも、こうしたソーチには、平和とかなりの程度の自治が保障されていたからである。マキャヴェリが指摘している通り、「これらの都市は、見たこともないローマ政府の支配下の方が平穏かつ満足して生活することができた」[*27]のである。

おそらく、ソーチの指導者は、国内の反乱の鎮圧に際してローマの支援を受けることが期待できる一方で、自分たちが違反行為を犯した場合には、ローマからすぐさま懲罰を受ける脅威に絶えずさらされていたと思われる。ローマとの取り決めによって、ソーチが他国と政治的な関係を構築することは許されなかったし、さらに重要なことには、ローマが起こす戦争への参加を拒否することも許されなかった。ソーチのすべてが、フォーミュラ・トーガトルム（*formula togatorum*）〔「ローマの定則」の意〕の定めに従って歩兵と騎兵の提供を義務付けられていた。

フォーミュラ・トーガトルムが実際どのように機能したのかという点については、必ずしも明らかではない[*28]。「平等条約」を締結していない各々の同盟国に対しては、フォーミュラ・トーガトルムに従って、ローマが法的に要求できる最大限の兵士の数が常に一定の数に決められていたと考える学者もいる[*29]。その一方で、同盟国のそれぞれが、「平等条約」を締結しているかどうかに関係なく、ローマから要求されたすべての徴募兵数を供出しなければならず、フォーミュラ・トーガトルムというものは単に行政上の方策に過ぎなかったと考える学者もいる。つまり、ローマが各国に割り当てる徴募兵数は〔各国の状況に応じて上下させる〕スライド制であり、実際に各国が供出する兵数は毎年ローマが自由に決めたので変動するという説である。後者の説が、ポリビオスが示した見解ともっともよく一致する。*30

同盟国がローマに対する義務をいかに果たしたかに関係なく、ローマの領土に住む人々はある最低限の土地を所有している場合には徴兵の対象とされた。ローマ市民は、ラテン語の言葉にいうところのアドシドゥース（*adsiduus*）〔「恒常的に留まる、定住する」の意〕と呼ばれる地位を持っている必要があった。*31 このアドシドゥースという地位の実際の意味は、要するに、ローマ市民が兵役に参加するためには武器や装備を自弁できる資産を十分に持つ必要があったということである。この階級に属する者は、おそらく、もっぱら郊外に住む中小農民や自作農の出身者のみで占められていたと思われる。

おそらく、これと同じタイプの兵役義務が、同盟諸国に住む小作農民にも適用されたようである。同盟諸国の小作農民によって編制された分遣部隊は、常にローマの市民兵に付き従って戦場に赴いた。ローマ市民兵の数と同盟国出身の兵の数の割合は前三世紀を通じて絶えず変動したが――次世紀に入るとその変動がさらに激しくなる――重装歩兵の数については同盟諸国から供出された兵士の数がローマ市民兵よりも多いのが通常であった。そのうえ、イタリア半島における人口はローマよりも同盟諸国の方が多かったので、長い目で見れば結局、同盟諸国はローマと同程度の割合で軍務の負担を引き受けていた。この分野の権威である人口統計学者の推計によれば、前二二五年、同盟諸国における徴兵可能な成年男子の数が約六四万人であったのに対して、ローマで徴兵可能な成年男子の数はわずか約三〇万人に過ぎなかったという。*32

ハンニバルは、こうしたローマ連合の同盟構造とその加盟国によってローマにもたらされる強大な軍事力が、敵側の主要な力の源泉であると考えた。第二次ポエニ戦争を遂行するにあたり、ハンニバルの戦略の狙いは、結局、敵側の力の源泉であるローマ連合の加盟国を攻撃し、その同盟ネットワークを解体することによって敵側の軍事力を殺ぐことにあった。当初ハンニバルの戦略が成功を収めたのは、一つには、一時的に独裁者的な権力を握ったファビウスがとった対抗戦略――ハンニバルの卓越した戦術的な能力に対応するためにローマが採用せざるを得なかった戦略――の存在が大きかった。戦場での大規模な会戦を避けながら執拗に小規模な攻撃を仕掛けることで敵の戦意を殺ぐことに主眼を置いたローマの対抗戦略では、必ずしもローマに忠節を誓う同盟諸国を守ることができないだけでなく、そのような戦略では、ローマ連合から離脱した国を罰することもできなかった。加えて、ハンニバルの成功は、先述したように、ローマ連合内に異なる地位の国が存在したことを反映していた。つまり、第二次ポエニ戦争において同盟諸国がローマ連合から離脱したか否かは、基本的に、ローマ自身の線引きに沿っていた。例えば、多くの特権を享受し、ローマと緊密な関係にあったラテン人は、ハンニバルの精力的な離間工作にもかかわらずローマ連合から離脱することはなかった。ラテン人が不服従を示した唯一の明白な事例については、ラテン人系の一二の植民地がローマに対して兵士の提供を拒否した例があっただけである。しかし、この事例においても、一二のラテン人系の植民地は、ローマの名誉市民としての身分相応に、ローマに兵士を提供する同盟国として最終的には円満に元の鞘に納まった。

その他、カンパーニャ人や非ラテン系のソーチを含めた民族の行動は、ラテン人の行動と著しく異なっていた。ハンニバルがカンネーの戦いで華々しい勝利を収めた後、ルカーニア人、ブルッティウム人、ヒルピニ人、カプア人、その他の多くの民族が、ローマを見限って続々とハンニバルに忠誠を誓った。リヴィウスは、この離脱の顛末は、これらの同盟国が「もはやローマの国力の存続の可能性はないと絶望の淵に追い込まれ」、自らの安全を確保するために自暴自棄になった結果であると正確に分析している。同じく、これらの同盟国の離脱は、ローマとの間により緩い絆でしか結ばれていなかった結果でもあった。

四　第二次ポエニ戦争

カルタゴの脅威の大きさに対するローマの認識が、概して、第一次ポエニ戦争におけるローマの戦略を形成した。西地中海におけるこの二大勢力の間には、ローマがイタリア半島で足場を固めた時期のはるか以前から接触があった。カルタゴとローマとの間の交易は、ローマに隣接するエトルリア人の国々を中継地として行われ、エトルリア人のイタリア半島における港にはフェニキア人の船も入港することができた。前六世紀の末にローマがエトルリアの王を追放した後、カルタゴは共和政に移行した直後のローマと協定を締結した。実際、ポリビオスは、銅版で印刷され、ローマの金庫のなかに保管されていたその協定の写しを手に取って読んだ。その協定が完全にカルタゴに有利な内容であることから判断して、カルタゴ側が締結条件をローマ側に押し付けたことは明らかである。ローマは、チュニス湾の南方と西方の航行禁止に同意し、カルタゴ側から派遣される使者の立ち会いなしに、リビアやサルディニアとの間に協定を結ばないことにも同意した。このような初期の時代、カルタゴがイタリア中部地方に影響力を及ぼそうと試みていたことは明らかであり、また、カルタゴの覇権に挑戦する他の勢力が出現するのを阻止しようとしていたことも明らかである。ローマがカルタゴの要求を受け入れるのと引き換えに、カルタゴはラツィオ地方〔現代のローマ市の南東地方〕の幾つかの町に対する攻撃を差し控えた。

前三四八年にこの協定を改正する際に、カルタゴは締約条件の内容を大幅に硬化させた。新しく改正された協定によって、イタリア商人は、サルディニアやリビア、そしてチュニス湾からスペインのマスティアにいたる西地中海から締め出された。その結果、カルタゴ領シチリアとカルタゴ本国への寄港だけが、イタリア商人にこれまで通り許された。この当時、ローマは依然として農業社会であった。ローマは、前四世紀を通じてその関心をイタリア半島内の国内問題に集中したが、同じ期間、ローマにとって将来の敵国となるカルタゴは、西地中海をカルタゴの湖へと着々と変えていった。

カルタゴは、帝国を維持するため、船舶の建設と兵士の徴集に必要な財源を確保することに努め、その費用は関税によって賄われた。ローマ軍とは違い、カルタゴ軍は市民兵ではなく、アフリカ、サルディニア島、イベリア半島などの属領から雇われた傭兵から成り立っていた。第一次ポエニ戦争（前二六四〜前二四一年）の頃までには、海外で従軍するカルタゴ市民出身の軍人は指揮官だけであった。カルタゴ市民は、戦争がアフリカ本土で戦われるときに限って軍隊に入った。このような慣習により、武威に無関心なカルタゴの国民性が形成され、そして、このことが少なくとも一つの深刻な弱点をカルタゴにもたらした。その弱点とは、カルタゴが動員できる兵士の数がカルタゴの財政力の規模によって制限されたということである。

ローマとカルタゴの間で早い時期に結ばれた協定で二カ国の勢力圏の境界線が定められたので、両国の間に紛争が起こる可能性は制限されていた。前二七九年、〔ギリシャ西北部のイオニア海に接する地域の〕エペイロス王のピュロスが、強大なギリシャ人の職業軍人から編制された重装歩兵団《ホプリテス》（hoplite）を率いてイタリアに進攻した。このときカルタゴとローマの間で結ばれた協定では、カルタゴはイタリア半島の問題には干渉せず、ローマはサルディニアの問題に干渉しないことが定められた。こうすることで、ローマがピュロスをイタリア半島で食い止め、ピュロスのシチリア島への進攻を防ぐことが期待された。交換条件として、カルタゴはローマに対して海上支援を提供する手筈になっていた。しかしながら、ピュロスはイタリアとシチリア島を隔てる狭い海峡を渡り、この協定はその目的を達成することに失敗した。シチリア島でカルタゴがピュロスと戦っている最中、カルタゴはローマに支援を求めず、ローマからの支援の申し出も断った。その理由は、間違いなく、カルタゴがローマという新たな競合勢力がシチリア島に干渉することを望まなかったからであった。同じような理由により、ローマもイタリア南部におけるピュロスとの戦いでカルタゴに支援を求めなかった。前二七〇年代の終わりに、ピュロスが何も手に入れることができないまま、苦労の甲斐なくシチリア島を発ちギリシャに帰る途中、シチリア島について、「カルターゴーとローマの人々に何と立派な相撲場を遺してやることになったものだ[*33]」と語ったと伝えられている。

その後のシチリア島をめぐる歴史が、このピュロスの予言が正しいことを証明した。アガトクレスという僭主の治世下で強勢を誇ったシラクサは、以前、カルタゴの進攻を撃退したが、前二八九年にアガトクレスが死去するや、カルタゴが再びシチリア島に進攻を始めた。このときのカルタゴの進攻はピュロスによって追い返された。ところが、ピュロスがシチリア島を離れた後、カルタゴはシラクサ艦隊を打ち破り、先に失陥した領地を回復し、さらにはシチリア島中央部のギリシャ人系の諸都市を征服した。前二七五年までには、シラクサの影響力はシチリア島東部に限定され、しかもそこでも競合勢力と抗争を繰り広げなければならなかった。

アガトクレスの下で傭兵として働いたカンパーニャ人の兵士たちの多くはアガトクレスの死後に解雇されたが、そのうちの一部は再び雇われてシチリア島のカルタゴ軍と戦った。しかし、彼らは味方を裏切ってシチリア島の北東にあるメッシーナを占領してしまった。自らをサビニ族の軍神であるマーメルス（ラテン語ではマルス *Mars*）の名をとってマメルティニと自称した彼らは、今度はカルタゴ人やギリシャ人の支配下の土地の包囲に乗り出した。前二六五年には、アガトクレスの息子であり後継者の僭主ヒエロンに率いられたシラクサ軍がマメルティニ軍を破り、マメルティニ軍の占領下にあったメッシーナを逆に包囲した。ここに至り、カルタゴはシチリア島への干渉を開始し、マメルティニ人の同意を得てメッシーナの地にカルタゴの守備隊を置いた。そのため、ヒエロンはシラクサに退却しなければならなかった。しかし、マメルティニ人は、このカルタゴの新しい守備隊がメッシーナの町に駐屯し続けることを望まなかった。マメルティニ人のなかには、カルタゴという「解放者」を排除するために必要な支援を取り付けるために、ローマとの同盟を模索すべきであると提唱する者もいた。結局、前二六四年、ローマはマメルティニ人からの同盟の申し込みを受け入れ、彼らにカルタゴを排除するための必要な援助を与えた。

ローマはこのときカルタゴとシラクサの両方と同時に戦争を行う危険を覚悟したと、ポリビオスは説明している。なぜなら、ローマは、カルタゴがメッシーナを確保してシチリア島に対する支配の強化を通じて獲得する地政学的な戦略上の優位性を恐れたのである。つまり、〔シチリア島がカルタゴの手に落ちた場合〕イタリア半島を取り巻くすべての島々がカルタゴの支配下に入ることが予測されたのである。そのうえ、メッシーナがひとたびカルタゴの手に落ちれば、ローマの「友邦諸国の環」にもっとも新しく繰り入れられ、故にもっとも脆弱な地域であるイタリア南部を攻撃するための格好の作戦基地がカルタゴによって建設されることが予想された。メッシーナがカルタゴの手に落ちることは、新しくローマに編入されたマグナ・グレキア〔「大ギリシャ」の意〕と呼ばれるギリシャ系都市国家に対し、ローマの覇権に代わる選択肢を提供することを意味した。

カルタゴの包囲網に対するローマの恐れは、十分根拠のあるものであった。加えて、マグナ・グレキアのギリシャ人は新しくローマ連合に加盟し、しかし必ずしも積極的に加盟しなかったので、彼らはカルタゴの甘言に簡単に乗せられる可能性があった。ローマは、戦争が何年にもわたるかもしれないからといって、売られた喧嘩から逃げるような国ではなかった。このように、ローマのマメルティニ人との同盟は、カルタゴをシチリア島北東部から排除するための口実となる一方で、ローマの従軍祭官法で定められた正当なる戦争を起こすために必要な条件をも満たすものであった[*34]。

前二四六年、ローマの先遣隊がシチリア島に到着し、メッシーナに駐屯していたカルタゴの守備隊長を城砦から強引に立ち退かせた。このときのカルタゴの守備隊長は、ローマ軍が海峡を渡るのを阻止しないばかりか、メッシーナを堅持しようともせず、明らかにローマとの戦争を回避しようと努めていた。ところが、ローマ軍のメッシーナへの急襲は、カルタゴ本国の政府からまったく予期せぬ反応を引き起こした。弱腰と糾弾されたカルタゴの守備隊長は本国に召還され、磔《はりつけ》の刑に処されたのである。

ローマ、カルタゴのどちらの側もまだ宣戦布告を発していなかった。それまでの敵同士、すなわちカルタゴとシラクサは、新しく登場したローマというイタリアの蛮族をシチリア島から追い出すために、以前であれば考えられなかった同盟を組んだ。その結果、強大なカルタゴ軍がシチリア島の南西沿岸にあるアグリジェントの町に駐留し、その後、そこから進軍してメッシーナの郊外に野営した。その一方で、シラクサの僭主ヒエロンは、シラクサ軍を率いて南からメッシーナに向けて進軍した。こうして、メッシーナに派遣されたローマの新解放軍は、いつの間にか包囲されていたことに不意に気づいた。同時に海上では、カルタゴ艦隊がメッシーナ海峡を封鎖してローマの後続部隊のシチリア島への上陸を阻止した。実際には、ローマは闇にまぎれて何とか後続部隊をシチリア島に送り込むことに成功した。こうなると今度は、相当な数のローマ軍がメッシーナに集結することになった。そのうえで、カルタゴとシラクサに対して一対《つい》の最後通牒が発せられ、ローマは両軍にメッシーナに対する包囲を解くことを要求した。この要求が拒否されたため、ローマの執政官はローマが交戦状態に入ったことを宣言し、第一次ポエニ戦争が本格的に始まった。

前二六二年の春、カルタゴ軍がスペイン、リグリア、ガリアで新兵を募っている頃、ローマは、アグリジェントにある敵の軍事基地を攻撃するために、二人の執政官に率いられた四個軍団をシチリア島へ派遣した。七カ月におよぶ長期の攻囲戦の末――補給物資が攻囲をすり抜けてアグリジェントに送られたために長期戦になったのであるが――、カルタゴ軍の司令官はアグリジェントの町に対する包囲網を突破して脱出し、その結果、両軍ともに多数の死傷者を出した。戦いの翌日、ローマ軍はアグリジェントの町を略奪し、その住民を奴隷として売り飛ばした。このローマ軍の残虐行為は、カルタゴ側に加担する可能性のあったシチリアの他の都市に対する見せしめのために緻密に計算された恫喝《どうかつ》行為であった。

アグリジェントの攻囲戦でローマは重要な勝利を収めることができたが、カルタゴ軍がシチリア島への干渉を止めるかどうか確信を持てなかったので、シチリア遠征軍をイタリア本土へ帰国させることはできなかった。そこで、前二六一年までにローマは――当初の意図に従って――作戦上の困難を多く伴う任務であることを覚悟したうえで、カルタゴ軍をシチリア島から完全に追い出す決意をした。ポリビオスが強調しているように、問題の核心は、カルタゴが完全な制海権を握っていたという点にあった。アグリジェントでローマが勝利を収めた後でさえ、ローマ側に加わったのは、強大かつ残酷なローマ軍を恐れたそれほど重要でないシチリアの内陸の都市だけであった。それらの内陸都市よりもはるかに強力な多くのシチリアの沿岸都市が、依然としてカルタゴと通商し、カルタゴに忠誠を示していることに変わりはなかった。カルタゴ側に付いたシチリアの沿岸都市は、ローマの陸からの攻撃に対抗するために町を要塞化する一方で、カルタゴはそれらの都市に海から物資を供給した。カルタゴがシチリアの沿岸都市への海上ルートを確保している限り、ローマが戦場においていくら多くの勝利を収めたとしても、その勝利を戦争全体の帰趨を決するような戦略レベルの戦果に変換できる可能性はなかった。確かに、ローマはカルタゴとの戦いで陸上において勝利を収めることはできたかもしれない。しかし、カルタゴが卓越した海軍力を持っていたため、ひとたびローマがシチリア島から撤退すれば、カルタゴが再度メッシーナを包囲するか、あるいはシラクサとともに緒戦の敗北の借りを返すべく反転攻勢に出ることすらも十分に考えられた。

さらに、カルタゴ艦隊は今やイタリア本土の沿岸地方の略奪を始めたが、その一方で、ローマが弱体な海軍力しか持っていなかったために、北アフリカは無傷のままであった。シチリア問題を解決するため、ローマは戦争をエスカレートさせて、二つの戦略上の選択肢のいずれか一つを選択しなければならなかった。第一の選択肢は、カルタゴを支援しているすべての都市からカルタゴ軍を追い出すためにシチリアの軍事作戦を引き続き遂行することであった。第二の選択肢は、戦争をエスカレートさせ、アフリカに攻撃を仕掛けてカルタゴ本国を脅かすことによって、交戦状態を永久に終わらせるために必要な圧力をカルタゴにかけるというものであった。いずれの選択肢も、要するにローマが海上においてカルタゴに挑戦することを意味した。

古典文学ではローマは海洋国家として描かれてはいないが、[*35]ローマを盟主とするローマ連合には、実は、航海に長《た》けたギリシャ人系の都市国家群であるマグナ・グレキアも加盟していた。マグナ・グレキアには、ターラント、ロクリ、エレア、ナポリ、クーマなどの都市があったが、これらの都市は、何世紀もの航海の経験を持ち、強大な海軍を築き上げていた。イタリア半島におけるローマの戦争相手国がランド・パワーであり、海上からの攻撃を必要とする機会はほとんどなかったため、ローマはそれまで陸軍だけに頼って征服を続けてきた。しかし、イタリア南部においてギリシャ人系都市国家群のマグナ・グレキアと新しく同盟を結ぶことによって、ローマはマグナ・グレキアの強大な海軍力を獲得することができた。とはいえ、ローマ自身も自国の艦隊の増強のために新たに一二〇隻のガレー船を建造した。

前二五六年の夏、新しく編制されたローマ艦隊がシチリア島の東方沿岸を回航していたとき、エクノモス岬の沖でカルタゴ艦隊と遭遇したが、ローマ艦隊はこれを撃破して海上で大勝利を収めた。その結果、ローマはアフリカ本土を直接攻撃することが可能となり、シチリア島からカルタゴの影響力を排除することにも成功した。

ローマは、カルタゴ市のわずか東方にあるクルペアという土地にアフリカ本土としては初めて上陸した。カルタゴはローマの意図に気づき、急いでシチリア島から軍隊を呼び戻し、本国で新しく兵士を集め出した。その間、ローマの司令官のレグルスはアデュスの町を包囲した。レグルスは、戦闘の序盤に勝利を収めた後にチュニスに進軍し、そこで冬を越すために宿営した。前二五五年の春、レグルスは応戦するために出撃したカルタゴ軍と戦いを交え、大敗北を喫した。この戦いで生き残ったローマ兵はわずか二〇〇〇人だけであり、カルタゴ軍はレグルスとその他五〇〇人のローマ兵を捕虜とした。その後、約二五〇隻からなるローマ艦隊が、レグルス軍の残兵を救出するためにアフリカに向かい、ヘルマエウム岬〔現ボン〕の沖合いでおそらく二〇〇隻ほどのカルタゴ艦隊と遭遇し、これを撃破した。この二回目の海戦の勝利に引き続いて、ローマ艦隊はレグルス軍の残兵を救出してイタリアに向けて出航した。しかし、イタリアへの帰還の途中、ローマ艦隊はシチリア島南岸のカマリナとパチーノ岬の間の沖合いで猛烈な嵐に遭い、わずか八〇隻を残してすべての艦隊が海の藻屑となった。こうして、ローマのアフリカ進攻作戦は犠牲の大きい失敗に終わった。

その年の冬（前二五五～前二五四年）、艦隊を再建するためにさらなる課税に踏み切ったローマの元老院は、ローマがとり得る戦略上の選択肢を再評価した。戦争をアフリカ大陸まで拡大することに失敗したローマは、依然としてカルタゴに軍事基地を喜んで提供しているシチリア島の諸都市からカルタゴ軍を追い出すため、一連の軍事作戦を立て続けに実行することを決定した。前二五四年の春、四個のローマ軍団がパノルムス（現パレルモ）にあったカルタゴの軍事基地に対して陸と海から激しく攻め立てた。この軍事作戦は成功を収め、ローマは、身代金を払うことができなかった一万三〇〇〇人のパノルムス市民を奴隷として売り飛ばした。その結果、テュンダリスやソルスもローマ軍の手に落ちた。

カルタゴは、新たに攻勢をかけてきたローマ軍に対抗するために必要な援助をシチリア島の友好都市に対してほとんど与えることができなかった。その理由は、一つには、多くのカルタゴ兵がレグルスの軍に対抗するためにカルタゴ本国に呼び戻されていたからであり、もう一つには、ヌミディアの反乱を鎮圧する必要があったからであった。カルタゴ軍は、アグリジェントを急襲して町の奪還にどうにか成功したが、町を守り通すほど自軍が強力ではないと危惧したために、結局、町に火をつけアグリジェントを灰燼《かいじん》に帰した。カルタゴ軍の弱さと残酷さが白日のもとにさらされたので、シチリア島におけるカルタゴの信用・威望は失墜し、この年の軍事活動期が終わってみれば、カルタゴの掌中にあるシチリア島の都市はほんの一握りの数しか残っていなかった。

前二五二年、ローマはテルマエとリパリ諸島を占領したが、リリバエウム（現マルサラ）を占領する試みは何度も失敗した。その一方で、またもやローマの艦隊が悪天候の犠牲となった。しかし、カルタゴはヌミディア問題にあまりにも関心を集中していたために、このときのローマの災難に付け込むことができず、失陥したテルマエとリパリ諸島の奪回のために何ら真剣な行動をとらなかった。翌年からの二年間（前二五二〜前二五〇年）は、特に目立った動きもなく経過した。

この小康状態に続いて、二年間の活発な軍事活動の期間が再び始まった。ローマ艦隊は再度リリバエウムに向けて出航してその町の海上封鎖を試み、その一方で、ローマの陸軍はパノルムスに向けて進軍した。しかし、リリバエウムを陥落させることは不可能であることが明らかになった。リリバエウムの町は堅固に要塞化されており、その港は小さいとはいえ、攻撃を加えることが極めて難しかった。前二五〇年、一二〇隻の艦船と四個軍団を従えたローマ艦隊が、再びリリバエウムに対する海上封鎖を開始した。しかし、カルタゴは――時折ロードス島のギリシャ人系の同盟諸国から支援を受けたりしながら――リリバエウムに対する海上封鎖を何度も突破し、ローマ軍の攻城用の堡塁《ほるい》を焼き払うことに成功を収めたこともあった。ローマがリリバエウムに駐留するカルタゴ軍を一掃できる簡単な方法は、存在しないように思われた。

リリバエウムに対する海上封鎖が意外に効果的でないことを実感したローマは、前二四九年、さらに第三の戦略を採用することを決定した。戦線をアフリカ大陸まで拡大することに成功せず、またシチリア島の主要な根拠地からカルタゴ軍を一掃することもできなかったローマは、シチリア島の海域に進出して、リリバエウムの北方一六マイルに位置するドレパヌム（現トラパニ）を拠点にしていたカルタゴ艦隊を撃滅することを決心した。この構想自体は堅実なものであったが、ローマの司令官が計画を不適切に実行したために、ローマは第一次ポエニ戦争における大きな海戦で初めて敗北を喫し、一二三隻のガレー船のうち九三隻を失った。そして、残りのガレー船は、またもや嵐のために海の藻屑となった。当初、ローマは二四〇隻のガレー船を率いて戦争を始めたが、このうち前二四九年の末の時点で生き残ったのは、わずか二〇隻に過ぎなかった。

もはや、ローマがリリバエウムに対する海上封鎖を続行することは不可能であった。それでも、ローマはドレパヌムに通ずるすべての道を遮断することに成功した。ローマは制海権を失っていたとはいえ、カルタゴの占領下にあったのは、わずかにリリバエウムとドレパヌムだけであった。このドレパヌムへの進入路を遮断する処置によって、ローマが敗北を膠着状態に変えたことだけは確かであった。また、このときローマは海軍を新たに建設することは到底できない状態にあったのだが、それでもカルタゴに講和を申し出るという考えはまったく持っていなかった。他方、カルタゴの方も依然としてヌミディア問題に悩まされていた。

こうした膠着状態は、カルタゴ側にハミルカル・バルカという精力的な指導者が現れたことで終止符が打たれた。前二四七年、ハミルカル・バルカは、ローマが海洋戦略を放棄したことに付け込み、イタリア南部の沿岸地方に襲撃を加えた。翌年〔前二四六年〕、ハミルカル・バルカはパノルムスの西方に上陸した後、ドレパヌムとリリバエウムの町を包囲中のローマ軍の背後を襲った。ハミルカル・バルカは、パノルムスの市街の後方にある山のなかに宿営地を設置し、艦隊に命じてその宿営地がある山の麓の沖合いに碇《いかり》を下ろさせた。このようにして、ハミルカル・バルカは情報を収集し、その情報をドレパヌムとリリバエウムで攻囲戦を戦っているカルタゴの司令官に送った。このハミルカル・バルカの処置には重要な意味があった。なぜなら、山中の見渡しの良い場所からカルタゴ軍を指揮することによって、彼はローマ軍の攻囲戦術の裏をかく作戦を実行することができたからである。こうして、ハミルカル・バルカはローマ軍を執拗に攻撃し、遠くはクーマにいたるまでのイタリア沿岸を襲撃して、結局、三年もの長い期間にわたってローマ軍を追い詰めて逃がさなかった。前二四四年、ハミルカル・バルカは、ドレパヌムに対するローマ軍の圧力を緩和するためにエリュクス山へ進軍した。そして、その山の北側の中腹にあるエリュクスの町を陥れたが、ドレパヌムに対するローマ軍の包囲網を解くことはできなかった。第一次ポエニ戦争自体が終結するまでドレパヌムをめぐる攻囲戦が続いたことは分かっているが、このときの戦闘の詳細な記録は残念ながら残っていない。

ハミルカル・バルカの軍事活動が長期間に及ぶにつれて、ローマの元老院は、海上で勝利を得ることだけが戦争を終結させる唯一の方法であるとの確信を強めた。国庫が底を突いていたことから、ローマは、勝利後に償還することを約束した戦時国債を発行することで、ようやく二〇〇隻の戦艦と輸送船からなる艦隊の建設に必要な財源を確保した。

前二四二年の夏、このとき新造されたローマ艦隊が、カルタゴ艦隊を撃滅する任務を帯びて再度ドレパヌムに向けて出航した。ところが、ドレパヌムに到着するや否や、待ち受けているはずのカルタゴ艦隊がそこにはいないことが判明した。カルタゴ側は、アフリカで進行中の戦いに援軍を向かわせるために、船員を既に移動させていたのである。ローマのドレパヌムに対する攻撃は失敗に終わったが、ローマ軍によって攻囲されたために、ドレパヌムの町は食糧が欠乏し始めていた。その後、前二四一年三月にいたる頃までに、カルタゴは一七〇隻から二〇〇隻のガレー船からなる艦隊を作り上げた。カルタゴ側の意図は、まずシチリア島に兵糧を上陸させ、その後、ハミルカル・バルカと彼の兵士を艦船に乗せて、海上でローマ艦隊に決戦を挑むというものであった。しかし、カルタゴ本国からシチリア島に到着する前に、カルタゴ艦隊は［シチリア島西方の］エガディ諸島からわずかに沖合いの海上でローマ艦隊と遭遇した。カルタゴ側が当座しのぎの貧弱な武器を用い、さらには、船舶に軍需品を過重に積載して機動性が低下していたことが災いとなり、カルタゴ艦隊は敗北した。この海戦で、ローマは五〇隻のカルタゴの艦船を撃沈させ、さらに七〇隻以上の艦船を捕獲した。カルタゴによるさらなる反撃は不可能であった。ついに、カルタゴ政府は、ローマとの講和を交渉するために必要な全権をハミルカル・バルカに与えた。

五　勝利の戦果、敗北の代償

このローマの勝利は過大に評価されやすい。ローマは、陸上および海上においてほんのきわどい差でカルタゴに勝利を収めたに過ぎない。第一次ポエニ戦争は二三年にわたって続いた。そして、ローマがこの長期間にわたって驚くべき持久力を保持したことで、最終的に勝利を収めることができた。ローマは戦術レベルにおいてカルタゴに対して優位を誇ったにもかかわらず、カルタゴをシチリア島の根拠地から駆逐することはできなかった。カルタゴは、シチリア島にあった根拠地を最後まで守り通したのである。勝敗の帰趨を決する最終的な決戦は海上で戦われた。しかし、ローマが勝利を収めた最重要な要素は、ローマが有した軍事的な技量の高さではなく、ましてや海上での技量の高さでもなかった。ローマに最終的な勝利をもたらしたのは、むしろ頑強なその粘り強さであった。この粘り強さの基盤にあったのは、ローマ兵およびイタリアの同盟諸国の支援と力であった。こうした同盟諸国の存在により、ローマは、海上の嵐で難破した無数の艦船やカルタゴ軍との戦いで戦死した無数の兵士を、新しい艦船や新しい兵士で補うことが可能になったのである。そして、一世代後のハンニバルとの戦いにおいても、ローマは同様に軍団を次々と戦場へと送り込むことになる。

前二四一年、ハミルカル・バルカとローマの執政官ガイウス・ルタティウス・カトゥルスの両者は、講和の条件について合意に達した。カルタゴはシチリア島から撤退し、すべてのローマ人の捕虜を返還し、二二〇〇タレントの賠償金を二〇年の年賦で支払うことに同意した。この賠償金の額は、カルタゴのような裕福な帝国にとってはささやかな金額であった。また、両国とも相手国の同盟国に対して攻撃を加えないことが決められた。シチリア島を獲得したことで、ローマは南方側面からの攻撃に対する安全を確保した。それは、そもそも戦争に踏み切ったときのローマの戦争目的であった。宣戦の布告や講和条約の批准に関する権限を持っていたローマのケントゥリア民会は、後にこれらの講和条件を変更した。元老院においてルタティウスの名声を汚すことを望んだ人々の扇動によって、元老院はさらに一〇〇〇タレントの賠償金を追加し、また二〇年の年賦の支払いを一〇年間へと短縮することを投票で決議した。[*36] この他にも、ローマは、シチリア島とカルタゴの間に位置するすべての島々を獲得し、またカルタゴ船籍の船舶のイタリア海域における航行を禁止し、さらにはカルタゴがイタリアで傭兵を募集する権利を認めなかった。

第一次ポエニ戦争はカルタゴにそれほど大きな流血の犠牲を強いなかったが――その理由は、カルタゴ兵のほとんどが傭兵であったためだが――、戦争後に始まった冷戦は、カルタゴの生存そのものを脅かした。二万人の傭兵部隊がシチリア島からアフリカに戻り、傭兵料の支払いを要求したのである。リビア人、イベリア人、ケルト人、リグリア人、バレアレス諸島人、ギリシャ人などからなる傭兵の野合集団が、カルタゴに対する傭兵料の支払いの要求という点において一致団結した。傭兵団がチュニスに向けて進軍するや、その周辺地域全体に反乱の輪が広がった。カルタゴ領内の被支配者である土着の民族も、支配者であるカルタゴ人に対して一斉に反旗を翻した。その一方で、ヌミディア人はチュニス西方の辺境地帯を荒らし回った。ウティカやヒッポ・レギウスを占領した傭兵団は、その後、カルタゴ本国に向けて進軍したが、制海権なしに傭兵側が成功を収める可能性はほとんどなかった。他方、サルディニア島における反乱が、カルタゴを取り巻く状況をさらに悪化させた。結局、カルタゴ側が傭兵団を撃破し、失陥したアフリカの領土を奪回した。しかし、カルタゴはその勝利のために高い代償を払い、その後、カルタゴは弱体化することになった。

カルタゴの国内抗争が数年続いていた時期に、ローマがサルディニア島で起こった反乱を利用してカルタゴの危機に乗じる可能性があったが、それでも、カルタゴとローマとの間にはほとんど大きな問題は存在しなかった。おそらく前二三九年頃、カルタゴに反旗を翻したサルディニア島の傭兵がローマに支援を求めたが、このときローマの元老院はこの要求を退けた。なぜなら、たとえローマがサルディニア島の反乱に手を貸すとしても、アフリカの反乱軍がカルタゴに鎮圧されるのは十分予想されたし、そうなれば、今度はカルタゴがサルディニア島の制圧のために努力を傾注することが予測されたからである。当面の間、ローマは、何をしでかすか予測のつかないアフリカやサルディニア島の傭兵の動きとは一線を画することを選び、前二四一年にカルタゴと結んだ条約を引き続き尊重した。さらには、ローマの北方と東方の部族の動きが慌ただしくなり、おそらくこうした部族の脅威のために、ローマは第三の戦線を開くことができなかった。

しかし、前二三八年、ガリア地方とイリリア地方の状況が落ち着くと、今度は、ローマはサルディニアの傭兵からの二回目の支援要求を巧みに利用して、カルタゴに宣戦を布告した。疲弊したカルタゴが気力を奮い起こして新たな戦争をもう一度戦う可能性はほとんどなかった。実際、カルタゴは問題を調停に持ち込むことを提案した。ローマはこのカルタゴの提案を無視して、新たに追加の賠償金一二〇〇タレントの支払いとサルディニア島の引き渡しの二つの条件をカルタゴ側が認めない限り、講和を承諾しないとの立場を表明したが、ついにカルタゴはこの条件を呑んだ。ポリビオスでさえ、このときのローマの態度は「完全に正義に反する」ものであると述べている。サルディニア島からカルタゴの勢力を一掃することで、ローマは、イタリア沿岸地域に対して攻撃を加える可能性のある潜在的な軍事基地をさらに一つ取り除いた。

前二三〇年代を通じて、ローマはガリア地方の部族と小競り合いを繰り返した。そして、前二三〇年代の後半にかけて、ローマはイリリア地方へと次第にその焦点を東方に向けるようになったものの、前二二六年に、再びイタリアの北方に鋭い関心を向けた。というのも、ガリアの部族がイタリアの北方に集結しつつあったのである。ガリア人によるローマの略奪に関する記憶や伝承がローマ人に残っていたために、イタリア全土でパニックが起こった。ローマは、スペインを拠点にしていたカルタゴの将軍のハシュドゥルバル〔ハミルカル・バルカの女婿〕との間に協定を急いで結んだ。この頃、ハシュドゥルバルのスペインにおける帝国の建設が、ローマとカルタゴとの間の新たな問題の火種になるのではないかという見方が強まりつつあった。

ガリア軍の襲撃からイタリア本土を守るために、ローマ軍が北方へ急派された。ガリア軍はアペニン山脈を越えて進軍し、途中、地域の住民や住宅を略奪しながらローマに通ずる道をとった。これを迎え撃つためにローマは執政官二人に四個軍団を与えて進発させたが、ガリア軍はローマの執政官軍団の目をくらませて密かに進軍を続けた。ローマの執政官軍団はガリア軍の追撃を急いだ。ところが、ローマ軍との戦闘を回避することが得策と判断したガリア軍は、戦利品を携えてエトルリア地方の沿岸まで後退し、そこで、さらなる略奪や馬糧の徴発を行った。ガリア軍はローマの執政官軍団に追われるかたちで北方へ向かう途中、それとは別の執政官軍団が待ち伏せしていることに気づいた。この別働隊の新しいローマ軍団は、サルディニア島から呼び戻された軍であった。ガリア軍は、兵士を背中合わせに二列に編制してローマの二正面攻撃に備えたが、このときガリア人の略奪集団の前に立ちはだかったのは、ローマが誇る真の精鋭部隊であった。ローマの執政官の一人が戦死したにもかかわらず、鉄の軍律と強力な武器を誇ったローマ軍が凶暴なガリア軍を打ち破った。総勢五万人のうち四万人のガリア兵が戦場で命を落とし、生き残った者もそのほとんどが捕虜となった。結局、一隊のわずかな数のガリア騎兵が戦場から脱出することに成功しただけに終わった。これ以後、ガリアの軍隊がアペニン山脈を越えたことは一度もなかった。

ローマがガリア・チザルピーナ〔アルプス山脈を挟んだイタリア側のガリア地方〕に軍を進軍させ、同時に、アドリア海を越えてイリリア族の凄まじい反乱を鎮圧していた頃、カルタゴはスペインに対する支配を拡大していた。*37 ハミルカル・バルカの後継者のハシュドゥルバルは、巧妙な軍事作戦を速やかに遂行しながら、エブロ川に向けて北方へと進軍した。前二二六年、依然として不穏な動きを示していたガリア人を憂慮したローマは、ハシュドゥルバルと協定を結んだ。この協定では、ハシュドゥルバルが軍を率いてエブロ川を北に向かって渡河しないことが約束された。この協定には、当然のことながら交換条件として、ローマがエブロ川以南のハシュドゥルバルの征服地に対して干渉しないという保証も含まれていた。もしカルタゴがローマを攻撃する意図を持っていたとするならば、このときこそ、間違いなくローマの危機に付け込む絶好の機会であったはずである。カルタゴがそれをしなかったという事実は、前二一八年に勃発した第二次ポエニ戦争が、ローマ側の進攻が引き金となって始まった戦争であったというもっとも明確な証拠の一つである。

前二二一年にハシュドゥルバルが暗殺された後、ハミルカル・バルカの二十六歳の息子のハンニバルがハシュドゥルバルの後を継いだ。このローマ史においてもっとも卓越した敵将であったハンニバルは、ハシュドゥルバルの拡張政策の一新を図った。エブロ川の南に位置する都市の一つであるサグントは、どうにかハンニバルの攻撃に持ち堪《こた》えた。古代から現在にいたるまで学者の間で議論が続いているが、ハンニバルがこのとき矢継ぎ早に行ったサグントに対する攻撃、包囲、略奪こそが、第二次ポエニ戦争の近因であった。[38] サグントはエブロ川の南に位置するとはいえ――エブロ川は協定によって取り決められたカルタゴとローマ間の勢力範囲の境界線であった――、ローマはサグントの住民のローマに対する忠節を受け入れていた。[39] 一世代前にシチリア島のマメルティニ人がローマに忠節を誓ったときにローマがマメルティニ人に対してとった態度・行動と同じように、このときのローマがサグントの住民に対応したことは間違いない。同様に、マメルティニ人の忠節を認めたときと同じような動機から、ローマがサグントの住民の忠節を認めたこともほとんど間違いない。ローマがサグントの包囲を解くようにハンニバルに最後通牒を突き付けたことは、明らかにエブロ協定の精神と文言に反する行為であった。ローマは、おそらくハンニバルの長期的な意図が何であるのかまったく分からなかったので、カルタゴ側に服従を迫ったのであろう。ローマは――そしてカルタゴもまた――ハンニバルのサグントからの撤退がカルタゴの威信をイベリア半島の全土で傷つけることを理解していたはずであり、そのことによって、他のスペインの都市も、ローマの「友好国」のサグントが享受している恩恵を求めて、ローマに雪崩《なだれ》を打って忠誠を誓う事態になることを理解していたに違いない。このような事態が生まれることを、カルタゴ側は明らかに我慢の限界と見なした。カルタゴにとって、これこそ、ローマ人と決して平和裏に共存できないことを示す議論の余地のない明白な証拠であった。カルタゴの目には、ローマの野心には限界がないように映った。*40

六　第二次ポエニ戦争

ローマは、第二次ポエニ戦争が第一次ポエニ戦争と同じような戦略的な経緯をたどり、今度はスペインが第一次ポエニ戦争のときのシチリア島の役割を演じるに違いないとおそらく確信していた。第二次ポエニ戦争の勃発前におけるローマの戦争準備の状況から考えれば、ローマがそのような観測をしていたことは明らかである。さらには、第一次ポエニ戦争後に締結された和平協定の内容とその後のカルタゴとの交渉を振り返れば、ローマの政治戦略が、イタリア半島を攻撃できる能力を持つすべての根拠地をカルタゴから奪い取ることにあったことは明らかである。ローマは、今やシチリア島だけではなく、シチリア島からアフリカ大陸の間に点在する島々や、さらにはサルディニア島とコルシカ島をも支配下に置いていた。古代の艦船は海岸に沿って航行するのが通常だったため、カルタゴの艦隊がイタリアに対して海上から攻撃を加えることは大きな危険を伴った。なぜなら、ローマがイタリアに通じる海上ルートを支配していたからである。第二次ポエニ戦争の開戦当初、この海上ルートを支配していたために、ローマは、ローマ側だけが戦争が戦われる場所を自由に選ぶことができると信じていた。そして、ローマが選んだのが陸上での決戦であった。

ローマの元老院は、戦争をスペインとアフリカに限定することを目指した。元老院は、スペインのカルタゴ軍を攻撃するために、一人の執政官に対して二万四〇〇〇人の兵士と六〇隻のガレー船を与えてスペインに派遣した。同じく、元老院は、もう一人の執政官に一六〇隻の艦船と約二万六〇〇〇人のシチリア駐留軍を与えて、アフリカ攻撃の準備に取り掛かるように命じた。ローマが構想したアフリカ戦略は、カルタゴ本国を直接攻撃するものではなかった。第一次ポエニ戦争で明らかになったように、この程度のアフリカ遠征軍の規模では、アフリカ進攻作戦を実行するには不十分であった。ローマが代替案として考え出したのは、アフリカ内部の部族をそそのかし、彼らに支援を与えてカルタゴに対して反旗を翻させるという方策であった。

ローマに制海権を握られ、イタリア半島への海上ルートも支配されている状況に直面したハンニバルは、イタリアを陸上から攻撃することを決断した。ハンニバルは、スペインやアフリカを足場にして戦略防衛を基礎とした戦いを進める意志は持っていなかった。その代わりにハンニバルが目指したのは、ローマの海軍力と陸軍力の真の源泉であるローマの重心(center of gravity)を破壊することを目的として、イタリア本土に進攻することであった。ハンニバルは、ラテン人系の諸国や他のイタリア諸国との間に築かれた同盟のネットワークこそがローマの重心であることを見抜き、これらの同盟諸国の壊滅を目指した。しかし、イタリアの城郭都市をすべて陥落させるために必要な攻城砲列を保有していなかったことを考えれば、ハンニバルがローマの同盟ネットワークの解体という目的を達成するためには、同盟諸国のローマへの忠誠心を失わせるか、あるいはローマ軍を会戦で撃滅させるかという二つの方法しか残されていなかった。[*41]

ハンニバルは、スペインを拠点に戦うよりも、むしろ自軍の通信・交信を自ら断ち切って野営しながら北イタリアに向かって隠密に行動し、そこで軍事拠点を作ることを決心した。このハンニバルの構想は大胆かつ危険な計画であったが、結局のところ、勝ち目のなさそうなきわどい代物であった。歴史の後知恵を借りれば、もしハンニバルがスペインで防衛戦略を採用して、彼の卓越した戦術的な天才を駆使してスペインに送られてくるローマ軍を撃退したならば、ハンニバルはイタリア進攻よりもさらに重要な戦果を上げたかもしれない。しかし、ローマとの消耗戦に敗れたともいえる第一次ポエニ戦争の教訓に鑑みれば、血気にはやるカルタゴの司令官がそのような消極的な戦略を採用する可能性は低かった。こうして、ハンニバルは四万人の軍隊を率いてスペインを進発した。結局、アルプスを越えて苦労を重ねながらイタリアに到達できた者は、わずか二万六〇〇〇人に過ぎなかった。

前二一八年の六月初旬、ハンニバルはエブロ川を越え、八月半ばまでにはローヌ川に達した。彼の行く手を阻むローマ軍はいなかった。新しく建設されたラテン人系植民都市のピアチェンツァとクレモナの近くでガリア人系のボイイ族とインスブレス族が反乱を起こしたので――ハンニバルの扇動であったことはほとんど明らかである――スペインに派遣される予定であったローマの軍団は、スペインではなくイタリア北部の反乱の鎮圧に向かわねばならなかった。ハンニバルはローヌ川を上流に向かって進軍したが、実際、アルプス山脈のどの地点を越えたかという点については、いまだに論議の的になっている。専門家のほとんどが、ハンニバルはプチ（小）・サン・ベルナール〔ピッコロ・サン・ベルナルド〕峠とモンジュネーヴル（ジュネーヴ山）峠の間の山道を通過したと考えているが、その他、クラピエ峠付近の地点を通過したという有力な説もある。[*42]

ガリア人系のタウリニ族の主な村落（現トリノ）を陥落させた後に、ハンニバルは、ボイイ族とインスブレス族の鎮圧のために転用されていたローマ軍が今やハンニバル軍を追尾できる態勢にあることに気づいた。ハンニバルは複雑な機動作戦を次々と実施し、十二月の厳寒の日に、ピアチェンツァの南方においてトレッビアの戦いが行われた。結局、ハンニバルはローマ軍の三分の二を殲滅させて、第二次ポエニ戦争の戦闘で初めて真の勝利を収めた。

その後、ローマ軍はイタリア北部の平原を捨て去り、それよりもイタリア中央部を防衛することを決断した。なぜなら、イタリア北部の平原がハンニバルの騎兵隊とその同盟軍であるガリア兵に極めて有利な地形であることが判明したのである。しかし、ローマ側は、ハンニバルがアペニン山脈のどの地点を越えるのかという点について皆目検討がつかなかった。ハンニバルはボノニア（現ボローニャ）に進軍した後、南西方面にも南東方面にも出ることができた。したがって、ローマは軍勢を二手に分けて、一方の執政官軍団（二個軍団）をアレティウム（現アレッツォ）を防衛するために配置し、もう一方の執政官軍団（二個軍団）にはアリミヌム（現リミニ）の防衛を命じた。

前二一七年五月、山道の雪が解けると、ハンニバルは野営地を後にしてコリナ峠の地点でアペニン山脈を越えた。ハンニバルはローマに通じる街道沿いに位置するコルトーナに向けて進軍する途中、自分の軍の側面を故意にさらすことによって、ローマ軍のなかの一隊がハンニバル軍に対して攻撃を仕掛けるように誘導した。突然、ハンニバルはローマへ向かうルートから外れ、トラジメーノ湖の北岸に沿いながらペルージアに向けて東に進軍を開始した。トラジメーノ湖へと直接下る道には、途中に三マイルの狭い平原がある以外は、丘陵の間を縫って隘路があるだけだった。ハンニバルはこの丘陵の間の隘路を進軍した後、三マイルの狭い平原の上にある高台に軍を配置してローマ軍を待ち伏せ攻撃する態勢をとった。ローマ軍は何も知らずにハンニバル軍を追跡した。そして、霧の濃い明け方、ローマ軍は一列縦隊で隘路を行軍していたが、そのとき、ハンニバル軍が猛然と高台を駆け下りて戦闘が始まり、その後、二時間、両軍の間で激闘が続いた。ローマ軍の司令官は戦死し、わずか六千人あまりのローマ兵が戦場から離脱することに成功したが、やがて彼らの多くも掃討された。この戦いは、ローマ軍にとって完全な敗北であった。ハンニバルが生き残ったローマ同盟国軍の兵士に対し故国への帰還を許したとはいえ、ローマは二個軍団のほとんどすべてを一挙に失った。この敗戦のショックは、ローマにとって覆い隠すことができないほど大きなものであった。ローマでは、法務官《プラエトル》が不在の執政官に代わって次のように重々しく声明を発表した。

「我々は大きな戦いで完敗を喫した」。

トラジメーノ湖の戦いの大敗北がローマに深刻な危機を引き起こしたので、ローマは過去三〇年のあいだ避けてきた伝統的な解決策に救いを求めた。その解決策とは、独裁官（ディクタトル）の任命である。ローマの元老院は、クィントゥス・ファビウス・マクシムスを独裁官に任命したが、それと同時に、ファビウスの戦略に異を唱える人物を副官である騎兵長官に任命した。ファビウスの戦略は、ハンニバル軍を執拗に付け回しながら小競り合いをしつつ、どのような犠牲を払っても正々堂々の大会戦を回避するというものであったが、ファビウスの副官はこれに反対した。このファビウスの対抗戦略の意図を先読みして手を打たなかったことこそが、第二次ポエニ戦争でカルタゴが犯した最大の誤算であった。とはいえ、ハンニバルに同情すべき点もある。なぜなら、戦士のエトスを持ったローマが戦闘を拒否し、城壁のなかに籠《こも》って応酬するなどとは、ハンニバルは想像すらできなかったに違いないからである。確かに、歴史の証拠が示すところによれば、このような戦略は、ローマ人の間でさえもすんなりと受け入れられなかったのである。

　戦争全体の帰趨を決するような会戦をローマに挑むことができなかったため、ハンニバルは、サムニウム地方を通ってイタリアでもっとも肥沃な土地の一つであるカンパーニャ地方へと進軍した。ファビウスもその後を追ったが、結局、彼は何の行動も起こさずローマの同盟諸国の町がカルタゴ軍に蹂躙されるのを傍観するだけであった。その年度の軍事活動期の終わりにハンニバルは、カンパーニャ地方に留まることなく一年で四回目となるアペニン山脈越えを決行してプーリア地方に戻った。というのも、カンパーニャ地方では、ハンニバルを迎えるために城門の扉を開いた町は一つもなかったのである。

翌年の前二一六年、ハンニバルがオファント川の右岸にあるカンネーの食料貯蔵庫を奪ったというニュースが届くや、ローマはもはやハンニバル軍に対抗せざるを得なくなった。ファビウスの副官の指揮の下、ローマ軍はファビウスが発した作戦指令を無視して、ハンニバルとの一戦に踏み切った。こうして、四個軍団からなる増援部隊がカンネーに向けて進発した。これに対し、カルタゴ軍は見事な戦術的機動を用いて進軍途中のローマ軍を包囲し、これを殲滅させた[*43]。カルタゴ軍は二万五〇〇〇人のローマ兵を殺害し、その他、一万人を捕虜とし、おそらく一万五〇〇〇人のローマ兵が戦場から脱出した。このようにして、ローマがかつて戦ったことのないような最大規模の戦いが終わった。カンネーにおける敗北によって、イタリア人が抱いていたローマの最終的な勝利に対する自信が大きく揺らいだ。サムニウム地方とプーリア地方の多くの都市、そしてルカーニア地方とカラーブリア地方のほとんどすべての都市が、勝ち組と考えられる側——ハンニバル——に忠誠を切り替えた。その年の秋、イタリアで二番目に重要な都市であったカプアやカンパーニャ地方のその他の都市も、これに続いてカルタゴに忠誠を示した。しかし、ラツィオ地方、ウンブリア地方、エトルリア地方のすべての都市は、依然としてローマに忠誠を示すことに変わりはなかった。そのため、「コンクタトール」〔当初「のろま・ぐず男」の意だったが、後に「持久戦主義者」の意に転じた〕というあだ名を付けられたファビウスの消耗戦略の有効性が証明された格好となった。

ローマが敗北を認めない以上、ハンニバルはローマ連合の切り崩しに向けての工作を辛抱強く続行せざるを得なかった。制海権をローマ側に握られていたため、カルタゴはハンニバルに対して増援軍を派遣することも物資を運ぶこともできなかった。そのため、ハンニバルは作戦地域を大幅に拡大して、ローマに対する包囲網の環を大きくするという新しい戦略を立案した。まず西方では、スペイン戦線でカルタゴ軍とローマ軍の抗争が続いており、サルディニア島にもカルタゴ軍が上陸していた。次に北方では、ガリア人がローマに対する敵意を失っていなかったため、ガリア人の動きはローマにとって依然として脅威の対象であり、この地域が一つの緩衝地帯となっていた。さらに東方では、今やマケドニアがローマの影響力をイリリア地方から排除するための工作を進めつつあったが、カルタゴはこのマケドニアとの同盟を模索していた。最後にシチリア島では、ハンニバルが同島のギリシャ人系都市国家に働きかけて、カルタゴへ忠誠を切り替えるように説得工作を続けていた。しかしながら、ローマは途切れることのない膨大なマンパワーを持っていたために、これらのすべての戦域において同時に軍事活動を行うことができた。軍事作戦を遂行するために必要な基地がイタリア全土に存在していたために、ローマは戦場に派遣した兵士に対して十分な補給を与えることができた。これに加えて、卓越した海軍力を持っていたために、ローマは、ギリシャ東部地方とシチリア島におけるカルタゴの軍事作戦が他の戦域に及ぼす影響力を最小限に抑えることができた。*44

その当時の執政官の一人であったプブリウス・コルネリウス・スキピオもまた、スペインのカルタゴ軍を窮地に追い込むことがこの上なく重要な意味を持つことを理解していた。前二一八年、コルネリウスは、弟のグネウス・コルネリウス・スキピオをスペインに派遣し、翌年には彼自身もスペインに向かいグネウスと合流した。コルネリウス兄弟に与えられた本来の任務は、カルタゴの補給物資と増援隊がスペインからハンニバルのもとに送られるのを阻止することであったが、彼らはその任務をさらに進めて、イベリア半島における敵の影響力を永久に消し去ることを目的とした攻撃を直ちに開始した。

最初に実施した軍事作戦において、コルネリウスはカルタゴの補給物資と増援隊がイタリアのハンニバルに送られるのを阻止しただけでなく、スペインの地にローマ軍のための軍事基地を確保することにも成功を収め、その軍事基地からエブロ川の北方地域の征服を開始した。前二一七年、ハミルカル・バルカの女婿であったハシュドゥルバルとは別人のハシュドゥルバル〔ハンニバルの次弟〕が、軍隊と艦隊を率いてエブロ川の河口に接近した。コルネリウスは、カルタゴ軍より少ない艦船しか持っていなかったが、カルタゴ軍に戦いを挑むことを決断した。コルネリウスは、カルタゴ軍が自軍の側面に回ることで、自軍が背後から攻撃されるのを嫌った。そして、少しでも自軍を先に前進させる目的とともに、イタリアにいるハンニバルが海上から支援を受けるのを防ぐ目的のために、制海権を獲得しなければならないことをコルネリウスは理解していた。コルネリウスはマッサリア（現マルセイユ）の住民から支援を受けた。マッサリアは強大な海軍力を持つことで有名な都市であった。マッサリアは、海上におけるカルタゴの勢力拡大を阻止することによって、スペインとの間の貿易の利権を守ることに熱心であった。マッサリアの支援を受け、ローマ艦隊はエブロ川の河口の沖合いでカルタゴ艦隊と交戦して、これを撃破した。この勝利によって、ローマ軍はエブロ川を安全に渡ることができるようになり、しかもこの勝利は、イタリアにいるハンニバルの成功の希望を打ち砕いたので、第二次ポエニ戦争の全体の帰趨に影響を与えた。同じ年にイタリア沖で弱々しい示威行動をとってから以後は、カルタゴは海上におけるいかなる大規模な軍事作戦をも断念した。その結果、ハンニバルはイタリア半島に取り残され、ローマが引き続き制海権を握るようになった。

前二一五年のハシュドゥルバル軍の進撃が、あらゆる意味においてカルタゴを窮地に追い込んだ。ハシュドゥルバルは、エブロ川を挟んでローマ軍と激戦を繰り広げた。ハシュドゥルバルは、この戦いで勝利を収めればスペインにおけるカルタゴの支配権が回復され、それと同時に、イタリアのハンニバル軍との合流も実現できることを百も承知していた。しかし、ハシュドゥルバルは敗北した。コルネリウス兄弟は、このとき、第二次ポエニ戦争の陸上戦で初めての勝利をローマにもたらした（しかも、兵力ではローマ軍がカルタゴ軍よりもはるかに劣っていたと思われる）。このコルネリウス兄弟の業績は、イタリアとスペインにおいてローマに対するイメージを高める役割を果たし、特にスペインでは、カルタゴの支配下にあった部族がカルタゴに今や反旗を翻し始めた。前二一二年、コルネリウス兄弟は首尾よくサグントを奪い、サグントの後背地に向けてさらに南方へ進撃する計画を立てた。翌年の前二一一年、コルネリウス兄弟は、カルタゴ軍に対抗するために軍団を二手に分けて進軍した。しかし、ローマ軍は南方に突き進むにつれ補給線から遠く離れてしまい、さらには、カルタゴに依然として忠誠を示す住民が多数を占める奥地まで進攻した。結局、プブリウス・コルネリウス・スキピオとグネウス・コルネリウス・スキピオの兄弟は二人ともこのときの戦いに敗れて戦死したが、彼らが成し遂げた業績は相当大きいものであった。まず彼らは、カルタゴの増援隊がイタリアのハンニバルに派遣されるのを阻止した。次に彼らは、二回にわたり——エブロ川沖の海上とイベリア半島の陸上において——カルタゴ軍に手痛い敗北を負わせた。そして彼らは、サグントを奪いさらに南方へ進出した。最後に彼らは、カルタゴの力の源泉であったスペイン帝国からかなり多くの領土をもぎ取った。

ローマがカンネーの敗戦の後の苦境に喘《あえ》いでいた数カ月の間、ローマのマン・パワーの枯渇が甚だしくなり、さらに追い討ちをかけるように、イタリア南部の諸都市が反乱を起こした。しかし、それでもローマ市民は敗北を認めることを拒否した。明らかに、ローマはハンニバルに対していかなる犠牲を払ってでも正面からの戦闘を回避しなければならなかった。ファビウスの消耗戦略は、イタリアにおけるローマのその後のすべての軍事作戦の基礎となった。とりわけローマは、海上における優位性を確保しなければならなかった。そして、海上において優位性を確保するためには、ほとんど二〇〇隻近い数の艦船を、約五万人の乗組員とともに、常に海上に浮かべる必要があった。これに加えて、イタリア半島以外のカルタゴ軍の動きを押さえ込むためには、海外に派遣されていたすべてのローマの軍団を現地の駐留地に留めておく必要があった。前二一二年までに、ローマは二五個軍団（このとき一個軍団は約五〇〇〇人から編成されていた）の兵士をどうにか投入する余裕ができるようになった。

カルタゴは各地方のローマの敵対勢力を糾合してローマを包囲しようと試みた。しかしながら、ハンニバルはそれほど大きな支援を受けることなくイタリアに留まらざるを得なかった。そして、このことがハンニバルの敗北を確実にした。唯一スペインから増援部隊が到着する場合に限って、ハンニバルのイタリア戦役の帰趨が好転する可能性があったのだが、コルネリウス兄弟がその増援部隊の前に立ちはだかった。そのために、ポッツォーリとノーラの奪取を試みて失敗したハンニバルは、計画していたカンパーニャ攻勢を断念した。同様に、ハンニバルは、ヘラクレアやターラントに対する奇襲攻撃にも失敗した。このとき、ブリンディシの港に配置されていたローマ艦隊が、ハンニバルの予想をはるかに超える速さでこの両都市の救援に駆け付けたのである。ハンニバルは、軍事作戦上の優越性を戦略上あるいは政治上の成果に変換することができなかった。

マグナ・グレキアの諸都市のなかでターラントがカルタゴ側に付いたように、カンパーニャ地方ではカプアが、そしてシチリア島ではシラクサがカルタゴ側に付いていた。しかし、前二一一年までには、ローマはカプアを政治的に抹殺し、最終的にはシラクサも奪還した。その一方で、コルネリウス兄弟が戦死したという知らせがスペインから届いた。カプアで従軍していたクラウディウス・ネロが増援部隊を率いてスペインに出陣したが、彼はエブロ川の防衛線を保持するために純粋に防御的な姿勢をとった。他方、シラクサを攻略したマルケルスは、ターラントの攻略を試みようとはしなかった。というのは、さすがのローマも長年の戦争によって疲弊の色が目立つようになったのである。前二一〇年には、一二のラテン人系の植民都市が部隊の派遣を拒否した。しかし、翌年の前二〇九年、第二次ポエニ戦争は転換期を迎えることになる。二人の司令官〔前執政官《プロコンスル》マルケルス、執政官フラックス〕が率いる四個軍団が、ハンニバルをイタリア半島に閉じ込めて追い詰めた。さらに、マルケルスとフラックスは、ファビウスにターラント攻略の時間を与えるためにカウロニアに対する陽動攻撃を行った。この陽動攻撃によって生じたターラント側の隙に乗じて、ファビウスはローマ艦隊の支援を受けながらターラントへと軍勢を移動させた。ターラントは内部の裏切りによって陥落し、ハンニバルが到着する前にターラントの町はローマ軍に略奪された。同様に、ローマの堅忍不抜の意志によってシラクサとカプアが陥落した結果、ハンニバルは南イタリアに閉じ込められた。その頃、カルタヘーナにおいてローマ軍が輝かしい勝利を収めたという知らせがスペインから伝えられた。このように、第二次ポエニ戦争全体の戦況が変化しつつあった。

　コルネリウス兄弟を失った後、ローマは、おそらくサグントを含め、エブロ川以南のすべてのスペインにおける領土を失った。しかし、シラクサとカプアの陥落によって、ローマはスペインに増援部隊を派遣する余裕ができた。前二一一年の後半、クラウディウス・ネロ指揮下の一隊がスペインに上陸し、翌年に同部隊はエブロ川以北の領土の確保に努めた。その後、ローマの元老院は、戦死したコルネリウスの息子で二十五歳のプブリウス・コルネリウス・スキピオ〔父と同名〕をスペイン派遣軍の最高司令官に任命するという異例の議決を行った。スキピオはイタリアで従軍した経験があったとはいえ、前二一三年に按察官《アエディリス》〔公共の建物・道路・衛生設備・競技場・市場・警察事務などを担当していた官僚」という地位の低い官職しか経験したことがなかったので、法的には最高司令官に任命される資格がなかった。スキピオがどのような経緯で最高司令官に選出されたのかについての詳細は不明だが、ローマの元老院が、スペイン戦線で二個軍団を率いるために必要な指揮権〔絶対指揮権《インペリウム》〕をスキピオに附与することを熱狂的に議決したことは明らかである。スキピオを司令官とする増援部隊がスペインに派遣されたことで、スペイン戦線におけるローマ軍の兵士の数は、スペインの同盟諸都市の兵士を含めると三万人を超えた。

スキピオは、直ちにカルタヘーナのカルタゴ軍の駐屯地に攻撃を仕掛けた。カルタヘーナにはスペイン全土から連行された捕虜が収容されていただけでなく、カルタゴの資金と軍需品の大半が集積されていた。また、カルタヘーナの港は、西地中海を代表する良港の一つであった。スキピオは、海から何度も補給することのできる軍事基地を確保することが何より肝要であると考えた。また、スキピオの父のコルネリウスが失敗した理由が、父の軍事基地であったサングトの位置が、目的を達するのに十分に南に位置していなかった点にあることもスキピオは理解していた。前二〇九年のある朝、カルタヘーナに駐屯していた少人数のカルタゴ兵は起きてみると、いつの間にか陸上と海上の両方からローマ軍に包囲されていることに気づいた。スキピオは主力部隊を率いて迅速に南方へと進軍し、陸・海協同作戦を実行するために、海上のローマ艦隊と同時にカルタヘーナに到着していたのである。このカルタヘーナの陥落以降、スキピオはスペイン戦線における主導権を握った。おびただしい数の戦利品、金、補給品に加えて、スキピオは現地の銀鉱山を支配下に置き、その結果、カルタゴの収入源を徹底的に断ち切った。その年の残りの期間、スキピオは模範軍の編制に専念し、兵士たちに新しい戦術の教練や新兵器の使用法を習熟させた。

今やスキピオは、バエティカに対する攻撃を十分実行できるだけの南方に軍事基地を確保した。そして、前二〇八年、バエティカに対する攻撃が実行に移された。この攻防において、スキピオはハシュドゥルバル軍の脱出とその後のイタリアへの逃亡を許したが、戦術的には大勝利を収めることができた。さらに前二〇六年の初め、カルタゴは、スペインの運命をローマとの一度の大会戦に託すことを決断した。しかし、スキピオは、イリパ（現セビリャの近郊）においてカルタゴ・ヌミディア連合軍と交戦してこれを破り、さらに迅速な追撃を行うことで敵の退路を断ち、敵に投降する機会を与えることなくイベリア半島のほとんどのカルタゴ兵を殺戮した。カディスにわずかに残ったカルタゴ兵の最後の抵抗も瓦解し、その後、カルタゴの敗残軍は船に乗ってバレアレス諸島に逃走した。このようにして、スペインにおけるカルタゴ帝国は滅亡した。次に、スキピオは、将来のアフリカ進攻に向けての布石を打つために密かにアフリカに渡り、カルタゴに対し以前から執拗に進攻を繰り返してきたヌミディア王のシファァチェとヌミディア王子であるマシニッサの二人と会談した。ハンニバルのイタリア半島における軍事活動が崩壊する日も、遠からず到来するように思われた。

スペインでスキピオの追撃をかわしたハシュドゥルバル軍はついにイタリアに到達し、ハンニバル軍との合流を目指した。しかし、ローマはこの新しく現れたカルタゴ軍をメタウロの戦いで破り、ハシュドゥルバルを殺害した。この勝利により、ローマのイタリア半島における勝利はほぼ確実なものとなった。メタウロの戦いは、長い第二次ポエニ戦争において、ローマがイタリア半島でカルタゴ軍と堂々と戦って初めて勝利を収めた戦いであった。また、このとき、ハンニバル軍の補強を目指した最初の本格的なカルタゴの試みが失敗に終わった。このときが、決定的瞬間であった。ローマの常勝将軍であった執政官クラウディウス・ネロは南方に急行し、ハシュドゥルバルの生首をラリヌムにいた兄のハンニバルの陣営地にカタパルト［弩《いしゆみ》］で放り投げた。この屈辱的なニュースを知ったハンニバルは、ブリンディシに退却してこの町を必死に守った。同じ頃、ハシュドゥルバル軍とは別のカルタゴ軍がジェノヴァに上陸しハンニバルとの合流を目指したが、この試みも失敗に終わった。前二〇五年、さらなるカルタゴの増援軍がイタリアに向けて航行したが、結局、嵐のためにサルディニア島に漂着しただけに終わった。今やイタリア半島における勝利の望みがすべて消え去ったので、前二〇三年の秋、ハンニバルはカルタゴ政府から本国を守るために帰国せよとの命令を受け取った。無敵の軍隊を敵国の領土の中枢部に一五年間も維持してきたハンニバルであったが、ついにイタリア半島を脱出し、今度はローマでもっとも天才的な指揮官のスキピオと雌雄を決するためにアフリカに戻った。[*45]

その前年の前二〇四年には、約三万人からなるスキピオ率いるローマの遠征軍がアフリカに向けて出航していた。スキピオはウティカ付近に上陸し、そこに軍事基地を建設することを望んだ。ヌミディア王子のマシニッサと彼が率いるヌミディア騎兵が直ちにスキピオに合流した。スキピオ軍とヌミディア軍は、陸と海からウティカの町の包囲を強行したが、ウティカの町が抵抗を続けている最中に冬が訪れた。翌年の前二〇三年の春、スキピオは、ウティカの救援に駆け付けたカルタゴ軍を奇襲攻撃で簡単に片付けた。その後、スキピオはウティカの攻囲戦を再開し、さらにウティカとは別の戦場で勝利を重ねてからチュニスを占領した。そして、チュニスから、スキピオはカルタゴの陸上の通信・交信を攪乱した。カルタゴ側は、ウティカで交戦中のローマの艦隊に対して捨て身の攻撃を加えたが、スキピオの到着が間に合い、カルタゴ軍はスキピオによって撃滅された。

カルタゴは今や極めて深刻な状況にあった。しかも、ハンニバルがまだカルタゴへの帰還の途にあったときに、カルタゴ政府はスキピオに講和を申し入れた。スキピオはカルタゴ政府に対し次のような条件を提示した。その内容は、まず、カルタゴはイタリア、ガリア、スペインから撤退してこれらの地域に対する利権を完全に放棄すること、次に、二〇隻を除きすべてのカルタゴの軍船をローマに引き渡すこと、さらに、五〇〇〇タレントの賠償金を支払うこと、そして最後に、カルタゴの西方にマシニッサの王国を認めるとともに、東方ではリビアの先住部族の自治を認めることであった。これらの条件により、カルタゴは純粋なアフリカの国となり、名目上は独立国だが実際はローマの属国になることが予想された。ローマの元老院は、多少の議論の後に休戦を宣言した。そして、前二〇三年の冬から前二〇二年にかけて、ローマの元老院はカルタゴと講和の交渉に入ることを正式に承認した。このように、戦争は終結したかに思われた。

ハンニバルはようやくカルタゴ本国に到着するや否や、講和の交渉期間中にもかかわらずローマに対する戦闘を再開した。このカルタゴの裏切りを知ったスキピオは、バグラダス川〔現メジュルダ川〕流域を襲撃して、カルタゴ経済の中心地であった同流域一帯をカルタゴから切り離した。その後、ハンニバルはザマに進軍した。ハンニバルの意図は、明らかに、スキピオ軍の通信・交信を遮断し、ヌミディアの騎兵隊が到着する前にスキピオに戦いを強要させることにあった。両軍ともに約四万人の兵士を繰り出したが、この戦いにおいて最終的にはスキピオ軍がハンニバル軍を撃破した。

三カ月にわたる講和交渉の結果、カルタゴはザマの戦いの前に結ばれた休戦協定を破った責任を負ってローマに対して賠償金を支払い、カルタゴ側に監禁されているローマ人の人質を釈放し、そして、講和が発効するまでカルタゴに駐留するローマ軍の給与および食料の費用を支払うことに同意した。その他、カルタゴは「フェニキア峡谷」（現在のチュニジア国に相当する）と呼ばれる地域の内側における自治と領土の保全を許されたが、アフリカの外で戦争を起こすことは禁止され、アフリカ内でもローマの承認なしに戦争を起こすことを禁止された。実質上、カルタゴはローマに従属する同盟国の地位へと成り下がったのである。これにより、カルタゴの地中海国家としての存在に終止符が打たれ、しかもカルタゴには自国への将来の攻撃に対してローマから何の安全の保障も与えられなかった。カルタゴは、すべての軍船を引き渡し、すべての戦争捕虜をローマに返還し、一万タレントの賠償金を五〇年の年賦で支払うことに同意した。この賠償金の金額は、カルタゴを引き続き弱小国の状態に留め、見通し得る将来にわたってローマの従属国とさせるのに十分の額であった。交換条件として、ローマは一五〇日以内にアフリカから撤退することに同意した。

結論

ペロポンネソス戦争とポエニ戦争の両戦争において、好戦的で武威を尊ぶ伝統を持っていた国家がより開明的な敵に対して勝利を収めた。スパルタやローマの勝利は決して必然であったわけではない。スパルタ、ローマともに、長期間の激戦の末にようやく勝利を手にしたのであり、両戦争とも戦況の帰趨は最後まで分からなかった。これら二つの戦争の事例によって明らかになったことは、戦士文化のエトスを大事に保持した国家が、そのこと自体で、軍事的に優位な立場を占めることはないという事実である。戦争に勝利を収めるためには、当然のごとく、経済力、優れた技術力、細部まで気を配る兵站《へいたん》能力、指揮官の戦略的な洞察力といった要素が一様に重要な役割を果たす。また、戦場における指揮官の戦術的な技量も重要であり、この点において、ローマの司令官の戦術的な技量は、ハンニバルの戦術的な技量に比べて大きく見劣りしたものであった。しかしながら、ローマのように尚武の美徳に対して崇敬の念を持つ国家というものは、敵にとって非常に手強い相手となる。そのような国家の市民や指導者は、勝利を得るためには自らの犠牲を厭わない傾向が強く、さらには、戦略上もっとも重要な美徳——粘り強さ——を敵よりも多く持っているのである。

ローマの市民軍の軍律の厳しさと動員可能な兵士の数という二つの要素が、ローマが勝利を収めるうえで不可欠な貴重な財産であった。この二つの財産は、両方とも、国家と大家族が一つのものとして存在していたローマの家父長的な部族社会において自然に形成されたものであった。前三世紀に生きたローマの共和主義者は、後のローマ人が「ローマ帝国」を防衛または拡大するために傭兵を利用するようになるとは思いも付かなかったであろう。さらに、ポエニ戦争の期間にローマが達成した軍事上の業績は、その政治制度と密接な関係があった。つまり、競争意識の強いローマの寡頭政治の指導者は、兵士として戦場で自らの勇敢さを証明するか、あるいは指揮官として戦果を上げることを通じてのみ、政治的に栄達するために必要な栄光と名声を手に入れることができたのである。したがって、対外政策を策定する立場の人々は、国家を常に戦争状態に置く傾向があり、そうすることにより、自分たちの勇敢な美徳を示すための機会が彼らやその後継者に与えられたのである。

同様に、ローマの戦略は、敵の最大の弱点を本能的にかぎ分けてそこを攻めることの重要性をもっとも鮮明に示す実例として指摘できる。ローマ人の持っていた力の優越性に対する的を射た感覚は、競合する他の要請に左右されないプラグマティックな無慈悲から生まれたものである。彼らの残忍性が不必要に発揮されることはめったになく、ローマが時として示した慈悲の行為もまた、自国の国益を計算したうえで行われたものであった。ハンニバルの卓越した戦術的な技量によって戦士国家のローマが危地に陥ったとき、ローマの指導者は、自分たちの伝統的な尚武の精神に頼ることをしないで、現実的で慎重な態度をとった。つまり、彼らは、おそらく致命的な結果をもたらすことが予想された四回目の敗北を回避するために、ローマ軍を敵軍の前から退却させたのである。最後に、もっとも重要な点は、ローマが復讐を確実に遂行するために必要な軍事的な能力を保ち続けたことである。同盟諸国にローマへの忠誠心を保持させ、ローマ国全体の生き残りを確実にしたのは、決してローマの覇権に対する愛着などではなく、ひとえに復讐心の強さというローマの能力であった。

（1） Niccolò Machiavelli, *The Discourses*, Book I, chs. iv–vi; xxv; xxxi; lx. Book II, chs. i–iii; vi を参照。「領土の獲得欲」がローマの攻撃性の原動力であったとする説に対して建設的な批判を展開している文献は、Ernst Badian, *Roman Imperialism in the Late Republic*（Pretoria, 1967）である。

（2） 建国初期におけるローマのシー・パワーについては、J. H. Theil, *Studies on the History of Roman Sea-Power in the Republican Times*（Amsterdam, 1946）; Chester Starr, *The Beginnings of Imperial Rome: Rome in the Mid-Republic*（Ann Arbor, Michigan, 1980）, pp. 58 ff. を参照。また、ローマから一五マイル離れたティベル川の河口にあったローマの港については、Russell Meiggs, *Roman Ostia*（Oxford, 1960）を参照。

（3） これは、トゥキディデスのアテネに対する見解である。Thucydides, *History of the Peloponnesian War*, 1, 2, 5.

（4） Carl von Clausewitz, *On War*, ed. and trans., Michael Howard and Peter Paret（Princeton, 1976）（クラウゼヴィッツ、篠田英雄訳『戦争論』下巻、岩波書店、一九六八年、二六〇頁）.「戦争によって、

また戦争において何を達成しようとするのか、という二通りの問いに答えずして、戦争を開始する者はあるまい。また——当事者にして賢明である限り、——戦争を開始すべきではあるまい」。

（5） Polybius, iii, 4, 10-11（ポリュビオス、城江良和訳『歴史 1』京都大学学術出版会、二〇〇四年、二四二頁）.「思慮をわきまえた人なら、ただ敵を屈服させることだけを目的として隣人と戦うことなどしないし、（中略）何であれその行動の結果生じる愉悦や名誉や利得を目的として行なうのだ」。

（6） Clausewitz, *On War*, Book I, ch. iii, p. 100（クラウゼヴィッツ、篠田英雄訳『戦争論』上巻、岩波書店、一九六八年、八九頁）を参照。「粗野な好戦的国民を観察すると、好戦的精神が国民のひとりびとりに宿っていることは、とうてい文明国民の比ではない。前者にあっては戦闘員のめいめいがこの精神を体得している、ところが文明国民は必要に迫られて止むなく戦争に従事するのであって、各自の内的衝動に駆られて進んで闘争に赴くのではない」。

（7） Polybius, vi, 19. この問題に関し、もっとも包括的かつ洞察力に富む大著の研究は、Peter Astbury Brunt, *Italian Manpower, 225 B.C.-A.D. 14* (Oxford, 1971) である。

（8） Adam Afzelius, *Die römische Kriegsmacht während der Auseinandersetzung mit den hellenistischen Grossmächten* (Copenhagen, 1944), pp. 48-61 のなかの算定を参照。また、Richard E. Smith, *Service in the Post-Roman Marian Army* (Manchester, 1958), pp. 6-10 の但し書きを参照。さらに、Arnold Joseph Toynbee, *Hannibal's Legacy: The Hannibalic War's Effects on Roman Life*, Vol. 2 (London, 1965), pp. 79-80; Brunt, *Italian Manpower*, pp. 399-402 も参照。

（9） 十分の一処刑についての考察と引用は、Keith Hopkins, *Death and Renewal: Sociological Studies in Roman History*, Vol. 2 (Cambridge, 1983), pp. 1 ff. を参照。

(10) Polybius, vi, 38.

(11) Tacitus, *Annals*, xiv, 44.

(12) 約一七〇〇万人の人口を持つイラクは、〔一九九一年の湾岸戦争で敗れるまで〕世界で四番目に大きい軍隊を徴集することができた。しかし、一九九一年の初めにその多くが脱走するか殺害された。同じような論点は、ヴェトナム人民軍（PAVN）に関しても言及されている。Douglas Pike, *PAVN: People's Army of Vietnam* (Novato, CA, 1986) を参照。

(13) Clausewitz, *On War*, Book I, ch. iii, p. 105（クラウゼヴィッツ『戦争論』上巻、一〇一〜一〇二頁）.

(14) Polybius, vi, 19. 4 を参照。William V. Harris, *War and Imperialism in Republican Rome 327–70 B.C.* (Oxford, 1979), p. 11 and notes から引用。

(15) Polybius, vi, 54. 4.「多くのローマ人は戦闘全体の帰趨を決するために喜んで一騎打ちを戦い、ある程度戦死を覚悟した」。Sallust, *Bellum Iugurthinum*, xxxv. 5; xxxix. 5; lxiii. 2.「各兵士は自分の行為が見られていることを意識して、急いで敵に攻撃を仕掛け、我先にと城壁を越えて敵陣になだれ込んだ」。

(16) Harris, *War and Imperialism in Republican Rome*, pp. 39–40.

(17) *Ibid.*

(18) 例えば、キケロが次の著作のなかで紹介している小スキピオ自身が語ったとされる言葉を参照。Cicero, *De Re Publica*, I, 36.「私はあなたにぜひともお願いしたいのですが、私がギリシャ文学にまったく無知であるとお思いにならないで下さい。また、とりわけ政治問題に関して、私が我々のローマ文学よりも、ギリシャ文学を好んで参考にする傾向を持っているとお思いにならないで下さい。むしろ私を真のローマ人の一人として見て下さい。私は精励恪勤《かっきん》の父のお陰で自由な教育を受けましたし、少年時代から知識を習得することに熱心でした。しかしながら、書物の精読から得たどのようなことよりも私自身の経験や家庭で習った教えから、はるかに多くのことを学んで自己を鍛錬したのです」。また、James Eric Guttman Zetzel, "Cicero and the Scipionic Circle," *Harvard Studies in Classical Philology* Vol. 76 (1972), pp. 173-179を参照。

(19) Appian, *The Iberian Wars*, p. 95.

(20) Livy, xxx, 15, 12: *neque magnificentius quicquam triumpho apud Romanos...esse*（「ローマ人にとって勝利ほど素晴らしいものはない」). H. S. Versnel, *TRIUMPHUS: An Inquiry into the Origin, Development and Meaning of the Roman Triumph* (Leiden, 1970) を参照。また、Peter A. Brunt, "Laus Imperii," P. D. A. Garnsey and C. R. Whittaker eds., *Imperialism in the Ancient World* (Cambridge, 1978), p. 163 を参照。

(21) Harris, *War and Imperialism in Republican Rome*, p. 53.

(22) *Ibid.*, p. 167.

(23) Polybius, ii, 8, 10（ポリュビオス『歴史1』一四〇頁).

(24) Harris, *War and Imperialism in Republican Rome*, p. 164.

(25) Emilio Gabba, trans. P. J. Cuff, *Republican Rome: The Army and the Allies* (Berkeley and Los Angeles, 1976) は、この問題を考察したもっとも秀逸な論文集である。特に、第1章を参照。

(26) Adrian Nicholas Sherwin-White, *The Roman Citizenship*, 2nd ed. (Oxford, 1973), pp. 38–118を参照。

(27) Machiavelli, *The Discourses*, Book I, ch. i; Sherwin-White, *The Roman Citizenship*, pp. 119–133を参照。

(28) これに関連する事項は、前一一一年の土地法 (*lex agraria*) のなかに記載されている。完全な引用については、Gaetano De Sanctis, *Storia dei Romani*, Vol. 2 (Turin and Florence, 1907), p. 453, n. 1を参照。

(29) Toynbee, *Hannibal's Legacy*, Vol. 1, pp. 424–437; Beloch, *Der italische Bund unter Roms Hegemonie*, pp. 201–210を参照。

(30) この点についてブラントは、ポリビオスの言葉(『歴史』第五巻第二十一章)を引用している。Brunt, *Italian Manpower*, pp. 545–548を参照。ブラントは、ローマ兵と同盟国出身の兵士の数の割合が、各部隊ごとに、あるいは年が違うごとに比較的短い期間で変わったと考えている。そして、ブラントは、同盟国出身の兵士がローマ軍に占める割合には次のような大まかな傾向があることを明らかにした。ハンニバル戦争の期間において、ローマ軍全体に対する同盟国が負担する兵士の数の割合は、同盟国がローマを見捨ててカルタゴ側に寝返ったときに低下し、その後、ローマがそのような裏切った同盟国を厳罰に処するようになると、同盟国出身の兵士が占める割合は急激に上昇した。しかし、その後、ローマ出身の兵士の数と同盟国出身の兵士の数は均衡に向かい、前一七〇年頃になるまでに両者の数はほぼ同数に落ち着いた。ところが、前二世紀の末までには、徴兵忌避の傾向が強まり、さらには軍役に就く資格を有していたアドシドゥースの人々の数も減少したために、ローマはローマ市民を一人徴兵するごとに同盟国の市民を二人徴兵するようになった。Emilio Gabba, "Ricerche sull'esercito professionale romano da Mario ad Augusto," *Athenaeum*, Vol. 29 (1951), pp. 171-272 を参照。

(31) 緊急時においてローマは、アドシドゥースの地位を持つ人々よりさらに身分の低いプロレタリイ（*proletarii*）と呼ばれる人々に従軍を命じることもあったようである。そして、プロレタリイおよび（奴隷の身分から解放された）自由民の両方ともに、艦船の漕ぎ手として定期的に借り出された。

(32) Brunt, *Italian Manpower*, p. 84.

(33) Plutarch in *Pyrrhus*, 23. 6（プルターク、河野与一訳『プルターク英雄伝』第六巻、岩波書店、一九五四年、四一頁）.

(34) Harris, *War and Imperialism in Republican Rome*, pp. 34-35.

(35) Theil, *Studies on the History of Roman Sea-Power in the Republican Times*; Starr, *The Beginnings of Imperial Rome*, pp. 58 ff.

(36) Ernst Badian, *Foreign Clientelae, 264-270 B.C.* (Oxford, 1958) を参照。

(37) カルタゴが利用したと思われるスペインの富に関しては、H. H. Scullard, "The Carthaginians in Spain," in *The Cambridge Ancient History: Rome and the Mediterranean to 133 B.C.*, Vol. 8, 2nd ed. (Cambridge, 1989), pp. 40-43 を参照。

(38) Alan E. Astin, "Saguntum and the Origins of the Second Punic War," *Latumus* 26 (1967); Harris, *War and Imperialism in Republican Rome*, pp. 200-205; Scullard in *The Cambridge Ancient History*, Vol.

8, pp. 25 ff. を参照。

（39） ある古代の資料のなかで、カシウス・ディオは、ローマの使節団がスペインにおけるカルタゴの活動を調査するために早くも前二三一年には派遣されていたことを記録している。このカシウス・ディオの記述の信憑性を認めている現代の学者のなかには、エブロ協定が締結された前二二六年よりも前の時期であるこの前二三一年におけるサグントをめぐる問題に新たな光を当てている者もいる。例えば、E. Taubler, *Die Vorgeschichte des 2. punischen Krieges*（Berlin, 1921）, p. 44; P. Schnabel, "Zur Vorgeschichte des zweiten punischen Krieges," *Klio* 20（1920）, pp. 110 ff.; W. Otto, "Eine antike Kriegsschuldfrage. Die Vorgeschichte des zweiten punischen Krieges," *Historische Zietschrift* cxlv（1932）, pp. 498–516; F. Oertel, "Der Ebrovertrag und der Ausbruch des zweiten punischen Krieges," *Rheinisches Museum für Philologie* lxxxi（1932）, pp. 221 ff.; M. Gelzer, "Nasicas Widerspruch gegen die Zerstörung Karthagos," *Philologie* lxxxvi（1931）, pp. 261–299; John Briscoe, "The Second Punic War," in *The Cambridge Ancient History*, Vol. 8, new 2nd ed. を参照。

（40） Astin, "Saguntum" を参照。

（41） Barry S. Strauss and Josiah Ober, *The Anatomy of Error: Ancient Military Disasters and Their Lessons for Modern Strategists*（New York, 1990）, pp. 133–161 を参照。

（42） J. F. Lazenby, *Hannibal's War*（Warminster, England, 1978）, pp. 45–46 with notes を参照。この文献は以下の文献の内容を踏襲している。Sir Denis Proctor, *Hannibal's March in History*（Oxford, 1971）. ハンニバルがクラピエ峠を通過したという説は、M. A. Lavis-Tafford in the *Bulletin commemorant le centenaire de la Société d'Histoire et d'Archéologie de Maurienne* 13（1956）, pp. 109-200で紹介されている。

（43）カンネーの戦いに関する文献は非常に多い。この戦いに関する文献目録については、F. W. Walbank, *A Historical Commentary of Polybius*, Vol. 1（Oxford, 1957）, pp. 435 f.; *The Cambridge Ancient History: Rome and the Mediterranean 218-133 B.C.*, Vol. 8（Cambridge, 1930）, pp. 726 f. を参照。しかし、*The Cambridge Ancient History* の新版（第二版）の第八巻の膨大な文献目録には、奇妙なことにカンネーの戦いに関する論文や書籍がまったく掲載されていない。

（44）Strauss, *The Anatomy of Error*, pp. 133-161.

（45）B. H. Liddell Hart, *A Greater Than Napoleon: Scipio Africanus*（Boston, 1927）を参照。

第四章　十四世紀から十七世紀にかけての中国の戦略

アーサー・ウォルドロン
永末聡訳

はじめに

古代や近代における中国の戦略には従来から高い関心が払われてきた。しかし、孫子（前五〇〇年頃）と毛沢東（一八九三～一九七六年）の間の非常に長い時期を研究の対象としている学者はほとんどいない。

この二五〇〇年間のなかでも、十四世紀から十七世紀にかけての期間は極めて重要な時期である。この時期は多くの劇的な軍事活動で幕を開けた。一二七九年までには、モンゴルが金（一一一五～一二三四年）、西夏（一〇三八～一二二七年）、そして南宋（一一二七～一二七九

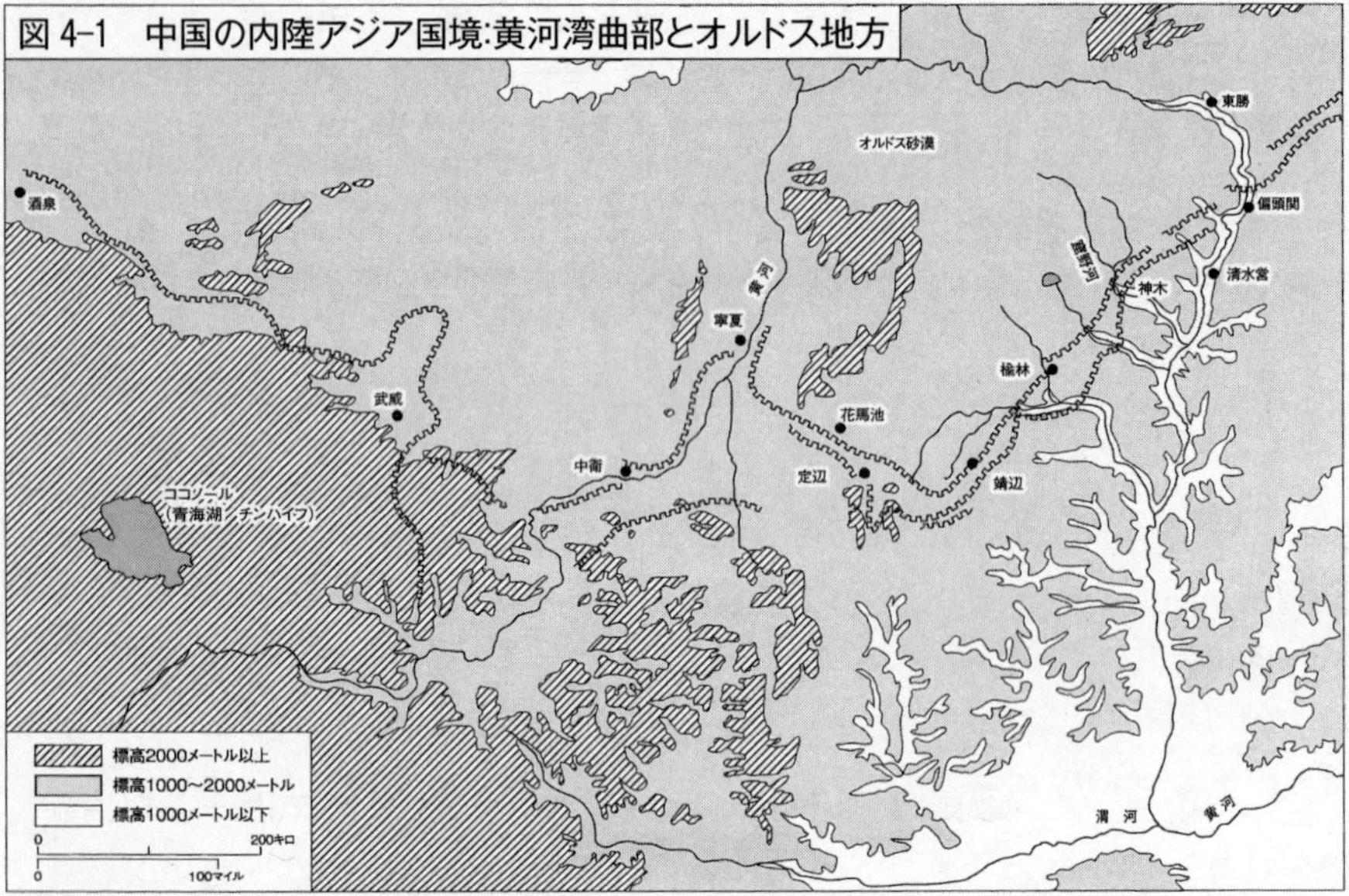

図 4-1　中国の内陸アジア国境：黄河湾曲部とオルドス地方

出典：Arthur Waldron, *The Great Wall of China: From History to Myth* (New York: Cambridge), p. 106.

図 4-2　中国の内陸アジア国境:明朝後期の防衛線

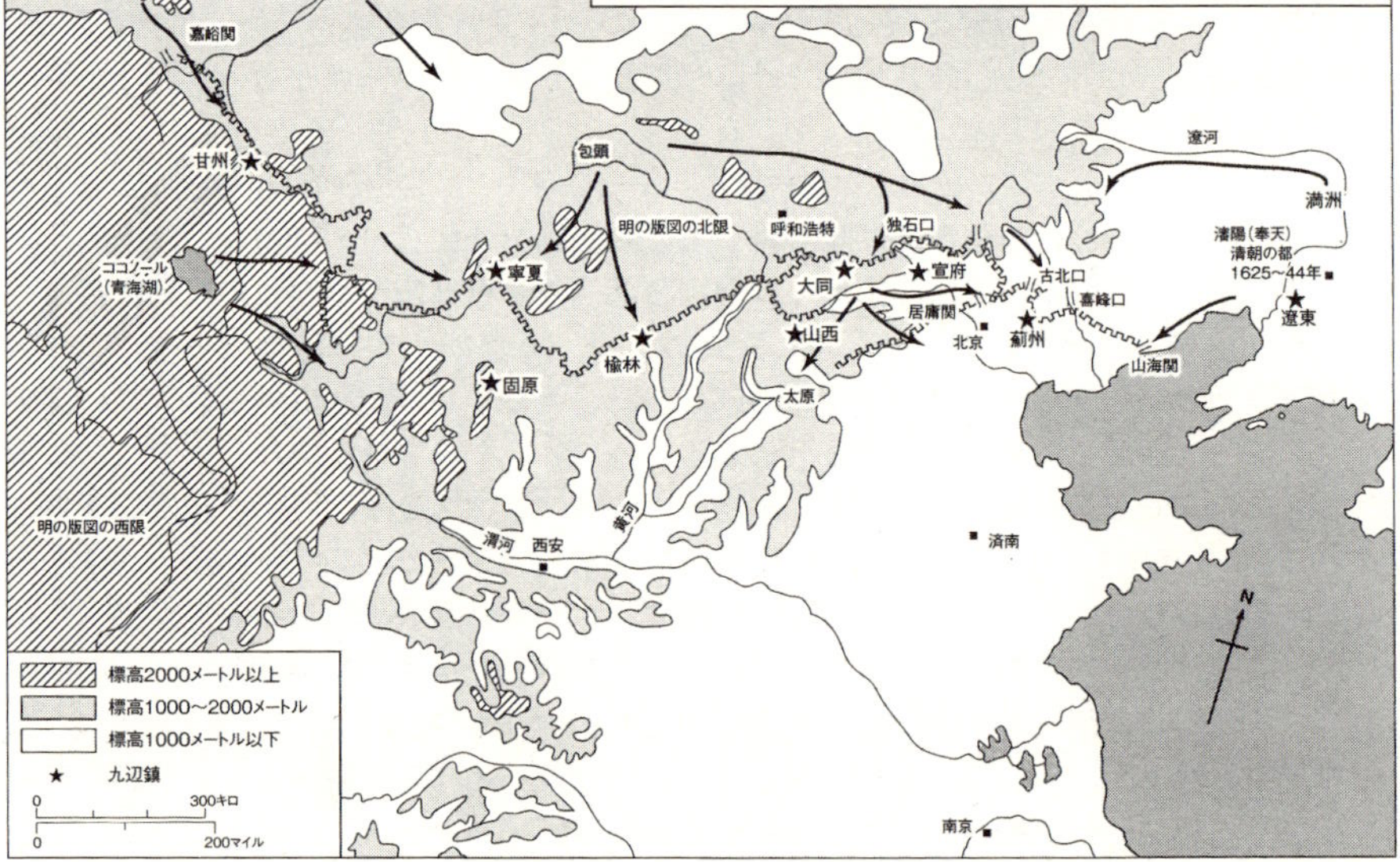

出典：Arthur Waldron, *The Great Wall of China: From History to Myth* (New York: Cambridge), p. 162.

年）の征服を完了させ、東アジアの歴史で唐（六一八〜九〇七年）以来最大の版図を持つ元帝国を築いた。しかし、広大な元帝国は政情が不安定であった。度重なる後継者争いにより元帝国は弱体化し、建国後一世紀も経たないうちに明（一三六八〜一六四四年）の建国者の朱元《しゅげん》璋《しょう》（後の洪武帝、一三二八〜九八年）によって中国本土からモンゴル高原に追い出された。この新しい王朝の明朝は、元朝と同じように安全保障問題に対し最初のうちは積極的に取り組んだ。明朝は多くの対外事業を展開し、数度にわたるモンゴル高原への軍事遠征をはじめ、安南地方の征服を企図した東南アジアへの軍事遠征や鄭和《ていわ》（一三七一〜一四三四年）の指揮による南海遠征などを行った。しかし、十五世紀半ばから明の政策は内向きになり始めた。明の皇帝自ら率いた遠征軍がモンゴルによって壊滅的な打撃を受けた一四四九年以降、明は積極的な対外政策を控えるようになり、対症療法的な防衛戦略をとった。この明の内向きの姿勢への転換を象徴的に表しているのが、「万里の長城」といわれる北辺防衛のために築かれた要塞の大規模な修築計画であった。明の王朝は十七世紀初期まで存続したが、大きな反乱が勃発したことに加えて、北から満洲族の侵入を受けたため滅亡した。そして、明に代わって中国最後の王朝である清（一六四四〜一九一二年〔清の建国自体は一六一六年〕）が中国本土を統一した。

明らかに、この十四世紀から十七世紀にかけての期間に起こったすべての出来事を一つの「中国の戦略」だけを頼りに説明することはできない。この期間、中国は一つの統一国家ですらなかった。実態は、数多くの国が互いに抗争しながら興亡していたのである。そして、これらの国々が様々な場面で様々な戦略を用いたのであった。したがって、この時期を考察することで、戦略の形成において中国がどのような一貫した「伝統的な」アプローチをとってきたのかを究明したい人々は失望するに違いない。なぜなら、中国では戦略に対するそのような一貫した「伝統的な」アプローチは存在しなかったのである。とはいえ、この時期を考察することで、中国の国家安全保障政策の特徴が明らかになるであろう。なぜなら、この三世紀の期間、国家安全保障の問題に対して中国は数多くの異なったアプローチをとってきたからである。これらの多くのアプローチは、歴代の王朝に脈々と伝統として受け継がれるか、あるいは少なくとも伝統のなかで支持されてきたものである。本質的に、これらのアプローチは二類型に分類され、それぞれ固有の文化的な起源を持っていた。

一　戦略の二大潮流

我々が独特かつ純粋な「中国的な」文化として思い浮かべるものは、実は二つの異なる起源を持つ要素が渾然一体となって構成されたものである。その一つの要素が遊牧民のステップ文明であり、もう一つの要素が今日「漢人」と呼ばれる中国人の定住文明である。明らかに、中国の軍事戦略もこれらの二つの要素から構成されている。近代初期にいたるまで、遊牧民はいわば戦争の達人であり、多くの軍事遠征を見事に戦い、劇的な征服を成し遂げてきた。さらに遊牧民は、（成文化して記録を残さなかったにせよ）洗練された軍事ドクトリンの体系を開発してきた。一方、定住民族である「漢人」は遊牧民の軍事ドクトリンの理解に努め、ある時はそれを実際に採用しようと努めてきた。この遊牧民の伝統が、中国の軍事戦略の二大潮流の一つを形成していた。

中国の軍事戦略に流れるもう一つの伝統は、騎馬民族が中国の歴史に本格的に登場する以前から存在していた中国固有のものである。この伝統の起源は、中国大陸に定住した民族が建てた古代国家同士による戦乱の経験に遡《さかのぼ》ると考えられる。周知の通り、ユーラシア大陸の周縁部のヨーロッパから朝鮮半島にかけて存在した多くの定住社会は、騎馬民族の襲撃に常にさらされていた。これらのユーラシア大陸周縁部の定住社会の経験と同様に、中国の定住社会の伝統に根付いた軍事戦略は、騎馬民族による新たなかたちの軍事的脅威にまったく対応することができなかった。しかし、こうした中国固有の軍事戦略は文化的・社会的に深く根付いていたので、中国がこの伝統的な戦略を捨てることは事実上不可能であった。このように、十四世紀から十七世紀にかけての中国の戦略の歴史を考察することは、慢性的に北部の辺境から現れる騎馬民族の脅威に直面してきた明が、異なる起源を持つこれら二つの軍事戦略のどちらの側面を強調してきたのか、その試行錯誤の歴史を振り返ることと実質的に同じことである。

この二つの軍事戦略をめぐる試行錯誤は、明にとって単に知的作業という以上の重みを持っていた。というのは、中国における安全保障政策の変化は、その政治体制の性格の変化を忠実に映し出す鏡なのである。滅亡を迎える最後まで、明は「伝統的な」中国人国家の典型であった。例えば、明の経済を支えた中核地域は、南部の肥沃な大河流域と低地地方であった。そして、明の経済面の中核地域では、生産性の高い農業と急速に拡大した商業の恩恵を受けた貴族が、古典、書道、審美眼の面で洗練された文化を完成させ、その結果、自らの文化のみが文明的であるという考えが急速に広まった。一六四四年の清朝による征服ですらこの明時代に形成された貴族文化をほとんど変えることはなかったので、多くの歴史家は、明と清の時代を継続性のある一つの時代と捉えて「後期中華帝国」という概念を用いている。当時の中国本土の経済と社会の状況を勘案すれば、この「後期中華帝国」という概念はある程度の妥当性を持つであろう。

しかし、建国当初の明は、「後期中華帝国」という名称とはかけ離れた異質の国であった。明の建国以前のほとんどの時代、現在の中国の領土は、南の「中国人」による政権と北の遊牧民族による政権とに分割されていた。南北の歴代の政権はそれぞれ別個の統治方法と戦争方法を発達させてきた。元だけが南北を一元的に統一することに成功したが、これは中国の歴史において例外的なことであった。したがって、漢民族国家の明の建国者がモンゴル族を北方の草原へ駆逐した際に直面した問題は、伝統的に漢民族が定住する南部地方と数世紀にわたって遊牧民族の支配的影響の下にあった北部地方を、どのように一つの政治組織で統治するかということであった。そして、明の建国者が受け継いだ昔ながらのやり方では、この統治の問題を解決する指針にはならなかった。

概して、中国の愛国主義的な学者の多くは、明が直面したこの統治の問題に対する理解が浅い。明の元に対する勝利は漢民族の国家的な偉業であり、さらには遊牧民族の野蛮主義や帝国主義に対する漢民族の文化や民族性の優越性を証明するものだと中国では理解されてきた。しかし、明の元に対する勝利は中国文化の復興を象徴するどころか、実際のところ、初期の明は新しい王朝の下で元帝国の統治制度をそのまま継承したに過ぎない。[*1]確かに明の王族は中国南部地方の出身だが、明は北方民族の戦争方法や民族衣装の多くを採用するだけでなく、多数のモンゴル人を軍に登用するなどして、モンゴルの支配機構の多くを継承した。明・清両王朝は「伝統的中国人国家」の典型として語られることが多く、外見上は「中国化」したのも確かである。しかし、実際のところ、明・清両王朝は「モンゴル人による支配下でも見られたような後期中華帝国の本質」[*2]を定着させる役割を果たしたのであった。定住民族と北方民族の両要素を一つの国家に吸収することを目指すならば、通常、様々な緊張が国内に内在化される。そうした内在化された緊張は、対外戦争を起こす場合や要塞を建設する場合に表面化することが多い。元朝では、中国風の法律や戦争方法の導入を唱える官僚が存在した一方で、あくまで北方民族固有の法律や戦争方法の墨守を唱える官僚も存在した。[*3]明朝の初期の状況も元朝時代の状況と同じであった。つまり、エドワード・ドライヤーが指摘しているように、明朝の初期の時代において為政者が腐心した特有の問題は、「北方に駆逐された元朝との継続感」を求める感情と、文化的な中国らしさを求める漢民族の強い感情の二つの間の対立をどのようにして解決するかということであった。なおドライヤーは、文化的な中国らしさを求める漢民族のこうした感情を「儒教主義」と呼んでいる。[*4]しかし、成熟期に入るにつれて、明朝はますます中国的な理念と伝統を重んじるようになった。

清朝が内陸アジアと中国本土の二つの世界を再び結び付けたとき、清朝においても定住民族と北方民族の両要素の対立を起因とする緊張関係が発生した。現在の中国においても、この緊張関係は存在している。例えば、チベットや新疆《しんきょう》ウイグル自治区の統治に苦慮している現在の北京政府の対応に、そうした伝統的な緊張関係の名残をうかがい知ることができる。

社会的な構造の面からいえば、北方民族と漢民族の両要素を一つの中国国家の支配の下に組み合わせた明朝は、以前には見られなかった新しいものを生み出したといえるだろう。つまり、漢民族の伝統は、新しい時代の政治体制や国家政策の模範とはなり得なかったのであり、このことは、明の国家安全保障政策の形成に関して特に顕著であった。換言するならば、明朝時代の国家安全保障政策は、根本的には、北方民族に由来するアプローチと中国的なアプローチとが絶えず相克しながら形成されたのである。

二　古典的な対外政策

こうした二つのアプローチのなかでは、中国的なアプローチの方がはるかに研究しやすい。中国では軍事問題を著述する伝統が前六世紀頃から存在していたが、明朝の時代にもこの伝統は受け継がれた。前六世紀頃、今日における中国の領土では全国を統一するような国家は存在せず、群雄割拠の様相を呈していた。こうしたなか、〔戦国の七雄に代表される〕諸侯が覇権（ヘゲモン）を求めて抗争していた。対立する諸勢力が同じ文化を共有し、また技術的・資源的にも同程度の実力を持つ場合、それらの勢力は軍事力や武力行使と並んで、心理戦や政治を用いて国策を遂行する傾向が強い。春秋戦国時代の古典である『孫子』は、戦闘なしに勝利を得ることが最善の方策であると次のように述べている。「百戦百勝は、善の善なる者には非ざるなり。戦わずして人の兵を屈するは、善の善なる者なり」[*5]。

戦略の心理的・政治的側面に関していえば、『孫子』は今日もなおその意義を失っていない。しかし、この兵法書が書かれた当時においてすら、中国ではその直接的な有用性は失われつつあった。当時の漢民族はまったく新しい脅威に直面していたのである。この頃になると、内陸アジアのステップ地方を根拠地とする正真正銘の騎馬民族が、中国文化圏の辺境に現れ始めた。この機動戦を得意とする騎馬民族に対して、漢民族は歯が立たなかった。

騎馬民族の登場により、それまでの中国の政治・軍事理論はもはや時代遅れになった。中国文明の発展に決定的な影響を及ぼした思想家である孔子（前五五一頃〜前四七九年）や孟子（前三七二頃〜前二八九年）は、文化的な国家の基本原則を提唱した。そして、彼らが描いた理想郷は、文化的かつ道徳的な規範により社会の秩序が維持される農業国であった。このような思想から分かることは、社会に秩序を与えるものとして、彼らが露骨な武力の行使よりも文化的かつ道徳的な規範を重視していたことである。つまり、中国における理想の国とは、文化的・倫理的な規範によって秩序が作り出される国家、すなわち、単なる軍事力よりも文化的・倫理的な規範が尊ばれ、そういった規範がより強い影響力を及ぼすことができる国家を意味する。こうした中国思想の伝統的な考え方をよく表しているのが、次の『大学』の一節である。

明徳を天下に明らかにせんと欲する者は、先ず其の国を治む。其の国を治めんと欲する者は、先ずその家を斉《ととの》う。其の家を斉えんと欲する者は、先ず其の身を脩《おさ》む。其の身を脩めんと欲する者は、先ずその心を正しゅうす。[*6]

中国における治国の歴史は、こうした修身・斉家・治国・平天下の思考プロセスを、政治的に分裂し技術的に劣る土着の「蛮族」にも拡大適用したことに始まる。なおこの中国土着の「蛮族」は、「夷（i）」あるいは「狄（ti）」と呼ばれていた。孔子や孟子に代表される思想家にとって、野蛮人が中国的な道徳の影響を受けず、中国人の観点から見れば「未開人」に過ぎない敵が軍事的に自分たちより強いことがあり得るという主張は、論理的につじつまの合わない考え方であった。

しかし、新しく侵入してきた騎馬民族は、まさにそうした矛盾した性質を持っていたのである。そして、騎馬民族の登場により、中国では思想上の理論と軍事上の実践との乖離が大きくなり、この理論と実践の乖離は明朝以降の王朝の下でも継続的に現れた。確かに、中国の古典のなかでは「夷」あるいは「狄」について多くのことが言及されているが、騎馬民族に関する言及はまったくない。例えば、中国語で騎馬民族を意味する「胡」という言葉は、『孫子』を含めいかなる有名な中国の古典の本文にも一回も登場しないのである。[*7] とはいえ、「胡」とその末裔の騎馬民族に対する防衛は、清にいたる時代まで中国にとって主要な軍事上の問題であった。

このようにして、中国人の政治に関する概念の中心において、思想的な分裂傾向が強くなった。以前には、(『大学』のなかで述べられているように)個人や家族の道徳と健全な治世のあり方とを結び付ける考え方が綿々と受け継がれていたが、明朝の時代になるとその二つの分裂が顕著になった。社会の秩序を維持するためには、中国の古典が描くような道徳を基礎とした国内秩序を確立するだけでは十分でないことは明らかであった。なぜなら、中国文化にまったく感化されない外部勢力が存在すれば、中国の社会そのものが滅ぼされる恐れがあるからである。中国の文化の影響を受けた領土を支配する場合には、中国の古典を参照するだけで十分事足りた。ところが、騎馬民族と対峙する場合には、今までとはかなり違った対処の仕方が必要であった。その結果、表面上は一元的かつ普遍的な中国の伝統に亀裂が生じた。そして、この亀裂こそが、本章が取り扱う期間において国家安全保障政策の基盤を脅かし、機能不全に近い状況を生み出した元凶だったのである。

驚くべきことには、明朝時代の教養のある中国人ですら、自分たちの国の安全にとって重大な戦略上の脅威についての有益な知識をほとんど持ち合わせていなかった。科挙の試験科目では騎馬民族の重要性に関する記述がほとんど扱われず、また、騎馬民族を統治するための効果的な政策に関する記述も誤解を招きかねない歪んだものであった。騎馬民族に関する基本的な知識は実際に見聞きして得られたものではなく、そのほとんどは歴史書を通じて伝承されたものであった。概して、中国人が騎馬民族に対して抱くイメージは現実をそのまま映し出したものではなく、その多くはステレオタイプの歪曲されたものであった。さらに、中国の学者は同時代のモンゴル族についての研究を怠るばかりか、元朝の歴史でさえも研究しなかった。代わりに中国の学者が歴史から教訓を得るために研究したのは、前漢・後漢朝（前二〇二～二二〇年）と匈奴との関係の歴史であった。なお匈奴はヨーロッパのフン族との同族説が有力な騎馬民族である。中国の学者は、騎馬民族の行動・思考様式が政治的・経済的な必要性に迫られて形成されたとは考えず、むしろ、彼らの性質や道徳的な性格に由来するものと解していた。[*8]『史記』の作者である司馬遷（前一四五頃～前八六年頃）も、騎馬民族の攻撃の特徴を説明したくだりで次のような観察を行っている。「平和時の騎馬民族は遊牧生活を行い狩猟を生業としていたが、国難のときには武器をとり周辺の略奪や隊商の襲撃を行った[*9]」。その他、『漢書』のなかでも騎馬民族は道徳的に悪の存在として描かれている。同書のなかで騎馬民族は、「人間の顔をしているが、獣の心を持つ貪欲で卑しい民族[*10]」であると描写されている。

実際、歴史書の騎馬民族に対するこのような偏った評価は、道徳を基礎とする中国の政治思想に上手く合致していたが、騎馬民族と定住民族との複雑な関係に対する理解がまったく欠如していたために行動指針としてはまったく役に立たなかった。騎馬民族の社会は定住社会との接触を通じて、具体的には、定住社会から富を脅し取ることを通じて発展したという点で、現在の人類学者の意見は一致している。[*11]このため、定住社会は、経済的な便宜を与えることで騎馬民族の脅威を軽減する方法をとることが多かった。そして、定住社会が騎馬民族に供与する経済的費用は、通常の防衛費に比べると格段に安価であった。このような騎馬民族の懐柔方法は、既に前漢の時代には広く実践されていた。例えば、前二世紀の半ば頃にいたるまで、前漢は騎馬民族に対して経済的な供与策と外交を織り交ぜた懐柔策（いわゆる和親策）をとり、その結果、完全な成功を収めたとはいえないが、ある一定以上の成果を上げた。*12

しかし、中国の歴代の正史は、騎馬民族に対する懐柔策の成功を軽視する伝統を持ち、さらには、道徳的な観点からそのような政策に反対した者を高徳の士として称えてきた。例えば、前漢の時代の賈誼《かぎ》（前二〇一～前一六〇年）は、漢朝が騎馬民族に対して行ったプラグマティックな政策を声高に非難した。賈誼の碑文には彼の見解が示されているが、この碑文は、明朝の政策立案者や知識人が好んで引用した次のような極めて非現実的な文章から始まっている。「匈奴の人口は中国の大きな郡や県の人口よりも少ない。偉大な前漢帝国が郡県よりも少ない人口しか持たない国の支配下に入ることは、大臣にとって大いに恥ずべきことである」*13。賈誼は中国の歴史で繰り返し登場する典型的な政治家の一人であり、このようなタイプの政治家の存在のため、中国の国家安全保障政策の形成は非常に複雑なものになった。道徳的な観点を考慮した場合、賈誼が「野蛮人」の騎馬民族と対等な立場から喜んで交渉することなど考えられなかった。こうした騎馬民族に対する高圧的な態度は、そういった政策を支える道徳観が中国文化の基盤となっていた場合に限って強い影響力を及ぼすことができた。しかし、繰り返しになるが、そのような高圧的な態度をとることで、他のさらにプラグマテイックな政策が軽視される結果となった。

しかし、プラグマティズムの要素が中国の対外政策の伝統にまったく欠如していたわけではない。唐朝は騎馬民族が文化的に劣っているという思想を放棄したため、素晴らしい対外政策上の成果を上げることができた。例えば、唐の李世民《りせいみん》（在位六二六～六四九年）が廷臣から、なぜ李世民の対外政策が歴代の皇帝の対外政策を凌駕する成果を上げることができたのかと問われたとき、彼は次のように答えたという。「古代以来、すべての皇帝は漢民族（「中国人」）を尊び、夷狄《いてき》（野蛮民族）を蔑《さげす》んだ。朕だけが彼らを漢民族と対等に扱ったので、彼らは朕を父母のように崇《あが》めるようになったのである」[*14]。

唐の李世民ほど大きな野心を持たなかった皇帝や、騎馬民族を対等に扱うことを嫌った皇帝は、理論上は中国の版図の拡大が制限されるとはいえ、少なくともステップ地方の騎馬民族の脅威を緩和することを目的とした防衛政策をとった。長城の構築は、このような防衛策のなかでもっとも重要な対策の一つであった。古代以来、中国人は自らの国土の境界やステップ地方の辺境に長城を構築してきた。なお、初期の長城は土を突き固めた塁壁であった。後漢の学者の蔡邕《さいよう》（一三三～一九二年）は長城の構築の目的を次のように説明している。「天が山や川を創造し、秦（前二二一～前二〇六年）が長城を構築し、さらに前漢・後漢が要塞や城壁を建設した。こうした創造物・建築物が作られた目的は、一つには異国の地を中国本土から隔離するためであり、もう一つには中国とは異質な伝統を持つ土地をはっきりと区別するためである」[*15]。しかし、中国の歴代の王朝による国境の閉鎖は、一般に考えられているように中国の文化に根差した伝統的な志向ではなかった。例えば、歴代の多くの王朝、特に強大な権力を持った王朝は国境を開放していた。したがって、中国における国境の閉鎖は、むしろ政治的な選択によるものであった。

北魏（三八六～五三四年）の孝文帝（在位四七一～四九九年）に仕えた大臣（中書監）の高允《こうや》が、長城建設の長所について体系的に説明した有名な言葉が残っている。北方の異民族の本質について、高允は以下のように述べている。

（北方の異民族は）野鳥や野獣のように獰猛であり、かつ愚かな生き物である。彼らは平原での戦いを得意とし、逆に、要塞化された場所に対する攻撃は不得意としている。もし我々が彼らの弱点に付け込むことで彼らの長所を封じることができれば、彼らが数的には有利な立場にあったとしても、我々は彼らによる災禍に見舞われることはない。また、たとえ彼らが我々を襲撃しようと試みても、（長城を乗り越えて）我々の領土に足を踏み入れることは不可能である。[*16]

高允は、このように自国とステップ地方とを隔離するために国境に塁壁をめぐらせることを北魏政権に献策した。

中国の歴代の正史のどこにも、騎馬民族の洗練された側面を正当に評価する記述がなく、また、騎馬民族との現実的な交渉方法を提唱している記述もない。現在の学者の研究の成果により、騎馬民族の戦争の戦い方に関して多くのことが明らかになっている。そうした研究によれば、獰猛で単純な生き物という高允が描いた騎馬民族のイメージは、騎馬民族の実像を表していないという。例えば、モンゴル族は（実践された領域が狭いとはいえ）独自の高度な生活様式と文化を発展させ、軍事の分野においても非常に洗練された軍事作戦を遂行したことが分かっている。また、モンゴル族は確度の高いインテリジェンス情報を持ち、高度で柔軟な外交も展開した。さらには、軍事面においても、各部隊がかなり離れて展開している場合でも複雑な軍事作戦を調整・遂行できる実力も備えていた。[17] 中国の防衛担当の役人のなかにはこうした事実を十分に認識していた者もいた。彼らは辺境で勤務した経験を持ち、なかにはモンゴル語に通じている者もいた。しかし、彼らを取り巻く中国文化や明朝政府の制度的な枠組みのために、モンゴルに精通した人材が明朝の国家安全保障政策の形成にそれほど大きな影響を及ぼすことはなかった。

三　明朝の北方遊牧民対策

明朝の初期の数十年の権力はかなりの程度中央に集中されていた。明朝の皇帝は二分割された政府を統括していた。宰相である中書令が民政の部門の責任者であり、軍事委員長と最高司令官の二人が軍政の責任者であった。このような明の統治機構は元朝の統治機構と極めてよく似ていた。しかし、建国者の朱元璋は治世の半ば頃にいたるまでに、中書令と将軍の両方に対して極端な猜疑心を抱くようになった。一三八〇年、中書令のポストが廃止され、また軍の最高機関であった枢密院を廃止して権限が分割された五軍大都督府が設置され、さらには多くの高級官吏が追放されたことにより、民政部門と軍政部門の両方で組織の長が不在になるという異常な状況が生まれた。

強力で積極的な皇帝であればこうして生まれた権力の空白を埋めることができたが、分裂した官僚機構はもはやそれ自体では適切に機能する能力が欠如していた。しかも、強力な皇帝が登場したとしても、さらに多くの問題が現れたのである。ドライヤーはこのような状況を以下のようにまとめている。

一三八〇年以降の明朝政府は、（中略）中央政府と地方政府のレベルの間の権力の分散によって特徴づけられる。しかし、さらに極端に権力が分散していたのは中央政府自体であり、ここでは、五つの軍都督府、一二の親衛軍、六つの部、都察院〔官僚の監察機関〕、さらにはこれらよりも下に位置する無数の諸機関がそれぞれ皇帝の寵愛を得るために互いに抗争した。自己の保全を守るために皇帝（洪武帝）は自ら中書令の役割を果たす気概を持ち、そのため、一三八〇年以降の彼の残りの在任期間は行政文書を読むことに費やされた。[*18]

権力の分散は官僚機構内においてさえ存在していた。例えば、一つの問題として処理することが最適である辺境対策に関しては、二人の大臣が責任者であった。兵部は軍事側面の問題を取り扱った。その一方で、遊牧民族に与える称号の決定や、どのような条件で遊牧民族が中国の領土に入り交易を行うかという問題――当時の中国語で「朝貢《ちょうこう》」と呼ばれた慣行であるが――を取り扱ったのが礼部であった。しかしながら、これらの二つの省の仕事の内容は重なり合うことが多かったのである。

明朝の建国初期に確立されたこのような制度上の仕組みが意味するのは、責任感のある皇帝が帝位に就いていない場合、明朝政権は安全保障政策を形成することが文字通りできなかったということである。大臣、将軍、皇帝の朋友や親類、そして時には廷臣や宦官《かんがん》など、立場の異なる多くの人々が安全保障政策の形成プロセスに参加した。しかし、たとえ彼らが完全に協力して政策の形成プロセスに参加したとしても、一つの統一した政策を実際に作り上げる権力を持つ者は存在しなかった。そして、よくあることだが、官僚的・個人的・知的理由から彼らの意見が分かれた場合には、政策を形成することは不可能になった。さらに悪いことには、明朝が建国された十四世紀以降、王朝の軍事力が危機的に衰退していった。建国者の洪武帝が確立した徴兵や補給のシステムが機能不全に陥ったことが明らかになった。戦費や宮廷の建設費用、そして貿易による支出が急速に収入を超過するようになった。これらのすべての要因が、この章で取り扱う期間における中国の戦略の形成に影響を及ぼした。

上述した問題は中国の歴史には頻繁に現れる。有史以来、中国の歴代の王朝は自らの王朝が統一国家であると主張していたが、実際には、全土に権力を及ぼすのは不可能であることを理解していた。例えば、四世紀から十七世紀にかけて中国南部に存在した諸国家は中国北方の回復を時として訴えたが、その一方で、北方を回復するためのいかなる政策の遂行も慎重に回避して、外交、貿易、強力な防衛を組み合わせてプラグマティックに北部政権に対応した。[*19]しかし、一三六八年にモンゴル族がステップ地方に駆逐され、中国の北部と南部を含めた統一国家の権力を中国人が握ったとき、それまで学問的な問題に過ぎなかったものがにわかに現実味を帯びた問題になった。それは、中国の領土はどこまでなのか、あるいは、いかなる国境が理にかなっているのかという問題である。

このような議論は明朝時代に活発になったが、特に、長い海岸線やステップ地方の辺境に対する明朝の国境政策の形成においてもっとも鮮明なかたちで現れた。明朝の正史には、国境政策の形成プロセスに関するおびただしい情報とともに、国境政策をめぐる論争に対する様々な参加者の立場を事実上明らかにした上奏文が記録されている。ステップ地方の辺境に関する政策の場合、その政策論争の証が「万里の長城」という物理的な記録というかたちで今日にいたるまで残っている。要塞群を組み合わせたこの防衛システムは二〇〇〇年の昔から継続的に建設されてきたと今まで誤解されてきたが、実際のところ、明朝の中期から二〇〇年をかけて段階的に建設されたものである。約四〇〇年後にマジノ線の建設をフランスが決定したときと同じように、中国における長城の建設は、攻勢的あるいは反抗に適した軍事姿勢から戦略的防衛への政策変更を伴うものであった。[*20]そして、フランスの場合と同様に、長城の建設の決定は中国で大きな論争を呼び起こした。建国から間もない頃の明朝は、内陸と沿岸の辺境地帯に対してモンゴル風の政策を踏襲した。北方に対して明朝は、モンゴルの首都であったカラコルムを含めて元帝国の領土をできるだけ多く引き継ぐことを企図した。こうした企図の下に騎兵を中心とした明の辺境遠征軍はモンゴル族をステップ地方に駆逐し、一三七二年と一三八〇年には首都のカラコルムを陥落させる寸前のところまで迫った。明朝の建国者の朱元璋がこの世を去った後、北方育ちの皇子の朱棣《しゅてい》（在位一四〇二～二四年）が朱元璋よりもはるかにモンゴル族のように振舞った。なお、モンゴル族は、朱棣の母はモンゴル族出身であると思っていたようである。モンゴルで一般的に行われていた慣習に従って、朱棣は凄惨な相続争いの末に勝利を収め、世子の皇子から帝位を簒奪《さんだつ》した。その後、永楽帝として即位した朱棣は、残存するモンゴルの抵抗勢力を壊滅するために大規模な親征軍を率いたが、最終的にはそれは無益な試みに終わった。[*21]

東南アジアおよびその沿岸地域においても、初期の明朝は同様に拡張主義的な政策を行った。元朝時代のモンゴル軍は中国の南西地方や東南アジアに進出して領土を拡大したが、新たに興った明朝は雲南地方を勢力下に置いた。一方、ヴェトナムは永楽帝に征服され、一四〇七年から一四二七年にいたるまで明朝の統治をしばらく受けた。この頃になると、中国の東南地方沿岸では、海上貿易が繁栄の緒につき始めていた。ちょうどキャラバン隊や貿易商が北京や中国北部地方と内陸アジアを、そして、究極的にはシルクロードを経てヨーロッパを結び付けたように、中国の商船隊は海上貿易を拡大し、その活動範囲は東南アジアを越えてインド洋まで、さらにはアフリカ大陸沿岸や中東にまで及んだ。元朝は強力な海軍を有していたが、この伝統は明朝にも受け継がれ、イスラム教徒の提督である鄭和（一三七一〜一四三四年頃）が大艦隊を率いて南海遠征を実施した。鄭和の南海遠征は、それまでの航海の歴史における世界最高の偉業であり、この遠征の結果、明朝は国威を内外に誇示し、東南アジア諸国と外交関係を築くことができた。十一世紀にいたるまでマラッカ海峡を長らく支配していた唐朝と宋朝の両方がシュリーヴィジャヤとの間で行ったような活発な貿易活動を、明朝はしばらくのあいだ復活させたようであった（事実、明朝は十六世紀にポルトガルが登場するまでこの地方に対する支配的な影響力を保持し続けた）。*22

四　明朝の政策転換のプロセス

しかし、明朝の立場は、十五世紀半ばにいたるまでにあらゆる分野で悪化の一途をたどった。明朝の建国者の洪武帝は、沿岸地方の貿易に対して猜疑心を持っていた。当初、洪武帝は管理貿易を実施していたが、後に海禁を命じた。しかし、海禁のために設置された監視所や沿岸のパトロールが災いして大規模な密貿易が横行するようになり、そのため、十六世紀にいたるまでに明朝の国力はさらに衰退した。永楽帝はステップ地方やヴェトナムにおける問題を軍事的手段によって解決することを試みたが、戦費がかさんだうえ、大した戦果も上げることができなかった。他方、一四二〇年、明朝の海軍は紅河〔ソンコイ川〕の河口の一つであるホアン・ザン（Hoang-giang（Huang-chiang））において敗北を喫した。このホアン・ザンの敗北とその後に引き続いて犯した失策により、明朝の国力の衰退のプロセスが加速し、このことが最終的にヴェトナムからの撤退と南海大遠征の中止という結果に繋がった。[*23] 明朝は、その建国初期や元朝時代に実施されていた政治政策、経済政策、国家安全保障政策などを段階的に転換し始めた。例えば、ステップ地方の辺境に沿って、以前より大規模な要塞の建築が開始された。そして、この要塞群が、最終的に今日の「万里の長城」と呼ばれる建造物となった。また、十六世紀の半ばにいたるまでに、明朝は沿岸におけるすべての貿易を禁止した。[*24]

こうした明朝の政策転換のプロセスは、近世後期における中国の戦略形成に関するおそらくもっとも重要かつもっとも適切に記録された事例であろう。また、この明朝の政策転換のプロセスは、二十世紀の中国を考察するうえでも興味深い事例である。というのも、二十世紀において中国は、改革・開放政策と閉鎖的・防衛的政策を繰り返し転換させてきたからである。明朝が防衛的な政策へと転換した理由は、それほど明らかになっていない。しかし、明朝の政策転換のプロセスをめぐる問題は、究極的には、中国文化の要請と国家の軍事的・戦略的な必要性との間の衝突の発露であるといえるだろう。

明朝の戦略上の政策転換は、何十年もかけて静かに起こったものである。しかし、永楽帝の死から約二五年後に発生した土木堡《どぼくほ》における軍事的大敗北が、もっとも重要なターニングポイントであった。一四四九年、即位まもない英宗正統帝（在位一四三五〜四九年）が、モンゴル系オイラートのエセン（一四五四年没）の打倒のためにステップ地方へ軍を進軍させる途中、敵側の周到に準備された待ち伏せ攻撃によって壊滅的な打撃を受けた。その結果、明朝軍はオイラート軍に殲滅され、正統帝自身も捕虜となった。[*25] この土木の変における大失態により、明朝の戦略が一時期は有していたであろう首尾一貫した国家目的のすべてが潰《つい》え去った。

明朝は、ステップ地方に対抗するための効果的な安全保障政策を継続する知識も能力も意志も徐々に失った。フビライ＝ハン（一二一五～九四年）がステップ地方の対立諸族に対して行った数回にわたる軍事遠征が、明朝が採用すべき戦略の手本であった。フビライの軍事遠征は、経済封鎖と軍事攻撃という二つの戦術を組み合わせたかたちで実行された。例えば、アリクブカやハイドゥに対して、フビライは自軍を支援するために中国本土の資源をステップ地方に動員する一方で、それと同時に、敵軍に対しては定住社会の資源へのアクセスを断ち切るかたちで戦争を遂行した。その結果、激しい消耗戦の末に勝利を得たのはフビライであった。[*26] フビライが示した北方民族に対する戦い方の手本が、明朝の建国初期の多くの皇帝の戦争方法に影響を及ぼしたのは明らかである。しかし、一五三〇年代になると、そのフビライの影響は跡形もなく消え去った。

その後、明朝ではステップの辺境地方に対する戦略上の問題をめぐって議論が延々と戦わされたが、提唱されたどの案も、北方騎馬民族の洗練されかつ潜在的に効果的な戦争方法に対抗できるものではなかった。中国の閉鎖的な伝統思考に縛られたため、明朝における対北方政策をめぐる議論は、二者択一の選択の問題へと単純化された。つまり、第一の対北方政策の戦略論は、ステップの辺境地方を制圧してこれを明朝の支配下に置くという積極策であった。これに対して第二の戦略論は、たとえ抽象的な国威の失墜を犠牲にしても、ある種の現状維持を保つという消極策であった。概して、軍人は後者の消極策に賛同する者が多く、文人の政治家は（おそらく賈誼の成功の事績に倣《なら》って）前者の積極策を唱える者が多かった。

ここで、明朝がどれだけ多くの資源を動員できるかという問題が、対北方政策の決定に重要な影響を及ぼした。中国の富の源泉は華南に存在したので、ステップ地方における軍事活動の成功は、概して、歴代の王朝がその華南の多くの富を華北に輸送して内陸アジアで消費する意志があるかどうかにかかっていた。ステップ地方に対する元朝の政策の成功の鍵は、華南で動員された資源を華北における軍事活動や経済援助のために利用することにあった。[*27]

明朝は、元朝が作り上げた軍事機構のほとんどを継承した。（旧元朝の主力軍が明軍の攻撃が及ばないモンゴル高原の奥深くに後退したにもかかわらず）多くの旧元朝軍の兵士が明軍に投降したため、洪武帝の親征軍は急激に膨張した。例えば、一三九二年までには、約一二〇万人の旧元朝軍の兵士が明朝の兵役に就いたと推定されている。[*28] かなりの数の騎兵を含む明朝側に就いた旧元朝軍の兵士の一部は、内陸アジアやステップ地方の辺境に派遣され、建国者の洪武帝の死後もモンゴルの残存勢力を相手に戦った。また、旧元朝軍の兵士の残りの一部は内地や北辺の駐屯地に送られた。

このような大軍を維持するためには膨大な費用がかかった。純粋に騎馬民族から構成された補助隊のなかには、自ら馬を養ってステップ地方で容易に生活を送ることができる兵士もいた。しかし、中国人の兵士が活動を行うためには外部からの馬の供給を絶えず必要とした。

中国本土では優秀な馬がまったく産出されなかったので、明朝はモンゴル産や朝鮮産の騾馬《らば》を活用した。しかし、少なくとも明朝建国の初期の時代には、辺境の警備に当たっていた明朝の騎兵は敵のモンゴル軍と互角以上に戦ったといわれている。[*29]

建国当初の明朝は、常備軍を確保するために元朝が用いたのと同じような緊急避難的な手段を用いた。[*30]つまり、明朝は、人員と武器の供給を割り当てた「軍戸」の制度から何世代にもわたって兵士を徴集したのである。この常備軍確保の制度に加えて、明朝は、兵士が実際に戦闘に従事していないときに任務地を開墾させることによって、自給自足の辺境防衛の駐屯地の設置を試みた。こうした制度は屯田と呼ばれる制度であり、その起源は漢朝の時代に遡り、その後、歴代の王朝で幾度となく提唱されてきた。[*31]明朝の建国者である洪武帝は、屯田制を実施することで「人民から一粒の米も搾取することなく一〇〇万人の兵士を養うことができる」と豪語したが、実際のところ、屯田制は彼の意図した通りの機能を果たすことはなかった。十五世紀初頭までには、相次いで財政上の危機が発生したために明朝の軍事制度の基盤は崩れ始めた。[*32]

明朝が潜在的には他の敵対勢力を凌駕するほど大きな経済力を持っていたことを考えると、十五世紀初期以降の明朝の財政悪化の進行は驚くべき現象である。中国経済の規模は巨大であり、また、見事な水上輸送網が整備されていたために、兵士や物資を南から北へ比較的容易に移動させることもできた。たとえ中国人の間で北方民族の産出物である馬が時折不足したことは事実であっても、その一方で、北方民族の間では、穀物、貴金属、薬品をはじめ、その他の定住世界で生産される物品の多くが慢性的に不足していた。明軍の軍備は十分に整っていた。例えば、兵士は槍やマスケット銃を装備していたし、小型の砲を保有する軍隊さえも存在した。そして、多くの兵士はなかに詰め物をした防護服や身体にくくりつけた戦袍を身にまとっていた[*33]。

ところが、資源の動員は、おそらく元朝時代よりも明朝時代の方がさらに難しかったと思われる。その理由として、元朝の統治機構の方が官僚主義の蔓延した明朝の統治機構よりもはるかに柔軟性が高かったことが挙げられる。とりわけ、フビライのような強力な統治者の治世下の元朝では、法律の改正や資源の再分配を容易に実施することが可能であった。元朝とは対照的に、明朝の建国者の洪武帝は、網羅的な資源の目録を作成し、特定の需要を満たすことを目指した。明朝では、ある特定の一族が特定の衛所の管轄下に入り軍役に服するのと同様に、登録されたある特定の一族は、例えば、手工業者、俳優・興行者、製塩業者、漁師などあらゆる業種の一族は、永遠に同じ商品やサービスを提供した。明朝は包括的かつ自給自足的な社会の均衡の確立を目指したが、意図した通りの結果を得ることができなかった。一世代も経たないうちに、明朝の統治制度では計画通りに資源を移動させることができないことが明らかになった。つまり、兵士を供給できなくなっても軍戸は存在し続ける一方で、貨幣経済を通じて兵士を雇用しなければならなかったため、明朝は国防のために二重に負担することになったのである。

こうした明朝における資源の動員の困難性は、明朝が元朝の業績を模倣することができず、かつ、元朝のようにステップ地方を支配することができなかった理由の一つに過ぎない。資源の動員の困難性と同じような重要性を持つのが、おそらく、明朝が華南から興った王朝であるという事実である。というのも、明朝は元朝に比べるとステップに対する戦争に資源を投入することにはるかに熱心ではなかったのである。おそらく、その他に考えられる理由として挙げられるのが、十五世紀にいたるまでに、それまで口伝で受け継がれてきたモンゴルのステップ統治法に関する機密が失われ始めたことである。偉大なモンゴルの将軍はそうした機密に通暁しており、中国の将軍のなかにもそれを学んだ者もいた。しかし、中国では紙に書いて記録を残す伝統に従ってモンゴルとは異なる戦い方が多く記録されたので、この膨大な記録の前に、モンゴルの口伝の伝統は埋もれてしまった。

こうした例に代表されるプロセスは、ステップの脅威に対する明朝の認識の方法だけに現れるものではなく、明朝の安全保障に対する脅威の認識の方法やその理解の方法において顕著であった。既に述べた通り、本質的にいえば、明朝は中国史上において新しい時代を切り開いた王朝であったため、参考にすべき前例をほとんど持ち合わせていなかった。明朝の建国へと繋がる戦争は、ほとんど中国本土を舞台に、元朝の転覆を企てる反乱軍の指導者とモンゴル族に忠誠を示し続けた中国人の指導者との間で戦われた（事実、元朝のもっとも偉大な将軍の一人であるココ＝テムルは、モンゴルに帰化した中国人であった）。このような戦争は、領土の拡大をめぐる戦いというより、むしろ政治的な正統性をめぐる戦いである。朱元璋は、中国の指導者たることを目指したが、具体的にどのような指導者になるかについては確固とした考えを持っていなかった。そのため、朱元璋は、正統な儒教の教えから救世主の出現を説く仏教の教えにいたるまで、自己に都合の良い部分のすべてを取り入れて、ある時は宋の皇統の再興を願う宋皇帝の末裔を演じ、またある時は領土的野心を持った新王朝の将来の建国者を演じた。[*34] 中国本土の征服を達成した後、ステップ地方に拠《よ》ったモンゴルの残存軍と対峙して初めて、朱元璋は自ら開いた新しい王朝の国家安全保障を遅まきながら考え始めたのである。[*35]

とはいえ、朱元璋にとってもっとも深刻な心配事は、彼個人の権威に対する脅威であった。朱元璋は、配下の高官や将軍の多くがかつてモンゴルに仕えた前歴を持つために、再度、モンゴルに仕えかねないことを知っていた。しかも、朱元璋は、明朝の宮廷のなかにスパイが入り込んでおり、そういったスパイをステップのモンゴル族の宮廷が背後で操っているのではないかと疑った。このような恐怖心を引き金に、朱元璋は、中書令の廃止と主だった将軍の粛清を決断して、君主の権威に挑戦するような勢力が二度と出現しないような権力分散型の統治機構を構築した。換言すれば、朱元璋は自己の権力の維持だけに腐心し、「中国」の安全保障どころか「明朝」の安全保障すら顧みなかったといえる。すなわち、朱元璋が明朝の統治機構のなかに多くの脆弱性の種を故意にまいたのであって、これが、その後の歴代の王朝を悩ませ続けた。朱元璋にとって「脅威」は、内部勢力や外部勢力を問わず、どこからでも現れる可能性があったのである。

朱元璋と同じような態度は、息子の永楽帝にも幾分か受け継がれたようである。燕（北京）王として封じられていた永楽帝は、北方民族の支援を取り付けて、朱元璋が認めた正統な皇位継承者であった甥の建文帝に反旗を翻した。この「簒奪」行為（中国の慣習に反するものだが、ステップ地方では広く見られた慣習であったと考えられる）が意味するのは、永楽帝が儒者からの支援に頼ることができなかったという事実である。したがって、永楽帝は、父の朱元璋のように、どのような人間に対しても猜疑心を抱くようになった。一説によると、永楽帝が鄭和の大航海を支援した目的は、皇位継承者であった建文帝が宮殿の廃墟のなかからどうにか脱出して東南アジアのどこかに存命しているとの噂を確認するためのものだったといわれている。

明朝初期の二人の皇帝の時代、すなわち、おおよそ一四二〇年代にいたる頃まで、明朝では、脅威を認識するために不可欠な一つの国家としての集団的アイデンティティがいまだに存在していなかった。朱元璋と永楽帝の二人の皇帝は、自らの置かれた立場によってもたらされる自分に対する脅威を認識しただけでなく、モンゴル族と通じたという罪科で同じ中国人（漢人）を粛清した。また、朱元璋と永楽帝の二人は、他の同胞の中国人（漢人）に対抗するためにモンゴル族と同盟を結び、さらには、中国人（漢人）とモンゴル族の両方を分け隔てなくステップ地方の防衛部隊のために徴兵すらしたのである。両皇帝が抱いたこうした脅威認識は、北方遊牧民族の伝統を保ったものだった。ステップ地方では、国や文化が違うことそれ自体は脅威にはならなかった。逆にステップ地方では、為政者個人やその配下が脅威と見なされたのである。つまり、為政者個人が敗北すれば脅威は消え去り、その配下は味方になる可能性もあった。このような流動的かつ個人的な安全保障観が初期の明朝を支配した。

とはいえ、明朝が安全保障システムを制度的に整備したことも事実である。前時代の元朝と同様に、明朝の最初の二人の皇帝の朱元璋と永楽帝は、ステップの辺境地帯に点々と軍事拠点（衛所）を設置した。そのなかの幾つかは新しく設置されたものだが、元朝時代に設置されたものもあった。明朝が元朝と違う点は、十五世紀の初期に永楽帝が首都と定めた北京に通じる道に沿って簡単な要塞網を整備したことである。[*36] 最終的には、見張り台や狼煙《のろし》台も作られた。北方遊牧民族に少しでも優位に立つためには、明朝は脅威の存在をできるだけ早く察知しなければならなかった。そして、脅威の早期察知・伝達のために作られたのが、火、煙、音を見張り台から次の見張り台へと次々と砂漠や山脈を横切るかたちで伝えることができる何百キロにも及ぶ伝達システムであった。[*37]

さらに、初期の明朝は、ステップ世界の政治の内部事情についてかなり詳しい情報を持っていた。というのも、多くのモンゴル出身の兵士が明朝軍に仕えており、また、少なくとも北辺防衛に従事した経験を持つ中国人のなかには、モンゴルの言葉を習得し、北方遊牧民族の政治の仕組みを理解できる者がいたのである。建国間もない頃の明朝は、ステップ地方に強い関心を持ち、北方遊牧民族との間に外交に似た関係を積極的に構築し、さらには交易や朝貢の使節団を首都に受け入れもした。明朝初期のステップ地方に対する戦略は、本質的には、元朝が実行した戦略の大まかな枠組みを踏襲したものであったといえる。このような戦略形成においては、個人がどれだけ多くの知識量や深い洞察力を持っているかに成否の鍵があったと考えられる。なぜなら、明朝ではそのような政策を実行するための中国語で書かれた指針がまったく存在しなかった（これについては明朝に限らずモンゴル族でも同じだが）からである。

個人の資質に基礎を置いた戦略は、初期の明朝の安全保障システムにとって深刻な弱点であることが明らかになった。永楽帝のような皇帝であれば、ステップ世界の政治をどのように操るかという点についてほとんど直感的に理解することができたと思われる。しかし、宮殿の深窓で育てられ、儒教の古典に基づいた伝統的な教育だけを受けたような皇帝は、ステップ地方の政治をまったく理解することができなかった。また、皇帝を補佐する立場の大臣も、皇帝と同じような教育を受けていたので、ステップ地方の政治に対して無知であった。その結果、明朝が次第に「中国化（Sinicized）」するにつれ、遊牧民族である元朝の後継者としての基盤が徐々に崩れ去り、また、明朝が政治的・倫理的な指針を中国の古典や先例からだけに求めるようになるにつれ、明朝の国家安全保障政策は次第にその効力を失ってしまった。中国的なアプローチ——とりわけ、その多くは南宋時代のアプローチから継承されたが——を取り入れるに従って、明朝の国家安全保障政策が単に効果を失っただけでなく、明朝にとって破滅的な結果を招くことにもなった。

このような戦略形成のプロセスは、古典にその着想の源があった。中国の古典には外交や安全保障の分野に関する言及がほとんどないことを考えれば、確かに、「儒教的な」外交あるいは「儒教的な」国家安全保障政策という表現は誤解を招く恐れがある。しかし、中国の知識人が、儒教思想の一部の要素を外交政策の問題に繰り返し適応してきたことは明らかである。この点に関し、儒教思想をもっとも忠実に集約しているのが、「最小限の人為で最大限の成果を上げる」という考え方である。儒教の古典が描く世界観は、中心部に文明化された地域があり、外部に向かうほど野蛮な周辺部が存在する統一的な世界である。この世界では、皇帝が人間と人知を超えた神の領域との間を橋渡しする存在であると考えられた。そして、こうした政治思想においては、〔中華の主の天子による〕天下の統治が——直接的にせよ間接的にせよ——自然界の基本的秩序の当然の結果であると考えられた。言い換えれば、天下の統治は、征服や輝かしい外交的業績では達成することができないのである。天下の統治はむしろ、自然的プロセスが機能する場合によってのみもたらされるものである。これが最大限の成果を上げることである。しかし、真に徳のある天子がいれば、社会の自然な成り行きに任せて何も行動しなくとも天下を統治できる。これこそが最小限の人為による政策である。

さらに、実質的に中国思想のすべての教えが、武力の行使について懐疑的な立場をとった。孫子が戦争や征服に関して言及している部分でさえも、暴力についてはあまり触れられていない。『孫子』のすべての記述のなかで、「力（*li*）」という言葉はわずか九回しか使われていない。これとは対照的に、クラウゼヴィッツは、戦争の定義を試みた第一篇第二章の二つの段落だけで、八回も「力（*Gewalt*）」という言葉を使用している。[*38] しかも、孫子が「力」という言葉を使うときは、ほとんどすべての場合、「力」を温存する必要性を強調しているのである。サミュエル・グリフィスは、『孫子』の謀攻篇のなかの「必ず全うするを以て天下に争う（必ず敵の国土や戦力を保全したまま勝利するやり方で、天下に国益を争う）」の個所を“Your aim must be to take All-under-Heaven intact.”と英訳している。[*39] この言葉は、これまで西側世界の多くの戦略家を眩惑させてきた。しかし、このグリフィスの英訳は誤訳である。この個所で『孫子』が真に説いているのは、武力の行使に対して一般的な懐疑の立場をとることなので、本来なら“keeping his own forces intact he will dispute the mastery of empire.”と英訳するのが適切であろう。[*40] このように、中国における伝説的な卓越した軍事理論家の孫子でさえ、露骨な武力の行使には消極的な見解を持っていたのである。

同じく道家も、支配の手段として武力を行使することを禁じた。『老子』では、「道を以て人主を佐《たす》くる者は、兵を以て天下に強いず（真実の「道」にもとづいて君主の政治を補佐しようとする人は、武力によって世界をおびやかしたりはしない）」との記述があり、また、「大軍の後には、必ず凶年あらん（大きな戦争のあとでは、必ず凶作の年がつづくのだ）」[*41]とも述べられている。儒者も道教の信奉者と同じ考えを共有しており、武力や戦争について反対の立場をとった。あるとき孔子は、魯《ろ》国の重臣の季孫《きそん》氏が魯国の属国である顓臾《せんゆ》に対して攻撃を計画していることについて、次のような論評を加えた。戦争の苛酷さによって攻撃側の魯国の安定が乱されることを憂慮した孔子は、「吾は恐る、季孫の憂え、顓臾に在らずして、蕭牆《しょうしょう》の内に在らんことを、と（季孫氏の心配というものが、顓臾問題に在るのではなくて、季孫氏の組織自体の問題に在るようになることを私は恐れる)」[*42]と述べたのである。こうした中国の古典の教えによれば――それらのすべては、真の意味で北方遊牧民族の登場以前に著されたものだが――、巨大な帝国を作り上げ、それを支配するための鍵になるのは徳と倫理の二つであった。

このような古典の伝統的な影響力が急速に明王朝を支配するにつれ、政策決定者が合理的に行動することが難しくなった。天下の統治は、実に困難な取り組みというよりもむしろ自然にそうなるものであり、天下を統治できないのは天意を失った証であると多くの人々が信じた。そして、古典の伝統を重んずる影響を受けた宮廷官吏は、辺境防衛をめぐる複雑な問題に対して非現実的な解決策を提案する傾向が強くなった。例えば、漢朝の事績を繙《ひもと》き、モンゴル族は「中国の一つの県や一つの郡の住民より人口が少ない」ので、これを支配することが容易であるのは明らかであると書き記した知識人もいた。前代の効果的なステップ対策が代々口承されたために、元朝や初期の明朝における辺境防衛はかなりの程度成功を収めることができたが、こうした口承の伝統は、中国の歴史・哲学の膨大な文献のなかに徐々に埋もれて消えていった。

明朝におけるこのような発展は、不可避的に政策決定プロセスに閉塞感をもたらし、そのため国家安全保障政策に悪影響を与えた[*43]。明朝には、第一級の古典の素養と常識を持ち、辺境で勤務した経験を持つ辺境対策および防衛政策の専門家がいたが、そのような人物の意見は宮廷で急速に軽んじられるようになった。やがて、外交政策は明朝の宮廷において派閥対立の問題となった。そして、外交や防衛問題に関してまったくの素人の官吏が、軍事上の問題について提案を行うようになり、そうした提案の最終的な採否は、熟考の末に下された結果というより、党派間の抗争の結果で決定されるようになった。しかしながら、明朝の建国者の朱元璋が本来なら組織的な政策形成が行われるはずの官僚機構を分割し、その機能を骨抜きにしたことを考えれば、こうした王朝内部の権力闘争の激化は当然の成り行きであった。加えて、十六世紀から十七世紀にかけて、病弱で精神的に問題のある皇帝――武宗正徳帝《せいとく》（在位一五〇五～二一年）、世宗嘉靖帝《かせい》（在位一五二一～六七年）、穆宗隆慶帝《ぼくそう》（在位一五六六～七二年）、神宗万暦帝《ばんれき》（在位一五七二～一六二〇年）――が相次いで即位したことが、事態のいっそうの悪化を招いた。さらに問題を複雑にしたのは、華南がより豊かになるにつれて、華南出身の知識人が「書院」と呼ばれる研究機関を創設し、影響力を持つようになったことである。そのうちもっとも有名な「書院」が東林党であった。こうした知識人が軍事戦略をめぐる問題を議論し、彼らが普段主張していた攻勢的なアプローチの外交政策を採用するように明朝の宮廷に働きかけていた。*44

五　三つの事例――土木の変、オルドス地方、「倭寇」

いずれも既に述べたことだが、次の三つの事例が明朝が直面した戦略上の問題を象徴しているので、再度ここで取り上げたい。第一の事例は土木の変である。このときの軍事行動は、軍隊の経験を持たない文人がどのようにして軍事政策の形成に支配的な影響力を及ぼすのかという古典的な事例を提供してくれる。第二の事例は、モンゴル族に対する長期的な政策をめぐる議論である。この議論は、黄河の湾曲部の極めて重要な領土であるオルドス地方を征服し、これを要塞化することが賢明かどうかという問題へと次第に収斂した。十六世紀の明朝による巨額の資金を要する長城の修築計画は、このオルドス地方の征服をめぐる議論のなかから生まれたものである。最後に第三の事例は、「倭寇」と呼ばれる海賊行為の取り締まりをめぐる問題である。「倭寇」は、実際のところ中国の東南地方の沿岸の商人や貿易商が海禁策を犯して行ったものであった。

土木の変において明朝の敵であったエセンは、モンゴルの英雄的な指導者であった。国際色豊かな明朝初期の時代においてすら、明朝とステップ民族との交易は既に減少傾向にあった。ステップ地方の指導者は明朝から称号を与えられ、ある程度の貿易にも従事したようであるが、明朝とステップ民族との交易量は元朝におけるステップ民族との交易量と比べればはるかに少なくなっていた。そして、この明朝との交易量の激減こそが、ステップ地方を不安定にした原因であった。ステップ地方の指導者は明朝と旧来の関係を再構築することで大いに利益を得ることを期待したし、実際、エセンは明朝との関係の再構築を図った。明朝が発展する状況のなかで、エセンは、ステップ地方の人々の統一と力と誇りの回復に努め、最終的には中国政権との関係の諸条件を改善することを目指した。モンゴル族が欲したのは、彼らが以前に享受していた明朝との関係であり、具体的には以前のような明朝との緊密な外交関係と、より円滑な交易関係であった。しかし、こうした関係の構築が困難であることが判明すると、モンゴル族は前時代の祖先のような方法で中国の征服をちらつかせて脅しをかけた。土木の変が勃発するわずか一〇年ほど前の短期間に、エセンは現在の新疆地方から朝鮮半島に及ぶ広大な領域の覇者となり、自分の娘を若いハンに嫁がせた。

エセンの統治に属したオイラート族は、明朝の初期には朝貢国であり、年に数回モンゴル人の貿易使節が明朝の首都を訪問することが許されていた。もっとも、使節団の人数や使節団がたどるべき経路は厳しく制限された。しかし、様々な理由により、モンゴル族は明朝によるそのような取り決めに反対の意向を示すようになった。明朝との交易はモンゴル族が期待していたほどの量に達しないばかりか、明朝はモンゴル族が望んだような華北の支配者としての責務を果たすことができないか、あるいは故意にそのような責務を果たすことを放棄していることが明らかになった。また、明朝が責任ある宗主国としての役割や調停者としての役割を放棄しているようにモンゴル族の目には映った。

モンゴル族の側は、自分たちの明朝との関係はあまりにも制限されたものであると見なしていたが、他方、明朝側の多くの中国人は、モンゴル族との関係はあまりにも密接すぎると感じていた。モンゴル族からの正式な貿易および朝貢使節は、明朝にとって許容範囲をはるかに超えたものであった。華南において外国人蔑視の伝統が色濃く残っていたため、中国人の多くは倫理的な理由から北方遊牧民族を軽蔑していたし、中国の皇帝たる者がそのような野蛮な民族を意に介する必要はないと信じていた。もちろん、中国人のなかには、このような北方遊牧民族を軽蔑するような政策は明朝に破滅を招くだけであることを理解していた者もいた。しかし、後述するように、明朝の宮廷でそういった人々の意見が影響力を持つ可能性はなかった。

まだ若い英宗正統帝の宮廷で強大な権限を掌握していた一人の宦官が、北京での貿易を許可したオイラート族の数を一方的に削減したことが契機となって明朝に危機が訪れた。この明朝の一方的な行動を受けて、北方遊牧民族の間で話し合いが行われ、（中国側の説明によれば）ハンが交渉による平和的解決を呼びかけたのに対して、エセンは明の攻撃を強硬に主張した。エセンが攻撃の準備のために自らの軍隊をステップ地方の周辺部に展開し始めたので、二回目の話し合いが明朝の宮廷で開かれた。

正統帝と彼の側近は、エセンを駆逐するために軍隊の派遣――いわゆる「懲罰遠征」――を望んだ。しかしながら、兵部の次官で後に長官となる于謙《うけん》は、そのような攻撃に対して声高に反対を表明した。于謙に仕える官吏は、ステップ地方における長期の遠征に伴って生じる補給面の問題を詳細に調査した書類の作成の準備をし、そのなかで于謙自身は次のような見解を示した。


皇帝の軍隊（六師）を決して軽率に出陣させてはなりません。（中略）軍隊は暴力を行使するための手段であり、戦争は危険な国家事業です。古代の賢人は細心の敬意を払って戦争に乗り出しましたが、決してこの度の天子様のように軽率には行動をお起こしになりませんでした。天子様はこの世の人間でもっとも崇高なお人であられますが、今、このような危地に自らを陥れようとなさっています。我々はもっとも不肖な者であると心得ておりますが、兵事を司《つかさど》る官吏としましては、天子様をそのような危地に追い込むことなど断じて許すことはできません。

しかしながら、結局、主戦論者の意見が多数を占めた。正統帝は、官吏の反対意見に答えて次のように語った。

そなたたちすべての大臣の言葉によって、そなたたちの忠節と愛国心が朕によく伝わった。しかし、あの逆賊どもは天に逆らい、我々の好意を踏みにじり不名誉で返しよった。あの輩《やから》どもは既に我々の領土を侵しており、そこで我々の民衆や軍人を殺害し、略奪している。辺境防衛の駐屯地の司令官は、救援軍の出動を繰り返し要請している。朕自ら大軍を率いてあの輩どもに天誅を加えるほかあるまい。

この親征の結果、正統帝は悲惨な運命に直面することになる。一四四九年八月、明の大軍がステップ地方に向かって進軍を開始し、後にモンゴル軍と決戦することになる戦場の途上にある居庸関《きょようかん》を通過した。遠征の開始から数えて一三日目、これより以前の戦闘で戦死した兵士の屍《しかばね》がまだ横たわっていた戦場を、明軍は再び通過した。数日後、恐怖に怯《おび》える兵士の数が急増したことから、明軍を統率していた宦官が遠征の中止を決断して、進軍の方向転換――まさにモンゴル軍の待ち伏せ場所に向かっての方向転換だったが――を命じた。そして、土木堡という駅伝の宿場町の近郊において、モンゴル軍は明軍の部隊のすべてを包囲したうえでこれを壊滅させた。モンゴル軍による殺戮《さつりく》を免れた明軍の兵士は、鎧《よろい》を捨てて逃げ去った。多くの兵士が戦死を遂げる一方で、戦場の中央に無傷で座っていた正統帝自身はモンゴル軍の捕虜となった。*45

土木の変は、多くの点で明朝の戦略にとっての転換点となった。まず、正統帝によるこの親征が、中国の軍が北方遊牧民族に対処するために実際に中国本土を出てステップ地方に進攻した最後の軍事遠征となった。当然のように、これ以降、明朝の戦略上の全体的な対外姿勢に大幅な変化が生じた。次に、土木の変の結果、明朝の軍事的な権威――中国では「畏怖」を意味する言葉である「威（*wei*）」――が完全に失墜した。この「威」という言葉は抽象的な概念だが、戦略上の成功をもたらす重要な要素であると考えられていたため、歴代の皇帝は積極的な征服を通じてその獲得に努めた。さらに、土木の変を契機として、明朝の宮廷では、戦略形成のプロセスが政争の争点になることで政治化する傾向が強くなり、そのため、明朝における戦略形成のプロセスは非合理なものへと変質した。

土木の変の敗北によって、北部の辺境における明朝の立場は実質的に崩壊した。中国人の駐屯兵は現地の兵営から撤退したが、その空隙を埋めるべく、それまで北方に住んでいたモンゴル族がステップの辺境地帯に向かって進入を開始した。このような事態の進展によって極めて深刻な戦略上の問題が生まれ、明朝の滅亡にいたるまでその問題は解決されることはなかった。

元朝や初期の明朝の経験を振り返ってみると、華北の安全を保つためにはステップ地方の実質的な支配までは必要としなくても、ステップ地方に対する強力な影響力を行使することなく華北の安全を保つことが不可能であったことが分かるであろう。そのような影響力を行使できるかどうかは、ステップの辺境地帯に沿って軍事拠点と機動部隊をいかに維持することができるかにかかっていた。この点に関してもっとも重要な地域を一つ挙げるとすれば、それは、中国本土の北西に位置する黄河の大湾曲部のオルドス地方であった。オルドス地方はそのほとんどが砂漠に覆われており、自然環境から見ればステップ地方に属すべき地域であった。しかし、黄河の流れが灌漑農業を可能にしたので、それまでこの地域に置かれた中国人の衛所のほとんどで自給自足できた。唐朝やその他の昔の強力な王朝と同じように、元朝もオルドス地方を支配下に置いた。しかし、黄河の湾曲部からわずか外側の地の東勝《とうしょう》に置かれた衛所がある程度の支配力をオルドス地方に及ぼしたとはいえ、建国当初ですら明朝は、オルドス地方に衛所を置いたことは一度もなかった。しかも、一四〇三年、永楽帝は、辺境にあった他の多くの衛所とともに東勝の衛所を閉鎖した。東勝の衛所の閉鎖が明朝の全体的な国力に影響を与えない限りにおいては、こうした措置は深刻な戦略上の失策ではなかった。しかし、前述したように、十五世紀半ばの土木の変において明朝の主力軍が壊滅すると同時に、明朝の国としての権威も失墜した。このような状況のなかでステップの辺境の衛所を閉鎖したことは、明朝にとってかなりの痛手となったのである。

土木の変以降の明朝の崩壊は、二つの段階を経て起こった。第一段階の崩壊は、遠征軍が敗北したときに発生した。そして、第二段階の崩壊は、遠征軍の敗北の直後から徐々に起こったもので、明朝に長い期間にわたって影響を及ぼした。土木の変の敗北が、明朝の勢力をステップの辺境地方から一掃し、北方遊牧民族がその地に入ってくるきっかけとなった。ステップの辺境地帯の戦略上の位置関係と資源は、もし中国が北方対策に有効に活用すれば、ステップ地方全体を支配するうえで大きく貢献し得るものであった。しかし、反対に、北方遊牧民族が同じ辺境地帯を所有して南方対策に有効に活用すれば、そこから得られる資源によって、北方遊牧民族の中国本土に圧力をかける能力が飛躍的に上がったであろう。そして、まさに土木の変の後にこうしたことが起こったのであった。特に、十六世紀に相次いで登場した精力的なハンの強力なリーダーシップの下で、北方遊牧民族と中国との立場の逆転が起こり、北方遊牧民族は、明朝の北辺の国境地帯に沿って植民地を建設し、そこから隊商の襲撃を行うだけでなく、明朝の宮廷に請願の使節を送るようになった。

明朝は、伝統的な見地から見ると戦略的に不利な立場に新たに追い込まれていることを次第に認識するようになった。オルドス地方の重要性については、秦の時代以前から認識されており、十五世紀には百科事典の偉大な編纂者である邱濬《きゆうしゆん》（一四二〇～九五年）が、『大学衍《えん》義《ぎ》補』のなかでオルドス地方の重要性について明確に主張していた。一四六〇年代までには、オルドス地方を「奪還」するために軍を編制する必要があるかどうかという問題を焦点として宮廷で議論が戦わされるようになった。このオルドス地方をめぐる議論は、明朝中期の戦略形成プロセスの特徴を鮮明に映し出している。*46

邱濬の時代より二〇年から三〇年前の土木の変のときにも、オルドス地方への対応について宮廷の意見は分かれていた。例えば、高位の秘書であった李賢（一四〇八〜六七年）は、賈誼の言葉をそのまま引用してオルドス地方の奪還政策を提案した。一四六七年、李賢は、軍事遠征を起こす準備のために、兵士、馬、戦車、補給物資を辺境地帯に集結させることを望み、皇帝もこの李賢の計画に賛同した。

しかし、李賢の提案がおよそ実行不可能な計画であることは明らかであった。国境地帯の防衛を担当していた将軍の多くも、その計画の実施に乗り気ではなかった。というのも、李賢の計画を実行に移すために必要な資源が単に存在しなかったのである。さらに、土木の変が明らかにしたように、準備が万端に整っていない状態で実行される中途半端な軍事遠征は、破滅的な結果をもたらす可能性が高いと予想された。こうして、オルドス地方の奪還政策は正式に採用されたにもかかわらず、その実施は、李賢が最初に提案してから長年にわたって先送りにされた。

しかし、一四七〇年代の初期になると、兵部の長官の白圭《はつけい》（一四一九〜七五年）がオルドス地方の奪還政策に対する支持を申し出た。白圭の一族の家系は元朝の軍人に遡り、彼自身は、オルドス地方に対して明軍を前方展開する政策を熱心に説いた。その後、白圭の積極的な支援活動が功を奏し、一四七二年には、軍隊が召集されて平虜将軍（「異民族の懐柔を任務とする将軍」）という高級官吏が新しく任命された。

ところが、白圭が推進したオルドス戦略を実行に移す真剣な努力は、またしても、実行不可能という理由の前に水泡に帰した。一方では、辺境の軍司令官が現地軍の劣悪な状況を伝えるために現地から上奏文を北京に送りつけ、他方では、この計画の財政面の責任者が、遠征軍に食料や金属を供給するために課される税金に対して農民が反発するのではないかと心配し始めたのである。

　こうしたオルドス地方をめぐる議論の結論は、中国にとって重大な意味を持つものであった。オルドス地方の奪還政策が実行不可能なことが明らかになるにつれ、余子俊《よし》（一四二九～八九年）を筆頭とする宮廷の他の多くの官吏が徹底した防御策の実施を要求し始めた。そして、この防御策こそ、長城の建設である。強大な力を持った中国の歴代の王朝は、このような消極策に関心を示すことはなかった。唐の太宗が配下の李勣《りせき》将軍（五八三頃～六六九年）を称《たた》えて、次のような趣旨の言葉を述べたと伝えられている。「最後の暴君」として悪名高い隋の煬帝《ようだい》（五六九～六一八年）は不安定な地域の防衛のために膨大な予算を長城の建築に費やしたが、彼（太宗）は、北方遊牧民族を懐柔するために李勣将軍を辺境の并州《へいしゅう》に派遣しただけで事が足りた。この唐の太宗の言葉は、長城の建設に関心を示さなかった歴代の王朝の立場をよく伝える古典的な例として指摘できるだろう。*47

　しかし、余子俊は、北方遊牧民族が利用する黄河湾曲部から中国本土にいたる進入ルートを封鎖するために、オルドスの砂漠地帯の南側の外縁部分に沿って防衛ラインを構築することを提案した。やがて、国境地帯に沿って多くの小競り合いが散発的に起こり、宮廷でも激しい政治的な駆け引きが行われたが、最終的に、余子俊の案に賛成する意見が大勢を占め、一四七四年に、明朝はオルドスの外縁部分に沿って約六〇〇マイルに及ぶ外壁を完成させた。このとき作られた建造物は、その当時では、特に対処が難しい軍事脅威に備えるために現地で作られた単なる緊急避難的な外壁であったが、今日一般的に知られている「中国の万里の長城」の最初の設置であった。

余子俊による長城の修築の時期から十六世紀半ばにかけて、明朝はさらに深刻な戦略上の問題に直面した。というのも、この時期に、モンゴルの残存勢力がついに北方に向けて引き上げ始めたのである。このモンゴルの北方への退却は、建国間もない明朝との争いで相次いで敗北を喫し、さらに、一四五〇年代にエセンがハンの帝位の簒奪を狙ったことを引き金として勃発した後継者争いを経てようやく実現したものである。一四八八年、チンギス゠ハンの後裔の一人が、自らがダヤン゠ハン――元王朝のハン――であることを宣言し、王統回復という目標を掲げた。ステップ地方の他の敵対勢力との長い主導権争いの末、ダヤン゠ハン（バト・モンケ、一四六四～一五二四年頃）は、明朝の北方の国境に対してだけでなく、それまで平穏だった西方の国境に対しても襲撃を開始した。ダヤン゠ハンは、明朝に対して貿易および朝貢関係の構築を繰り返し要求したが、この要求が拒否されるや、明朝に対して本格的な戦争を積極的に仕掛けるようになった。

モンゴル族は、地政学的な状況をよく理解していた。例えば、元朝の時代、フビライ゠ハンはステップの国境地帯に要塞ラインを設置して、そこからモンゴル地方の対抗勢力を統治した。他方、明朝初期の洪武帝によるステップの国境地帯への遠征も、フビライ゠ハンの行動と同じ目的のために行われた。一五一四年、ダヤン＝ハンもまた、フビライ＝ハンや洪武帝と自分の姿を重ね合わせて恒久的な駐屯地による防衛ラインを設置し、その駐屯地から明朝の国境地帯や首都にいたる街道に進攻するなどして南方に影響力を行使した。ダヤン＝ハンと同じく卓越した指導者であったアルタン＝ハン（一五〇七～八二年）も同様のアプローチを踏襲した。アルタン＝ハンは、黄河湾曲部からわずか北西の場所に帰化城（モンゴル語でKoke-khota、現在のフフホトあるいは呼和浩特）と呼ばれる都市を建設した。この定住地は、明朝の防衛ライン全体に圧力を加える役割を果たした。しかしながら、アルタン＝ハンは、中国本土の再征服という構想を持っていたわけではなかったようである。代わりに彼が獲得を目指したのは、明朝の体制内における正式な地位と貿易の特権であった*48。

　アルタン＝ハンと戦争状態に入ったことを発端として、オルドス地方の奪還をめぐる二回目の論争が、今度は世宗嘉靖帝（在位一五二一～六七年）の宮廷で起こった。嘉靖帝は、まだ子供の頃に傍系から帝位に就いた皇帝であった。嘉靖帝の治世は、明朝の歴代の治世のなかでもっとも派閥抗争の激しかった時代だといわれ、こうした内部抗争の状況が外交政策に深刻な悪影響を及ぼした。嘉靖帝の時代、曾銑（一四九九～一五四八年）という有能で野心を持った若い軍官僚の一人が、再びオルドス地方の奪還を提案した。おそらく、曾銑自身はオルドス地方の奪還が本当に可能であるとは信じていなかったが、彼の提案をめぐる宮廷での論争は、軍事や戦略をめぐる問題と無関係な争いへと程なく論点がすり替わった。つまり、オルドス地方の奪還をめぐる問題は、皇帝の寵愛をめぐる二人の高級官吏の間の個人的な争いになったのである。オルドス地方の奪還を支持した高級官吏が夏言（一四八二～一五四八年）であり、他方、それに反対の意を表したのが厳嵩《げんすう》（一四八〇～一五六七年）であった。宮廷内の愛国主義および異人蔑視の雰囲気を反映して、当初、曾銑の提案が支持を集めたが、最終的には、厳嵩と彼の支持派がこの論争に勝利を収めた。そして、厳嵩一派はオルドス地方の奪還政策を葬り去るだけでなく、曾銑と彼を支持した夏言の二人を死刑へと追い込むことにも成功した。*49

オルドス地方をめぐる問題を防衛的な施策を柱に解決するという決定は、既に十六世紀初頭に顕著になっていた傾向をさらに強める結果となった。この時期こそ、中国における長城建設の全盛期の始まりであった。これより以前の歴代の王朝が長城を建設した場合には、材料には土が用いられ、農民が使役された。ところが、明朝の中期になって初めて、中国人は石を用いて要塞を大規模に建設し始めたのである。このことにより、国庫のなかから多くの金が支出され、また長城建設のための専門の石工やその他の技術者が必要とされたために、明朝全体の防衛費が大幅に増加した。明朝の国境沿いにある山海関、居庸関《きようかん》、嘉峪関《かよくかん》やその他の建造物が現在のようなかたちで建設されたのはこの時期である。

最後に考察すべき点として、沿岸地方の取り締まり（沿岸対策、沿岸警備）をめぐる問題がある。一五二三年に夏言の献策で導入された海禁策やこれと同じような趣旨で実行された北辺における貿易の禁止は、多くの問題を招いた。例えば、それまで日本や東南アジアとの交易に従事していた中国人の商人団が、海賊行為を行うようになった。彼らは中国の東南の沿岸地方を襲撃したが、その襲撃の多くは借金の返済を求めて行われたものであった。これに対し、明朝の首都の宮廷は、有効な対策を何らとることができなかった。北辺政策と同じように、明朝の宮廷は沿岸地方の取り締まりについても強硬策を用いる傾向が強かった。夏言は側近の一人を中国南部の沿岸における海上交通の閉鎖や貿易・漁業活動の禁止の任務に当たらせ（現在のレーダーの技術や高速警備艇を用いたとしてもまったく実現不可能な任務である！）、海賊の根拠地の根絶を図った。しかしながら、これらの施策も思い通りの成果を上げることができなかった。そして、沿岸地方の取り締まりをめぐる問題も、オルドス地方に対する施策と同じように、妥協を図ることでしか解決できないものであった。*50

しかし、明朝の政策決定プロセスにおいて、妥協点を見出すことは困難であった。十六世紀のほとんどの期間、北京においては、一方では北方と東南の国境地帯における貿易や外交を推進する勢力と、他方では倫理的・国粋的な観点から、こうした妥協を主張する勢力を打破して国境の封鎖を主張する勢力が存在し、両者の関係は膠着した状態にあった。このため、明朝は、あらゆる点において、考えられるシナリオでもっとも悪い結果を招くことになった。つまり、海賊行為や収奪行為の両方が継続して猛威を振るう一方で、それらの行為を取り締まるために、既に財政が逼迫した状態にあった明朝の宮廷は、膨大な金額を無駄に支出しなければならなかったのである。十七世紀初期に訪れる明朝の最終的な滅亡は、この時期にその根本的な原因があったように思われる。

当時の明朝が実施した政策は、まったく効果のないものであった。とはいえ、中国の歴史を振り返ると、ステップ地方からの脅威に対して安全を確保する方法を見つけ出した王朝の例があることは事実である。常に必ずということではないが、通常の場合、部分的にあるいは全体的に北方に起源を持つ王朝は、そのような有効なステップ対策を踏襲してきた。つまり、これらの王朝は、モンゴル族や他の北方遊牧民族の軍事活動の基盤となる伝統的な統治や戦争方法に関する口伝えの機密を参考にすることができたのである。例えば、初期の明朝は、前時代の元朝の諸制度の多くを継承した典型的な例として挙げることができる。とりわけ、明朝初代の皇帝である洪武帝と三代目の永楽帝は、ステップ地方における戦争と外交に関して深い洞察力を発揮した。ステップ地方に対する政策が有効であった時期は、明朝がステップ地方と接する国境地帯の支配を次のような施策を通じて確立したときであった。第一に、オルドス地方や他の重要な地域に衛所を設置することが必要であった。第二に、そのような衛所の設置を奨励すると同時に、明朝と同盟関係にあった北方遊牧民族を援助するために、明朝が資源を中国本土から北方へ移動させる意志を持っていることが重要であった。第三に、ステップ地方の戦争方法を深く理解することが大切であった。加えて、そのような戦争を以下の二つのアプローチを組み合わせて遂行する能力を持つことが必要とされた。つまり、一つ目は、敵対勢力を経済封鎖するという長期的なアプローチである。二つ目のアプローチは、北方において指導者争いが進行中の変動期に一方の指導者を担ぐ勢力を支援するために、他の指導者を担ぐ敵対勢力が集結しているところを迅速かつ決定的に攻撃するという短期的なアプローチである。最後に、ステップ地方に対する政策を有効にするためには、つまるところ、知的な分野（思想・文化）において高い柔軟性を持つことが必須の条件であった。例えば、北方遊牧民族をあたかも本物の「蛮族」として扱うことは賢明な態度ではなかった。北方遊牧民族の経済的・政治的なニーズを理解したうえで、そのニーズをステップ地方に影響力を行使するテコとして利用することこそ不可欠なことであった。

明朝が以上のいずれの次元においても有効な政策を継続的に実行できなかったのは、概して、制度上の分裂と文化的な対立に原因があった。明朝の政権には、国家安全保障政策に関する最終的な決定を下す権限を持つ一人の官吏も一つの省も存在しなかった。同じように、宰相も軍の最高司令官も存在しなかった。明朝の政権で顕著だったのは、むしろ、一連の官吏、宮廷の側近、宦官などが皇帝の支配をめぐって互いに争う光景であった。したがって、高い教養を持った強力な皇帝が権力の座に就いたときに限って、明朝体制はある政策に関する何らかの決定――それが正しい決定か間違った決定かは別として――を行うことができたのである。

権力闘争に明け暮れたこれらの官吏、宮廷の側近、宦官の間には深刻な対立が存在した。明朝時代の重大な問題は、ステップの文化的影響力が徐々に衰える一方で、中国の南部に起源を持つ文化の影響力が圧倒的に強くなったことである。この中国南部の文化は、長江の河口部やその近郊の豊かな地域で発展した素晴らしく洗練された文化であったが、その反面、中国人の文化の優越を絶対視するなど異人蔑視の世界観を持ったものでもあった。こうした洗練された偉大な文化的環境で生まれ育って道義を重視した優秀な学者には、直接その目で

「蛮族」を見た経験を持つ者はいなかった。彼らが唯一思い浮かべることができた「蛮族」の姿とは、一〇〇〇年も昔の古典の書籍のなかに描写された時代遅れの「蛮族」の姿だけであり、このため、彼らは感情的で排他的な国粋主義の見解を急速に持つようになった。学者のこのような見解は、宮廷の穏健な見解に対して向けられる場合、極めて効果的に働いた。世論は——それほど大した影響力を持たなかったが——こうした有害な政策の方を強力に支持していた。

異なった政策を支持するそれぞれ二つの党派の対立は、必ずしも文官と武官の対立と一致しなかった。例えば、軍人（軍隊を率いる任務を負った学識のある官吏）のなかには、外国人排斥を主張する一派と同じような見解を持つ者もいたことは確かである。しかし、モンゴル族と妥協することが絶対的に必要であると認識していた軍人の方がおそらく多かったと思われる。一方、文官のなかには、明朝を取り巻く膠着した軍事情勢について真に認識していた者はほんの一握りしかいなかったので、潜在的に大失敗が予想される軍事遠征を積極的に推進した雄弁な唱道者についてのエピソードには事欠かない。その典型的な例が、モンゴル族との妥協を推進した主導者に対して宮廷で厳しい攻撃を行ったために処刑された楊継盛（一五一六〜一五五五年）である。その後、楊継盛は愛国者の象徴となり、最近では、中国が日本の武力進出に直面した一九三七年の当時でもなお、中国人は彼の功績を称えた。[*51] 言い換えれば、明朝では文官と武官の提携がある問題の賛成派と反対派の両側で形成されたのである。そして、その両側のそれぞれにおいて、宦官、王族、その他の有力者は、政策の善し悪しではなく、個人的な利益に従って自らの立場を決めたのであった。

政策が実行に移されるときには、その政策の形成プロセスで見られた曖昧性が反映された。明朝の建国当初に創設された軍事制度——軍人、馬、その他を供給する世襲の家族が一〇〇万人以上の常備軍を支えた衛所制、並びに、戦争の時期以外は開墾を主として自給自足する屯田制——は、当初素晴らしい制度に思われたのだが、まったく期待通りの機能を果たさず、十五世紀初期にいたるまでには実質上無意味な存在となった。同様に、軍隊を統制・指導すべき任務を負っていた明朝の文武の官僚制度も、急速に機能不全に陥った。文武百官の間の権限の範囲が不明確であり、その指揮系統も幾度となく混乱し、さらには、官僚機構全体を統括して重要な決定を行う権限を持った最高位級の指導者も存在しなかった。こうしたことが意味するのは、実際の戦闘を行う場合、建国当時に創設された後も理論的には存在し続けた包括的な軍事制度の枠組みの外部から、明朝が給料を払って便宜的に兵士を雇う必要があった事実である。

明朝の中期にいたるまでに、明朝の正規軍は職業軍人で構成されるようになった。実際、軍司令官は特定の軍事活動ごとにその権限を委任され、そして、軍隊は危機が発生するたびに初めから組織された。こうした制度は途方もない無駄であった。また、人民に徴税やその他の徭役《ようえき》を不規則に課すために、軍事行動が予定されているまさにその土地で突発的に反乱が起こることもあった。例えば、一五四〇年代、曾銑がオルドス地方を奪還するための遠征軍の編成を準備していた時期に、このような反乱が頻発した。曾銑は人民から鉄製の鍋を召し上げ、人民が憤ったことには、武器を製造するためにその押収した鍋を溶かしたのである。事実、人民の反乱に対する恐怖が、明朝にオルドス地方の奪還を目指す政策を最終的に放棄させた要因の一つであると考えられる。

さらに、明代の軍事制度に内在する問題が、明朝の宮廷が刻々と変化する戦略環境に応じて国家政策を変更することを困難にさせた要因の一つになった。しかし、この点に関してさらに重大な障害となったのは、明朝の官僚制度と知識人の存在であった。先にも触れたように、明朝政権の全体のなかで、国家安全保障政策を取り扱う機関は存在しなかった。なぜなら、そのような機関は皇帝の権力を脅かす危険性があったからである。加えて、明朝の宮廷には、地理的・歴史的な観点を踏まえたうえで政策を包括的に検討する者もいなかった。特に明朝の後半期において、戦略問題に対して責任をもって現実的に考察を加えることを避けるような知的潮流が強くなった。伝統的な華南の文化が復活するにつれ、ますます多くの知識人が、明朝の政策を自分たちの意のままにするための大きな企ての一つの方策として、「反蛮族」の姿勢を大げさに示すようになった。明朝の宮廷においてこのような「反蛮族」の意見が支配したために、例えば、アルタン＝ハンに対して、かつてその父に許可を与えたように北京に外交使節を派遣する許可を与える提案をすることは、ほとんど政治的な死を意味する行為であることがすぐに明らかになった。

最終的には、知識人同士による政治闘争が明朝を滅亡に追い込んだ。満洲族の脅威が顕著になったとき、知識人同士の論争のために明朝は有効な対策をとることができなかった。趙《ちょう》翼《よく》（一七二七〜一八一四年）は、「（明朝の）学者の空論を非難した。また、趙翼は、初期の時代の満州族は中国を征服する意図を持っていなかったとも述べている。もし毅宗《きそう》崇禎《すうてい》帝（在位一六二七〜四四年）が満州族と和平を締結したならば、崇禎帝は国内の反乱軍と国外の満州族に対して二正面で戦わずに、まず国内の反乱軍を鎮圧するために自らの軍を集中させることができたであろう」*52。

身近な脅威に対する明朝の対処能力は、長期的な戦略を形成する能力と同様に貧弱なものであった。十六世紀中期から末にかけてのほとんど五〇年の間、毎年秋になると北方遊牧民族は中国本土の襲撃を繰り返した。この毎年定期的に行われる北方遊牧民族の襲撃そのものは、理不尽な侵略ではなかった。実際のところ、北方遊牧民族は毎年ある種の国交の正常化を求めていたのである。しかしながら、北方遊牧民族による襲撃とその攻撃ルートが完全に予測可能であったにもかかわらず、明朝は毎年同じように不意打ちに遭い、毎年同じように敗北を喫したのであった。

この毎年繰り返される襲撃に対して明朝側が採用した制度上の対策が、辺境における早期警戒のための狼煙台と衛所の設置であり、こうした対策は一定以上の効果があったように思われる。しかしながら、狼煙台と衛所に関する二つの対策が包括的に実行されたことは一度もなかった。また、一五五〇年にアルタン＝ハンが仕掛けた襲撃が国境を突破して明の都に迫る勢いを見せたことからも分かるように、狼煙台と衛所を設置することで明朝の安全を確保するには北辺の国境地帯は広すぎた。北方遊牧民族は、国境のある地点で明朝側から撃退されたとしても、常にその他の地点に迅速に移動し、新たな地点で国境を突破することができた。このように、明朝が設置した広範囲にわたる要塞群でさえも、それほど大きな効果を発揮することができなかった。つまり、衛所に守備部隊を配置して行う防衛は、北方遊牧民族に対しては単に機能しなかったのである。

もちろん、明朝がこのような戦略を長期的な防衛政策の柱として正式に採用したことは一度もなかった。「長城」といわれる建造物は、少なくとも当初は、特殊な脅威に対処するために対症療法的なその場しのぎの対策としてあちこちに作られたものである。辺境の防衛に必要な人材・資源の調達計画は基本的に現地で行われた。しかし、この現地で行われた調達のほとんどは、より大きな戦略の枠組みに基づいて計画されたものではなかった。辺境において明朝がこのような対症療法的な防衛努力を行ったために、本来なら一つの包括的な政策を策定すべきであったにもかかわらず、そういった包括的な政策を策定するための努力は無数の小規模の計画のなかで埋没した。

唯一の明るい点といえば、明朝がまず沿岸地域に沿って、後に辺境において、明朝の力を最大限に活かした戦術的なアプローチを開発したことである。これは、十五世紀中期の「倭寇」の出現によって、沿岸地域において軍事的に優秀な人材が輩出される素地が生まれたことと関係がある。優秀な人材が沿岸地域に集まるようになり、そのなかでも特に戚継光《せきけいこう》（一五二八～八七年）は、新たな訓練方法や新しい種類の戦術を開発することに功績があった。例えば、火器が改善され、その他、沿岸地域の都市の周りに城壁が建設されたために、沿岸地域を取り巻く状況が改善の方向に向かった。しかし、もっとも重要な点は、一五五四年以降、明朝の貿易政策が変更され、関税によるごく簡素な規制がある以外はほとんど自由な交易が許されるようになったことである。後に北辺の防衛を担当することになる多くの官吏の最初の職歴は、沿岸地域における倭寇や海賊の取り締まりの任務であった。ところが、明朝はこうした沿岸地域の倭寇の取り締まりの過程で培った施策や優秀な人材を制度的に整備しなかったし、組織化することも怠った。明朝の戦略上の成功は個人にかかっており、中央に政治的支援者がいることも重要だった。

結論

現在から振り返って初めて、明朝にも長期戦略が存在したことが分かる。そして、明朝における長期戦略の発展には三つの段階があった。第一段階では、明朝は、事実上、元朝の大戦略を継承した。具体的には、第一段階において、明朝は中国本土の資源を北方へ投入すると同時に、外交的・経済的・軍事的な手段を組み合わせながら北方遊牧民族に圧力をかけることによって、ステップ地方における自らの立場の強化に努めた。次の第二段階は十五世紀半ばから十六世紀半ばまで続いたが、この段階における明朝は、一つの明確な長期的な展望を持った戦略を欠いていた。この第二段階では、明朝の文化が北方遊牧民族的な要素を失い始めるにつれ、軍事戦略をどのように変更することが最適なのかという問題をめぐって宮廷内で対立が表面化した。結局、この問題に対して明朝が出した答えが、無為無策のまま時を過ごすことであった。最後の第三段階において、明朝は新しい大戦略の到来を告げるような政策を実施した。これが、「万里の長城」の建設である。明朝が辺境において一つの要地から次の要地へと防衛の強化を図るにつれ、長城は次第に拡大していった。

とはいえ、実をいうと、明朝時代の初期以降において明朝が真に効果的な国家安全保障政策を策定することに成功した事例が、ほんの一時期あった。というのも、一五七〇年代、国家の安全を保つために明朝は何をすべきかということを明確に理解していた一人の内閣大学士が登場し、宮廷の同僚官吏や皇帝の両方に対して圧倒的な支配力を及ぼしたのである。その人物が張居正《ちょうきょせい》（一五二五〜八二年）であった。

張居正は、モンゴル族との問題を解決するためには妥協が必要不可欠であることを理解していた。彼は、海賊の取り締まりで利用された対処法を活用し、その対処法の主要な考案者に命じて北辺のモンゴル対策の仕事に当たらせた。その他、張居正はアルタン＝ハンとの間に和平を締結し、この和平を強制的に当時の政権に認めさせた。一五七一年に明朝は、アルタン＝ハンに正式の称号を与えると同時に明朝との交易も認め、その交換条件として、アルタン＝ハンは明朝に対する襲撃を止めることに同意したのであった。そして、驚くべきことに、和平が確かに訪れた。例えば、軍隊に対する支出は劇的に減少した。また、宣府および大同の防衛に必要な経費や、同じく北方遊牧民族が利用する首都近郊の襲撃ルート沿いにある地域を防衛するための経費は、アルタン＝ハンとの和平締結の前の時代と比較すると、一五七七年にわずか二〇パーセントから三〇パーセントの水準にまで低下した。さらに、新制度においてモンゴル族に供与された援助の総額は、前年までの防衛費のわずか十分の一の水準になった。しかしながら、張居正による対モンゴル政策の刷新は、彼の死とともに終焉を迎えた。[*53] モンゴル族との間のこのような忌まわしい妥協策を押し通すためには、強力な指導者が必要なことは明らかだった。そのため、張居正がこの世を去るや、またもやモンゴル族との関係が悪化し始め、今度は、満洲族の強大化を許し、最終的には満洲族の攻撃を受け、明朝は滅亡した。明朝における戦略上の成功は、何よりも政治的統一性と論理的一貫性に依存していたのである。

戦略文化の研究者は、本章が下したこうした結論に対して失望するかもしれない。本章の考察を通じて、「後期中華帝国」が政治的な党派争いに支配されており、その結果、国家安全保障政策とまともに呼べるような一つの首尾一貫した政策を明朝は何も策定することができなかったことが明らかになった。明朝が直面した最大級の深刻な問題の多くは、明朝が自ら作り出したものである。例えば、もし明朝が北方遊牧民族に交易の自由を認めてさえいれば、北方遊牧民族はあれほどまで頻繁に激しい襲撃を繰り返すことは決してなかったであろう。しかし、明朝の社会や知識階級における当時の強力な文化的・政治的風潮のため、北方遊牧民族に対するそのような忌まわしい妥協策は広範な支持を獲得することができず、そうした妥協策を実行に移すことも困難を極めた。

しかし、こうした論点は本章の重要な結論である。中国の過去の歴史を均質化して解釈し、それから過度に一般化する傾向は、現在までも続いているが、西側諸国や中国自身にとって問題が多い。文化や社会に関する事象がもっとも過度に一般化されやすいが、そのような傾向は、外交政策および戦略の比較研究に対して有害な影響を与えてきた。近代中国の外交政策の専門家は、中国の外交政策が一つの「伝統」を基礎として形成されてきたと信じる傾向が強く、このような主張を証明するために膨大な量の研究を積み重ねてきた。*54 同様に、中国特有の戦争方法や戦略を見つけ出すことに、あるいは本書で使用されている用語で表現すれば、中国の戦略文化を見つけ出すことに多くの努力を注いでいる専門家もいる。*55 確かに、このような専門家による試みには、妥当な点もあれば有益な点もある。しかし、そういった知的作業は、真の歴史的観点が欠如しているために多くの困難を伴うことが多いだけでなく、さらには、中国という国を単一の同質的な永遠の統一体と見なす傾向の強い欧米人の支配的な考え方も反映している。しかし、中国の外交政策の事例と同じように、真の中国の歴史は、一つの伝統から形作られたものではなく、むしろ、様々な伝統が多層的に折り重なりながら競合して形成されたものである。

中国におけるこのような様々な伝統を理解することによって、時代が変わるにせよ、あるいは違った王朝が勃興するにせよ、中国の様々な時代における様々な王朝が用いた多数のアプローチを幾つかの類型に分類することが可能となる。第一の類型は、拡大主義的なアプローチであり、これは攻撃的な戦争方法を核としたものである。ところが実際には、北方遊牧民族が出現した以降の時代になると、こうした戦略がステップ地方の他の勢力と同盟を組むことなしに首尾よく機能したことはあまりなかった。第二の類型は、必要に迫られたにせよあるいは偶然の結果にせよ、防衛的なアプローチである。この第二の類型の防衛的なアプローチは、北方遊牧民族による襲撃が及ばない南方へ撤退することによって、あるいは長城を建設することによって、明朝の政治の世界からステップ地方の問題を除外することを目的としたものであった。さらに第三の類型——おそらく、三つの類型のなかでもっとも興味深いアプローチと思われるが——は、軍事力はもとより、文化、経済、外交のすべてを最大限に活用してステップ地方の統治を目指すアプローチである。

明朝の時代は、これらの三つの類型の特徴がよく表れていた。建国当初においては、第一類型と第三類型を組み合わせたアプローチが用いられたが、最終的には防衛本位の第二類型のアプローチに落ち着くことになった。既に指摘したように、明朝における戦略の発展過程を考察することによって、その社会全体の文化が戦略文化の形成にとって重要な意味を持つことがはっきりと分かった。例えば、明朝が示した攻勢的な対外姿勢からより防衛的・外国人排斥主義的な対外姿勢への変化は、軍事の領域に限られた現象ではなく、より広範囲にわたる知的潮流を反映したものであった。だが同時に、明朝の事例を通して分かったことは、戦略の形成において文化は必ずしも絶対的な影響力を及ぼす要素ではないという点である。もっとも、中国の伝統的な文化が、戦略的合理性に強く反するかたちで作用してきたことは確かである。しかし、例えば、一五七〇年代のような重大な危機的局面において、一人の人物に許されるだけのすべての政治権力を一手に掌握した個人が、明朝の国家安全保障政策に対して決定的な影響力を行使することができたこともまた事実である。

上記のような類型は、明朝の時代だけでなくその他の時代においても数多く見られる。例えば、清朝の滅亡の後でさえも官僚による中央集権的な政府が中国を支配し続け、国家安全保障に関する政策が個人間の政略的な党派争いの激しい環境のなかで形成されたことに変わりはなかった。確かに、二十世紀半ばにいたるまでには、儒教が十六世紀のように重要な政治的役割を果たすことはなくなったといえるが、それに引き換え、国家主義的・異人蔑視的な思想の影響は増大し、政策の形成において重要な役割を果たした。ただし、こうした国家主義的・異人蔑視的な思想がはたしてどのように政策の形成に影響を与えたかという問題については、具体的に説明することはいまだに困難である。ひところは、国家主義的・異人蔑視的な思想が政策の形成において支配的な影響力を持った時期もあったが、その他の時期、特に政権が強力であった場合には、合理的かつ実践的な政策の形成が定着した時期もあった。これらの様々な具体的な事例に対する理解を深めるためには、本章で用いた分析方法が、将来にわたってもっとも有効な方法であり続けるであろう。つまり、単に戦略の内容を吟味することはもとより、戦略の形成におけるプロセス、そしてその戦略の形成に影響を与える多くの要素をも包括的に考察しようとする研究態度こそが重要なのである。

(1) Frederick W. Mote, "Some Problems of Race and Nation in 14th Century China," Paper presented to the University Seminar on Traditional China: Columbia University, 11 March 1969.

（2） Joseph F. Fletcher, Jr., "Bloody Tanistry: Authority and Succession in the Otoman, Indian Muslim, and Late Chinese Empires," Paper prepared for the Conference on the Theory of Democracy and Popular Participation, Bellagio, Italy, 3-8 September 1978, p. 78.

（3） John Dardess, *Conquerors and Confucians: Aspects of Political Change in Late Yüan China* (New York and London, 1973). また Francis Cleaves, "The Biography of Bayan of the Barin in the *Yüan shih*," *Harvard Journal of Asiatic Studies* 19 (1956), pp. 185-303 は、元朝の軍事的な側面に関する興味深い考察を行っている。

（4） Edward L. Dreyer, *Early Ming China: A Political History 1355-1435* (Stanford, 1982), p. 62.

（5） Sun Tzu, *Ping-fa* III. 2, trans., Lionel Giles, *Sun-tzu on the Art of War: The Oldest Military Treatise in the World* (London, 1910), p. 75（浅野裕一『孫子』講談社、一九九七年、四一頁）.

（6） Wm. Theodore de Bary, et al., comp., *Sources of Chinese Tradition* (New York, 1960), p. 129.（現代語訳は、諸橋轍次『中国古典名言事典』講談社、一九七九年、一四四～一四五頁を参考に訳出した。訳注——天下のすべての人をして明徳を明らかならしめんとする、すなわち天下を平らかならしめんとするならば、それに先だって自分の国を治めるがよい。同じように国を治めようとするなら、まず家を斉《ととの》えるがよい。家を斉えようとするなら、身を修めなければならない。身を修めるには、心を正しく意を誠にしなければならない）。

（7） Jaroslav Prusek, *Chinese Statelets and the Northern Barbarians in the Period 1400-300 B.C.* (New York, 1971), p. 223.

（8） 定住性社会の多くに見られる騎馬民族に対する歪んだイメージについては、Ruth I. Meserve, "The Inhospitable Land of the Barbarian," *Journal of Asian History* 16 (1982), pp. 51–89 を参照。

（9） *Shih Chi*, Chung-hua shu-chü ed., 110. 2879.

（10） *Han Shu*, 94B. 3834.

（11） 例えば、A. M. Khazanov, *Nomads and the Outside World*, trans. Julia Crookenden with a foreword by Ernest Gellner (Cambridge, 1984) を参照。

（12） Thomas J. Barfield, "The Hsiung-nu Imperial Confederacy: Organization and Foreign Policy," *Journal of Asian Studies* 41 (1981), pp. 45–61.

（13） *Han Shu*, 48. 2240–2242; Ying-shih Yü, *Trade and Expansion in Han China: A Study in the Structure of Sino-Barbarian Economic Relations* (Berkeley and Los Angels, 1967), p. 11.

（14） *Tzu-chih t'ung-chien* (Peking, 1956), 198. 6247; Charles Hartman, *Han Yü and the T'ang Search for Unity* (Princeton, 1986), p. 120 から引用。

（15） *Hou Han shu*, Chung-hua ed., 90. 2992.

（16） *Wei shu*, Chung-hua ed., 54. 1201.

（17） Denis Sinor, "On Mongol Strategy," in Denis Sinor, ed., *Inner Asia and Its Contacts with Medieval Europe* (London, 1977), pp. 238–249.

（18） Dreyer, *Early Ming China*, pp. 105–106.

（19） Charles A. Peterson, "First Reactions to the Mongol Invasion of the North, 1211–17," in John W.

Haeger, ed., *Crisis and Prosperity in Sung China* (Tucson, AZ, 1975), pp. 215-252.

(20) 長城に関しては、Arthur Waldron, *The Great Wall of China: From History to Myth* (Cambridge, 1990); "The Problem of the Great Wall of China," *Harvard Journal of Asiatic Studies* 43 (1983), pp. 643-663; "The Great Wall Myth: Its Origins and Role in Modern China," *Yale Journal of Criticism* 2 (1988), pp. 67-104 を参照。マジノ線については、Judith M. Hughes, *To The Maginot Line: The Politics of French Military Preparation in the 1920's* (Cambridge, 1971) を参照。Rafe de Crespigny, *Northern Frontier: The Policies and Strategy of the Later Han Empire* (Canberra, 1984) は、中国の初期の歴史における戦略に焦点を当てた秀逸な研究書である。

(21) Wolfgang Franke, "Yunglo's Mongolei Feldzüge," *Sinologische Arbeiten* 3 (1945), pp. 1-54; "Chinesische Feldzüge" durch die Mongolei im frühen 15 Jahrhundert, *Sinologica* 3 (1951-52), pp. 81-88.

(22) Dreyer, *Early Ming China*, p. 123 を参照。同じく、Jung-pang Lo, "The Emergence of China as a Sea Power During the Late Sung and Early Yüan Periods," in John A. Harrison, ed., *China: Enduring Scholarship Selected from The Far Eastern Quarterly: The Journal of Asian Studies* (Tucson, AZ, 1972), pp. 91-105 (originally published 1952); idem. "The Decline of the Early Ming Navy," *Oriens Extremus* 5 (1958), pp. 149-168; James Geiss, "Zheng He," Ainslie T. Embree, ed., *Encyclopedia of Asian History*, Vol. 4 (New York), pp. 299-300 を参照。

(23) Lo, "The Decline of the Early Ming Navy," pp. 151-152.

(24) Kwan-wai So, *Japanese Piracy in Ming China During the 16th Century* (East Lansing, MI, 1975);

Pints'un Chang, "Chinese Maritime Trade: The Case of Sixteenth-century Fu-chien (Fukien)," Ph.D. diss., Princeton University, 1983.

(25) F. W. Mote, "The T'u-mu incident of 1449," in Frank A. Kierman, Jr. and John K. Fairbank, eds., *Chinese Ways in Warfare* (Cambridge, MA, 1974), pp. 243–272; Philip de Heer, *The Care-taker Emperor: Aspects of the Imperial Institution in the Fifteenth Century as Reflected in the Political History of the Reign of Chu Ch'i-yü* (Leiden, 1986).

(26) Morris Rossabi, *Khubilai Khan: His Life and Times* (Berkeley, Los Angeles, London, 1988), pp. 56–62; John Dardess, "From Mongol Empire to Yüan Dynasty: Changing Forms of Imperial Rule in Mongolia and Central Asia," *Monumenta Serica* 30 (1972–73), pp. 117–165; Th. T. Allsen, "The Princes of the Left Hand: An Introduction to the History of the *Ulus* of Orda in the Thirteenth and Early Fourteenth Centuries," *Archivum Eurasiae Medii Aevi* 5 (1985 [1987]), pp. 5–40.

(27) Dardess, "From Mongol Empire to Yüan Dynasty"を参照。

(28) Ray Huang, *Taxation and Governmental Finance in Sixteenth Century Ming China* (Cambridge, 1974), p. 265.

(29) ステップ地方における戦争馬の起源と役割に関する中国を含む幅広い分析については、Rhoads Murphey, "Horsebreeding in Eurasia," *Central and Inner Asian Studies* 4 (1990), pp. 1–13を参照。

(30) Romeyn Taylor, "Yüan Origins of the Wei-so System," in Charles O. Hucker, ed., *Chinese Government in Ming Times: Seven Studies* (New York, 1969), pp. 23–40; Hsiao Ch'i-ch'ing, *The Military

Establishment of the Yüan Dynasty (Cambridge, MA, 1978).

(31) Wang Yü-ch'üan, *Ming-tai ti chün-t'un* (Peking, 1965).

(32) Ray Huang, *Taxation and Governmental Finance in Sixteenth Century Ming China*; "Military Expenditure in Sixteenth Century Ming China," *Oriens Extremus* 17 (1970), pp. 39-62.

(33) Ray Huang, *1587: A Year of No Significance* (New Haven and London, 1981), pp. 156-188.

(34) Dreyer, *Early Ming China* に加えて、John W. Dardess, "The Transformations of Messianic Revolt and the Founding of the Ming Dynasty," *Journal of Asian Studies* 29 (1970), pp. 539-558 を参照。

(35) この問題については、Dreyer, *Early Ming China* が扱っている。さらに詳細な考察については、Edward. L. Dreyer, "The Emergence of Chu Yuan-chang," Ph.D. diss., Harvard University, 1970 を参照。

(36) Edward L. Farmer, *Early Ming Government: The Evolution of Dual Capitals* (Cambridge, MA, 1976).

(37) Henry Serruys, "Towers in the Northern Frontier Defenses of the Ming," *Ming Studies* 14 (1982), pp. 8-76.

(38) Lionel Giles, *Sun-tzu*; Carl von Clausewitz, *On War*, ed. and trans., Michael Howard and Peter Paret (Princeton, 1976), p. 75.

(39) Sun Tzu, *The Art of War*, trans. and with an introduction by Samuel B. Griffith, with a foreword by B. H. Liddell Hart (New York and Oxford, 1963), p. 79 (浅野裕一『孫子』四三頁).

(40) D. C. Lau, "Some Notes on the Sun Tzu," *Bulletin of the School of Oriental and African Studies*,

No. 28 (University of London, 1965), part 1, pp. 319-335, esp. pp. 334-335.

(41) Paul J. Lin, *A Translation of Lao-tzu's Tao-te-ching and Wang Pi's Commentary* (Ann Arbor, MI, 1977), p. 55（金谷治『老子』講談社、一九九七年、一〇四頁）.

(42) Lun Yü ["Analects"] XVI, 1. *The Chinese Classics*, trans., James Legge, reprint ed. Vol. 1 (Taipei, 1971), pp. 306-309（加地伸行『論語』講談社、二〇〇四年、三七八頁）.

(43) 明朝の対外政策については、Jung-pang Lo, "Policy Formulation and Decision-making on Issues Respecting Peace and War," in Charles O. Hucker, ed., *Chinese Government in Ming Times: Seven Studies* (New York and London, 1969), pp. 41-72を参照。

(44) Heinrich Busch, "The Tung-lin Shu-yüan and its Political and Philosophical Significance," *Monumenta Serica* 14 (1949-55), pp. 1-163; John Meskill, "Academies and Politics in the Ming Dynasty," in Charles O. Hucker, ed., *Chinese Government in Ming Times* (New York and London, 1969), pp. 149-174.

(45) この個所は、F. W. Mote, "The T'u-mu Incident of 1449" の記述を参考にした。

(46) この論争は、Waldron, *The Great Wall of China* が取り扱っている。これに関して、やや不十分な質の論文が、I Chih, "Ming-tai 'Ch'i-Tao' Shih-mo," in Pao Tsun-peng, ed., *Ming-tai Pien-fang* (Taipei, 1968) である。

(47) *Hsin Tang-shu*, Chung-hua ed., 93, 3818-3819.

(48) 明朝政権下のモンゴル族については、Louis Hambis, *Documents sur l'histoire des Mongols à l'époque*

des Ming（Paris, 1969）を参照。Henry Serruys の研究書のなかでも特に、"Sino-Mongol Relations During the Ming, II: The Tribute System and Diplomatic Missions（1400-1600），" *Mélanges Chinois et Bouddhiques* 14（1969）を参照。

(49) 詳細は、Waldron, *The Great Wall of China* を参照。

(50) Kwan-wai So, *Japanese Piracy in Ming China During the 16th Century*（East Lansing, MI, 1975）.

(51) Sun Yuen-king and L. Carrington Goodrich, ed. and Chaoying Fang, assoc. ed., *A Dictionary of Ming Biography 1368-1644*, Vol. 2（New York and London, 1976）, pp. 1503-1505 に掲載されている参考文献一覧を参照。

(52) Albert Chan, *The Glory and Decline of the Ming Dynasty*（Norman, OK, 1982）, p. 300 を参照。同文献は、おそらく Chao I, *Erh-shih-erh shih cha-chi* in *Ts'ung-shu chi-ch'eng chien-pien*（Taipei, 1965-66）, 35. 739-741 から引用している。

(53) Henry Serruys, "Sino-Mongolian Relations During the Ming（II）," pp. 64-83.

(54) ジョン・フェアバンクは、次の研究書において学術的に新しい分野を開拓したが、それと同時に、こうした神話も創り出した。詳しくは、John Fairbank, *The Chinese World Order*（Cambridge, MA, 1968）の序論を参照。これに関する精緻な研究については、Mark Mancall, *China at the Center: 300 Years of Foreign Policy*（New York, 1984）を参照。反論に関しては、Morris Rossabi, ed., *China Among Equals: The Middle Kingdom and its Neighbors, 10th-14th Centuries*（Berkeley, 1983）を参照。

(55) 例えば、Chong-Pin Lin, *China's Nuclear Weapons Strategy*（Lexington, MA, and Toronto, 1988）,

pp. 20-41 を参照。

第五章　ハプスブルク家のスペインの戦略形成
——フェリペ二世による「支配への賭け」（一五五六〜一五九八年）

ジェフリー・パーカー[*1]
吉崎知典訳

はじめに

文字通り「太陽の没することのない帝国」の支配者であったフェリペ二世には「大戦略」というものが欠落していたというのがこれまでの通説であった。H・G・ケーニヒスベルガーは、一九七一年に著した洞察に富む研究のなかで次のように述べている。「フェリペ二世も彼の重臣も統治に向けた計画やプログラムを描き出すことはなかった。（中略）（そして）こうした失敗から導かれる納得のいく説明としては一つしかない。彼らには計画もプログラムもなかったのだ」[*2]。フェリペ二世の政策全般に「帝国の青写真」など存在しなかったという仮説は、研究上の通説となっている。

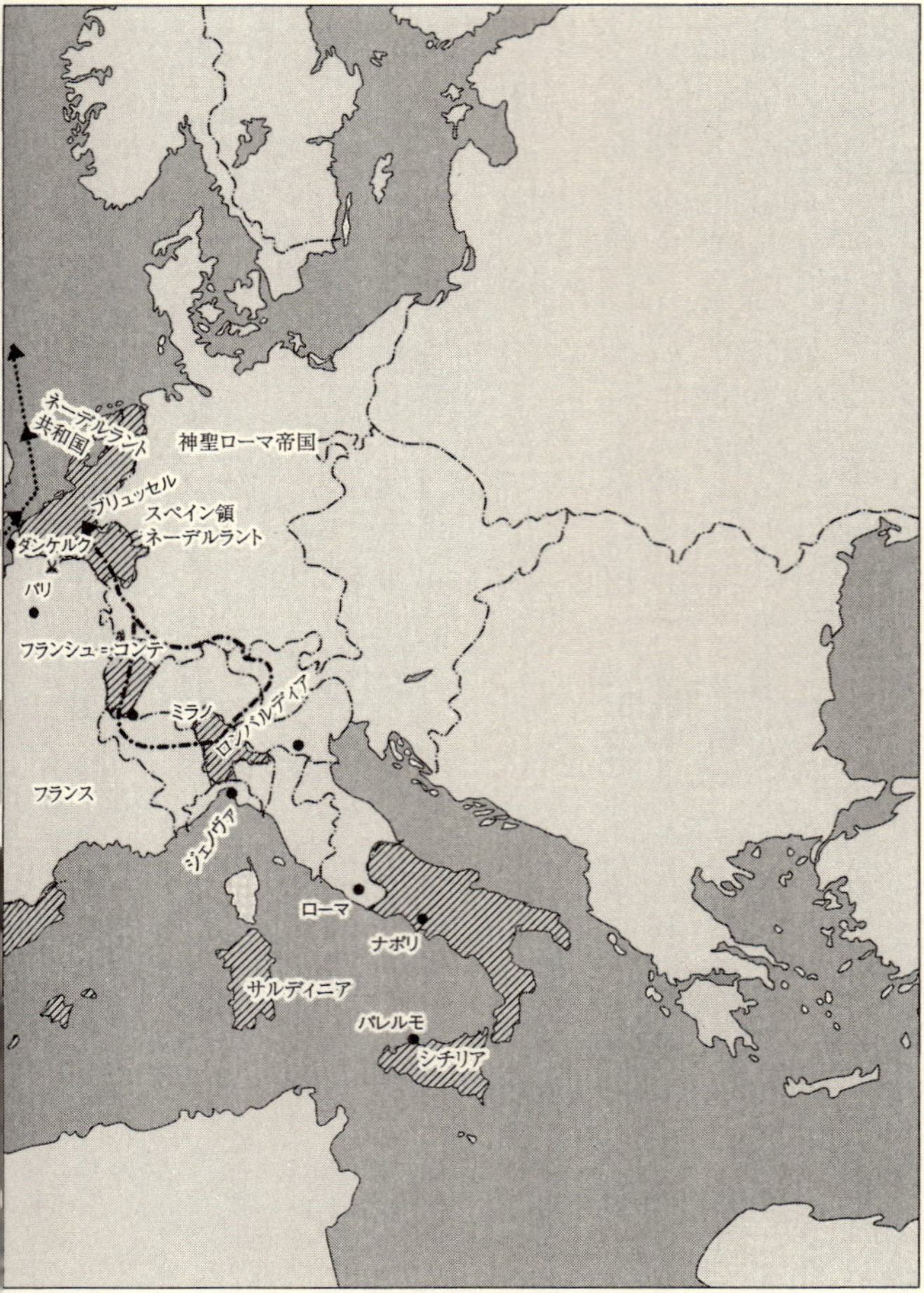
ネーデルラント
共和国
神聖ローマ帝国
ブリュッセル
スペイン領
ネーデルラント
ダンケルク
パリ
フランシュ＝コンテ
ミラノ
ロンバルディア
フランス
ジェノヴァ
ローマ
ナポリ
サルディニア
パレルモ
シチリア

図 5-1　フェリペ二世のヨーロッパ帝国・無敵艦隊の作戦

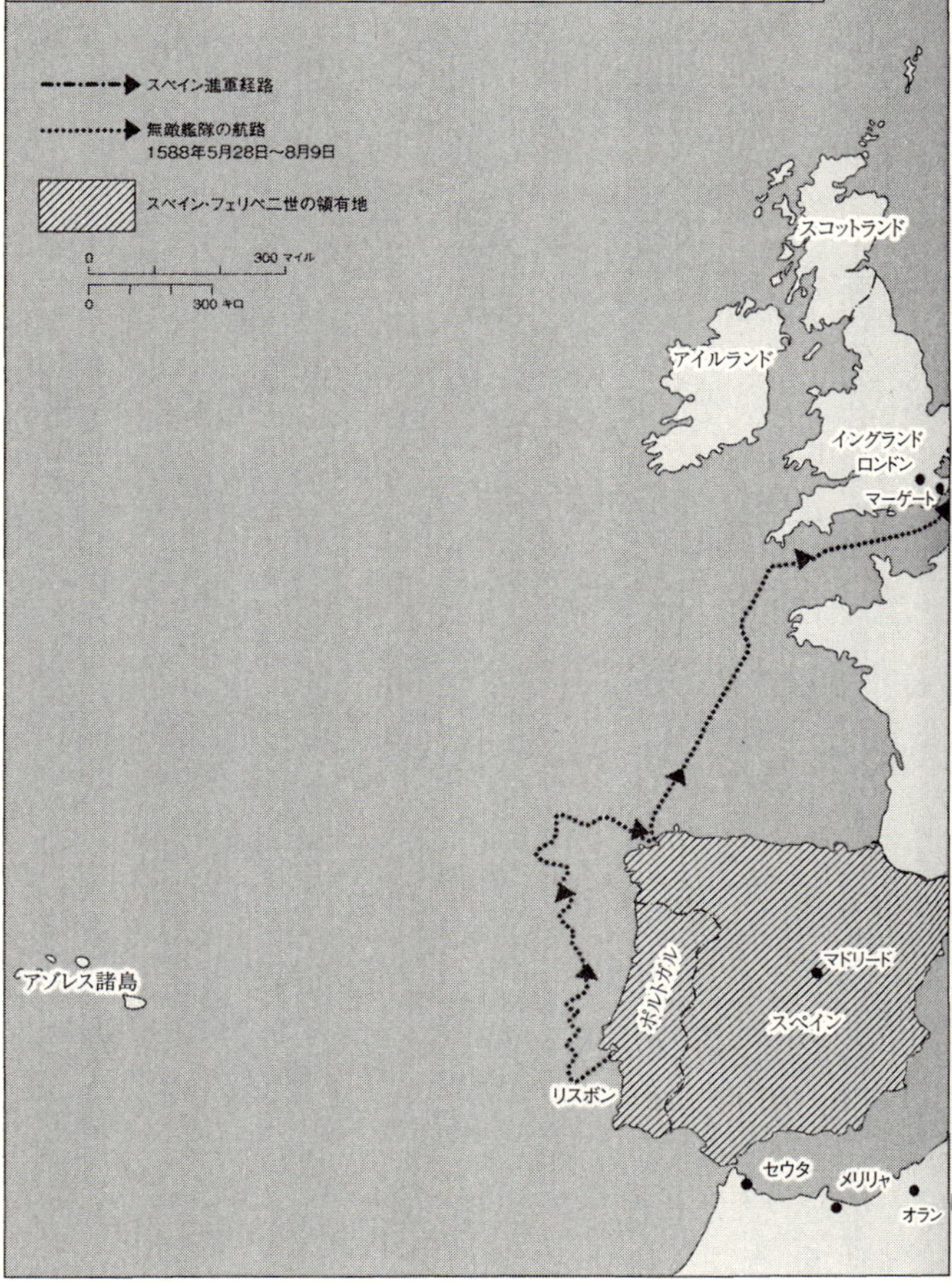

出典：Colin Martin and Geoffrey Parker, *The Spanish Armada*（London: Harmish Hamilton, 1988）の見返し部分。

『大国の興亡』(一九八七年)所収の「覇権に手をのばしたハプスブルク家」と題する章において、ポール・M・ケネディはこの仮説を全面的に受け入れている。ケネディは次のように記している。

「「覇権に手をのばしたハプスブルク家」といいきるのは、いささか強引すぎるきらいもある」。なぜなら、「ハプスブルク家の高官たちがときに「世界の王国」を標榜《ひょうぼう》したとしても、彼らにはヨーロッパ全土を支配する計画などなく、その点ではナポレオンやヒトラーとはちがっていた」からである。しかしながら、ケネディが鋭く認識しているように、包括的かつ世界的な全体計画が存在しなかったということは、包括的かつ世界的な野心を抱いていたということを必ずしも排除するものではない。というのは、「(たとえ)ハプスブルク家の支配者がその限られた地域的な目的をすべて達成したとすれば――たとえ、それが防衛上の目的だったとしても――ヨーロッパの覇権が事実上その手におさまったことはまちがいない[*3]」からである。フェリペ二世は、彼の父カール五世が一五五八年に死去した際、皇帝の称号と中央ヨーロッパにおけるハプスブルク家の領地を継承しなかった。しかし、それでも彼は、「王の軍旗が、シチリアからクスコ、そしてキト地方にいたるまで、九時間も時差があるほど離れている地域、すなわち世界の三分の一以上にわたって浸透し、(中略)もし我々が北から南にかけてこの帝国の広さを測るならば、それは地球の四分の一に匹敵する[*4]」帝国を統治していたのである。これが一五七七年における状況であった。五年後、フィリピンを完全に征服し、ポルトガル帝国の海外領土をすべて併合した結果、フェリペ二世の領有地は全世界の標準時間帯のすべてにまたがることとなった。

ポール・ケネディの手になるハプスブルク帝国の戦略的特質に関する分析は、現時点で最良のものであり、この問題に関して出版された研究業績を巧みに統合したものである。当時の文書もケネディの主張を支持している。例えば、この王自身、人がうらやむような広大な版図をそれ以上に拡大するような野望を持っていないとしばしば主張した。彼は版図の維持を願ったのみであった。こうして、フェリペ二世は一五八六年、(イングランド征服を促していた)ローマ教皇シクストゥス五世に次のように伝えている。

余には、さらなる王国や国家を獲得したり、名声を得るために野望に突き動かされたりする道理などない。なぜならば、善良なる神は、余が満足するものを既に十分与えてくれたからである。*5

この王はしばしば他の列強と戦争することを選択したが、その場合、彼は攻撃された場合のみ反撃するとして、いつも動機が自衛的であると主張していた。こうして、ハプスブルク家のフランスに対する戦争は、一五二一年、一五三六年、一五四二年、一五五二年、一五五六年、そして一五九五年においてすら、フランスによる最後通牒もしくは宣戦布告によって始められたのだと彼は本気で主張したのである。また、一五七二年のスペインに対する別の攻撃計画は、作戦の首謀者であったガスパール・ドゥ・コリニーの暗殺によって回避された。

フェリペ二世は同様に、一五五一年の聖ヨハネ騎士団からのトリポリ奪取や、一五七〇年のヴェネツィア人支配地のキプロス征服の後に、オスマン＝トルコに対する戦争は主に防衛的なものであり、スペインは自国もしくは同盟国が攻撃を受けた後に動員を開始しているだけであると主張した。フェリペ二世の帝国が広大であったため、これを防衛する側は、帝国のある地点が脅威にさらされているといつも主張できた。彼の孫は一六二六年、いくぶん雄弁に次のように述べている。

この王家は数多くの王国や領主との結び付きを持っている。そのため、我々が獲得したものを守り、敵の関心を逸《そ》らすためには、戦争を行わず済ませることのできない地域も存在するのである。*6

しかし、スペインの近隣諸国が抱いていた情勢認識は違っていた。スペインとは反対にこれらの国々は、スペイン＝ハプスブルク家が全世界とまではいかないまでも、ヨーロッパ大陸全土を隷属させるための大戦略を追求していると確信していた。これらの国々は、二つの事実を証拠として挙げた。その一つは、ハプスブルク家の世界的野望を支持する著作が流布していたことである。スペイン、ネーデルラント、そしてイタリアの約半分の地域の統治者であったカール五世が一五一九年に神聖ローマ皇帝に選出されたとき、この新たな統治者が同名のカール大帝の偉業に倣《なら》って全キリスト教国を統合することを待望する論議が沸き立った。その典型的な例は、後にフェリペ二世の家庭教師に任命されるファン・ヒネス・デ・セプルヴェダによる著作である。彼がこの若き後継者に、自分の考えを刷り込もうとしていたことは間違いない。[*7] しばらくして、一五四八年にこの皇太子がスペインからネーデルラントにかけて旅行した際、ハプスブルク家による「世界君主国」の到来を唱えるパンフレットが巷に溢れ、その後も絶えることがなかった。[*8] カスティリャ議会の場合、「神が無数の王国を陛下に与え、その臣民が王国の拡張を心から望んでいるという事実に、幾度となく歓喜した」[*9] のである。

　ハプスブルク家による支配に対しスペインの敵国が抱いていた脅威観は、文学作品のみならず、地政学という確固とした現実にも反映されていた。フランス、ドイツ、イングランド政府はすべてフェリペ二世の強大な軍隊を恐れていた。一五六七年以降、こうした国の国境に接するようなかたちでスペイン軍がネーデルラント領内に配備されていたので、そのような脅威をこうした国が感じていたのは当然のことであった。スペイン軍は一五六九年と一五九〇年代にフランスへ進駐し、次いで一五八〇年代にラインラントへ進駐した。そして、一五七一年および一五八七年から八八年にイングランドへ脅威を与えた。エリザベス一世の宰相であったバーグリー卿は一五八四年に次のように記している。「もし彼〔フェリペ二世〕が〔ネーデルラントなどの〕低地諸国を隷属させたならば、彼の偉大さを閉じこめるような制約を想像することすらできなくなるであろう」。イングランドは、フェリペ二世の「想像するだけでも恐ろしく、餌食となればもっとも悲惨な飽くなき悪意」の犠牲となるだろう。パリから見れば、スペインからイタリア北部、そしてフランシュ゠コンテからネーデルラントにかけて包囲するハプスブルク家の軍隊はより明白な脅威であった。一五七二年、ガスパール・ドゥ・コリニーによれば、フェリペ二世の野望は「キリスト教世界の君主になること、少なくともその世界を支配することである、というのが賢者の教えることであった」。数年後にナヴァレのアンリは、「あまりに広大な領土と海洋を支配し、手の届かない地域はどこにもないと信じているスペイン人の野望」を批判した。フェリペ二世の前秘書官であったアントニオ・ペレスは、一五九〇年代にフランスに追放された際、この見方に太鼓判を押している。「スペイン帝国の核はフランスである」と彼は記している。*10

ローマ教皇でさえ、現世におけるスペインの力を憂慮した。教皇領がハプスブルク領と接するのみならず、ハプスブルク領シチリアの穀物にも依存していたからである。また、一五二七年のハプスブルク家によるローマ略奪を忘れる司教はいなかった。そして、一五五六年から五七年にかけて、フェリペ二世に対して戦争を起こしたローマ教皇を打ち負かすため、スペイン゠ハプスブルク家が過酷な兵糧攻めを行ったことを忘れる司教もいなかった。教皇によるスペイン゠ハプスブルク家に対する「聖戦」の支持は、それが異教徒や異端者に向けられたものであったとしても、ハプスブルク家の成功が王家のイタリアに対する抑圧を多少なりとも強化させるのではないかという懸念も手伝い、決して表面化することはなかった。

一　スペインの大戦略の要素

こうした相矛盾する証拠から何がいえるであろうか。残念ながらスペイン＝ハプスブルク家とその重臣は、国家安全保障を損なうという理由から戦略分析の手引書を自ら書くこともなかったし、これを書かせることもしなかった。そのため、彼らの戦略構想に関する事実は、膨大な量の未刊の王室の書簡や覚書を綿密に分析することによってのみ明らかになる。それらの文献は、かつてアルタミラ伯爵文書館に保管されていたが、現在はジュネーヴ、ロンドン、マドリードの公文書館に散逸している。これらの文献をスペイン政府の保有する公式文書と照合すれば、「ハプスブルク家の高官たちがときに「世界の王国」を標榜した」ことだけでなく、世界の王国としての地位を獲得する最良の方法は何かという繰り返し展開された論争も明らかとなり、ポール・ケネディの分析を一部修正することができるだろう。

まずスペインのハプスブルク家は、どのようにして手に入れたかに関係なく、一度手に入れたものは二度と手放さなかった。なぜならば、戦略論の用語を使えば、彼らは自分たちの広大な勢力圏を相互依存関係にある統合された組織体と捉えており、その一部を喪失すれば全体の安全保障を危険にさらすと見ていたからである。こうした認識は、ネーデルラントへそのまま当てはまった。そこでは反乱や他のかたちによる政治的抵抗が続いていた。そのため、全体の平和を維持する必要からスペインは「損失を切り離し」、フェリペ二世の広大な帝国におけるこのあまり重要ではない地域を放棄すべきであるという提案がなされていた。しかし、次の三つの戦略論議から、こうした「敗北主義」は完全に封じられた。第一に、スペインによるネーデルラント領有は、フランスを威嚇し続けるうえで死活的に重要であった。

フェリペ二世は一五五八年、「フランス王を攻撃し、講和を強制するうえで、ネーデルラントが最良の拠点であることは承知している」と記している。また、一五八二年にフェリペ二世の宰相であったグランヴェル枢機卿は、「フランスを牽制するもっとも確実な方法はネーデルラントに強力な軍隊を維持することである」と繰り返し述べている。[*11] 第二に、一五七二年に低地諸国で激烈な内戦が発生し、反乱軍が外国列強の支援を受けるようになると、スペインの敵国がネーデルラントで戦っている限り、これらの国はスペイン本国を攻撃する資源を欠くことになるため、ネーデルラントは帝国全体にとって一種の「叩かれ役」の役割を果たすだろうという議論が生まれた。十七世紀初頭の政治評論家の言葉を借りれば、次のようになる。

> 低地諸国での長期戦によってスペイン国内の平和がもたらされていることを理解しない者は、外交問題に疎《うと》い。この防衛的な戦争はスペイン王国に安寧《あんねい》をもたらす。スペインがこの地域から軍隊を撤退させる日が来れば、敵の軍隊がスペインを襲うことは避けられないからである。[*12]

第三に（おそらく一番説得力があるが）、ネーデルラントでスペインの敵対者に少しでも弱みを見せれば、イタリアやアメリカ、そしてイベリア半島周辺の支配でさえ、早晩危うくなるかもしれないという点である。例えば、一五六六年六月、問題が発生した直後に、フェリペ二世の上級顧問の一人がローマから警告を発している。「もしネーデルラントでの反乱が長引くようであれば、ロンバルディアとナポリも同様になろうという見方がイタリアのあちこちで出ている」[*13]。一一年後、ネーデルラントでの戦争を継続するべきか、それとも和平のために譲歩するべきかという問題をフェリペ二世と彼の顧問が協議しているとき、次のような議論が鍵となった。すなわち、慈悲は弱腰と見なされてしまい、ひいては「他地域における従属者の服従心が失われる恐れがある。さらには、自らこれを反乱のための口実と見なす恐れすらある」[*14]。時が経つにつれて、この「ドミノ理論」はスペイン君主国の全域へと拡大した。もしスペインがロンバルディアを失えば、ドイツやネーデルラントとの連絡が途絶えてしまい、そこでの支配も不可能となる。より包括的に見れば、この三つの勢力圏における弱腰や敗北は、容赦なく全壊をもたらすだろう。オリヴァレス公も一六三五年に次のように記している。

（スペイン王家が直面している）最大かつ第一の危険は、ロンバルディア、ネーデルラント、そしてドイツを脅かしている。なぜならば、三つのうちのいずれにおける敗北もこの君主国にとって致命的であるからである。もしこの地域における敗北が悲惨なものであれば、君主国の残りの部分は崩壊するだろう。もし拠点の一カ所でも防衛することが不可能であれば、ドイツの後にはイタリアとネーデルラントが続き、ネーデルラントの後にはアメリカが続き、ロンバルディアの後にはナポリとシチリアが続くからである。[*15]

しかし、深刻な危機や消耗を経験していたこの時期に、フェリペ二世の大戦略の基礎をなす戦略的な優先順位が浮かび上がってきた。その基礎となったのは、スペインが君主国全体の中心であり動力源であるという信念であった。それまでは、こうした信念が常に存在していたわけではなかった。カール五世の治世下では、ドイツとイタリアが重心であった。一五五八年から五九年にかけてフェリペ二世はスペインを拠点とし、イベリア半島を最優先させる認識を示した。彼はブリュッセルの首席補佐官に次のように伝えている。「我々は（現下の財政危機を）克服しなければならず、そのために余も粉骨砕身しよう。解決策がここ（ネーデルラント）にない以上、余はスペインに行く」[*16]。

イベリア半島に移ったフェリペ二世が、スペイン流の戦略概念から帝国の方針を考える側近へ依存するようになったのは当然であった。彼の伯父である神聖ローマ皇帝フェルディナント一世の治世以来、三つの基本的認識がこの戦略概念を支配していた[*17]。第一の、そしてもっとも明白なものは、イベリア半島の安全に対する脅威が最優先の問題であるという認識である。一五七八年から八〇年にかけてのポルトガル継承をめぐる危機で、フェリペ二世の側近の一人が次のように指摘している。「スペインの利点、徳、そして陛下の威光と権力などすべてを考慮すれば、ネーデルラントを再び征服するよりもポルトガルとカスティリャの王家統一の方が重要である」[*18]。引き継がれた戦略的な伝統の第二点として、イスラム勢力を地中海へと追い返し、東方におけるキリスト教の前哨地点を守るという不屈の決意が挙げられる。世襲上の称号の一つが「イェルサレム王」であるフェリペ二世は、父親から引き継いだオスマン＝トルコとの戦いを続ける決心を固めた。同じ時期にネーデルラントで彼の資金を枯渇させるかもしれない戦闘が行われたときにあってさえ、オスマン＝トルコと和を結ぶ考えを何年も拒んだ。[*19]

フェリペ二世の大戦略に引き継がれた第三の優先事項は、イタリアをスペインの勢力圏に組み込むため、あらゆる手段を講じるという決意であった。あるスペイン総督は、「イタリアの連中は〔新大陸の〕インディアンとは違う。しかし我々が奴らより上であることを思い知らせて、彼らが我々の上であると決して思わせないように、インディアンのように扱わなければならない」[*20]と歯に衣着せずに語っている。この目的は武力によって一部達成された。つまり、一方で、スペインの大規模な常駐軍が、ハプスブルク家の直接統治下にある地域（サルディニア、シチリア、ナポリ、ロンバルディア）やトスカナ州の幾つかの要塞を防衛し、大規模なガレオン艦隊が海上交通路と沿岸を警備した。他方で、イタリアの小都市国家の多くは非武装となった。それらは自ら軍隊を解散し、代わりにスペイン軍に自国防衛を依存する選択をした。[*21]しかし、これと同程度にスペインの覇権は洗練された「外交システム」に依存していた。近代初頭にあって、このシステムは最初のものであり、フェリペ二世の時代では唯一のものであった。カール五世は一五四八年に記した勅令のなかで、彼の息子で継承者でもある、当時まだ二十一歳に過ぎなかったフェリペ二世に対する指針として、重要な要素を示している。皇帝は、特にスペイン領ロンバルディアの南にあるマントヴァ公国と、ロンバルディアから地中海そしてスペインへの入り口となるジェノヴァ共和国と密接な関係を築くよう勧めた。*22 前者のマントヴァ公国は、主に婚姻関係によってハプスブルク家の勢力圏内に入っていた。マントヴァのゴンザーガ家は、ハプスブルク家が婚姻関係を結んだ数少ない王家の一つである。*23 ジェノヴァの貴族は通商と政治を通じてスペインと結ばれていた。ジェノヴァ共和国による海上の長距離貿易の八〇パーセントがフェリペ二世治下の地域との取引であり、ジェノヴァの商人や貸金業者はスペイン王家の財政に深く関わっていた。そして、共和国の寡頭政支配者が難局に直面したとき——一五四七年と一五七五年のような——、自国民の反乱であれ、一五五一年から六九年のコルシカ問題のように外国からの干渉であれ、スペインはすぐさま救済に駆けつけた。*24

しかし、マントヴァとジェノヴァは、イタリア北部を形成していた約三〇〇ある「帝国領地」のわずか二つであった。六〇ほどの名門貴族が領地のほとんどを支配していたが、フェリペ二世は飴と鞭を組み合わせて支配した。飴としては、近隣のスペイン領を忠実な同盟者に譲り渡すことを提案したり(こうしてパルマ公にピアチェンツァ返還をちらつかせ、フィレンツェ王家にはトスカナ返還をちらつかせた)、彼の一族との結婚を提案することもあった(こうして一五八五年にサヴォイアのカルロ・エマヌエーレ公はフェリペ二世の次女カタリーナと結婚した)。イタリアを支配していた名門貴族もフェリペ二世に仕えるうえで多くの仕事をこなさなければならなかった。一五七八年から九二年にかけて、パルマ公であるアレクサンデル・ファルネーゼはフェリペ二世のフランドル軍総司令官となり、隣国の貴族の御曹司を側近として迎え入れた。加えて、イタリアを支配していた名家の傑出した人物（特に「約束された継承者」）がスペインにしばらく居住し、フェリペ二世の重臣から饗宴に招かれ、歓待され、フェリペ二世の立場で世界を見るように働きかけた。最後に、これ以外にも、恩給、贈答品、土地、官職、名誉といった様々な褒賞が存在した。その極めつけは黄金の羊毛勲位と呼ばれるヨーロッパ最高の爵位であり、その爵位を持つ者は、大首領であるフェリペ二世によって「我が従兄弟」と呼ばれた。*25

飴が失敗したら鞭の出番であった。スペイン国王は西ヨーロッパ最強の統治者であったのみならず、イタリアでの「帝国の教皇代理」でもあり、イタリア半島の北半分におけるすべての皇帝の家臣に対する封土権を行使することができた。彼は領土紛争の控訴裁判官としての役を任じており、好みの者には有利に、好みでない者には不利に調停をしていた。一五七一年には、フェリペ二世は帝国の領土の一つであるフィナーレ侯爵の領地に進軍し、これを占領するよう命令した。その部隊は二年間、撤収しなかった。*26 彼はまた、一一のイタリアの国家と全面的な外交関係を維持し、イタリア半島のいたるところに存在する官吏、後援者、スパイから情報を常時受け取っていた。*27

フィナーレ侯爵の挿話は、スペイン王室の戦略文化における侵略的な精神を示す初期の一例である。こうした侵略性は、後継者のなかったポルトガル国王のセバスティアンの死後、彼の広大な領地がスペインへ併合されたことによっていっそう明白になった。こうした点は、王室説教者であるフレイ・ヘルナンド・デル・カスティロの言葉にはっきりと現れている。

ポルトガルとカスティリャの王国統合により、陛下は世界でもっとも偉大なる王になられます。（中略）もしローマ人が地中海を支配したのみで世界を制することが可能であったとすれば、世界に冠たる大西洋と太平洋を支配する方《かた》はどこまで制するのでしょうか。

時を経ずして、イベリア半島の統一は、スペインの世界支配に向けた道程の重要な一歩を象徴するものとなった。「（ポルトガルを）獲得するか失うかは、世界を獲得するか失うかを意味する」とフェリペ二世の使者はリスボンで記している[*28]。一五八〇年から八三年にかけてポルトガル帝国全体を獲得したことにより、以前にもまして野心的な計画が氾濫することとなる。フェルディナンド・デ・ヘッレラ、アロンゾ・デ・エルシラ、フランシスコ・デ・アルダナなど、兵士であり詩人である人物が詠《よ》んだ詩は一五八〇年代に広く流布したが、彼らの詩はスペインの世界制覇を唱導するような自己陶酔的な修辞に満ちていた。このうち、少なくともアルダナの詩は、世界制覇の実現に向けた戦略を詳しく描き出していた[*29]。まもなく極東の地では、マラッカ司教であるドム・ホアオ・レベイラ・ガイオが、手始めにスマトラとタイを征服し、次いで中国南部を併合するため、イベリアの資源を世界規模で貯蔵することを提唱した。この地域は「非常に広大かつ裕福である。かくして（フェリペ二世）陛下は史上、もっとも偉大な王となるであろう[*30]」。まもなく極西の地では、一五八二年のサンタ・クルス侯爵によるアゾレス諸島の征服を祝することになったが、その興奮の最中にあって、スペイン人の間では次のような意見すら出てきた。「キリストといえども、もはや楽園で安全ではいられない。というのも、侯爵はそこまで行って彼を連れ戻し、再び十字架に磔《はりつけ》にするであろうからだ」[*31]。サンタ・クルス侯爵自身も、彼の上司に対してやや控えめに、「ポルトガルが鎮圧されればイングランドはわれらのものである」と伝え、チューダー朝エリザベス治下のプロテスタント支配に対する先制攻撃を要求した。

一五七八年から八〇年にかけてのポルトガルのときと同じく、国王や重臣は次第にイングランド征服を帝国防衛の唯一の方法として見なすようになった。ある高官は、無敵艦隊《アルマダ》の司令官であるメディナ・シドーニア公爵に対して、彼の出航前に次のように語った。「我々が現在行っている戦役や決戦はすべて、イングランド侵略というこの一つの事業に凝縮されている。その理由は、この侵略こそ、スペインとアメリカ、の間の生命線を保持し、イベリア半島を侵略から防衛するとともに、スペインの軍隊と財宝を食い尽くす貪欲な怪物・ネーデルラントでの戦争を終息させる唯一の方法であるからだ」[*32]。しかし、これがイングランド侵略案を正当化する唯一の理由ではなかった。こうした防衛的な論議のほかに、次の二点が存在した。それは「名声」と「宗教」である[*33]。

前者は、十六世紀の政治哲学として喧伝された規範に照らし合わせても、なんら変わったものではなかった。ヨーロッパ各国の支配者は十分な権利主張を怠ったり、軍事的に敗北したりすることによって「面子を失う」ことは国際的な立場を失わせるものであると信じていた。この点でスペイン＝ハプスブルク家も例外ではなかった。スペイン無敵艦隊で航海した経験を持ち、その後フェリペ三世の首相へと上り詰めたドン・バルサザール・デ・ズニーガによる感動的な表現によれば、「たとえ領土を一切失っていなくとも、名声を失ってしまった君主国とは、日光のない空であり、光線のない太陽であり、魂の抜けた身体である」[*34]。同じ見方はフェリペ二世の王宮でも広がっていた。こうして、一五七三年に国王はヴェネツィアによる背信の後もトルコ人と戦い続けると決定したが、それは講和を請願することにより「全世界における尊敬を喪失する」からであった。四年後、フェリペ二世の重臣は、ネーデルラントの反乱分子と交渉することは、「陛下にとっての天性である名誉や名声」と両立しないと国王へ進言した。戦争以外のものは「陛下の良心を傷つけ、陛下の名誉と権威を損なわせる」[*35]ものであろう。これと同様に、一五八八年から八九年にかけて、スペイン政府は無敵艦隊の敗北の後もイングランドやネーデルラントと講和を拒んだが、それは「我が国の名声を汚す」[*36]という理由からであった。

しかし、カトリックの教義を守ると主張することは、スペインの権威を保つこととほぼ両立できた。フェリペ二世の王宮における政策決定には、「救世主的な帝国主義」の香りがあった。こうした公式見解によって、困難な政治判断すらもスペインの国益のためだけでなく、神の大義のためとして正当化できた。戦争の勝利も神の御加護と御心のためと正当化された。その一方で敗北や失敗は、スペインの忠実さと献身を試すものとして合理化され、将来的な犠牲や努力を促すか、人間の僭越さに対する罰として合理化されるのが常であった[*37]。

もちろん、「神の摂理」という要素は、宗教改革後の一世紀にわたって、ほぼすべての国家の戦略思想に潜んでいた。当時、宗教問題と政治問題とは分かちがたく結び付いており、聖書は魂の救済のみならず世俗的な救済の指南書ともなっていた。この当時の国民は、自らを神との直接契約を与えられた新たな「選民」と自負していた。このようにフェリペ二世の第一の敵であるイングランドとネーデルラントも、自国の勝利は神の御加護の賜物と見なしていた。それを示す典型的な例は、スペイン無敵艦隊を撃破した記念のネーデルラントの勲章に施された「神風により敵をけ散らした」という刻印である。このように彼らは歴史とは神の摂理によって運命付けられていると考え、スペインとの闘いを「プロテスタントの十字軍」のようなものとして位置付けた。[*38] しかしこうした感情はスペインでとりわけ根強く、そこでは、神は不可解でありながらも慈悲深い存在と見なされていた。ハプスブルク帝国が王家の急逝、後継者不在、政略結婚など相次ぐ事件を通じて形作られつつも、ついにはカール五世がメキシコそしてペルーの王に就いたのは、こうした神の思し召しであると多くの者が感じていた。神は、いつかはフランスを卑しめ、イギリスを打ち破り、プロテスタンティズムを根絶するであろう。友も敵もともに、スペイン王をほとんど超自然的な力と見なすようになった。トマソ・カンパネッラは次のように記している。他のすべての国家よりもスペインは「神の摂理の神秘を基礎としているのであり、思慮深さや人間の力を基礎とするものではない。すべての歴史は英雄的な進歩のようなものであり、例えば、七一一年のムーア人征服や、一五八八年のスペイン無敵艦隊の壊滅といった災難ですら、スペインの世界制覇に向けた奇跡ともいえる前進における一幕に過ぎない[*39]」。

当然、こうした黙示録的な解釈は、フェリペ二世に助言をする多数の聖職者の間で人気を博した。ネーデルラントでプロテスタント運動が最高潮に達した一五六六年、あるカトリックの説教者は国王に対して次のように警句を発した。

もし万が一、スペインの安全に不可欠の国家を喪失することがあれば、陛下御尊父の御遺骨は心休まることなく、父君の御霊《みたま》は陛下に神の罰が下ることを求めることでしょう。陛下は、御先祖様から国家や王国のみでなく、宗教、武運、徳をも相続なさりました。恐れながら申し上げます。もし陛下が神の代理人である彼の地（ネーデルラント）において神の名誉と立場を損なうことがあれば、神の威光を失わせることになります。

国王はこの警告に耳を傾けた。ネーデルラントの秩序回復という目的で、一カ月以内にスペイン軍七万人の派遣準備が始まった。そして、実力行使が逆効果と思われた一五七四年、もう一人の聖職者（フェリペ二世の私設秘書であり司教でもあったマテオ・ヴァスケス）が主君へ次のように注意を喚起した。

こうした苦難のときにあって、全能の神は我々にとってもっとも偉大な力です。我々は、神がいつも陛下を見守り、陛下がもっとも必要とするときに御寵愛をもたらすことを知っています。（中略）陛下が神の大義のために戦う以上、神は陛下の利益のために戦い、今後も戦い続けることでしょう。[*40]

フェリペ二世は、こうした神の摂理という見方を全面的に受け入れた。即位の直後から彼は神によって選ばれた者を救済する役割を任じていたようである。一五五九年八月、スペイン帰国に向けて風向きが順風になるのを待ちわびていたとき、彼は側近の一人に対してこう言った。

すべては神の思し召しによる。それ故、我々はどのようにすれば神にもっともお仕えできるのかを待てばよい。これまで神は、余のすべての障害を取り除いてくれた。故に神は、今回の障害もすぐさま取り除き、我が王国が失われぬよう、王国を維持する手立てを与えてくれることであろう。[*41]

国王は常に、自国や自分の領土の利益と神の利益とを同じものと見なした。こうして彼は、一五六〇年代に異端信仰法の執行を緩和することを拒否したが、これは、彼が「もしカトリックの信仰が失われれば、それとともに余の財産も失われる」と信じていたからである。そして国王は、「皆の者、よいか。神にお仕えするには何が最良かを教えてくれ。神への奉仕が余の願いであり、ひいては、余への奉仕となる」と側近に質している。しばらく前から、この二つは不可分のものとなっていた。一五七三年、士気の上がらない司令官の一人に対して、彼は次のように安堵させた。「貴官は神に仕え、余に仕えている。これはまったく同じものである」[*42]。

戦略的に見れば、国王が「神の大義」と外交目的とを切り離すことができないとき、問題は厄介なものになる。自国で異端抑圧とカトリックへの忠誠強化を進めることと、他の支配者の国民に対して同一の基準を強要することとは、まったく別である。にもかかわらず、フェリペ二世は自国での盲目的かつ情熱的な決意をもって、海外での政策を追求するのがしばしばであった。一五七一年、カトリック教徒による反乱を支援するためのイングランド侵攻計画が首謀者の逮捕によって頓挫しかけたとき、フェリペ二世は次のように計画続行を主張した。

余はこの計画の達成を熱望し、心からこれを愛し、神がこれを神の大義と見なさなければならないことを確信しているが故に、何人《なんぴと》たりとも余を止めることはできない。それに背くものを、余は受け入れないし、信じない[*43]。

国王が断腸の思いで計画の中止に同意したのは二カ月後のことであった。同様に、一五八六年、フェリペ二世がカトリック教徒を支援する目的から、スペインのフランス侵攻を裁可したとき、次のように文書に書き留められている。

余が賛同したのは、あの王国における宗教上の苦境から脱するには、あの方法しかなかったからにほかならない。これにより、我々の行動から生じた別の困難に遭遇するかもしれないが、宗教上の大義が何よりも重要なのである。[*44]

この帝国主義は宗教の仮面を被ってはいたが、帝国主義であることに変わりはなかった。

二 スペインの大戦略の実践

このように、神の摂理による秩序はスペインのためにあるという不屈の信念は、「神はスペイン人である」という十七世紀の言葉に端的に表現された。これは実践の面でも戦略に影響を及ぼしていた。[*45] 一五七一年、フェリペ二世がイングランド侵攻のくだりで記しているように、神が自分の味方であるという彼の確信から、「(他の人とは) ものの見方が異なっており、直面する困難や問題も小さく見える。それ故、余がこの仕事に取り組むことを邪魔したり、注意を逸らしたりするものをさほど恐れなくてすむ」[*46]。同様に一五八七年から八八年にかけて、彼が再びエリザベス一世のチューダー王朝の転覆を立案したとき、フェリペ二世は、成功の見込みがほとんどなくとも、重大な局面で神の御加護があると確信していた。派遣艦隊の司令官が、冬の最中にイングランドへ向けて無敵艦隊を出航させることは狂気の沙汰であると不満を漏らしたとき、フェリペ二世は穏やかに答えた。「安全な港も確保せずに、大艦隊を真冬の英仏海峡へと派遣すれば、危険が伴うことを我々は承知している。しかし、

（中略）これはすべて神の大義のためであり、神が好天を届けてくれるであろう」[*47]。一五八八年六月、嵐によって一部の艦船が破損し、ある艦船はコルナへ退避し、残りの艦船は分散して退避することになったが、国王は平静を保っていた。こうした不運は中止を求める神のお告げではないかとの助言を耳にしたときも、国王は次のように応えた。「もしこれが不義の戦争であるならば、この嵐は神に背くことを止めよという神のお告げと見なすことができる。しかし、これが正義の戦争である以上、神が我が軍隊を解隊することはあり得ず、むしろ我々が望む以上の寵愛を与えてくれるはずである」。最後に、「余は、この事業を神に捧げている」と国王は語った後、次のように結んだ。「急げ、そして、与えられた仕事をしろ」[*48]。認知上の不一致についてのこれ以上の好例は、なかなか見つからないであろう。このように偏狭な非妥協的態度という岩の上に、スペインの戦略的優位をめぐる合理的計算が築かれていた。

結局、ハプスブルク家による「支配への賭け」は不十分なものであった。フェリペ二世は一五七一年にも一五八八年にも、イングランドを征服できなかった。トルコは一五七一年、レパントの海戦で敗北を喫したものの、和平を求めなかった。フランスはスペインの衛星国にはならなかった。ポール・ケネディは『大国の興亡』のなかで、こうした失敗を三点から説明している。第一に、彼は近代初期のヨーロッパにおける「軍事革命」を重視している。第二に、彼によれば、強力な火薬による新世代の兵器が開発されたことにより、星型の防御型要塞という革新的なシステムが発明され、敵の拠点を制圧するには長期の包囲戦がほとんど避けられなくなった。第三に、これにより、陸・海軍が飛躍的に拡大し、費用が急増することも避けられなかった。戦費負担の急増によって、ハプスブルク家は「政府がつねに通常の収入の二倍から三倍を支出している国」になった。これが失敗の主たる理由である。しかし、ケネディによれば、他の二つの要因がこの問題をいっそう深刻にした。ハプスブルク帝国とは「大国が手を広げすぎて戦略的に破綻した典型的な例の一つであるといえる」。というのも、「ハプスブルク家にはするべきことがあまりにも多すぎ、戦うべき敵が多すぎ、守るべき戦線が広がりすぎた」。これに加えて、ハプスブルク家はいつも、入手可能な資源をもっとも効率よく動員することに失敗していた。その代わり、ハプスブルク家は、ユダヤ人やムーア人を追放し、国内における無数の関税障壁を堅持し、悲劇的なまでに過大評価された銅貨を鋳造し続けるなど、自らの資産を浪費していたのである。*49

このような債務を負っていたにもかかわらず、フェリペ二世は必要な資源をかき集めて瞠目すべき成功を収めていた。例えば、彼の軍隊は一五七〇年代および一五八〇年代にフィリピンのほとんどの地域を制圧し、一五八〇年から八三年の間にポルトガル帝国全体を併合し、さらに一五八三年から八七年の間にネーデルラントのほとんどの領地を回復することができた。一五八七年から八八年の間、彼は一日六万ダカットも維持費がかかる上陸部隊に執着し、「世界の創造以来、この海域において目撃された最大規模のものであり」、「私の知る限り、これまでにキリスト教圏に集結した最大かつ最強の部隊編制である」と、敵も味方も評していた。*50治世の最後の二五年間において、彼は七万人から九万人の兵を低地諸国へ駐留させた。

これを一部の熱狂的支持者は「神の宿営地」と呼んだが、これは世界の他の地域に駐留する守備隊とほぼ同じ規模のものであった。また、艦船や要塞に巨額の資産を投じたのはいうまでもない[*51]（表5－1）。スペインがこうした巨額の軍備拡張を続けられた理由は、フェリペ二世在位の期間を通じて、帝国の中軸であるスペイン経済が少なくとも他のヨーロッパ諸国と比較しても拡大基調にあり、生産的であったためである。[*52]フェリペ二世は統治の資金の流出や流入に悩まされ続けたが、帝国運営に必要とされる十分な資源を保有しており、彼の治世の間、適切に運用していた。

彼の君主制に欠けていたのは、優位性のある分野から最大の収益を引き出すための政治的な技量、とりわけ政治的な柔軟性であった。スペイン＝ハプスブルク家は戦闘で勝利を収めながらも、戦争で勝つことはできなかった。こうした問題が生じた理由は、高度の戦略計画を策定する組織が不在だった点に求められる。国王には閣議も陸軍省も統合参謀本部もなかった。善し悪しは別として、戦略面での可能性と限界を評価するアメリカ国防総省やネットアセスメント室に相当するものは存在しなかった。それぞれ独自の委員長、秘書、顧問を擁する複雑な評議会組織がフェリペ二世に対して助言をしていたが、こうした組織は通常業務しか扱っていなかった。評議会の主たる任務は、担当分野で入手した書類や書簡を検討し、必要な場合、とるべき行動を勧告することにあった。ここでは厳格な縦割りによって任務が決定されていた。国防評議会が、スペインにおける王国の陸・海軍についての文書を分析し、報告した。ただし、ネーデルラントとイタリアにおける王国の軍隊の監察は国務評議会の所掌範囲であった。というのも、スペインの海外権益は、外交、通商、軍事に関わりなく、すべて国務評議会の専管事項であったからである。同様に、インド諸国評議会はアメリカ大陸の軍事問題を担当していたが、一五八三年以降、それとは別の評議会がポルトガル帝国の防衛を担当し、リスボンから国王に対して直接報告をしていた。すべての軍事作戦の予算は、また別の組織である財務評議会が評価していた。

こうした任務の細分化は効率的に立案をするにあたっての重大な障害であったので、国王はこれを克服するために三つの枠組みを設けていた。第一に、彼は評議会のみに助言を頼ることはなかった。一方で、主要な側近は複数の評議会に出席していた。国務評議会と国防評議会の構成や、インド諸国評議会と財務評議会の構成は共通であった。国務、国防、財務の参加者がお互いを知らないということはなかった。他方、フェリペ二世は、特定の問題の討議を評議会制度から切り離すことで、自ら帝国運営を調整するこ

表 5-1 フェリペ二世の帝国主義のコスト（1571～77 年）

カスティリャから受領した金額

（単位：ダカット）

年	地中海艦隊	フランドル軍
1571	793,000	119,000
1572	1,463,000	1,776,000
1573	1,102,000	1,813,000
1574	1,252,000	3,737,000
1575	711,000	2,518,000
1576	1,069,000	872,000
1577	673,000	857,000
計	7,063,000	11,692,000

この時点で，フェリペ二世のカスティリャからの租税収入は約 600 万ダカットに上っており，その半額は国債支払いに充てられていた。

出典：AGS, *Contaduri a Mayor de Cuentas*, 2a época 55（Accounts of F. de Lixalde for the Army of Flanders）and 814（Accounts of J. Morales de Torre for the Mediterranean fleet）.

とができた。危機の際、国王は特定の作戦を監督する任務を付託するために特定の重臣を指名したり、しばしば、重臣からなる小委員会を設立したりすることがあった。例えば、一五七一年夏に小委員会を設立し、その後にレパントの海戦へと発展する海上作戦について、全報告書を審議して必要な行動を提言した。一五七三年から七五年にかけて、最大八名の上級顧問を含む議長会議が、低地諸国と地中海で同時に戦端が開かれた影響として現れた財政危機について解決策を論じていた。一五八〇年から八三年にかけて、国王と重臣のほとんどがポルトガルおよびその帝国の獲得にかかりっきりであったとき、グランヴィル枢機卿が他のすべての外交問題を取り仕切っていた。

政府の内部分裂を克服する第二の仕組みは、王宮からでも海外からでも重臣が国王に直接に書状を送ることを認め、評議会の複雑な制度を回避できるようにしたことである。「封筒に「国王宛親展」と記せば直接に届けられる」ことが保証された。こうした文書の取扱いは国王の私設秘書が一手に担当し、評議会のメンバーの目に触れることはなかった。[53] しかし、この特権を乱用し、さほど重要でないことを国王に直訴すればすぐにも処罰された。[54] だが、フェリペ二世は常に机上に置かれたものにほとんど目を通していた。こうしたかたちで入手した情報や助言は、しばしば政府に直接関係のない人からのものであったが、その後の決定に影響を及ぼした。[55]

最後に、彼が自分の名前で発出される書簡のすべてに目を通し、関係する評議会の勧告を自ら審査すると主張していたことはもっとも重要であろう。これによる事務的な負担は驚くべきものであった。ある時期、国王は四〇〇通の書簡に署名したと主張していたが、もしそうなら彼は謁見を行い、重臣や特使へ説明を行いつつ、一日平均三〇件の誓願を処理していたことになる。[*56] 加えて彼は、底なしの財政危機への取り組みには骨身を惜しまなかった。しかし、国王が自ら告白しているように、彼自身が提示された解決策をほとんど理解していなかったことが問題であった。特に厄介な案件を持ってきた秘書に対し、彼は「率直にいえば」と、次のように語った。

> 余は、この件について使われている言葉すら理解できない。どうすべきかも見当がつかない。誰かに助言を求めるべきなのだろうか。もしそうなら、誰に対して求めるべきか。時間は刻々と過ぎている。助言が何かを伝えよ。もしかしたら（この書簡を起案した）担当者に会うべきかどうかを考えよ。余は、彼のいわんとすることを理解できるとは思わないが。しかし、もし余がこの文書を起草していれば、ここまでひどくならなかったはずだ。[*57]

途方に暮れた国王は、なぜ資金が底を突いているのか、どうすべきなのかを把握するのに四苦八苦していた。一五八八年、スペイン無敵艦隊が行った海戦によって資金不足は再び深刻になった。そのため国王は、財務省に資金がどれだけ残っているか――しばしば残高は五万ダカットを切ったが――、どの債務が切迫しているかを示す特別報告書の提出を担当者に求めた。世界でもっとも裕福な君主として世評に高いフェリペ二世ですら、借金のうちどれを支払うことができ、どれを繰り延べしなければならないかを決定するため、何時間も何時間も書類に目を通さなければならなかった。[*58]

国王が些末なことに忙殺されていたため、事務処理が遅れがちになることは驚くことではなかった。例えば、一五七八年、ある重臣から送られてきた書類について、国王は次のように不満を漏らしていた。

先ほど貴殿より書類一式を受領したが、余は、見る時間も余力もない。明日開封する予定である。もう夜の十時過ぎであるが、余はまだ夕食すらとってもいない。今日はこれ以上仕事ができないが、机の上には明日目を通す書類が山積みになっている。[*59]

時折フェリペ二世は自分の体調について不満を漏らしていた。ある日、「昨日に比べれば今日はあまり疲れていないが、目がほとんど見えない」と記し、またある日は、「目を半分閉じながら仕事をしている」と記している。時を経ずして、彼の自信が揺らいだようにも見えた。彼は側近に対して、「余の地位はまったく馬鹿げている」と声を荒らげ、その一週間後には、「近頃では抱えている問題をどう切り抜ければよいのか、皆目見当がつかない」と告げている。[*60]

国王の健康や精神が破綻をきたすことはめったになかったが、そうしたときに意思決定プロセスが完全に停止したのは当然のことであった。[*61] 側近の記録によれば、彼の仕事のやり方とは、その日のうちに決定することを求める文書を送りつけ、喫緊の課題は常に至急の扱いになっていた。[*62] すべての事項について国王が決済していたため、万が一、評議会メンバーが何も知らされていない場合であっても、ある程度の調整は図られていた。しかし、フェリペ二世中心の統治機構は、戦略計画の分野で次の二つの欠陥があった。第一は、国王が政府の日常業務にまで巻き込まれていたため、長期的な視点から問題を考察することができなくなっていた。受難節などの時期に、彼は一週間かそれ以上を保養のために過ごし、教会へ行くときはすべての仕事を棚上げにした。そして、一日のかなりの時間を礼拝に割くのが生涯を通じての日課であった。こうした余暇に割く時間があるならば、彼は全体像を考える余裕もあったといえるであろう。しかし、こうした敬虔な姿勢は、「神は与え給う」という彼の確信を強めるばかりであった。

戦略指針をめぐる第二の欠陥は、フェリペ二世の「混乱させ、統治する」システムによって、他のメンバーが国王ほど事態を把握できなくなっていたため、政府が状況への対応に追われ、状況を方向付けることができなくなっていた点にある。新たな危機が生じたり、国王が新たな政策を要求したりするとき、フェリペ二世の政府は新たに初めから取り組んでいたのである。

両方の欠陥は、スペイン王室が「イングランド作戦」と呼んだ、一五八五年から八八年にいたるエリザベスのチューダー王朝に対する大戦略の立案に明瞭に現れていた。第一に、その立案過程は、国王の戦略目的と資源との不一致、そして、立案手法と軍隊の軍事的効率性との不一致を白日の下にさらした。第二に、この作戦はフェリペ二世による「支配への賭け」が最高潮の時期に行われた。イングランド侵攻の決定は一六〇四年まで続く水陸両面の軍事作戦の出発点となったが、これによりネーデルラントでの反乱を鎮圧するとともに、フランスのカトリック勢力の勝利を導くというスペインの努力が水泡に帰した。

スペインのイングランドに対する政策が急変したことは、スペインの戦略的優先事項においてイングランドの位置付けが変化したことを反映していた。フェリペ二世にイングランド侵攻という不退転の決定をさせた直接的な出来事は、一五八四年七月にまで遡る。アンジュ公爵であるフランシス・エルクレの死去により、アンジュの兄で子供のいなかったアンリ三世がヴァロア王朝最後の王となり、王位継承問題をめぐる危機が生じた。サリカ法典に従えば、フランク王国の王位継承は男子の系統にのみ許されており、ナヴァラ国王でありフランスにおけるプロテスタントの指導者であるブルボン王朝のアンリが、この系統ではアンリ三世にもっとも近い親族であった。フランスのカトリック教徒はアンリ三世を不適格として退け、カトリックによる王位継承を確保するため、強硬派はギーズ公爵アンリを首領とした「連盟」と呼ばれる準軍事組織を結成した。ギーズ公爵は直ちにフェリペ二世と同盟関係に入ったが、この動きには、フランスでの内戦勃発の際にスペインからの軍事支援を得るという目的と、連盟の軍隊の即応性を確保するためスペインの資金を得るという二つの目的があった。一五八四年十二月三十一日のジョアンヴィル条約は、この二つの目的に合致した。一五八五年三月に連盟は動員をかけ、フランスからプロテスタントを根絶するために協力するようアンリ三世に要求した。七月のヌムール条約でアンリ三世は、連盟に対する自分の支援を誓約するものとして、多数の大都市を連盟の統制下に置くことについて同意した。

一方で、こうした展開によってフェリペ二世はフランスへの恐怖心を払拭することができたが、これは彼の治下で初めてのことであった。他方で、エリザベス女王は脅威を感じるようになった。フランスが他の内戦へと巻き込まれるなか、スペインはネーデルラントに対する支配を強化することによってイングランド侵略のための理想的な出撃拠点を手に入れたため、スペインによる新たなイングランド攻撃の脅威は増大しているとエリザベス女王は考えたのである。女王はしばらくの間、ネーデルラントの抵抗勢力を強化するため秘密裏に支援を送ったが、スペインを挑発して開戦を誘発することを危惧して、公然たる支援を送ることは自粛していた。[*63]

このようにエリザベスのもっとも強硬派の側近すら、ネーデルラントに対する支援をあえて拡大しないと決定したときにあっても、フェリペ二世は相手を利するような行動をとっていた。ネーデルラントに駐留するスペイン軍司令官であるパルマの皇太子は、スペインとポルトガルがネーデルラントと秘密貿易を継続していることに抗議していたが、国王はこれに対し、イベリア半島の港湾で北ヨーロッパの艦船および積荷を没収するという一五八五年五月十九日付の制令に署名した。彼は拿捕《だほ》した艦船から没収した書類をくまなく調査し、ネーデルラントの艦船を除いて、すべての艦船を解放するよう命じた。しかし、エリザベス女王は、イングランドの船と乗組員が拿捕されたことを耳にした瞬間、この禁輸措置をスペインに対する開戦事由へと変えた。*64

その直後、女王はイベリア船籍の漁船を襲撃せよという命令を下し、小艦隊をニューファンドランドへ派遣した。この襲撃によって多数の船舶と乗組員約六〇〇名がイングランドに拘束された。これと同時に女王は、禁輸で被った損害の賠償を請求するイングランド国民に対して外国商船拿捕免許状という勅許状を発行し、フェリペ二世の軍旗を掲げた船舶を拘束することによって損害を補塡することを認めた。一五八五年八月二十日、エリザベスはネーデルラントとノンサッチ条約を通じて同盟を締結し、七〇〇〇名以上の正規軍をネーデルラント陸軍へ拠出すること、ネーデルラントの国防費の四分の一を支払うこと、イングランドの上級顧問の一人を派遣して反乱州における統治の調整と軍隊の指揮を行うことを約した。最後に、海軍機動部隊を出動待機させていたフランシス・ドレーク准男爵は、旧世界および新世界におけるスペインの艦船および所有物を襲撃する権限を与えられた。一五八五年九月二十四日、三三隻からなるドレークの小艦隊はプリマスを出航した。十月七日ガリシアに到着し、その後の一〇日間でヴィーゴとバヨーナ近郊の村を襲い、任務外の時間でも、教会へ乱入し、戦利品を集め、人質を取った。

主権国家として、こうした赤裸々な侵略行為を見逃せるはずはなかった。一五八八年に捕虜となった、無敵艦隊の上級司令官の一人であるドン・ディエゴ・ピメンテルは、尋問に対して次のように答えている。「国王が（イングランドに対する）戦争を開始した理由は、ドレークと二、三隻の腐敗しきった船がスペインの港を荒らし回り、略奪の目的で善良なる都市を襲ったからだ」[*65]。史料は彼の証言を裏付けている。フェリペ二世は、十月第二週のガリシア略奪により、十月二十四日、イングランド侵略への教皇からの委任を受諾している。そのときまで彼はノンサッチ条約について一切承知していなかったが、ガリシア襲撃についてはすべて承知していたのであろう[*66]。

しかしながら、イングランド侵略を決定することと、これを実行に移すこととはまったく別である。まず国王は、スペインが直面する問題についての幅広い戦略的分析を準備するため、彼の首席顧問であるドン・ファン・デ・ズニーガに委任する決定をした。ズニーガの政治・軍事分野での長期間の経験は信頼できるものであった。彼は一五五〇年代にネーデルラントで戦い、教皇庁への大使やナポリ総督という地位から、一五八二年にはマドリードの国防・国務評議員へと出世した。当時彼は、重大な案件につき中央政府の政策を調整し、国王に対して諮問を行う常設委員会（いわゆる「夜間委員会」）の議長であった。ネーデルラント共和国におけるイングランド部隊の増強や、ガリシア（その後カナリア諸島やカリブ海へ活動を広げた）におけるドレークの艦隊の蛮行についての知らせが氾濫するなか、ズニーガの報告書はトルコ人、フランス人、イングランド人、オランダ人という四つの主要な敵を特定した。ズニーガは、トルコ人はペルシャと依然として戦争状態にあるため地中海では防衛的な態勢で手一杯であるが、〔スペインが〕連盟を支援し続けることによってフランスは麻痺状態になるだろうと見ていた。残るはイングランド人とオランダ人である。ネーデルラントは一五七二年の反乱以来、問題がくすぶっていたが、イングランドの脅威は新たなものであった。ズニーガは、エリザベスがスペインに対して公然と断交したため、フェリペ二世はこれに応じなければならなかったと主張した。「しかし、純粋に防衛的な戦争を戦えば、莫大な戦費を支払い続けることになるだろう。というのも、我々はインド諸島、スペイン、そして、その間を往復する船団を守らなければならないからである」。圧倒的な部隊による水陸両面の作戦は、防衛のうえではもっとも効果的かつ経済的である。イングランド侵攻へ資源を投入することはネーデルラントでの失地回復を危険にさらすかもしれなかった。しかしズニーガは、イングランドが今は直接的脅威でなくとも、いずれスペインを攻撃することは確実であるため、イングランド侵攻の危険を冒す価値は十分あると判断していた。[*67] ズニーガによる助言の論拠を疑うことなく、国王は一五八五年十二月二十九日の書状を通じて、パルマの皇太子へイングランド侵略の決定を伝達し、適切な戦略が何であるかについての助言を求めた。[*68]
イングランドは伝統的に海上戦闘に秀でていたため、経験的には——航空戦力が発達するまで——イングランドへの侵略が成功する可能性があるのは、次の四つの戦略のみであった。第一に、対抗するイングランド海軍を打破するか、港に食い止めておくほど強力な海軍力と、征服に十分な規模の軍隊を海上輸送するだけの輸送船団による合同作戦を同時に行うことである。一〇六六年のウィリアム一世、一六八八年のウィリアム三世はこの方法を用いて成功した。一六九二年、一七五九年、一七七九年にフランスも同じ方法を試みたが失敗した。第二の戦略とは、英仏海峡付近に陸軍を秘密裏に集結し、イギリス海軍をおびき出すため、おとりの艦隊を他の港から出航させる一方で、陸軍を護衛がほとんど随伴しない軽量かつ高速の輸送艦隊によって渡峡させるものである。ナポレオンは一八〇四年から〇五年にかけてこの策を用いた。第三の戦略は、第二の戦略を一部修正したものである。イングランドの主力部隊を引き付けるため、アイルランドへ陽動攻撃を行って、イギリス本土上陸への障害を減らすというものである。フランスは一七六〇年と九八年に試みて、一部成功している。そして最後に、イングランドの準備態勢が整わないうちに奇襲攻撃を行うことは理論的に可能である。一七四三年から四四年にかけてフランスはこの作戦も試みている。[*69] こうした四つの戦略が一五八〇年代にすべて検討されていたことは、フェリペ二世の側近の優秀さを示すものである。そして、国王が一五八七年から八八年にそのうちの三つを同時に企てようとしたことは、彼流の戦略立案の限界を露呈させるものであった。

リスボンの王立海軍を指揮するサンタ・クルス侯爵が、一五八六年二月十三日、ドレークによる略奪について国王へ批判を述べ、イングランドへの大規模な報復攻撃を要求した頃、徐々に混乱が始まっていた。フェリペ二世による二十六日の返書によれば、サンタ・クルス侯爵に攻撃計画を立案するように促していたが、このとき、侵略が既定方針であることと、パルマ公に意見開陳を求めていることの二点は伝達されていなかった。[*70] 艦艇ベルナベ・デ・ペドロソの需品監査官の助言を受け入れながら、サンタ・クルス侯爵は急ピッチで作業を進め、一五八六年三月二十二日に王宮に草案を送付した。残念ながら、現存するのは必要物資の一覧表のみと思われる。この文書は、主要艦船の隻数から軍靴の数量にいたるまで、あまりにも事細かに記述していたため、サンタ・クルス侯爵の真意が伝わらないものになっていた。[71] 彼がイングランド侵略に向けて、アイルランドへのおとり攻撃とイギリス本土への奇襲攻撃の組み合わせという第三の戦略を想定していたことは明白である。イベリア半島の港湾に集結する約一五〇隻の主力艦と四〇〇隻の支援艦からなる艦隊は、五万五〇〇〇人の介入部隊、武器弾薬、支援火力をイギリス諸島のいずれかの上陸地点へと輸送する予定であった。この作戦は一五六五年のマルタ島での救援や、一五八二年と八三年のアゾレス諸島占領での成功例に続くはずであった。

一五八六年四月初頭、サンタ・クルス侯爵はエスコリアル宮殿で最高顧問団に対して自ら作成した計画を提案した。これについての議事録が一切残っていないため、彼が想定した上陸地点は正確には分からない。しかし、南アイルランドのウォーターフォード港について多数の関連文書が言及していることから、ここが選定されていたことはほぼ確実であろう。攻撃は一五八七年夏に予定されており、準備は次の三つの地域を中心になされていた。リスボンでは、サンタ・クルス侯爵の直接指揮下に入る攻撃部隊のための艦船や要員が集められていた。アンダルシアでは、戦略立案に携わったメディナ・シドーニア公爵が、リスボンに送るために兵員を召集し、派遣される補給艦を集めていた。ヴィズカヤでは、大西洋での航海についてスペインでもっとも経験豊富なファン・マルティネス・デ・レカルデが指揮を執り、彼の下の八隻の大規模商船と四隻のピンネス小型帆船が、新たに海軍の小規模艦隊として運用される予定であった。[72]

このようにサンタ・クルス侯爵の計画実施に向けた準備が始まろうとしたちょうどそのときに、パルマ公による戦略見積りが完了した。彼は、一五八六年四月二十日付の二八頁におよぶ書簡のなかで戦略見積りを説明し、王宮へ書簡を運ぶ特使に詳細を託していた。パルマ公は、まず、国王の意図をめぐる秘密保全が欠けていることは遺憾であると指摘した。彼によれば、フランドルにいる普通の兵士や文民ですら、イングランドをどのように攻略するべきか公然と論じていた。皇太子は、次の三点に留意すればこの計画を救済することができると説いた。第一に、「イングランド人も、他の同盟国の支援も一切当てにせず」、国王自身が責任を果たすべきである。第二に、エリザベスへの支援やネーデルラントへの介入というかたちでフランス人が介入することがあってはならない。第三に、再占領したネーデルラントの領地をオランダ人に対して防衛する目的から、急襲部隊が出陣した後も十分な兵力と資源をネーデルラントに維持することである。

こうした条件を満たしたときに初めて、イングランドの奇襲攻撃に向けて三万人の兵員と五〇〇〇頭の馬からなる部隊をフランドル軍から分遣し、これを海運用の艀《はしけ》からなる小艦隊によって英仏海峡を渡らせることができた。パルマ公は、侵攻作戦には成功の見込みが十分あると感じていた。彼の本当の意図が外部に漏れなければ、「ここで出航する部隊は大規模でありながら、集結部隊を艀に積載する手間はわずかである。また、我々はエリザベスが保有する（と予想される）部隊規模を知り尽くしており、必要と予想される渡峡時間も追い風があればわずか八時間、追い風がなくとも一〇時間から一二時間であり」、進攻が成功する可能性は高いとパルマ公は思っていた。ロンドンへの奇襲のために進軍することを考慮すれば、「(結論として) 地理的に近くて、接岸が容易で、上陸にもっとも適した地点はドーヴァーとマーゲートの間の海岸」であった。これは内容として、第四の戦略としての奇襲に相当するものであった。

パルマ公の書簡は、スペイン海軍からの支援についてわずか二つの段落しか割いていない。しかも、そこでの扱いとは、彼の起草した計画の詳細がイングランドの知るところになるかもしれないという、最悪の筋書きの文脈で言及する程度のものに過ぎなかった。この場合、ドレークの蛮行によって国王は大西洋防衛のため艦隊を動員せざるを得なくなったのであり、パルマ公によれば、この小規模な海軍は「既に (ケント州に) 上陸している部隊への支援や増援のために展開するか、フランドルとイングランドとの間の海上交通路を確保するかのいずれかである。それ以外であれば、もし艦隊が大規模であり、十分な物資、装備、人員を保有しているのであれば、イングランド海軍を (ドーヴァー海峡から) 引き離す陽動作戦を担当する」[*73] というものであった。

こうしてフェリペ二世は、綿密に練られた二つの計画を手にした。辣腕の海軍司令官の推すものが一つ、経験豊富な将軍の推すものが一つ。どちらが良いであろうか。

パルマ公の戦略は、案の起草が大幅に遅れたことによって王宮での影響力が多少減少していた。国王がパルマ公に立案を依頼したのは一五八五年十二月二十九日であったが、六週間後に国王は督促状を発している。最終的には一五八六年四月二十日にパルマ公の案が送付されたが、海軍の暗号解読官のもとに到着したのが六月二十日であり、ジョヴァンニ・バチスタ・ピアッティが国王の重臣にこの戦略を報告したのは、さらにそれから四日後であった。この提案によって、大規模な軍隊を公海上で輸送するにあたりフランドルの港で何隻調達できるのか、上陸地点をロンドンに近いテムズ川河口へ変更する利点はないのかという問題が浮上してきた。こうしてドン・ファン・デ・ズニーガが、この一件を担当することになる。[*74]

このパルマ公の案は、既に承認されていたサンタ・クルス侯爵の計画と対立するものであったが、ズニーガはまったく臆することなく、この二つの戦略を融合しようと試みた。ズニーガの提案は、展開可能な全部隊および地上作戦に必要とされる物資のほとんどをサンタ・クルス侯爵の艦隊が運搬してリスボンを出航し、アイルランドに直接向かうというものであった。そこに急襲部隊を揚陸させ、橋頭堡《きょうとうほ》を確保する。ズニーガの読みでは、エリザベスの海軍に威嚇を与えて、部隊を引き付け、これによって抵抗する気概を殺《そ》ぐことができる。その数カ月後、無敵艦隊はアイルランドを離れ、英仏海峡へ向かう。侵攻の主力部隊であるパルマ公麾下《きか》三万人の兵は、フランドルの港から平底の艀からなる艦隊で出港し、ケント州の海岸へと奇襲をかける。この間、無敵艦隊は〔ケント州の〕ノースフォアランド沖を航海し、英仏海峡を安全に渡るのに不可欠なイギリス海峡とアイリッシュ海付近での制海権を得る。次いで、攻城砲やロンドン進軍に必要な物資を船より降ろす。最後に、二カ所の橋頭堡と海上での安全確保によって、アンダルシアの港にあるメディナ・シドーニア公爵麾下の補給艦から、いっそうの増援および補給を行う。こうした海陸両面での圧倒的優位によってチューダー王朝を打倒し、スペインにとって好ましいカトリックの王朝へと交代させ、イングランドの駐留部隊がネーデルラントで占拠した土地をフェリペ二世の部隊へと引き渡し、ネーデルラントでの反乱を丸く収める。こうしてスペインは一つの石で二羽の危険な鳥を殺すことができるのである[75]。

それでは、フェリペ二世はこうした計画変更の提案が重大なものであると自覚していたのであろうか。いま振り返ってみると、サンタ・クルス侯爵の戦略には利点が多い。一五八八年の事例は、スペインはひとたび無敵艦隊を出航させたら、妨害活動が繰り返されたとしても、六万六〇〇〇トンの積み荷を無事に英仏海峡で渡すことができることを証明している。また、一六〇一年のキンサレ上陸の事例は、侵略者がアイルランド南部で首尾よく橋頭堡を確保し、要塞化できることを示している。このように、ケント州に対する電撃的な上陸作戦というパルマ公の構想にも称讃すべき点が多数ある。パルマ公麾下の部隊が無敵であることは幾度となく証明されており、練度の低いイングランド軍は、ロンドンへ進軍するフランドル軍から奇襲に遭っていれば、おそらく降伏していたであろう[76]。無敵艦隊がイングランド進攻に失敗した究極の原因は、スペインから派遣される艦艇とネーデルラントから派遣される陸軍との統合が、進攻開始に欠かせない前奏曲であると決めてかかっていた点にある。

なぜ彼らはこうした進路をたどったのであろう。ほぼ二〇年にわたり、ズニーガは地中海における海上作戦で優れた調整役を任じていた。フェリペ二世も、一五八〇年のポルトガル征服に示されるように、数多くの輝かしい作戦に参加した経歴を有する。こうした成功には陸軍と海軍の統合作戦を含んでいた。おそらく国王も、同時二正面の攻撃は一正面の作戦よりも成功する公算が高く、この双方の作戦のための予算がある以上、どちらかを選択する必要はないと感じていたのであろう。というのも、本質的に国王は机上の戦略家であったからである。エドワード・ルトワックは戦略に技術、戦術、作戦、戦域、大戦略という五つのレベルを設定したが、国王はこのいずれのレベルにおいても直接的な経験を積んでいなかった。[*77] さらに悪いことに、彼は自分に欠落している重要な資質を他人が提供することを認めなかった。フェリペ二世の秘密主義的な統治機構のなかでは、彼自身と彼が選んだ相談相手以外、誰も計画を精査することができなかったからである。一〇〇〇カイリ以上も離れた作戦拠点からまったく別々に二つの大艦隊が出航するとき、どのようにすれば時間と場所を正確に一致させ、両者の連接を確保できるのであろうか。この問題を、スペイン王宮では誰も提起しなかった。また、フランドルに軽武装で脆弱な艀しか持たないパルマ公が、迎撃任務のために洋上に展開しているネーデルラントやイングランドの軍艦からいかなる総攻撃を受けるのか、誰も質問することはできなかった。

一五八六年七月二十六日、ジョヴァンニ・バチスタ・ピアッティはイングランド征服に向けた詳細な基本計画を携えてネーデルラントへ戻った。この計画は、ズニーガの複雑で狡猾な構想を余すところなく表現していた。これと同じ方向性の文書はリスボンにも届けられた。しかしフェリペ二世は、発した命令についてはパルマ公にもサンタ・クルス侯爵にも口を挟ませなかった。彼は計画の実施のみを命じた。[*78] また、国王はスペイン、ポルトガル、ナポリ、シチリアのすべての行政担当者に兵員、弾薬、その他の必要な装備を整えるよう下令し、その間、スペインとイタリアにおける増援部隊にはフランドル陸軍への派遣準備がなされ、ヨーロッパ全域の船舶はリスボンとカディスへ向かった。*79

兵員、船舶、弾薬が集められるにつれて、フェリペ二世はイングランド侵攻の成功を確実にするため別の手を打った。一五八六年十一月にズニーガが没したものの、国王はこれまで進めてきた外交攻勢を継続した。それは、この雌雄を決する瞬間に、いかなる外国列強もエリザベスのチューダー朝を支援するために指一本動かさないことを確かにするためのものであった。ほぼ同時期に、エリザベスは、フェリペ二世の筋書きにあった外交上の重大な障害を取り除いた。エリザベスの家臣が、一五八七年二月十八日、スコットランド女王のメアリを処刑したのである。数週間後、フェリペ二世の海外情報員は、メアリ・ステュアートの「殺害」を口実として最大限に利用し、専制的な「イングランドのイザベル」根絶に向けて熟成させてきた彼らの主人の計画を正当化した。

フランスでは、カトリックの連盟の指導者に対するスペインの資金援助が増額され、一五八七年四月には、連盟の部隊はネーデルラント国境付近のピカルディ地方において三つの都市を制圧し、王立守備隊に取って代わった。これは、つまるところ、アンリ三世やフランスのプロテスタントからの援助が、ネーデルラントやイングランドにおけるフェリペ二世の敵対者に一切届かないことを保証した。

しかし、フェリペによる計画の通知を受けたエリザベス女王が、フランシス・ドレーク准男爵とその強力な艦隊をのちに「スペイン国王の髭を焦がす」として知られる先制攻撃へと送り出したため、戦略状況は一変した。一五八七年五月のカディスにおける略奪および店舗や船舶の破壊も、決して重要な行為ではなかった。むしろ、その後ドレークが出航して、財宝を積んで東インドおよび西インドから帰還する〔スペインの〕ガレオン船を略奪したことの方が死活的であり、広く知られることとなった。この脅威に対応するためサンタ・クルス侯爵は、七月に彼の強力な艦隊を出撃させたが、行き先は計画にあったアイルランドではなく、帰還する艦船を待ち受けるためのアゾレス諸島沖であった。彼はドレークの艦隊に対して東インド号一隻を失うのみで、この任務を見事に遂行した。しかし彼は十月までイベリア半島の水域へ戻ることができず、また、そのときに残っていたのは嵐で被害を受けた船と病人の乗組員のみであった。その結果、一五八七年に無敵艦隊がイングランドに向けて出航することはなく、スペインの大戦略は再考を余儀なくされた[*80]（表5－2）。

フェリペ二世は精力的に取り組んだ。まず、彼はアンダルシアに停泊する予備艦隊をリスボンへ向かわせ、サンタ・クルス侯爵麾下の軍艦がアゾレス諸島より帰還次第、合流するよう命じた。次いで、九月十四日、無敵艦隊に詳細な指令を発した。この指令にはアイルランド侵攻は一切触れられていなかった。確かにこの指令書は、ドレークからの襲撃によって遅延が生じ、宝物艦を護衛する必要が出てきたことから、イングランド侵攻の前にアイルランドに拠点を確保する時間がなくなったと説明している。しかし、国王は計画の目的は不変であると強調した。彼は戦略のみを変更したのである。

表5-2　フェリペ二世および敵国の軍事力（1587〜88年）

フェリペ二世	
スペイン，北アフリカ，ポルトガル	
無敵艦隊（アルマダ）	19,000名
守備隊	29,000名
艦隊	131隻（リスボンの無敵艦隊）
	22隻（地中海防衛任務のガレオン船）
イタリア	
ミラノ	2,000名
ナポリ	3,000名，ガレオン船28隻
シチリア	2,000名，ガレオン船10隻
海　外	
ポルトガル領アジア	5,000名
スペイン領アメリカ	8,000名
スペイン領ネーデルラント	
27,000名，イングランド進攻部隊	
40,000名，スペイン領ネーデルラント全土の守備隊	
イングランド進攻用の81隻（水上艦），194隻（平底の艀）	

敵　国
イングランド
45,000名，陸軍，無敵艦隊危機の際の最大規模
15,000名，イングランド海軍兵員
6,000名，ネーデルラント共和国
197隻，南部沿岸地域に分散
ネーデルラント共和国
17,500名
67隻，フランドルからフリシアまでの沿岸地域に分散

サンタ・クルス侯爵が受けた命令は、全艦隊で出航し、「神の名において英仏海峡へ向かい、マルゲート岬の沖に停泊するまで進軍せよ。それまでに、パルマ公に貴艦が接近していることを警告せよ」[*81]であった。国王は言葉を続けた。「この公爵は受領した命令に従って、この岬の沖に停泊しているか、ないしはテムズ河口を巡航している無敵艦隊によって、イギリス海峡とアイルランド海の安全が確保されたことをまずは確認する。(中略)間もなく、彼は多数用意してきた(通峡目的から)小型船に乗せて準備してきた陸軍を渡峡させるであろう」。フェリペ二世は、パルマ公と彼の側近が渡り終えるまで、無敵艦隊は「通峡の安全確保以外に何もせず、ただ、通峡を妨害するため出没してくる敵国の船舶を打ち破る」ことが任務であると主張した。またフェリペ二世は、「マルゲート岬からであれば、テムズ川および東部の港にいる敵の軍艦が、南部および西部にいる敵の軍艦と連接することを妨害できる。この目的は、敵艦隊が集結して我が艦隊と直接戦闘するような事態を避けることにある」と高らかに宣言した。

この計画は十分説得力があるように思えるが、少なくとも一点について重要な疑問に答えていない。それは、大艦隊がフランドルの港まで渡って、時間前に乗船して出発準備が整っているパルマ公の陸軍に合流するのか、それとも、国王は上陸用の艀を出航させ、艦隊に合流することを期待しているのであろうかという点である。前者の場合、吃水の深い無敵艦隊の艦船が、フランドル沿岸周辺の浅い砂州を乗り越えることができるのであろうか。後者の場合、何マイルも沖にいる艦隊は、パルマ公の脆弱な艀が安全なダンケルクやニーウポールトのような安全な港を離れてから、どのように重武装のネーデルラントの封鎖部隊からこの艀を保護するのであろうか。この点について国王は沈黙を守っているが、控えめにいっても、この見逃しは不幸なものであった。*82

しかしフェリペ二世は、これを問題だとは考えなかった。それは、彼がフランスとネーデルラントを同時に無力化するというさらに二つの外交戦略を懐《ふところ》に忍ばせていたからである。一五八八年四月末、スペイン大使との会合で連盟の代表として活動していたギーズ公爵は、無敵艦隊出航の報に触れたとき、全面的な反乱を企てることに同意した。一〇万ダカットを連盟の指導者へ即座に支払うことで交渉はまとまった。五月初旬、パリのカトリック教徒が都市の占拠に向けて扇動し始め、一五八八年五月十二日、アンリ三世は秩序回復のためにスイス人近衛兵を配置させたが、首都全体に暴力が蔓延し、国王の兵に対するバリケードが築かれ、ついに彼は逃亡することになった。「バリケードの日」を契機にギーズはパリの盟主となり、時を経ずして「王国の中将」となった。フェリペ二世の意図は、ギーズにアンリ三世とパリの街を同時に制圧させて、国王に譲歩を迫ることにあった。ここには、無敵艦隊が英仏海峡に迫り来るなか、ブーローニュやカレーのような港湾への自由通航を認めさせることも含まれていた。たとえこうした目覚ましい成果は上げられなくとも、パリと並んでピカルディ地方の街は連盟の支配下にあり、今や友軍が英仏海峡の港湾を押さえていた。

スペインの外交努力によって、ネーデルラントはイングランドにわずかばかりの援助しか送らないことが確実になったが、これは驚くべきことであった。侵略が間近であるという噂が飛び交うにつれ、エリザベスはフェリペ二世とパルマ公が慇懃《いんぎん》無礼に派遣した外交官の一団を相手として、真剣に停戦交渉を始めた。女王はネーデルラントの同盟諸邦に対して交渉に参加するよう請願したが、この訴えはネーデルラント共和国を分裂させた。まず、ネーデルラントの内陸諸州は、ホラント地方の都市を含めて交渉参加を支持した。しかし、ネーデルラント総督は姿勢を崩さず、和平交渉へ代表者を派遣することを拒否した。ネーデルラント駐留のイングランド軍は、絶望のあまり、共和国の戦略拠点となる都市の多くを制圧しようと試みた。この試みは失敗し、イングランドの権威は完全に失墜した。こうした圧倒的な成功を背景として、フェリペ二世はエリザベス側の外交官との交渉を続け、彼の交渉代理人に譲歩するそぶりを見せることを認めた。すぐにイングランドはこの餌に飛びつき、フェリペ二世を喜ばせた。一五八八年五月、イングランドの交渉代表の一人であるジェームズ・クロフト准男爵は、(ダンケルク近郊の)ブールブールにあるスペイン領へと移動し、イングランド軍のネーデルラントからの完全撤退の条件について議論することを認められていた。再び、スペインの宣伝工作によって、既に猜疑心を抱いていたネーデルラント人に対する「不実なアルビオン」の政治力は大幅に失われていた。この交渉を通じてエリザベスは、パルマ公の軍隊の準備態勢を観察できるフランドルの監視塔など、重要なものを手中に収めていたが、ネーデルラントでの権威失墜によってずっと多くのものを失っていたのである。

三　無敵艦隊の後に

このような事態になっても問題にはならなかった。なぜならば、侵略者は部隊を統合することが一切できなかったからである。一五八八年七月、ネーデルラント海軍の三二隻の重装甲艦によるフランドル沿岸地域の封鎖によって、パルマ公の輸送船団は湾内に閉じ込められた。その一方で、イングランド海軍の焼き討ち船、ガレオン船、火砲は無敵艦隊を凌いでいたため、メディナ・シドーニアはパルマ公と合流するまでイギリス海峡およびアイリッシュ海峡の両海峡に留まることができなかった。しかし、もし戦術的要素が一五八八年のスペイン無敵艦隊の敗北の直接的原因であるならば、疑いもなくスペイン政府の不完全な戦略計画がその核心であった。

無敵艦隊の敗北後、この問題について何ら改善が見られなかったし、実際はむしろ逆であった。国王は、少なくともこの「魂の暗黒の一夜」に悩まされ、その日はスペインが神に見放されたと恐れたが、一五八八年十一月中旬には、彼はイングランド征服に向けた新戦略の策定を側近に促した。評議会の重臣は、一五八五年から八六年のときと同様に、守勢をとることを全会一致で拒否した。その理由は、守勢には新たな攻勢と同じくらいの費用がかさむにもかかわらず、戦争終結に何ら役割を果たさないからであった。その代わり、彼らは国王に対して、チューダー王朝に対する上陸作戦を再び準備するための軍備増強を提言した。今回彼らは、アイルランド上陸とフランドル軍参戦の双方の可能性を排除し、「イングランドに直行し征服する」遠征部隊を選んだ。[*83]また、参議委員会は、スペイン外洋艦隊の必要性を認識していた。一五八八年の時点で無敵艦隊には王室の艦船はほとんど含まれておらず、わずかに、一五八〇年にポルトガルから受け継いだガレオン船、地中海のガレアス船、大西洋の護送船団からの護衛艦程度であった。しかし翌年、スペインは一〇〇〇トン級の新型ガレオン船一二隻をカンタブリア造船所で起工し、一五九八年までには、五三隻に上る王室の軍艦が北大西洋で運用可能となった。さらに、王室の兵器廠では一五八九年から九〇年にかけて約五〇〇〇トンの弾薬が生産されたが、それらは射程距離と火力との結合を図る統一された設計の下で生産された。[*84]

しかし、新たに無敵艦隊を建造する計画は、フェリペ二世の相談役であり盟友であったギーズ公爵がアンリ三世の手により殺害されたとの報により、その開始直前で頓挫《ゆだ》してしまった。国王の側近は、フランスのカトリック教徒を保護する任務がスペインに委ねられているものの、「その経費は、我々が現在着手している準備を台無しにする」ことを即座に理解した。連盟への支援を極秘扱いにし続けることに関して全員の同意が得られたが、その理由について、ある顧問は次のように述べた。「フランスへ宣戦布告したいという誘惑は大きい。しかし、我が国の現状や（強力な海軍力を持つ）イングランドとの公然たる戦争、反乱分子と敵国が陛下に与える圧力を考慮すれば、我々は何としてもフランスに対して宣戦布告をしてはならない[*85]」。しかし、その後の事態の展開によって、こうした慎重な姿勢は変化を余儀なくされた。一五八九年八月、狂信的カトリック教徒がアンリ三世を殺害したことにより、ナヴァールのアンリ王がフランスの法律上の国王となった。しかし、彼はプロテスタント教徒であったため、支配者としての称号は多くのカトリック教徒にとって受け入れ難いものとなった。九月七日、フェリペ二世はフランスが深刻な事態に陥っているとパルマ公に対し警告した。

余の第一の目的は、信仰の安寧を確保し、フランスにおけるカトリック教徒が生き延び、異端者を根絶することにある（と彼は説明した）。（中略）この根絶を推し進め、カトリック教徒の勝利に向けて支援するために、もし余の軍隊が公然とフランスに進軍することが必要であると思うのであれば（あなたは余の軍隊を指揮しなければならない）。

フェリペ二世は、こうした選択が他の戦域に犠牲を強いることを理解していた。彼は一五八八年、スマトラ征服計画と経費節約に向けたモンバサ要塞の建造案の双方を中止した。彼は、それ以前に承認していたサルッヅに対するサヴォィア公爵の奇襲攻撃への支援からも手を引いた[*86]。今や、彼はネーデルラントに対する戦線を縮小する必要があると考えていた。

（フェリペ二世がパルマ公に伝えた）フランスでの情勢により、我々は極めて重要かつ失敗の許されない義務を負うことになった。あまりにも多くのことを一度に企てることは、すべてが失敗する危険を孕むことになる（また、財務担当者が許さない）。我々はネーデルラントでの戦争を何とかするためにも、防衛的なものへと縮小すべきであろう。

フェリペ二世は、余分な部隊は解隊し、残りの部隊を守備隊に割り振るようパルマ公に命じたが、これは万が一の場合、国王自らがフランスへ進駐することを想定した措置であった。*87

しかし、フェリペ二世は依然としてイングランドのエリザベス女王あるいはナヴァールのアンリ王に対する攻撃を躊躇していた。その理由は、一五八九年の夏のほとんどの時期、練度は低いものの大規模な英蘭の遠征部隊がガリシアを攻略してリスボンに迫っており、同時に、別のイングランドの小艦隊が、帰還してくる宝物艦を待ち伏せするため、アゾレス諸島沖に停泊していたからである。ここに、イベリア半島防衛に必要な兵力を空白にしないという、スペインの大戦略における伝統的な優先事項が浮上した。だが一五九〇年の初頭、英蘭両国の支援を受けたナヴァールのアンリ王が軍事的勝利を収めたため、スペイン政府は、フランスのカトリック教徒が公然かつ大規模な軍事的援助を受けない限り、彼らの抵抗運動が挫折する可能性に直面することになった。介入の候補地として、北部ではフランドル軍による進軍、西部ではブルターニュへの上陸、そして南部のラングドックあるいはナヴァールへの進軍、この三つがもっとも有力な選択肢であった。当初より、一回のみの作戦ではカトリックの大義を支援するのに不十分であるが、三回になればスペインの資源が枯渇することは明らかであった。その結果、国務評議会は、イングランドに対する再度の奇襲を想定していた艦隊はブルターニュへの派遣部隊の輸送を担当すべきであり、また、フランドル軍はネーデルラントの再征服を続ける代わりにフランス北部を侵略すべきであると示唆した。[88]

一五九〇年三月十四日、ナヴァールのアンリ王がイヴリーにおいてカトリック教徒の敵軍を撃ち破ったことにより、事態は決定的になった。これを転機に、「バリケードの日」以来、連盟の首都であったパリの治安が脅かされることになったからである。この戦闘の知らせを聞いたフェリペ二世は、パルマ公に対して、「フランスのカトリック教徒の大義を支援するという余が追求してきた戦略はこれまで正しかったが、今後は通用しないであろう」と告げた。彼は、二万人の兵力を用いてすぐにフランスに侵攻するよう公爵に命じた。パルマ公らは七月下旬にオランダを出発し、九月十九日にパリに凱旋した。その直後、別の派遣部隊がスペインを出発してブルターニュのブラヴェに到着し、同地におけるフランス人カトリック教徒を支援した。[89]

スペインの公然たる介入がなければ、ナヴァールのアンリ王は間違いなく一五九〇年に勝利を収めていたため、スペインの介入は短期的に見れば極めて重要なものであった。こうして、フランス内戦において二つのほぼ対等な勢力が対峙《たいじ》することとなった。しかし、フェリペ二世は「スペインの軍隊と財宝を食い尽くす貪欲な怪物」[90]を一つならず、三つも抱えていることに気がついた。一五九一年二月、ある重臣がフランスとイングランドに対する戦費が莫大なものになっていることを遠回しに指摘し、「もし神が陛下に対して世界のあらゆる問題を解決する義務を課していたとすれば、神はその資金と力を陛下にお与えになったことでしょう」と述べたとき、国王は堂々と次のように言い返した。「余にも、貴官が家臣として大いなる情熱からそのように進言していることは分かる。だがこうした問題は、自らの責任に対して誠実であろうとする人間にとっては見過ごすことのできないものであり、貴官の知るように、余はそういう人間であることを理解する必要があろう」。そして、フェリペ二世は最後にこう結んだ。「宗教上の大義は、いかなるものにも優先させねばならない」[*91]。

フェリペ二世は、まるで過去から何も学んでおらず、また、何も忘れていないかのようであった。神の大義が三つの戦域すべてにあると見たフェリペ二世は、覚悟を決めて、資源を同時にすべての戦域に投入した。また、彼は「スペイン流のシステム」の他の分野を疎《おろそ》かにすることはなかった。つまり、イタリアでは賄賂と脅迫によって影響力を行使し、スペイン寄りの法王を二年以内に四人も選出した。また、ロンバルディアをドイツから分離していたカトリック系のスイスの州では、彼が派遣した外交官がヨーロッパ北部への人員と情報、そして資金の輸送を確保するような有利な同盟条約を締結していたのである。

以前と同様に、フェリペ二世はスペインの戦略的必要に対する彼の考えについて、一切議論をするつもりはなかったし、異論が少しでも出されると、彼はより頑固になった。それはまるで、無敵艦隊を失った後、国王がある種の「動脈硬化」を患っているかのようであった。側近は、国王が普通の感情をまったく受け付けず、まるで爬虫類のように、外界に対して喜怒哀楽の感情を同じようにしか表現していないことに気づいた。また、国王はより多くの時間を祈りと睡眠に費やし、病床にいる時間も長くなった。一五九五年五月と六月、一五九六年三月と四月、一五九七年春、そして、彼が亡くなる一五九八年のほとんどの期間、国王は病床の身であり職務を遂行できなかった。彼は、晩年の三年間、関節炎に痛む節々を刺激しないゆったりした肌着を着用し、十六世紀当時の車椅子ともいうべき、垂直方向から水平方向へと身体の向きを移動できる安楽椅子の上で食事をし、執務をし、睡眠をとった。国王は他の者に謁見や公的職務を託し、命令の多くを形式的に承認したが、宗教上の大義に向けたスペインの戦いの手を緩めてはならないと決心し、政策の全般的な統制は一切譲らなかった。すべての前線で成功は収めていなかったにもかかわらず、スペインの財源と軍隊がフランスに注がれた。二つの無敵艦隊がイングランドに向けて(一五九六年と九七年に)追加派遣され、ネーデルラントに対する攻撃はすべて強固な抵抗に遭った。

今やスペインの大戦略は、消耗によってスペインか敵のいずれかが崩壊するまで、すべての前線で戦い続けるという無謀な決意以外の何ものでもなくなった。一五九三年、カスティリャ議会が外国との戦争にかかる膨大な支出に異議を唱え、「ネーデルラントとイングランド、そしてフランスに対する戦争は神聖かつ正義に適うものであるが、我々は陛下に対して戦争の停止を訴える」と主張すると、国王は人民議会の不遜な振舞いを戒めた。

彼らは余を、余が王国に注いでいる愛情を、そして王国を統治してきた余の経験を、すべて信頼すべきであるし、信頼する義務がある。余は常に彼らの利益を考えて行動をとっている(ことを理解しなければならない)。意を尽くして教え聞かせれば、いかなる口実であれ、彼らが二度とあのような口の利き方を余に対してすることはないであろう。[92]

もしフェリペ二世が自己の戦略目標を達成するために、その代償として臣民の苦しみをまったく気にしなかったとすれば、その理由は、彼が状況や結果について無知であったからではなく、最後の瞬間まで神の偉業に仕え、神はこれにいつか報いてくれるという揺るぎない信念を彼が持ち続けたからであろう。

フェリペ二世が支配への賭けに失敗した直接の原因を、軍事革命、戦略的な過剰拡大、そして資金不足とするポール・ケネディの指摘は正鵠《せいこく》を射たものであるが、以上に示したように、国王の救世主的な帝国主義がこうした点に相乗効果をもたらす運命となり、彼は宗教上の原理を常識に優先させることとなった。フェリペ二世自身の言葉を借りていうならば、大切なのは「神を信じること」であり、それにより、彼は人と「ものの見方が異なっており、直面する困難や問題も軽く見えた」のである。彼の戦略的洞察力の大きな欠点は、もし神がスペインの味方でないならば、スペインの敗北は必定であったという事実にあった。一五八六年にパルマ公は、「結局のところ、我々は無からすべてを為すことはできない」のであり、「神はいつの日か我々のために奇跡を起こすことに疲れてしまうだろう」と国王に訴えた。[93]一五八八年以後、すべての財宝と軍隊が惜しみなく投入され、すべての祈禱と献身が尽きたとき、戦略的な奇跡も終わったのである。[94]

(1) 本章の執筆のため、研究助手であるキャサリーン・M・コルクホウンとジェフリー・M・マッキージの二名をつけることで支援してくれたイリノイ州立大学アーバナ・シャンペーン校の研究評議会に謝意を表したい。また本章は、ジョン・F・ギルマーチン、エドワード・N・ルトワック、ジョン・A・リン、ウィリアム・S・モルトビー、ウィリアムソン・マーレー、ジェーン・H・オールメイヤー、および、イリノイ州立大学アーバナ・シャンペーン校(特に、ナンシー・ヴァン・デューセン)とオハイオ州立大学(特に、ブライアン・グリーンワルド)両校の私が担当する歴史学専攻大学院生からの論評、着想、そして批判に多くを負っている。

特別な注記がない限り、すべての日付は新暦で表示してある。また、通貨は、カスティリャ王国のダカット貨で表示している。フェリペ二世の統治時代、一ダカットはイギリス貨四ポンドから五ポンドに相当した。

(2) H. G. Koenigsberger, *Politicians and Virtuosi: Essays in Early Modern History* (London, 1986), pp. 80, 82.

(3) Paul M. Kennedy, *The Rise and Fall of the Great Powers: Economic Change and Military Conflict from 1500 to 2000* (New York, 1987), pp. 35 f.(ポール・ケネディ、鈴木主税訳『大国の興亡——一五〇〇年から二〇〇〇年までの経済の変遷と軍事闘争』上巻、草思社、一九八八年、六九〜一七〇頁). 同様の指摘については、H. Lutz, *Christianitas Afflicta: Europa, das Reich und die päpstliche Politik im Niedergang der Hegemonie Kaiser Karls V.* (1552-1556) (Göttingen, 1964), pp. 208 f.; J. H. Elliott,

"Foreign Policy and Domestic Crisis: Spain, 1598–1659," in Elliott, *Spain and its World 1500–1700: Selected Essays* (New Haven, 1989), pp. 114–141 を参照。

（4） この点について、D. C. Goodman, *Power and Penury: Government, Technology and Science in Philip II's Spain* (Cambridge, 1988), p. 30 に引用されている、一五七七年に出版された匿名の占星術の小冊子を参照。広さを測量するために「時間帯」を用いる考え方は、極めて近代的なものであろう。

（5） Archivo General de Simancas（以下、*AGS* と略記）, *Sección de Estado*（以下、*Estado* と略記）947/110, Philip II to the count of Olivares, Spanish ambassador in Rome, 22 July 1586. 同じく、一五五八年の声明については、M. J. Rodríguez Salgado, *The Changing Face of Empire: Charles V, Philip II and Habsburg Authority, 1551–1559* (Cambridge, 1988), p. 161 を参照。

（6） Archives Générales du Royaume（以下、*AGRB* と略記）, Brussels, *Secrétairerie d'Etat et de Guerre* 195/64, Philip IV to the Infanta Isabella, 9 August 1626. フェリペ三世とフェリペ四世の王宮の戦略文化については、J. I. Israel, *Empires and Entrepôts: The Dutch, the Spanish Monarchy, and the Jews, 1585–1713* (London, 1990), chs. 6–7; in Elliott; "Foreign Policy and Domestic Crisis: Spain, 1598–1659"; in Elliot, "Managing Decline: Olivares and the Grand Strategy of Imperial Spain," in Paul M. Kennedy, ed., *Grand Strategies in War and Peace* (New Haven, 1991), pp. 87–104 が明快に論じている。

（7） J. M. Headley, "The Habsburg World Empire and the Revival of Ghibellinism," in S. Wenzel, ed., *Medieval and Renaissance Studies*, Vol. 7 (Chapel Hill, 1978), pp. 93–127; A. Losada, *Juan Ginés de Sepúlveda a través de su "Epistolario" y Nuevos Documentos*, 2nd ed. (Madrid, 1973), pp. 64 ff., 94 ff. を参照。

(8) こうした文献はF・ボスバックによって研究されている。F. Bosbach, "Papsttum und Universalmonarchie im Zeitalter der Reformation," *Historisches Jahrbüch* 107 (1987), pp. 44-76; idem, "Schriftenreihe der historischen Kommission bei der bayerischen Akademie der Wissenschaften," *Monarchia Universalis: Ein politischer Leitbegriff der frühen Neuzeit*, Vol. 32 (Göttingen, 1988), ch. 4 and pp. 166-167 (この主題についてフェリペ二世の時代に出版された作品の一覧); A. Pagden, *Spanish Imperialism and the Political Imagination* (New Haven, 1990), pp. 2 ff., 37 ff.

(9) Koenigsberger, *Politicians and Virtuosi*, p. 93 を参照。

(10) W. Scott, ed., *The Somers Collection of Tracts* (London, 1809), pp. 164-170; W. T. MacCaffrey, *Queen Elizabeth and the Making of Policy 1572-1588* (Princeton, 1981), pp. 338 f.; N. M. Sutherland, *The Massacre of St. Bartholomew and the European Conflict, (1559-1572)* (London, 1973), p. 265; G. Groen van Prinsterer, ed., *Archives ou correspondance inédite de la maison d'Orange-Nassau*, 2nd series, Vol. 1 (Utrecht, 1857), p. 11 (Henry of Navarre to the Earl of Leicester, 8 May 1585) から引用。

(11) L. P. Gachard, *Retraite et Mort de Charles-Quint*, Vol. 2 (Brussels, 1855), p. 43: Philip II's Instructions to B. Carranza, 5 June 1558; British Library (以下、BLと略記), *Additional Ms.* 28, 702/96-100, Cardinal Granvelle to Don Juan de Idiáquez, 3 March 1582 から引用。イタリアの戦略的価値についての議論は、Charles V's councilors in 1544: F. Chabod, "Milan o los Países Bajos? Las Discusiones sobre la 'Alternativa' de 1544," *Carlos V (1500-1558): Homenaje de la Universidad de Granada* (Granada, 1958), pp. 331-372; Israel, *Empires and Entrepôts*, pp. 163-169 による概観を参照。

(12) P. Fernández de Navarrete, *La Conservación de Monarquías* (Madrid, 1626), p. 123. 同様の議論を、一五七四年にフェリペ二世の財務大臣であったジョアン・デ・オバンドがしている。スペインの絶望的な財政状況にもかかわらず、彼は、地中海とネーデルラントでの二つの戦争のためにもっと予算が必要であることを議論していた。「イスラム教徒とプロテスタントの敵を押さえ、打ち負かすことである。もし我々が打ち負かさなければ、彼らが我々を打ち負かすことは確実であるから」。Instituto de Valencia de Don Juan（以下、IVdeDJ と略記）76/491-503, "Relación de la Hacienda Real," April 1574.

(13) E. Poullet, *Correspondance du Cardenal de Granvelle, 1565-1586*, Vol. 1 (Brussels, 1877), pp. 314-318; Granvelle to Philip II, 19 June 1566. この議論は国家評議会で容認され、「もしオランダの状況が改善されなければ、スペインとその他のすべての国を失うことになりかねない」と明記された。Report of the Council meeting in Archivio di Stato, Naples, *Carte Farnesiane 1706*, Miguel de Mendivil to Margaret of Parma, 22 September 1566: from the transcript by L. van Essen.

(14) AGS *Estado* 2843/7, *Parescer* of the Council of States, 7 September 1577, opinion of Don Gaspar de Quiroga, supported by the marquis of Aguilar and the President of the Council of Castile.

(15) AGS *Guerra Antigua* 1120, unfol., paper of Olivares written in February 1635.

(16) C. Weiss, *Papiers d'Etat du Cardenal de Granvelle*, Vol. 5 (Paris, 1844), p. 606: Philip II to Granvelle, 24 June 1559. 一五五〇年代にハプスブルク帝国の重心が西方へ移動した点については、H. Lutz and E. Müller-Luckner, eds., *Das römisch-deutche Reich im politischen System Karls V.* (Munich, 1982: Schriften des istorischen Kollegs, Kolloquien, Vol. 1), pp. 277 ff.; A. Kohler, *Das Reich im Kampf um*

die Hegemonie in Europa 1521–1648 (Munich, 1990: *Enzyklopaedie deutscher Geschichte*, Vol. 6), pp. 22–26; Rodríguez Salgado, *Changing face of Empire*, pp. 339–356を参照。

(17) この遺産については、J. M. Doussinague, *La Política Internacional de Fernando el Católico* (Madrid, 1944); J. N. Hillgarth, *The Spanish Kingdoms 1250–1516*, Vol. 2 (Oxford, 1978), pp. 534–539, 570–575を参照。

(18) F. J. Bouza Alvarez, "Portugal en la Monarquía Hispánica 1580–1640: Felipe II, las Cortes de Tomar y la Génesis del Portugal Católico," Universidad Complutense de Madrid, Ph.D. thesis, 1987, p. 70: G. B. Gesioから引用。行動における同じような戦略的優先順位についての十七世紀の例については、カタルーニャとポルトガルの暴動の後の、オリヴァレス公爵に対するドン・ミグエル・デ・サラマンサの助言、「最初に考えるべきはスペインの問題を解決することであり、他の地方を救うことではない」を参照。Archivo Histórico Nacional, *Estado libro* 969, unfol., Salamanca's letter from Brussels dated 14 July 1641.

(19) AGS *Estado* 554/84, "Las rezones que concurren para no se poder dexar la Jornada de Levante" [early March 1573]; *Estado* 554/89, Philip II to the Duke of Alva, 18 March 1573. 一五五〇年から五一年の開戦については、Lutz, *Christianitas Afflicta*, pp. 40–42を参照。フェリペ二世の施策については、F. Braudel, *The Mediterranean and the Mediterranean World in the Age of Philip II*, 2 Vols. (London, 1973), part 3を参照。

(20) BL *Additional Ms.* 28, 339/7–9, letter from the Governor of Lombardy to Philip II, February 1570, postscript.

(21) この点は、一五二八年のジェノヴァの共和制に当てはまる。C. Costantini, *La Repubblica di Genova* (Turin, 1986), p. 52.

(22) 一五四八年の「指令書」については、F. de Laiglesia, *Estudios Históricos, 1515–1555*, Vol. 1 (Madrid, 1918), pp. 93–120 を参照。

(23) 詳しくは、P. S. Fichtner, "Dynastic Marriage in Sixteenth-Century Habsburg Diplomacy and Statecraft: An Interdisciplinary Approach," *American Historical Review*, 81 (1976), pp. 243–265; E. Romero García, *El Imperialismo Hispánico en la Toscana durante el Siglo XVI* (Lérida, 1986), part 3 を参照。

(24) Costantini, *La República*, chs. 4 and 8; R. Emmanuelli, *Gênes et l'Espagne dans La Guerre de Corse, 1559–1569* (Paris 1964) を参照。

(25) フェリペ二世が北イタリアの支配者を操作した点については、M. A. Romani, "Finanza pubblica e potere politico: il caso dei Farnese (1545–93)," Romani, ed., *Le corti farnesiane di Parma e Piacenza*, Vol. 1 (Rome, 1978), pp. 3–89; Romero García, *El Imperialismo Hispánico*, pp. 111–156 を参照。褒賞としての「ツゾン (Tusón)」活用の例としては、Archivio di Stato, Mantua, *Archivio Gonzaga* を参照。勲爵位の授与については、Carteggio Estero 583/310 and 334, Philip II to the new duke, 19 March and 7 November 1588 を参照。

(26) Archivio di Stato, Lucca, *Offizio sulle Differenze dei Confini*, 269 unfol., letters from Madrid dated May–August 1586 を参照。この書簡は、フェラーラ公爵との領土問題においてフェリペ二世が共和国を

支援していることを伝えている。また、F. Edelmayer, *Maximilian II., Philipp II., und Reichsitalien: Die Auseinandersetzungen um das Reichslehen Finale in Ligurien*（Stuttgart, 1988: Veröffentlichungen des Instituts für europäische Geschichte Mainz. Abteilung Universalgeschichte, Vol. 130）も参照。

(27) 一五八〇年代、ローマ教皇の首席暗号解読官ですらスペインから金を受け取っていたという根拠は、M. Philippson, *Ein Ministerium unter Philipp II: Kardinal Granvella am spanische Hofe 1579–86*（Berlin, 1895）, p. 56 に引用されている。

(28) 引用は、Bouza Alvarez, "Portugal en la Monarquía Hispánica," p. 82: Fray Hernando del Castillo による。

(29) 「救世主的な帝国主義」についての優れた分析は、A. Terry, "War and Literature in Sixteenth-Century Spain," in J. R. Mulryne and M. Shewring, eds., *War, Literature and the Arts in Sixteenth-Century Europe*（London, 1989）, ch. 4 を参照。また、洞察力に富む、F. Fernández Armesto, "Armada Myths: the Formative Phase," in P. Gallagher and D. W. Cruickshank, eds., *God's Obvious Design: Papers of the Spanish Armada Symposium, Sligo, 1588*（London, 1990）, pp. 19–39 も参照。

(30) 当時の他の「普遍主義的」計画とともに、C. R. Boxer, "Portuguese and Spanish Projects for the Conquest of Southeast Asia, 1580–1600," *Journal of Asian History*, 111–112（1969）, pp. 118–136 に引用されている。すべてが空想的なものであったわけではない。一五九六年、スペインの小部隊は短期間、カンボジアを制圧した。

(31) Bibliothèque Nationale de Paris, *Fonds français* Ms. 16108/365, M. de St. Gouard（French Resi-

dent at the Court of Philip II) to Catherine de Medici, 20 August 1582.

(32)　引用は、E. Herrera Oria, *La Armada Invencible* (Valladolid, 1929: Archivo Documental Español, Vol. 2), pp. 148 f. による。同様の感覚は、G. Maura Gamazo, Duke of Maura, *El Designio de Felipe II y el Episodio de la Armada Invencible* (Madrid, 1957), p. 167: same to same, 28 February 1587; and AGS *Estado* 2855, unfol., "Sobre el negocio principal: dióse a Su magestad a 15 de enero 1588" にも記されている。「(無敵艦隊の派遣が) アメリカからの輸送を確保し、我が国の海岸線を侵略から守り、ネーデルラントを維持する唯一の方法である」。

(33)　この議論については、C. Gómez-Centurión, *La Invencible y la Empresa de Inglaterra* (Madrid, 1988), p. 50 を参照。

(34)　財務担当者ですら同意を示していた。一六二五年、財務評議会会長はフェリペ二世に対して、「財政不足は深刻であるが評判を維持することは、これよりはるかに重要である」と警告を発した。Elliott, "Managing Decline," pp. 93, 96 から引用。

(35)　AGS *Estado* 2843/7, Consulta of the Council of State, 5 September 1577. 一五七三年についての引用については注 (21) で引用されている文書を参照。

(36)　AGS *Estado* 2851, unfol., Consulta of the Council of State, 2 November 1588; *ibid.*, *Estado* 2855, unfol., "Sumario de los quarto papeles principales," 11 November 1589.

(37)　一五二〇年代のスペインの「救世主的な帝国主義」の起源について典型的な議論を展開しているのは、M. Bataillon, *Erasmo y España: Estudios sobre la Historia Espiritual del Siglo XVI*, 2d ed. (Mexico,

1950), pp. 226–231; F. Yates, *Astraea: The Imperial Theme in the Sixteenth Century* (London, 1975), pp. 1–28 である。

(38) 一五八八年の「神の摂理」勲章については、M. J. Rodríguez Salgado, ed., *Armada 1588–1988* (London, 1988), pp. 276 f. を参照。イングランドとネーデルラントにおける「神の摂理」の事例については、M. McGiffert, "God's Controversy with Jacobean England," *American Historical Review*, 88 (1983), pp. 1151–1174; C. Z. Wiener, "The Beleaguered Isle: A Study of Elizabethan and Early Jacobean Anti-Catholicism," *Past and Present* 51 (1971), pp. 27–62; D. R. Cressy, *Bonfires and Bells: National Memory and the Protestant Calendar in Elizabethan and Stuart England* (Berkeley, 1989), chs. 7, 9, 10; D. R. Woolf, *The Idea of History in Early Stuart England: Erudition, Ideology and "the Light of Truth" from the Accession of James I to the Civil War* (Toronto, 1991), pp. 4–8; G. Groenhuis, *De Predikanten: de Sociale Positie van de Gereformeerde Predikanten in de Republiek der Verenigde Nederlanden voor 1700* (Groningen, 1977), pp. 77–107 を参照。

(39) カンパネッラについては、Pagden, *Spanish Imperialism*, p. 51 を参照。スペインの歴史が不幸と奇跡の循環であるという点については、P. Gallagher and D. W. Cruickshank, "The Armada of 1588 Reflected in Serious and Popular Literature of the Period," Gallagher and Cruickshank, *God's Obvious Design*, pp. 167–183 の洞察力に満ちた評言を参照。

(40) AGS *Estado* 531/91, Fray Lorenzo de Villavicencio to Philip II, 6 October 1566 (こうした脅威に囲まれてなお、何と「謙虚」であることか！); IVdeDJ 51/31, Mateo Vázquez to Philip II, 31 May 1574.

（41） Weiss, *Papiers d'Etat*, Vol. 6, p. 82: Philip II to Cardinal Granvelle, 24 August 1559.

（42） AGS *Estado* 527/5, Philip II to Gonzalo Pérez, undated [March 1565]; Bibliothèque Publique et Universitaire, Geneva, *Ms Favre* 30/73v, Philip II to Don Luis de Requeséns, 20 October 1573（自筆オリジナルコピー）.

（43） AGS *Estado* 547/3, the king of the Duke of Alva, 14 September 1571.

（44） AGS *Estado K* 1448/43, royal apostil le on a latter from Don Juan de Idiáquez to Don Bernardino de Mendoza, 27 April 1586, minute.

（45） 一六二五年、フェリペ四世の首相であるオリヴァレス公爵は、「神はスペイン人であり、最近では我が国家のために戦ってくれる」と語った。この引用については、J. Brown and J. H. Elliott, *A Palace for a King: The Buen Retiro and the Court of Philip IV* (New Haven, 1980), p. 190を参照。

（46） AGS *Estado* 547/3（注（43）を参照）.

（47） AGS *Estado* 165/2-3, Philip II to Archduke Albert, 14 September 1587.

（48） 引用は、Maura, *El designio*, pp. 258-261, Medina Sidonia to Philip II, 21 and 24 June 1588; Oria, *Armada invencible*, pp. 210-214, Philip to Medina Sidonia, 1 July 1588による。

（49） Kennedy, *Rise and Fall*, pp. 44-55（ケネディ『大国の興亡』上巻、八八～八九頁）を参照。スペインの「支配への賭け」が頓挫した点に関する同書の説明について疑問を呈したものとして、G. Parker, "Philip II, Paul Kennedy and the Revolt of the Netherlands, 1527-76: A Case of Strategic Overstretch?" in E. L. Petersen, et al., *Clashes of Cultures: Essays in Honour of Niels Steensgaard* (Odense, 1992), pp.

50-79を参照。

(50) G. Canestrini and A. Desjardins, eds., *Négociations Diplomatiques de la France avec la Toscane*, Vol. 4 (Paris 1872), p. 737: Filippo Cavriana to Belisario Vinta, 3 March 1587; J. K. Laughton, *State Papers Concerning the Defeat of the Spanish Armada*, Vol. 1 (London, 1895), p. 361. Sir John Hawkins to Sir Francis Walsingham, July 31 [O.S.], 1588. *Ibid*., vol. 2 (London, 1900), p. 59: Admiral Howard to Walsingham, 8 August [O.S.], 1588 ("All the world never saw a force such as theirs was.")

(51) 詳細は、G. Parker, *The Army of Flanders and the Spanish Road 1567-1659: The Logistics of Spanish Victory and Defeat in the Low Countries' Wars* (Cambridge, 1972); I. A. A. Thompson, *War and Government in Habsburg Spain, 1560-1620* (London, 1976) を参照。また、J. Schoonjans, "Castra Dei: l'organisation religieuse des armées d'Alexandre Farnèse," in *Miscellanea Historica in Honorem Leonis van der Essen* (Leuven, 1947), pp. 523-540 も参照。

(52) 例えば、A. W. Lovett, "The Golden Age of Spain: New Work on an Old Theme," *The Historical Journal* 24 (1981), pp. 739-749 の研究を参照。

(53) AGS *Estado* 1049/107, Philip II to the Viceroy of Naples, 13 February 1559, minute. 同一の指令書がすべての重臣へと送られたことに注目されたい。

(54) Biblioteca de la Casa de Heredía Spínola (以下、HSと略記), 141/108, Philip II to Mateo Vázquez, 1 May 1586. 国王は次のように不満を漏らしていた。「「陛下親展」の書簡も、だんだん厄介なものになってきた。余は、開封する時間すら取れない場合もあるからだ」。あまり頻繁に書簡を送付する者には、送付禁止が命じられた。

（55） 二つの例を挙げれば十分であろう。P. D. Lagomarsino, "Court Factions and the Formation of Spanish Policy towards the Netherlands 1559-1567," Cambridge University, Ph.D. thesis, 1973では、低地諸国の異教徒に対するフェリペ二世の対応について、フレイ・ロレンツォ・デ・ヴィラヴィセンチオ（Fray Lorenzo de Villavicencio）の影響が描かれている。また、A. J. Loomie, *The Spanish Elizabethans: The English Exiles at the Court of Philip II*（New York, 1963）の第三章では、ヒュー ゴ・オーウェンスが扱われている。

（56） 詳細については、C. Riba García, *Correspondencia Privada de Felipe II con su Secretario Mateo Vázquez 1567-1591*（Madrid, 1959）, p. 36: note of March 1576: and IVdeDJ 97 "Libro de memoriales remitidos desde xx de agosto 1583 en adelante"を参照。

（57） BL *Additional MS* 28, 699/103, Philip II to Mateo Vázquez, 22 April 1574.

（58） 資料は、*Relaciones de sábado* in AGS *Consejos y Juntas de hacienda* 249, carpetas 16-18に多数ある。ほとんどすべての資料に、王室の苦悩を示す注釈や評価がつけられている。

（59） IVdeDJ 51/162, Vázquez to the king with reply, 11 April 1578.

（60） IVdeDJ 51/51, Vázquez to the king with reply, 19 July 1575; *ibid*., 51/172, idem, undated（= early 1574）; *ibid*., 44/117, idem, 3 March 1575; *ibid*., 44/119, the king to Vázquez, 10 March 1575.

（61） 一五八七年春に起きた全面的停止という深刻な事例については、C. Martin and G. Parker, *The Spanish Armada*（New York, 1988）, pp. 135-136を参照。

(62) 一五七〇年代、国王の私設秘書であったアントニオ・グラシャンの覚書 *Documentos para la Historia del Monasterio de San Lorenzo de El Escorial*, Vol. 5 (Madrid, 1962), pp. 19-127, and Vol. 8 (Madrid, 1965), pp. 11-63 を参照。

(63) BL *Harleian Ms.* 168/102-5, "A consultacion...touchinge an aide to be sent in to Hollande againste the king of Spaine" (March 18, 1585 O.S.)「スペイン国王に対抗し、ホラントに送られるべき支援についての協議」の項。

(64) 禁輸に関する書簡については、AGS *Guerra Antigua* 180/81, Philip II to Antonio de Guevara, 25 May 1585 を参照。

(65) *Breeder Verclaringhe vande Vloote van Spaegnien: De Bekentenisse van Don Diego de Piementel* (The Hague, 1588: Knuttel pamphlet nr. 847).

(66) ノンサッチ条約に続く、ホラントにおけるイングランド軍の増強の知らせは、一五八五年九月三十日付のパルマからフェリペ二世宛の二通の書簡に含まれている（AGS *Estado* 589/81 or *Secretarías Provinciales* 2534/212）。オランダとイングランド王宮との間で交わされた書簡を入手したパルマは、これがエリザベスによる誓約の一部であると知ったが、既に両国間で公式の条約が交わされていたとは知らなかった。

(67) IVdeDJ 32/225, "Parescer" of Don Juan de Zúñiga, undated (late 1585).

(68) AGS *Estado* 589/15, Philip II to Parma, 29 December 1585. *Estado* 947/102, Philip II to the Count of Olivares, Spanish ambassador in Rome, 2 January 1586 も参照。この書簡には、パルマが侵攻部隊を指

揮することも記されていた。しかしこの書簡は、イングランド侵攻に関するローマ教皇の真意に国王が疑問を抱いていたことを示している。これは侵攻準備の遅れの理由を説明するかもしれない。

(69) この記述は、F. McLynn, *Invasion: From the Armada to Hitler, 1588–1945* (London, 1987), passim に基づく。

(70) J. Calvar Gross, et al., *La Batalla del Mar Océano* (以下、*BMO* と略記), Vol. 1 (Madrid, 1988), pp. 564, 566 ff., with revised date in Vol. 2 (Madrid, 1989), p. ix.

(71) *BMO*, Vol. 2, pp. 45–74.

(72) リスボンでの準備については、AGS *Estado* 2218/43, Don Juan de Idiáquez to Archduke Albert, 2 April 1586 を参照。メディナ・シドーニアの役割については、Maura, *El designio de Felipe II*, pp. 145 ff. を参照。一五八六年四月十日から五月七日の間、ヴィズカヤ小艦隊建設に対する禁輸については、*AGS Contaduría Mayor de Cuentas* 2a época 1208 を参照。

(73) AGS *Estado* 590/125, Parma to Philip II, 20 April 1586. 艦隊の到着は、590/126 "Lo que dixó Juan Bautista Piata de palabra a 24 de junio 1586" に記されている（この文書には計画についての補足情報が含まれている）。

(74) AGS *Estado* 589/15, Philip II to Parma, 29 December 1585; 590/117 and 125, Parma to Philip II, 28 February and 20 April 1586; 590/126, "Lo que dixó Juan Bautista Piata" を参照。

(75) *BMO*, Vol. 2, p. 212, "Parescer" of Don Juan de Zúñiga.

(76) この議論の詳細については、Parker, *Spain and the Netherlands*, ch. 7 を参照。

（77） Edward Luttwak, *Strategy: The Logic of War and Peace*（Cambridge, MA, 1987）, part 2を参照。

（78） 七月二十六日の指令書の現物は残っていないが、AGS *Estado* 2218/52, Philip II to Parma, 18 July 1586; fo 56, Don Juan de Idiáquez to Parma, 27 July 1586; and fo 67, Philip II to Parma, 1 September 1586といった文書から推察できる。

（79） AGS *Estado* 1261/87, Philip II to the Governor of Lombardy, 7 August 1586; *Estado* 1088/210-212, to the viceroys of Naples and Sicily, 12 November 1586. 一五八六年十月七日、スペインの都市に召集部隊を準備するよう下令された（AGS *Guerra Antigua* 189/119-68）。

（80） 奇襲については、Martin and Parker, *The Spanish Armada*, pp. 130-132 および p. 283 の注（9）の資料を参照。

（81） 一五八六年九月の父親の死去の後、アレクサンドル・ファルネーゼがパルマ公となった。

（82） 指令書については、Oria, *La Armada Invencible*, pp. 33-37: Instructions for Santa Cruz, 14 September 1588を参照。また、ブリュッセルに送られた同じ内容の指令書については、AGS *Estado* 594/5, Philip II to Parma, 4（sic）September 1588を参照。フェリペ二世の全体計画の欠陥について、パルマ公は幾度となく国王に注意を喚起したが、返事を得ることはなかった。AGS *Estado* 592/147-9, Parma to Philip II, 21 December 1587; *Estado* 594/6-7, 79 and 197, idem, 31 January, 22 June, and 21 July 1588. とはいえ、この点についてあまり批判的になる必要はない。というのも、この例は一九四四年の（ノルマンディー上陸の）オーヴァーロード作戦の立案と類似しているからである。連合国の戦略計画は、⑴橋頭堡を確保するのに十分な戦力をいかにして上陸させるか、⑵橋頭堡での包囲を突破した後、どのように敵を追撃するか、という二つの目的のみを対象としていた。この(1)から(2)へどう移行するかについてはまったく検討されていなかった（この指摘は、オハイオ州立大学のラッセル・ハート氏に負っている）。

（83） 十一月十日の事態によって国王が驚くほど自信を喪失した点については、Martin and Parker, *The Spanish Armada*, p. 258 を参照。しかし、その二日後に彼はすっかり自信を取り戻しており、再度イングランドを攻撃する最善の方法について検討するよう顧問官に要請している（AGS *Estado* 2851, unfol., "Lo que se platicó en el Consejo de Estado a 12 de noviembre 1588."）。

（84） 詳細については、Thompson, *War and Government in Habsburg Spain*, p. 191 ff.; idem, "Spanish Armada Gun Procurement and Policy," in Gallagher and Cruickshank, *God's Obvious Design*, pp. 69–84 を参照。

（85） AGS *Estado* 2855, unfol., "Lo que se platicó en Consejo de Estado a 10 de henero de 1589, entendido el sucesso del duque de Guisa."

（86） 詳細については、J. H. da Cunha Riva, ed., *Arquivo Português Oriental*, Vol. 3 (Nova Goa, 1861), pp. 130 f., 146, Philip II to the Viceroy of India, 23 February and 14 March 1588; G. Altadonna, "Cartas de Felipe II a Carlos Manuel II Duque de Saboya (1583–96)," *Cuadernos de Investigación Histórica* 9 (1986), pp. 137–190, at pp. 168–171: Philip II to the Duke of Savoy, 23 June, 1 November, and 23 December 1588 を参照。

（87） AGS Estado 2219/197, Philip II to Parma, 7 September 1589.

（88） 主要政策に関する議論については、AGS *Estado* 2855, unfol., "Lo que sobre las cartas de Francia de Don Bernardino y Moreo hasta las del 6 de hebrero se ofrece" および、これに関する指令書を参照。

(89) AGS *Estado* 2220/1 fo. 157, Philip II to Parma, 4 April 1590; and fo. 165, confirmation dated 16 April. パルマによるフランス介入の進路については、Van der Essen, *Alexandre Farnèse*, Vol. 5を参照。ブルターニュに対するスペイン派遣軍についての研究は緊要な課題である。

(90) 一五八八年の低地諸国における戦争に関して、ドン・ファン・デ・イディアケズが語った言葉については、本章の三〇三頁を参照。

(91) IVdeDJ 51/1, Mateo Vázquez to Philip II, 8 February 1591 および国王の返書。

(92) Actas de las Cortes de Castilla, Vol. 16 (Madrid, 1890), pp. 169-173: 6 May 1593.

(93) AGS *Estado* 590/23, Parma to Philip II, 28 February 1586.

(94) 一五八八年以降のスペインの大戦略については、Edward S. Terrace, *The Failure of Philip II's Bid for European Mastery, 1589-98* (University of Illinois, 1994) を参照。

第六章　世界戦略の起源
――イギリス（一五五八〜一七一三年）

ウィリアム・S・モルトビー
孫崎馨訳

はじめに

エリザベス一世の時代から今日にいたるまでのイギリスにおける戦略の形成は、海洋国および大英帝国としてのイギリスの立場と、ヨーロッパ大陸に往々にして陸上戦力を派遣して介入する必要性との間の緊張関係により特徴づけられてきた。この緊張関係は、近代初期にイギリスの戦略の形成において追求された三つの基本的な戦略目標から自ずと生じたものである。第一に指摘できる目標は、ドーヴァー海峡の制海権を維持することによって、ヨーロッパ大陸からの侵略を防ぐことであった。第二の目標は、イギリスの海上交易を守り植民地の発展を促すことであり、同時に、第三の目標としては、ヨーロッパ大陸において覇権を確立する国が出現することを防ぐことであった。この第三の目標は、時により、第二の目標よりも優先された。これらの目標はすべてお互いに結び付いており、また、エリザベス一世の時代に戦略を考えるうえで念頭に置かれていたものであるが、スペイン継承戦争まで実際的な戦略体系としてまとまることはなかった。

この戦略体系の形成が遅れたのには、必要な人的・物的資源の不足と同時に、エリザベス一世の時代の偉業を支えた特徴も与《あずか》っていた。その特徴とは、海洋戦略への傾倒、そしてドレークやホーキンズらの英雄的な業績に遡るが故に深い分析にさらされることのなかった先入観などである。エリザベス一世の時代の戦略は後世の戦略に強い影響を与えた一方で、財政的な制約に応じて形成された面もある。この財政的な制約とエリザベス一世の時代の特徴との関係は注目されるべきである。

重商主義の考え方は、近代初期すべての戦略思考に大きな影響を与えた。中世後期の国家は、富を正貨で規定するという確立された傾向と、政治経済をゼロ・サム・ゲームと捉える旧い考え方のために、貿易収支に敏感であった。大航海時代は、自給自足経済にとって、また、増大していく戦争の費用負担に必要な黒字の漸増という課題にとって、より大きな機会を与えるものと映った。海洋戦略は、海外貿易の安全性を確保し、植民地を獲得・防衛する一助とはなり得たが、ヨーロッパ大陸国家はいずれもシー・パワーに一次防衛を頼るわけにはいかなかった。海軍の戦略は、スペイン、フランス、オランダ、さらにはポルトガルにおいてさえも、領土の獲得・防衛という第一義的な戦略の目的に従属する立場を脱しなかった。

シー・パワーの機能は、通信の保持とともに、陸上の戦争を困難にしないために富の流れが妨げられないよう海洋の安全を確保することであった。

そのような副次的性格にもかかわらず、海洋戦略が十分考慮されなかったり、あるいは安くあがったりといったことはなかった。むしろ、海洋戦略は多くの国家資源を費消するものであり、しばしばマハンが唱えるような地域全体の制海権の確保を目的とするものであった。十六世紀の初頭からポルトガルは、インド航路の洋上の覇権を確立しようとし、その航路を西アフリカ沿岸の海賊とアラビア海の商業上の競争相手から守ろうと努力した。スペインはカリブ海を押さえようとし、新世界との通信を維持するために護衛船団方式を発達させた。その一方で、スペインは、西地中海の支配をめぐって戦いを続け、また、オランダの反乱により北海を押さえる必要性も痛感させられた。[*1] しかしこれは、スペインにとって持てる国家資源を超えたものであった。スペインはカリブ海においては時折の中断を挟みつつ基本的に制海権を確立し、西地中海においても一時的に制海権を確立したが、その一方で、オランダ沿岸は反乱勢力の手中にあり続けた。オランダはすぐにヨーロッパの主要な海洋国家にのし上がったが、自国の海域外での海上貿易を保護するために護送船団方式を重視する傾向があり、敵国に対する通商妨害に頼る向きもあった。フランスやスペインと同じようにオランダもまた、陸上での防衛に力を多く注がなければならない以上、純粋な海洋戦略を立てることは不可能であった。

そのような贅沢な海洋戦略は、イギリスのみに許された特権であった。フランスやオランダ同様、イギリスは植民地競争に遅れて参入したが、十六世紀半ばまでには海外貿易は増加を続け、帝国主義的野心が芽生えるに至った。地理的にも独特なイギリスの立場は、ヨーロッパの騒乱から一線を画しているという意識の醸成に一役買った。理論的には、強大なイギリス艦隊があればヨーロッパ大陸からのあらゆる脅威から守られるというわけである。十五世紀の『イギリス政策批判（*Libelle of Englyshe Polycye*）』以来、イギリスの批評家はヨーロッパ大陸への介入に反対する態度を強めていった。[*2] ハクルートの『航海記（*Voyages*）』からスウィフトの「同盟諸国の行状（*The Conduct of the Allies*）」にいたるまでの数多《あまた》の文献に見られるように、その基本的な議論というのは、強大な海軍は国を守り、交易を保護し、植民地の発展を確保できるというものであった。彼らの主張によると、ある程度の陸上戦力は、アイルランドやスコットランドにおける問題に対処するために必要であるかもしれないが、これをヨーロッパ大陸に関与させることは愚考である。また、ヨーロッパに介入する必要が生じたとしても、海軍だけで敵の通商を破壊したり、封鎖したりすることによって戦争の費用を敵国が十分に捻出できなくすることが可能になるという。さらには、漁業、植民地、海外の市場から遮断されれば、たとえスペインやフランスにしても和平を申し出ざるを得ないということが議論されていたのである。

これは、戦争で元を取るという希望をつなぐ向きにとっては魅力的な考え方である。十七世紀を通じて、この大海軍主義の萌芽は、常備軍への不信と商業の拡大と相まって、イギリスにおける信念の一部となった。交易路と植民地を制することを目的とした以上、こうした考え方は、限られたかたちながらも世界戦略といわざるを得ない。これに対する異論は、強大な外洋艦隊の必要性は通常受け入れつつも、有事にはほぼ自給が可能なヨーロッパ大陸国を海軍力だけで打ち負かすことはできないのではないかという議論であった。エリザベス一世をはじめ当時の誰もが、スペインやフランスがヨーロッパの覇権を確立してしまった場合、艦隊だけではイギリスを守れないのではないかと恐れていた。一五八五年、エリザベス一世はオランダに派兵したが、これは陸軍のみが陸上戦力を打破できるという今日も一般に認められている考えに則ったものであった。[*3] その目的を果たすには、残念ながらイギリスの貢献は過小であり、このオランダへの派兵が失敗に終わったという認識は、その後同様な戦略を立てることを妨げることになった。[*4]

したがって、エリザベス一世の時代の戦略をめぐって両極端の論点が対峙《たいじ》したとまではいえなかった。イギリスが海上において強大であるべきことに異論はなかったが、大陸へのあらゆる関与に反対する声は大きく、厳しいものであった。そして、そのようなすべての大陸への関与に反対する勢力の努力は、調和の取れた戦略の発展の大きな妨げとなるものであった。また、戦略を資源配分の次元の問題として考えた場合、そのような声の力は相当に大きいものがあった。一六八八年から翌八九年にかけての名誉革命まで、イギリスは実効的な陸上戦力をヨーロッパ大陸で維持する余裕がなかった。実際のところ、ブリテン島の沿海を超えた海域で海軍を維持することもほとんどできなかったのである。海洋世界戦略などというものは、ルイ十四世やパルマ公を打ち破る陸軍を育てることと同様に非現実的なものであった。

一　海洋国家の揺籃期

絶対評価において、イギリスが貧しい国であったというわけではない。しかし、フランスやスペインと比べた場合、人口の少なさは不利であった。そして問題は、慢性的に民からの徴収を満足に実行できない財政的に発展途上の王政にあった。フランスやスペインのような恒常的な徴税システムはまだ存在せず、ヘンリー八世が修道院およびその荘園を解散した〔その資産を転用・流用した〕ことは、王室がそれまで徴税対象を広げ損なっていたことの象徴的な例であった。*5 その結果生じた財政難は、軍事活動・海軍の活動のあらゆる面に影響を与えた。適正な規模の艦船・人員を活動可能な状況に保つことは常に一苦労であった。この問題は、作戦展開・訓練の双方に影響を与えた。というのも、長期に作戦に従事させられる人員を確保するということは、イギリスにとってはおよそ得難い贅沢であったからである。これらのすべての問題の背景には、給与、糧食、徴兵、艦隊建設、補修などに対する支払いすらままならない弱い官僚機構があった。ハプスブルク朝スペインは、世界戦略が高くつくものであることを以前から重々承知していた。技術の面一つをとっても、世界戦略を可能にする水準にあるとは言い難かったのである。そして、世界戦略というものは、必然的に、人員、艦船、財源を驚くべきペースで費消するものであった。損失に耐え、それを補充し得るだけの財政・行政制度を備えて初めて国として帝国主義のなかで勝ち抜く可能性が生じてくるわけである。

一六八八年から翌八九年の名誉革命まで、イギリスの政治には帝国主義時代の抗争を勝ち抜くだけの資源がなかった。この資源の不足は、戦略を立てるにあたっての選択肢の幅を狭め、視野を狭めることに繋がった。そうでなくとも、そもそも参考となる前例などはほとんどなかったのである。風と海の予測はつかず、頼りになる情報もほとんどなく、さらには作戦期間を短くせよという財政上の要請から、劇的でリスクの大きい作戦に向かう傾向があった。同時に、戦利金の魅力も後世同様に判断材料となることがしばしばあった。[*6] このような環境は、スペインがカリブ海の植民地から金を輸送する財宝船に対するイギリスの絶え間ない執着が生まれた原因であり、敵港に対する略奪・「襲撃」が行われるようになった一因でもあった。敵の港に対する襲撃は、先制攻撃としての性格を持つものであれ単なる略奪であれ、十六世紀末から十七世紀にかけて立て続けに失敗して大きな損失を被ることが明らかになった後ですら繰り返され、港への襲撃が逆に敵の抵抗を強めるのに一役買うという認識が急速に広まってもなお繰り返し行われた。

財宝船狩りは敵港に対する襲撃以上の混迷であった。スペイン船を捕獲するどころか、その場所を特定することすら簡単にはいかなかったが、十八世紀に入っても財宝船狩りはまだ主要な目的とされていた。このイギリスの財宝船狩りに対する固執は、その年のスペインの護送船団を捕獲することができれば、スペインの戦争遂行能力を損なわしめるとともに、イギリスを大きく豊かにするとの考えに基づいたものであった。しかし、そのような考えは、財宝船の価値を絶対額で過大評価したものであるとともに、スペインの歳入に占める割合でもあまりにも過大評価したものであった。スペインにとっては、それが天候によるものであれ、あるいはオランダの襲撃によるものであれ、財宝船団を失っても何とかできたし、同時に自国の海軍力のすべてを財宝船の護衛に注ぐ用意もあった。このように、イギリスにとって財宝船以上に困難を伴う目標を想像することは難しかったし、決定的な戦略上の成果を獲得することからこれほどかけ離れたものを思いつくことも難しかった。

エリザベス一世の時代の遺産は、十七世紀のイギリスの戦略の形成に対して功罪相半《あいなか》ばする影響を与えた。一方で、エリザベス一世の時代の遺産は世界的な視野と攻めの精神を育んだが、他方で、その根底にあった大海軍主義はヨーロッパ大陸への介入を政治的に困難なものとした。さらに、エリザベス一世の時代の教えとしてもっとも重きをなしたものには、結果として誤ったものも少なくなかった。ステュアート朝初期においては、この種の知の壁が貧困ほど重要ではなかったとはいえ、この知の呪縛から逃れることができなかった。ステュアート朝は、「やり繰りをつける」ことができず、歳入を増加させるための試みはおしなべて治世のあり方に関わる悩みの種となった。植民地事業は民間の努力で大きく進展したが、バッキンガム公の下で実行され失敗に終わったカディス（一六二五年）とイル・ド・レ（一六二七年）に対する攻撃を例外として、外交政策は概ね控えめなものであった。それで良かったのかもしれない。先王よりも勇敢ではあったが、賢くはなかったチャールズ一世が自国の内陸諸州に対しても建艦税を課して艦隊を建設しようとしたことにより生じた騒動は、結局、チャールズ一世の失脚に繋がった。

確かに、建艦税の導入の計画には裏があった。真の目的は、オランダに対抗するスペインを支援し、スペインとの同盟関係を強化することであった。いつものことながら金策に苦しめられていたチャールズ一世は、スペインがその経費の一部を支援してくれると信じていたと思われる。[*7] 政府は、スペインとの同盟関係は国民に受け入れられ難いと考え、公式には、艦隊建設によって英仏海峡の通商が保護されることになると説明した。最終的には、艦隊建設がいずれの目的にも十分に適うことはなかった。スペインの援助は実現しなかったし、巨艦ソヴリン・オブ・ザ・シーズも含め、建設された艦隊はオランダの主力艦隊に対抗するには小さすぎ、漁船や海賊船を実効的に妨害するには大きすぎたのである。

当初、政府は艦隊の建造費を容易に集めることができたが、これは王の真意が隠されている限り海軍を強化することには相当の支持があることを示すものであった。[*8] しかし、既に議会と対立を深めていたチャールズ一世の個人的かつ王室の安泰を図った目的は、抵抗の火に油を注ぐこととなった。財政の混乱はチャールズ一世の処刑まで続き、建艦税によって建設された艦隊は、船の大きさと精緻な装飾と相まって、王の高慢と奢侈《しゃし》の象徴となった。

共和制とクロムウェル護国卿の登場は、この状況を一時的にではあるが一変させた。王に対する議会の勝利によって、議会は歳入と歳出の双方を握ることになったため、戦費に対する抵抗が解消されることになった。海戦を得意とした元国王軍司令官ルーパート王子とその下の王党派に対処する必要から始まり、さらにはより広い考慮も加え、議会は艦隊をエリザベス一世の時代をはるかに超える規模にまで拡大した。船もエリザベス一世の時代のものと異なった。英仏海峡の戦闘で好まれた巨大な三層甲板船は、大西洋を横断したり、十月以降も安全に洋上に留まったりすることができなかったため、議会はより小さく航海に適したフリゲート艦の建造を開始した。後世のフリゲート艦とは違い、このフリゲート艦は二層の甲板に最大五〇の砲を備えて戦列に加わることが可能であり、そして、細い艦型と最小限に押さえた上層構造物のおかげで、巨艦に比べて速度面でも凌波性でも決定的な優位に立った。この手強い船のおかげで、クロムウェルと麾下《きか》の提督は今一度世界に目を向けることができるようになった。*9

クロムウェルはエリザベス一世の時代の生き残りと言われているが、彼が直面した状況には、彼が拠《よ》りどころとした先人たちの頃とは幾つかの重要な点において大きな違いがあった。スペインはもはやイギリスにとって深刻な脅威ではなくなっていたし、フランスもまた内憂で再び弱体化していた。当面、いずれかの国がヨーロッパ大陸の覇権を握る恐れはなかった。イギリスにとっては、ヨーロッパの現状維持が国益に適うものであったが、共和制時代とその後のクロムウェル護国卿時代の喫緊の目標は他にあった。

第一の戦略上の優先課題は、イギリスとオランダとの間に急速に激化しつつあった商業上の競争から生じた。英蘭関係の緊張は、モンクが後に述べたように、イギリス商人が「オランダが握っている交易をより多く」欲したという理由からだけで生じたのではない。*10 オランダの方も、英仏海峡を押さえない限り、イギリスがある日往来をふさぐことができるという点でいわばオランダの死命を制し得る立場にあると認識し、それに応じた強い姿勢をイギリスに対してとった。これに対し、オランダが英仏海峡を押さえることに成功した場合には、イギリスの通商のみならず、安全そのものが脅かされるとの確信の下、イギリス議会はオランダを打ち負かし得る主力艦隊を作り上げた。

第二の戦略上の優先課題は、より直接的に商業界からの圧力に関連したものであった。オリエント交易が地中海における海軍のプレゼンスを要請した。モンクやモンタギューなどは、この海軍のプレゼンスがやがてイギリスの下にある恒久的な基地の建設の必要に繋がることを認識し、ジブラルタルの征服計画を進めたが、実際の行動には結び付かなかった。*11 共和制時代のイギリス艦隊は、ポルトガルとの取り決めによってリスボンから地中海に展開した。

クロムウェルが護国卿の地位に就いたことは、まさにエリザベス一世の時代と同じ野心を再燃させた。クロムウェルの動機を解き明かすことは必ずしも容易ではないが、*12 スペインとの戦争は彼の戦略の中核にあった。その第一の目標は、〔西インド諸島の〕ヒスパニオラ島とハヴァナを押さえ、スペインを南北アメリカ大陸とその近海にあった植民地から切り離すことであった。そうすれば、イギリスは財宝船の帰還を阻止して、西インド諸島からのあがりを得ることができる。*13 一六五五年にクロムウェルが同盟を結んだフランスは、イギリスが地中海における国益を守るのを助け、プロテスタントを支持してヨーロッパ大陸に兵力を送らなければならない際に橋頭堡となるダンケルクの包囲を援助することになっていた。*14 不幸も重なり、ペン艦隊はヒスパニオラ島の代わりにジャマイカを占領し、スペイン艦隊の捕獲を目指すというブレークの努力は一部しか実現しなかった。しかし、イギリスはダンケルクとノヴァスコシア〔カナダ南東部の地域〕を奪い、アメリカ大陸、カリブ海、自国の海域でプレゼンスを維持した。[*15] クロムウェルは防御に留まらず、イギリスの富と力の増進を目指し、その政策は当時の世界戦略に近いものであった。[*16]

しかし、これは長くは続かなかった。王政復古によって、イギリスは戦略的には足場固めの時期に入り、より専門的なかたちで海軍を再編・強化した。チャールズ二世と王弟のヨーク公は大海軍主義者であり、熱心な植民地化支持者であったが、英蘭戦争があったために、それより広い関心を追求することはできなかった。この頃までにオランダの経済は海外交易にほとんど全面的に依存していた。[*17] イギリスは、理論上、海上封鎖や英仏海峡・北海における船舶の捕獲によってオランダの港湾への出入りを押さえることができたので、オランダ経済を破壊し得る地理的な位置にあった。風上に位置するという海の気象上の有利な立場と良港に恵まれたイギリスは、オランダ艦隊に対して概ね同等を超える程度の艦船数があればよかったのである。したがって、戦略的な観点から見た場合、共和制・後期ステュアート朝時代を通しての三次にわたる英蘭戦争は、いずれも限定的な利益をめぐるものであった。しかし、双方とも武装商船も含めたすべての海軍勢力を自国の海域における厳しい戦いに投入した。一二〇隻もの艦船が、戦闘期間、戦術的関心、残忍さといった点において海戦史に類を見ないほどの戦いに参加した。オランダによる〔イギリス南東部の〕メドウェイ襲撃と「ロバート・ホームズ卿による焼き討ち」は相手に大きな打撃を与えるものであったが、到底世界規模のものとはいえなかった。多くの場合、砲声が海岸に届く程度の距離で戦闘が行われたのである。[18]

平和が回復されると、再び治世のあり方をめぐる問題が持ち上がった。〔一六七八年の〕カトリック陰謀事件により、王室と議会の協力は一時的に終焉を迎え、艦隊への歳出は削減され、チャールズ二世の統治の初期に婚姻を通じて得たジブラルタル海峡のモロッコ側に位置するタンジールの放棄を余儀なくされた。一六八八年までには艦隊はほぼ元の水準に戻ったが、ジェームズ二世として即位したヨーク公は、王位を守るために自分が心血を注いだ艦隊に相対する羽目になった。イギリスの治世のあり方をめぐる問題が議会の立場に沿ったかたちで解決し、同時に、財政をめぐる問題も議会の意向に沿って解決するのは、一六八八年のジェームズ二世の退位まで待たなければならなかった。[19]

その結果は驚くべきものであった。チャールズ二世の下では、毎年の王室の歳入は一三〇万から一四〇万ポンドの間というのが通常であった。戦争中の一六六五年と一六六六年のみ歳入が二〇〇万ポンドを超えたが、歳入が再びこの水準に達するのは、一六八五年のジェームズ二世の即位まで待たねばならなかった。[20] 対照的に、九年戦争の間の収入は、三二七〇万ポンドに上り、スペイン継承戦争の間には六四二〇万ポンドに上った。[21] この歳入増大の最大の源は、一六九二年に導入された地租であった。一ポンドの収入当たり四シリングの課税であったが、これが成功したのは、議会を握る勢力が支持したためである。議会の激しい党利党略がなくなったというわけではなかったが、イギリス人の多数派は、自らが王位に就けた王の下での支出によって自由や信仰が脅かされるという恐れはもはや抱いていなかった。[22] 同時に、逆進性が相対的に強い消費税についても、ほとんどすべての消費財に対象が拡大された。[23]

国民が政府に対するさらなる信用供与に前向きだったことは、新たな社会に対する国民の信頼の高さを示すものであった。ウォルポールが一七一二年の「国の債権の詳細について(*Debts of the Nation Stated*)」で記したように、トンチン年金〔共同出資者が死亡すると生存者に分配して長生者ほど配当が多くなる制度〕、公債、年金、その他公共部門への投資の額を合計するとスペイン継承戦争の費用の三分の一にも上ったが、それでも、これらの投資は投資家の間では好評を得ていた。[24] 債券市場の大規模な整備は、ウィリアム三世の時代に財務省が各種一般向け長期公債を発行するなかで進められた。なかには適切に運用されないものもあったが、特許会社の債権はその損失を補うほどのものであったし、最終的には、イングランド銀行が債権を保護した。一六九四年に創立されたイングランド銀行はヨーロッパで初めての中央銀行であったが、その有用性は直ちに発揮された。一六九六年から九七年の恐慌にあっては、イングランド銀行が財務省の減価債権の交換を引き受け、フランドル地方に派遣された軍の為替業務を肩代わりすることで、政府の信用を維持することに貢献した。スペイン継承戦争においてイングランド銀行は、財務省証券を公示価格で現金化することに応じて「流通」させた。一七〇九年には政府が償還できなかった一七〇万ポンドの借り換えに応じた。一七一三年以降、イングランド銀行はあらゆる長期の政府借り入れを徐々に管理するようになったが、実際はそのはるか以前から、公債への信用を維持するうえで既に中心的な役割を担っていたのである。[*25]

一七〇〇年までには、イギリスの財政制度はヨーロッパでもっとも優れたものとなった。課税に対する抵抗が減殺されたことに加えて、このような財政制度が確立されたことにより、政府はそれまでの一世紀の経済発展を通じて獲得された利益にいまだかつてない規模で与れることとなった。世界戦略がようやく手の届くところまで来たわけだが、その実行となると依然として順調には進んでおらず、必ずしも多くの賛同を得られるものではなく、また、そこかしこに実行上の不手際があった。

イギリスによる世界戦略の実行に遅れが生じたのは、名誉革命直後のイギリスの戦略的な地位にも原因があった。ウィリアム三世がイギリス国王となるにあたり、〔イギリスおよびオランダ双方の〕軍隊が結合することとなったが、それはルイ十四世にとって認め難いものであった。フランスの力は絶頂にあり、その陸軍はまずヨーロッパ一の水準にあり、さらには、コルベールの努力もあってフランス史上初めてイギリス・オランダ両艦隊を合わせたものになお対抗できるだけの海軍を備えていた。フランス沿岸の大西洋側の軍港に常駐し、トゥルヴィルという偉大な提督に率いられたフランス海軍は、アイルランドから見て、また、イギリス本土から見て、進攻されては到底かなわない脅威とすら映っていた。フランスの進攻に対抗するためには、同盟関係にあったイギリス・オランダ側としては、他の海上の利益は犠牲にしてまでも英仏海峡に事実上すべての海軍力を注ぎ込まなければならなかった。

地上に目を転じると、イギリス国王であるとともにオランダ総督でもあったウィリアム三世は、母国スペイン領オランダの要塞を守り抜く決意を持っていた。ウィリアム三世にとってイギリス国王の座を手に入れることが魅力的なのは、不倶戴天の敵のルイ十四世に対抗するアウグスブルク同盟〔オランダ・スペイン・神聖ローマ帝国などによる対仏大同盟〕にイギリスを引き込むことができるようになるという点であった。ヨーロッパ大陸へのイギリス陸軍部隊の派遣は、国王を引き受けるための条件のようなものであった。イギリス貴族階級におけるウィリアム三世の支持者はそのようなものと見なしたが、少数派であったトーリー党の過激派はそうした見解を受け入れず、この機会を捉えて大海軍主義的な主張をこれまで以上に唱えた。少なくともこの点においては、トーリー党の過激派の主張は、地中海、バルト海、カリブ海における交易のより活発な保護を求める商業界と利害が一致したのである。人々の多くは、ウィリアム三世の関心があまりにもオランダを中心とする偏狭なものであり、イギリスにとってウィリアム三世の政策は有用ではないとの見方をとった。オランダ人の顧問を優遇するウィリアム三世の政治スタイルもそのような印象を強めた。しかし、ウィリアム三世の支持者は、プロテスタントの団結という信仰上の大義を押し立て、また、フランスが仮にヨーロッパ大陸で覇を唱えるに至ってしまえば、イギリスの艦隊ではイギリスを守れないという往年の議論を唱えた。*26 このエリザベス一世の時代を彷彿とさせるような議論は、すぐに影響を与えるものではなかった。ウィリアム三世は、一六九七年には八万七〇〇〇人を徴兵したイギリス陸軍を掌中に収めた。この大海軍主義の議論が再び起こったことは、むしろ後世において予期せざる結果を及ぼすことになる。

ウィリアム三世の政策が偏狭だったというわけではない。しかし、陸上での戦略は守備的なものであり、伝統的なオランダの戦略を踏襲していた。ウィリアム三世は自らの力を十分に理解していなかったし、彼のベネルクス地方における作戦は、後のマールバラ公の手柄と引き比べてみれば、臆病ともいえるものであった。これとは対照的に、フランスとジェームズ二世派やアイルランド内の親仏勢力を放逐した際に見せたウィリアム三世の海上での戦略は、目覚しく大胆なものであった。一六九一年にフランスがイギリスへの進攻を試みた際には、〔ウィリアム三世とともにイギリスを統治していた〕メアリ女王から、勝算を問わず直ちにフランス艦隊と会戦せよという命令が下った。イギリスのトリントン提督は、自らの判断とは異なるこの命令に従ってビーチ岬〔イギリス南部の英仏海峡に突出した岬〕で会戦し敗れることになったが、結果的にフランスの進攻は失敗に終わった。翌年には、ラッセルがラオーグ〔フランス北西部のコタンタン半島沖の停泊地〕の海戦でフランスの再度の進攻を防いだ。

この二つの海戦の分析によって、イギリスの作戦が変わることはなかった。トリントンは、少なくともビーチ岬の戦いの重要性を理解したうえで戦略上の原則を生み出した。この彼の戦略をめぐっては現在においても広く議論されている。トリントンは自艦隊の二倍の規模の艦隊と会戦した後、テムズ川河口に退避した。その後に開かれた軍事法廷で、トリントンは、実際には実力を発動しないが戦略上無視できない「牽制艦隊（fleet in being）」がある限り、当の艦隊がいかにフランスと比べて弱体であっても、フランスはあえて上陸を試みないであろうと述べた。これは正しい考え方だった。敵将のトゥルヴィルは勝利の後帰港したが、これはトリントンの提督としての判断に敬意を払うが故に、フランス側が風下の海岸に上陸作戦を試みている間にトリントンの艦隊から攻撃されることを恐れたためであると考えられる。そのように、多くの船が碇《いかり》を下ろしていて海上にすぐ出発できる船が決して多くないような状況では、より強大な艦隊であっても、より弱小な艦隊の情けを乞わざるを得ない状況に陥り得るのである。[*27]

軍事法廷では無罪とされたトリントンではあったが、再び艦隊を率いることはなかった。そして、彼の戦略から引き出される可能性のあった重要な教訓が顧みられることはなかった。イギリスの戦略家は、それがどれほど高くつこうとも、自国の海域における絶対的な制海権の確保にこだわり続けた。マハン的な意味において、彼らの直感は正しいものではあったが、世界戦略の発展という観点からは、これはむしろ足かせとなった。イギリスの海域の外にある、イギリスにとって戦略上の懸念がある地域へ主力軍を投入するために、「艦隊を分派(divide the fleet)」することに踏み切るまでには長い年月を要することになった。それも、この一六九〇年から九二年にかけての戦闘の意義がようやく明らかになってからであった。[*28]

本書の第七章でも触れられているが、フランスの陸上戦略は、自分の陸軍に関するあらゆることに個人的な思い入れを抱いたルイ十四世の賜物としての地位から脱することはなかった。しかし、海上においては逆であった。ルイ十四世は船についてはほとんど何も知らなかったので与えられた助言に従う立場をとっていたが、派閥と政策の違いに起因する争いから、与えられる助言が一貫することはなかった。コルベールはライバルであったルーヴォアに正面から対立しながら艦隊を作り上げたが、ルーヴォアはコルベールの息子、さらにはその後継者セニュレイの時代になっても、海軍省の拡大に反対を続けた。ビーチ岬の戦いから数カ月後、セニュレイが世を去ると、コルベール一族に敵対してきたポンシャルトランが後を襲った。ルーヴォアはこの機会にフランスの艦隊を廃止すべきであるとの考えを示した。しかし、ルーヴォアもそれほど経たずに世を去り、新しく掌握した海軍省の重要性を低下させることを受け入れ難く感じていたポンシャルトランは、艦隊廃止の考えに反対した。ルイ十四世もルーヴォアの助言を拒んだ。[*29]

しかし、これは一時的な執行猶予に過ぎなかった。トゥルヴィルの一六九一年の大作戦(*campagne du large*)もはかばかしくなく、翌年ラオーグで惨敗すると、フランス海軍がイギリス海軍との争いにおいて勝とうが負けようが、フランスの目にはさしたる意味を持たないように映った。一方、アウグスブルク同盟の陸軍がフランス国境に与えるプレッシャーは厳しさを増した。戦費はかさみ、一六九三年から翌九四年にかけてフランスの大部分を襲った飢饉は、広範囲での困窮と税収の大幅な低下を招いた。これらの出来事が相まって、主力艦隊には審判が下ることになった。ヴォーバンがかの有名な『私掠行為小論(*Mémoire sur la course*)』を著し、敵艦隊の破壊よりも通商破壊を主張して以来というもの、ルイ十四世は海軍の予算を既に四五パーセント削減していた。[*30]

海軍力削減の効果は明らかであると思われた。そもそも、フランスの戦力は陸上を基本としていたのである。ルイ十四世は、交易の拡大と植民地の建設を主唱するコルベールの説得力ある議論と、海軍がイギリスを攻撃するためにもっとも直接的な手段でもあるとの考え方に基づいて大艦隊を作り上げた。しかし、このいずれの見解もフランスの生存に欠かすべからざるものとはいえなかった。さらに皮肉なことには、ほぼ自給自足が可能なフランスが海外に依存せざるを得ないものは、奢侈品を始めとして木材やその他の海軍関係の軍需品だけであった。海外交易に依存していたのは、フランスではなくイギリスであり、交易を妨害することでイギリスからヨーロッパ大陸への資金の流れを止めることができると考えられた。イギリスの交易を阻害することで、自国の陸軍が相手から受けているプレッシャーを弱めるとともに、イギリス船の財産を捕獲することで利益を上げることができると考えられたのである。

これは、戦争で元を取るためのもう一つの方途であった。一六九三年から九四年の飢饉以降、フランス主力艦隊の規模は非常に小さくなり、私掠船のシンジケートがフランス王の船を借りて、イギリスに大きな被害を与えた。[*31] そのなかで、ジャン・バール、フォルバン、デュゲイ＝トルアン、シャトー・ルノーらの活躍は、フランス海軍史の華々しい一面を飾った。しかしこの決断は、おそらくやむを得ざるものではあったとはいえ、悲惨な結果に繫がった。マハンとコルベットが論じて久しいように、フランスはそれ以降制海権を放棄することになったが、アメリカ独立戦争を見ても明らかなように、その気になればフランスは制海権を取り戻すことができた。フランスが通商破壊に転じたことは、イギリスの世界戦略を可能にしたのみならず必要なものとした。イギリスの富は交易に依存していたし、フランスの政策の転換はこれまで以上に世界的な規模でイギリスの交易を脅かすことになった。イギリスは何に代えても交易を維持する必要があったし、フランス艦隊の解体によって、英仏海峡におけるイギリス艦船の従来からの任務から解放された部分もあった。フランスの政策の転換は、イギリスの戦略の発展においてイギリス自身の租税・財政体系の一新とも比するほどの意義を有した。

　近代初期においては諜報が行き届いていなかったために、フランスの政策転換の本質は、数年の間完全には明らかではなかった。商船の損失が上昇基調にあったことは通商破壊戦（*guerre de course*）が進展していることを示してはいたものの、イギリスはフランスの戦列の状況を十分に把握しておらず、フランスがもはや脅威でないことを前提とはできなかった。ラオーグで勝利を収めたラッセルは、英仏海峡からの海上戦力の引き抜きには特に後ろ向きであった。アイルランドを支配下に置くとともにフランス軍を海戦で破ったことで、ウィリアム三世は攻勢に再び転じることができるのではないかと考えていたが、ラッセルはサンマロへの攻撃にも地中海への艦隊の派遣にも反対した。このラッセルの強い抵抗は、結局自身の失職に繋がり、最終的にはコルベットその他からの多くの批判を招くことになった。[*32] しかし、ラッセルの反対は、必ずしも彼の頑迷固陋《ころう》な気性のなせる業《わざ》とは言い切れなかった。[*33] サンマロへの上陸は技術的にもおそらく不可能であったし、成功したとしてもあまり戦略的価値があるとはいえなかった。[*34] 一六九三年にウィリアム三世は、一〇二隻の艦隊を地中海に派遺し、このときは首尾よく事が運んだものの、必ず成功する保証は何もなかった。既に述べたように、フランスの海上戦略は宮廷における力関係に引きずられていた。例えば、一七〇四年のときのように、宮廷の力関係がまっとうな影響として現れた場合、フランスがイギリスのシー・パワーを脅かすことは依然として可能であった。[*35] ラッセルがその時点でどこまでの知識を基に判断していたかは分からないが、フランスの技術や力を考えれば、ある程度悲観的になるのはやむを得ない。フランスがそこまでの脅威であり続けるのはそう長いことではないという認識はなかなか形成されず、状況の不透明性、イギリスの戦略形成のプロセスに内包される限界と相まって、さらなる混乱と遅れを招いた。

二　ヨーロッパにおける海洋覇権の確立

ウィリアム三世とアン女王の下での戦略は政府としての総意に基づいていた。ウィリアム三世とその軍事上の後継者たるマールバラ公の手腕は認められていたが、だからといって、彼らが自身の戦略構想を専断的な命令によって押し付けることはできなかった。海上で任務に就いている提督への指示は、閣僚の署名も入った国王の命令書のかたちで発出されるのが通例であった。議会の海軍委員会（彼らは国会議員も兼任していた）がこの命令書について知らされるとは限らなかったが、議会は様々な委員会を通して軍を監督し、議場で戦略を議論し、しばしば個別の作戦行動の軍事指揮を調査した。[*36] さらに、議会に対しては、必要経費の採決を行う前に、作戦計画がしっかりしたものであることを認めさせねばならなかった。これは、文民の閣僚、政党の首脳、その他、世論で主導的な地位に立つ人々といったイギリスの上層部があらゆる段階の意思決定に関わることを意味した。そして商業界であったり、地方の名士であったり、あるいは様々な個人的な利害関係を有する多様なグループも同様に、これら上層部に影響を及ぼした。[*37]

軍人にも発言力があった。それは、軍人が貴重な経験および技術的な知識を持ち、また他のエリートとともに、政治の世界でものをいう縁故社会に属していたからである。軍人としての職業意識は特に海軍において高まったが、多くの士官は依然として「縁故」により階級を獲得し、宮廷や議会の派閥などの有力者との緊密な関係を保った。作戦期間は四月から十月にかけてであり、関係者は冬季にロンドンで常日頃顔を合わせながら翌年の戦略を立てていた。[*38]

この関係者間の距離の近さ故に、歴史家が実際の戦略形成のプロセスを、少なくともそのもっとも興味深い側面を追い掛けることはほとんど不可能である。議会での議事や噂話の類は残っているが、社交界、酒場、パーティ、舞踏会といった場における数多くの非公式の議論は残されていない。私信の類は、重要人物が田舎に隠棲したか、あるいはその他の事情でロンドンを離れでもしていたといったことでもない限り残されておらず、公式の記録は、意思決定のプロセスそのものよりは、その結論を受けたものであることが多い。[*39]縁故社会につきものの妥協や私的な取引の多くは記録から失われている。決定は通常は妥協の産物であり、大勢と相容れない意見は、大勢の決めた戦略が成功したために省みられなくなるか、あるいは、不幸にして戦略が失敗した場合に翌年の戦略に取り上げられるかという扱いであった。

しかし、戦略はイギリスだけで立てられるものではなかった。イギリスがアウグスブルク同盟の一角をなす以上、オランダやその他のヨーロッパ大陸の同盟国の同意も取り付けないと、作戦行動はできなかった。マールバラ公が指摘したように、この同意取り付けの過程で、時には、戦略がほとんどまったく反対のものに変えられてしまうこともあった。同盟国ごとに優先課題が異なっていたが、特にオランダは、州議会、五つの海軍省、全国会議、そして巨大な特許会社の関係者が複雑に入り組んでいたため、歴史家にとってイギリス以上に複雑かつ再現不能な意思決定のプロセスの下にあった。

このような意思決定のプロセスをたどる戦略の形成は、国王専制を排し、様々な意見に耳を貸す機会を与えるものであったが、その欠点も明らかであった。意思決定が政治的に行われ、その決定が妥協の産物であるが故に、複数の目標が並存しやすく、これによって目標がお互いに相殺される傾向があった。さらに、文民の関与を促したために、軍人としては受け入れられないような考えにお墨付きが与えられたり、実際に成功したか否かを問わず、同じ構想が繰り返し唱えられたりした。また、このような制度の下では、毎年のように利害関係や認識のバランスが微妙に変化した政治地図がもたらされることになった。構想の分かりやすさや戦略の一貫性といった点は見出し難くなった。スペイン継承戦争をめぐる大論争のポイントを拾うだけでも、この意思決定のプロセスとその必然的な結末は明らかになる。

エリザベス一世の時代の先例と党内の派閥争いに起源を持つトーリー党の大海軍主義は、

ウィリアム三世の治世を通してヨーロッパ大陸における活動に反対し、ウィリアム三世の軍隊を時期尚早に解散させる推進力となった。しかし、アン女王の即位後、均衡の取れた戦略の実現に向けての障害の度合いは小さくなった。これは、ルイ十四世がスペイン国王にブルボン一族を送り込もうとしたことに対する世論の反発があったことと、発足当初からマールバラ公の影響下にあったアン女王の新体制がトーリー党を取り込むことに成功したことが原因であった。[40] トーリー党は、ウィッグ党同様の政策をとるという条件で政権の座に就いた。その結果、ロチェスター伯とトーリー党過激派は孤立することになった。

　トーリー党の新内閣は、ヨーロッパ大陸に陸軍部隊を維持することの必要性は認めたが、トーリー党の多くは内心懸念を抱き、あるいは、陸上部隊を大陸に維持することがもたらす帰結について見解を異にしていた。[41]「ウィッグ党」の戦略は、陸上での決戦を引き続き志向していたが、これに対し「トーリー党」の戦略は、通商保護、スペインの財宝船の捕獲、そして、エリザベス一世時代のような港湾の「急襲」を中心とするものであった。とはいえ、これらはあくまでも両党の志向であり、確固とした立場というほど強いものではなかった。政治的に過激な立場をとる者以外にはそれほど一貫性は見られず、戦略策定に関わる者には毎年のように、極端な例でいえば毎月のように、その見方を変える者も少なくなかった。

　提督の専門的な判断にあえて異論を唱えないという傾向も、さらに状況を複雑なものとした。近世初期の海戦の最大の問題は、戦術や戦略ではなく、実戦における操船の技術にあった。十七世紀の戦艦は、精巧かつ強大なものであったが、後世から見れば、傾きやすくて扱い難くかつ信じられないほど複雑なものであった。これを人の組織が上手く操るというのは、ちょっとした奇跡に近いものがあった。ウィリアム三世もマールバラ公も若いときに艦に乗り込んでいたので、このことをよく知っていた。したがって、ジョージ・ルック卿やクラウズリー・シャヴェル卿が操船するのは不可能だと主張すれば、政策決定のプロセスにおいても彼らの主張は通常受け入れられたが、そのような海軍上層部の意見に政治的な私心が含まれていないとは言い切れなかった。*42

このような状況であったために、スペイン継承戦争の期間を通して、海軍司令官に与えられる命令は多岐にわたり、とりわけ曖昧なものであった。例えば、一七〇三年には、ルックは英仏海峡を守るとともに、適切と考えられる場合にはビスケー湾の敵港を襲撃するようにという命令を受けた。一方、シャヴェルの第二艦隊は、北アフリカ、トスカナ大公国、ヴェネツィアの一帯に脅威を与えるとともに、アドリア海からフランスの私掠船を駆逐するように、そしてその後、特段の理由は示されないままマルタに艦隊を進めるようにという命令を受けた。この点につき、シャヴェルが確認を求めたところ、新たな命令が届き、今度は東地中海諸国の輸送艦隊を護衛し、その後、シチリアおよびナポリにおいて海兵とともに神聖ローマ帝国の部隊の支援に回るべしとあった。またシャヴェルの艦隊には、カディス、トゥーロン、その他ジェノヴァ付近のフランス基地に対する攻撃を含め、スペイン・フランス領全般に対する攻撃の権限も付与された。*43「シャヴェルがオランダの提督(ファン・アルモンデ)の求めに応じて命令書を見せた際に、この他に何らの指令も受けていないということはなかなか信じてもらえなかった」という記述も驚くには当たらない。[*44]

そのような命令は確実に混乱を招くと推察できるが、現在よりも柔軟な戦略意識の産物と捉えた方が賢明かもしれない。エリザベス一世の時代と比べてそれほど技術が進歩したわけではなかった。いみじくもシャヴェル自身、サヴォイア公に「我々にとって、ある場所に着くのに一日しかかからないこともあれば、何週間も、あるいは一月もかかるということは決して珍しいことではありません。こう申し上げれば、殿下におかれても我々の行動が陸軍の行進のように時間的にきちっと計られたり、あるいは定期的であったりすることがないというのもご理解頂けるものと思います」と述べている。[*45]相手がシャヴェルではなくマールバラ公であったなら、陸軍の行進もそれほど予測性の高いものではないと答えただろうし、サヴォイア公も同じような反応を示したかもしれない。技術的な限界、距離という厳しい条件、複雑な内外の政治状況から見れば、当時の戦略家は常に不測の事態に備え続けなければならなかった。したがって、戦略は全般にわたる計画ではなく、好機に繋げ得る選択肢を並べるものであった。

多様な選択肢を並べつつも、イギリスは徐々に後のユトレヒト会議における主張の基をなすイギリスとしての総意を形成し始めていた。この総意は試行錯誤を通して生まれ、最終的には経済感覚によって固められたものであった。陸上において、また海上において、様々な懸命の作戦が成功を重ねるなかで、「ウィッグ戦略」も「トーリー戦略」も必ずしも相反するものではなく、イギリス、特に一七〇七年以降の大英帝国は双方の戦略を追求するだけの力を持つことが明らかになった。

一七〇二年から一三年の予算を見てみると、政権にかかわらず、イギリスの戦略投資は、まずヨーロッパ大陸における陸上戦に依然として割かれていたことが明らかになる。[*46] トーリー党の一部からの批判にもかかわらず、海上戦力だけではフランスの勢力を殺ぐためには十分でないという基本的な考え方が維持され、実際のところ、スペイン継承戦争が進むにつれてそのような見解はさらに広い範囲からの支持を得た。

軍事行動自体についていえば、マールバラ公が通常イギリスの戦略を策定し、彼の見解は同盟全体に影響を及ぼした。しかし、これが後世のイギリスの政策にとって侵すべからざる先例となったわけではなかった。マールバラ公は、当時においては、攻勢戦略の主導者であった。マールバラ公は可能な限りにおいて索敵を行い、会戦し、敵主力を撃破するという志向が強く、究極的には敵領土の攻略を目標とした。同盟国のオランダからしばしば指摘された通り、そのような戦略は軍を失っても自らの国境が破られることのない島国にとっては適切な戦略であった。[*47] オランダ自身はそのような戦略はとれず、通常、包囲戦や機動戦を志向した。オーストリア帝国にも自身の優先課題があり、これが戦争の初期にはマールバラ公の戦争計画を絶えず脅かした。同じ同盟国でもオーストリアは非協力的であったが、これはスウィフトが非難したような理由ではなく、マールバラ公の軍事行動が必ずしもオーストリアの正統な利益に適うものではなく、また、時としてマールバラ公は過ちを犯したからであった。一七〇五年にモーゼル川を経由してロレーヌ地方を進攻しようとしたことは、その過ちの典型例であった。

一七〇六年のラミイでの大勝利以降、マールバラ公の構想は通常支持されるようになり、戦略を押し付けるうえでの障害はほぼなくなったが、それでも、マールバラ公は総意による戦略の決定を求めた。ウィンストン・チャーチル卿の言葉を借りれば、「無謀かつ無情な」[*48]マールバラ公の戦争観は、後世の指揮官に大きな影響を与えたが、マールバラ公の成功が彼の非凡な個性に拠るところが大きかったために、イギリスとしてマールバラ公の戦争観に基づいた行動をとることはほとんどなかった。イギリスの将軍が再び軍事・外交の手腕を組み合わせて全体の七分の一の兵力でヨーロッパ全般にわたる同盟を牛耳るまでには、その後百年を待たねばならなかった。その間、イギリスのヨーロッパ大陸における行動は、特筆すべきものがなかったわけではないが、ユトレヒト同盟の戦略に吸収されるか、あるいは、ヨーロッパの辺縁地域で小規模な軍事行動が繰り広げられるようになった。

海上戦略はそう簡単ではなかった。これは海上戦略の性質によるところもあるが、海軍ではマールバラ公ほどの名声を勝ち得る人物が出てこなかったからでもある。根本的な問題はウィリアム三世時代から変わっていなかった。フランスは、地中海に面したトゥーロンと、大西洋に面したブレストをそれぞれ母港とする二艦隊を有していた。フランスが通商破壊戦略を基本戦略として採用したことにより両艦隊の規模は削減されていたが、イギリスはその削減の程度を把握していなかったし、この両艦隊が合流しても対抗できるだけの余裕があるかどうかも分からなかった。ウィリアム三世は、ジブラルタル海峡を押さえることによって両艦隊の合流を阻止することを期待し、ラッセルの反対を押し切って、一六九四年には艦隊をカディスに駐留させた。ラッセルは、英蘭戦争に従軍した経験から、艦隊を分割するべきではないと信じるに至っており、フランスの強さが分からない状況で、艦隊の一部を割くことはイギリス自身を危機にさらし、英仏海峡の通商路を守る能力を減殺させるものと考えた。カディスを使って西インド諸島との交易を制するというウィリアム三世の副次的な目的について、ラッセルがあまり評価していなかったのは明らかである。*49

一七〇二年には、ジョージ・ルックとトーリー党の支持者がそれまでウィッグ党に属していたラッセルの立場を支持したことで、この海上戦略をめぐる議論は以前とほぼ同じ状況の下で再燃することになった。そして、ルックはこの議論に負けることになる。シャヴェルが英仏海峡の守りに就く間に、ルック卿は五〇隻を率いてカディスを確保すべしとの命令を受けた。ベンボウ提督に率いられた小艦隊は、スペインの財宝船の捜索とフランスの略奪の防止のためカリブ海に既に展開していた。結果として、エリザベス一世時代のような錯誤に基づく喜劇が繰り返されることになった。ルックはカディスの確保に失敗した。その間、政府は財宝船が向かって来ているという情報に振り回され、シャヴェル艦隊を梃入《てこい》れする一方で、ルックに対しては、逆に財宝船を迎え撃つことを期待して逆の命令を出した。財宝船は最終的にはヴィゴに到達したが、ルック艦隊は停泊中の財宝船を沈めた。既に財宝の多くは陸揚げされており、撃沈そのものの意義は小さかったが、この勝利によりルックの名声は守られた。艦隊をそのまま現地に残すという政府の希望を無視して、ルック艦隊はイギリスに帰投した。[*50]

既に述べたように、一七〇三年にはシャヴェル艦隊が地中海に展開した。しかし、これはルックが地中海への展開を役不足と考え、七六隻に上る英仏海峡艦隊と行動を共にすることを望んだからであった。いずれの艦隊も特筆すべきことを完遂したわけではなかったが、フランスの大西洋艦隊がそれだけでは脅威とならないことは徐々に明らかになってきた。翌年、イギリスの海上戦略は、その焦点を地中海に大幅に移していった。シャヴェルが一七〇三年に受けた指示はイギリスの目標を示すものであった。すなわち、東地中海の交易を保護することもさることながら、北アフリカやローマ教皇などのフランスの潜在的な味方を威嚇し、一七〇三年にメシュエン条約を結んだポルトガルに勢いを与えるということである。神聖ローマ帝国からは、サヴォイア公ユジェーヌの北アフリカにおける作戦行動を支援し、ナポリとシチリアにおける神聖ローマ帝国の目論見を支援するようにとの外交的圧力がかかっていた。何よりも、マールバラ公は、ルイ十四世の関心をスペイン領オランダとライン川流域地方から逸《そ》らす可能性を引き続き追求していた。トゥーロンに対する海・陸双方からの攻撃は一七〇七年まで実現しなかったが、緒戦からマールバラ公の念頭にあった。[*51]

こうした目標を達成するためには、地中海における基地が必要であった。裕福になったイギリスにおいても、艦隊の装備と乗員の手配においては、工業化時代以前の組織の限界がいっそう深刻に現れた。艦隊は七月前には航海の準備が整っていないことが多く、十月の嵐の季節の前には帰港している必要があった。したがって、戦闘期間といっても、実際には本当に単純な作戦行動以外は何もできないほどの期間であった。その主な理由は船の設計によるものであった。イギリスの政治家は世界戦略を考え始めたかもしれないが、英蘭戦争を通して発展を遂げたとはいえ、イギリスの艦船は沿岸で戦闘を行うのが常であった。大砲の数と大きさが勝敗を左右するため、イギリスの艦船はフランスやスペインの艦船よりも排水量当たりの艦載砲を増やす傾向があった。艦船の建造は、他の設計技術同様、妥協のうえに成り立っている。したがって、艦載砲を増やすということは、他の貨物の積載を抑え、耐航性を犠牲にするということを意味した。巨大な三層船は特に重心が高くなった。シャヴェルが述べたように、「九月の末以降に巨大な船を沖に出した日には提督は痛い目に遭わされかねない。十月以降となったら撃たれかねない」[*52]という状況であり、実際シャヴェルは、一七〇七年十月末のしけ模様の夜にアソシエーション号を座礁させ、すべての乗組員を失うことでこの言葉を実証することになった。

しかし、提督の立場からすれば、火力を譲るというのはなかなか容易なことではなかった。フランスのトゥーロン艦隊がいつ現れるか分からない地中海においては特にそうであった。前方展開が明らかに必要であり、メシュエン条約の結果、リスボンが使用可能になったとはいえ、トゥーロンからは一二〇〇カイリも離れていた。さらに、ジブラルタル海峡では西風の日が多く、海流も二ノットの速さで西から東に流れていた。一年を通して、ジブラルタル海峡を出るのに何日も日和《ひより》を見ざるを得ないことは往々にしてあった。イギリス艦隊が地中海に入ろうとする七月と八月はその逆で、レヴァンターと呼ばれる東からの暑い湿った強風が吹き、トラファルガー岬の沖で海峡に入れるまでに一週間、場合によってはそれ以上待たされる時期であった。

一七〇四年のジブラルタルの制圧はこの問題の解決に与《あずか》った。しかし、ジブラルタルが地中海の基地となり、イギリスがジブラルタル海峡を押さえることができたにもかかわらず、同地域における他の目的に果たした役割は大きくなかった。より重要なことは、ジブラルタルを獲得することは、その年の作戦の主要な目的ではなかった。マールバラ公はトゥーロンを攻撃するか、あるいは、ニースをフランスが脅かす場合には、その救援を目指していた。ルイ十四世はこの動きを予想していたようである。というのも、息子のトゥールーズ伯にブレスト艦隊の指揮を執ってトゥーロンに入るように命じたからである。トゥールーズ伯は大西洋でシャヴェル艦隊をかわし、地中海ではルック艦隊を振り切った。しかし、シャヴェルは自らの海域を離れ、さらに二支隊が六月の末にこれに合流した。陸上では、ルイ十四世は南部方面軍をイタリアのサヴォイア公ユジェーヌに差し向けた。ニースは安全になったものの、ユジェーヌ公はトゥーロンを攻撃する余裕はなくなった。この不測の事態により、イギリスの選択肢は狭まった。手持ちの兵力は少なく、守備隊が守りを固めるカディスに攻撃を行う余地はなかった。ルックが命令として受けたその他の計画のなかで、現実味があるのはジブラルタル攻撃だけであった。*53

この一連の話は、実際のところ戦略がどのように立てられたかをよく物語っている。その場しのぎが必要であるとともに、そうすることはある程度織り込み済みであった。ルックは、そこを失えばスペインの士気が一気に崩れるほどの戦略的重要性の認められる地点を占領することによって、トゥールーズ伯を戦闘におびき出そうとしたようである。そして、これがルックの意図であったならば、その意図は上手くいった。ジブラルタルの制圧と、それに続くマラガでの海戦は一大事件となった。もっとも、実際にイギリスが基地として使うためにジブラルタルを手を入れるまでには、さらに二五年の歳月を待たねばならなかった。*54

ジブラルタルは使い甲斐があったとはいえ、理想的な港ではなかった。三方を陸に囲まれてはいたが、海に開いた南西からは強風が吹き込んできた。また、周囲の丘のせいで、東風や南風のときには風が渦を巻くことになった。大きな船にとって安全といえる錨地は湾の北東の角に位置するオールド・モールに限られた。*55 今でもそうだが、ジブラルタルは真水が不足していた。艦隊は、ジブラルタル海峡では、モロッコが認めればテトゥアンまたはその他モロッコの港で、そうでなければ、マラガで武力を背景に給水をする必要があった。とりわけスペイン沿岸の海流は北から南に流れており、風は平均して年一五〇日は北から吹くために、ジブラルタル海峡からはミノルカ島に向けて北西の航路を取り、さらにトゥーロンまで北西に強い風を横に受けながら二五〇マイルの航海をするのが通常であった。これには少なくとも八日ないし一〇日は要した。

海軍の士官の多くは、もしも任務がトゥーロンの攻撃やフランス艦隊の動きの監視であれば、地中海で最良のマオン港を要するミノルカ島を基地にした方が効果的な活動ができると考えていた。ジブラルタルでは艦隊は越冬することができなかった。ジブラルタルから海峡を見張ることはほとんど通年できたが、フランスが神聖ローマ帝国のイタリアへの野心を阻止しようとする場合や、あるいは、一七〇五年以降、カタルーニャ地方においてイギリスとハプスブルク帝国の足場を攪乱しようとした場合にできることは多くなかった。ルックやその他の提督は、ミノルカ島を確保できれば、フランス艦隊が港を出ようとするときには、トゥーロン沖の哨戒を担当する高速艇が数時間以内にミノルカの艦隊に連絡することができると主張した。さらに、マオン港は艦隊が冬場に修繕を行うことが十分にできるだけの大きさがあった。したがって、マオン港は一年を通してフランスのマルセイユからの交易を扼《やく》することのできる基地となり得た。

このようなミノルカ島をめぐる議論は目新しいものではなかった。ウィリアム三世は、ライスワイクにおけるアウグスブルク同盟戦争の講和の際にミノルカ島を要求した。しかし、ルイ十四世が外交的手腕によってそれを阻止した。シャヴェルは、長いことミノルカ島の確保を求めていた。さらに、一七〇六年に、彼は『わが国の洋上における失策の原因に関する調書（*An Inquiry into the Causes of our Naval Miscarriages*）』と題された、後に大きな影響を及ぼした小冊子において、ミノルカ島を確保すべきという詳細な議論を公にした。しかし、一七〇八年までは、ミノルカ島に対してほとんど何もなされなかった[*56]。マールバラ公がトゥーロンの直接攻撃を志向し、ピーターバラ伯が一七〇五年にバルセロナに向かったことも、ミノルカ島攻略の遅れが生じた一因であった。これは当時の戦略形成の教訓を語る一例でもあった。

イギリス政府の想定では、一七〇五年に地中海艦隊は、サヴォイア公が企図していたリヴィエラ地方への作戦展開を支援し、それが上手くいかない場合には、スペイン沿岸で活動するものと考えられていた。シャヴェル卿が海上での指揮を執《と》り、ピーターバラ伯が地上で指揮を執ることになっていた。ところが、六月に地中海艦隊がリスボンに到着したとき、ハプスブルク家の主張するスペイン王位継承者のカール大公は、バルセロナの攻撃を強く主張した。議論の末、イギリスはこの同盟国の意見を受け入れることとし、カタルーニャの首都であるバルセロナは、もともとはその構想にもっとも反対していたピーターバラ伯の手に落ちた[*57]。

バルセロナを得たことで、ジブラルタルを得たときと同様、トーリー党のなかでは熱気が非常に高まった。一七〇五年の選挙に勝ち、トーリー党の支持を失いたくないウィッグ党は、一七〇五年、一七〇六年の両年にわたってバルセロナをブルボン朝の反撃から守るために全力を挙げた。「スペインとの和平絶対反対」を合言葉に、トーリー党からは戦争を待ち望む声が上がった。これは、後にスペイン継承戦争の終結に際しての大きな障害となる。一方、バルセロナの防衛には全力が費やされ、マールバラ公は一七〇七年までトゥーロン攻略という野心を行動に移すことはできなかった。そして、バルセロナの防衛は失敗した。最終的には、その後、リーク提督がミノルカ島からフランスを駆逐し、それによって、西地中海におけるイギリスの制海権が確立したのである[*58]。

地中海大国としてイギリスが登場したことは、イギリスのあり方が永久に変容したことの証であった。世界戦略の進化の一部という意味では、この変化は、北ヨーロッパにおける陸軍の成功よりも重要であった。それは、海外に基地が確立されたことを意味し、また、将来の政策が個人の名声のみに頼らなくてよくなったことを意味したからである。しかも、これはおよそ前例のないことであった。地中海においてイギリスが恒久的なプレゼンスを確立すべきという考え方自体は古くからあるものであったが、ジブラルタルとミノルカ島を押さえて初めて、これが国としての優先課題になったのである。

しかし、それまでの過程が大戦略に基づいていたものとはおよそいえなかった。マールバラ公と大海軍主義者の戦略思想は、どちらも、毎年のように行われる戦略の議論のなかでところどころ取り込まれるに過ぎなかった。その立案過程自体も政治的に混乱したものであったのみならず、理論的にも要領を得ないものであった。イギリスの試みの多くは実を結ぶことがなかったが、二つの成功例、すなわちジブラルタルとミノルカ島の獲得は、ほとんどあらゆるイギリス国内の諸勢力に恩恵をもたらすものとなった。大海軍主義者の立場からすれば、これらの基地を確保することにより、フランスの海上交易を妨害し、自らの交易を守り、さらにはフランスの艦隊が集結するのを防ぐことが可能になった。一方、ヨーロッパ大陸における戦略を主唱する立場からすれば、ミノルカ島はマールバラ公の一大陽動作戦という夢の前進基地であったし、ジブラルタルはミノルカ島が孤立しないように補給と通信を保つ存在であった。

一七〇七年から〇八年にかけてのより喫緊の問題というのは、地中海戦略が有効かということではなく、イギリスが北海および英仏海峡の死活的な権益を犠牲にすることなく地中海戦略を維持できるかということであった。一七一三年までには、地中海戦略の維持は可能であるという答えが出ていたが、それは、フランスの通商破壊戦にいかに対応することが最善かという問題について骨の折れる徹底的な再評価を行った末のことであった。

一七〇二年から〇七年にかけて、どれだけのイギリスの貿易船が捕獲されたかについての正確な数を出すことは不可能であるが、控えめに見積っても三〇〇〇隻というところであろう。*59 その多くは、イギリス沿岸の「自国」海域で起こった。商業界は、この被害の発生数は、地中海に向けられたイギリスの軍艦の数と比例していると受け取り、その理由として一七〇四年から〇七年にかけての海賊行為の増大を挙げた。海軍省自身も少なくともその商業界の議論が当てはまる面もあると信じてはいたが、年ごとの被害の発生数の推移は相対的なものであり、絶対的なものとはいえなかった。

このようなかたちの戦いでは、主導権を握るのはほとんど常に襲う側であった。襲う側には目標を柔軟に選ぶ余裕もあったし、多くの場合、しっかり守られた母港から数時間のところを航行している目標が選ばれた。また襲う側は、大きな軍艦が迎撃するのが非常に難しくなるような船や戦術をすぐに作り上げていった。さらに、不注意や不運といったことがない限り、襲う側は、イギリス側の方が強力な場合には交戦を避けることができた。狙われる側のイギリスは、スペイン継承戦争の終盤までなかなか効果的な対応策を講じることができなかった。しかし、スペイン継承戦争が終盤に差し掛かった一七〇九年以降、海賊行為は減少したが、これは、イギリスの対応策が功を奏したというよりは、むしろフランス自身の経済的疲弊によるという意見もある。おそらく本当のところは、その二つの説のどちらかだけが正しいというよりは、その間のどこかにあるのではないかと思われる。

英仏海峡艦隊の海賊対策の実績は、当初惨憺たるものであった。エリザベス一世の時代の前例を踏襲するかのように、一七〇二年には大規模な艦隊が、財宝船もしくはラ・コルーニャからメキシコに向かうアルブケルケ公が乗船していると噂された船団を追って出航した。つまり、イギリス艦隊が海賊を押さえ込もうとダンケルクやカレーから出航したわけだが、その海賊の取り締まり自体を断念こそしなかったものの、大して効果的なものとはならなかった。

ダンケルクは私掠船の最大の根拠地であった。ダンケルクは、岸と並行に走る浅瀬を越えなければ到達できないこともあり、悪天候のときは危険な場所であった。また、浅瀬の場所についての水先案内の知識が不十分で、大きな嵐が来る直前の場合は、危険な場所であった。一七〇二年からスペイン継承戦争が終結するまで、イギリスはダンケルクで二〇隻以上の船を失った。費用のかさむかたちで行われた監視活動は、海賊行為を減少させることはできたが、終わらせることはできなかった。海賊の側は、ダンケルクから艦隊の接近を毎日監視しており、どれだけの時間があれば闇あるいは霧にまぎれて封鎖艦隊の目を盗んで出航することができるかも正確に把握していた。[*60] ダンケルクに次ぐ略奪高を誇ったサンマロの地勢はこれとは違ったが、厄介だということでは同じであった。ブルターニュ地方の北部沿岸に位置し、シェルブール半島から西に数マイルのところにあるサンマロの町は、一年中吹く偏西風と四〇フィートにも達する干満の差によって極めて出入りの難しい入江に位置していた。航行する船によるこの町の封鎖は不可能と見られていた。[*61]この困難に直面して苛立ちを募らせたイギリスの大海軍主義者は、サンマロの港への上陸作戦を提唱した。しかし、フランスは不釣り合いなほどこの町の防備を固めており、また封鎖を困難にした航海上の障害のすべてが、上陸の計画に対しても不利な要素として働いた。ルックは一七〇三年にサンマロの沿岸地帯を断続的に攻撃しようとしたが、成果はなかった。

護送船団方式は、この問題に対するもっとも分かりやすい対応であったが、商業界も海軍も当初はこれに反対した。船団の集結を待たなければいけないというコストを考えて、多くの貿易商人がフランスの隙に賭けて出航した。海軍は、エリザベス一世の時代以来の伝統として攻撃志向が強く、護送船団を貴重な資源の無駄遣いと考えた。また、海軍は護送船団方式にはあまり効果がないと考えていたが、この見解には一理あった。貿易商人は隊列を保つことに慣れておらず、私掠船はその落伍船を捕獲する技に長《た》けていた。さらに、フランスは、護衛艦の大きさを予め把握できることもしばしばあったため、より多くの戦力を十分な時間的余裕をもって海上に展開することができた。多くの私掠船はもともと軍艦であり、名が売れてくるとそれに見合う報酬を提供しさえすれば、海軍の現役艦の支援を受けられることもあった。結果として起きた戦闘の幾つかは、艦船同士の正規の海戦として適切に扱うべきであると主張する現代の史家もいる。[*62]

実際のところ、これらの疑心暗鬼と限界のせいで、イギリス海軍は戦争の大部分の期間を、いわば敵とのかくれんぼに費やす羽目に陥り、成果も残念なものに終わった。個艦ごとの戦闘、あるいは戦隊単位での戦闘では、結果はおよそ五分五分であった。イギリス側が敗れた場合には、敗軍の将は軍事法廷に引き出され、その扇情的な扱いはしばしば海軍が無能であるという認識を高めることに繋がった。失われた船舶は増加を続けた。最終的には、一七〇七年にフォーバンとデュゲイ゠トゥルアンが率いる連合艦隊がヴァージニアとポルトガルの船団を襲撃したのを受けて、イギリスの議会が動いた。商業界の意向という圧力を受け、また、両艦隊の護衛が手薄だったことも踏まえ、議会は、一七〇八年三月に巡洋艦・護衛艦法を成立させた。[*63] これにより、海軍は〔深さ六〇〇フィート未満の〕沿岸を航行し、向かってくる商船を洋上で待ち受けている「オオカミの群れ（*wolf packs*）」と恐れられたフランスの私掠船軍を追い散らすことが義務づけられた。そのうえで、商船は船団となり、護衛を増強して英仏海峡を通過することとなった。艦隊の大きな部分を占めた巨艦は通商保護の任務の多くには不向きであったので、議会は、その任務に当たらせるために四級艦および六級艦を新たに発注した。防御的な大艦隊主義から世界規模でのイギリスの国益の保護への戦略の移行の象徴として、これ以上の施策はなかった。

こうした新たなやり方は、機能しているように見受けられた。イギリスの船舶の喪失は、西半球、地中海、ポルトガル沿岸では増加したものの、イギリス沿岸部では、一七〇八年以降に目立って減少した。略奪行為の行われる場所が移動したという事実は、イギリスの戦略の変化よりもフランス自身の経済的な疲弊が重要であったとの説の妥当性に疑問を投げ掛けるものである。この点は、フランスがとった通商戦の正否を論じる際にも関連してくる論点として重要である。貿易船を襲うことでフランスは非常に不足していた外貨を獲得することができ、フランスの海洋界の一部は大きく潤った。そして、これが確立すると、経済の他の部分からは独立したかたちで自給自足産業となるに十分な資本が生み出されるようになった。イギリスが英仏海峡における作戦を改善することにより、フランスの海賊船はより遠方で高いコストで活動せざるを得なくなった。実際に失われた船が減少していたとすれば、それは、イギリスが零細海賊業者を廃業させることに成功したからである。[*64] 同時に、フランスの戦略に対する全体的な評価について後世の大海軍主義者の見方は確立している。すなわち、通商戦はイギリスを大いに傷つけたし、当時の状況でとり得る戦略としては最善のものであったかもしれないが、結果としてその被害者たるイギリスが、陸あるいは海においてもっとも重要な目的を達成することを防げなかった。イギリス海軍といういわばイギリスの経済成長を推し進める強力なエンジンの存在によって、多くの船舶を失いつつも、イギリスは海上交易を拡大し続けた。フランスの通商破壊はせいぜいで戦争を長引かせたというだけのことであり、戦局を変えるには至らなかった。[*65]

英仏海峡では、イギリスは以前実施したものとは別の企てを実施したが、通商との関連は薄かった。一七〇八年当時、サンダーランド伯が名目上の内閣の首班を務めていた。ウィッグ党員であり、マールバラ公の娘婿でもあったサンダーランド伯であったが、エリザベス一世時代のような考え方の持ち主であった。彼の裁量により、五〇〇〇名の部隊がワイト島に展開し、英仏海峡のフランス側に上陸する構えを見せ、マールバラ公の作戦に対する陽動の役割を果たした。同じくサンダーランド伯は、一七〇八年の一年間でスペインの財宝船を一部なりとも捕獲し、一五〇〇万ポンド相当の損失を生じさせれば戦争は終わるだろうと考えていた。しかし、いずれの軍事活動もルイ十四世を動かすには至らなかった。

三　アメリカ大陸への進出と世界戦略の確立

議論の分かれるところではあったが、英仏海峡と地中海についでイギリスが戦略的に関心を向けたのは西半球であった。マールバラ公は以前にもましてヨーロッパ大陸に重点を集中し、西半球を辺境扱いしていたが、トーリー党員並びに商業界の意向に近い一部のウィッグ党員はこれに反対した。その背景には大きく三つの戦略上の優先課題があり、それぞれに、強い意向を有する集団が背後に控えていた。

第一の戦略上の優先課題としては、西インド諸島と北部アメリカ沿岸におけるフランスの海賊行為があった。イギリス・フランス双方ともお宝狙いの航海に出て、交戦に至るというのが西半球におけるお定まりであったが、これに対抗する効果的な戦略を立てることはほとんど不可能であった。距離と、可能な通信の水準の低さ故に、個々の私掠船を捜索することは困難であり、また、多様な交易の存在故に、護衛船団方式は非効率なものとなった。報復として敵方の植民地を襲撃しても、問題の解決にはあまり繫がらなかった。というのも、マルティニク〔西インド諸島南東部にある島〕は海賊の根城となってはいたものの、より恐るべき船隊は、ブレストもしくはサンマロから直接出撃していたからである。カリブ海域における戦闘は、スペイン継承戦争全体から見た場合には実質的にあまり影響の無い襲撃の連続ではあったが、商業界や植民地開拓者からの陳情は、海軍省の隅々まで行き渡ることになった。この圧力を受けて、西インド諸島に船隊が振り向けられ、毎年巡航が行われたものの、実質的な効果には乏しかった。この海域においては、ジャマイカのキングストンが艦隊を維持・補修することのできるイギリスの唯一の港であった。キングストンからバルバドス〔カリブ海東端の小島〕までは、風を正面から受ける、長い、困難な途であり、時として何週間もかかった。ジャマイカからボストンあるいはノヴァスコシアまでは容易な航海であったが、逆にニューイングランド〔アメリカ北東部の地域〕からバルバドスに向かう船は、むしろヨーロッパを回った方が早かったということもしばしばであった。このような状況であったので、カリブ海域のイギリス領の島々に対するフランスの襲撃に素早く対抗することはまず無理であった。*66

お互いに孤立し、経済的に困窮し、お互いを競争相手と見なす状況のなかで、植民地同士の協力でさえなかなか進まず、ましてや植民地政府と海軍との間の協力は一向に進まなかった。この時代の歴史は、海軍士官、総督、現地の立法組織の間の、注目されないが時として暴力沙汰に及ぶ対立の物語でもあった。*67

何よりも、カリブ艦隊を維持するのは高くついた。乗組員があるいは熱帯病にかかり、あるいは放蕩《ほうとう》にうつつを抜かすなかで、艦自体や補給も危険なほどの速いペースで衰えを見せた。階級の上下を問わず、西インド諸島への派遣は死刑宣告のようなものと見なされており、規律の乱れは軍隊としての効率を下げた。これにより、海軍と植民地との間では、期待される程度をはるかに下回る協力しか実現しなかった。ジョサイア・バーチェットは、「この船隊の果たした任務と、国が費やしたコストとを比較して、世の中が許してくれるような説明をすることができたらどれほど良かったことか」[*68]と表現している。

スペイン継承戦争中も、そしてその後の長きにわたっても、海軍省はこのカリブ海をめぐる問題を解決できなかった。しかし、イギリスとしても、もはやカリブ海への進出から手を引くことはできなかった。そして、イギリス海軍の目的は、従来の島々の襲撃とスペインの財宝船狩りから徐々に変化し始めた。ジョージ一世からジョージ四世の時代〔一七一四～一八三〇年〕に入ると、イギリスは、交易に対する襲撃を最低限に抑えるとともに、少なくともフランスおよびスペインの企てを妨害し得るだけの海上のプレゼンスを維持することを目指し始めた。そして、アメリカ独立戦争における短期間の無残な中断を除き、この目標を達成することには成功した。

第二の戦略上の優先課題は、季節ごとに大きく人口が変動するニューファンドランド島であった。この島をめぐっては、多くのイギリス人の琴線にも触れるグランドバンクスにおける漁業の利権が関わっていた。鱈《たら》には、その実質的な経済価値にも匹敵するほどの象徴的な意味があった。エリザベス一世時代をはるかに遡る昔から、漁業は国の船乗りを育てる養成所であるとともに、国力のいわば大黒柱であると見なされてきた。したがって、トーリー党の大海軍主義の観点からすると、イギリスが一戦も交えずしてこの島を手放すことは決して許されない行為であった。

ニューファンドランド島は、スペイン継承戦争を通して、漁業基地に対する襲撃と焼き討ちの舞台となった。カリブ海における戦闘と同様、フランスはニューファンドランド島を守り抜いたものの、ヨーロッパでのフランスの敗戦を受けて、イギリスがユトレヒト国際会議において、同島の領有権を勝ち取ることになった。こうして、ユトレヒト和約の結果、フランスは漁業権を維持し、プラケンティア〔ニューファンドランド島の南東部〕の居留地は確保したが、結局、イギリスは植民地支配の拠点をさらに一つ獲得したのである。

ニューファンドランド島の支配権の問題は、さらにもう一つの問題に繋がっていた。セントローレンス川〔カナダ南東部オンタリオ湖から北東流して大西洋に注ぐ川〕はフランス領アメリカの生命線であった。そこに、ニューファンドランド島と現在のノヴァスコシアがその河口を扼していた。アメリカのイギリス植民地では、マサチューセッツのダドリー総督のように、北アメリカにおけるフランスの力を完全に殺ぐことのみがニューイングランドの安全を確保できると考える人物も少なくなかった。アメリカ大陸の奥地での外交に長けたフランスはインディアンと同盟を結び、そのため、インディアンがフロンティアを越えて襲撃を行うようになり、イギリス居留地は絶えず脅威にさらされた。

サンダーランド伯の友人でもあったサミュエル・ヴェッチは、一七〇九年にノヴァスコシアにスコットランドの植民地を作ろうとした。マールバラ公は、これに先んじて遠征部隊をポルトガルに転進させたが、ポートロイヤル〔ノヴァスコシア半島西部の町〕は翌年陥落し、これが後にイギリスの領有権の根拠となった。[*69] その間、トーリー党が政権に復帰し、ダドリー総督の見解に刺激され、海軍少将ホーヴェンデン・ウォーカー卿の下でケベックに対する攻撃が行われた。悪天候に悩まされ、また、汚職で揺れているなか、攻撃自体は失敗したが、少なくともこの攻撃は先例とはなった。[*70] その四八年後、ウルフとソーンダーズが際立った上陸作戦によってケベック攻略を成し遂げたからである。

ある意味では、これらのアメリカ大陸における苦闘は、イギリスの戦略の進化を象徴するものであった。様々な利害関係を持つ組織が構想を立て、党利党略の駆け引きのなかで実行に移されたこれらの取り組みの多くは、その当初よりも、むしろ後世にとって重要な意味を持った。イギリスの世界戦略は、政治的な成熟により様々な見方が許されるようになったという時代的背景の下で、エリザベス一世時代の伝統的な考え方の主流から生まれたものであった。このような進展は、議論を通じて落としどころを探るなかで生じたものではなく、役所がお互いに相手の政策を排除しようとするなかで生じたものであった。それぞれの派閥が独自の取り組みを掲げるなかで、多様な目標が背反するものでもなく、両立し得ないものでもないことが徐々に明らかになったのであった。イギリスは、ついに、海の支配と、ヨーロッパ大陸における勢力均衡というエリザベス一世時代の夢を実現するだけの財力を持つに至ったのである。[*71]

ルイ十四世も、主力艦隊を解体することでイギリスの世界戦略の進展に力を貸すことになった。マールバラ公とウィリアム三世は、効果的なヨーロッパ大陸への介入の先例を築き上げ、一方、トーリー党の中心人物でありスウィフトのパトロンでもあったボリングブルックは、ユトレヒトの講和に大海軍主義を反映させることに成功した。イギリスの政治の本質を考えれば、これは避けられない道であったろう。トーリー過激派の十月クラブは、どのような条件であれ講和を欲するといった体があったが、議会の承認にあっては、ウィッグ党の意見や、西インド諸島が「友好国の手中にある」ことを望んだノッティンガム伯に代表されるトーリー党員などの主要な意見をいかにして取りまとめることができるかに成否がかかっていた。*72

当時、本当の意義を理解していた人がいたかはともかく、ユトレヒト条約は「戦略上の大きな契機」であった。イギリス自身にとっても内輪での妥協の結果であったその講和内容は、後に戦略上の問題として上がってくるほとんどすべての要素を網羅していた。イギリスは、ジブラルタル、ミノルカ島、ノヴァスコシア、セントクリストファー・ネイビス〔セントキッツ、カリブ海東部の島〕を押さえることになった。ダンケルクの要塞は取り壊され、海上におけるイギリスの支配は、その後六五年間、ほとんど脅かされることがなかった。これを受けて、地中海と北大西洋のみならず、インド洋や、ピョートル大帝が一七一二年以降に覇権の確立を目指していたバルト海にいたるまで、イギリスが進出を試みるようになるまでにはそれほど時間はかからなかった。インド洋およびバルト海にはスペイン継承戦争の際にもイギリスの遠征艦隊が出て行ったが、戦闘行為は行っていなかった。*73

結論

こうして、一七一三年までには連合王国としてのイギリスの世界戦略が築き上げられたのであった。これが徐々に進化を遂げるかたちとなったのは、島国という特殊な環境があったが故のことであった。外部からの脅威が散発的で、かつしばしば不明確であったために、事態がどれほど差し迫っているかについては様々な見方があり得たし、多くの人は戦略を主として経済的な観点から考える余裕があった。近世初期においては、人々の考え方も戦略目標も多種多様であった。一六八八年の名誉革命で絶対王政の脅威が崩れて以降、戦略を議論する際に絶対的な見方というのはなくなっていた。国富が様々な国策を同時に支え得る状態となっていたときに、多岐にわたる戦略上の懸案が生じたというのは、イギリスにとって幸運なことであったし、商業界・金融界にとっても得なことであった。

洋上の戦略とヨーロッパ大陸における戦略との緊張関係は、そのような環境によって解消された。大海軍主義者とその反対者との間の論争は続いたが、ステュアート朝時代のように本当に厳しい選択を強いられる状況にはもはやならなかった。国にとって、制海権を犠牲にすることなくヨーロッパ大陸において相当程度の関与を確保できる状態となったので、戦略上の議論は、複数の目標に対する資源の配分という良識ある世界で行われるようなものになった。少なくとも理論的には、イギリスの遠きにまでわたる国益のすべてを守り得る世界戦略が望まれるということは、トーリー党の最強硬派を除いては皆認めるところであった。政治的な選択肢が政権の党略の盛衰の影響を受けることはあったが、二十世紀に大変動を迎えるまで、大英帝国は二兎を得ることができたのである。

（1） I. A. A. Thompson, *War and Government in Habsburg Spain, 1560–1620* (London, 1976), pp. 186–187.

（2） 一四三六年初版刊行。G. Warner (Oxford, 1926) が編集したものがもっとも優れている。

（3） Paul M. Kennedy, "Mahan versus Mackinder," in *The Rise and Fall of British Naval Mastery* (New York, 1976), pp. 177–202を参照。

（4） Charles Wilson, *Queen Elizabeth and the Revolt of the Netherlands* (London, 1970), p. 136. エリザベス一世の時代の戦略についての全般的な議論については、R. B. Wernham, "Elizabethan War Aims and Strategy," in *Elizabethan Government and Society*, S. T. Bindoff, et al., eds. (London, 1961), pp. 340–368を参照。

（5） エリザベス王室の各年の収入を算出することは容易ではない。F. C. Dietz, *English Public Finance, 1485–1641* (London, 1964, first published, 1932), pp. 7, 296, 328, n. によれば、王室の地代はエリザベス一世の治世に六万六四四八ポンドから八万八七六七ポンドに、関税収入は約八万ポンドから九万九四〇〇ポンドに増大した。議会の決議を経た一三回の歳出は二九〇〇万ポンドに上り、一年当たり六万四四五〇ポンドであった（p. 392. n）。これに対し、スペイン王室の歳入は、一五七七年の八七〇万ダカットから一五九八年には一二九〇万ダカットに増大している。一年当たりの平均や為替レートの算出の仕方にかかわらず、これは少なくともエリザベス一世の王室の六倍から八倍に相当するうえに、予測性ははるかに高かった。スペイン王室の歳入の約三分の一は西インド諸島からで、残りの大部分は、イギリスの約二倍の人口を擁するカスティリャからの永続的な税収によるものであった。スペイン王室の歳入に関する有益な英語文献としては、Thompson, *War and Government*, pp. 68-69を参照。

（6） 研究者の間では、エリザベス一世の時代の提督の戦略上の過誤をその気質に帰する議論が多く行われている。例えば、Garrett Mattingly, *The Armada*（Boston, 1959）, pp. 261-262を参照。また、Kennedy, *Naval Mastery*, p. 32では、「激しやすく、短期で、一貫性がない気性」と表現している。

（7） Simon Adams, "Spain or the Netherlands? The Dilemmas of Early Stuart Foreign Policy," in H. Tomlinson, *Before the English Civil War*（New York, 1984）, p. 84.

（8） Kevin Sharpe, "The Personal Rule of Charles I," in *Before the English Civil War*, p. 70.

（9） 議会とクロムウェルによる建艦計画の図表入りの優れた文献としては、Frank Fox, *Great Ships: The Battlefleet of King Charles II*（Greenwich, U.K., 1980）, pp. 51-72を参照。また、A. H. Taylor, "Galleon into Ship of the Line," *Mariner's Mirror* 44（1958）, pp. 267-285; 45（1949）, pp. 14-24, 100-114も参照。

（10） Alfred Thayer Mahan, *The Influence of Sea Power upon History, 1660-1783*（Boston, 1890）, p. 107からの引用。

（11） この考えが初めて持ち上がったのは一六二五年のことであった。Sir Julian Corbett, *England in the Mediterranean*, Vol. 1 (London, 1904) p. 135を参照。

(12) クロムウェルの動機をめぐる問題に対しておそらくもっとも真剣に取り組んだ研究として、Michael Roberts, "Cromwell and the Baltic," *Essays in Swedish History* (London, 1967), pp. 138-194が挙げられる。

(13) この戦略についての議論の詳細は、エドワード・モンタギューの一六五四年四月二十日の枢密院議事録に記録されている。C. H. Firth, ed., *The Clarke Papers*, Vol. 3 (Camden Society Publications, 61, 1899), pp. 203-206.

(14) この企ては、早くも一六五一年から五二年の時期には既に議論されていた。C. P. Korr, *Cromwell and the New Model Foreign Policy* (Berkeley, 1975), pp. 180-185を参照。

(15) 英西戦争に関する簡明かつ優れた文献としては、Bernard Capp, *Cromwell's Navy* (Oxford 1989), pp. 86-106を参照。

(16) Christopher Hill, *God's Englishman* (London, 1970), pp. 166-168.

(17) Kennedy, *Naval Mastery*, p. 51; Capp, *Cromwell's Navy*, p. 78.

(18) これらの戦闘に関する当時の文献については、Vols. 13, 17, 30, 31, 41, 86, 112 of the Naval Records Society Publicationsを参照。同じく、H. T. Colenbrander, *Beschieden vreemde archieven omtrent de grote Nederlandsche Zeeorlogen 1672-76*, 2 Vols. (The Hague, 1919) も参照。最近の分析では、J. C. M. Warnsinck, *Van Vlootvoogden en Zeeslagen* (Amsterdam, 1942) がもっとも優れている。Richard Ollard, *Sir Robert Holmes and the Restoration Navy* (London, 1969) も参照。

(19) J. H. Plumb, *The Growth of Political Stability in England, 1675–1725* (London, 1967), p. 69.

(20) P. G. M. Dickson, *The Financial Revolution in England 1688–1756* (New York, 1967), p. 42; C. D. Chandalman, *The English Public Revenue 1660–1688* (Oxford, 1975), pp. 332–333.

(21) Dickson, *The Financial Revolution*, p. 10.

(22) 地税については怨嗟の声が上がったが、これは一律の徴収が実現しなかったことによるところが大きいと思われる。W. R. Ward, *The English Land Tax in the Eighteenth Century* (London, 1953), p. 57を参照。

(23) P. G. M. Dickson, "War Finance, 1688–1714," *New Cambridge Modern History*, Vol. 4, p. 286.

(24) Robert Walpole, "The Debts of the Nations Stated and Considered in Four Papers," (London, 1712), p. 7.

(25) Dickson, "War Finance," pp. 290–293.

(26) Henry Horwitz, *Revolution Politicks: The Career of Daniel Finch, Second Earl of Nottingham 1647–1730* (Cambridge, 1968), p. 129.

(27) この話については、Sir Herbert Richmond, *The Navy as an Instrument of Policy* (Cambridge, 1953), pp. 213–221にある程度長い分析がなされている。また、Michael Lewis, *The Navy of Britain: A Historical Portrait* (London, 1948), pp. 468–469; John Ehrman, *The Navy in the War of William III* (Cambridge, 1953), pp. 349–354も参照。ラオーグの海戦については、C. de La Roncière, *Histoire de la marine française*, Vol. 6 (Paris, 1909–1932), pp. 104–130; Ehrman, *William III*, pp. 394–397; Mahan, *Influ-*

ence, pp. 184-191 を参照。

(28) Mahan, *Influence*, p. 194.

(29) この頃のフランスの海軍の政策を説明しているもっとも優れた研究書は、Geoffrey Symcox, *The Crisis of French Sea Power 1688-1697* (The Hague, 1974) である。この挿話は、その研究書のなかの一〇五頁から一〇六頁の記述に基づいている。また、Lionel Rothkrug, *Opposition to Louis XIV: The Political and Social and Origins of the French Enlightenment* (Princeton, 1965), pp. 381-383; J. S. Bromley, "The French Privateering War 1702-1713," *Corsairs and Navies 1660-1760* (London, 1987), pp. 217-220 も参照。

(30) ヴォーバンは、ルーヴォアの秘蔵っ子であり、海賊航海にも投資していた。また、『私掠行為小論 (*Mémoire sur la course*)』は、この分野についてのヴォーバンによる初めての著作というわけではなかった。この議論を包括的なかたちで扱っているものとしては、Symcox, *Crisis*, pp. 177-187 を、また、フランス海軍の支出の概要については同じく pp. 234-235 を参照。

(31) J. S. Bromley, "The Loan of French Naval Vessels to Privateering Enterprises," *Corsairs and Navies*, pp. 187-212.

(32) Ehrman, *William III*, pp. 403-405, 412-413; Horwitz, *Revolution Politicks*, pp. 118-146. サンマロについての計画はノッティンガム公の発案ではなかったが、ウィリアム三世自身、一六八九年以降、地中海戦略を志向してきた。これは、ウィリアム三世がオランダからフランスの戦力を引きはがす陽動作戦として考えたためである。J. C. M. Warnsinck, *De Vloot van den Stadhouder Koningh 1689-90* (Amsterdam,

1934), p. 22を参照。

(33) Corbett, *England*, Vol. 2, pp. 162, 179–180.

(34) 本章の三九六頁から三九七頁を参照。Richmond, *Navy*, p. 233は、一七五八年時点の経験からこれと反対の見解を述べている。

(35) Bromley, "The French Privateering War," p. 219を参照。フランス艦隊は、程度の差こそあれ、一七〇二年、一七〇四年、一七〇六年、一七〇七年にも再建が図られた。

(36) Ehrman, *William III*, pp. 304–305.

(37) これらに関係する様々な「利害関係」については、異論もあるが包括的な分析として、Robert Walcott, *English Politics in the Early Eighteenth Century* (New York, 1956) を参照。

(38) Geoffrey Holmes, *British Politics in the Age of Anne* (London, 1967), p. 288.

(39) 指導的な立場にあった人々の書き物も多く失われている。Holmes, *British Politics*, pp. 287–288にはその一覧が掲げられている。

(40) Sir Winston Churchill, *Marlborough: His Life and Times*, Vol. 2 (New York, 1933–1938), p. 247; Horwitz, *Revolution Politicks*, p. 168.

(41) Churchill, *Marlborough*, Vol. 3, pp. 66–67.

(42) Corbett, *England*, Vol. 2, pp. 300–301; Churchill, *Marlborough*, Vol. 5, p. 274.

(43) Horwitz, *Revolution Politicks*, pp. 170–171, 175によれば、ノッティンガム公がその後ろに控えていたが、かたちとしてはこれは海軍委員会の命令であった。これらは大英図書館に収蔵のAdd. Mss. 29591,

ff. 193, 195, 199; H. O. Admiralty, XIII, 71 (April 28), 82 (May); Admiralty Secretary's Out-Letters, 30 (May 8) にある。また、Corbett, *England*, Vol. 2, pp. 230-232 にもまとめられている。

(44) John Knox Laughton, ed., *Memoirs Relating to Lord Torrington* (Camden Society Publications, New Series 40, 1889), p. 119.

(45) John Hely Owen, *The War at Sea under Queen Anne* (Cambridge, 1938), p. 167 から引用。

(46) Dickson, "War Finance," p. 285.

(47) Alice Clare Carter, *Neutrality of Commitment: The Evolution of Dutch Foreign Policy 1667-1795* (London, 1975), pp. 28-35 を参照。このカーターの見解は、オランダは「堤防根性」とでもいうべき戦略思考から抜けられなかったというチャーチルの考え方と対照的なものであるが、J. G. Stork-Penning, "The Ordeal of the States: Some Remarks on Dutch Politics during the War of the Spanish Succession," *Acta Historiae Neerlandica*, Vol. 2, especially p. 113; *Het grote werk: vredes onderhandelingen gedurende de Spaanse Successie-oorlog 1705-1710* (Groningen, 1953) といった先行研究に拠るところが大きい。

(48) Churchill, *Marlborough*, Vol. 4, p. 202.

(49) Ehrman, *William III*, pp. 412-413.

(50) Oscar Browning, ed., *The Journal of Sir George Rooke 1700-1702*, Vol. 9 (Naval Record Society Publications, 1897), pp. 230-234.

(51) Corbett, *England*, Vol. 2, p. 205.

(52) Fox, *Great Ships*, p. 169 から引用。

(53) Corbett, *England*, Vol. 2, pp. 256–275.

(54) Owen, *War at Sea*, p. 91.

(55) Corbett, *England*, Vol. 2, pp. 256–275には、一七〇五年にヘンリー・シーア卿が行った調査を基にした当時の地図と簡単な説明が掲載されている。

(56) *Harleian Miscellany*, Vol. 9, pp. 5–28.

(57) Churchill, *Marlborough*, Vol. 5, pp. 59–64.

(58) 一七〇八年六月までに、マールバラ公は、ミノルカ島を手に入れる必要性を感じるに至っており、彼がミノルカ島攻略に乗り出したことがこの作戦のターニングポイントになった。ミノルカ島攻略作戦については、Churchill, *Marlborough*, Vol. 5, p. 535; Corbett, *England*, Vol. 2, p. 305に記述がある。

(59) Bromley, "The French Privateering War," p. 237.

(60) J. S. Bromley, "The Importance of Dunkirk as a Privateering Port," *Corsairs and Navies*, p. 79.

(61) *Historical Manuscript Commission Reports: Finch Papers*, Vol. 4, p. 270のラッセルのコメントを参照。

(62) E. H. Jenkins, *A History of the French Navy* (London, 1973), p. 102.

(63) この法案への支持は、ウィッグ党が画策していた、マールバラ公の弟でトーリー党に属するジョージ・チャーチル提督の海軍からの追い落としにも関連していた。Owen, *War at Sea*, pp. 69–70.

(64) Bromley, "The French Privateering War," p. 241.

(65) D. W. Jones, *War and Economy in the Age of William III and Marlborough* (Oxford, 1988), pp.

313-317は、戦争により、イギリスのスペイン、ポルトガル、ピエモンテの市場への参入が制限を受けなくなり、結果として、交易による純収入は実際には増大したと論じている。

(66) Ruth Bourne, *Queen Anne's Navy in the West Indies* (New Haven, 1939), p. 32.

(67) *Ibid.*, pp. 33-34.

(68) Josiah Burchett, *Transactions at Sea, 1688-1697* (London, 1720), p. 607.

(69) J. S. Bromley, "Colonies at War," *Corsairs and Navies*, p. 25.

(70) この計画は、もともと、ヘンリー・セントジョンズが立て、ハーリー伯の不在を突いて内閣を通したものであった。H. T. Dickinson, *Bolingbroke* (London, 1970), p. 85; Bromley, "Colonies at War," pp. 25-26も参照。

(71) 為替、貿易収支、戦費の負担といった問題については、Jones, *War and Economy*, pp. 211-248を参照。

(72) Horwitz, *Revolution Politicks*, p. 234. ユトレヒト条約をめぐる政治的な策動については、Dickinson, *Bolingbroke*, pp. 93-110および、未刊ではあるが、一九六五年に提出された以下のケンブリッジ大学における博士論文を参照。A. D. MacLachlan, "The Great Peace: Negotiations for the Treaty of Utrecht 1710-1713," (Cambridge, 1965.),

(73) 一七〇三年には、セヴァーン号(五四門)とスカーバラ号(三六門)が二年間、インドに派遣された。また、イギリスはスペイン継承戦争を通して、二、三隻の艦をギニア沖に常駐させていた。バルト海におけるイギリスの活動の概観については、R. C. Anderson, *Naval Wars in the Baltic, 1522-1850* (Lon-

don, 1969, first printed, 1910）を参照。

第七章　栄光への模索
——ルイ十四世統治時代の戦略形成（一六六一〜一七一五年）

ジョン・A・リン
石津朋之訳

はじめに

その死を間際に控えてルイ十四世は、後継者としてフランス国王を引き継ぐ予定で恐れをなした面持ちの五歳の少年に対して、自分は「戦争を愛しすぎた」と告白した。[*1] この年老いた君主は、自身の統治下においては戦争が支配しており、自らが繰り返し武力に訴えたことでフランスに多大な犠牲を強いることになった事実を認識していたのである。彼の統治時代には、平和な時期よりも戦争の時期のほうが長かった。すなわち、フランスはルイ十四世の親政の期間にあたる一六六一年から一七一五年の五四年間のうち、実に三一年も戦争を行っていたのである。このなかには彼が実施した四つの大規模戦争が含まれる。それは、「遺産帰属戦争（南ネーデルラント継承戦争）（一六六七〜六八年）」、「オランダ侵略戦争（一六七二〜七八年）」、「九年戦争（アウグスブルク同盟戦争、ファルツ継承戦争、オルレアン戦争、ウィリアム王の戦争）（一六八八〜九七年）」、そして、「スペイン継承戦争（アン女王戦争）（一七〇一〜一四年）」である。

太陽を自身の紋章として用いたこの誇り高き王にとって、自らの「栄光（*gloire*）」の追求こそが戦略の形成を規定したのである。彼は自らの手で政策を決定した絶対君主であった。確かに、閣僚や顧問に支援は求めたが、彼らの意見に従うようなことはなかった。本章は、当時のフランスの戦略形成に影響を及ぼした構造、価値、限界、そして時代状況を考察するものである。なお、一六六一年から一七一五年にいたるフランスのヨーロッパ大陸戦略を象徴するにふさわしい事例を一つの戦争に求めることは不可能なため、本章では、ルイ十四世が遂行した戦争のどれか一つをケース・スタディとして取り上げるのではなく、彼の統治下のすべての戦争を概観することとする。

約半世紀にもわたる期間、王を取り巻く戦略環境は常に変化していた。彼はスペインという巨人の支配の影で生まれ育った。彼は若き王として、陸軍を統率してフランスをヨーロッパ大陸屈指の大国にまで引き上げた。晩年の彼は、彼への対抗同盟を組む国家と戦うことになり、その結果、強大なフランスの資源でさえ枯渇することになった。その死によってのみ彼は抑制され、その後、フランスはその代償を支払うことになる。この時期におけるフランスの戦略および政策の歴史は、死してなお大きな影響を残した一人の君主の物語であると同時に、彼の栄光への模索の物語でもある。

一　決定の構造――国王と顧問

ルイ十四世時代のフランスは、いわば中世と現代の中間に位置している。その意味において、当時の論理や価値は今日のものとは著しく異なる。確かに、権力はますます中央集権化され、官僚化されていたが、君主は依然として政策決定を支配し、立案し、そして、遂行していたのである。ルイ十四世は合理的な方法で支配を追求していくなかで、自らの官僚機構を、彼の代わりに統治するためではなく、彼だけが統治することを確実にするために作り上げたのである。フランスの官僚制度が、最終的には永続的に動き続ける機械へと変貌を遂げたという指摘は、事実を完全に誤認している。ルイ十四世は、まさに神のように自身の政府を作り上げたのであり、実際、彼は強大かつ全能の神として振舞ったのである。

ルイ十四世は一六三八年に生まれたが、彼が実際に支配の実権を手中に収めたのは一六六一年のことである。この年、彼の宰相であり、教師かつ代理人であるマザラン枢機卿が死去した。この時点から死去する一七一五年までの間、ルイ十四世はフランスを直接かつ積極的に統治した。彼は四半世紀にもわたる消耗戦争の後に王位に就くことになったが、この時期、一六四八年から五三年の期間はフロンドの乱に悩まされることになる。フロンドの乱は君主の権力を脅かした奇妙な反乱であった。この若き君主ルイ十四世はその後、二度と再び国内の貴族および特権を有する裁判官たちに自らの権力に挑戦させないようにしようと決意を固めた。またマザランの死後、二度と宰相に頼らないことも決意したのである。

表面的にも実質的にも、ルイ十四世は絶対主義を象徴する存在である。しかしながら、彼の権力は絶対と呼ぶには程遠いものであった。すなわち、彼の権力でさえ伝統や必要性によって制限されていたのである。それにもかかわらず、ルイ十四世は自らに権限が付与されていると考える事案については、他者の干渉をまったく許さなかった。彼がその生涯を通じて関心を寄せていたもっとも重要な事案は、外交政策、彼の軍隊、そして、戦争の遂行であった。実際、こうした領域において彼はほぼ毎日のように政策決定に携わっていた。

彼はその生涯を通じて、自身の権力に挑戦し得る潜在的な競争相手を圧倒することに成功した。中世フランスにおける議会である「三部会」が最後に招集されたのは一六一四年であり、これはその後、一七八九年まで招集されることはなかった。フランスにおいてもっとも自主性を備えた、パルルマン（*parlements*）という〔議会と〕紛らわしい名前で知られる高等法院は、フロンドの乱を契機に自らの権限を主張しようとしたが、結局、この試みは失敗に終わった。ルイ十四世の統治下では、高等法院は比較的従順な存在に成り下がっていた。確かにルイ十四世がヴァティカンと対立したとき、フランス国内のカトリック教会は外交政策における一つの要因となったが、それでも大きな影響力を及ぼすようなことはなかった。ルイ十四世はまた、中央および地方の政府官吏を掌握していた。彼は部下の独断専行の行動を抑え、戦時における軍司令官の行動さえ独断を許さなかった。権力は彼の直接的な監視の下で宮中に集中し、力は上から下へとトップダウン方式で伝達された。そして、その頂点に座る者はごく少数の人物だけであった。

ルイ十四世はあらゆる問題を討議し、決断を下し、その実施を細かく監視した。彼は伝統的な対立相手の影響から解放され、外交政策の形成に完全なまでの権力を行使し、それはまた、戦略の形成においても同様であった。彼は、自らが支援を求めたごく少数の信頼できる助言者とだけ責任を共有した（図7‐1）。

もちろん、ルイ十四世は政治のすべてを細部にわたって掌握することはできなかったが、自らの役割は常識に基づいて決断を下すことであると理解していた。そのためには、彼には専門家が必要になった。五名の行政長官が、ピラミッドの頂点でルイ十四世の真下に控えていた。彼らは四人の国務大臣、すなわち外務、陸軍、海軍、そして宮内卿と一人の財務総監であった。確かに国家の官僚機構であるこれらの官庁、とりわけ陸軍および外務省は、ルイ十四世の統治下で合理化され発展を遂げたが、彼の支配を脅かすようなことはなかった。

顧問官および行政の頂点に立つ小さな集団の権威は、その人物の富や家柄で決められることはなく、ルイ十四世に仕える能力によった。用意周到に彼は、有力な名門諸侯、フランスの貴族階級を官僚組織の高い地位および諸会議から遠ざけていた。彼はかつて次のように説明していた。すなわち、「名家から人材を探し出すことは余の利益ではない。というのは、とにかく余の名声を確立するためには、余が自らに仕えるために選抜した人々の身分を臣民に知らしめることが重要だからである。同時に、余が彼らと権力を共有する意図をまったく持たないことを知らしめることも重要なのである[*2]」。ごくわずかの例外を除けば、彼は、法

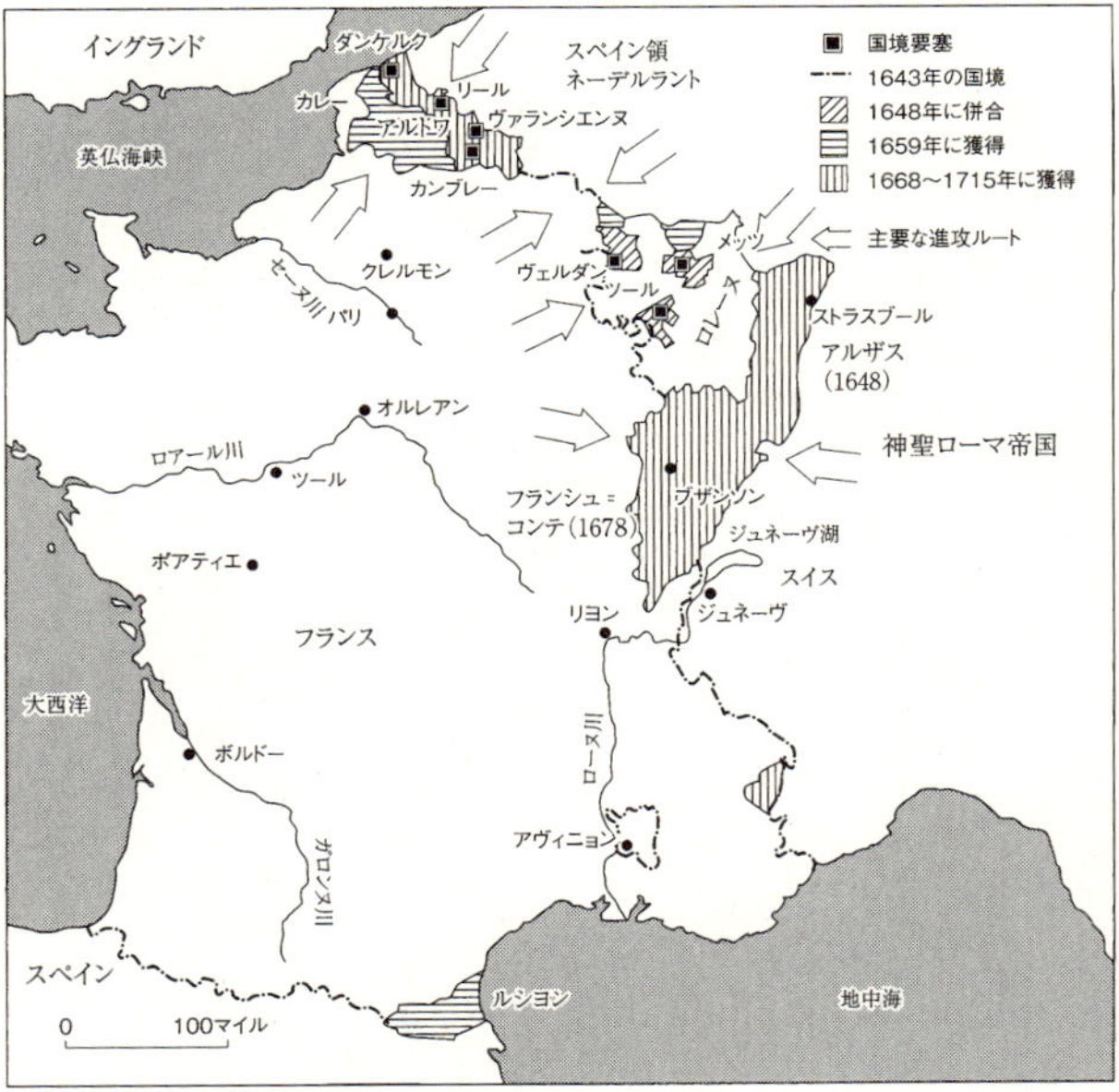

図 7-1　ルイ十四世の戦争

出典：Willis, *Western Civilization*, Vol. 1, 4th ed. (Lexington, MA: D. C. Heath, 1985), p. 653.

律あるいは行政的背景を備えた人材を、近年になって貴族に列せられた家系から選抜していた。

大臣や財務総監にはかなりの任命権が付与されていたため、彼らは部下のネットワークを構築していた。部下は自身のパトロンの善意にすがり、逆にパトロンは彼らの後援者であった。こうした事実により、ルイ十四世の重要な臣下は独立した権力基盤のようなものを備えることになった。そしてこうしたネットワークは、大臣が権力の階段を登り、大臣のポストに留まり、あるいは自らのライバルと戦うためには有用であった。だが、王の意志に対しては何ら防御策とはなり得なかった。一六六一年、ルイ十四世は、フーケ財務総監を王室の事案を支配する目的で介入したとして残酷なまでに追い詰め、処罰することにより、彼の主要な助言者および管理者に対して、彼自身の権威に対する挑戦は、それがいかに小さなことでも決して許さないという意志を明確に示したのである。

彼は、自らが議長を務める閣議における政策決定のプロセスを制度化した。そのなかでもっとも重要な「最高国務会議（*Conseil d'en haut*）」は、戦争と和平の問題を含む国家の最重要課題を議論した。「最高国務会議」に参加する人物は国家の「大臣」と称することが許された。ルイ十四世は、この「最高国務会議」の構成員を法令で定めることを拒否したが、その結果、彼は三名から五名の定期的な出席者を自由に選ぶことが可能になった。彼は、機密保持のためこの会議の規模を小さなものに留めた。この会議の構成員には通常、外務大臣、陸軍大臣、海軍大臣、宮内卿、そして、財務総監が含まれていた。しばしば同一人物がこれらの要職を兼務することもあった。すなわち、ジャン＝バプティスト・コルベールは、一六六九年から八三年の間、海軍大臣、宮内卿、そして財務総監としてルイ十四世に仕えていた。しかしながら、大臣という要職が必ずしも自動的に「最高国務会議」への参加を保証するものではなかった。すなわち、バルベジュー侯爵が陸軍大臣を務めたとき、「最高国務会議」に招集されなかった。というのは、ルイ十四世は自身の個人的な軍事顧問であるシャムレー侯爵の意見を尊重していたからである。ルイ十四世は、この「最高国務会議」をもう一つの決定的な方法で支配下に置いていた。それは、自身が欠席する際にはこの会議を開催してはならないと明確に命じていたことである。*3

「最高国務会議」のメンバーは互いにその影響力を競ったが、ルイ十四世は、仮にそれが自身に手段と行動の自由をもたらすものであれば、部下を対立させ、そこから漁夫の利を得ることに何ら躊躇することはなかった。このような対立関係は、しばしば二つの大きな大臣の家系を敵対させる結果を招いた。すなわちそれは、ル・テリエ家とコルベール家との対立であり、この両家は互いに政策や縄張りをめぐって敵対したのである。ある重要な局面において、大臣の間で意見が一致しないことがよくあった。例えば、オランダ侵略戦争が近付くにつれて、「最高国務会議」の中心的な構成員は年老いた陸軍大臣のミシェル・ル・テリエ、コルベール財務総監、そしてユーグ・ドゥ・リオンヌ外務大臣であった。当然ながら、ル・テリエは戦争の勃発をあまり危惧していなかった。というのは、戦争になれば自身と息子であるルーヴォワ侯爵に、より大きな権限が委任されるからである。これとは対照的にコルベールは、あからさまな戦争行為とはならない方法でオランダ側を敗北に追い込むよう主張した。なぜなら、継続した平和があって初めてコルベールは、彼の財政改革を推進することができ、王室の財政状態を好転させることができるからである。リオンヌには彼自身の優先順位があった。彼は、一六六八年の神聖ローマ帝国皇帝との条約を危険にさらすような戦争をルイ十四世が回避することを望んでいた。この条約はカルロス二世（在位一六六五〜一七〇〇年）のスペイン帝国をルイ十四世に有利な条件で分割することを規定したものである。しかしながら、この件に関してコルベールもリオンヌも、ルイ十四世の戦争への熱意を和らげることはできなかった。王の決意が固まったときには、大臣は結局、君主の意志を遂行することと自らの地位を守ることのために君主の命令に従わざるを得なかった。

「最高国務会議」は王の裁量によってのみ開催された。ルイ十四世は、自らに都合の良いようにこの会議を用いており、時として彼はこの会議を厄介なものと考えていたようである。というのは、彼が任命した最高位の文民官僚が彼の構想を緩和させようとしたり、時には反対を唱えることもあったからである。「最高国務会議」のなかでは、構成員は宮廷での儀礼を無視することが許された。すなわち、議論は自由だが、その内容は極秘とされた。そして時として大臣は、王の態度を批判することすらできた。公の場では、これは許されることではなかった。ある議題について大臣がそれぞれの見解を明らかにした後、通常、ルイ十四世は多数決で決定を下した。しかしながら、彼はその多数決を却下することもあった。時にはそれは、自身の権力を証明するため以外の理由が見当たらないものである場合もあった。

ルイ十四世は秘密条約や秘密の支払いを通じて彼の外交を遂行した。そして、「最高国務会議」のメンバーである大臣だけがこれらの協定の詳細を知ることができた。高位の外交官ですら、王が知る必要はないと見なした条約や協定については詳細を知り得る立場にはなかった。軍事問題に関する助言を求める際、ルイ十四世は主要な将軍に意見を聞くことがあった。テュレンヌ、コンデ、ヴォーバン、リュクサンブール、そしてヴィラールである。こうした個人的な意見を求めることに加えて、彼は時折、軍事諮問会議を招集した。この会議には主要な将軍とともに陸軍大臣も出席した。

オランダ侵略戦争では、ルイ十四世の当初の戦争計画は「最高国務会議」での話し合いの内容を基本としていた。彼はその後、コンデ公にその細部を検討するよう命じた。コンデは彼の支援者であるシャミイーを長期にわたる偵察旅行に出し、その結果を受けて、戦闘計画を大幅に変更する意見を具申した。その後コンデは、彼の要塞築城の専門家であるデコンブに命じて敵の要塞を偵察させた。当時は、セバスチャン・ル・プレストル・ド・ヴォーバンがもっとも有能な軍事エンジニアであったが、彼はルーヴォワの子飼いであったため、コンデは自分自身の部下のデコンブに命じたのである。

王の支配の下でこのような体制が機能するためには、仕事に対する大いなる情熱がルイ十四世に備わっている必要があるが、実際、彼にはその情熱があった。彼は次のように述べている。すなわち、「余は自ら一日に二度、それぞれ二時間から三時間、定期的に政務を行うよう義務づけている。幾人かの政府役人の力を借りてではあるが。これには、自身で過ごす時間やそれ以外の用件に必要とされる時間は含まれていない」[*4]。公式な会議の場に加えてルイ十四世は、外交政策、戦略、そして、軍事作戦について彼の大臣やその他の専門家と定期的に私的な懇談をもった。より低位の役人ですら、王と直接、定期的に協議する機会が与えられたのである。

オランダ侵略戦争は、軍事作戦や戦略をめぐってルイ十四世、陸軍大臣、そして「最高国務会議」が主張する指揮のレベルや方法の重要な転換点となった。伝統的には、フランスの主要な軍司令官は戦場においてかなりの自主性を享受できた。これに関してル・テリエは一六五〇年に次のように述べている。「陸軍は真の意味での共和国であり、そして（中略）陸軍中将は配下の旅団をあたかも多数の郡（cantons）のように考えていた」[*5]。一六六一年にルイ十四世が受け継いだ二人の偉大な軍司令官、テュレンヌとコンデはこの独立した指揮方法を象徴する存在であった。偉大な貴族階級の一員として生まれた彼らは、王に仕え、王に助言する官僚から指示されることを嫌っていた。一時はフロンドの乱に与《くみ》したこれらの軍司令官は、高度な自立性を求めており、ルイ十四世の絶対主義という烙印に反対していた。陸軍大臣からの命令に苛立ったテュレンヌは、次のように不満を述べている。すなわち、彼には「陸軍内の命令がキャプテンの名に値するというよりは従者の称号にふさわしい者の手に握られている。王は勝利のすべての栄光を独り占めしようと決意している。そして、戦争に敗北したときだけその不名誉が将軍にもたらされる」[*6]と思われたのである。

一六七五年には、この二人の軍司令官はともに舞台から姿を消していた。テュレンヌは死去し、コンデは引退した。この時点からルイ十四世は「キャビネット・ウオー（*guerre de cabinet*）」を行うことになった。そこでは、軍司令官の助言を受けながら、ルイ十四世と彼の文官の助言者が政府という立場から戦略的・軍事作戦的政策を起案することになった。将軍は自らの計画の意見を具申することは許されたが、その行動を支配することはなかった。依然としてルイ十四世は時には、主として自らの名声を高め、彼の軍隊の士気を高めるために戦闘を行うこともあったが、伝統的な意味での「戦士王」の役割を演じることはなかった。彼はむしろ、舞台の裏側で働く監督の役割を演じていた。

ルイ十四世の制度には、それなりの適性と信頼に足る連続性が求められたのであり、際立った天才肌が求められたのではなかった。一六八八年に書かれたあからさまな文書のなかで、ルーヴォワの親友で後にルイ十四世の軍事顧問となるシャムレーは、次のように自慢している。

王の事案の現在の状況と（オランダ侵略戦争での）状況との違いは、以前の状況においては、王とその王国の運命は一部の人物の手に委ねられており、彼らが殺されるか誤った決定を下すことによって、その運命は一瞬のうちに暗転し、あるいは少なくとも戦闘での敗北によって何らかのかたちで妥協することになる。そして、そこから再び立ち直ることは困難であった。ところが現在では、既に成し遂げられた偉大な征服のため、そして、要塞化された地点の優位な状況によって、王は、彼を喜ばせることができる人物には誰にでも陸軍の指揮権を与えることができるのである。その際、王が信じた人物の平凡な能力についてはまったく恐れる必要がないのである。*7

要塞化された国境線に守られるかたちで、ルイ十四世は支配を続けることができ、また、彼の官僚は戦争を合理化することができたのである。

二　政策決定の背後にある価値

その頂点にごく少数の人物しかいない政府においては、君主の主義と彼の側近である助言者は政策決定のなかで重要な役割を演じた。今日においては、制度を強調することと、いかに制度が個人を拘束するかを強調することが一般的である。租税や財政の領域では、確かにルイは制度的な制約に苦しめられたが、国際問題と戦争の領域において、彼は自らの意志を強要することができた。一人の個人としてのルイ十四世の資質と価値観は、この国家の戦略および政策の形成を導くうえで大きな役割を演じたのである。ルイ十四世については、個人としてのルイと君主としてのルイを区別することはほぼ不可能である。彼はその誕生以来、フランスを支配するよう教育され、個人としてのルイと国家は、仮にルイが一度も「朕は国家なり」と述べたことがないにせよ、分離不可能なまでに結び付いていたのである。しかも、たとえルイを二十世紀の条件の下で捉えようとする誘惑に駆られたとしても、彼は十七世紀に属した人物である。フランス随一の紳士として、この「太陽王」の価値観は根本的に貴族的であり、バロック時代の戦争の概念、王朝の概念、そして、栄光の概念で満たされていたのである。

貴族階級は人口の二パーセントを超えることはなかったが、この階級が莫大な富と財産を統制し、フランスを支配していたのである。[*8] 君主と貴族階級は共存するものであり、政治哲学者モンテスキューにとっては、君主とは貴族階級に包含されるものであった。貴族階級が社会の価値を設定し、王の価値さえ形成した。絶対君主としてのルイの利益は、自らの独立した権威と影響力を確保しようとする貴族の要望と対立するものであったが、それ以外の重要事項に関する彼の認識は、宮廷内で彼を取り巻くこの少数の名門出身の人々の見解と一致していた。フランスの特権エリートの地位を維持する目的で、彼は貴族階級の価値観を共有する必要があった。これは彼の権力を維持するために最重要な要請であった。現代の史料編纂上の用語を用いれば、彼は貴族階級の精神構造（*mentalité*）を共有していたのである。

この精神構造は、戦争に対するルイの態度の中核を形成するものであった。貴族階級にとって戦闘とは男性らしさを試すものであった。そして、王にとって戦争とは自身の統治を試すものであった。ルイのために準備された「帝王学の教義入門書（カテキスム）」の過程で、まだ幼い少年であった王は次のように質問している。「もし決闘が非合法化されたら、貴族はどうやって自らの勇気を証明することができるのか」。これに対する返答は、「陛下、あなたの軍隊のなかでです」[*9]というものであった。彼を取り巻く若き廷臣たちは、精力的な軍事活動を強く信奉していた。というのは、彼らは自身の名声を勝ち取る場を必要としていたからである。同時代の人々が、「彼は戦争に対して最大限の熱意を示し、（最前線に）前進することを阻止されれば自暴自棄に陥った」と批評するとき、これは最大限の賛辞を意味した。[*10]軍事的名声への渇望は男性ばかりでなく女性にも影響を及ぼした。貴族階級に属する若き女性たちは、兵士にのみその愛を与えたようである。戦争はあたかも媚薬のようなものであった。[*11]戦争、すなわち「すべての仕事のなかでもっとも重要なもの」[*12]は、それ自体が善として追求されたのである。キリスト教的な美徳は、ローマ的な徳（ヴィルトゥス）の犠牲となったのである。少なくとも、ルイが自分自身を証明するまでは。

このような見解は、戦争を実利的な経済権益をめぐる闘争とする重商主義的な戦争概念と対立するものである。ルイは商人の商業的な計算を潔しとはしなかった。そして、彼は戦争のもっとも正しい見返りが領土であると信じて疑わなかった。なぜなら、貴族主義的価値体系において土地は最高の善であるからである。彼は決して自ら妥協して交易のために戦うことはなかった。しばしば経済的競争にその原因を求められるオランダ侵略戦争ですら、フランス側からすれば根本的には領土をめぐる争いであり、コルベールの議論は、ル・テリエやルーヴォワの見解に論争で敗れたのである。[*13]

ルイはまた、家系に対する貴族主義的な関心を共有していた。すなわち、高貴な「家柄」についてである。ヨーロッパに対する彼の認識を「国家主義的」と考えるのは時代錯誤であろう。彼はフランスという国家のために行動すると同時に、彼の王朝のためにも行動したのである。すなわち、ブルボン家のために行動したのである。支配することは家系の問題であった。一人の君主とは、統治者であると同時にある家系の当主でもあった。彼は前者の任務における自らの権力を後者における自身の責任を果たすために使用した。彼の強大な王朝的志向のみが、スペイン継承戦争直前およびその期間中のルイの政策を包括的なものにしたのである。彼はフランスの財産と人命を、自分の孫のためにスペインの王冠を確保する目的で危険にさらしたのである。そして、おそらくフランスの王冠とスペインの王冠とが統合されることがないことを十分に承知したうえでの行動であった。ブルボン家の一員が、スペインを支配するだけで十分であった。

他の何よりも「栄光」という言葉はルイの貴族主義的な精神構造を包含するものであり、これは名声や名誉といった言葉に置き換えることができる。「栄光」への関心こそ、あらゆる分野におけるルイの冒険のなかで彼の行動を主導したものであった。これこそ「科学アカデミー」の創設から作曲家リュリへの彼の支援、そして、一六七二年のオランダ人との戦争にいたるまでのすべてを鼓舞したものである。人民や国家の利益となる政策は栄光を増すものであった。君主と国家を結ぶなかで、ルイは「一方の良きことは他方の栄光をもたらす」[*14]と記している。

「栄光」へのルイの関心によって彼を批難することはできない。文字通り彼は、この時代の申し子であり、容赦なき教化の犠牲者であった。実際、彼の教育のために作成された教えは「栄光」について記している。例えば、彼が欺瞞や策略が関与する狩りの方法を学ぶことになっていなかったのは、そうした行為が王子にふさわしいものでなく、彼の栄光を高めるものでもなかったからである。[15] 若き日のルイの教師であり助言者であったマザランは、彼に「歴史上もっとも栄光に輝く王になるか否かは、すべて陛下次第です」[16]と教えている。

フランスの貴族階級もほぼ同様に、自らの「栄光」に関心を寄せていた。セヴィニェ夫人は、「栄光」への追求をもっとも重要なことと考え、教育において価値の高い要素と考えていた。「人間は常に他人に、自らが「栄光」を愛するという程度においてのみ尊敬に値すると語るため、人々は、これにすべての思案を傾注することになる」[17]。フロンド党員でもあるド・レッツ枢機卿は、人間性そのものを「栄光」という観点から定義している。「人々を真に偉大にさせ、世界のその他の人々の上へと高めるものは、美しき栄光に対する愛である」[18]。

一人の君主の「栄光」とは、その多くが国際舞台での自身の成功に拠《よ》っていた。そしてこれは戦争での勝利を意味した。「栄光」は君主に対して戦争を熱望する素地を作る。とりわけ自らの名声を確立する必要に迫られた若き君主にとってはそうである。実際、ルイはこれが彼を惹き付けたという事実を認めている。一六七二年のオランダ人に対する攻撃の説明のなかで彼は次のように記している。「余は自己を正当化しようとは考えていない。君主にとって野心と栄光(の追求)は常に許されるものであり、余のように(栄光を)宿命付けられた若き王であれば、なおさらである」[19]。マザランの死とともにこの若者は自らの手で決定を下すようになり、戦争で自らを試すことに関しては決然としていた。一六六四年にオランダ諸州、あるいはオランダの諸州会議に対して提出された一つの覚書のなかでオランダ人政治家ヨハン・デ・ウィットは、この不可避な事実を予測していた。フランスには「二十六歳の王が君臨しており、彼は心身ともに活力に満ちている。彼は自らの決意を認識しており、自らの権威に基づいて行動する。彼は極めて好戦的な人々が住む王国を所有しており、その王国にはかなりの富が蓄積されている」。そのような王は、「仮にすべての王に当然のごとく備わっている野心を捨て去り、そして（中略）自らの国境を拡大しようとする野心を捨て去ろうとすれば、異常かつほぼ奇跡的ともいえる節度が求められる[*20]」ことになるであろう。

もちろん「栄光」への渇望は、「フランス病」といわれたこの国だけに特有のものではない。これに対する関心は一国に留まるものではなく、ヨーロッパ全土を覆った幻想であった。[*21]他の支配者も同様に「栄光」について語り、ルイのスペインの親類も「名声」を語っていた。[*21]現代の政治家が国家の名声や国家の利益を語るのと同様、ルイはこの言葉をしばしば用いた。ルイは「栄光」というものを説得力に富む権威をもって弁護している。彼は次のように記している。「王というものは名声を求めることを決して恥じる必要はない。というのは、それは絶え間なくかつ貪欲に求められる善であるからである。そして、これだけが他のいかなるものにもまして目的の成功を確固たるものにすることができるからである。名声というものは、しばしばもっとも強大な軍隊よりも効果的である。すべての征服者はその剣によってよりも、その名声によってより多くのものを勝ち取ってきたのである[*22]」。「栄光」は威嚇のための強力な武器であり、決定的な抑止力であった。ルイは決して愚かではなかった。

しかしながら、「栄光」の追求、あるいはフランスの壮大さの追求は、自らの王朝や国家のより直接的な利益に反する態度をルイにとらせることはなかった。少なくとも、それが明らかな事例はない。彼の「栄光」は現実的な成果に依拠していた。かつてヴォーバンが述べたように、「真の栄光とは蝶のように去来するものではない。それは現実的かつ確固とした行動によってのみ獲得できるのである」[*23]。そのため、王の行動のなかで「栄光」が果たした正確な役割については、確実性をもってそれを示すことは困難である。というのは、「栄光」の達成そのものには合理的な政策が求められるからである。しかしながら、王の行動を支配していたものは理性や報酬といったものよりも、むしろ名声であった。

歴史家は長い間、ルイ十四世の戦略と外交政策の背後に隠された一つの原則を明らかにしようと努力を続けてきた。フランソワ・ミニェはスペインの王権の追求であると特定する一方、アルベール・ソレルはそれを自然国境説の履行に求めた。これらの仮説はともに、その後の論争を上手く乗り切れているとはいい難い。ガストン・ゼレールは、今日の大多数の研究者が抱く見解を確定するため多大な貢献をしてきた。「つまり、栄光への模索がルイ十四世の計画に組み込まれていたのである」[*24]。ルイがフランス国家やその人々の利益という視点から自らの行動を評価せず、自己の「栄光」への影響という側面から評価していたという事実が理解できれば、なぜ彼が過剰なまでに戦争を追い求める傾向にあり、本来ならば平和を求めなければならないときに自ら進んで戦争を始めたのかに対する説明が可能である。

三　資源と戦略

ルイは自らの戦略を遂行するためにフランスの資源を動員することができた。このなかで領土、王朝の利益、そして、とりわけ「栄光」を追求することができたのである。ルイの父がまだ統治しているときにリシュリューが記した暗澹たる冷厳な観察は、この太陽王をも悩ますことになった。「歴史上、敵軍の努力によってではなく食糧の欠乏や規律（警察）の欠如により滅んだ陸軍が数多く存在する。そして、私は私の時代に行われたすべての試みが、この欠如によってのみ失敗した事実を自らが証人となって示すことができる」。[*25]

資源配分の問題は十七世紀の戦争のもっとも重要な部分を占めていた。そのもっとも顕著な例は、王が税と信用貸し付けによりその資金を調達していたことであろう。ブルボン家が軍事的冒険のため資金を調達できなくなったことが、究極的には実質的な挫折と敗北へと繋がっていった。おそらくルイ十四世の戦争のもっとも大きな負の遺産が、国庫の枯渇とあまりにも深刻な借金であったため、実際、このことからこの君主国家が決して回復することはなかった。

フランスが、イギリスやオランダといった敵対諸国の富に対抗できない貧しい地域であったことが危機の原因ではなかった。それとは逆に、十七世紀のフランスはヨーロッパのキリスト教社会においてもっとも裕福でもっとも人口の多い国家であった。この世紀の終わり頃、フランス当局は最初の公的な人口調査を実施しており、この結果からヴォーバンは、王の臣民は一九〇〇万人に達すると結論を下している。[*26] 農業に関してはフランスは豊かであった。一六九三年から九四年と一七〇九年から一〇年にかけての壊滅的な飢饉だけが偉大な軍隊の食糧調達を困難にしたが、そのときでさえ陸軍はそのまま展開し続けたのである。

ルイの問題は自国の貧困に端を発するものではなく、フランスのかなりの富を動員することに失敗したことが原因であった。国家を消耗させることなく大規模な戦争を継続するだけの資金を見つけることは、この太陽王にとってさえあまりにも大きな行政的、政治的、そして、社会的問題であった。長期間に及ぶ戦争は破滅を意味したが、ルイは定期的に自らを長期の戦いへと向けたのである。

軍事的成功は、しばしば資金の問題に収斂《しゅうれん》されることになった。資金を有する国家だけが、人と物資を調達することができるからである。フランス政府の財政状態は一六五〇年代後半までには最悪の状態に陥っていた。しかしながら、時間と平和があればある程度の改革は可能であった。かつて歴史家は、王の財政を再建したとしてコルベールを高く評価したが、彼の改革ももはや、根本的な変革をもたらさないまま中断したようである。彼が達成した偉業を低く評価するわけではないが、次のことは明らかである。一六六一年以降に誰が財務総監の座に就いたとしても、少しばかりの改革であれば達成できたであろう。[*27] 成功のための必要条件はコルベールの天賦の才ではなく、平和への回帰であった。コルベールは一〇年以上もの間の平和時にこの要職に就くという幸運に恵まれたのである。これが破られたのも、比較的小規模な危機である遺産帰属戦争の期間だけであった。オランダ侵略戦争は、彼の改革の進行を突然中断させた。

改革には定期的かつ合理的な方法で税金を徴収する能力と、これらの手段の範囲で生活する能力が必要とされるが、戦争は、直ちに租税による収入を超えるものになっていった。戦時における税率の上昇は、せいぜい高騰した支出の必要に対するごく一部を補完するだけに終わるか、最悪の場合は、より高い租税は反乱へと直結していった。その結果、ルイは主として借款で戦費を調達した。コルベールの前任者は間に合わせの方法でどうにか生き延びることができた。すなわち、信用の短期貸し付け、見込み歳入の譲渡、法外な高利回りと割戻金による資金獲得、そして、官職の売買である。[*28] 財務官僚の目的は本当はどこに資金が流れているかを秘匿することであり、収入と支出を正確に算定することではなかった。コルベールが述べたように、これは「この政体でもっとも賢明な人物が四〇年もの間それを運営し、彼らを必要とさせるために複雑化したものであった。というのは、それは彼らだけが理解可能な[*29]」システムであったからである。一六六一年以降、コルベールがこのシステムを統合した結果、平和期にはどうにか機能するものになった。しかしながら、彼はそれを徹底的に合理化することに失敗した。とりわけ彼は、信用貸しを確保するための政府の方策を根本的に変革することに失敗したのである。戦争という緊張状態は、時間をかけておさえてきたあらゆる種類の乱用を直ちに引きずりだし、この結果は明らかであった。

フランス社会の厳格なヒエラルキーによって税の免除を含めた多くの特権が上層部に認められている限り、フランスの財政状態を根本から再建することができる者など誰もいなかった。税制上の特権によって多くの教会や貴族の富が保護されており、コルベールはこれらの特権を廃止することができなかっただけではなく、貴族の称号や役職を金によって取り引きするのを中止させることもできず、こうした免除をより多くの富裕階級へと拡大することになる。

ルイ十四世統治下の絶対主義が、オランダやイギリスに信用貸しや戦争の管理において多大な利益をもたらしたある種の国立銀行の設立を不可能にしていたのかもしれない。国立銀行は海洋国家のなかで繁栄した。なぜなら、それらの議会の信託による政府は、自国に投資可能な者に権力を委ねたからである。これらの人々は、自分自身に信頼を置いていたからこそ、払い戻しを信用することができたのである。これとは対照的に、ルイは、支払うよりも借りる傾向がより強く見られた。仮にルイが財政上の権力を社会の富裕層に移譲したとしても、彼は自身が望むほど確固たる統治を行うことができなかった。おそらく貴族階級も、ルイにそうすることを認めなかったであろう。いずれにせよ、絶対主義国家は、国立銀行を通じて効率的に信用貸しを集めることは決してできなかったのである。フランスにおける国立銀行設立の最初の試み、すなわち一七一六年のジョン・ローの試みは見事なまでに失敗した。フランスは一八〇〇年まで国立銀行を設立することができなかった。革命が起こって初めて、こうした組織の存立が可能になったのである。

租税と信用貸しの問題はともに、長期的に見ればこの君主制国家を不安定化させた。そして短期的には、ルイが採用可能な戦略オプションを制限することになった。野戦軍を維持するだけで膨大な費用を必要としたため、軍隊を敵の領土内で戦わせ、さらには、給養させることが戦略的に賢明なこととなった。後述するように、これは、フランスが用いた主要な戦略技術である。

財政的な弱さはまた、攻勢を遅らせるか、あるいは中止させる結果を招いた。一六九五年には、ルイはイタリアで大攻勢を行うことを望んでいたが、カティナ元帥に以下のような内容を告げなければならなかった。すなわち、「攻勢的な戦争を追求することに対する唯一の困難は、それに必要とされる相当額の資金である。(中略) そして余の財政状態を考えると、(中略) 余の意志に反して、余は来年は防衛的な戦争のみを行うことを余儀なくされた」。[*30] ルイの最後の戦争では、一七〇九年以降、資金的困難により大規模な攻勢を行うことが不可能になるとともに、彼の戦略さえ阻害する結果になった。[*31]

当然ながらフランス陸軍は、徴発という方法により野戦軍の資源を捻出するよう努めた。あらゆる十七世紀の軍隊は、部分的にその地域の生産物と市場に依存していた。これは、その国家の富や効率性とはまったく無関係なことであった。というのは、必要とされる物資を遠隔地の倉庫からすべて運搬できる輸送隊など存在しなかったからである。[*32] しかしながら、ブルボン王朝が軍隊の必要性を充足するだけの資金や物資をフランス国内で調達することができないと分かれば、そして実際、このような事態はしばしば生起したのであるが、軍隊にとって食糧や糧秣、さらには、資金をフランス国境付近か国境を越えて搾取することがさらに必要になってきた。この依存状態が戦略上あるいは作戦上の制約を課すことになった。フランス陸軍は可能であれば敵の領土を占領し、敵国を支援する可能性のある地域を荒らし、ルイに忠誠を誓って軍隊に資金を提供できるかもしれない人々を保護したのである。

フランスの一般住民からすれば、ブルボン家の軍隊はルイの個人的な統治以前から、過剰なまでに「自活」を追求していた。一六三五年から五九年のスペイン戦争を通して、リシュリューとマザランは継続してフランス野戦軍を維持するために必要な資金と物資を供給することに失敗した。ただ単に陸軍は、それを維持する国家の能力を超えて急速に成長したのであった。そして軍隊はいつでも必要なときには、食糧、宿泊施設、そして現金を手に入れたのである。この結果としての略奪行為が恐怖の物語を数多く生み出すことになった。*33

確かに、王と彼の大臣はこのような強奪行為、略奪、そして暴行を厳しく批難した。また、そうした住民の苦しみに対しては同情を寄せていた。しかしながら、彼らはほとんど何もしなかった。国家が支援できる規模まで陸軍大隊や騎兵大隊を縮小すれば、結果をもたらすことができたかもしれない。だが、彼らはあえてそうしようとは望んでいなかった。資金、物資、さらには性にまで至る、こうした兵士による強奪は、野戦軍を維持するためのフランスの方策が誤っていることを示す兆候ではなかった。それは、ブルボン家という王朝国家が、大規模な軍隊のために資源を確保するための不可欠かつ必要な方策の一面であった。かつて『メルキュール・フランソワ』という雑誌が記したように、「必要な兵士を確保しようとすれば、それは彼らに強奪する自由を与え、略奪や破壊行為の許可を与え、給料を支払うことなく彼らを支援したときだけ可能なのである」。*34

こうした惨状は太陽王の個人的統治下に変化を遂げた。これはルイの手柄といってもよいが、彼は自身の軍隊が自身の臣民を略奪することを嫌っていた。ル・テリエ、ルーヴォワ、さらには陸軍大臣である彼らの後継者の支援を受けながら、ルイは以前と比較してより定期的な方法で自らの軍隊を給養し、給料を支払うよう努力した。総じて、彼は自身の臣民を自身の軍隊から保護することに成功したのである。

フランスの住民に対する過酷な扱いが急速に減少した大きな原因の一つは戦略的なものであった。すなわち、ルイは戦争をフランスの国境付近で戦っており、国内の中心部で戦っていたのではなかった。可能な限り、ルイは軍隊を国境付近に派遣し、敵国の領土と住民を搾取するよう働きかけ、野戦軍司令官に対しては敵の資源で自活することにより、可能な限り国庫の無駄を省くよう期待したのである。彼は九年戦争の最中、ドゥ・ロルジュに次のように不満を漏らしている。「余は余の軍隊の現在位置を知って当惑している。（中略）貴殿はドイツの物資と糧秣を用いて、アルザスを守るためにライン川を渡河すべきである[*35]」。一七〇七年の計画を立案するにあたり、彼はドイツ国境付近のヴィラール元帥に対して、「この大きな遠征から貴殿が得ることができる大きな利益の一つは、余の軍隊に敵国の犠牲の下で生活することを許すことである[*36]」と釘を刺している。こうして、財政的かつ兵站《へいたん》上の理由により、基本的にフランスは防衛的な戦いにおいてでさえ限定的な攻勢を好んだのである。

地方の資源はなお必要とされたが、国境付近に到達しさえすれば、王の臣民はもはや費用を負担する必要はなかった。その結果は初期のフランスの村々に対する略奪と似たようなものであった。すなわち、フランスは租税や信用貸しによって支えられる規模以上の軍隊を保有することができたのである。「私掠行為」や「徴発税・軍税」といった言葉は、地方の富を引き出すための二つの主要な方法を表現している。私掠行為は襲撃であり、一五名から数百名の規模に及ぶ小さな集団が関与した。彼らは糧秣を奪い、収穫物を徴発し、家畜を確保し、さらには、敵軍を支援する可能性のある村々や資源を破壊した。私掠行為は戦争行為であった。

一方、徴発税・軍税はまったく別のことを意味する場合もあった。それは支払いであり、通常は現金であったが、そうでない場合もあり、占領した領土の村や町に対して要求されるものであった。それは、より定期的なものであり、租税制度として機能する場合もあった。かなり過酷に搾取されたスペイン領ネーデルラントでは、占領しているフランスの管理者は、しばしば戦前の租税名簿に言及することにより、ある地域がフランスの国庫に貢献できるだけの一定の額を設定した。[*37]そして、彼らは住民に支払いを要求したが、しばしばそれは、適当な金額と日付を記入するための空白がある印刷物を発行するといったやり方が用いられた。[*38]期限通りに支払いができなかったことに対する罰は「処刑」であり、これは文字通りの処刑を意味した。陸軍の部隊は有罪とされた村を焼き払うのが常であった。もちろん、正確な計算は不可能であろうが、徴発税・軍税はかなりの額、おそらく、フランスの軍事予算の二五パーセントもの資金を調達することになった。[*39]

全体のなかで地方からの資源が占める割合が極めて大きかったことを考えると、十七世紀の軍隊は自らのために駐屯地周辺地域の搾取を行うだけでなく、敵の駐屯する地域を破壊する必要があった。時にはフランス軍は、敵の領土を収奪し尽くし、その地を略奪することで敵に講和を強いることもあったが、こうした野蛮なやり方は通常、交渉を強要することと関係しているというよりは、むしろフランスを侵略する資源を敵に与えないことに関係していた。これを命じられたテュレンヌは一六七四年夏、マインからネシャールまでのファルツ地方を破壊したのである。というのは、アルザス地方を脅かすべく敵が集結しつつあったからである。テュレンヌは、他人が感動するほど部下に対して関心を抱いていた一方、一般住民に対して彼らが行った破壊で彼の良心が痛むことはなかった。一六七四年のこの破壊行為は、それ以前との不吉なまでの境界を象徴するものであった。十七世紀の軍隊は、それ以前にも繰り返し土地の略奪を行っていたが、国家が組織的な破壊を命令したのはこれが初めてであった。[*40] 一六七六年には、ルーヴォワはアルザス地方を守るためにザール以遠の地域の破壊を欲し、ドゥーポン公国を解体させた。オレリー伯爵はさらに次のように述べている。すなわち、アルザス地方において「フランスはほんの少しばかりの駐屯軍を保持しており、それらは見事なまでに装備が整っているが、全体としてこの地域は疲弊している。帝国の包囲網の軍隊が取り囲み、次の夏にそれらの一つを落としたとしても、それはおそらく彼らが目的とし得るもっとも大きなものであろう。そしておそらく、すべては彼らが考えるほどには影響を及ぼし得ることはないであろう」[*41]。

もちろん、フランスが焦土戦略を用いたもっとも悪名高き事例は、一六八九年のファルツ地方の破壊である。確かに、これは政治的、さらには道義的な理由を考えたとき、思慮に欠けた行為であったのであろうが、実はこの方策は、フランスの戦略行動と軌を一にしているのである。これほど広大な地域が非情なまでに組織的かつ完全に破壊された事例は過去になかった。もっとも、フランスは少しばかりの自制を示した。例えば、彼らは住民に対して財産を持って逃げるよう時間を与えたり、フランス軍による略奪行為を阻止するために努力したのである。しかしながら、ある地方全体を焼き討ちする行為、そして、文字通りすべての石を引き倒し、町全体を破壊することは、どう考えても慈悲深い行為とはいえなかった。

四 「位置の戦争」と戦略

ルイ十四世が築城に関心を抱き始めたのは、自らの領土を守る必要性と同時に、敵の領土を攻撃する必要に由来するものであろうと多くの場合考えられるが、もちろん、これ以外にも理由があった。明らかにルイは、「位置の戦争」を好んでいたのである。この「位置の戦争」という言葉は、築城、防御、要塞化などによる攻撃をすべて包含する用語であった。ルイのこの個人的な嗜好は、支配を求める彼の個人的資質、不可測なものの役割を極小化しようとした彼の資質、そして、細部に対して関心を抱く彼の個人的資質を反映していた。それに加えて、「位置の戦争」は作戦を支配し、戦略を形成するものであった。というのは、それがルイのフランスの安全保障に関する厳格な概念にとって決定的と思われたからである。すなわち、彼にとってフランスの安全保障とは、何よりも敵の進攻から王が獲得した領土を保護することであった。

ルイが要塞に関心を抱いたことは不思議ではない。「位置の戦争」は十七世紀の戦争を形成しており、十七世紀の中頃までには、それは多様な役割を演じていたのである。ベールは一六七七年に次のように述べてこの時代の潮流を説明している。「対照的に野戦はほとんど話題に上らない。実際、今日において戦争の術《アート》とは結局、巧みな攻撃と芸術的ともいえる要塞のことになったようである」[*42]。この認識は、年老いたテュレンヌの戦闘に対する健全な嗜好とは好対照である。テュレンヌは、「結局のところ陸軍は戦わなければならない」と述べている[*43]。

ルイの重点が変化するにつれて、彼は戦略を防御可能な国境という観点から考えるようになった。そして、ヴォーバンはこれを極めて効果的に支えたのである。この偉大なエンジニアの影響力が高まったのは、ただ単に彼の才能によるだけではなく、また、彼がルーヴォワの支援を得ていたからではなく、ルイ個人の共感を呼び起こしていたからである。仮にルイ十四世の下にヴォーバンがいなくても、おそらく彼は別のエンジニアを登用したであろう。彼の要塞線は優れて個人的な行為であったのである。

ヴォーバンのフランス防衛計画の顕著な事例が「プレ・カレ（*pré carré*）」として知られるものである。「プレ・カレ」という言葉は二つの解釈が可能である。一方で、この言葉は決闘場を意味し、他方で、国境をより防御しやすくするために直線化あるいは直角にする意図を示唆するのである。一六七三年一月付の有名な書簡のなかでヴォーバンは、ルーヴォワに「プレ・カレ」を提案していた。

真剣に申し上げますが閣下、王は「プレ・カレ」を建設するために何かを考えなければなりません。私はこの我々の要塞と敵方の要塞が乱雑に入り乱れた状態が好きではありません。貴殿は敵方の一つの要塞に対し三つの要塞を維持することを余儀なくされております。そして、貴殿の部下はこれに苦しめられています。貴殿の費用は高騰し、貴殿の軍隊の多くは縮小を余儀なくされております。(中略)だからこそ、それが条約によるものであれ、あるいは良き戦争によるものであれ、もし貴殿が私の申し上げることを信じるのであれば、閣下、常に物事は円ではなく直角に、すなわち「プレ」になるよう主張しているのです。[*44]

これが直ちに、彼の戦略および作戦に関する標準的な助言となっていった。一六七五年九月、ヴォーバンがコンデ、ブーシャン、ヴァランシエンヌ、カンブレーを占領するよう主張したとき、彼はルーヴォワに次のような書簡を送っている。「これらの都市を確保することは貴殿の征服を保証するものであり、待望の「プレ・カレ」を構築することになる」[*45]。

ヴォーバンのもっとも見事な計画は、スペイン領ネーデルラントとの極めて脆弱な国境地帯に関するものであった。この地域の国境は、その多くを石造建築による縦深《じゅうしん》防衛の構築に依存していたのである。ここに彼は防御的国境の確立を提言したのであるが、彼は「二つの要塞の線が」、あたかも「陸軍の戦闘態勢を模倣したかのように」形成されると描写している[*46]。この目標を達成するにあたりヴォーバンは、ルーヴォワとルイに対して、戦争においてどの要塞を攻略し、どの要塞を無視または迂回するかについて提案した。こうしてヴォーバンの戦略構想は、平和時の建設と戦争時の作戦の双方を主導することになった。彼自身も、防壁が柔軟性を備えた防御を意図したものではなく、神聖なフランスの領土を保護するために設計された封印のようなものを意図したのである。*47「プレ・カレ」はフランス国境の直線化を必要としたのであり、ただ単により多くの要塞建設を求めるものではなかった。しばしばヴォーバンは、新たな要塞の建設と同様、現存する要塞の放棄や徹底的な破壊を唱えたのである。

フランスの予算は、防御的な石造建築に対するルイの関心の高まりを反映するものとなった。十七世紀の最初の六〇年間、この王朝国家は要塞に比較的投資することはなかった。一六四三年から一六六〇年の間、フランスの予算として三四万七〇〇〇リーヴルが年間支出の平均として記録されている。*48ところがこの数字は一六六〇年代に急上昇することになる。一六六三年から六七年までの平均は、一三七万四〇〇〇リーヴルに達している。遺産帰属戦争とオランダ侵略戦争の間の時期にはこの数字はさらに高まり、年間平均で三四七万九〇〇〇リーヴルの支出が記録されている。予算支出は一六八〇年代にピークに達し、この時期の王の予算は、要塞建築のために年間八〇一万六〇〇〇リーヴルとなった。ブルボン王朝にとってこれほどまでの予算レベルに達することは一度もなかったことである。

ルイの戦争のなかで要塞は数々の役割を果たすことになった。もっとも基本的には、要塞は領土を保護するものであるが、同時に、それは攻撃的な機能も果たすことになった。当時の外交あるいは軍事用語を用いれば、それらは敵の領土に対する「門」であった。要塞は攻勢作戦のための基地を提供し、あるいは敵の領土における橋頭堡や前哨地点としての役割を果たした。この機能は、とりわけライン川沿いのアルザス地方近郊で決定的な意味を持った。こうして、ルイが意図した防衛的な行動は、敵には攻撃的であると受け取られたのである。

加えて、要塞は戦争の補給面で決定的な役割を果たした。領土を守るという点からすれば、要塞はフランス軍の兵站基地を形成している資金と物資も保護していたのである。さらには、軍隊が戦闘すること、とりわけ冬場は敵の領土内で戦闘することが絶対条件となるため、要塞化された「門」は、物資の補給源として敵領土およびその住民に対して開かれた地点となったのである。

ルイの要塞はまた、弾薬庫としての役割を果たした。これにより、フランスは戦争の遂行で、少なくとも一六九一年まではかなりの利益を享受することになった。フランスの弾薬庫が秩序立った制度の下にあったため、フランス陸軍は一年のなかで敵よりも早く野戦に臨むことができた。そして倉庫に依存できる軍隊は、例えば、春の新芽が馬が草を食《は》むのに十分な高さに育つ以前に、その軍馬を野に放つことができたのである。おそらく、倉庫だけで軍隊全体を維持することができる国家は存在しなかったであろうが、多くの物資が貯蔵されている倉庫を有する軍隊は、戦闘においても作戦線を変更するに際してもさらなる柔軟性を確保できたのである。例えばオランダ人は、五月まで野営ができなかったため、四月にフランス側が動き始めても、それを見守るほかなかった。オランダ側がそれに対抗可能になったときまでには、例えば一六九一年四月のモンス攻城戦に象徴されるように、フランスはしばしば大きな軍事的勝利を得ていたのである。しかしながら、フランスはルーヴォワの死後、この利点を維持することはなかった。そのため、主として兵站上の計算が要塞と要塞線の建設を決定することになった。

補給以外の機能として、要塞と要塞化された防衛線は「私掠行為」や「徴発税・軍税」を通じて住民から効率的に搾取するためには不可欠であった。この要塞の攻撃的な側面に関していえば、それが攻撃する集団の基地を提供し、彼らは継続的に食糧や糧秣を求めて略奪を繰り返したのである。例えばヴォーバンは、一六九三年、シャルルロアの敵の強固な陣地をフランスが攻撃するよう求めたが、[*49] それは、フランス領土を攻撃するいわゆる山賊集団の安全な隠れ家になっていたからである。防御面については、永久要塞は敵の攻撃からその地域を保護する盾の役割を果たすことになった。

この防衛線というルイの制度は、徐々に発展を遂げていった。九年戦争以前には、ルイは報復を命じることによりフランスの保護領に対する敵の攻撃を抑止しようと考えていた。仮に敵が「徴発税・軍税」を取り立てれば、ルイは自身の取り立てを二倍にすることにより報復した。仮に敵がルイの村々を焼き払ったとすれば、彼は敵が焼き払った村の数以上の破壊を命令した。こうした報復政策は、しばしばその目的を果たすことはなかったが、条約によりこれを抑制しようとする試みは失敗していたのである。[*50] 仮に抑止と交渉が失敗すれば、敵の攻撃に先んじるため防衛線の建設が賢明な政策として求められることになる。同時に、報復は一六七八年以降もフランスの行動の一部として続いていたのであるが。防衛線は既にオランダ侵略戦争のときには登場していたが、九年戦争のときにはより広範なものになっていた。スペイン継承戦争では、フランスは四本の完全な防衛線系統を建設し、スペイン領ネーデルラントをムーズ川から英仏海峡まで囲んでしまったのである。こうした塹壕、堡塁、塔から構成される防衛線は、可能であれば河川や運河を最大限に活用した。しかしながら、第一次世界大戦での塹壕とは異なり、当時の防衛線は主として敵の野戦軍を阻止する目的で建設されたものではなく、敵の「私掠行為」から肥沃な後背地を守るために作られていた。実のところ、領土というものの価値、そして、フランス軍に提供するために必要な富がこの防衛線の位置を決定していたのである。[*51] ある特定の地域を維持し、防御的な施設を建設する戦略上あるいは作戦上の決定は、兵站上の考慮に強く規定されていたのである。

「位置の戦争」は戦闘のやり方を決定しただけではなく、戦争の地理を形成したが、それ以上に、兵力態勢の構築にも寄与することになった。要塞に軍隊を駐屯させる必要性が陸軍の規模を押し上げたのである。[*52] ヴォーバンは陸軍をあまりにも大規模に、あまりにも高価なものにした要因は要塞であるとする覚書をルイに提出している。九年戦争の初期の段階で極めて細部にわたって記録された覚書のなかで、彼は一六万六〇〇〇名もの兵士を飲み込んだフランス中の要塞および要塞化された地点を二二一カ所リストアップした一覧表を提出している。[*53] 一七〇五年に作成された別の記録では、一覧表に記された都市、要塞、そして要塞化された地点の数は二九七カ所に増え、一七万三〇〇〇名の歩兵および騎兵の駐屯が必要であると記されている。[*54] 要塞に兵力を配備する必要性が、平和時におけるフランス軍の規模を規定し、それが戦時における兵力の増強に貢献したのであるが、その数字はルイの最後の二つの戦争の期間、紙の上では四〇万名にも達していた。もちろん、こうした戦争時における兵力の頂点が、ルイに敵対する同盟諸国の軍隊の規模に合わせた結果であることも事実である。[*55] いずれにせよフランスは、より管理可能なところまで兵力数を削減するため、強化地点を放棄あるいは解体する必要に迫られた。これが、まさにヴォーバンが要塞の数を減らすことに固執した理由である。

このようにして、平和時における軍隊の規模の増大、そして、その政治的・戦略的影響は、まったく意図せず、ほとんど偶然ともいえる結果をもたらすことになったように思われる。すなわち、要塞に依拠することに決定するという結果である。戦略の形成はしばしば合理的なプロセスではない。それ以前の決定が政治家の選択に関する論議を制限し、最終的には、これらの指導者ができれば回避したいと考える政策や行動を強いることになるのである。[*56]

五　フランスの戦略の三つの時代

ここまで議論してきた個人の資質、構造、そして政策は、ルイ十四世の五四年にもわたる専制という事実を考慮する必要がある。というのは、国際環境もこの偉大な君主もともに、この約半世紀の間に発展を遂げたからである。この発展は三つの時代に区分することができる。第一は、一六六一年から七八年の期間であり、ルイはこの間、新たな領土を征服することにより、攻撃的に彼の「栄光」を追求しようとしたのである。第二の時期は一六七八年から九七年にかけてであり、この時期のフランスの戦略は、その目標においてははるかに防御的なものであった。だが、その手段においてはしばしば攻勢的なものであった。ルイは防御可能な国境線を構築しようとしており、その国境線でフランス軍は戦略的な高地を確保し、文字通り塹壕を掘ったのである。ルイはこの防壁を強固なものにするため、北方および東方の国境地帯で領土を獲得した。スペインの王位継承問題が最後の時期における支配的問題であり、この時期は一六九七年から一七一四年の期間である。当初、ルイはスペインの継承権のごく一部分を交渉の材料として平和を求めていた。しかしながら、カルロス二世の遺言により、継承権のすべてを彼の孫であるアンジュー公フィリップのために受け入れるほかなくなった。彼はこれが神聖ローマ帝国皇帝レオポルト一世(在位一六五八〜一七〇五年)との戦争を意味することを理解していた。その結果としての戦争は、ルイがこれまでに直面したいかなるものともフランスの戦略的状況を異にするものであった。すなわち、彼はフランス国境外の友好諸国の領土で軍隊を維持することができ、阻止行動的な戦闘を行うことになったのである。

一六六〇年代初頭、この若き太陽王は領土と「栄光」を求める偉大な戦争で自らを証明することを熱望していた。彼が、スペインに属する幾つかの領土を獲得できると期待していたのももっともなことである。ルイが年頃になったときまでには、既にブルボン家フランスとハプスブルク家スペインとの敵対関係は確立していた。スペインが強大である限り、フランスは包囲下に置かれていた。しかしながら、スペインの長期にわたる凋落《ちょうらく》、そして同国がリシュリューやマザランとの闘争に敗れつつあった結果、ルイは戦利品を得ることができる立場にあった。スペイン領ネーデルラントは魅力的な土地であり、フランスはその最初の時期、この野心を満たすために努力を重ねた。

宮廷内の若き貴族は、この冒険に乗り出すようルイ十四世を鼓舞し、彼の主要な軍事顧問は、彼を思い留まらせるようなことは何もしなかった。一六六〇年代中頃、テュレンヌ元帥はルイに対して軍事問題の個人指導を行っていたが、彼は「最高国務会議」に席を有する国務大臣としても活動していた。テュレンヌは、一六五九年にスペインとの戦争を終結させようと努めたマザランの決断に少しも賛成していなかった。というのは、スペイン領ネーデルラントはもう一度戦えば降伏するかもしれなかったからである。今や軍隊は、外交的な弱さを補完することができ、そして一時期、テュレンヌはより保守的なル・テリエやルーヴォワを抑えることができた。この元帥は偉大な野戦軍指揮官であり、ルイは、側近の閣僚たちから学ぶことができないことを彼から習得したのである。

フェリペ四世（在位一六二一～六五年）の死は、ルイにとって彼の主張を推進する機会をもたらした。フランドル地方の小さな法律の一つに、最初の結婚で生まれた女子は、彼女の父親の財産の一部を相続する権利を有すると規定されていた。二度目の結婚による男子がいたにもかかわらずである。こうして、この財産は彼女に「転がり込む」ことになる。この場合の女子とは、スペインから来たルイ十四世の妻であり王妃でもある、凡庸なマリー・テレーズであった。ルイは、この法律をフランスの目的に沿うよう歪曲したのである。

スペイン領ネーデルラントまでの道のりをフランスの古くからの同盟国であるオランダが通行を許可することを頼みとして、一六六七年、ルイは軍隊を率いて国境を越えた。これが遺産帰属戦争の始まりとなった。ところが、ルイの成功がオランダ人を驚愕させ、一六六七年七月にはイギリスとの戦争を終結させたことにともない、さらなるフランスの拡大を挫折させるため、オランダはイギリスおよびスウェーデンとの同盟を締結したのである。この予期せぬ挑戦に対応する準備ができていなかったルイは、国境付近の要塞化された町を一二カ所獲得するだけで心ならずも講和を受け入れたのである。彼は再び帰ってくることを計画した。

彼は依然としてスペイン領ネーデルラントを欲していたが、今となってはオランダを中立化しなければそれを獲得することはできなかった。明らかにオランダは、台頭しつつあるフランスよりも衰退しつつあるスペインを隣人として好んだ。十六世紀および十七世紀初頭に、スペインに対してオランダとフランスを同盟に導いた歴史を、地理が覆すことになった。オランダの連合諸州は一六四八年にスペインから独立し、それと同時に、偉大な商業国家および海軍国家へと成長を遂げつつあった。仮にフランス軍が彼らの国境にまで進んでくれば、独立が侵されることになる。加えて、オランダとフランスは今では商業上のライバル関係になっていた。確かに、これはルイにとっての大きな懸念事項ではなかったにせよ、オランダの政策のなかでは大きな位置を占めていた。ルイにはオランダ人に激怒するもう一つの別の理由があった。ルイからすれば、彼がオランダ人に忠実に支援を与え続けたにもかかわらず、それに対して彼らは「忘恩、不実、そして我慢できないほどの虚栄心」をもって彼に報いたのである。*57 ヨシュア〔モーゼの後を継いだイスラエルの指導者〕が太陽（これは太陽王と読める）を途中で遮ることを表現したオランダのメダルは、彼のプライドをさらに傷つけることになった。

最初にルイは、巧みな外交と賢明な支払いによってオランダ人を孤立させた。その後、彼は一六七二年、リエージュ教区を通って前進しライン川を渡河するよう陸軍に「命令した」。そこでは、テュレンヌとコンデが軍隊を指揮し、ヴォーバンが包囲戦を指揮した。戦争は大きな成功から始まった。しかしながら、若きウィリアム三世〔オレンジ公ウィリアム〕（在位一六七二～一七〇二年）指揮下の頑固なオランダ人は、フランス軍が彼らの南部諸都市の多くを占領したにもかかわらず、降伏を拒否した。それどころか、彼らは河川を氾濫させ、その結果アムステルダムを保護したのである。フランスの進攻は、直ちにオランダが同盟諸国を得ることに繋がった。ブランデンブルク選帝侯、神聖ローマ皇帝、そして、スペイン王がルイに対する戦争に参加した。一六七四年、イギリスはオランダともう一つの講和条約を結んだ。ルイは連合諸州から兵力を撤退することを余儀なくされた。彼の心ならずの撤退は、「栄光」への道に向かう軍事力による征服に対する彼の活力への願望の、終わりの始まりを示すものであった。一六七五年に好戦的なテュレンヌが死去したことは、ルイの政策の焦点やトーンの変化を助長することになった。加えて、同年のコンデの引退も同様の影響を及ぼすことになった。

一六七八年の平和への回帰は、ルイの政策および戦略における第二の時期の到来を告げるものとなった。今やこの王は、「ルイ大王（*Louis le Grand*）」であった。彼はナイメーヘン条約により自らの力を証明し、「栄光」を勝ち取った。そしてフランスは、重要な諸都市とフランシュ＝コンテの全地域をその版図に加えることにより、さらに偉大な国家になっていった。ルイはまた、ロレーヌ地方を確保できたと信じており、実際、フランスは二〇年間にもわたりこの地域を占領した。彼は、オランダの承認なくしてスペイン領ネーデルラント全体を獲得することは絶対にあり得ないこと、そして、彼らが決して南部国境地帯でのフランスのプレゼンスを容認しないことを理解していた。スペイン領ネーデルラントの端の部分を切り離すことは可能であるかもしれないが、完全な征服はルイの能力を超えていた。そこでルイはこの目標を棚上げした。彼の重点は、既に彼が確保したものを守ることに移った一方で、病弱で子供がいなかった国王カルロス二世の死去後は、スペインの相続の不可避的な分割部分から、彼が獲得できるであろうものを外交的に得ることに目標が置かれた。テュレンヌとコンデが去った今、フランスの戦略の方向性はますます国務大臣、とりわけルーヴォワの手に移っていった。そしてルーヴォワは将軍たちに前にもまして活動の余地を与えようとはしなかった。ルーヴォワの優秀な部下であるヴォーバンは、軍事顧問として王の注目を引いた。ルイは彼の戦略問題を主として防勢と考えており、ヴォーバンは比類なき築城の名人であった。

ルイと彼の助言者はフランスを包囲された要塞と見なすようになってきた。ヴォーバンの表現を用いれば、「キリスト教世界のもっとも強力な国家のほぼ真中において、フランスはスペイン、イタリア、ドイツ、低地諸国、そしてイギリスの攻撃から同じ距離に位置している」のである。勝利を達成したフランスとは、すべての方向からの攻撃を招く避雷針のような存在である。ヴォーバンは「フランスは今日、極めて高いところまで登り詰めたため、その力をフランスの隣国に提供する立場にある。すなわち、彼らはすべてフランスの崩壊に利益を見出し、あるいは少なくともフランスの力の縮小に利益を見出しているのである」と信じていた。*58 ヴォーバンは生まれつきの戦士であったが、ルイ十四世もまったく同様であった。

フランスは長大な大西洋および地中海の海岸線を保持していたが、その過密な地上の国境が〔防衛上の〕最優先事項を規定する圧力となっていたため、艦隊による海洋の支配を同国にもたらすことはなかった。その結果、ルイは一度もシー・パワーの重要性を認識することがなく、その代わり陸上での戦争における多くの問題に集中することになった。

第二期におけるフランスの政策の中心は、ハプスブルク家とオスマン＝トルコとの間のヨーロッパ大陸での争いであった。三十年戦争の終結は、オーストリア＝ハプスブルク家を疲弊させたが、再建は可能であった。彼らは広範な領土を自らの権威の下で所有し、依然として神聖ローマ帝国皇帝として君臨していた。確かに、これは権威の残滓のようなものであるが、それでも利益に繋がった。しかしながら、ドイツにおける平和は、必ずしもハプスブルク家にとっての平和を意味するものではなかった。復活を遂げたオスマン帝国は南東から脅威を与え始めた。一六六三年から六四年にかけての短期間の戦争の後、そして二〇年にもわたる小康状態の後、オスマン帝国はウィーンを包囲した。トルコ軍を敗北させた際、皇帝レオポルト一世は資源を獲得し、ルイ十四世の軍隊に匹敵するほどの陸軍を構築したのである。太陽王と彼の側近はこの進展に気づいており、時間はフランスに不利に進んでいると考えた。このようにして真のフランスの支配時期は、二つの帝国の没落時期の間の短期間に限られたのである。スペインの没落がフランスの優位を許し、そして、オスマン帝国の没落が神聖ローマ帝国皇帝とその軍隊がフランスに挑戦することを許したのである。

ルイの統治期間の後半において、彼はドイツを主要な敵として見なすようになった。一六八四年のヴォーバンへの書簡のなかでルーヴォワは次のように警告している。「今日からドイツ人を我々の真の敵であると見なす必要があり、もし彼らのなかに馬に乗ることを求める皇帝が出てくれば、我々が屈辱を受ける唯一の敵である」[*59]。そのためルイは、東側からの進攻を阻止するための政策を採用した。この防衛戦略はルイとルーヴォワが立案し、ヴォーバンによって実施された。「栄光」を求める彼のあらゆる執着にもかかわらず、ルイは征服への渇望よりも進攻への恐怖を抱いていた。クラウゼヴィッツは次のように結論を下している。「ルイ十四世にとってはあらゆる屈辱から彼の王国の国境を守ることが、それがいかに意味のないことと思えるにせよ、ほぼ名誉の問題になっていたのである」[*60]。

ヴォーバンによれば、防衛可能な国境というシステムには、フランス国境の直線化とそれを要塞で支えることが求められた。ギザギザに裂かれ混乱を極める国境を直線化するには二つの方法があった。すなわちそれは、最前線地域を犠牲にして防衛線まで撤退するか、前進した防衛線を形成するため新たに幾つかの領土を獲得するかであった。王は彼の領土へのいかなる侵害、あるいはその損失も容認しなかったため、彼にはただ一つの選択肢しか残されていなかった。それは、領土の併合や征服により防衛線の領土を肉付けしていくことであった。これが一つのパラドックスを生むことになる。すなわち、ルイの究極的目標が本質的には防御的であったにもかかわらず、彼はそれを攻撃的な方法で追求したのである。

一旦、神聖ローマ帝国皇帝が脅威となると、ルイの関心はアルザスの防衛に移っていった。この地域はオランダ侵略戦争の際、三回にもわたる進攻を受けていた。彼はフランスの東部国境を防衛するため、ストラスブール、ルクセンブルク、そしてその他の防御地点の構築が必要であると考えた。彼はそれを「再統合」で獲得した。これは合法性と力の奇妙なまでの混合であった。条約の文章は、各国の所有地域に関して曖昧な表現を用いる傾向にある。例えば、ある国家が都市や地域や「その従属地域」を獲得する、といったようにである。問題は常に、これらの属領とは何を意味するかであった。ルイは「再統合法廷」を設立し、どの領土がフランスに帰属するのか、また、歴史的に属領を有するのかを決定させた。仮にこのフランスの法廷が彼に有利な判決を下せば、彼は自らの主張を強要する方法を用いた。このような法的手段には前例が存在し、時としてルイの主張は極めて強いものとなった。*61

しかしながら、一六八一年のストラスブールに対する彼の行動は、法的な厳格さとはほとんど関係ないものであった。問題は戦略であり正義ではなかった。ストラスブールを押さえることで、ルイは、敵にとって潜在的な進攻ルートであるライン川沿いの三つの重要な橋頭堡のなかの二つを支配下に置いた（ストラスブール以外の場所の一つとはブリザッハであるが、ここは既にフランスの手中にあった。残りの一つはフィリップスブールであるが、ここはナイメーヘン条約によりフランスが失った場所である）。

このようにフランスは、コルヴィジエが「攻勢的防御」と名付けたパラドックス戦略を追求していたのである。ルイが自らの獲得を実質的には防御的性質と捉えていた一方で、ヨーロッパはそれを正反対に解釈した。そしてその理由は単純であった。ルイは安全保障を求めていたにもかかわらず、この高慢な君主は、あたかも彼が敵を征服あるいは弱体化することを求めているかのように行動した。そして彼の最初の二つの戦争においては、ルイは征服への無制限の貪欲さを示唆するかのように行動した。ところが、この双方の戦争における彼の目的は、「栄光」とスペイン領ネーデルラントへの渇望を超えたものではなかったのである。オランダ侵略戦争は、無慈悲で貪欲な征服者というルイの強引なイメージを定着させてしまい、彼はこれを決して拭い去ることはできなかった。この戦争により、彼の攻撃的な意図が同時代の政治家に印象付けられ、一六七八年以降のフランス国境地帯沿いの残忍ともいえる領土獲得の後には、この確信はますます強くなっていった。一六八〇年代の「難攻不落」国境を構築することで自らの敵を抑止しようと模索した際、ルイは敵を過度に警戒させてしまい、彼が回避したいと望んだ戦争をほぼ不可避の状況にしてしまったのである。

ルイが絶対的な安全保障を追求したことが、いかに隣国に脅威を与えたかについて、彼はまったく理解していなかったし、また、彼の安全とはその性格上、隣国の安全を阻害することになることについても考えが及ばなかった。敵にフランスを攻撃する機会を与えるライン川沿いの橋頭堡を押さえることは、直ちにフランスが敵に対する進撃路を得ることを意味するのであった。ルイの要塞は彼の国境を封鎖するだけでなく、フランスの力を投射することになった。[*62]こうして、フランスの意図に疑念を抱く者が、ルイの意図を攻勢的と捉えることは合理的であった。

神聖ローマ皇帝は、警戒はしていたもののトルコ人との戦争に忙殺されていたため、ライン川沿いでフランスに抵抗することはできなかった。そして、彼は一六八四年のレーゲンスブルクの停戦を黙認したのである。そしてこの停戦は、フランスと神聖ローマ帝国との間の二〇年にもわたる平和を約束するものであった。ルイは今や、彼が占領した土地の長期間にわたる租借権を手に入れたのである。しかしながら、レーゲンスブルクですらルイの不安を抑えることはできなかった。皇帝の軍隊がトルコ軍に向かって前進するにしたがって、ルイは、一旦、皇帝がトルコ軍を敗北させれば、フランスを攻撃するのではと恐れた。そこで彼は、レーゲンスブルクの停戦が、一六八七年四月一日までに恒久的な講和条約へと変換される必要があるとの最後通牒を突き付けることで反応した。疑いなく、これは防御的な行為であったが、一六八〇年代を象徴するかのように乱暴なやり方で行われた。結局一六八八年にルイは、ポール・ソニーノが述べたような「先制攻撃に対する致命的ともいえる偏好」に抗しかね、フィリップスブールを包囲することにより、全面戦争に打って出てしまったのである。[*63]純粋に軍事的観点からすれば、この攻撃は理に適っていた。というのは、これによりアルザスのライン川国境を封鎖することになったからである。だが政治的観点からすれば、これによりドイツ人を離反させ、ウィリアムの対イングランド遠征を支援するようオランダ人を説得するのに長期間を要することになったのである。そしてこれは、ルイとフランスにとって劇的ともいえる意味を及ぼした。

ルイは九年戦争に関する彼の責任を負うのを拒絶した。彼は、他国が彼に戦争を強要したのであり、自身の初期の行動は本質的には防御的なものであると捉えていた。すなわち、フィリップスブールの占領はライン川を封じるためであり、ファルツの破壊はいかなるドイツの攻撃をも無効にするためのものであった。彼は短期間の防衛戦争を望んでいたが、これが国家資源の長期間の消費を伴う消耗戦争へと発展したのは、ルイの意図しなかったことであり、おそらく彼の統制が及ばないものであった。

一六九七年の平和への回帰は、変化をもたらしたように思われる。九年戦争はこの絶対主義国家を破産させ、フランス臣民を疲弊させ、この誇り高き君主を挫折させることになった。かつては強気のルイも、後悔しているかのようであった。実際、彼はいかなる犠牲を払ってでも平和政策を追求したのである。フランスの外交上・戦略上の主たる関心は、今やスペインの継承権問題であった。近代初期の統治者は、国際政治について計算する際、王朝のことを考慮に入れていたが、十七世紀後半のヨーロッパは極めて重大な王朝の危機に直面していたのである。病気がちで身体に障害を持ったカルロス二世が子宝に恵まれず、いずれ死去するであろうという事実は、彼の財産を求める厳しい争いに加えて、国王の地位を求める競争が起きることを意味した。この相続問題は、決してルイの関心から外れることはなく、実際、平和への回帰とともに、この問題が彼の思考と政策を支配したのである。

王朝間の結婚というゲームにより、幾人かの競争者は強いカードを持つことになった。そして、ルイ十四世とレオポルト一世は最高のカードを持つことになった。だが、そのどちらも自らが継承権を主張することはなかった。ルイは彼の孫であるアンジュー公フィリップを推した。一方レオポルトは、彼の次男であるカールの権利を主張した。第三の候補は、バイエルン選帝侯の子のヨーゼフ・フェルディナントという子供であったが、少なくとも彼の存命中は価値は高いが妥協的な候補者であった。スペインの王位をめぐる競争は、結局、ルイ十四世とレオポルト一世を大きな対立へと導くことになった。双方とも強く権利を主張し、この闘争にかなりの資源を投じることに積極的であった。そして双方とも、相手が自分の都合が良いように力の均衡を崩すことを許そうとはしなかった。一六六八年の分割条約によってこの問題の解決を図ろうとした初期の試みは、フランスの主張に対するオーストリアの黙認をもたらしたが、一六八〇年代後半にレオポルト一世が得たより強い地位の結果、彼は以前にもまして独断的になった。一六八九年にレオポルト一世はオランダおよびイギリスと条約を締結し、これによりスペインの遺産がすべてカールに相続されるよう手筈を整えた。一六九八年のより偏りのない分割条約は、ルイにとってはいかなる犠牲を払ってでも次なる戦争を回避したいと考えていたときでもあり、ブルボン家とハプスブルク家の衝突の機先を制するため、ほぼすべてをヨーゼフ・フェルディナントに与えるというものになった。しかしながら、ヨーゼフ・フェルディナントが夭折したためこの協定は廃棄され、一七〇〇年、ルイは戦争を回避する目的でイギリスおよびオランダと新たな分割協定の締結を急いだ。この条約は相続の多くをカールに与えるとしており、フィリップにはイタリアの一部を与えることになっていたが、レオポルトはこれを拒否し、カールがすべての遺産を相続することを望んだ。

この駆け引きを通じてルイの目的は王朝にあった。すなわち、自らの孫のために王位を確保することであって、フランスとスペインの王位を統合することではなかった。スペインのフェリペ五世となるアンジュー公フィリップは、ブルボン家にさらなる「栄光」をもたらすことになろう。そしてブルボン家は卓越した王家となるであろう。しかしながら、このことは必ずしもフランスが王朝国家として、さらには軍事国家としてヨーロッパを支配することを可能にするわけではなかった。国家の目標は二つのまったく異なった問題であったが、その二つはルイ個人を通してのみ相互に結び付いていたのである。しかしながら、カルロス二世がその遺言ですべてのスペインの相続財産をフィリップに譲ったとき、大国間の巧妙な計画はあたかもカードで作られた家のように崩壊したのである。これにより、戦争はほぼ回避不可能になった。

おそらく、ルイにはカルロス二世の遺言を受け入れる以外に選択肢はなかった。仮にルイが一七〇〇年の分割条約を遵守していれば、彼はハプスブルク家によるスペインの相続と占領に直面したであろうが、オーストリア皇帝はこの条約に調印することを拒否していた。ルイは、この条約がフィリップに所有することを認めた紙くず同然のもののために、レオポルトと戦わざるを得なかったであろう。そして、彼はそれを得るためにスペインと神聖ローマ帝国の連合軍を攻撃しなければならなかったであろう。カルロス二世の遺言を受け入れることにより、やはり彼はレオポルトと戦わなければならなかったが、スペインの領土で防御的な戦争を戦うことができ、それも皇帝に対してフランスとスペインの連合軍で戦うことができたのである。問題は、彼にはほかに現実的な方法がなく、彼の目標は純粋に王朝をめぐるものであるということを、どうやって海洋国家に納得させるかにあった。ルイはオランダやイギリスの反応を正確に予測することはできなかったが、仮に納得のいく合意と保証があれば、それらの諸国の協力を前提にすることは非合理ではなかった。

しかしながら、今や王はすべてのカードを間違って切っていた。彼はフランスの王位継承の系統からフィリップを除くことを拒否し、フランスとスペインの王位がいつの日か統合される可能性を残したままにしておいた。イギリスとオランダはこの状況を甘受するかもしれなかったが、ルイはスペイン領ネーデルラント内のオランダ支配下にある盾となる要塞を占領するために、フランス軍を派遣することを主張し始めたのである。この要塞は共和国市民の安全を保証するものであり、ルイの命令はウィリアム三世を激怒させた。第三の無謀な行動は、スペイン植民地においてルイがイギリスやオランダという競争相手を排除するかたちでフランスの商人に対して貿易特権を与えたことである。この行為はとりわけイギリス人を激昂させた。これら後者の二つの不必要な行為は、明らかに自己主張の強かった初期のルイへの回帰であった。[*64]

スペイン継承戦争の戦略的挑戦は、それ以前の戦争とは異なっていた。それまでは、ルイの軍隊は攻撃側であるか、あるいは「プレ・カレ」を保持するかのどちらかであった。しかしながら、この最後の戦争で再びルイの軍隊は防御的であったが、それは「プレ・カレ」を超えたものであった。ルイの軍隊はスペイン領ネーデルラント、ピエモンテ、スペインを保持する予定であった。敗北のみがルイの軍隊をフランス国境まで押し戻すことができたが、フランスの敗北は、まさにスペイン継承戦争が用意していたものであった。

結論——ルイと短期戦争の亡霊

太陽王の足跡は、最初に眺めたときには目も眩《くら》むばかりのもののように思われる。しかしながら、彼の素晴らしさの多くは幻想であることが証明された。この偉大な君主と彼を支える大臣は、破滅的なまでに誤った戦略を追求していたのである。この太陽王はフランスの優位の夜明けをもたらしたとともに、その黄昏《たそがれ》をも招いたのである。

繰り返し何度も、ルイは愚直にも短期の戦争という見込みを受け入れた。彼は自らが参加する戦争の規模や期間をめぐる予測において、終始失敗したのである。彼が戦った四つの戦争のいずれも、彼が予想したようにはいかなかった。そのなかの一つだけ、遺産帰属戦争が短期間で終結したのである。この戦いで彼の軍隊は成功を収めたが、オランダ側の外交上の策略が彼の目的を挫折させた。ただ一度の戦いで終わることを意図したオランダ侵略戦争は、六年間も継続した。ルーヴォワは、一六八八年の戦争が四カ月で終結すると考えた。なぜなら、彼の目的は節度あるものであったからである。しかしながら、彼が期待した四カ月の「電撃戦」は九年間にもわたる戦争になってしまった。スペイン継承戦争はさらに悪かった。ルイとレオポルトの短期間の戦いと思われたものは、西ヨーロッパを一四年間も荒廃させることになった。なぜこの偉大な王は何度も過ちを繰り返したのであろうか。

それに対する端的な答えは、ルイと彼の大臣が孤立した敵に対して、あるいは小規模かつ弱小の同盟に対しての戦争を期待したということである。しかしながら、一六七四年には常に強大な同盟がフランスに立ちはだかることになった。ルイはマザラン枢機卿の下で国家間関係を学んだが、マザランは彼にはこの上ない教師であった。だが、マザランがフランスの安全を確保するために柔軟な同盟関係に依存する一方で、ルイはフランスの富と軍事力だけで支配的な地位にまで飛躍しようと試みたのである。オランダ侵略戦争に対する彼の外交面での準備にもかかわらず、ルイは直ちに孤立し、オレンジ公ウィリアム、ブランデンブルク選帝侯、神聖ローマ皇帝、そしてスペイン王と対立することになった。一六八八年には、ルイは名誉という領域だけをめぐってドイツと対決することを準備し、一挙にこの決闘に勝利できると信じていた。だが一六八九年五月までには、彼は神聖ローマ皇帝とそのドイツ同盟諸国に加えて、オランダ領ネーデルラント、イギリス、スペイン、そしてサヴォイアと対決していた。一七〇〇年にルイは、カルロス二世の遺言を受け入れるなかで、少なくとも神聖ローマ皇帝と戦わなければならないことは理解していた。しかしながら、彼は大同盟の再現と直面する必要はなかったのである。だが一七〇一年九月には、海洋国家は神聖ローマ皇帝、プロイセン、サヴォイア、そして最終的にはポルトガルが参加した大同盟を締結していたのである。

こうした誤算の影響は甚大であった。ルイ十四世は自らが予期しない戦争に陥ることでフランスを枯渇させたのである。彼が勝利のためのカードと見なしたものを用いることにより、当初の賭け金を支払う余裕はあったが、その賭けが期待をはるかに超えても彼はそこに留まり、ゲームを降りようとせず、その一方で賭けは不利に傾いていったのである。毎年のように、前例がないほどの規模の軍事組織を用いてフランスがこうした戦争を追求することにより、迅速な獲得を求めた戦争は消耗戦争へと発展していった。彼の三つの大規模な戦争のすべてにおいて、完全な消耗だけがルイを交渉のテーブルに着かせたのである。フランス政府に対する、財政に対する、そして社会に対する重圧は途方もないものであった。こうした予期できないほどに高い戦争の要求に応じるため、ルイは絶対王政の官僚主義化をさらに推進した。必要な資源を徴集し、支払うために、政府の中央組織は肥大化し、各地における王の代理人の権限は増大した。見たところ終わりのない戦争の要求に直面して、また、根深くかつ非効率な租税制度や貧弱な財政管理に直面して、この君主は自ら墓穴を掘ったのである。政府は貪欲なまでのエネルギーと様々な方法を用いて資源の徴集を複雑にしてしまったため、君主の財政を合理化するあらゆる可能性を奪ってしまった。

死の床で自らが「戦争を愛しすぎた」ことを認めたこの君主は、自らの若き後継者にヨーロッパ大陸での覇権と国内での繁栄を遺したのではなく、むしろ天文学的な負債とそれを解消することができない財政制度という負担を担った弱体化したフランスを遺したのである。現実的な意味において、ルイの戦略の最終的な結果は、さらなる偉大な「栄光」ではなく、彼の死後七四年でこの王朝を崩壊させた革命なのである。

(1) Louis in John B. Wolf, *Louis XIV* (New York, 1968), p. 618. ルイ十五世に対する彼の最期の言葉は様々なかたちで記録されているが、全般的にそれらは互いに符合するものである。サン・シモンは次のように記録している。「国家建設のために余が用いたやり方を真似てはならない。そして余が戦争で用いたやり方を真似てはならない」。Louis, duc de Saint-Simon, *Mémoires*, Gonzague Truc, ed., Vol. 4 (Paris, 1953), p. 932.

(2) Louis in André Corvisier, *Louvois* (Paris, 1983), p. 278.

(3) John C. Rule, "Colbert de Torcy, an Emergent Bureaucracy, and the Formulation of French Foreign Policy, 1698–1715," Ragnhild Hatton, ed., *Louis XIV and Europe* (Columbus, OH, 1976), p. 281.

(4) Louis in Wolf, *Louis XIV*, p. 168.

(5) Le Tellier in Corvisier, *Louvois*, p. 80.

(6) Remarks of Turenne to Primi Visconti, in Jean-Baptiste Primi Visconti, *Mémoires sur la Cour de Louis XIV*, Jean-François Solnon, ed. (Paris, 1988), p. 63.

(7) Chamlay, 27 October 1688, in Corvisier, *Louvois*, p. 459.

(8) Roland Mousnier, *The Institutions of France under the Absolute Monarchy, 1598–1789*, Vol. 2 (Chicago, 1974), p. 147.

(9) Antoine Godeau, *Catéchisme royale* (Paris, 1650), p. 10.

(10) Contemporary description in Wolf, *Louis XIV*, p. 78.

(11) Primi Visconti, *Mémoires*, p. 146.

(12) Paul Hay de Chastenet, *Traité de la guerre* (Paris, 1668), p. 1.

(13) Paul Sonnino, *Louis XIV and the Origins of the Dutch War* (Cambridge, 1989) を参照。

(14) Louis in William F. Church, "Louis XIV and Reason of State," in John C. Rule, *Louis XIV and the Craft of Kingship* (Columbus, OH, 1969), p. 371.

(15) Ruth Kleinman, *Anne of Austria* (Columbus, OH, 1985), p. 122.

(16) Letter from Mazarin to Louis, in Wolf, *Louis XIV*, p. 89.

(17) Letter from Mme. de Sévigné to the Count de Bussy, 23 October 1683, *Lettres de madame de Sévigné*, Gault-de-Saint-Germain, ed., Vol. 7 (Paris, 1823), p. 394.

(18) Cardinal de Retz in Gaston Zeller, "French Diplomacy and Foreign Policy in Their European Setting," *New Cambridge Modern History*, Vol. 5 (Cambridge, 1961), p. 207.

(19) Louis in Zeller, "French Diplomacy and Foreign Policy," p. 217.

(20) De Witt in Ernest Lavisse, *Histoire de la France*, Vol. 7, pt. 2 (Paris, 1906), p. 281.

(21) 例えば、レオポルト一世、カール十二世、そしてウィリアム三世でさえそうした。Ragnhild Hatton, "Louis XIV and his Fellow Monarchs," in Rule, *Louis XIV and the Craft of Kingship*.

(22) Louis in Wolf, *Louis XIV*, p. 185. 同じような意味で、征服にほとんど興味を示さなかったヴォーバンは、「国家は軍事力よりも名声でそれ自身を維持する」と書いている。Michel Parent et Jacques Verroust, *Vauban* (Paris, 1971), p. 78 を参照。

(23) Vauban, "Pensées diverses," Albert Rochas d'Aiglun, ed., *Vauban, sa famille et ses écrits*, Vol. 1 (Paris, 1910), p. 627.

(24) Zeller, "French Diplomacy and Foreign Policy," p. 207. 博識で賢明なアンドリュー・ロスキーは、もう少し同情的な表現を用いて同様の意見を述べている。すなわち、「彼の目的は極めて単純である。彼の国家と彼の家柄の栄光を高めることである。そうすれば「キリスト教社会のもっとも偉大な王」としての彼自身の優位が揺るぎないものになるからである」。Lossky, "International Relations in Europe," *New Cambridge Modern History*, Vol. 6 (Cambridge, 1970), p. 189.

(25) Richelieu, *Testament politique*, Louis André, ed. (Paris, 1947), p. 480.

(26) Ernest Labrousse, et al., *Histoire économique et sociale de la France*, Vol. 2 (Paris, 1970), p. 12.

(27) Peter Jonathan Berger, "Military and Financial Government in France, 1648-1661," Ph.D. diss., University of Chicago, 1979. この学位論文によれば、一六五九年以前には真の意味での改革はなかったが、平和への回帰とともにそれら改革の一部はほぼ不可避であったのである。

(28) Julian Dent, *Crisis in Finance* (New York, 1973), p. 232.

(29) Colbert in P. G. M. Dickson and John Sterling, "War Finance, 1689-1714," *New Cambridge Modern History*, Vol. 4 (Cambridge, 1970), p. 298.
(30) Louis to Catinat, Service Historique de l'Armée de Terre, Archives de Guerre（以下、AGと略記), A^1 1326, no. 1.
(31) Dickson and Sterling, "*War Finance*, 1689-1714," p. 305.
(32) 十七世紀における補給面での要請と戦場における徴発の必要性については、G. Perjés, "Army Provisioning, Logistics and Strategy in the Second Half of the 17th Century," *Acta Historica Academiae Scientiarum Hungaricae* 16, nr. 1-2 (1970) を参照。また、Martin van Creveld, *Supplying War: Logistics from Wallenstein to Patton* (New York, 1977), p. 25（マーチン・ファン・クレフェルト、佐藤佐三郎訳『補給戦——何が勝敗を決定するのか』中央公論新社、二〇〇六年、四九頁を参考に一部修正して訳出した）には以下のような記述がある。すなわち、「筆者の知る限りでは、基地と軍隊の間を定期的に往き来する輸送隊によってのみ前進中に補給を受けた軍隊は間違いなく存在しない」。ここで用いられている「のみ（*solely*）」という用語により、ファン・クレフェルトは完全に批判されることから免れているが、主として補給倉庫によってすべての戦闘が補給を受けた軍隊が時として存在したという事実は残る。例えば、一六七五年、八万名もの規模の軍隊のすべての食糧を二カ月にもわたり補給し続けたのはリエージュとマーストリヒトの倉庫からであった。AG, A^1 433, letter from Louvois to Estrades, 5 April 1675. このとりわけ興味深い事実を筆者に教示してくれた筆者の学生のジョージ・サターフィールド氏に感謝したい。
(33) John A. Lynn, "How War Fed War: The Tax of Violence and Contributions During the *grand*

siècle," *Journal of Modern History*, Vol. 65 (June 1993), pp. 286–310 を参照。

(34) *Mercure françois*, 1622, p. 445.

(35) Louis to Marshal de Lorge, in Wolf, *Louis XIV*, pp. 466–467.

(36) Louis to Villars, 28 May 1707, AG, A[1] 2015, no. 26.

(37) スペイン領ネーデルラントにおけるフランスによる徴発については以下の最良の議論を参照。Hubert van Houtte, *Les occupations étrangères en Belgique sous l'ancien régime*, 2 vols. (Ghent, 1930). 例えば租税という徴発の事例としては、一六六九年に支援という基礎で支払われた徴発に関する文書、Archives du département du Nord (Nord), C2325 を参照。また、従来の租税に比例した徴発を定めた勅令については、transport de Flandres, dated 20 April 1676, Nord, C2326 を参照。

(38) Nord, C2333 and C2334 のなかの多くの事例を参照。

(39) この見積りについては、John A. Lynn, "How War Fed War," and his "Contributions: A Missing Link in the Evolution of War Finance under Louis XIV," Gordon Bond, ed., *Proceedings of the Annual Meeting of the Western Society for French History*, Vol. 18 (Auburn, AL, 1991), pp. 130–135 を参照。

(40) Jean Bérenger, *Turenne* (Paris, 1987), p. 404 がこの点を指摘している。

(41) Earl of Orrery, *A Treatise on the Art of War* (London, 1677), p. 139.

(42) Behr in Christopher Duffy, *The Fortress in the Age of Vauban and Frederick the Great, 1660–1789, Siege Warfare*, Vol. 2 (London, 1985), pp. 13–14.

(43) Turenne in Wolf, *Louis XIV*, p. 79.

(44) Vauban to Louvois, 20 January 1673, AG, A^1 337, no. 111.
(45) Vauban to Louvois, 21 September 1675, in P. Lazard, *Vauban, 1633-1707* (Paris, 1934), p. 161.
(46) Vauban, "Mémoire des places frontières de Flandres," November 1678 in Rochas d'Aiglun, Vol. 1, p. 189.
(47) プロヴァンスに関してヴォーバンは、「要塞化された地方、すなわち敵が侵攻不可能であるという地方」にすることを提案していた。Vauban in Reginald Blomfield, *Sébastien le Prestre de Vauban, 1633-1707* (New York, 1971), p. 127.
(48) Archives Nationales, KK355, Etat par abrégé des recettes et dépenses, 1662-1700. こうした予算上の数字については同様に、Jean Roland de Mallet, *Comptes rendus de l'administration des finances du royaume de France* (London, 1789) も参照。
(49) Letter of 29 June 1693, from Vauban to Le Peletier, in Rochas d'Aiglun, Vol. 2, p. 390.
(50) Hubert van Houtte, "Les conférences franco-espagnoles de Deynze," *Revue d'histoire moderne*, Vol. 2 (1927), pp. 191-215 を参照。
(51) アルザスをカバーする防衛線に関する議論は、AG, MR1066, nos. 13-16の該当部分を参照。また、スペイン領ネーデルラント北部をカバーする防衛線については、AG, MR1047, no. 9の該当部分を参照。
(52) この問題に関する議論をまとめたものとして、John A. Lynn, "The trace italienne and the Growth of Armies: the French Case," *Journal of Military History* (July 1991) を参照。
(53) Service Historique de l'Armée de Terre, Bibliothèque (SHAT Bib.), Génie 11 (fol.), Vauban, "Les

places fortifiées du Royaume avec les garnisons nécessaires à leur garde ordinaire en temps de guerre." この史料には日付が付されていないが、明らかに文書管理官の手によるものと思われるメモ書きが残されている。そこに言及されている要塞によってこの史料の日付が分析されている。

(54) SHAT, Bib., Génie 11 (fol.), Vauban memoirs, "Etat général des places forts du royaume," dated November 1705.

(55) John A. Lynn, "The Growth of the French Army during the Seventeenth Century," *Armed Forces and Society* 6 (Summer 1980); "The Pattern of Army Growth, 1445–1975," in John A. Lynn, ed., *Tools of War* (Champaign, IL, 1990) を参照。

(56) この議論を要塞と駐屯部隊との関係に応用することを、筆者が一九九〇年十月にオハイオ州立大学で講演した際に指摘して頂いたウィリアムソン・マーレー氏に感謝したい。

(57) Louis, in a memoir printed in Camille Rousset, *Histoire de Louvois*, Vol. 1 (Paris, 1862–1864), p. 517.

(58) Vauban in Alfred Rebelliau, *Vauban* (Paris, 1962), pp. 141–142.

(59) Letter from Louvois to Vauban, 28 June 1684, AG, A^1 714, no. 807. 引用元のすべての文書を読めば、ドイツ人が敵に転じたのがアルザスと防衛線の結果であった事実がより完全に理解できる。

(60) Carl von Clausewitz in Bérenger, *Turenne*, p. 514.

(61) Church, "Louis XIV and Reason of State," p. 389 は、相対的に見て、ルイの主張には正当性が備わっていた事実を挙げて弁護している。

(62) ルイの要塞に現代的な戦略用語である「力の投射（パワー・プロジェクション）」を最初に用いたのは、筆者が指導した大学院生ジョージ・サターフィールド氏であった。

(63) Sonnino, "The Origins of Louis XIV's Wars," Jeremy Black, ed., *The Origins of War in Early Modern Europe* (Edinburgh, 1987), p. 122.

(64) Wolf, *Louis XIV*, p. 513で述べられているように、一六九七年以降、ルイは熱心に、ひいては従順さを見せながら平和を追求した後、再び「太陽王」のように行動し、恐ろしい代償を払うことになる。Paul Sonnino, "The Origins of Louis XIV's Wars," p. 129には王としての一七〇〇年および一七〇一年の行動、すなわち、「彼が懺悔の衣を脱ぎ捨て、以前の彼自身に回帰した」ことに関する記述がある。

第八章　列強国への胎動期間
――アメリカ（一七八三～一八六五年）

ピーター・マスロウスキー
森本清二郎訳

はじめに

一八三〇年代に、好奇心旺盛な一人のフランス人政治家が、アメリカで始動した民主主義を視察するために同国を訪れた。広範囲にわたる実地調査の後、アレックシ・ド・トックヴィルはフランスに帰国し、アメリカで見聞したものを思案し、現地で学んだことを紹介するために二巻の本を書いた。トックヴィルはその第一巻の最後に次のように記している。アメリカとロシア帝国という二大国は「知らぬ間に大きくなった」。そして、「突如として第一級の国家の列に加わり、世界はほぼ同じ時期に両者の誕生と大きさを認識した」。トックヴィルは両国の相違を認めつつも、「どちらも神の隠された計画に召されて、いつの日か世界の半分の運命を手中に収めることになるように思われる」[1]と記している。

アメリカが領土および通商の面で偉大な帝国になると想像していた建国の父にとって、同国がわずか半世紀で大国の仲間入りを果たしたことは驚くべきことではなかったかもしれない。さらに、それから数十年のうちにアメリカが列強の頂点に上り詰めたことにより、彼らの夢はほぼ完全に達成された。アメリカは三つの段階を経てそのような偉大な地位に到達している。はじめに、一七八三年から一八一五年にかけて、アメリカは独立を維持するために奮闘する。この頃アメリカは、敵意に満ちた世界で生き残るために必要な軍事力を創出する政府を樹立する必要があっただけでなく、フランスとの准戦争やイギリスとの一八一二年戦争〔米英戦争、第二次独立戦争〕を遂行する必要もあった。一八一五年以降の第二段階では、驚異的な経済発展と人口増加を経験し、積極的に大陸拡張政策を成し遂げ、通商活動の範囲を地球のもっともかけ離れた地域にまで押し広げた。第三段階においては、南北戦争の結果として、国家が単一の政治体として存続することが保証され、また州政府に対する連邦政府の主権の優位が確認されたため、アメリカは名実ともに大国になることが保証された。

アメリカがこの三つの段階を経て発展を遂げるにあたり、戦略家は深刻なパラドックスにしばしば悩まされることになった。もっとも根本的な問題は、西部では攻撃的戦略を、そして東部では防衛的戦略を同時に進めなければならないということであった。アメリカの世界観（*Weltanschaung*）には、自由民主制という「実験」を建国当初の国境の外側にも広めるという、一見道義的かつ強固な責務が含まれていたために、西部フロンティアに沿った地域

図8-1　アメリカ南北戦争

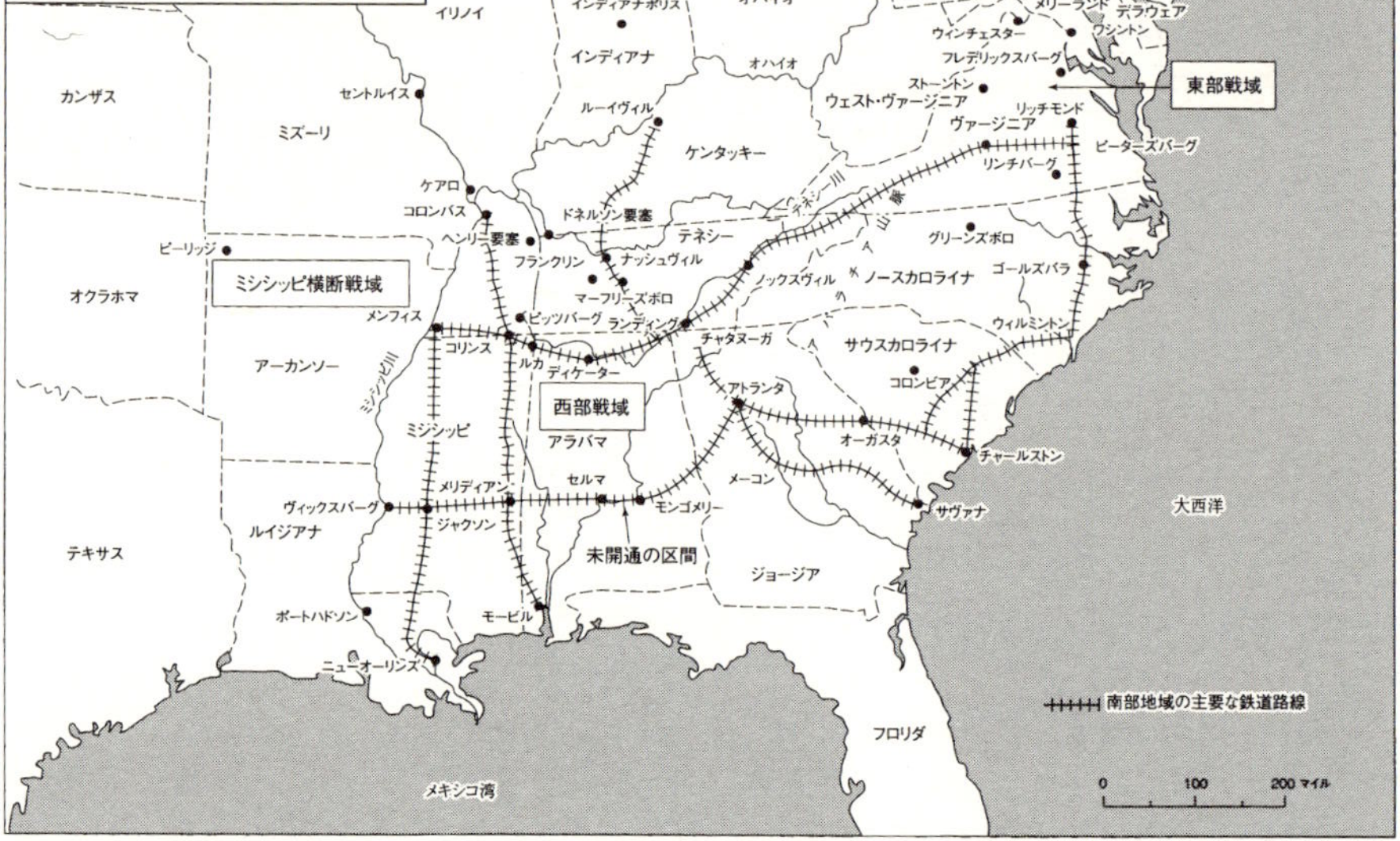

出典：Allan R. Millett and Peter Maslowski, *For the Common Defense: A Military History of the United States of America* (New York: Free Press, 1984), p. 157.

では極めて攻撃的な戦略が求められた。その一方で、拡大する大陸本土をヨーロッパの敵国から守ることもまた重要な任務であり、そのためには東部沿岸における防衛的な戦略が必要とされていたのである。この攻撃的戦略と防衛的戦略との間に存在するパラドックスに拍車を掛けていたのは、多くの戦略家が思い描いていたアメリカの偉大な将来像と、建国後五〇年ほど続くことになるアメリカの軍事的脆弱性とが、驚くべき対照をなしていたことであった。政策立案者は、貧弱な連邦政府が極めて個人主義的な一般市民に対してほとんど強制力を行使できず、したがって、戦争（特に長期かつ大規模な戦争）を遂行するうえで必要となる人的資源や資金の調達が困難となることに気づいていた。

　文民指導者および軍事指導者らは、真の国家戦略を策定し実施するにあたり、彼らがともに直面している問題が何であるかを理解していた。アメリカの桁外れの領土拡張、未発達な通信手段、そして、しばしば深刻な対立に発展した政治闘争は、結束力のある国家としての体裁よりも、むしろ地域ごとに分裂した国家像を生み出した。そのため、戦略の形成はしばしば「ポピュリスト的」な側面を含んだ。自らが所属する地域の問題を解決し、大衆の支持を得ることで選挙に勝ちたいという政治家の願望は、時として軍事作戦の実施時期や実施場所を左右したため、より的を絞った軍事上の目標を狂わせることもあった。

　こうした弱点を抱えていたにもかかわらず、政策立案者や戦略家はアメリカが三つの戦略上の利点を有していることも知っていた。一つには、その拡張主義的な世界観を実現させるために、アメリカは自国よりもはるかに力の劣る相手――「アメリカ先住民（Indians）」（以下、「先住民」と表記）、スペイン、そしてメキシコ――を倒すだけでよかったということである。結果的に、フロンティアはアメリカ人の突撃の前に難なく「粉砕」された。第二の戦略上の利点は、大陸の領土を外国の脅威から守るうえでアメリカは有利な地理的条件を有していたということである。大西洋は三〇〇〇マイルの幅を持つ濠《ほり》のような役目を果たしており、ヨーロッパの最強国でさえも、この大西洋を越えて多くの軍事力を投入することはできなかった。一八一二年戦争の終盤に、イギリスは相当に強力な軍隊を新世界に送り込むために英雄的ともいえる努力を傾けたが、アメリカは、ロシアがそうであったように、戦略上広大な奥地を擁していたため、外国による征服は事実上不可能であった。第三に、戦略家の多くはアメリカの驚異的な発展が極めて重要な戦略的資産になると考えていた。十八世紀末から十九世紀の前半にかけて、アメリカはその独立を維持すればするほど、より強大かつ安全になっていった。地理的面積、人口、経済力の増大に伴い、国外の敵対国家によって殲滅される危険性は（あるいは破滅的な被害を受ける危険性でさえも）次第に小さくなっていった。

最後に重要な点として、アメリカの戦略の形成では戦略家個人の果たす役割が大きく、また戦略の形成において実用主義的性質が濃かったことが指摘されよう。陸軍省と海軍省は小規模かつ恒久的な行政機構を発達させていたにもかかわらず、これらの軍事官僚機構には、戦争の際に発生する可能性のある戦略上の問題を体系的に研究する組織が常設されていなかった。准戦争時のジョン・アダムズ大統領やジェームズ・マッケンリー陸軍長官から、南北戦争時のエイブラハム・リンカン大統領とユリシーズ・グラント将軍にいたるまで、アメリ力の戦略は実質的に組織からの影響をまったく受けることなく形成されてきたのである。

一　連合規約、合衆国憲法、軍事安全保障

独立戦争を契機に台頭した「ナショナリスト」――強力な中央政府の推進者――は、古き時代の熱烈な信奉者であり、独立直前までは大英帝国の一員でもあったため、帝国流の考え方や慣例を熟知しており、アメリカが帝国の仲間入りを果たす可能性について思いを巡らせていた。ジョージ・ワシントンは、「現時点においてアメリカがいかに瑣末な扱いを受けているとしても、（中略）この国が帝国としての力を備える日は必ず訪れるだろう*2」と記している。

ワシントンやその他のナショナリストは、国家の理想像を頭に描くと同時に悩みも抱えていた。独立革命の最中に採択された連合規約の下では、アメリカは偉大な大国としての地位を獲得するどころか、独立の維持もおぼつかなくなる恐れがあったのである。東部十三州連合はヨーロッパの基準から見れば膨大な国土を抱えてはいたものの、強力な中央権力は不在で、軍事的にも弱体であった。その原因は明らかであった。州は中央政府に対するいかなる主権の委譲をも拒み、特に中央政府への課税権の付与を頑なに拒絶していたのである。独立革命が成功裡に終わると、平和時の軍備は安全保障上もはや重要ではないと考えられるようになった。何しろ独立革命の開始時でさえ、アメリカ人は動員された軍事力というものを事実上持ち合わせていなかったのである。また、独立戦争後のアメリカは深刻な経済問題にも

直面していた。そのため、十三州連合は大陸海軍（Continental Navy）のなかで残った最後の艦船を一七八五年に売却し、七〇〇人の兵力からなる合衆国軍第一連隊のみを「陸軍」として存続させた。

海軍を欠き、小さな陸軍しか持たなかった十三州連合は、国内外の深刻な安全保障問題を解決することができなかった。北西部ではイギリスが多数の砦を拠点に毛皮交易で富を獲得し、先住民の問題に干渉し、西方拡張を阻《はば》むべくアメリカに脅威を与えていたが、イギリスはそれらの砦から撤退することを拒否していた。スペインもフロリダとルイジアナから同様の脅威をアメリカに与え、さらにミシシッピ川を支配した。強力な先住民部族もまた、白人開拓者の西進に対抗した。地中海においては、アフリカ北部沿岸諸国の海賊がアメリカの交易圏を荒らしており、アメリカ商船を保護する見返りとして貢物を要求していた。こうした事情に加え、国内の危機が十三州連合の脆弱さをいっそう浮き彫りにした。一七八六年の秋に、独立戦争の退役軍人であるダニエル・シェイズがマサチューセッツ州西部の農民を率いて負債や重税に抵抗する反乱を企てたが、十三州連合はこの危機に介入するための人員や資金を調達することができなかった。最終的にはマサチューセッツ州の義勇軍がシェイズの反乱を鎮圧したが、ナショナリストは中央政府の無能さに屈辱感を募らせると同時に、国家が無政府状態に陥るのではないかと危惧した。[*3]

十三州連合の軍事的脆弱性[*4]は、より強力な国家連合を追求する動機をナショナリストに与えた。中央政府に「強制力」を与えない限り合衆国は無力であり続け、いずれは分裂した共和国同士が戦い合うことになるだろう。列強に君臨する強国の姿を理想像として描くナショナリストにとって、アメリカの現状は耐え難いものであった。しかし、単に中央政府の権限を強化するべきだと主張するだけでは、根本的な問題の解決には繋がらない。果たして、州権と個人の自由を奪うような独裁制に陥ることなく、内外の敵に対する安全保障を供給するうえで十分な権限を備えた中央政府機構を作り出すことが可能であるのか。すなわち、アメリカ特有の地域主義と中央政府に対するイデオロギー的な反発とを両立させるかたちで、より強固な団結力と安全保障への要請を満たすことができるのかという問題が残るのである。

イギリスの国王によって新世界への移住が認められながらも、植民者の安全については彼ら自身の手に委ねられていた植民地時代初期の頃から、アメリカ人は自分たちが所属する地域共同体に対して強い愛着を持っていた。自分たちの身は自分たちの手で守るという点は、植民地の特許状や権利証書に明確に示されており、植民者も自分たちの置かれた状況を理解していた。[*5] 独立革命は一部の市民に国家意識なるものを植え付けたが、十八世紀において、各州の垣根を越えた忠誠心の紐帯《ちゅうたい》を実感しているアメリカ人は皆無であった。

アメリカ人のイデオロギーの根底には、「自然権」に対する強い思いがあった。このことは、独立宣言のなかで、「すべての人」は「一定の奪い難い天賦の諸権利」を有し、「そのなかに生命、自由および幸福の追求が含まれる」として、完全なかたちで表現されている。特に「自由」の思想には強い意味合いが込められていた。なぜならば、文明人にとってこれ以上大切なものはないからである。しかし、自由は不安定な存在でもあった。特に専制政治

（政府による恣意的な権力の行使）と放縦《ほうじゅう》（過度の自由）の二つは自由に対する最大の敵であった。この二重の脅威から自由を守るためには「法による支配」が必要であり、そこから代表政府に対する信念が生まれた。人民は自らが選出した代表を通じて法律を制定し、それらの法律を通じて過剰かつ恣意的な権力の行使や過度な自由放逸を抑制することによって、自由が最大限保障されると考えられたのである。アメリカ人は特に法の権威に信頼を寄せており、法を通じて政府を規制することにより、自らの「幸福の追求」、すなわち財産の追求とその保障において最大限の自由を確保することができると信じた。*6

こうしたイデオロギーは、国教や世襲に基づく階層制のような個人の行動に対する伝統的な束縛から解放された状況にも助けられ、非統制的、非制約的、個人主義的、そして資本主義的な社会を育んだ。アメリカ人は「いかなる人間にもまったく恩恵を負っていないし、いかなる人間にもまったく期待をかけていない。つまり彼らはいつも自らを完全に独立した存在と見なす習慣を身に付けており、自身の運命はすべて自らの手に委ねられていると考える傾向がある」とトックヴィルは驚嘆を込めて述懐している。彼らは「不屈の気概、財産への飽くなき欲求、自主独立に対する過剰なまでの敬愛」、そして「富に対する情熱」を兼ね備えていたのである。*7

アメリカの戦略文化は、中央集権的な権力に対するイデオロギー上の不信と地域主義に満ちた政治文化のなかで形成された。端的にいえば、アメリカの政治文化は、大規模な常備軍と系統立った軍事計画の成立を妨げており、そのため、連邦レベルでは軍備が整えられなかったのである。限定的な強制力の行使、課税による市民財産の搾取に対する躊躇の念、そして有権者の賛同に対する配慮により、軍事資源を動員する政府の能力は阻害された。さらに、この広く浸透していたイデオロギーは、服従や規律、階層的な指揮・命令系統への絶対的服従や自己犠牲といった主要な軍事的価値観とも衝突した。*8

神の聖なる導きによって自分たちが特別な運命をたどっているという信念は、このイデオロギーにいっそうの輝きを与えた。アメリカ人は、自由の思想を実践に移しているのはアメリカだけであり、故に、自分たちの社会が特別なものであると考えた。また、彼らはこの新たな実験を継続し、広めていく使命が自分たちにはあると信じた。ワシントンは、アメリカが「神の見えざる手」によって動かされており、アメリカの一挙一動は「神の力によって際立たせられている」と記している。ワシントンは、「自由という聖なる灯火の存続と共和制政府の運命は、おそらく徹底的にそして最終的に、アメリカの人々の手に委ねられた実験によって決定付けられる」と主張する。*9 もしアメリカが自国を統治する能力がないことを証明してしまい、それによって「平等なる自由に基づいて設置された体制が単なる理想で誤ったものである」ことが分かれば、「独裁制の擁護者の勝利」となってしまうとして、ワシントンは十三州連合の現状に強く異議を唱えている。*10

アメリカの建国者たちは、自由の実現に向けた実験がみすみす失敗することのないように、新たな政府の枠組みを考案した。彼らは「国内的安定を保障」し「共同の防衛に備える」と同時に、「自分たちおよびその子孫に対して自由の恩恵を保障する」社会構造を作ろうとしたが、その際、自分たちが直面しているディレンマやパラドックスに気づいていた。建国者たちは合衆国憲法を起草する際、専制政治をもたらした過度の権力から自由を保護しようとしたが、その一方で、自由が脆弱さや放逸さに陥るのを回避するための監視体制を憲法に盛り込もうとした。換言すれば、建国者らは、州や個人に対する最小限の強制力の行使と両立するかたちで、最大限の結束力と安全を提供する仕組みを考案しようとしたのである。

合衆国憲法は権力分立および抑制と均衡体制を通じて、自由と権力のバランスの問題を解決した。また、この体制により、政府機構のあらゆる機関（州政府と連邦政府、連邦政府の三権、立法府の上下両院）で権力が分散された。憲法の軍事規定においても、権限の配分が具現化された。連邦政府と州政府との間で権限配分がなされたが、十三州連合の規約とは異なり、前者の連邦政府により強い権限が与えられた。特定の個人や一定の集団が過度の権力を握ることがないように、軍隊の統制権は連邦議会と大統領とに振り分けられた。憲法は、国家の軍隊に二つの支配者を据えることにより、双方とも専制的に突出した力を持たないよう確保した。[*11]

連邦議会は「戦争を宣言」し、「海軍を創設し、維持」し、「陸軍を募集し、維持」することができ、これらの目的に資する財源を確保するために、「租税、関税、付加金、消費税を賦課徴収」し、「金銭を借り入れる」ことができると規定された。しかし、「二年を超える期間にわたって」軍事歳出予算を計上することはできないとされた。連邦議会は「敵国船拿捕免許状を付与し、陸上および海上における捕獲に関する規則を設け」、「陸・海軍の統轄や規律に関する規則を定める」ことができると規定された。また連邦議会は「連邦の法律を施行し、反乱を鎮圧し、また侵略を撃退するための民兵の召集」に関する規定と、民兵の「編制、武装、規律」に関する規定、さらに国家の軍務に服する民兵の統轄に関する規定を設けるとされた。こうした広範な権限が連邦議会に与えられる一方で、大統領は陸・海軍の最高司令官とされた。大統領は「合衆国の軍務に実際に就くため召集された」民兵の最高司令官でもあったため、連邦議会が専制政治に陥る可能性はほとんどなかった。さらに大統領は、上院の助言および同意の下ででではあったが、軍隊の指揮官の任命権も持っていた。

州に関していえば、合衆国憲法は州の軍事的権限に制約を課していた。州は、連邦議会の同意なしに、平和時において民兵以外の軍隊や軍艦を維持することができず、他の州や外国と同盟を結ぶこともできず、また、「実際に侵略されるか、あるいは予断を許さない急迫した危険性がない限り」戦争に従事することもできなかった。こうした制約を加える一方で、連邦政府は州に対して共和制の政府を樹立することを保証し、侵略や州内の暴動から保護することを約束した。また各州は民兵の指揮官を任命し、「連邦議会によって規定される規律に従って」民兵を訓練する権限を有したため、この権限に内在する権利として、民兵を保有することが許された。その後、憲法修正第二条によって、民兵を維持する州の権限は明文化された。

合衆国憲法について注目すべき点は三つある。第一に、建国の父が軍事力には対外的安全保障および国内的安定という二重の目的があると考えていたことである。合衆国憲法の基本的な目的の一つは「国内的安定を保障」することであり、連邦政府は「州内の暴動」から州を保護することを約束し、また「反乱を鎮圧する」ために民兵を召集することができるとされた。アレクサンダー・ハミルトンとジョン・ジェイ、ジェームズ・マディソンらは合衆国憲法を紹介するために『ザ・フェデラリスト（*The Federalist*）』を書いたが、そのなかで、国内的調和の維持という主題がたびたび登場し、論文の多くはシェイズの反乱の再発の恐怖について言及していた。[*12] しかし、国内における軍隊の中心的役割は、「極めて平和な時期においてもっとも不愉快な任務」とされた、いわゆるインディアン・フロンティアの警備であった。[*13]

第二に、合衆国憲法は、過去の経験とイデオロギーに由来するアメリカの複雑な軍事的遺産を体現していた。アメリカには軍隊に関する二つのイデオロギーがイギリスから大西洋を越えてもたらされていたが、ほとんどのアメリカ人は、正規の常備軍の保有は専制的制度であり、絶えず自由に脅威を与えるものであるという急進的ウィッグ派の考え方を受け入れていた。急進的ウィッグ派は、職業軍隊を設ける代わりに、民兵の概念を打ち出していた。彼らの考え方によれば、市民兵というものは市民自らの自由を奪う動機をまったく持たないいため、もっとも安全な国防体制であるとされた。こうした急進的ウィッグ派の主張にもかかわらず、イギリスは実際には小規模の常備軍を持っていた。それは一六四五年に新型軍（New Model Army）として始まり、最終的にはクロムウェルの独裁制を布《し》いた。しかし、十七世紀後半に入ると、イギリスのイデオロギーのもう一方の潮流をなしていた穏健的ウィッグ派が、専制状態に陥る可能性が予め憲法によって制約されていれば、正規軍は自由と両立するものであると主張した。さらに穏健的ウィッグ派は、自由を守るためには常備軍が必要であるとさえ主張した。すなわち、彼らは統制のとれた正規軍さえ生まれれば、もはや民兵が対外的安全保障を供給するうえで十分な専門技術を持つとはいえなくなると考えたのである。急進的ウィッグ派が政治的信頼性を確保する必要性を強調したのに対して、穏健的ウィッグ派は軍事的効率性を重視したのである。*14

植民地時代、独立戦争期、そして国家草創期における軍事的体験は市民兵と正規兵という「二重の軍隊」を中心に展開された。この「市民兵」という用語は、(1)共同民兵、(2)志願兵からなる民兵、(3)民兵に属さない志願兵、という三種類の複雑な混合軍を表すものであった。植民地建設の初期には、国民皆兵制に基づく共同民兵制度が根付いていた。人的資源が不足しており、安全保障に対する不安感が蔓延し、また短期的な地域防衛体制が急務であったため、このような制度が諸々の条件と一致したのである。国民一人一人が兵士であり、最初の数十年間は、急進的ウィッグ派のイデオロギーと軍事的現実とが調和していた。しかし、人口が増え、フロンティアがさらに西方へと拡大するにつれて、共同民兵制度は廃《すた》れていった。十七世紀末には、民兵は地域の警察隊や予備的な郡民兵としての有用性しか持たなくなり、さらに十八世紀になると軍隊制度に反対するための感情的なレトリックとしての存在価値しか有さなくなった。しかし、独立革命の最中にこの共同民兵は劇的な復活を遂げ、イギリスを破るうえで重要な役割を果たした。独立革命後は、地域共同体を防衛するという市民兵の高潔なイメージは言葉のうえでは強力なシンボルとして残ったが、共同民兵の軍事的有用性は実質的に消えていった。

一六七五年には、民兵制度は聞こえの良い理想に過ぎなくなっていた。そのため、植民者は残る二つの基本的なタイプの志願兵に目を向け始めた。こうして共同民兵制度の衰退にともない、志願兵からなる民兵隊が登場した。この特別な部隊は兵役を楽しみ、兵役に時間とお金を費やすことを厭《いと》わない比較的裕福な志願兵によって構成され、彼らは独自の軍服、装備、編制、団結心を持った。十八世紀には、これらの部隊の数は比較的少なかったが、十九世紀前半において爆発的に増加し、南北戦争後には州兵へと進化していった。

さらに、二つ目のタイプの志願兵部隊も登場した。通常の守備任務やフロンティアの警備、さらには先住民あるいはヨーロッパの敵に対する軍事行動を実施するために、志願兵によって構成されるにわか仕立ての派遣部隊が各植民地で召集された。この志願兵の多くは社会的身分の低い階層からの出身者であった。民兵の軍務期間が通常三カ月であったのに対して、彼らはそれよりも長期の軍務に服したため、この派遣部隊は時として職業軍隊としての性格を帯びた。例えば、フランス・インディアン戦争の際にワシントンが指揮した部隊は、ヴァージニア州によって召集、供給され、将校の配備がなされたヴァージニア連隊であった。この連隊の熟練度は高く、ワシントンがイギリス正規軍への編入を望んだほどであった。[*15] 独立革命の際にワシントンが率いた大陸軍（ヴァージニア連隊と同様に各州から派遣された部隊によって構成された州連合の国民軍）も、イギリス軍と互角に戦うほど熟練していた。しかし大陸軍は、その高い練達度にもかかわらず、戦争時および平和時に存在する常備軍ではなく、緊急事態の終了に伴って解散する志願兵からなる特別の派遣部隊として存在した。一七九〇年代前半から第一次世界大戦にいたるまで、人的資源を動員する主要な方法はこの志願兵を召集することであった。

複雑な軍事的遺産の最後の要素は正規軍である。大陸軍の存在は、穏健的ウィッグ派のイデオロギーの妥当性をワシントンや他のナショナリストに納得せしめた。文民統制に厳格に服していた大陸軍は、自由を擁護する存在であった。独立達成後、アメリカはもはやイギリスの陸・海軍に頼ることはできず、独自の軍事編制が必要となった。独立戦争後、ナショナリストは軍事的な備えに着手するべきだと主張したが、この問題は十九世紀を通じて繰り返し議論されることになった。一七八三年にワシントンは、ナショナリストの一員として、独立戦争後の軍事思想に対する自身の見解を『平時における軍備についての考察』と題した独創的な著作のなかで述べた。そのなかで彼は、「先住民を畏《おそ》れさせ」、西部に駐留し、またスペイン領フロリダやイギリス領カナダからの攻撃から国家を防衛するために、二六三一人の将兵からなる常備軍の設立を呼びかけた。植民地時代の東部十三州とその後の新生アメリカはいずれも職業軍隊を維持していなかったので、この「平時における軍備は、新たな軍事体制の設立とまでいかなくても、少なくとも現体制の変革に相当するものとなるだろう」とワシントンは考えた。*16

合衆国憲法は、こうした軍事的遺産のすべての要素を受け継ぐことを認めた。州は共同民兵を維持し、そのなかから志願兵部隊を結成することができた。連邦政府は志願兵からなる派遣部隊を動員し、さらに平和時の軍隊を維持することもできた。これらの「軍隊」はすべてアメリカの伝統に深く組み込まれることになり、ジェームズ・モンロー大統領も、一八二四年に沿岸要塞の建設を正当化する際、それが「敵の国内侵入を遅らせ、我々の正規軍、民兵、および志願兵を召集する時間を稼ぐ」（傍点による強調は筆者による）ものである、という常套句を使うほどであった。[*17]

合衆国憲法の特徴として三つ目に重要な点は、ナショナリストの圧倒的勝利と見なされるような軍事規定が設けられたことである。新政府には、常備軍のみならず、海軍や沿岸要塞、そして「立派でよく統制された民兵」を含め、ワシントンが『考察』のなかで提案した常備軍以外のすべての軍事的要素を作り出すことができるほど、十分な権限が与えられた。ワシントン将軍は、各植民地が個別に民兵を占有するというそれまでの伝統に反し、民兵の少なくとも一部は国家の統制下に置き、連邦政府がその武装、編制、規律を統一するべきだと主張した。また、彼は独立戦争時の民兵を雛形として、国家の統轄下に置かれる「大陸民兵のようなもの」を各州が持つことを望んだ。このように、ワシントンは小規模の常備軍、植民地時代に見られたような志願兵からなる民兵に似たかたちの予備軍、そして改良された共同民兵の三層で構成される陸上部隊を提案したのである。また彼は、この軍事編制を支えるために兵器庫、兵器工場、軍事研究施設、陸軍士官学校の設立を提案した。

急進的ウィッグ派の思想を深く吸収した者にとって、合衆国憲法の軍事規定は危険なものに映った。反ナショナリストは、ナショナリストが専制政府を設置するために外国や先住民との戦争、無政府状態といった脅威を無用に煽っているとして、彼らを非難した。ヴァージニア州のパトリック・ヘンリーは、イギリスを破るうえで十三州連合は十分強力であったと主張し、そのような試練を乗り越えてきた政府を放棄する必要があるのかと疑問を投げ掛けた。ナショナリストの提案に従えば政府は平和時に常備軍を維持する絶大なる権限を有することになるが、そのような軍隊はいつの時代も「共和制政府にとって禍《わざわい》の元凶であった。すなわち、地球上でひとたび自由となった国家のほとんどは、常備軍によって囚われの身に陥っている」。新政府が樹立されるや否や、アメリカは「常備軍を意のままに操る軍隊の王様」を迎えることになり、この王様は、「自由を求める人々の間でしばしば発生し、専制君主が不遜にも反乱という烙印を押すような闘争を抑圧するために」この軍隊を使用することになるだろう。国家からの抑圧に抵抗するうえで唯一の効果的な対抗力となる民兵に対して州とその住民が有する統轄権を憲法が奪ってしまったならば、州とその住民は無防備な状態に置かれるだろう。また、数ある基本的自由のなかでも、特に「専制君主によってもたらされる禍からの保護者であり、また自由の偉大な守護者でもある出版の自由」を保障する権利章典が存在しないことも深刻な問題とされた。[*18]

ナショナリストはこうした反ナショナリストの主張に強く反論した。ナショナリストの主張によれば、海軍と常備軍の設立、そして民兵に対する国家による一定の統轄は必要不可欠である。ハミルトンは、「外からの危険に対して安全を守るということは、国家の行動を左右する最も強力な要素にほかならない」[19]と主張した。アメリカは経済的に弱く、列強の利害と衝突するような海外での通商利益に依存しており、またヨーロッパ諸国の植民地と隣接していたため、戦争に備えておく必要があった。幸運なことに、アメリカはその生来的条件（広大な領土、ヨーロッパから遠隔の地にあること、そして略奪行為に没頭するヨーロッパ諸国間の勢力の均衡が維持されていること）により、平和時における小規模な軍備を整えるだけで事足りた。

フェデラリストは、アメリカの海上通商と大西洋沿岸を防衛し、ヨーロッパ諸国間の戦争に際してアメリカの中立を維持するためには、海軍が不可欠であると主張した。フェデラリストは海軍によって列強と直接渡り合うことを提案したわけではなかったが、「相応の力」を持った海軍さえ保有すれば、アメリカは西インド諸島で決定的な影響力を行使でき、その結果、「アメリカ大陸におけるヨーロッパ諸国の調停者となり」、北アメリカにおける「ヨーロッパ各国の競争の均衡をわれわれの利益の思いのままに操ることができる」と信じた[20]。

陸上においては、民兵のみでは不十分であるが、よく統制された民兵さえあれば政府は最小規模の常備軍を維持するだけで十分となるだろう。陸軍と調和する有能な民兵を確保するために、政府は統一の基準を設ける必要があった。州は将校を任命し、連邦議会の定める規定に基づいて民兵を訓練する権利を有したため、民兵は各州に対して強い愛着心を抱き続けることが確実となった。常備軍は散発的に発生する暴徒を取り締まることはあるかもしれないが、「国民全体が一致団結して行った活動をあえて踏みにじるなどということはできない」[21]

だろう。権力分立により、大統領が自らの言いなりとなる常備軍を利用して独裁者となるような事態は決して起こり得ないことが保証された。そして連邦議員は、少なくとも二年に一度は必ず「常備軍維持の適否を審議し、この点につき改めて決議し、選挙民の前で公式の表決により、この問題に関する意思を表明[*22]」しなければならなかった。

確かに合衆国憲法は連邦政府に対して、軍隊の召集と課税に関し理論上は無制限の権限を与えたが、果たしてこれ以外の方法をとり得ただろうか。「国民の安全を脅かすような事情は限りなく存在する。それゆえ、国民の安全の任にあたるべく委ねられている権能に、憲法上の拘束を設けることは、賢明なやり方とはいえない」。ハミルトンは、「手段は目的に相応したものでなければならず、その属する機関から、何らかの目的の達成を期待されている人々は、その目的を実現すべき手段を所有していなければならない[*23]」と主張した。財源は国家防衛の頼みの綱であったため、徴税と借用の権限も無制限でなければならなかった。[*24]最終的に、反ナショナリストの懸念を和らげるために、建国の父たちは修正条項として権利章典（個人の自由の明示的保障）を追加することを約束した。

二　合衆国憲法の軍事規定の運用（一七八九～一八一五年）

一七八九年に政府が招集されたとき、ナショナリスト（彼らは後にフェデラリストとして知られるようになる）は合衆国憲法の軍事規定を四つの分野の政策にまとめる必要があった。彼らは軍事問題を処理する機関を設立し、民兵の規定を実行に移し、常備軍を召集するかどうか、また海軍を創設するかどうかの決定を下さなければならなかった。最初の問題について議会は迅速に行動を開始し、一七八九年八月に陸軍省を創設した。民兵の問題は、州政府と連邦政府との間の権限争いの核心部分であったため、解決は困難であった。フェデラリストは軍事編制の要として有能な民兵を創設することを望んだ。ヘンリー・ノックス陸軍長官は、強力な民兵は「自由共和制のもっとも重要な防衛手段であり」、それは平和時において「人間の自然的権利にとって歓迎すべきものとは考えられない常備軍とは別物である」と主張した。ノックス長官は、効率的な民兵制には「分類（classing）」が必要であるとして、三種類の部隊を提案した。それらは、十八歳から二十歳の兵士からなる上級部隊、二十一歳から四十五歳の兵士からなる主要部隊、そして、それよりも高齢の兵士からなる予備部隊であった。*25

連邦議会は一七九二年になってようやく統一民兵法を制定したが、この法律はフェデラリストの希望を打ち砕くものであった。この統一民兵法は普遍的な兵役義務の原則を確立したが、そこには先述の分類に関する規定がなく、武装、規律、戦術的編制に関する統一的基準も設けられず、州に対しては兵役義務免除に関する権限が与えられていた。また、エリート意識の強い志願兵部隊には相変わらず特別な地位が与えられており、彼らは依然として民兵のなかでもっとも精力的な部隊であった。連邦政府は実質的にその責任を放棄しており、各州はそれぞれの思惑に応じてこの法律に対応することができた。その後、数十年間、ワシントンとノックスの後継者たちは、よく統制された民兵という幻想を追求し続けたが、連邦議会は一九〇三年にいたるまで、この一七九二年に立ち上げられた不十分な枠組みを根本的に改善することができなかった。

信頼に足る民兵の創設に失敗したことで常備軍の設立が必須となり、フェデラリストはこの目的に向かって少しずつ動き始めた。政府はシェイズの反乱の際に作られた合衆国軍第一連隊と砲兵大隊を常備軍に組み込み、第一連隊に四個中隊を加えた。しかし、一七九〇年の旧北西部での先住民に対する攻撃を通じて、新しい軍隊が力不足であることが明らかとなった。連邦議会はこれに対応するために第二連隊を創設し、大統領に対しては六カ月間の軍務に就く「召集軍隊」として二〇〇〇人の兵士を召集する権限を与えた。これは民兵と正規兵のいずれでもない、初の連邦志願兵の登用であった。しかし、この民兵、志願兵、正規兵からなる混成軍は、一七九一年に敵地に乗り込んだ際、手痛い敗北を喫することとなった。

そこで政府はさらに三個の正規兵連隊を承認し、ノックス長官は拡大した軍隊を合衆国軍へと再編し、これを独立戦争の退役軍人であるアンソニー・ウェインの指揮下に置いた。さらに一五〇〇人の志願兵で増強された合衆国軍は、一七九四年のフォールン・ティンバーズの戦いで先住民を敗北に至らしめた。合衆国軍の活躍により、少なくとも先住民に対しては、共同の防衛に備える政府の対応能力の高さが証明されたのである。

同年の夏、政府は国内的安定の保障という面においても、十三州連合のときに比べて高い能力を発揮した。ペンシルヴァニア州西部では、ウィスキー反乱という課税反対運動が勃発していた。大統領の解散命令に叛徒が公然と反抗すると、ワシントンは四つの州に対して一万二五〇〇人の民兵を差し出すよう命令した。なかには割り当て分の動員が困難な州もあり、また召集された軍隊も統率が取れないことがしばしばあったが、この市民兵からなる軍隊がペンシルヴァニア州西部へと進軍するや否や、ウィスキー反乱は蜘蛛の子を散らすようにして収まった。この民兵は伝統的な警察力としての役割を果たしたが、このときは、州ではなく国家の統制の下に置かれた。

二種類の軍隊——増大した正規軍と国家の統制下に置かれた民兵——を用いることで、新政府は先住民や反乱による国内危機を乗り越えることができた。そのため、軍備の必要性を訴えていたフェデラリストは、自分たちの主張が正しかったことが証明されたと考えた。しかし、フェデラリストによる軍隊の使用は反対派であるリパブリカンを怖がらせ、軍事政策が党派を分ける争点となった。リパブリカンはウィスキー反乱における軍隊の使用が強力な政府による軍事独裁を例証していると見なし、また、北西部での先住民に対する軍事作戦が終了した以上、国は正規軍を削減することができると主張した。一七九六年に、連邦議会は両派ともに自陣の勝利と受け取れるような法律を通過させた。この法律は合衆国軍を廃止するとともに正規軍の規模を相当程度縮小させた点で、リパブリカンを満足させた。しかし、常備軍は維持されたので、ある意味、フェデラリストの方が得るものが大きかった。常備軍の維持は、ワシントンの『考察』が出されて以来、フェデラリストが掲げていた政策の第一目標だったのである。この法律は平和時における軍隊の維持を国家に確約し、その軍隊は続く十九世紀にかけて国境警備の任務に就いた。

フェデラリストが策定した軍事計画の残りの部分は、一七九六年までに国外で発生した二つの危機によって凍結されることになった。もっとも重大な危機は、一七九三年にフランスがイギリス、スペイン、オランダに宣戦した後、特にイギリスを中心としてこれらの交戦国がアメリカの通商活動に干渉し始めたことで発生した。アフリカ北部沿岸諸国のなかで最強と目されたアルジェリアからも、より軽度ではあるが、脅威がもたらされた。アルジェの海賊船は、ヨーロッパの列強が戦争中であり、地中海に封じ込められた状態から解放されたため、大西洋に進出してアメリカの商船に略奪行為を働きかけたのである。

アメリカは、イギリスの略奪行為に対して交渉と消極的防衛策で対応した。ワシントンはロンドンに外交使節団を派遣してジェイ条約（一七九四年）を締結し、友好的な米英関係を復活させた。その一方で、一七九四年に連邦議会は、三つあるいは四つの地域に兵器工場を設置し、二一カ所の沿岸要塞を建設し、さらには砲兵隊および工兵隊を創設することを議決した。沿岸要塞は既に植民地時代や独立革命期から存在していたが、一七九四年に承認されたものは、初めて連邦政府が資金を割り当てたものであった。[*26]

さらに、政府は一七九四年に表向きはアルジェ人と戦うためとしながらも、ヨーロッパ列強の行動を監視するため、海軍法を制定して海軍を設立した。海軍の主要な役割は通商の促進と保護であったが、他の任務も遂行した。例えば平和時において、海軍将校は外交官を輸送したり条約交渉に加わったりすることで国務省の補佐役として活動した。戦争が始まると、海軍は通商を保護するだけでなく、「国家の剣」として敵国の通商活動に打撃を与えた。[*27] また海軍は、陸軍や沿岸要塞と協力して国家を侵略から防衛した。政策立案者は、アメリカがヨーロッパから遠隔の地にあること、沿岸部では暴風、霧、浅瀬といった危険因子が存在すること、またアメリカ船舶にとって有効な多くの安全地帯が存在することを考慮しても、「アメリカ海軍は、攻撃対象となる敵国海軍の二倍の力と有効性を備えておく必要がある」[*28]と考えた。戦略家の大多数は海軍と要塞が相互補完関係にあると考えていたため、海軍のために安全地帯を確保することが沿岸要塞建設の主要な論拠となった[*29]。

海軍も陸軍と同様、政治的論争の火種となった。リパブリカンは海軍の設立によって侵略が抑止されるどころか、「我々が発展途上の段階にあるうちに粉砕する」べきだとヨーロッパ諸国が考えるほどの警戒心を与え、むしろ侵略を誘発してしまうのではないかと恐れた[*30]。さらに、海軍の存在は帝国主義と冒険主義を芽生えさせ、アメリカを権謀術数の渦巻くヨーロッパの政治闘争に引き摺り込むかもしれない。何よりも、海軍には莫大な費用がかかる。リパブリカンはヨーロッパの問題に巻き込まれることを避け、国家資源を西部開拓に集中することを優先させようとした。

一七九七年にワシントンは大統領を退任したが、その時点でフェデラリストは自分たちが望んでいたほど軍事的活力を共和国にもたらしていなかった。それでも、彼らはワシントンの『考察』を実現させるうえで大きく前進した。また、彼らが確立した制度や政策は、その後一世紀の間、基本的にそっくりそのまま維持された。フェデラリストは、よく統制された民兵と陸軍士官学校の創設には失敗したが、永続的かつ包括的な平和期の軍事体制を創り出すことには成功した。

しかし、果たしてこの国は単一の共和国として存続するのに十分な結束力を固めたといえるのだろうか。また、フェデラリストは迅速に十分な軍事力を創出し得たのだろうか。これらの問題は、ワシントンの退任直後、フランス革命によって勃発した大変革期を乗り越えようと苦闘するアメリカにとって喫緊の課題となった。フランスとイギリスとの間で戦争が始まると、ワシントンは中立宣言を出し、また自身の『告別の辞』のなかで、アメリカが他国との「恒久的な同盟を回避」し、「政治的繋がりを外国との間に結ぶことはできる限り少なくするべき」だと主張した。[*31] しかし、中立を宣言したからといって中立を維持することができるとは限らなかった。結局、アメリカはこの戦争に引き摺り込まれることになったが、一六八九年以来、ヨーロッパと北アメリカの軍事問題が密接に連動していたことを考えれば、それは驚くべきことではなかった。

フランスとイギリスとの間の戦争は、アメリカの政治エリートの党派分裂を終結させた。フェデラリストはフランス革命の急進的な性格を嫌い、イギリスと再度戦うにはアメリカが弱すぎると考え、米英両国の通商関係の重要性を強調した。リパブリカンはフランス革命の反専制的性質を指摘し、一七七八年の米仏同盟条約を重要視した。ジェイ条約はイギリスとの平和を維持させたため、フェデラリストを喜ばせたが、リパブリカンとフランスを怒らせた。フランスはこの条約を米英同盟と見なし、報復措置としてアメリカの通商活動に対する略奪行為を増加させた。ジョン・アダムズ大統領は、フランスとの戦争を回避するために使節団を派遣したが、フランスは和平を拒絶し、その結果、准戦争が勃発した。この戦争は一七九八年の春から一八〇〇年の秋まで続いた。

准戦争は宣戦布告がなされず、範囲が限定的であり、国内で強い反対運動を引き起こしたという点で、その後アメリカが関わった多くの戦争の雛形となった。アメリカはフランスによる通商妨害の停止という限定的な目標のために戦ったので、相手に無条件降伏を強制させるようなイデオロギー的な殲滅戦は必要ではなく、「抑制された敵対行為」[*32]に従事するだけで十分であった。政治目標と軍事的手段を調和させるため、政府は反フランス派の人々が要求したイギリスとの同盟締結を却下し、軍事行動には制限を加えた。例えば、一七九八年五月に連邦議会は海軍に対してアメリカ沿岸海域においてフランスの軍艦を拿捕する権限を与え、七月には軍艦および私掠船に対して、あらゆる場所において武装したフランス船舶を捕まえることを許可したが、このように、政府は絶えず海軍に対して、作戦対象を武装した船舶のみに限定するよう命じた。主戦論者であったフェデラリストからの圧力があり、陸上兵力を増強させる法律が多く制定されていたにもかかわらず、アダムズは戦闘行為を海上に限定したのである。

軍事行動にこのような制約を加えた理由の一つがリパブリカンによる反発であった。彼らの反対は政府の軍事的な動員能力を阻害するものであり、かかる事態は内戦勃発の前兆と見なされた。ジェームズ・マッケンリー陸軍長官は、戦争に対する「極めて一般的な厭戦気分」が「共同体の相当な範囲にわたって」蔓延していることをアダムズに警告した。フェデラリストの大部分は、国家が国内外の両方の脅威に直面していると考えた。[*33] 彼らは侵略を恐れるとともに、アメリカとフランスの両国が戦争を宣言した場合、フランスの要員がリパブリカンと共謀して内戦を勃発させるのではないかと恐れた。

フランスによる侵略とフランスの扇動による反乱という二重の脅威に対処するために、フェデラリストは大掛かりな軍備計画を策定し、外国人法・治安法の制定によって国家に対する不同意を不忠行為と見なした。もっとも抑圧的だったのは治安法であり、同法では、扇動罪には事後的懲罰を加えるというイギリス慣習法の慣行が具現化されていた。リパブリカンは、治安法が憲法修正第一条に反しているため違憲であると主張した。また彼らは、いかなる政治的議論も法的制約から免除されるべきであると主張し、扇動罪という概念そのものを公然と非難した。最終的にはリパブリカンの主張が通ることになったが、こうして、(たとえ悪質で度を過ぎたものであったとしても) 不同意は必ずしも不忠行為を意味するものではないというアメリカの伝統が準戦争によって確立したのである。[*34]

準戦争はまた、初めて軍事官僚制度の大規模な改革を促した。連邦議会は一七九八年に海軍をマッケンリー陸軍長官の管轄から新しく設立された海軍省に移管するとともに、独立戦争時に存在し、戦後の復員によって廃止されていたアメリカ海兵隊を復活させた。アダムズは熱烈な大海軍主義者であったベンジャミン・ストッダートを初代海軍長官に任命した。ストッダートは、大砲七四門の艦船一二隻と三〇隻を超える小型艦船によって編制される海軍という、「もっとも強力な国家に我々との友好を望ませ、もっとも放埒な国家に我々の中立を尊重させ得るような」兵力を即座に要求した。[35] フェデラリストが連邦議会の多数派を占めていたとしてもこれほど多くの艦船の新造を承認することはなかっただろうが、戦争中、ストッダートは（改装した商船を含めて）五〇隻以上の軍艦と一〇〇〇隻を超える私掠船という相当規模の兵力を召集した。戦争中、アメリカ海軍はイギリス海軍と緊密に協力し、ある意味では、イギリス海軍を支援する側に回っていたともいえる。なぜならば、一七九八年の一月から一八〇〇年の十二月にかけて、アメリカは北アメリカ沿岸とカリブ海に一度に三二隻以上の艦船を派遣することがなかったのに対して、イギリス海軍の同地域への展開は常時九〇隻を下回ることがなかったからである。[36]

最後に、准戦争はアメリカの歴史のなかで唯一、純粋に政治的な軍隊の創設をもたらした点で重要なものであった。一七九八年に連邦議会は、フロンティアにおける「旧式の」陸軍とは異なる新型陸軍（New Army）の創設を承認した。[37] ワシントンは新旧両方の陸軍を指揮することに同意したが、戦争が公式に発生するまで出陣しないとした。そのため、実際には彼の部下であるハミルトンが新型陸軍を指揮することになった。ハミルトンは軍事的栄光を追求するとともに、フランスの侵略を撃退し、リパブリカンによる反乱を鎮圧し、フロリダやルイジアナ、そしておそらく南アメリカのすべての領域までをも支配することを望んでいた。当然のことながら、ハミルトンは新型陸軍の将校団からリパブリカンを排除した。

この新型の軍隊を自由に対する脅威と見なしていたリパブリカンにとって幸いなことに、新型陸軍はハミルトンの壮大な期待に一度も応えることはなかった。ハミルトンとワシントンは志願者一人一人の経歴を調べ、各将校に政治的潔白を強要したため、新型陸軍の編制は遅れた。アダムズ大統領はハミルトンを信頼せず、独自に講和のための使節団をフランスに派遣したため、ハミルトンの活動は妨害されるかたちとなった。講和の見込みが再び強くなるにつれて新兵募集の動きが弱まり、両国の交渉の結果、一八〇〇年に準戦争の講和条約が締結されると、ハミルトンが新型陸軍にかけた期待は跡形もなく消え去った。

フランスとの間の危機が瞬く間に解消されると、たちまちフェデラリストの軍備計画が専制的で行き過ぎたものであると見なされるようになり、その結果、準戦争の終結は一八〇〇年のジェファソンの当選を確実なものとした。ジェファソンはこの軍備計画に対する批判の急先鋒の一人であったので、フェデラリストの軍事制度がこの過渡期を乗り切ることができるかどうかは疑わしかった。もっとも、ジェファソンは急進的ウィッグ派のイデオロギーに傾倒し、財政節約を主張してはいたが、彼は国際場裡が弱肉強食の世界であり、軍事的脆弱さが侵略を招くものであることも理解していた。

リパブリカンは、政権に就くと同時に穏健的ウィッグ派の立場に傾き始めた。彼らは準戦争中に承認された軍隊の多くを廃止したが、フェデラリストが立ち上げた常設の軍事組織は維持した。リパブリカンは、ジェファソンが今や必要不可欠なものと見なしていた陸軍を解体するつもりはなく、将校団に対するフェデラリストの影響力を単に弱めたいだけであった。一八〇二年にジェファソン政権は、リパブリカン派の将校を育成するために陸軍士官学校を設立した。*38 しかし、リパブリカン党政権でさえも、よく組織された民兵を確立することはできなかった。*39

ジェファソン政権は、一八〇七年から〇八年にかけて生じたイギリスとの関係悪化に備えるために、沿岸要塞について、フェデラリストによる「第一次体制」よりもさらに大規模な「第二次体制」への拡充に着手した。また、リパブリカンは海軍も維持したが、ジェファソン政権は軍艦よりも小型砲艦を重視した。砲艦は安価で、海軍民兵が乗り組めるほど単純な構造で、しかもそれは専守防衛のためのものであった。ジェファソンは、「海軍軍備においてこの種の艦船」が唯一できないことは、「公海、あるいはアメリカ沿岸においてさえも我が国の通商」を保護することであるということを理解していた。*40 しかし、一八一二年戦争へと続く一連の事態が示すように、海外での通商活動にこれほど大きく依存している国にとって、それは決して小さな問題ではなかった。

一八一二年戦争は複合的な要因によって発生した。それらは主要な要因と副次的な要因とに分けられるが、主要な要因のうちの二つはアメリカが海上通商を保護する能力を持たないことと密接に関連していた。フランスとイギリスが戦っている間、両国は中立国の通商を妨害するような経済戦争に打って出た。イギリスは強大な海軍力を有していたため、必然的にもっとも悪辣な妨害国となった。アメリカ人にとってみれば、まるで自分たちの通商活動がイギリスによる略奪行為の格好の餌食《えじき》になっているかのようであった。二つ目の海上問題は強制徴用であった。一七九三年から一八一二年にかけてイギリス海軍司令官は約一万人のアメリカ人水夫を徴用した。自国民を保護できないような政府に対して国民が忠誠を尽くすとは考えられなかったため、この徴用はアメリカにとってまさに国家統合の急所を突く行為であった。こうした海上における主要な問題に加え、より小さな問題が三つあった。第一に、一八〇八年から〇九年にかけて西部地域が不作に見舞われており、その際、農家はイギリスの保護貿易政策を非難した。第二に、一八一一年の先住民との戦争で旧北西部が再び壊滅的打撃を受けたが、このときアメリカ人は先住民を支援したとしてカナダにいるイギリス人を痛烈に非難した。最後に、アメリカ人の意識の根底にある攻撃的な拡張主義が要因としてあり、これにより、カナダとフロリダが攻撃目標として彼らの目に映った。

「経済的圧力」を通じてイギリスから譲歩を引き出すことに失敗したため、一八一二年になると多くのアメリカ人は、もはや選択肢は国家の威信と主権の放棄か、あるいは戦争のいずれかしかないと考えるようになった。若いリパブリカン党議員を中心とする好戦派は降服を断固拒否したが、最終的にこうした彼らの攻撃的姿勢が大勢を占めた。憲法上、戦争権限は均等に配分されていたかのように見えたが、ジェームズ・マディソン大統領は率先して行動を起こし、連邦議会に戦争宣言を要求した。それ以降、連邦議会は独自に措置をとることはせず、実質的に大統領のイニシアティヴに応じる態度に終始した。戦略を立案するときほど行政府の優位性が明らかになるときはなかった。マディソンは、閣僚と協議したうえで重要な戦略上の決定を自ら下していった。[*41]

マディソン政権は、イギリスの通商能力と海軍力にとって死活的に重要であったカナダへの侵攻がもっとも重大な戦略的任務であると考えた。カナダを占領すれば、イギリスはナポレオンとの戦争に悪影響を及ぼさないためにもアメリカの要求に従わざるを得なくなる。アメリカはハリファックスとケベックというカナダの二大防衛拠点を攻撃することがほとんど不可能であったので、ハドソン川－シャンプレーン湖－リシュルー川を通ってモントリオールへと抜けるルートが残された最善の侵入ルートとされた。

しかしマディソンにとって不運なことに、幾つかの要因が重なってカナダを首尾よく攻略することはできなかった。一つ目の制約要因は、兵力が限られていたことであった。連邦政府は一度も十分な兵力を正規軍として召集することができず、志願兵や民兵については、将校の配備や編制が州政府主導で行われたため、彼らを完全に国家権力に服従させることができなかった。人的資源の動員力を絶えず制約していたのが財政面での足腰の弱さであった。戦争の中盤には国家財政が破綻しかけていたので、政府は民間から兵士を募ることができるほど十分魅力的な給与や報奨金を出すことができなかった。

二つ目の問題は、国家の戦略的利害と地域や地方の戦略的利害との緊張関係に由来するものであった。カナダの攻略はマディソンにとって最大の目標であったかもしれないが、沿岸部の町は敵の海軍による襲撃の方を心配していた。その一方で、南西部では先住民のクリーク族が主要な脅威と見なされており、北西部ではテカムセによって復活した先住民の連合軍が主要な敵と考えられた。連邦政府が脆弱であったことに加え、運輸・通信手段も未発達であったため、戦争はしばしば地域志向性を帯び、国家戦略との関連性を有さなくなった。連邦政府は遠方の戦域にその意志を伝達させることがほとんどできず、州と地方の政治家や将校は連邦政府の訓令をしばしば無視した。さらに、連邦政府は主要な戦略上の任務を逸脱し、地方の有権者の歓心を買って好戦派の候補者を当選させ、戦争への支持を取り付けるという手段に訴えることもあった。[42] だが、地域主義は弱点であると同時に利点でもあった。現地の指導者は地域の実態に熟知していたため、適切な措置をとることができたし、よその場所で発生している危機的状況に感化されて彼らが敗北主義的行動に走ることもなかった。

最後の戦略上の制約要因は、戦争活動のあらゆるレベルで蔓延していた派閥主義である。同一の戦域にいる将校間での協力はほとんど見られず、例えば、五大湖地域では海軍と陸軍の将校はまるで別々の戦争を戦っているかのようであった。軍種間の調整の実施はもちろんのこと、そのための計画を策定する政府機関すら存在しなかった。政権内部は個人的あるいは政治的な対立によって分裂状態にあった。しかし、もっとも深刻な派閥問題は、政権と対立するフェデラリスト党がほぼ全会一致で戦争反対を表明していたことであり、その動きは特にニューイングランドで顕著であった。カナダに進軍するうえで格好のルートを使用できるかどうかはニューイングランドの協力の有無にかかっていたが、マディソンが同地域の各州知事に対して民兵の動員を要請すると、彼らはこれを拒否した。[43] また、ニューイングランドの住民はイギリスと大量の密輸を行っており、連邦政府からの財政支援の受給も自粛していた。ニューイングランドとは対照的に、南部や西部では戦争に対する支持が強かった。その熱狂を利用するためには、五大湖地域を通ってカナダを攻撃する必要があった。これはカナダを攻略するうえでもっとも非効率的な経路であったが、マディソンは主要な戦域に十分な兵力を集結させることができなかったため、この案を採用した。この戦略上の過ちをひとたび犯すと、もはや軌道修正は不可能となり、その結果、政府は一八一二年から一四年にかけて北上の目的達成に失敗することになった。

一八一四年十二月二十四日に戦争を終結させたガン条約は興味深い文書である。同条約によって戦前の領土状態が回復され、また、アメリカ・カナダ間の国境紛争を解決するための共同委員会が設置されたが、戦争の引き金となった問題に関してはまったく触れられていなかった。戦前の当初の目的に照らし合わせてアメリカの戦果を評価するならば、一八一二年戦争は失敗であった。しかし三つの理由により、ガン条約はアメリカに外交上の勝利をもたらしたといえる。第一に、戦争の発端となった諸要因はもはや差し迫った問題ではなくなっていた。ヨーロッパでの戦争が一八一四年に終結し、イギリスによるアメリカの中立権の侵害と強制徴用が止んだため、海上問題を争う実際的意義が失われた。[*44] また、アメリカはカナダとフロリダの征服あるいは占領には失敗したが、一八一三年にはテカムセを殺害し、一八一三年から一四年にかけて南西部のクリーク族を破ったことで、実質的には先住民による二大脅威を取り除くことに成功した。

第二に、アメリカの戦争目的が、イギリスからの譲歩の引き出しから領土損失なき国家存続へと劇的に変化したことが挙げられる。政治的意図はしばしば戦争中に拡大あるいは縮小するものであり、クラウゼヴィッツが記したように、「政治的意図は、既に獲得した成果によって規定されるばかりでなく、将来確実に起きると思われるような出来事によっても規定されるものだから、全く別のものになることさえある」[*45]。アメリカの指導者から見れば戦争の推移にともなって状況は悪化していった。否定的要素の一つは、高まるフェデラリストの反発であった。フェデラリストによってマディソンが賢明さに欠けた戦略を強いられただけでなく、彼らの反発は国家の団結を脅かすものでもあった。彼らはまるで反戦から正式な中立宣言、あるいは単独講和、さらにはその後の分離独立とニューイングランド国家連合の樹立という一連の動きを見せているかのようであった。

一八一四年十二月中旬にハートフォードとコネティカットで開かれたフェデラリスト党の秘密会議は、リパブリカンを著しく不安にさせるものであった。政府は分離運動を鎮圧するための軍事行動に備えた。しかし、穏健派が主導権を握ったため、フェデラリストは分離を要求する代わりに憲法改正案を提出した。そこには、戦争宣言を出す場合は（単純多数ではなく）三分の二の賛成多数を条件とするという内容が盛り込まれていた。一八一二年にそのような条項が存在していれば、フェデラリストは戦争の宣言を阻止することができたかもしれない。この会議の報告書は、少なくとも当面は連邦国家を維持することを示唆していた。しかし、会議は無期休会しただけであり、場合によっては分離支持派の主導の下で再度開催される可能性もあった。

もう一つの懸念材料は、開戦以降、アメリカがほとんど途切れることなく軍事的敗北を重ねていたということである。二年に及ぶ戦争期間中、政府はあまりにも弱体であり、また国家が分裂していたため、政府はほとんど軍事力を創出することができなかった。一八一四年のナポレオンの追放により、イギリスはヨーロッパ戦争という差し迫った問題から解放された。すると、アメリカはイギリスからの三方面攻勢にさらされ、絶望的な防衛戦争を強いられた。

ところが、イギリスの軍事攻撃は三方面すべてにおいて失敗し、このことにより、ガン条約がアメリカの勝利であるとする三つ目の根拠が生まれた。イギリスはアメリカに対して、中立権に関するイギリスの原則、ニューファンドランド沖の漁業権に対する追加的な制限措置の受け入れ、西部地域での先住民の緩衝国家の建設、イギリスによる五大湖とミシシッピ川の自由通航、さらにはハリファックスからケベックにかけて軍事通路を建設するための土地をイギリスに割譲することを認めさせようとしたが、このような壮大なイギリスの戦争目的はどれ一つとして達成されることはなかった。他方で、アメリカ人は攻撃を仕掛けることよりも、攻撃の撃退にいっそうの能力を発揮した。彼らはプラッツバーグ、ボルティモア、ニューオーリンズでイギリス軍を追い返すことに成功したのである。

こうした敗北は、イギリスが独立戦争のときよりも効果的な方法で北アメリカへ軍事力を投入することがもはやできなくなっていることを示していた。いかなる技術革新も大西洋を越えて陸軍を維持するという任務を容易にすることはなく、北アメリカで戦争を遂行するための費用は依然として莫大なものであった。さらにイギリスは、依然としてヨーロッパの問題に注意を振り向けておく必要があった。対仏大同盟は不安定であり、エルバ島に流されたナポレオンも復帰の機会をうかがっていた。ヨーロッパでの戦争の再発を恐れたイギリスの政策立案者は、アメリカとの講和が不可欠であるという結論に達した。イギリスと二度目の戦争に陥りながらも無傷で国家の存続を確保したことにより、アメリカは国家の独立と国家制度の堅牢さを知らしめ、ヨーロッパから一目置かれる存在となった。

三　拡大する帝国（一八一五〜一八六〇年）

アメリカは一八一二年戦争以降、その増大する富と国力を反映するように大陸全域にわたって急速に拡大していった。南北戦争前には西半球を支配する大国となったが、領土拡張は新たな安全保障上の問題を生じさせるとともに、従来からあった問題も深刻化させた。今や防衛すべき海岸は一つだけではなく二つとなっていた。カナダとの国境が西側に延びたことで、利害衝突の危険性が高まった。南西部ではスペインおよびその後のメキシコとの間の長い国境線が摩擦の原因を生み、最終的には戦争を勃発させた。ヨーロッパ列強はカリブ海の拠点を確保し、そこからアメリカ沿岸部に脅威を与えたが、それらの植民地の少なくとも幾つかは、アメリカにとって領土拡張を進めるうえで格好の標的に映った。大陸の領土全域において先住民は依然として脅威であった。後から振り返れば、アメリカは南北戦争前の数十年間、（少なくとも外国からの脅威に対して）極めて安泰であったかのように見えるかもしれないが、当時の政策立案者は平和が長続きするという楽観的見通しを立てていたわけではなかった。

一八一二年戦争は、戦争中に兵力動員を試み、度重なる敗戦の衝撃に耐え抜いたリパブリカン派の政策決定者にとって衝撃的な教訓となった。この戦争の後、彼らは節度ある軍備を整えるべきだとするフェデラリストの考えを改めて評価し直し、既存の軍事組織をさらに強化・刷新した。[*46] 理想としては、この刷新された常備編制には小規模な正規軍、よく規律された民兵、恒久的な沿岸要塞、内部通信連絡網、比較的大規模な海軍、そして洞察力に富む数人の政策立案者が認識していたように、よく組織された軍事官僚制度といった要素が含まれることになっていた。戦略家はこれらの軍備を整えることにより、大陸の領土を防衛し、民主主義制度を維持するという目的を達成し、外国との通商活動を促進することを期待した。アメリカは「神の意志による地理的位置」を享受しており、「世界の他の偉大な軍事国家との関係において、遠隔の孤立した位置という防御に有利な条件をすべて」[*47] 与えられていたため、自国の軍事力の規模をヨーロッパ諸国の軍事力の規模に匹敵させる必要はなかった。

戦後、ジェームズ・モンロー陸軍長官は正規軍に二万人の兵力を充てることを提案した。連邦議会によって承認されたのは一万二〇〇〇人分に留まったが、それでも、その数は戦争中や深刻な危機における軍隊を除き、それまでのいかなる軍隊をも凌ぐほど大規模なものであった。しかし、一八一九年の財政危機により、連邦議会はジョン・C・カルフーン陸軍長官に対して陸軍を半分に削減するよう要求した。これに対してカルフーン長官は、軍備の必要性を高らかに訴えた。彼は主要な防衛力として民兵に依存する考えは不適当であるとし、常備軍は必要不可欠であり、しかもそれは自由と両立するものでもあると主張した。カルフーンは、いざ戦争となった場合に「新たに軍隊を編制し直したり」、前線あるいは参謀を

「新しく整えたりしなくて済む」ように、「拡張可能な（expansible）」原則に従って編制される陸軍を推奨した。[*48] 連邦議会はこの拡張可能な陸軍という概念を拒絶し、その代わり、既存の連隊を解散し、将校の人員を削減した。しかし、今や常備軍の必要性そのものについては疑問を呈するものは誰もおらず、正規軍が平和時における戦争計画の基盤となるべきであるというカルフーンの考えが維持されるかたちとなった。[*49]

カルフーンは拡張可能な陸軍の創設に関しては連邦議会を説得することに失敗したが、一八一二年戦争の最中に創設された参謀本部を発展させるとともに、総司令官の職を設けることには成功した。参謀本部は戦争を計画するための組織ではなかったが、その代わり参謀本部を構成していた各局長は自律的に行動し、彼らは陸軍長官に対して報告を行った。局長の任務は、軍事的知識を持たないことが通例であった文民出身の陸軍長官に対して、技術上、兵站上、行政上の問題について助言をすることであった。一八一二年戦争中、陸軍全体を指揮する単独の司令官は置かれなかったため、各部局あるいは部門の司令官はそれぞれ独自に行動した。陸軍長官が彼らの活動を調整しようとすると、司令官らはそのような「口出し」に憤慨した。一八二一年に連邦議会が陸軍に対して少将一人と准将二人のみ任命することを決定すると、カルフーンは唯一の少将にワシントンを指名し、彼を総司令官に任命した。理論上、今や陸軍長官はこの総司令官を通じて作戦を指揮することができるようになったのである。

ほとんどの将校は参謀本部と総司令官の設置を重要な改革と見なしたが、行政上の混乱はその後も続いた。生え抜きの軍人であった局長らはしばしば相互協力を拒み、陸軍長官の命令を無視し、各々が所属する部局の栄誉を陸軍全体の利益に優先させた。前線の将校と参謀本部に配属された局長との間の対立関係も深まった。何よりも、総司令官には明白な責務というものがまったく与えられていなかった。大統領の代理人として陸軍の指揮に当たる陸軍長官の仕事を奪うわけにもいかなかったため、総司令官は実際には陸軍を指揮することができなかった。それならば、総司令官は一体何を指揮したといえるのだろうか。はっきりしたことは誰にもいえなかったが、少なくとも局長らは、自分たちが総司令官による統制を受けていないことだけは確かだと考えた。陸軍長官、局長、総司令官の三者はそれぞれ主導権をめぐって争い、陸軍長官は統一された専門的助言をまったく受けることがなく、さらに、出動計画に対して明白な責任を持っている機関も不在であった。

民兵の改革は、いつものことながら不十分なかたちで進められた。改革案は定期的に提示されたが、共同民兵を信頼性のある予備兵へと転換させ得るような「分類」の制度は猛烈な反対にあった。その制度を用いれば、最上級の部隊は正規軍へと進化するかもしれないが、民兵の残りの部分は衰退してしまうだろうし、自由を守るためには選挙権の普及と同じくらい軍人精神の普及が重要であるという批判がなされた。[*50] 結局、志願兵によって補強された正規軍が民兵に取って代わり、防衛力の礎《いしずえ》となった。これら志願兵の多くは、かつての志願兵からなる民兵隊の出身者で占められていたが、その数は南北戦争前に急激に増加し、組織された予備兵として高次の役割を期待されるようになった。[*51]

沿岸要塞に関していえば、ボルティモアでイギリス軍を撃退したマッケンリー要塞の活躍は依然として多くの人の脳裏に焼き付いていた。一七九四年と一八〇七年における戦争勃発の恐怖が要塞計画を後押ししたが、今や戦略家は組織的かつ永続的な平時計画としての要塞建設を提案していた。マディソン政権はこの問題を検討するために工兵・要塞委員会を設置した。工兵・要塞委員会の最初の報告書（一八二一年二月）は、カルフーンによる拡張可能な陸軍体制への移行計画と同じくらい重要なものであった。なぜならば、同報告書は一八八〇年代まで維持されることになる国防理論の概要を示していたからである。委員会は海軍を防御線の最前列に据えることを宣言したが、海軍はおそらく小規模のまま維持されるため、沿岸要塞がこれを支援する必要があった。委員会は約一八〇〇万ドルかけて五〇カ所の地点を要塞化することを勧告した。また、総費用が高くつくことを認めつつも、その費用は数年間に分割することができ、「最終的な成果は長期間耐え得るものである」ことが強調された。[*52] この計画は前に進められたが、その進捗《しんちょく》度は遅く、困難も付きまとった。だが一八五〇年代までには、武装や守備隊の配備という点で問題はあったにせよ、実質的な体制はほぼ整えられた。[*53]

さらに、一八一二年戦争は不十分な輸送能力が戦争遂行に多大な障害を与えることを露呈した。そこで、南北戦争前に、陸軍は国内河川の整備や鉄道・運河の建設作業を支援した。こうした投資は通商活動を促進したが、他方で、戦略家が認識していたように戦争において「時は力」であり、ますます緻密に張り巡らされた輸送体制は軍事作戦を容易にさせるものでもあった。*54

一八一六年になって初めて、アメリカは海軍創設のための長期的な平時計画に着手した。連邦議会は大砲七四門の戦艦九隻、四四門のフリゲート砲艦一二隻、そして蒸気軍艦三隻の建造を承認した。これらの大型軍艦の大部分は最終的に竣工に至ったが、多くの場合、それらは連邦議会が定期的に建造を承認した多数の小型艦船に比べて役に立たないものであった。いかなる大国も拡大するアメリカの海上通商を脅かすことはなかったが、海賊と速力のある私掠船は脅威をもたらし、配備された軍艦やフリゲート艦をもってそれらを捕捉することは困難であった。通商活動を保護するため、海軍は戦闘艦隊を編制する代わりに艦船を小さな戦隊に分け、警備区域と呼ばれる地域を巡航させた。

一八一五年から四二年にかけて、三名の海軍司令官によって構成された海軍諮問委員会が海軍長官の職務遂行を支援した。この委員会は海軍長官に対して海軍の軍需品の調達といった問題について専門的な助言を与えたが、直接の政策機能は付与されていなかった。海軍諮問委員会は保守的傾向が強く、海事技術分野で生じていた急激な変革に取り残されていたため、一八四二年に連邦議会はこれを事務局体制へと交代させた。同様の組織体制をとっていた陸軍省と同じように、海軍の事務局では各局長が自律的に行動して海軍長官に報告を行い、専門的な運営体制が敷かれた。連邦議会はさらに海軍が保有する数隻の蒸気軍艦を運用するために工兵隊を創設し、こうして蒸気軍艦の重要性が認識されていった。陸軍における官僚制度上の変革と同じように、こうした海軍の制度改革でも革新主義的な意図が見られたが、それは行政運営上の分裂化を促すとともに、前線将校と参謀将校との間での激しい論争をもたらした。

海軍の発展は組織的に行われず、アメリカの艦船はヨーロッパ諸国の艦船に比べて年式が比較的古かったため、沿岸地帯と国家の通商利益を保護するものとしては不十分であるという批判が出された。例えば、一八五〇年代に通商活動に従事していたアメリカ船舶の総トン数は世界第一位であったが、海軍艦船の総トン数は第五位であった。[*55] このように海軍は比較的小規模であったが、通商範囲を拡大するうえでは積極的な役割を果たした。一七九八年から一八八三年にかけて、海軍は主に通商活動を支援するという名目で一三〇回以上の懲罰的遠征を行った。科学技術上、通商上、外交上の目的をもって実施された海軍の遠征は全世界を席巻し、海軍将校は新たな通商機会を開くための条約交渉を行った。そのなかでもっとも有名な将校は、一八五〇年代半ばに日本の二つの港を開港させる条約を交渉したマシュー・C・ペリーであった。[*56]

海軍と通商活動との連携は驚くべき効果を生み出した。一七九〇年の（再輸出を含む）輸出総額は二〇〇〇万ドルであったが、一八六〇年には三億三四〇〇万ドルへと増加した。[*57] この海上通商活動が著しく拡大している時期にアメリカを視察したトックヴィルは、強い衝撃を受けずにはいられなかった。彼は驚嘆を込めて次のように述べている。「イギリス系アメリカ人がいかなる精神をもって通商を行なっているか、彼らがどんなに有能にこれを行ない、成功を収めるかを見るとき、彼らがいつか世界の第一の海洋大国となるだろうことを信じざるをえない。アメリカ人はローマ人が世界を征服したように、海の覇者となるべき運命にある」[*58]。

領土を貪欲に征服したのはローマ人だけではなかった。アメリカ人も、特に先住民、スペイン、メキシコを犠牲にして、大陸に帝国を築くために戦争や戦争の威嚇といった手段を見事に活用した。この領土拡張を支えたのは露骨な軍事力の行使であったが、アメリカ人は自らの攻撃性を独善性で覆い隠し、その強欲さを「明白な運命（Manifest Destiny）」という言葉に集約されるような二面性を帯びた主張で取り繕った。領土拡張は国家の運命であり、そのプロセスは不可避であるとされた。ジョン・クインシー・アダムズは、北アメリカ大陸がアメリカにとって「正当な支配圏」であるとし、「我々が独立した人民となったときから、我々がこれを要求することは、ミシシッピ川が海に流れ出るのと同じくらい自然な摂理であった」[*59]と述べた。自由を存続させるだけでは不十分であり、他者もその恩恵に浴させなければならないため、領土拡張は利益をもたらすものとも考えられた。ある議員などは、「我々の平和的かつ継続的な行進を妨げることは人間の自由という大義に対する裏切り行為となるだろう」[*60]と述べている。

実際に平和的手段が用いられることはなかったが、この行進は着実に続けられ、それは白人が欲する地域に住む先住民部族に対する迫害を伴った。連邦政府は一八三〇年代にミズーリ州とアーカンソー州の西方に恒久的な先住民特別保護区を設置し、東部地域の部族に保護区の土地を与える代わりに、彼らが昔から住んでいた土地を引き渡すよう強要した。アンドリュー・ジャクソン大統領はこの先住民特別保護区を永久的に先住民に与えるという約束を交わしたにもかかわらず、特別保護区は三〇年ほどしか存続しなかった。南北戦争後、土地に飢え、金を求めて殺到した白人開拓者が、自分たちにとって関心のない地域に保留地を作り、そこに先住民を押し込める政策をとるよう政府に圧力をかけたため、特別保護区は消滅したのである。それまで先住民に移動を強要していた陸軍は、今度は保留地体制の実施に携わった。

スペインもアメリカからの圧力を感じ始めていた。アメリカはフロリダで反乱を扇動し、度重なる侵攻によってスペインの弱体ぶりを見せつけることにより、同地を獲得した。アダムズ＝オニス条約（一八一九年）は弱体化した相手国に対する決然とした外交努力の結果締結された。同条約はアメリカのフロリダ領有にお墨付きを与えただけでなく、西部地域においても、オレゴン地域に対するスペインの領有権の主張を含め、将来のルイジアナ購入に向けてアメリカにとって有利な境界線を画定した。

メキシコも「明白な運命」の行く手を阻もうとした。メキシコはアメリカの一部となる「運命」であり、そうなれば「自由で幸福」になれるという、なだめるようなレトリックでアメリカ人はメキシコ戦争を飾った。*61 だがジェームズ・K・ポーク大統領の目的は、メキシコの北方地域、特にカリフォルニアとニューメキシコを獲得することであり、またテキサスが共和国であるとの主張に異論を挟む余地をなくさせることであった。一八四六年五月、「メキシコはアメリカとの国境線を越え、我々の領土を侵略し、アメリカの土地でアメリカ人の血を流した」と宣言するための口実を見つけたポークは、連邦議会に対して戦争宣言を要求し、議会もこれに応じた。[*62]

ポークは軍事問題に関しては素人であったが、戦争指導の立役者となった。彼は増大する国家の富と人口、比較的新しい軍事機構、そして発達した運輸・通信手段（特に蒸気船と電信機）に支えられ、准戦争におけるアダムズや一八一二年戦争におけるマディソンが利用できなかった方法で自らの意志を戦争に反映させた。ポークは閣僚と相談し、戦争が始まる八カ月も前から有事に対処するための指示を立案していたが、これはアメリカにおける戦争前の戦略計画の最初の例であった。ひとたび戦闘が始まるとポークは様々な戦争の制御装置（戦略、軍事指令、財政、外交、連邦・州間関係）を手中に収め、戦争終結までそれらを掌握し続けた。ポークが「連邦議会とそれ以外の場所にいる同胞」に対して唯一望んだことは、彼らが、「私自身が適当と考える方法でメキシコと戦争を遂行することを容認し、私に代わってあるいは私への相談なしに作戦行動を計画しないこと」[*63]であった。

ポークはメキシコの最北端にある二つの州を手に入れ、テキサスに対するアメリカの権原を確保するという、自らの限定的な目的に見合った戦略を考案した。彼の戦略は間接的なもので、敵国勢力の心臓部であるメキシコシティーを攻撃せずに自らの政策目標を達成できるような計画が立てられた。大統領はメキシコに経済的圧力を加えるため、外国からの援助を阻止するための封鎖体制を敷き、カリフォルニアとニューメキシコの征服を命令した。さしたる困難もなく封鎖体制は強化され、アメリカ軍は念願であった二つの州を占領し、さらに他の三つの州に侵攻した。こうした目を見張るべき勝利を収めたにもかかわらず、メキシコが降伏を拒否したため、戦略は失敗に終わった。この不測の事態に対応するためにアメリカはベラクルスを攻略し、さらにメキシコシティーに猛攻撃を仕掛けることでメキシコによりいっそうの圧力を加えた。一八四七年九月にはウィンフィールド・スコット将軍率いる軍勢が敵の首都を陥落させ、この新たな直接戦略が表面上は成功したかのように見えた。

しかし、ポークが強く不満に思ったことに、敵は依然として交渉を拒絶した。人命の犠牲と戦費が増大していたため、アメリカはその補償として当初の予定よりも多くの領土を獲得するべきであるとポークは考えるようになった。領土拡張主義者のなかには「メキシコの全領土」を要求する者もいた。しかし、ポークが戦争の目標を拡大する以前に派遣していた外交使節は、最終的に、一八四八年二月のグアダルーペ・イダルゴ条約によって当初の要求に沿った領土のみを確保することとなった。ポークの支持者の多くは、あくまでもアメリカは追加的に領土を要求するべきだと考えたが、ポークと上院は条約内容に同意し、これを批准した。

期待に満たない戦果をポークが受け入れることができた理由の一つは、この戦争が准戦争や一八一二年戦争のように国内的反発を生じさせていたからである。戦争の決断というのは政治的な行為であるため、それは政治的な判断を伴う。そこでは賢明な判断や正当な判断が下されるときもあれば、そうでない場合もある。アメリカ人の多くはポークの判断には問題があると感じていた。政権の対立党であるウィッグ党はほぼ満場一致でポークに反対する立場をとっており、特に少人数の党員によって構成された「良心的ウィッグ派」は反対の急先鋒であった。さらに平和主義者や奴隷制度廃止論者に加え、民主党内からも、マーティン・ヴァン・ブーレンやジョン・C・カルフーンの支持者からなる反体制的な二つの派閥がウィッグ派に加勢した。

反戦運動家は多くの問題点を追及した。彼らの大部分は「ポーク氏の戦争」が不正かつ不必要であり、帝国主義的で不当な征服戦争であると考えた。彼らは、民主派が不正な戦争を取り繕って受け入れられやすいものにしようと「明白な運命」という表現を用いたことは見え透いた欺瞞であるとして、これをあざ笑った。多くの反対論者は南部の肩を持つポークの姿勢を嫌悪し、戦争が奴隷制度の拡大（ある者はこれを道義的に誤ったものと考え、またある者は連邦国家を分裂させ得るほど一触即発的な政治問題であると見ていた）に繋がるのではないかと恐れた。またメキシコの領土を、自由にはふさわしくないと思われた「不純な人種」とともに併合する考えを嫌う者もわずかにいた。ポークによる精力的な行政権の行使は、独裁制に対する急進的ウィッグ派の恐怖を呼び起こした。批判者たちは、「正か不正かにかかわらず、我々の国家」といった民主派によって唱えられた幾つかの「異常な文句」が荒唐無稽であるとして、民主派を公然と非難した。*64 さらに、単にポークが嫌いという理由だけで戦争に反対する者もいた。反戦派の多くはメキシコの言い分を支持し、例えば、奴隷制廃止論の立場をとるある新聞などでは次のように書かれていた。「我々は、もし誰かの血が流されなければならないとするならば、アメリカ人の血が流されることを望むものであり、我々が次に耳にする知らせが、スコット将軍と彼の軍隊がメキシコ人の手に落ちたというものであることを期待するばかりである。(中略) 我々は将軍と彼の軍勢が身体的危害を被ることを望むわけではないが、彼らに完全なる敗北と不名誉がもたらされることを願わずにはいられない」。*65

アメリカは、その国土が一七九〇年の八八万八八一一平方マイルから一八五三年の三〇二万二三八七平方マイルへと拡大するにつれ、驚異的な人口増加と経済成長を経験した。一七九〇年には四〇〇〇万人以下であった人口が、一八八〇年には五〇〇〇〇万人を超えた。*66 一八四〇年代の中頃に、ある上院議員は、当時既に誕生していた人のなかで「我が国の人口が清国に匹敵する規模となるのを生きている間に目撃する」者も出てくるだろうと予測した。結局、中国には及ばなかったが、アメリカの人口は十九世紀の終わりにはイギリスやフランス、そしてドイツの人口を超えた。*67

人口爆発に匹敵するかたちで農業の効率性や経済生産性が向上し、輸送手段も発達した。一八三九年には三億七八〇〇万ブッシェルのとうもろこしが農家によって生産されていたが、四〇年後には一七億五五〇〇万ブッシェルに膨れ上がった。*68 製造業においては、アメリカ人特有の企業家精神や野心、科学技術に対する飽くなき探究心が大いに役立った。彼らは政府の制約を受けることもなく、一八六〇年までにはアメリカを世界第二位の経済大国へと成長させた(第一位はイギリスであった)。南北戦争と第一次世界大戦との間にアメリカは世界に冠たる産業国家となった。一八九〇年までのアメリカの銑鉄生産量はイギリスよりも一三〇万トン多く、フランス、ロシア、ドイツ、オーストリア＝ハンガリー、イタリア、そして日本の生産量の合計をも超えるものであった。[*69]

急速に発展する経済の原動力となった要因の一つは、イギリスが「アメリカ式製造法（American system of manufactures）」と呼ぶものであった。それによって、高度に規格化され、互換性のある構成部品によって作られた製品が専門の機械によって大量生産された。一八三〇年代までには、この新しい製造方式が家内制手工業に取って代わり始めた。アメリカが豊富な天然資源に恵まれていたこと、そしてアメリカ社会が（少なくとも北部においては）個人の冒険心、創意工夫、大衆教育、そして高い識字率を重んじる社会であったことがその背景にあった。これらの要素により、組織的および科学技術的な革新をもたらすような創造的思考力が培われたのである。[*70]

政策立案者のなかには、国家の地理的な位置に加えてその潜在的な軍事資産の存在により、もはやアメリカは、軍備や軍事関連支出をほぼ完全に不要にすることができるほど安全であると信じる者もいた。ジャクソン政権の陸軍長官を務めたルイス・キャスはこうした見方を支持した一人であり、彼は「いかなる国家も、我が国を征服するという非現実的な事業に乗り出すことはないだろう」と主張した。たとえ戦争が起きたとしても、アメリカは十分余裕をもってその資源を動員し、急速に発達した輸送網を利用して、脅威にさらされた地点に圧倒的な兵力を集結させることができるだろう。アメリカがわずかに最小規模の脅威にさらされているのは沿岸地帯だけであり、沿岸都市を敵の奇襲や城壁突破から守るための最良の防衛手段は、より大規模な海軍と適度な要塞を持つことであった。[71]

多くの戦略家はキャスよりも悲観的であり、例えばジョン・C・スペンサー陸軍長官は次のように記している。「我が国のように、海上または陸上の、あらゆる方面から敵の攻撃の脅威にさらされている国は、軽微の手段によって防衛することはできない。また、防衛のために必要な適切な手段の準備を先送りすることの経済的効用も甚だ疑わしい」[72]。悲観論者はイギリスとの三度目の戦争やフランスとの二度目の戦争、あるいはスペインとの間でそれまで蓄積していた多くの利害衝突に起因する紛争が発生することを恐れた。特に懸念されたのは、海戦で蒸気船が運用されることであった。蒸気船は、風や海流、潮流の影響力といったものを無効にするだけでなく、「時間という観点から見れば大西洋の幅を三分の二に短縮し、運航の確実性や測量の正確性という観点からいえば大西洋の幅をよりいっそう狭くする」ものであった。[73] こうして表面的には奇襲攻撃を受ける可能性は飛躍的に大きくなっていた。

一八三〇年代半ば、フランスが交戦時の中立船舶の拿捕《だほ》没収権に関する条約の履行に怠慢な態度を示したことで、戦争が勃発するのではないかという不安が広がった。ジャクソン大統領はフランスの不正行為を追及し、一八一二年戦争以前と同様に、国家の威信が傷つけられたといういまだ記憶に新しいレトリックを用いて報復措置を求めた。[74] フランスとの戦争勃発の恐れが消えるや否や、今度はイギリスとの間で危機が生じた。一八三〇年代後半から一八四〇年代半ばにかけて、イギリスとアメリカとの間では、カナダ国境、オレゴン、カリフォルニア、テキサス、メキシコなどをめぐって利害が衝突した。当時の政策立案者は戦争準備に着手するほど戦争勃発の可能性を深刻に捉えていたが、後から振り返ってみて初めて、三度目の米英戦争が発生する可能性が極めて低かったことがはっきりと分かる[*75]。

こうした戦争勃発の恐怖をいっそう大きくさせたのが、一八一五年以降の軍事技術の革新であった。驚くべき速度で発達する軍事技術を考えると戦略家は不安になった。ジョン・ベル陸軍長官も次のように記している。「時間という点に着目するならば、一〇年という歳月は、近代発明と技術改良という間断なき進歩において、新時代の幕開けを記す一区切りとしてもはや十分な長さである。たとえ五年という歳月であっても、現在もっとも賢明でありかつ不可欠であると評されるような防衛計画の内容を実質的に変質させてしまうかもしれない[*76]」。技術があまりにも早く時代遅れとなってしまうため、連邦議会の委員会でも使い捨て可能な艦隊の建設が提案されるほどであった。例えば、鉄の代わりにホワイトオーク材で造られた安い船舶を使い、腐ったらそれらを売り払い、新たな船舶を建造することも提案された。そうすれば、「海軍はいかなる時代においても最先端技術に乗り遅れず、犠牲を払うことなく、新発明を導入する体制をとることができた[*77]」からである。

皮肉なことに、次の危機はヨーロッパからの侵略や技術の飛躍的進歩によってではなく、アメリカ国内からもたらされた。一八六一年四月に勃発した南北戦争は、フェデラリストがもっとも恐れていたこと、つまり合衆国が複数の政権に分裂し、自由の実験が葬り去られるという恐れが現実になったことを示した。エイブラハム・リンカン大統領は真正面からこの問題に立ち向かった。リンカン曰く、この戦争は「私たちに対して以下の問いを投げ掛けるものである。「このような生来的かつ致命的弱点はあらゆる共和国につきものなのだろうか」「政府というものは、その国民の自由に対して強すぎる存在であり、あるいは国家の存立を維持するうえで弱すぎる存在であるということは、必然なのだろうか」[78]。

四　南北戦争

独立革命世代の関心を集めるために、トマス・ペインが自らの考えを『コモン゠センス（*Common Sense*）』と称して、「単なる事実やわかり切った議論や常識にすぎないもの」を提示したことはもっとも賢明な方法であった。アメリカ人の性質は、強烈な個人主義によって形成され、制度上の制約が最小限に抑えられた社会で育まれたが、それは、ペインが理解していたように実用主義的かつ柔軟なものであった。例えば、独立戦争時の軍事指導者らは、多くの場合、経験というものが「最良の道場であり、人間の問題を処するうえでもっとも信頼できる道標である」ことを認めたが、同時に彼らは、ヨーロッパの原理への隷従を認めず、実践的要素をアメリカの軍事的伝統に取り入れた（これはワシントンの溢れんばかりの常識と実用主義が例証している）[79]。陸軍士官学校で「戦争の科学（*The Science of War*）」を教えたデニス・ハート・マハンはこの伝統を受け継いでいた。マハンはいわゆる戦争における原則を機械的に適用するのではなく、むしろ自らの判断と常識に頼るよう指導したため、士官候補生らは彼のことを「老いた常識人（Old Cobbon Sense）」（マハンは鼻の感染症にかかっていたため、「*Common*」とまともに発音することができなかった）と揶揄《やゆ》して呼んだ。同じく、方針を持たないことを自身の方針としていたリンカンは、一貫性や教条主義的な解決方法というものにほとんど関心を示さなかった。[*80]

アメリカの戦略形成はこうした国民性を反映していた。この国には正式な政策を案出するための制度や組織的手続きが存在せず、また軍事編制の制度内の連係も弱く、例えば、平和時に総司令官がいとも簡単に司令本部をワシントンから他の場所へ移設することもできた。[*81]問題が発生すると戦略家は現実的かつ柔軟な姿勢で検討し、これに対応した。北部諸州の戦略は、戦略形成における個人の果たす役割の大きさと、その非制度的性質を表すものであった。

紙幅の制約により、ここでは南部連合における戦略の形成に関する議論は省くが、そのような議論をしたとしても、前記の特質がいっそう強く裏付けられるだけであろう。北部では幸運なことに、戦争開始時には相当の知性を備えた人物——必ずしも正式な教育を受けたタイプではなく、いわゆる常識人の部類に入る人たち——が要職に就いており、戦争の経過にともなって他にもそうした人たちが高い地位に就くようになっていた。北部諸州は、物事を明瞭かつ深く洞察することができる人物のみが対応できるようなやっかいな戦略上の問題に直面していたのである。

南北戦争前の人口増加と経済の近代化は北部を中心に起きていたため、量的な資源では北部が優勢であった。一八六一年に北部諸州の白人人口が二〇〇〇万人であったのに対して、南部は六〇〇万人であった。北部における人的資源の供給は移民や黒人の新兵採用によって補充されていったが、南部では、奴隷の強制労働によって実質的にすべての成人白人男性を兵役に注ぎ込むことができたとはいえ、人的資源の総量は一定であった。財政資源および産業資源では、北部諸州が南部連合を圧倒していた。一八六〇年に北部では一一万の製造工場施設があったのに対して、南部諸州では産業労働者の数が一一万人であった。また北部側に留まった諸州で製造された産業製品は、国家全体の製造量の十分の九以上を占めた。南部連合の豊富な原材料資源もその産業拡大を支えることはできなかった。この不均等な統計値は鉄道に関しても同じであり、一八六一年に北部では二万二〇〇〇マイルの線路が敷設されていたのに対して、南部では九〇〇〇マイルしかなかった。*82

こうした人や財源、物的資源の格差は、二つの理由により見かけほど懸念されるべき問題ではなかった。第一に、こうした格差を埋め合わせることができるような数値化できない多くの要素があった。不確定要素の一つは、国境沿いの奴隷州の動向であった。デラウェアやメリーランド、ケンタッキー、ミズーリといった各州が南部連合に加盟すれば、資源格差は実質的に是正される可能性が残されていた。もう一つの不確定要素は、戦争がどの程度続くかという問題であった。南北双方とも動員能力をほとんど持たないまま戦争に突入していた。もし南部が素早く勝利を収めたならば、北部はその資源を実際の軍事力に転換させる時間的余裕を持たなかったであろう。また、南北双方の政治家がともにその可能性を認めていたことであるが、もし南部連合を利するかたちでヨーロッパが干渉したならば、北部の優位はほとんど相殺されたであろう。首脳部の指導力についてはどうであろうか。リンカンとジェファソン・デヴィスという両軍の最高司令官を比較してみると、南部の方に利があったように見える。リンカンの軍歴は民兵での数カ月間の軍務のみであったが、デヴィスはウェスト・ポイント〔陸軍士官学校〕で教育を受け、メキシコ戦争で武勲を挙げ、陸軍長官も四年間務めていた。過去の訓練と経験という点から見れば、デヴィスには戦時国家を指導する資格が十分あり、リンカンはそれと同程度に不適格であったといえる。最後の未解決問題は、北部諸州と南部連合のどちらの士気が持続するかという問題であった。歴史は明らかに南部に味方していた。多くの南部人は、暖かい家庭を独裁的な政府から守るために戦っていたという点で、自分たちが独立革命の父たちと同じ足跡を歩んでいるものと見なし、そのため必ずや勝利を手にすることができると信じていた。

統計上の不均衡が南部の人々を過度に落胆させなかった二つ目の理由は、独立革命におけるイギリスの経験にあった。イギリスは物的資源と人的資源において植民地を凌駕するほど有利な立場にあったにもかかわらず、戦争に敗北した。今度は北部が支配者の立場に置かれており、広大な地域――南部連合はドイツ、フランス、スペイン、ポルトガル、イギリスを併せた面積よりも広大な地域を抱えていた――を攻め落とさなければならなかった。そのような広大な場所を占領して警備することを考えた場合、北部の人的資源は不十分なものに見えた。

さらに、南軍を一回もしくは二回の大規模な戦闘で壊滅させることに失敗したことで、北部の任務はいっそう困難なものとなった。一八六三年のペンシルヴァニア侵攻を除き、南軍は自分たちと友好関係にある地域で活動した。そうすることにより、南軍の司令官は現地住民に頼って敵の所在地を正確に把握し、自分たちの身を隠すことができた。一方、北軍は戦場において圧倒的な数的優位を確保することがほとんどできずにいた。六〇回に及ぶ戦闘に関するその後の調査結果によれば、北軍は南軍に比べて、平均してわずかに三七パーセントしか数的優位を確保することができなかったことが明らかになっている。北部の軍隊が、遠方に進撃すればするほど、司令官はかつてないほど長く延びきった補給線の守備任務や警備活動に兵力を割かなければならなかったため、北軍はその都度弱体化していった。南軍は、北軍が大規模な供給能力を持つ補給線に依存していたことを知っていたため、鉄道路線や電信線に対する襲撃を戦略の一環に組み込んだ。一八六四年初頭までには、出陣中の北軍の軍勢の約半数が、攻略した土地の占領や通信網および兵站線の警固に充てられていた。北軍にとって状況は悪化するばかりであった。*83

南部を征服するためには複雑な計画とタイミングが求められたが、多くの断片を瞬時に集めて繋ぎ合わせる方法を知る者はいなかった。北軍の戦略は徐々に進化し、最終的には南軍の兵站資源を完全に消耗させ、その軍隊を全滅に近い状態に追い込む戦略に帰着した。総じて、北軍はアパラチア山脈とミシシッピ川との間に位置する広大な西部戦域では、消耗作戦の実施に重点を置いた。なぜなら、西部戦域では作戦行動を展開する空間的余裕があり、河川も格好の突撃経路を提供してくれていたからである。東部戦域——チェサピーク湾とブルーリッジ山脈との間に挟まれた地域で、そこではロバート・E・リー率いる北ヴァージニア軍が北軍の南進を阻止していた――では、殲滅作戦に力点が置かれていた。驚くべきことではないが、南北戦争のなかでもっとも凄惨な一四回の激戦のうち、一〇回が北軍のポトマック軍とリー将軍の軍隊との間での戦闘であった。*84

北軍が消耗作戦と殲滅作戦を同時に追求したことにより、南部連合では悪い流れが起き始めていた。北軍が西部で新たに領地を占領し、鉄道路線を遮断し、幾つかの町を陥落させた結果、南部は戦争遂行能力を徐々に消耗し、南部の士気、特に銃後の士気が低下していった。東西両方の戦域で北軍は敵方の軍勢を打ち破り、最終的にはリー将軍の軍勢とテネシー軍はほぼ全滅状態に追い込まれた。南軍の士気が衰え、さらに北軍が進軍を続けると、南軍は残された資源や通信網を防衛する能力を失っていった。一八六四年の終わりには、北軍が縮小する南部の領地に対して反撃を受けることなく大規模な襲撃を仕掛けることができたほど、南軍の防衛能力は低下していた。

北軍の戦略は、ウィンフィールド・スコットやリンカン、ユリシーズ・S・グラント、ウィリアム・T・シャーマンらが考えをまとめて生み出したものであった。最初に明確な戦略案を考え出したのはスコットであり、彼は敵をゆっくりと粉砕する巨大蛇から名前をとり、「アナコンダ作戦（Anaconda Plan）」と呼ばれる戦略案を提示した。この戦略は消耗作戦の一つであり、「完全な封鎖という確実性のある作戦行動」と、二〇隻に上る蒸気砲艦と六万人の陸軍部隊から構成される遠征隊が「ミシシッピ川を力強く南下」することで「反乱州を包囲して、他のいかなる作戦よりもわずかな流血で彼らを屈服させる」というものであった。

スコットは、「この作戦の遂行における最大の障害」が、迅速かつ精力的な行動をとることを主張する「愛国心と忠誠心に満ちた北部の同胞たちの気の短さ」にあることを知っていた。スコットの構想によれば、彼の計画は南部連合をヨーロッパから隔離し、ミシシッピ川以西の地域を孤立させるものであった。一方、南部連合の東側地域は、北軍の海軍勢力によって三方面から包囲されるので一種の半島のような地帯になり、一つ空いた陸上方面では北軍の陸軍と対峙《たいじ》するかたちをとることになる。縄を締め付けて獲物を手中にした北部は、南部連合の息の根が止まるのを待つだけとなるだろう。[*85]

スコットの計画は、反乱に対するリンカンの認識や彼の当初の戦争目的と調和のとれたものであった。リンカンは、サウスカロライナを除き、連邦から離脱したすべての州において連邦維持派が大多数を占めているのが実態であり、少数派である分離派の勢力が一時的に多数派を圧倒しているだけに過ぎないと見ていた。リンカンは南部の連邦維持派に訴えかけることで、党派抗争に和解がもたらされることを期待した。スコットの計画によれば、北部諸州は間接的かつ距離をおいた政策を遂行することになっており、それにより、国民の融和を回復する作業を困難にさせるような流血を最小限に抑えることができた。しかし、南部において連邦維持派の勢力が拡大しているというリンカンの認識は誤りであり、また、スコットが恐れていたように、大多数の者はアナコンダのように徐々に締め付ける方法よりも、ガラガラヘビのような素早い攻撃で南部連合の息の根を止める方法を望んだ。それでも、スコットは北部諸州が達成すべき二つの任務を正確に示していた。その二つの任務とは、すなわち、封鎖とミシシッピ川の支配であった。

スコットの洞察力にリンカンの抜け目のない直感力が加勢した。大統領のパフォーマンスほど、アメリカの戦略形成における非制度的性質や個人が果たす役割の大きさを顕著に示すものはなかった。戦争に関して無知であり、また自らの無知を十分理解していたリンカンは、議会図書館で軍事研究の本を借りて時間が許す限りこれに没頭し、独力で戦争について学習した。このような勤勉さ、強力な知性、そして優れた常識的感覚によってリンカンは卓越した戦略家となった。司令官の多くはリッチモンドのような鍵となる地域の獲得に重点を置いたが、リンカンは南軍そのものがリッチモンドと同程度に重要な標的であることを理解していた。リンカンは配下の将軍に対してできる限り南軍を撃破するよう要求したが、彼らは幾度となくこれに失敗し、その度にリンカンは大いに落胆し悩んだ。何よりも、リンカンは各司令官に対して、北部の豊富な資源があればこそ可能となるような、容赦のない一斉進軍を実施するよう主張し、それによって南部の国内連絡線を無力化させようとした。[*86]

継続的かつ一斉に進軍するという発想は、十九世紀半ばに主流であった一度に一回の決戦を要する大規模集中の原則に反するものであった。一八六一年から六二年にかけての冬の時期に、ポトマック軍を率いるジョージ・B・マクレラン司令官がリンカンの見解とは対照的な計画を立案した。二七万三〇〇〇人の兵力と六〇〇門の大砲を持つ（マクレラン自身の指揮する）大規模な軍隊をもってすれば、一回の攻撃で南軍を壊滅させることができるとマクレランは考えた。[*87] 一八六四年になってようやく、リンカンはユリシーズ・S・グラントという一斉進軍の長所を理解できるほど十分な知的勇敢さと柔軟性を備えた将軍を見出すことができた。グラント将軍が一八六四年に立てた攻撃計画は、彼がリンカンと同じ戦略構想を抱いていることを示していた。すなわち、グラントの計画ではすべての戦域が網羅されており、あらゆる前線において一斉に圧力をかけ、そして「陸軍のすべての部隊が一緒になり、共通の中心部分に向かうようなかたちで」行動することになっていた。[*88]

グラントはまた、一斉進軍に内在する制約をも解決した。河川は便利な進撃経路であったが、ひとたびカンバーランド川、テネシー川、ミシシッピ川を制圧してしまえば、北軍は〔それから南部の後背地に向けてさらに進撃するためには〕鉄道に頼らざるを得なくなる。しかも、進攻が鉄道によって支えられている地域では、いずれも南軍のゲリラや騎兵隊によって線路や橋が壊され、それによって克服し難い兵站上の問題が浮上することになるだろう。グラントは自身の考えを書き残さなかったので（これも十九世紀型の非形式的な戦略形成の一側面である）、彼のとった対応策については推測し補完するしかないが、彼は残存する反乱軍の兵站基地を叩くために、軍隊に匹敵する規模の襲撃を仕掛ける方法をとった。この襲撃戦略（raiding strategy）により、北軍は拡大する領地の守備任務や供給線の防衛任務から解放された。なぜならば、襲撃部隊はその通過点に所在する軍事的価値のあるものすべてを破壊し尽くすと同時に、迅速に場所を移動し、主に現地の食料で供給を賄ったからである。[*89]

この襲撃戦略のもっとも典型的な例が、シャーマンによる「海への進軍（March to the Sea）」であった。一八六四年の十一月にシャーマンは、六万二〇〇〇人の陸軍部隊とともにアトランタを出発し、あらゆるものをなぎ倒して二五〇マイルの道のりをサヴァンナに向けて突き進んだ。極めて思索的な人物であったシャーマンは、こうした襲撃に別の目的、すなわち心理戦の要素を加味した。明白な軍事目的に基づいて資源を破壊するだけではなく、彼は意図的に――老若男女、貧富の区別なく――すべての住民が直接的に戦争の痛みを味わうようにさせることで、敵の士気をも打ち砕こうとしたのである。

北部の戦略立案者を補助するために幾つかの臨時諮問委員会が設置された。ギデオン・ウェルズ海軍長官は封鎖を強化するために海軍を拡張させた際、そのもっとも効果的な運用方法に関する助言を求めるために戦略諮問委員会を招集した。また、南部が北軍の木造艦船を撃沈して封鎖を解除するために装甲艦ヴァージニア号（かつてのメリマック号）を建造していることを知ると、ウェルズは装甲艦諮問委員会を招集した。そして、同委員会は海軍省に対して三隻の異なる実験用装甲艦の建造を発注するよう勧告した。そのうちの一隻であったモニター号は、ヴァージニア号と世界初の装甲艦同士の決戦に挑むために一八六二年三月にハンプトン・ローズに到着し、決戦では双方とも戦術的な膠着状態に陥った。

陸軍省ではエドウィン・M・スタントン陸軍長官が、局長によって構成される陸軍諮問委員会を通じて兵站の調整機能を向上させようとした。この委員会の議長には、リンカンやスタントンの個人的な軍事顧問にも任命されていたイーサン・アレン・ヒッチコックが就任した。委員会の公式会合は間もなく閉会となったが、部局間の協力は促された。さらにこのとき、現代的な響きを持つ別の臨時的な行政措置もとられた。一八六四年三月、リンカンがヘンリー・W・ハレックに代わってグラントを総司令官に任命すると、陸軍省は、リンカンとグラントとの間の連絡、そしてグラントと彼の下に就いている各部局の司令官との間の連絡を円滑にするために、参謀長の職を設けた。そして、ハレックがその職を立派に務めた。しかし、戦略諮問委員会や装甲艦諮問委員会、陸軍諮問委員会と同様に、この指揮系統における新たな取り決めも便宜的な措置でしかなかった。戦争が終結すると陸軍省は戦争前の元の不便な体制へと逆戻りした。

他の戦争と同じように、北部の戦争目的は臨機応変なものであった。リンカンは南部を制圧するうえで「暴力的かつ残虐な革命闘争」の回避を願ったが、その一方で、国家を維持するために「不可欠なあらゆる手段」をとることも厭わないことを強調した。[*90] 戦争の規模と期間が交戦国双方の予測を超えるものとなっていたため、リンカンは、国家を維持するためには奴隷解放という二つ目の戦争目的を追加する必要があると考えた。この奴隷解放は北部の戦争努力に革命的な意義を与えるものであった。北部は奴隷解放により、イギリスの干渉を防ぎ、戦争に道義的側面を加えて北部の士気を鼓舞し、さらには奴隷住民という新しい重要な人的資源の蓄えを利用することができた。最終的に約一八万人の黒人が青い連邦軍の軍服を着用したが、その大部分は奴隷出身者であった。[*91]

北部では人的資源が極端に不足していたため、政府は個人の自由や州の自律性を侵害すべからずという伝統的な制約を乗り越えて徴兵制度を施行した。しかし、この政府による介入は直接兵士を召集するというよりも、志願入隊を煽るための婉曲的な方策であった。この徴兵令は期待通りの成果を上げた。徴兵はわずかに一二万人の入隊者（全体の六パーセント）を確保しただけであったが、戦争の最後の二年間で北部は一〇〇万人以上の入隊者を取り付けることができ、そのほとんどは徴兵に対する恐怖に動かされたか、あるいは魅力的な報奨金に引き付けられた志願入隊者であった[*92]。この徴兵制度も、海軍省と陸軍省に設置された各臨時諮問委員会と同様に、便宜的な措置であった。そのため、その後勃発したスペインおよびフィリピンとの間での二つの大きな戦争では、国家は志願兵に頼らざるを得なかった。

それまでの戦争と同様に、〔北部において〕南北戦争に対する支持は満場一致には程遠いものであった。当初から、政府による強制的行動は不正かつ無謀であると主張する民主党議員もいた。奴隷解放や徴兵制のように、政府が新しいかたちの権力行使に踏み切ったことで、反戦気分が助長された。民主党和平派（南部に共鳴した北部人であるとして、対抗勢力からはコッパーヘッドと呼ばれていた）は奴隷解放と徴兵制への抵抗を煽り、志願入隊を阻止し、軍務の放棄を勧め、さらには戦争そのものへの抵抗活動をも支持した。彼らの影響力は決して小さなものではなかった。徴兵の対象者でありながら、召集がかけられても代理人を立てず、それに代わる罰金を納めることもなく、また召喚にも応じない青年男子は一六万一〇〇〇人を超えた[*93]。

リンカンは反戦活動を鎮圧するために市民的自由を奪う行動に出た。彼は軍当局を出動させて何千人もの市民を逮捕し、新聞社にはしばしば圧力をかけ、報道記者が発信した電報を検閲した。彼はまた、連邦議会が承認した人身保護条例を停止させた。こうした動きに対し、コッパーヘッドは「リンカン王」による独裁を糾弾した。他方で、共和派はこうした独裁制という言いがかりに対抗してコッパーヘッドを裏切り者と呼んだ。また、リンカンは北部の住民に対して、空前の危機におけるこうした自由の侵害は、彼らの自由が、「私が彼らに対してその享有を約束する、平和な将来において永遠に」否定されることを意味するものではないことを保証した[*94]。

北部の賢明な戦略と北軍兵士の勇敢さによって、合衆国は、決して平和とはいえないが、限りなき未来を手にすることが約束された。一八六三年の真夏には北軍がミシシッピ川を手に入れ、これによって南部連合が分断され、東部地域はテキサスからの供給とメキシコ経由のヨーロッパからの供給を断たれた。さらに北軍は多大な困難を伴いつつもテネシーからチャタヌーガにかけて転戦し、そこで南部にとってもっとも重要であった東西を結ぶ鉄道路線を分断し、一八六四年の厳しい夏の時期をアトランタに向けて戦い続けた。そこからシャーマンはサヴァンナに向けて進軍し、再び南軍を二つに分断し、その兵站基地を蹂躙《じゅうりん》した。ヴァージニア戦域では、戦闘開始を告げる壮大なラッパの音とともに、北軍がリー将軍の軍勢を忘却のかなたに葬り去った。陸・海連合軍がミシシッピ川に展開し、北軍がアパラチアの関門を突破して南軍の兵站基地を荒らし、北部ヴァージニア軍とテネシー軍を叩き潰している間、北部の海軍は封鎖を強化した。封鎖そのものは絞首刑の吊り縄の役割を果たさなかったが、絞首刑執行人が迫ってくるという恐怖は確実に南部にもたらされた。

軍事的な武勇を誇示し、大規模な戦争を四年間戦い抜いた北部は以前にも増して強大になっていった。一八六四年十二月にリンカンが指摘したように、北部は戦争開始時よりも多くの兵士と物資を保有しており、その資源は明らかに無尽蔵であったため、戦争を永久に続けることができた。[*95] 北部の戦略上の任務は極めて困難なものであったが、アメリカの国家の半分を動員して創出された力は、残りの半分を完全に打ち負かしただけでなく、外国の干渉までをも阻止することができた。

リンカンと多くの北部人は、国境を越えて未来永劫にわたって影響力を持つほど重要な戦争を自分たちが戦っていると信じた。またリンカンは建国の父と同様に、合衆国が世界に手本を示すべく、その民主的制度を育む特別な運命を担っているとも信じていた。一八六二年にリンカンは、北部諸州が「人類に残された最後で最良の希望の地を立派に維持するのか、あるいはこれを虚《むな》しく失うことになるのか、道はいずれかしかない」と述べ、繰り返しこのテーマを強調した。[*96] 合衆国が特別な運命を担っているかどうかを客観的に証明することはできないが、いずれにしても、南北戦争が分離という動きに致命的打撃を与え、州の主権を少なからず弱めたことは確かである。連邦制の下で、権限配分の比重は州から連邦政府へと移された。人々は、今や「複数形の合衆国（the United States *are*）」ではなく、「単数形の合衆国（the United States *is*）」を用いるようになった。

合衆国は一八六五年中頃には大国の地位を手に入れる条件を整えた。南北戦争によって証明されたように、建国の父は、単一の政治体として存続する政府、さらには、豊富な天然資源に恵まれた広大な領土を抱え、大多数の開明的国民と未曾有の経済力を兼ね備えた政府を作り上げることに成功したのである。しかも、この国には巨大な軍事力を創出する能力があることも証明された。そして、この軍事力は、野望や必要性に応じて合衆国の指導者が世界の「運命を手中に収める」よう駆り立てられたときに備え、今や準備万端であった。

(1) Alexis de Tocqueville, *Democracy in America*, Vol. 1 (New York) p. 452.(アレックシ・ド・トックヴィル、松本礼二訳『アメリカのデモクラシー 第一巻』下巻、岩波書店、二〇〇五年、四一八~四一九頁).

(2) John C. Fitzpatrick, ed., *The Writings of George Washington*, Vol. 2 (Washington, 1931–1944), p. 520.

(3) ワシントンは十三州連合の脆弱さを嘆き、シェイズの反乱が呼び起こした恐怖について言及しているが、その代表的な文献として、*ibid.*, Vol. 26, pp. 298, 483–496; Vol. 27, pp. 48–52, 305–307; Vol. 28, pp. 289–292; Vol. 29, pp. 27, 52, 184, 238を参照。

(4) *Ibid.*, Vol. 28, p. 502. さらに、Vol. 29, pp. 190–191も参照。

(5) これについては、例えば、The Selective Service System, *Backgrounds of Selective Service. Military Obligation: The American Tradition. A Compilation of the Enactments...*, Vol. 2 (Special Monograph No. 1), part 6, pp. 137, 285を参照。

(6) これらの点について、さらに詳しく議論しているものとして、Yehoshua Arieli, *Individualism and*

Nationalism in American Ideology (Cambridge, MA, 1964); John Phillip Reid, *The Concept of Liberty in the Age of the American Revolution* (Chicago, 1988) を参照。トマス・ジェファソンは、「善良な政府の概要」を「人々がお互いに傷つけ合うことがないように抑制を効かせ、それ以外の場面では産業活動と進歩を追求する自由を人々に与え、労働者が自ら稼いだパンを彼らの口から奪うことのないような、賢明かつ質素な政府」と定義した。James D. Richardson, ed., *Compilation of the Messages and Papers of the Presidents, 1789–1897*, Vol. 1 (Washington, 1907), p. 323.

（7） Tocqueville, Vol. 1, pp. 306, 331; Vol. 2, pp. 105, 144.

（8） ワシントンは、文民と軍人の生活との間には溝があるため、アメリカの軍隊に軍事的価値観を浸透させることは困難であることを理解していた。この点については、Fitzpatrick, Vol. 6, p. 111 を参照。さらに、*The New American States Papers. Military Affairs*（以下、*NASP* と略記）(Wilmington, DE, 1979), Vol. 14, p. 204 を参照。

（9） Richardson, *Compilation of the Messages and Papers of the Presidents*, Vol. 1, pp. 52–53.

（10） Fitzpatrick, Vol. 28, p. 503.

（11） これらの複雑な問題を議論したものとして、Gordon S. Wood, *The Creation of the American Republic, 1776–1787* (Chapel Hill, 1969) を参照。

（12） 例えば、Jacob E. Cooke, ed., *The Federalist* (Middletown, CT, 1961), pp. 14, 31, 35, 131, 146–147, 162–163, 176, 293, 502 を参照。

（13） Cooke, p. 156. 陸軍長官は、一八九九年になっても陸軍の「先住民に対する警察任務」について言及している。これについては、Elihu Root, *The Military and Colonial Policy of the United States* (New York, 1970), p. 352を参照。

(14) こうしたイデオロギー上の論争について優れた議論を展開しているものとして、Lawrence Delbert Cross, *Citizens in Arms: The Army and Militia in American Society to the War of 1812* (Chapel Hill, 1982) を参照。

(15) W. W. Abbot, et al., eds., *The Papers of George Washington, Colonial Series*, Vol. 4 (Charlottesville, 1983), pp. 112-115, 120-121.

(16) この文書は、Fitzpatrick, Vol. 25, pp. 374-398に収録されている。

(17) *NASP, Naval Affairs*, Vol. 1 (1981), p. 108.

(18) 反ナショナリストの文書については、Morton Borden, ed., *The Antifederalist Papers* (1965); Cecelia M. Kenyon, ed., *The Antifederalists* (1966) を参照。引用文については、それぞれ、Borden, pp. 19, 212; Kenyon, pp. 361, 363を参照。

(19) Cooke, p. 45（A・ハミルトン、J・ジェイ、J・マディソン、斎藤眞・武則忠見訳『ザ・フェデラリスト』福村出版、一九九一年、三四頁).

(20) *Ibid.*, p. 68（A・ハミルトンほか『ザ・フェデラリスト』五二頁).

(21) *Ibid.*, p. 48（A・ハミルトンほか『ザ・フェデラリスト』三六頁).

(22) *Ibid.*, p. 168（A・ハミルトンほか『ザ・フェデラリスト』一二七頁).

(23) *Ibid.*, p. 147（A・ハミルトンほか『ザ・フェデラリスト』一一〇頁).

（24） *Ibid.*, p. 276.

（25） *NASP, Military Affairs*, Vol. 14, pp. 167–169.

（26） Robert S. Browning III, *Two if by Sea: The Development of American Coastal Defense Policy* (Westwood, CT, 1983), pp. 5–7.

（27） *NASP, Military Affairs*, Vol. 2, p. 143.

（28） *NASP, Naval Affairs*, Vol. 1, pp. 69, 70.

（29） 例えば、*Ibid.*, p. 147 を参照。

（30） Marshall Smelser, *The Congress Founds the Navy* (Notre Dame, IN, 1959), p. 13 から引用。

（31） この「中立宣言」については、Richardson, *Compilation of the Messages and Papers of the Presidents*, Vol. 1, pp. 156–157 を参照。また、『告別の辞』については、pp. 213–224（引用個所は pp. 222–223）を参照。

（32） *NASP, Military Affairs*, Vol. 1, p. 18.

（33） *Ibid.*, さらに、pp. 39–40, 62, 66 も参照。

（34） Leonard Levy, *Emergence of a Free Press* (Oxford, 1985) は、これらの問題を見事に説明している。

（35） *NASP, Naval Affairs*, Vol. 1, p. 11.

（36） Michael A. Palmer, *Stoddert's War: Naval Operations During the Quasi-War with France 1798–1801* (Columbia, SC, 1987), appendix A, pp. 240–241.

(37) 連邦議会は、他にも暫定陸軍（Provisional Army）、志願隊（Volunteer Corps）、予備陸軍（Eventual Army）を創設したが、政府は新型陸軍のみ編制しようとした。これについては、Captain A. R. Hetzel, U.S. Army, ed., *Military Laws of the United States...* (1846), pp. 72-78, 80-82, 85-88 を参照。

(38) この点を強調したものとして、Theodore J. Crackel, *Mr. Jefferson's Army: Political and Social Reform of the Military Establishment 1801-1809* (New York, 1987) を参照。

(39) ジェファソンは繰り返し民兵制度の改革を連邦議会に提案したが、「現在のアメリカの民兵組織の体制をこの時期に刷新することは不適当である」というのがお決まりの返答であった。これについては、*NASP, Military Affairs*, Vol. 14, p. 194 を参照。

(40) *NASP, Naval Affairs*, Vol. 1, p. 43. ポール・ハミルトン海軍長官は、砲艦が有益であるか無益であるかは、「戦争中に採用される政策の種類」に応じて変わると主張した。これは、政策に応じて兵力構成が決定されるべきである点を強調する古典的見解の一つである。これについては、*ibid.*, p. 56 を参照。

(41) 一八一二年戦争の歴史を探るうえでは、J. C. A. Stagg, *Mr. Madison's War: Politics, Diplomacy, and Warfare in the Early American Republic 1783-1830* (Princeton, 1983) が最適である。後述の議論の大部分は同書の内容に基づいている。さらに、Marcus Cunliffe, "Madison (1812-1815)" in Ernest R. May, ed., *The Ultimate Decision: The President as Commander in Chief* (New York, 1960) も参照。マディソンの戦争メッセージは、Richardson, *Compilation of the Messages and Papers of the Presidents,* Vol. 1, pp. 499-505 に収録されている。

(42) 例えば、一八一三年春のジョン・アームストロング陸軍長官の戦略は、ニューヨークの選挙に影響を与える必要性という観点からのみ理解できるものであった。これについては、Stagg, *Mr. Madison's War*, pp. 285-286, 335を参照。

（43）ニューイングランドのフェデラリストが民兵問題に対してどのような感情を抱いていたかについては、Herman V. Ames, ed., *State Documents on Federal Relations: The States and the United States* (Philadelphia, 1906), pp. 56-65を参照。

（44）ジェームズ・モンロー陸軍長官が記したように、「ヨーロッパにおける平和の影響が、アメリカとイギリスとの間の平和の土台を作ったと認めざるを得ない。（中略）これらの不正な行為が止めば、直ちに、戦争の原因が摘まれ、アメリカは戦争を終わらせる意志を持つことになるだろう」。これについては、*NASP, Military Affairs*, Vol. 1, pp. 78-79を参照。

（45）Carl von Clausewitz, *On War*, ed. and trans., Michael Howard and Peter Paret (Princeton, 1976), p. 92（クラウゼヴィッツ、篠田英雄訳『戦争論』上巻、岩波書店、一九六八年、六八頁）.

（46）Richardson, *Compilation of the Messages and Papers of the Presidents*, Vol. 1, p. 553; *NASP, Military Affairs*, Vol. 11, p. 55.

（47）*NASP, Military Affairs*, Vol. 3, p. 156; Vol. 11, p. 287; Vol. 14, p. 229.

（48）カルフーンの計画については、*ibid.*, Vol. 11, pp. 125-128を参照。

（49）*NASP, Military Affairs*, Vol. 14, p. 231; Root, *The Military and Colonial Policy of the United States*, p. 351.

（50）*NASP, Military Affairs*, Vol. 2, pp. 77-78; Vol. 14, pp. 331-332.

(51) より高次の役割を求めた志願民兵の例については、*NASP, Military Affairs*, Vol. 14, pp. 367–368, 391を参照。

(52) *Ibid.*, Vol. 3, pp. 142–156.

(53) *Ibid.*, Vol. 2, p. 27; Vol. 3, pp. 237–238, 318; *NASP, Naval Affairs*, Vol. 1, p. 140.

(54) *NASP, Military Affairs*, Vol. 14, pp. 244–245.

(55) *NASP, Naval Affairs*, Vol. 1, pp. 179, 200. さらに、pp. 189, 191を参照。フランクリン・ピアース大統領は海軍を真っ先に批判した人物の一人であった。これについては、Richardson, *Compilation of the Messages and Papers of the Presidents*, Vol. 5, pp. 288, 339を参照。

(56) John H. Schroeder, *Shaping a Maritime Empire: The Commercial and Diplomatic Role of the American Navy 1829–1861* (Westwood, CT, 1985); David F. Long, *Gold Braid and Foreign Relations: Diplomatic Activities of U.S. Naval Officers 1798–1883* (Annapolis, 1988). 両著作とも、通商活動を拡大するうえで海軍が積極的な役割を果たしたことを強調している。

(57) Bureau of the Census, *Historical Statistics of the United States: Colonial Times to 1970* (Washington, 1975), part 2, pp. 885–886.

(58) Tocqueville, *Democracy in America*, Vol. 1, p. 447 (トックヴィル『アメリカのデモクラシー 第一巻』下巻、四一〇頁).

(59) Charles Francis Adams, ed., *Memoirs of John Quincy Adams: Comprising Portions of His Diary From 1795 to 1848*, Vol. 4 (1874–1877), p. 438.

(60) Norman A. Graebner, ed., *Manifest Destiny* (Indianapolis, 1968), p. 73.
(61) *Ibid.*, pp. 137, 213.
(62) Milo Milton Quaife, ed., *The Diary of James K. Polk During His Presidency 1845 to 1849*, Vol. 1 (Chicago, 1910), pp. 496-497. ポークの戦争メッセージは、Richardson, *Compilation of the Messages and Papers of the Presidents*, Vol. 4, pp. 437-443 に収録されている。
(63) Quaife, *The Diary of James K. Polk During His Presidency 1845 to 1849*, Vol. 1, pp. 8-12, 427-428. さらに、Leonard D. White, "Polk (1845-1848)," in May, *The Ultimate Decision* も参照。
(64) Graebner, *Manifest Destiny*, pp. 239, 241.
(65) John H. Schroeder, *Mr. Polk's War: American Opposition and Dissent 1846-1848* (Madison, WI, 1973), p. 105 から引用。
(66) *Historical Statistics of the United States*, part 1, p. 8.
(67) Graebner, *Manifest Destiny*, p. 158; B. R. Mitchell, *European Historical Statistics, 1750-1970* (New York, 1975), pp. 20, 24.
(68) *Historical Statistics of the United States*, part 1, p. 512.
(69) Paul M. Kennedy, "The First World War and the International Power System," *International Security* 9 (1984), p. 13.
(70) この「アメリカ方式 (American system)」の多くの側面について、現在でも論争が続いている。この点については、Otto Mayr and Robert C. Post, eds., *Yankee Enterprise: The Rise of the American*

System of Manufactures（Washington, 1981）を参照。また、Merritt Roe Smith, ed., *Military Enterprise and Technological Change: Perspectives on the American Experience*（Cambridge, MA, 1985）も優れた論文集である。

(71) *NASP, Military Affairs,* Vol. 1, pp. 207-249. トックヴィルも、アメリカ人が完全に安全な状況にあると信じていた。この点については、Vol. 1, pp. 299, 331, 405 を参照。アメリカでもっとも著名な歴史家の一人は、一八一五年から一九四一年にかけて、この国の「安全保障は極めて有効であっただけでなく、比較的お金のかからないものでもあった」と主張している。C. Vann Woodward, "The Age of Reinterpretation," Publication Number 35, Service Center for Teachers of History（Washington, D.C., reprinted from *The American Historical Review,* Vol. 66）を参照。

(72) *NASP, Military Affairs,* Vol. 11, p. 233.

(73) *Ibid.,* Vol. 3, p. 292. さらに、Vol. 2, pp. 92, 163-164, 175; *NASP, Naval Affairs,* Vol. 1, pp. 139-145, 199 も参照。

(74) John M. Belohlavek, "*Let the Eagle Soar!": The Foreign Policy of Andrew Jackson*（Lincoln, NE, 1985）, p. 11; *NASP, Military Affairs,* Vol. 1, pp. 182-184, 191; Vol. 3, pp. 194-195.

(75) アメリカとイギリスとの間の緊張関係に関する優れた研究として、Howard Jones, *To the Webster-Ashburton Treaty: A Study in Anglo-American Relations 1783-1843*（Chapel Hill, 1977）; Reginald C. Stuart, *United States Expansionism and British North America 1775-1871*（Chapel Hill, 1988）の二点がある。さらに、*NASP, Naval Affairs,* Vol. 1, pp. 160, 163 も参照。

(76) *NASP, Military Affairs*, Vol. 2, p. 173.

(77) *NASP, Naval Affairs*, Vol. 1, pp. 171–179.

(78) Roy P. Basler, ed., *The Collected Works of Abraham Lincoln*, Vol. 4 (New Brunswick, NJ, 1953), p. 426.

(79) Irwin Glusker and Richard M. Ketchum, eds., *American Testament: Fifty Great Documents of American History* (New York, 1971), p. 25; Richard K. Showman, ed., *The Papers of Nathanael Greene*, Vol. 2 (Chapel Hill, 1976–), p. 232; Don Higginbotham, *George Washington and the American Military Tradition* (Athens, GA, 1985), pp. 78–79, 89 (トーマス・ペイン、小松春雄訳『コモン・センス　他三篇』岩波書店、一九七六年、四三頁).

(80) James L. Morrison, Jr., "*The Best School in the World*": *West Point, the Pre-Civil War Years 1833–1866* (Kent, OH, 1985), pp. 95–96; David Donald, "Abraham Lincoln and the American Pragmatic Tradition," in *Lincoln Reconsidered: Essays on the Civil War Era* (New York, 1956), ch. 7.

(81) ウィンフィールド・スコット司令長官は自身の司令本部をニューヨークに移している。南北戦争後のウィリアム・シャーマン司令長官にいたっては、さらに遠くセントルイスまで移している。

(82) 統計上の南北比較の概要については、E. B. Long, *The Civil War Day by Day: An Almanac 1861–1865* (Garden City, NY, 1971), pp. 700–728を参照。

(83) James M. McPherson, *Ordeal By Fire: The Civil War and Reconstruction* (New York, 1982), pp. 186–187; Richard E. Beringer, et al., *Why the South Lost the Civil War* (Athens, GA, 1986), pp. 249–250.

(84) McPherson, *Ordeal By Fire*, p. 479.

(85) *War of the Rebellion: A Compilation of the Official Records of the Union and Confederate Armies*, Vol. 51 (Washington, 1880–1901), series 1, part 1, pp. 369–370.

(86) Basler, *The Collected Works of Abraham Lincoln*, Vol. 5, p. 98.

(87) Stephen W. Sears, *George B. McClellan: The Young Napoleon* (New York, 1988), pp. 98–99.

(88) John Y. Simon, *The Papers of Ulysses S. Grant*, Vol. 10 (Carbondale, IL, 1967-), p. 251. 一八六四年三月九日から戦争終結までにグラントが実施した作戦を記録したグラント報告書の冒頭の数段落は、いかに彼がリンカンの一斉進軍の考えに共鳴していたかを説明するものである。*Ibid.*, Vol. 15, pp. 164–166.

(89) 北軍の戦略に関するもっとも詳細な説明については、Herman Hattaway and Archer Jones, *How the North Won* (Champaign-Urbana, 1982) を参照。

(90) Basler, *The Collected Works of Abraham Lincoln*, Vol. 5, pp. 48–49.

(91) 黒人部隊の役割については、Ira Berlin, ed., *Freedom: A Documentary History of Emancipation 1861–1867*, series 2, *The Black Military Experience* (Cambridge, MA, 1982); Joseph T. Glatthaar, *Forged in Battle: The Civil War Alliance of Black Soldiers and White Officers* (New York, 1990) を参照。

(92) 北部諸州の徴兵制について論じたものとして、Eugene C. Murdock, *One Million Men: The Civil War Draft in the North* (Madison, 1971); James W. Geary, *We Need Men: The Union Draft in the Civil War* (DeKalb, IL, 1991) を参照。

(93) Peter Levine, "Draft Evasion in the North during the Civil War, 1863–1865," *The Journal of*

American History 67（1981）, p. 819.

（94） Basler, *The Collected Works of Abraham Lincoln*, Vol. 6, p. 267. この問題に関する非常に優れた研究として、Mark E. Neely, Jr., *The Fate of Liberty: Abraham Lincoln and Civil Liberties*（New York, 1991）を参照。

（95） *Ibid.*, Vol. 8, pp. 150–151.

（96） *Ibid.*, Vol. 6, p. 537.

第九章　国民国家の戦略的不確定性

――プロイセン・ドイツ（一八七一～一九一八年）

ホルガー・H・ハーウィック
中島浩貴訳

はじめに

レオポルト・フォン・ランケは、国家というものを一人の人間に譬《たと》えている。彼は、国家は個性を持ち、行動と発展を導く理念を備えている個人に擬せられるとした。そして、この譬えは、ドイツ軍にも当てはまるものであった。ドイツ軍の「個性」はプロイセン特有の戦略文化であり、ドイツ軍の「理念」は、国内の安定の保障と対外政策の執行という二重の役割を果たすものであった。すなわち、陸軍は君主と国家の両方に奉仕していた。陸軍の主な役割は、保守的なプロイセン君主制の秩序を維持することであり、同時に多民族国家であるドイツ帝国の国益を体現し、それを保障することであった。陸軍は軍事効率性を追い求めていたが、多くの制度的、社会・経済的束縛が効率性の追求を制限していた。陸軍の目的の二重性は軍の編制と兵士の確保の問題に留まらず、明らかに戦略を制約するものであった。こうした制約は、一九一二年から一三年の軍事予算をめぐる議論にはっきりとしたかたちで現れた。本章は、内政と外政のどちらが「優位」であるかという不毛な議論をすることを避け、内政と外政が絶えず相互に影響し合い、最終的に相互が一体化して政策を生み出すことを論じるものである。つまり、内政と外政はどちらかが優越するものではないということが重要なのである。*1

プロイセン・ドイツ軍は、組織として単純な側面と複雑な側面の性質を同時に併せ持っていた。プロイセン・ドイツ軍の戦略文化は、主にデンマーク、オーストリア、フランスに対する三つの短期の統一戦争によって形成された。外部の観察者の多くからは、この統一戦争はプロイセンのもっとも有名な軍事思想家カール・フォン・クラウゼヴィッツの著作に基づく典型と見なされた。例えば、オットー・フォン・ビスマルクの強力な政治指導には、ヘルムート・フォン・モルトケ〔大モルトケ〕の軍が用いられた。ビスマルクは政治目的を限定し、その目的を達成して作戦を終えたのである。軍人と政治家の両者を監督する立場であったヴィルヘルム一世は、摩擦が起きたときに影響力を適切に行使し、大抵の場合、政治家を支持した。

だが、プロイセンの歴史において、ビスマルクはむしろ例外的な存在であった。歴代の帝国宰相は軍人の軍事的圧力に屈するか、単に軍人の領域への「干渉」を拒んだ。教養に溢れ、寛容な人物であった大モルトケでさえ、クラウゼヴィッツの教えを拒絶した。その代わりにモルトケは、一旦戦争が起きれば、政治家は戦場で決着がつくまで戦争のことから手を引くべきであるという見解を支持した。こうなると講和の際に初めて政治家は登場することになる。モルトケの後継者は、『戦争論』を読んでいないことを自慢している有様だった。[*2] さらに、一八六四年から七一年の戦争の勝利は一つの神話を創り出した。つまり、ドイツの評論家は、ビスマルクの外交上の戦争準備を完全に無視しないまでも、かなり軽視していた。参謀本部が果たした決定的な役割は神聖なものとなり、参謀本部の将校は「半神」として崇められた。予備役がほとんど評価されなかったのに対して、正規軍は勝利の栄誉を一身に集めた。どの点から見ても、国王の正規軍の「鉄と血」が、参謀本部の揺るぎない指導の下での統一を作り上げたのであった。一八七一年以後、プロイセンの参謀本部がほとんどすべての国家で模倣されたことは、既に広く受け入れられていた軍事の優位性についての印象を単に強めただけであった。当時、軍が依然として危険な綱渡りをしている組織であると理解していた者は、ほとんどいなかった。つまり、この組織は、工業化以前のプロイセンの理念および必要性と、工業化した後のドイツの理念と必要性との間にあったのである。

ドイツにおける「戦略の形成」は、極めて複雑で拡散されたプロセスによって発展した。実際、ドイツ帝国はイギリスの帝国防衛委員会やフランスの戦争最高会議（*Conseil supérieur de guerre*）と似たような機能を持つ全体的な軍事計画を策定する組織を持つことはなかった。その代わりに、軍事政策の策定は皇帝を中心として行われ、皇帝を経由してプロイセン陸軍省、軍事内局、参謀本部、海軍局、軍令部と帝国宰相が担っていた。

陸軍大臣はわずかな権限しか持っておらず、重要な責任を担うことが不可能な地位にあった。現役の軍人として、陸相はプロイセン軍の戦争準備に関してプロイセン王に直接責任を負っていたが、さらに、陸相は国務大臣として連邦参議院に軍事全権委員として出席し、財政問題に関して帝国議会で答弁する必要があった。帝国議会は、軍部に対して五年または七年ごとの予算の承認・拒絶の権限を越えるいかなる影響力をも行使できなかった。君主の唯一の代理人であった軍事内局は、陸軍の人事と任命に責任を負っていた。参謀本部は、伝統と先例から重要な権限と威信を享受していた。しかし、憲法上、参謀本部は「帝国最高司令官の第一の助言者」でしかなく、プロイセン軍の他の部門に自己の意志を強制するいかなる法的権限も組織上の権限も持っていなかった。

海軍に関しては、海軍局長官は現役の軍人としての任務とドイツ連邦の一官吏としての任務とを兼ねていた。海軍局長官は、帝国議会の予算審議で答弁しなければならなかった。軍令部総長は、少なくとも理論上では国家の海洋戦略の形成を任されていた。現実には、海軍局長官アルフレート・フォン・ティルピッツの強烈な人格により、軍令部総長の権限は明確に制限されていた。結局は、唯一の真の帝国国務大臣（*Reichsminister*）である帝国宰相は——厳重に守られていた皇帝の権限（統帥権）に関係する領域である軍事指揮権を除いて——あらゆる統治事項に関して最終的な責任を負っていた。帝国宰相はドイツ帝国の法令に副署し、帝国議会での陸・海軍予算審議に出席する必要があった一方で、戦略計画にほとんど積極的に関わることはなかった。帝国宰相は、専門の軍人のように皇帝のみに責任を負っていた。

少なくとも理論的に、国家の軍人と政治家との間における意見や政策の相違のすべてを、プロイセン国王兼ドイツ皇帝が解決すべきであった。しかしながら、ヴィルヘルム二世は、明らかにそのような中心的な役割を果たすことができなかった。したがって、各軍種からなる統合の軍事計画は、第二帝政ではほとんど知られていなかった。実際は、ドイツの軍事行政がビザンツ帝国の宮廷風のドロドロした世界のなかにあったときに、参謀本部が――この部局は法的権限をまったく欠いていたにもかかわらず――事実上、国家戦略のコントロールとすべての陸上戦力に関する指揮を遂行することになった。[*3]

エッカート・ケーアの言葉によれば、プロイセン軍は〔強大化して政治に深く関与した〕「ローマ皇帝の近衛兵のような機関」であることを一度も忘れたことはなかったし、体制内での特別な社会的地位と立憲的地位を頑なに守った。一方で、プロイセン軍はリベラルな改革者に対して一貫して抵抗した。こうした改革者は、ヘルマン・フォン・ボイエン、ナイトハルト・フォン・グナイゼナウ、ゲルハルト・フォン・シャルンホルストのような十九世紀初頭の改革者に倣《なら》って、国民に民兵制を導入することによってプロイセン軍の改革を望んでいた。その一方で、プロイセン軍は、陸相ユリウス・ヴェルディ・ドュ・ヴェルノワ将軍のような保守的な改革者の活動に抵抗した。ヴェルノワは、一般義務兵役を導入して軍を徹底的に拡大し、軍を真に国民を訓練する学校にすることを考えていた。この頃、ユンカー貴族

図9-1　シュリーフェン計画

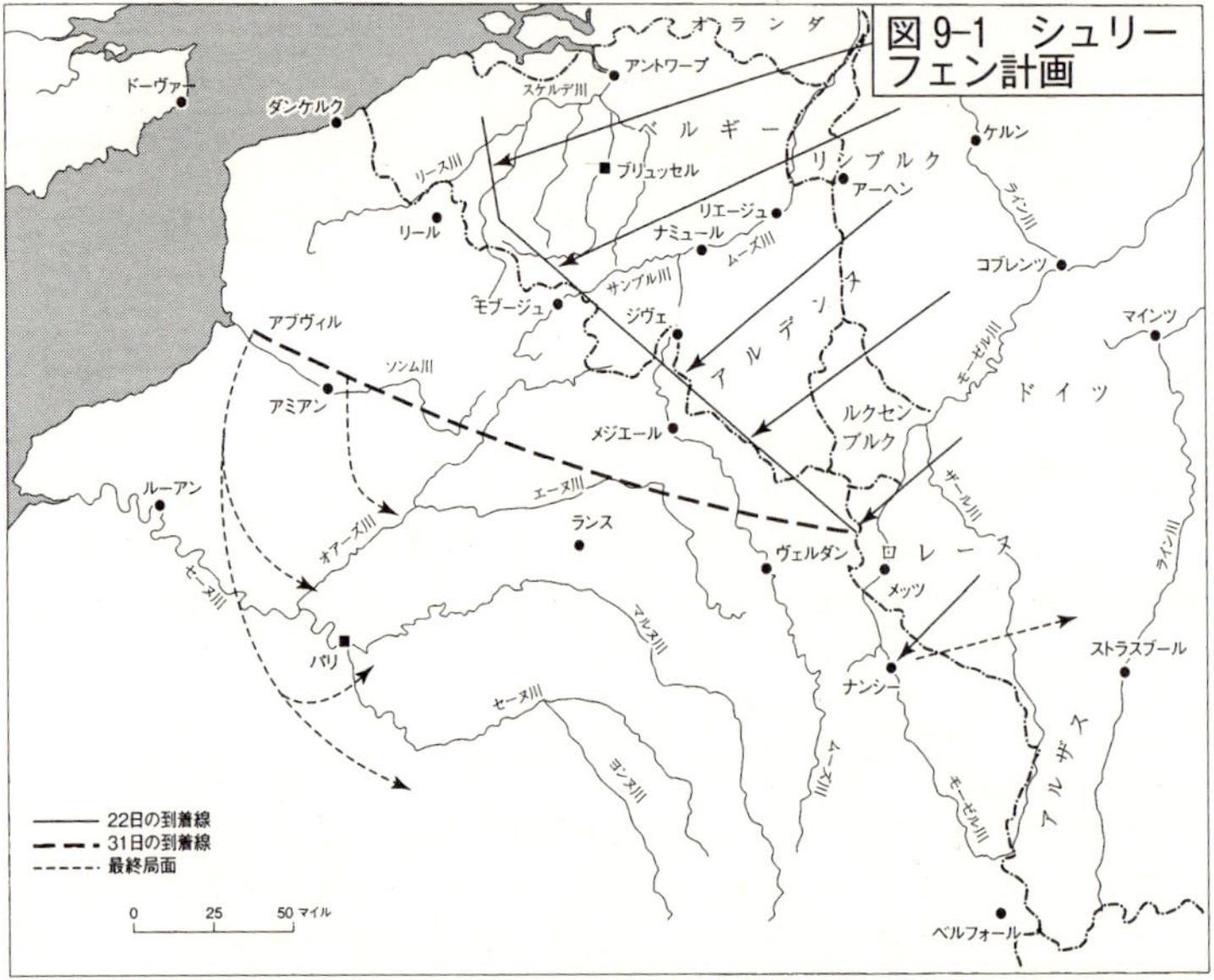

出典：Paul M. Kennedy, ed., *The War Plans of the Great Powers, 1880–1919* (Boston: Unwin Hyman, 1985), p. 216.

は、その数的および経済的影響力が急速に工業化と商業化により侵食されていた。彼らは将校団内部の特権的な地位の維持に努め、特に配属に関しては参謀本部と並んで威信のある近衛連隊や騎兵連隊を希望していた。将校団に属さない徴兵された兵員は、信頼が置けるとされた保守的な地方出身者から召集され続けた。一九一一年になって全人口の四二パーセントしか農村に住んでいなかったときにも、農村は全徴兵者の六四パーセントを供給していた。しかし、大都市の人口集中地域の徴兵者の割合は、わずか六パーセントであった。*4

このように、一九〇〇年までにプロイセン軍はジレンマに陥っていることに気づくようになった。数百万人の軍隊を展開するかたちで、都市の工業生産を基礎とした近代的な産業戦争を遂行することが必要であることに軍の指導者は気づいていたにもかかわらず、彼らはそうした戦争を戦うために当然必要となるプロイセン・ドイツの社会的・立憲的システムの改革を拒絶した。その代わりに軍の首脳は、毎年、国家の対外的な戦略的必要性と内政の政策的考慮との均衡を模索していた。その過程で、彼らは批判者と支援者のどちらも満足させることができなかった。

一　戦略の国内政治上の制約

オットー・フォン・ビスマルクは、一八七一年のドイツ統一以後の明確な政策的・外交的構想を持っていた。ビスマルクはヨーロッパでの五大国〔の勢力均衡〕の維持に満足していたし、海外では積極的な植民地政策を追求することを拒絶した。ビスマルクは、ヨーロッパ情勢の潜在的な焦点としてバルカン半島の重要性を十分に理解していたし、それ故にオーストリア＝ハンガリーとロシアの両国がバルカン半島に力と影響力を及ぼすことを阻止しようとした。遅くとも一八七四年には、そうした目的を達成するために必要な軍事力は四〇万をわずかに超える兵力であると算出されていた。一八六七年のいわゆる「鉄血法」の下、政府は適格の男子人口の一パーセントを兵役に服させ、軍の人員一人当たり二二五ターラーを自動的に割り当てる努力を行った。[*5] したがって、軍をめぐって新しく生じた議論は、資源の利用の可能性や配置をめぐる問題ではなく、帝国議会がどれだけ大きな影響力を軍に及ぼすことができるかという問題であった。

軍事政策の全体的な運営に関する組織的・官僚主義的な争いは、一八八三年に一つの頂点を迎えた。軍はこの年にプロイセン陸軍省の影響力を減少させた。プロイセン陸軍省は、帝国議会に軍の活動を説明する唯一の機関であった。軍事内局長エミール・フォン・アルベディル将軍は、参謀総長に帷《い》幄《あく》上奏権を与えるという条件で、後にパウル・ブロンザルト・フォン・シェレンドルフ将軍を陸相の地位に指名した。この譲歩に加えて、陸相は陸軍省内の人事局を廃止し、拡大された軍事内局へ人事権を移さなければならなかった。その後陸軍大臣となるヴェルディ・ドュ・ヴェルノワは、こうした改革を自殺的行為と呼んだ。[*6] この二つの改革は軍が十九世紀初頭以降享受してきた行政的な統一を破壊したばかりか、事実上、あらゆる人事問題を公の検討から覆い隠すことになった。ゴードン・クレイグの言葉によれば、帝国議会に責任を負った唯一の陸軍将校である陸軍大臣はこのようにして「無力になった」

のである。[7] 参謀本部は、もはやプロイセン陸軍省に戦略計画で後塵を拝することはなかった。

第二の主な組織改革は一八八九年に行われた。このときヴィルヘルム二世は、司令官を長とする「大本営」——今までは戦争時に設置されていた——と公式には呼ばれた侍従武官(*maison militaire*)のなかに軍人の助言者を結集した。特別副官、軍団や参謀本部などに属していない本来の定員から外れた将軍、副官などの多くは、特別な利益グループが無数にあるなかで軍の権威を広める働きをした。特に約四〇人の将軍の重要性が増した。というのは、この将軍は軍団司令官に代表されるように皇帝に直接上奏できたからである。こうした将軍は皇帝に力を与えることになった。なぜなら、彼らは議会による監視と改革に反対し、統帥権という見せかけを断固として支えることを望んでいたからである。[8]

何よりもまず、ドイツ軍は国内政治上の安定を追求するための組織であった。早くも一八七七年には、後の参謀総長アルフレート・フォン・ヴァルダーゼーは貴族ではない集団が力を増していることを警戒して、憲法を強制的に廃止するクーデター(*Staatsstreich*)を主張した。ヴァルダーゼーは「ならず者どもを射殺する」命令を待ったが、彼の企図は失敗に終わった。[9] このような過激な考えは、一八七八年の悪名高い社会主義者鎮圧法の廃止によって確実に利益を受けていたドイツ社会民主党が、一八九〇年二月二十日に帝国議会選挙で多数の票を獲得したことに大きな刺激を受けていた。軍部はこれを戦争への合図と見なした。三月二十日、陸相ヴェルディ・ドュ・ヴェルノワは、威信ある近衛軍団の軍団長ばかりでなく、ほとんどの軍団長に社会民主党の監視を続けさせ、社会民主党の様々な組織を粉砕するために軍の態勢を整え、国内が不安定な場合にはこれらの組織のリーダーの逮捕を行うように命令した。この命令はその後二〇年間守られたが、一九〇八年十一月になってようやく改正された。[*10]

ヴィルヘルム二世はこうした考えを完全に共有していた。一八九〇年十月にヴィルヘルム二世は、ベルリンの軍管区司令官に発した政令のなかで、「国内の敵」である社会民主党に対処するための最適の部隊と考えられていた近衛軍団と第三軍団の両方に自由裁量権を与えた。一年後、ヴィルヘルム二世は、まず第一に国内警察力として軍を用いるという決定を公に認めた。ポツダムの近衛部隊の新兵による忠誠の宣誓式を執り行う際、ヴィルヘルム二世は、もし必要とあらば新兵に「親類や兄弟を射殺させる」準備をしなければならないと忠告した。プロイセン内相は、社会主義者の影響を軍から取り除くために、社会民主党員となりそうな新兵のブラックリストを作成したばかりか、入念なスパイ網も確立した。[*11]したがって、エドワルト・フォン・リーベルト将軍が指導して社会主義者に対抗する国民連合を設立したことは、それほど意外なことではなかった。

一八九九年三月二十三日の帝国布告は、こうした意見や措置が単に一八九〇年の選挙の興奮から生まれたのではなかったことを証明した。新しい帝国布告は、後に一九一三年から一四年にかけて起こったツァーベルン事件に重大な影響を及ぼした。この布告は、一般の行政の代行、軍の治安出動、憲法で保障された市民的自由の一時停止といった状況に対して適した行動を選択する自由を地方の軍司令官に与えていた。[*12]そして、プロイセン法務省はこの命令の違憲性を認めていたにもかかわらず、この布告は第二帝政で影響力を維持し続けた。

帝国議会での軍事予算審議は、自らを国内政治上の「国王の軍」と見なしていた軍の見解を監視するために有益な手段であった。一八九二年八月、ヴィルヘルム二世は、三年から二年への兵役年数の削減の見返りに軍事支出を増加するという帝国議会の提議（実際は帝国宰相カプリヴィの提案によるものだった）を躊躇することなく拒絶すると参謀本部に伝えていた。たとえ憲法上の譲歩をすることで軍の規模の拡大がなされるとしても、規律の取れた信頼できる小規模な軍の方が望ましいと、ヴィルヘルム二世は率直に述べている。換言すれば、彼は国家政策を遂行するためのより強力な軍隊の創設を差し控えても、治安維持のために必要な内政上信頼できる軍を受け入れる覚悟を持っていたのである。[*13] 気まぐれな君主であったヴィルヘルム二世だけが、このような感情を抱いていたわけではなかった。それから七年後、プロイセン陸軍省は、帝国議会の予算委員会で「ベルリンの大規模な人口がもたらすあらゆる不測の事態に対処する準備のために」[*14]近衛大隊の増強を要求する、との説明をした。一九〇四年三月の陸軍予算をめぐる議論では、陸相カール・フォン・アイネムが「王室に忠実で、心情的に適格な軍人」は「社会主義者」よりも好ましいと再び認めた。その一カ月後、アイネムは参謀総長アルフレート・フォン・シュリーフェンに、もし「民主主義やその他の分子」に将校への地位を開放するなら軍の拡大には反対すると警告した。戦略をめぐる問題点は、一九〇四年に起こった議論では表面化さえしなかった。一九〇七年に参謀本部は、都市中心部での市民暴動をいかにして鎮圧するかという問題に関する論文を作成した。社会民主党は敵であった。「決死の戦争」と「情け容赦ない」厳しさが、反乱を起こした社会主義者に対する鎮圧のための策であった。[*15]

ヴィルヘルム二世の治世下のドイツ陸軍に関するシュティーク・フェルスターの最近の研究は、社会主義が兵士に及ぼす影響力を防ぐために、軍事訓練の過程においてですら対策がとられていたことを示唆している。軍隊の「情け容赦ない教練」の目的は、盲目的な服従を兵士に植え付け、それによって個々人の自主性を抑えることであった。さらに、極度に密集した隊列で進軍する陸軍の部隊戦術——これは一九一四年の虐殺に寄与したのだが——は、こうした国内的な考えから直接生じたものである。[*16]

一九〇五年十二月、シュリーフェンが数的に有利な連合国に対する二正面戦争を戦うための有名な覚書を書いていた間ですら、ヴィルヘルム二世は、帝国宰相ベルンハルト・フォン・ビューローに対して、日増しに強くなっていく「赤の脅威」に直面して国民の安全と財産を危険にさらすことがないようにと述べている。なぜなら、ドイツ帝国は「あえてドイツの地から一人の兵士も派遣することはない」ので、近い将来に戦争の危険を冒す必要はないとヴィルヘルム二世は考えていたのである。皇帝は、新年書簡のなかで軍の内政および安全上の機能を以下のように強調していた。「まず社会主義者を撃ち殺し、血の海が必要とあらば、さらに彼らの首を刎《は》ね、社会主義者を無害にする。そしてその後に、国境の外で戦争を行う。しかし、この順序を変えることはできないし、この順序の通りに事を進めるとしても性急に進める必要はない」[*17]。それから三週間後、ベルリンの軍管区司令官のヴィルヘルム・

フォン・ハーンケが、国内が不穏な状況に陥った場合に議会の特権を無視するように自分の部隊に命じた。これと同じような軍団司令官による命令は、一九〇七年のミュンスター（モーリッツ・フォン・ビッシング将軍）、一九〇八年のマグデブルク（パウル・フォン・ヒンデンブルク将軍）でも繰り返し発せられた。[*18]

陸軍の国内政治上の機能と国家戦略の目標との間の緊密な関係は、おそらく一九一三年にもっとも明らかとなった。新たに参謀総長に就任したヘルムート・フォン・モルトケ将軍〔小モルトケ〕は、シュリーフェンの大胆な包囲戦略を実施するために必要な部隊をドイツ軍が欠いていることを認め、三〇万人の増強を要求した。ヨシアス・フォン・ヘーリンゲン陸相は、既存の軍の半分を占める大規模な軍の拡大に強硬に反対した。というのは、かつてアイネムが述べたように、こうした行為は将校の地位を「望ましくない階層」へと導くことになる恐れがあり、それによって軍を「民主化」の危険にさらすことになるからである。[*19]「無制限の軍事力だけが、革命を一カ所でも、あるいは数時間でも成功させないという目標を達成することができるのである」[*20]として、翌日、ヘーリンゲンは、国内の騒擾《そうじょう》において軍の即時使用を規定する軍事布告を発令した。プロイセンの陸相の目には、ヨーロッパ全体を巻き込んだ戦争が起こる見通しが確実となったときでさえ、軍の国内政治上の機能が優先されるべきであるように思われた。「赤の脅威」への恐れから、シュリーフェンはドイツが長期戦を回避することがいかなる犠牲を払っても必要だと確信していた。[*21]

二　対外的脅威

もちろん、国家の安全保障は内政問題とは別に軍の主要な関心事であった。ベンジャミン・ディズレイリによれば、一八七一年のドイツ帝国の成立は、一七八九年のフランス革命よりもなおいっそう重要な本当の革命であった。ヨーロッパ中部は、近代において初めてヨーロッパで最良の軍隊を指揮したホーエンツォレルン家の下で統一された。大モルトケはちょうど対仏戦の勝利から帰国した際に、ドイツ帝国が直面する可能性のある危険な将来の脅威は、多正面戦争を余儀なくさせる露仏同盟であろうと見越していた。一八七〇年から七一年にかけての戦争は、摩擦、相互作用、戦場の霧などについてのクラウゼヴィッツの警告を十分に立証し、将来戦において迅速な勝利が可能であるという将軍の信念を弱め、彼は以下のように述べた。「ドイツは、大胆にも、西部において迅速かつ幸運な攻勢を仕掛けることによって短期間で一つの敵から自らを解放し、その後に、別の敵（東部の敵）に立ち向かうことを望んではならないのである*22」。一八七〇年代の終わりまでに、モルトケは攻勢・防御戦略によって二正面の脅威に対応する提案を行うようになった。その提案とは、ドイツはロシアに対して三六万人を動員し、フランスに対して三〇万人を動員するというものであった。モルトケは、西部地域においてロレーヌ地方とザール地方の前方地域からフランス軍を打ち破ることを望んだ。東部地域における彼の狙いは、コヴノとワルシャワ周辺に集結するロシア軍を攪乱させることであった。いずれの場合でも、限定された勝利を獲得することだけが可能であると考えられた。というのも、「講和による解決が達成できるかどうかは、外交に委ねなければならない」[*23]からであった。

モルトケの計算は、ビスマルクの立場を補完するものであった。鉄血宰相は、ドイツの最大の仮想敵国としてロシアよりもむしろフランスを視野に置いていた。統一戦争の間と同じく一八七〇年代においても、ビスマルクは戦争時に軍部に可能な限り最良の外交的状況を保証しようとしていた。ビスマルクは一八七七年の有名なバート・キッシンゲン協定で領土的拡大はもとよりヨーロッパ大陸における覇権も拒絶し、一八七九年のオーストリア゠ハンガリー、一八八二年のイタリア、一八八三年のルーマニア、そして一八八七年のロシアとの同盟網を紡ぎだし、ベルリンをヨーロッパ外交の中心とした。モルトケは、同盟にほとんど信頼を置かず、主攻勢を引き受けるオーストリア軍の能力を疑問視していた。その一方で、モルトケは、一八八二年にオーストリアとドイツとの間で行われた戦争時における戦略調整のため、男爵フリードリヒ・ベック゠ルツィコフスキー将軍と参謀間との協議を開始した。[*24]結局、モルトケがはっきりと認識したことは以下の二点であった。第一に、フランスとロシアという二つの潜在敵国の間に挟まれた中部ヨーロッパに、ドイツの半覇権的な地位を外交だけを駆使して確立することは不可能であった。第二に、単純な戦略・作戦レベルの解決策では、二正面戦争のジレンマを解決できなかった。こうした評価は、モルトケの悲観主義の原因となったばかりか、一八九〇年の帝国議会でのモルトケによる将来の悲観的かつ予言的な警告の原因ともなった。モルトケは、将来戦が、七年あるいはひょっとすると三〇年は続く可能性を指摘し、「ヨーロッパに火を放つ者に災いあれ」[*25]と警告を発したのである。

ヴィルヘルム二世の即位、一八九〇年のロシアとの再保障条約の非更新、参謀本部内の攻撃的な考えを持つ将官による小グループの出現は、ベルリンの戦略計画の性質を劇的に変化させた。シュリーフェンと密接に関係していたこうした将校は、迅速な解決策を新たに求めたが、その解決策に正当性を与えるために過去の包囲戦を研究した。彼らは、ドイツの人的資源の予備を完全に利用することを勧告し、兵器や技術の発展を強化することを要求した。とりわけ、彼らはそういった目標を達成する手段としての外交を拒絶し、その代わりに、事実上孤立した状態で次の戦争のための計画に着手した。

ビスマルクの言葉によって「半神」と呼ばれた参謀は、まったく新しいタイプの人々であった。大モルトケとは異なり、この種の参謀は重要な哲学的問題点を無視し、政治と歴史的な諸力の奥深い分析を行うことを慎重に避けた。それに代わって、彼らはドイツ統一戦争におけるプロイセン軍の勝利から教訓を引き出した。このような参謀は統一戦争におけるビスマルクの政治的「干渉」に憤慨し、モルトケと正規軍の役割を称讃し、戦争時における軍事の優位を主張した。彼らは、十九世紀の合理主義と実証主義の論理的な帰結として「能率」という女神を崇拝した。この「半神」は、驚嘆するほど発展を遂げた技術という狭い世界のなかにいた。すなわち、地図学、鉄道、通信、兵器システムなどの技術である。参謀は統計表に通じることとなり、複雑な動員スケジュールを案出し、複雑な戦争計画を策定した。こうして、ハンス・デルブリュックのような民間の専門家には軍事問題に関する発言権が与えられることはなかった。専門バカ(*Fachidiot*)になることで分別を失った「半神」は、国家政策の政治的・外交的・経済的・心理的要素を包括した「大戦略」を一度も構想しようとはしなかった。同様に、「半神」という名の参謀は、イギリス帝国防衛大学やフランスの高等軍事研究センターに相当する組織さえ作り出せなかった。彼らは、「西部のローマ民族」と「東部のスラヴ民族」の両方が「ヨーロッパのゲルマンの中心」に脅威を与えているという、ひどく単純で危険な人種的ステレオタイプの考えにやがて染まることになった。結局のところ、彼らは、ヴォルフガング・モムゼンが「全ヨーロッパ戦争の必然性のトポス」と呼んだものを作り出し、そして、おそらく現代における「自己充足的予言」の古典的な例も作り出した。*26

さらに、この新世代の軍人はクラウゼヴィッツを放棄した。ビスマルクは「クラウゼヴィッツを一度も読んだことがないという恥」を公言していたのだが、一方で、ヴィルヘルム二世は、「政治とは、戦略が再び話すことを許可するまで、戦争の間、口をつぐむことである」と得意になって主張した。小モルトケは、自分の息子に陸軍大学校の入学試験の準備のためには『戦争論』ではなく、むしろシュリーフェンの『カンネー』を読むことを勧めた。ヴィルヘルム・グレーナー将軍のような「進歩的な」ドイツ人でさえ、「高等戦略の本よりも、実戦に役立つ本だけを読んでいた」ことを認めていた。他の将軍は、単にクラウゼヴィッツを理解できなかった。コルマール・フォン・デア・ゴルツは「戦略的・戦術的決定に伴う政治的考慮の干渉(中略)に対して防衛すること(中略)は我々にとって義務である」と論じている。陸軍大学校で一時期教鞭をとった経験を持つヒンデンブルクは、クラウゼヴィッツが「戦争行為に対する政治の侵食を警告した」と結論を下した。その他、オーストリアの将軍であるアルフレート・クラウスは『戦争論』から「政治は戦争行為を妨げてはならない」ことを学んだ。[*27]

「最悪のケース」のシナリオへの強迫観念は、軍事専門家の視野の狭いプロフェッショナル意識と密接に関連していた。これに関して、二つの例を示すだけで十分であろう。ビスマルクの後任であるカプリヴィは、徴兵の実施を帝国議会に要請した一八九二年にその後の二〇年の基調を定めた。カプリヴィは、フランスの復讐の脅威がドイツのロシアに対する疑念と結び付いて、「早晩」全ヨーロッパ戦争が避けられないと述べた。[*28] その一年後の陸軍予算をめぐる議論の間、カプリヴィは増大するスラヴ民族の人種的な憎悪を語った。同様に、帝国宰相のテオバルト・フォン・ベートマン＝ホルヴェークも二〇年後、同様の状況を受けて同じ言葉を繰り返した。ドイツ政府は自己の政策を平和的でヨーロッパに有益なものとして描いていたが、その一方で、悪意ある攻撃的な意図をその潜在的な敵になすり付けた。その過程において、ドイツの政策立案者は外交を政治の有効な道具として用いなかった。カプリヴィの一八九二年から九三年の姿勢は、「不信と恐怖の雰囲気のなかで、自らの軍事力に対抗して敵の軍事力が生まれ、自らの連合に対抗して敵の連合が生まれるという悪魔の連環」[*29]であった。これは、軍事力だけに安全保障を求めようとするドイツの指導者にとって長い過程の始まりであった。

カプリヴィによる最悪のケースの予測は、シュリーフェンによってその頂点に達した。シュリーフェンが引退して四年後、かつての参謀総長であった彼は「現代戦について」という大きな影響力を及ぼした論文を公刊した。彼はその論文のなかで、ドイツの政策立案に携わる者にとって何が一般的な脅威となり得るかを論じた。シュリーフェンは、邪悪で戦争を好む隣国に包囲されたオーストリア＝ハンガリーとドイツの寛大かつ平和的国民を描いた。すなわち、フランスは一八七〇年から七一年の敗北の復讐を切望しており、ロシアは「スラヴ民族とチュートン民族間の人種的反感」に取り組んでいる。イギリスはドイツの貿易への嫉妬で憤懣やるかたない。ドイツと同盟を結んでいたにもかかわらず、一般にドイツ帝国の敵のなかに数えられていたイタリアは、領土拡大を求める紛れもない欲望から行動しているとされた。「あるとき、その門戸が開かれて、吊り上げ橋が下される。そして、数百万の（敵）軍が荒廃と破壊のうねりのなかで、ヴォージュ山脈、ムーズ川、ケーニザウ川、ニーメン川、ブーク川、そしてイゾンツォ川やチロル・アルプスを越えて、中央ヨーロッパに流れ込むであろう」[*30]。こうした誇大妄想的な「最悪のケース」の感情は、確かにドイツの熱狂的確信を強固にし、戦争が避けられないという考えを受け入れることに寄与した。こうしたことは、「予防」戦争に関する参謀本部の計画はもちろんのこと、広大な併合に関する参謀本部の後年の要求にも信頼性を与えた。

こうした運命の予言は、一九一四年以前の軍隊支持の団体や退役軍人協会の熱狂的な活動に影響を及ぼした。国防協会（*Wehrverein*）は三〇万人の会員を持ち、在郷軍人会は世紀の変わり目にキフホイザー同盟に統一され、第一次世界大戦直前に三〇〇万人近い会員を誇っていたが、軍事支出の増大に関するシュリーフェンの要求を支持し、ドイツの未来が厳しいものであるという見方を受け入れた。一九一二年に国防協会を設立したアウグスト・カイム将軍は、フランス、ロシア、イギリス、イタリアの脅威に対抗するために軍の拡張を要求した。[*31]同じ年に、フリードリヒ・フォン・ベルンハルディ将軍は、彼にとってもっとも有名な著作である『ドイツと次の戦争』のなかで、「国家の征服権」と「戦争の生物学的必然性」についての一般受けする社会ダーウィニズム的考えを完全にさらけ出した。そして、ドイツ帝国にとって「世界帝国か破滅か」の差し迫った二者択一しかないと彼は結論付けている。汎ドイツ連盟の指導者であったハインリヒ・クラースは、『われもしカイザーなりせば』と題した同年のベストセラーのなかで、軍は防衛のためにあるという一般に広く行き渡っている考えを痛烈に批判した。その代わりにクラースは、ゲルマン民族と国民の生存のための戦争という考えをドイツ人が喜んで受け入れるべきであると主張した。「生存圏」や「指導者独裁」といったクラースの言葉の使用法は、男性的・急進的・中産階級的な「軍国主義」の出現をはっきりと示唆している。[*32]軍事的儀式、軍駐屯地での日曜日の説教、記念日の演説、そして連隊ごとの歴史といったものは、議会秩序の外にある圧力団体と軍との結び付きに役立った。

こうした最悪のケースについての認識は、部分的には一八九〇年に「水先案内人」であったビスマルクが失脚したドイツ外交の失敗に疑いなく由来している。わずか二年から三年でベルリンはヨーロッパ大陸の外交的中心地、つまり同盟網の拠《よ》りどころから、自ら招いた孤立と「包囲」状態に置かれた。フランスとロシアは一八九〇年の再保障条約の非更新を利用し、最初に軍事協定を結び、次いで一八九四年に正式な同盟を結んだ。イギリスは、一九〇四年の「英仏協商」でフランスとの間の植民地紛争を解決し、三年後にはロシアとの植民地紛争を解決することで、ドイツ艦隊の急速な建造に対抗した。イタリアは、これまで締め出されていた協商側にさらに接近した。

一九〇五年にビヨルケで行われたヴィルヘルム二世とニコライ二世による個人外交、一九〇八年のボスニア危機と一九〇五年と一一年のモロッコ危機でのドイツ外交による軍事的恫《どう》喝《かつ》といった敵対的な「環」を粉砕するための不器用な試みは、ドイツの外交的孤立をもたらした。さらに、一九一二年のバルカン戦争はドイツの友好国であったトルコに敗北をもたらし、バルカン同盟の勝利はドイツの敵国ロシアによって支援されていた。この過程で、セルビア軍の思いもよらない力が明らかとなった。ベルリンから見れば、オーストリア゠ハンガリー軍が将来の戦争においてロシアに対し兵力の展開がほとんどできないことを意味していた。シュリーフェンの後継者であった小モルトケは、第二次モロッコ事件後に生まれたベルリンの軍人グループの支配的な雰囲気を、おそらくもっとも上手く表現していた。軍人グループはドイツ帝国の将来を単純な二者択一的な状況にしていた。つまり、ドイツは「手をこまねいている」のを止めて、自国の求めに応じて「剣を抜く」用意があると宣言するか、それとも「金儲けをし、愚者を放置して日本の庇護《ひご》の下で自国の軍を放棄し、自国があるべき立場を放棄するべきなのか」というものであった。[*33]

モルトケの発言は、ドイツの政策の方向性に関する挫折感の証明であった。多くの要因が結び付いて、首尾一貫した国家戦略の形成を妨げていた。こうした要因とは、陸軍の内政上の安定に対する不安、次第に増加していく海軍支出、帝国議会が軍事支出に拒否姿勢をとったこと、帝国宰相が主な陸軍予算に一貫して支援を与えていなかったこと、そして歴代政権がヨーロッパでのドイツの外交的立場を修復することに失敗したことなどである。一連の結果として、すべての兵役適格者の徴兵が必要となった。相容れない利害と政治の危険な連環を回避する試みが、カプリヴィからベートマン゠ホルヴェークにいたるすべての政府にとってもっとも重要であった。

三　戦略の形成——一つのテストケース

一八九〇年から九七年にベルリンの政策立案者は、フランスとロシアの軍事力に追い付くことを計画し、段階的で緩やかな陸軍増強政策を追求した。一八九〇年三月、陸相ヴェルディ・ドュ・ヴェルノワはフランスとロシアが一四〇万人を動員できるのに対して、ドイツとオーストリアはわずか七三万人しか動員できないと主張し、一億一七〇〇万マルクの費用を伴う一五万人の増員を要求した。フランス軍だけでも数の上ではドイツ軍よりも優位にあった。[*34]ヴェルディは、徹底して「国民皆兵」遂行のためにすべての兵役適格者の徴兵を要求した。中央党のルートヴィヒ・ヴィントホルストの指導の下で、帝国議会は支出過多であるという理由でヴェルディの構想を断固として拒絶した。その後二三年間、帝国議会はその立場を変えなかった。

一八九三年、カプリヴィは六万人の増強を含む陸軍法案の可決を取り付けた。しかし、再び、軍事支出に関する議論が中心的な問題となった。それは、陸軍は主に国内政治上の「国王の軍」として機能するのか、あるいは二正面戦争の戦略的解決を準備するものなのかという問題であった。二正面戦争を解決する場合には、四六万八〇〇〇人の兵力は十分ではなかった。さらにカプリヴィは、ドイツ帝国が徴兵可能な人的資源の利用に失敗していることが、同盟相手としての価値を落とすものであると論じた。結局、カプリヴィはドイツが国内政治上の安定にとって危険のない短期の戦争のみを考慮できると主張した。参謀総長ヴァルダーゼーは、陸軍予算の編成にまったく関与していなかった。[*35]

一八九三年の「五年制予算」は、軍部をその後五年間納得させた。国民の完全な動員を図るヴェルディの構想は空文のままであった。陸軍省は毎年三万人から四万人の兵役適格者を訓練することは不可能であると見ていた。[*36]政府が長期的な軍事的状況を明確にすることに失敗し、ゲルマン諸国の連合（八八万八〇〇〇人）を上回るフランス・ロシア陣営（一八九七年から九八年には一五六万人）の数的優位の増大を許したときに、国家の安全保障の必要性にいかにして対処するかという重要な問題は依然として未解決のままだった。

軍の質に関する考慮は、さらに陸軍の問題を悪化させた。独立した機関銃中隊を創設する費用、一八九〇年から九九年の野砲の二一〇個中隊を追加する費用、そして一八九〇年代後半の馬匹牽引重砲の費用は、毎年二七五〇万マルクを要するだけでなく、一億三二八〇万マルクの臨時支出を必要とした。予備軍を前線の戦闘部隊へと格上げすることによって、フランス・ロシアの人的資源の優越を相殺することを目的としていたカプリヴィの決定は、既に不足していた財源をさらに悪化させることになった。*37

皮肉なことに、一八九七年から一九一一年の間、陸軍に関する支出は低く抑えられていた。この期間の三つの小規模の陸軍法案は、わずか三万五〇〇〇人の兵力増強をもたらしただけだった。この理由は、脅威が減ったと思われていたのではなく、ドイツの関心が大陸から離れて海外へと転換したことにあった。この世界政策の「新航路」と海軍主義は、海軍局のティルピッツ提督と外務省のビューロー（後の宰相）とに密接に関係していた。ビューローは、ドイツが領土的に「十分である」というビスマルクの警告的な姿勢を放棄した。ビューローは、大衆受けするイギリス嫌いによって国民を統一しようとし、「不実なアルビオン」に対抗しロシアとの最終的な合意を求めた。海外での領土獲得はドイツを世界帝国の地位へと上らせるだろう。もちろん、そうしたことは国内で皇帝の権威を維持している間に行われるのである。ティルピッツはおよそ六〇隻の戦艦からなる艦隊を建造する努力を行った。この艦隊は、イギリス海軍と衝突する距離の北海に配置されるはずであった。さらに、海軍計画から帝国議会の「不当な影響力を排除する」ために、二〇年ごとに艦艇が自動的に更新される約束を取り付けた。イギリスの海上覇権の挑戦によってティルピッツとビューローは、二十世紀初の近代的な軍拡競争と「冷戦」を先導した。ドイツにとって不幸なことに、外交上の再編成は一度も国家戦略の変更を伴っていなかった。ビューローがロシアの支持を取り付けようとした試みは惨めに失敗した。戦略の観点から見れば、世界政策は何の意味もなかった。アルフレッド・セイヤー・マハンの言葉によれば、もしイギリスがドーヴァー海峡とスコットランド・ノルウェー回廊を封鎖すれば、北海を容易に「死の海」に変えることができた。そのために、ドイツは世界の「偉大な公道」である大西洋へ近付くことはできなかった。ドイツの「海軍主義」は、海軍戦略としてというより、むしろ国内の政治上の活動として重要であった。

「新航路」は予算に限界まで負担をかけた。連邦政府は直接税を課すことができなかったので、その主要な歳入は、関税、鉄道旅券、郵便、電信処理といったものへの課税や、タバコ、コニャック、シャンパン、劇場のチケットなどのような奢侈《しゃし》品への課税に頼った。財政的に緊急事態の場合には、ドイツ帝国は証券市場の公債を確保するか、国内の諸州から特別の自発的寄付を求めることができた。後者は年に五〇〇〇万マルク以上に達することは一度もなかった。したがって、陸軍と海軍の両方の大規模な拡大は、ドイツ帝国の脆弱な財政構造を脅かしていた。

ティルピッツが海軍局長官に就任して三年の間、海軍支出は毎年一三・七パーセント、一億一四〇〇万マルクから一億七六〇〇万マルクに増大した。陸軍支出は控えめに毎年二・一パーセントの伸び率で、六億一四〇〇万マルクから六億五五〇〇万マルクに上昇した。一九〇〇年から一三年に、陸軍予算に対して海軍予算の占める割合は、一九〇〇年の二五パーセント、一九〇五年の三五パーセント、一九一一年の五五パーセントと劇的に上昇した。海軍予算は一九一三年の大陸軍法案の後だけ三三パーセントに逆戻りした。この時は、陸軍支出が九億二九〇〇万マルクから一四億六七〇〇万マルクに増加した。特に、「ドレッドノート革命」と呼ばれた期間においては、水門、ドック、運河拡張といった付随的なコストが加わっただけでなく、戦艦一隻のコストは、一九〇五年から一三年の間に二四〇〇万マルクから四九〇〇万マルクへ二倍となった。概して、一九〇一年から一三年の軍事費用は、全帝国の歳出の九〇パーセントを占めた。対照的に連邦内の各邦国の政府は、健康管理や教育のような社会経費の負担に直面した。陸軍の軍事費用の割合は、五八パーセントから六一パーセントの間であり、海軍のそれは一八パーセントから二〇パーセントのあたりで安定していた。[*38] 保守主義者が「憎らしく、醜い海軍」と見ていた莫大な支出は、結局、政府に戦略的優先をどうするのかという根本的な判断を強制することになった。

この結果が一九一二年から一三年にかけての危機であった。[*39] 国内の議論は右翼圧力団体によるヒステリックな世論に煽られ、ドイツの首脳陣が認識していた外交的孤立、敵国連合による「包囲」、中欧での戦争は避けられないという宿命的な視点、「最悪のケース」の作戦計画、そしてスラヴ民族とチュートン民族間の人種的な決定的対立といったものが浮き彫りになった。こうした国内の議論は、陸軍の平時兵力の一二万四〇〇〇人の増強をもたらすのに十分であった。二つのグループが公の議論のなかで対決する構えを見せた。一方は、保守主義者によって支持されていたプロイセン陸軍省である。陸軍省は主に陸軍に関する質的な改善を希望していた。もう一方が、大衆的な圧力団体に支持されていた参謀本部である。参謀本部は陸軍力の数的な増強を直ちに要求していた。帝国宰相のベートマン＝ホルヴェークは、「大戦略」は宰相の職権に含まれないと愚直にも述べ、当初は議論に加わらずにいた。その後、ベートマン＝ホルヴェークは、中途半端に（ティルピッツによれば）海軍の見積りに対する「破城槌」として陸軍を使おうとした。議論の重要な点は、保守的な君主制プロイセン国家を破壊することなく、ヴェルディ・ドュ・ヴェルノワが二〇年前に要求した「国民皆兵」を成し遂げるかどうかの実現性を軸に展開した。

偏狭な専門家の典型として知られるシュリーフェンは、一八九一年に参謀総長となった。彼は二正面戦争は不回避であると確信していた。一年のうちにシュリーフェンは、フランスはもっとも危険な敵であり、ドイツは長期戦をすることは困難であり、唯一カンネー、ロイテン、セダンのような真の「決定的な戦闘（*Entscheidungsschlacht*）」のみが、ドイツを「包囲した」連合の鉄の輪を断ち切ることができ、西部攻勢作戦だけが成功を約束するという見解を表明した。*40 シュリーフェンにとって、勝利の鍵は迅速な動員と決定的な地点における数的な優位にあった。ドイツ陸軍部隊の右翼、あるいは「ハンマー」は、ロレーヌ地方に配備されていたドイツ軍の「鉄床」と対峙しているフランス軍、ベルギー軍、オランダ軍、イギリス軍に突進するのである。このため右翼は、ドイツ軍がパリ西方のセーヌ川流域へ向かう前に、オランダ、ベルギーと北部フランスを通って進軍する必要があった。ドイツ軍の右翼は、その左翼よりも七倍強力である必要があった。この構想は絶望から生まれた。戦場でのサイコロの一振りが国家の将来を決定するだろう。ゴードン・クレイグによれば、巨大な「包囲殲滅戦《せんめつ》（*Kesselschlacht*）」思想に魅惑されたシュリーフェンは、「現代の強国の戦争努力に作用する人口統計、科学技術、産業要因だけでなく、勝利の可能性がほとんどない場合でさえ戦う人々を生み出す政治的・心理的諸力にも無関心であった」。[*41]

シュリーフェン計画と呼ばれたものが相対的な孤立のなかで生まれたことを、記憶に留めておくことは重要である。ドイツ海軍はシュリーフェン計画の成立過程にまったく関与しておらず、戦争時に英仏海峡封鎖によって部隊輸送を阻止するという共同の話し合いもなかった。各々の部局は各々の戦略を追求し、一九一四年の戦争直前におけるドイツのヨーロッパ大陸での軍事力は、一九〇〇年と一九一〇年の間に国防支出が二倍になったにもかかわらず、増強どころか弱体化したことが明らかとなった。[*42] 作戦に必要な人的資源と物的資源を準備すべきプロイセン陸軍省は、一九一二年十二月までシュリーフェン計画を知らされないままであった。ベートマン＝ホルヴェークは、彼としては単に「政治指導者は戦争計画の策定に巻き込まれなかった」ことと、「私の全在任期間の間に官庁のなかで戦争会議のようなものが行われたことは一度もなかった」ことだけを述べている。[*43] ベートマン＝ホルヴェークもまた、一九一二年十二月にシュリーフェン計画をようやく知った。

とりわけ、ドイツ帝国は唯一の確実な同盟国であるオーストリア＝ハンガリー帝国との協議に失敗していた。同盟への全般的な嫌悪と不信とはまったく別に、シュリーフェンはオーストリア軍の能力に重大な不安を持っていた。彼はオーストリアの軍事指導部をまったく信用してはいなかったので、一八九六年から九七年以降、例年の挨拶のみの接触に限定していた。ブーク川ではなく、唯一セーヌ川での戦いがオーストリア＝ハンガリーの運命を決することになるであろう。シュリーフェンも、その後継者であった小モルトケも、とにかく連合戦争を行うことができる統一的な軍司令部の創設を一度も議論しなかった。[*44] ベルリンとウィーンは、それぞれ独立した作戦目的を追求した。

ドイツの戦略的位置に関する視点からして、シュリーフェンは一八九九年六月に深刻な幻滅に直面した。陸相ハインリヒ・フォン・ゴスラー将軍が、ドイツは「既に健全な（軍事的）発展の限界を越え」、現在の陸軍の戦力は有効な戦争指導のためには大きすぎると伝えてきたからである。ゴスラー陸相は、正規軍とともに使用される予備軍が軍全体の質に有害な影響を与えることを警告した。ゴスラーは、すべての予備軍と郷土防衛軍部隊の解散によって一四四個大隊の「縮小」を遠慮なく要求した。この方針説明は、陸軍省が増強、特に歩兵の増強が終了したと考えていることを明らかにしていた。[*45] 陸軍省はシュリーフェンの雄大な計画が必要とする資源について気づかないままであった。というより、その雄大な計画は参謀総長自身にもまだ未知のものだった。

ゴスラーの考えはシュリーフェンを激怒させたに違いない。シュリーフェンは、すぐに利用できるすべての編制された予備軍を、フランスに対する守備部隊としてだけでなく、アントワープとヴェルダンに前進する正規軍の側面援護にも必要としていた。ゴスラーが兵士となり得る有効人員の縮小を要求し、ドイツの歩兵が既に超過していると述べたことは、シュリーフェンの作戦計画の成功にとって好ましくない兆候であった。参謀本部が二四個大隊から二五個大隊の追加（四万人）を要求した際、ゴスラーは、一八七〇年から七一年のときのように、ドイツは利用できる現役の部隊で決定的な勝利を勝ち取らねばならないであろうと答えた。[*46] 陸軍省軍務局長であり、またゴスラーの主要な助言者で後任の陸相でもあったフォン・アイネム将軍は、「しかし、この軍備競争はいつか終わらせなければならないし、参謀総長は軍がもたらす中身に我慢する（中略）時が来なくてはならない」と論争に加わった。アイネムの解説によれば、二三個軍団を指揮する参謀総長が「空想の領域」の事業に没頭したことは一度もなかった。ゴスラーの次官であった彼は、次のように皮肉で締めくくった。「この良識のかけらを参謀総長に理解させることは確かに陸軍省の仕事ではない」。ドイツ陸軍がもっとも適切な戦力に達しているという点で、アイネムとゴスラーとは完全に見解が一致していた。「もしシュリーフェンが攻勢のために自軍を十分であると考えないならば、そのときにわずかな軍団を増強したとしても勝利の確信を与えるのに十分ではないであろう」。[*47]

参謀本部と陸軍省との関係は一九〇五年に最悪の状況にあった。シュリーフェンは有名な二正面戦争に関する覚書を記した。三三個歩兵大隊の新設を要求していたときに、陸軍省は主として騎兵一万の増強だけを認め得ると参謀本部に通知した。さらに、アイネムは一八九三年にカプリヴィが行った提案を復活させて帝国議会の機嫌を取ろうとした。この提案は二年であった徴兵年限を減じるものであった。陸軍大臣は陸軍増強が軍を「民主化」の危険にさらすことになるであろうと、もう一度シュリーフェンに注意した。軍内部では既に貴族の将校は半分になっており、陸軍増強は新しい将校に軍内部の地位を渡すことに繋がることになる。皇帝の信頼できる小さな「国王の軍」に対する支持がこの問題を決定した。

もちろん、シュリーフェンには懸念を持つ正当な理由があった。オーストリア＝ハンガリーとドイツ連合軍はフランスとロシアの連合軍より優に六〇万人劣勢であった。そしてシュリーフェン計画の主要素は、戦争は短期で終結しなければならないことであった。財政的にも経済的にもドイツは、長期戦を戦う余裕などなかった。「一〇〇万人の兵員の維持に一〇億マルクかかるとすれば、消耗戦略は実行できないであろう」*48。シュリーフェンが恐れた長期戦は、常に存在する「赤い亡霊」を呼び起こし、急進的な社会的・政治的転換を必然的に伴うであろう。「国民皆兵」の概念を取り入れるどころか、シュリーフェンは機械的に配属された数百万の兵員の動きを指示することで、伝統的な十九世紀の「キャビネット・ウォー」を指揮しようとしていた。数百万の兵員を巻き添えにする近代産業戦争は必然のようであった。しかし、シュリーフェンは、むしろ称讃されているプロイセン流の概念に沿った戦争指導を好んだ。「総力戦」への国民の動員は、この保守的な君主主義者である軍人にとって呪われた選択であった。

プロイセン特有の戦略文化は、最高軍事計画者が陸軍省と参謀本部との間の明らかな行き詰まりの解決に失敗したことを理解する助けになる。シュリーフェンがもし実際にその作戦的設計に緊要な新しい軍団の創設を考えていたのであれば、なぜ彼は最高司令官であり、至高の大元帥であったヴィルヘルム二世に問題点を訴えて事態を動かそうとはしなかったのか。

そうせずに、参謀総長はプロイセン陸軍大臣との文書の交換に相変わらず甘んじていた。シュリーフェンは、明らかにゴスラーやアイネムと面と向かっての対話さえも要求しなかった。作戦立案の領域における合意形成といったものは、プロイセンの「流儀」にはなかった。
その不可避の結論として、シュリーフェンは自国の利用可能な軍の規模を考えることなく、優勢を誇る連合に対して二正面戦争を行う計画を作成した。その右袖で英仏海峡をなぎ払う「車輪」である決定的な右翼には、それだけで一三個軍団が必要だった。しかし、シュリーフェンが約束できたのは五個軍団だけであった。シュリーフェンは戦争勃発目前に八個軍団の不足の解決をその後継者に課題として残した。カンネーの奇跡への熱狂的な信仰に駆り立てられたシュリーフェンは、予測されたイギリスのヨーロッパ大陸派遣軍を単純に無視し、ドイツの予備の戦闘準備を過大評価し、クラウゼヴィッツによる「攻撃による部隊の減少」の原則を拒否した。そして、七個から八個軍団（それはまだ現実にも書類上にも存在していない部隊であった）を必要とするパリでの勝利を予測した。参謀総長は、一八七〇年に大モルトケがフランスに七個歩兵師団の数的優勢を享受していた事実を都合良く見落としたのであろうか。「パリ入場行進曲」を演奏する軍楽隊とともに凱旋門を通ってドイツ軍部隊が行進するという荘厳な構想が、ビスマルクの「現実的政策」に取って代わったのであった。[*49]
要約すれば、シュリーフェンは広い戦略的・政治的問題に関する視点を持っていなかった。シュリーフェンにはクラウゼヴィッツの「戦争の天才」という考えはなかった。彼の厳格な作戦研究は指揮に関する自由の余地を与えず、彼の広く知られている作戦的技術は戦場で試されることなく、ただ、兵技演習、参謀旅行や理論上の演習からのみ生み出された。シュリーフェンの名の下に生まれた計画は初めから空想であった。シュリーフェン計画は必要な軍隊が初めから存在せず、帝国議会や陸軍省の雰囲気からすれば必要な数に達することは近い将来実現しそうもないと分かっていながら、国家を二正面戦争のギャンブルへ委ねるという罪を犯した。

小モルトケは、人的・物的資源の完全な動員を要求して、軍と国家の双方の本質の変更を実行できる人物ではなかった。モルトケはシュリーフェン計画の実現可能性——特に中立国オランダを通る進攻——について疑いを抱いていたにもかかわらず、その基本的な政治的・軍事的構想を受け入れた。リーダーというよりも追従者であったモルトケは、一九〇七年の軍の覚書に着手する際に二義的な役割のみを引き受けた。その後、陸軍省はモルトケと資源の利用について唯一散発的に協議した。驚くことではないが、ドイツ陸軍のあり方に関して陸軍省との対決を促進したのは、モルトケではなく、激情的かつ精力的な参謀本部第二部局(動員)長のエーリヒ・ルーデンドルフ大佐であった。

一九一一年に向けて、モルトケとルーデンドルフは一一三個の機関銃中隊、一八個の砲兵大隊と歩兵砲四個大隊を増強するだけでなく、迅速な一万人の増員を要求した。増強のための費用として、彼らは帝国議会に六九〇〇万マルクの一時支出と一億五五〇〇万マルクの継続支出を要求した。[*50] 一九一二年には、参謀本部は三万九〇〇〇人の増強と一億四四〇〇万マルクの一時支出を要求し、後年度負担となる二億九六〇〇万マルクの継続費用を要請した。

この二つの急な増強をもってしても、ドイツとオーストリアの軍の合計は一〇〇万人をわずかに上回る程度であった。この数はまだフランスとロシアの合計よりも八〇万人少なかった。[*51]

　事実、一九一二年までには参謀本部はほとんど混乱状態にあった。ドイツ帝国の人口は一八七〇年の三〇〇〇万人から一九一三年の六五〇〇万人へと上昇し、その予算は三億四〇〇〇万マルクから三四億マルクへと増加したのであるが、軍はおよそ四〇万人から六〇万人に増加しただけであった。人口がドイツより二〇〇〇万人少なかったフランスは、数的に同規模の軍を編制していた。一八七〇年から七一年において、プロイセンはフランスに対して一〇〇個大隊の明白な優位を享受していたのに、一九一三年には、ドイツは西部戦線で一四二個大隊を有する優勢なフランス、イギリス、ベルギーに対抗することになった。東部戦線における状況はより厳しかった。たとえルーマニアがドイツとオーストリアとの同盟を尊重したとしても、ドイツ・オーストリアは一三七四個大隊の優勢なロシアに対峙することになる。ドイツ国内で軍の規模は制限されていたが、これは一九一三年には三万八〇〇〇人の兵役適格者が徴兵されていないことを意味した。[*52] 言い換えれば、シュリーフェン計画は現実からまったく切り離されたものであった。

　この暗い戦争像は、モルトケとルーデンドルフにヴェルディ・ドュ・ヴェルノワの国民皆兵構想の復活に向かわせることになった。一九一二年十月、彼らは部隊戦力の三三パーセントの増強を要求した。翌月にはモルトケとルーデンドルフは、徴兵の完全な実行を正式に要求した。「もう一度、我々は国民皆兵をなさねばならない。（中略）これに関してドイツは後退を許されない。ただ前進のみが許されるのだ」[*53]。フォン・ヘーリンゲン将軍はこの大胆な計画に驚愕した。そして、一九一六年に五年制予算の有効期限が切れる前に、軍の質的な改善のために帝国議会に三〇億マルクを要求してこれを回避しようと試みた。

この問題の決定以前に、ヴィルヘルム二世は一九一二年十二月八日に「戦争会議」を招集した[*54]。この会議の背景には、イギリス陸軍大臣リチャード・ホールデーンからの公式声明があった。ホールデーンは、イギリス政府は一八七〇年から七一年の再現――ヨーロッパ大陸におけるドイツの覇権――を決して黙認することはないと述べていた。ヴィルヘルムはごく近い将来に協商国との戦争が必ず起こるという確信を述べた。モルトケも「私は戦争は避けられないと見ており、早ければ早いほどよい」と同意した。フォン・ティルピッツ提督は、イギリス海軍と戦う艦隊の整備のために一八カ月の戦争の猶予を願った。またティルピッツは、政府が残された時間を陸軍力の強化や徴兵可能な人的資源の活用のために使用できると主張した。これは、軍備支出について海軍が優先権を持っていた今までの主張からの急激な離脱であった。

陸相フォン・ヘーリンゲンは「戦争会議」から除外されていたが、訓練施設は既に最大限使用されており、軍需産業は現在の命令に付いていくことができないと参謀本部に注意し、モルトケが好戦的であるという情報に対応した[*55]。「戦争会議」において主張されていた戦争は避けられないという強烈な運命論とベルリンに充満していた「最悪のケース」のシナリオは、象徴的であった。モルトケは時間がドイツに不利に働くと感じていた。数カ月以内に、モルトケは参謀に東方大進撃と呼ばれた東部戦線での攻撃を主とする計画の中止を命じていた。ヴィルヘルム二世は、陸軍省に直ちに新しい軍事予算を準備するよう命令した。ベルンハルディ、クラース、カイムは、軍事支出の増大に関して政府にロビー活動をする圧力団体を動員した。

モルトケとルーデンドルフは、一九一二年十二月二十一日のいわゆる「大覚書」を正式に発出した。[*56] 一九〇八年のシュリーフェンによる厳しい予測に呼応するかのように彼らは、「三国協商」によって「包囲された」ゲルマン諸国の連合を描いた。「三国協商」はドイツとオーストリアを犠牲にして領土拡張を求める欺瞞に満ちた攻撃的なものであり、ゲルマン諸国の同盟は拡張主義的な野心がなく、平和を愛する防衛的なものであった。信じられないことではあるが、参謀総長はここで初めて帝国宰相と陸軍大臣の両方にシュリーフェン計画を伝えた。モルトケとルーデンドルフはベートマン＝ホルヴェークとヘーリンゲンにドイツは西部における攻勢でもってベルギーの中立侵犯を行うであろうし、イギリスのヨーロッパ大陸派遣軍がおそらくヨーロッパ大陸に現れるであろうということを知らせたが、おそらく初めてのことだった。また参謀総長は、戦争時に前線を防衛する際にイタリア第三軍の到着を今や考慮していないことをしぶしぶながら認めた。最後に、モルトケとルーデンドルフは、ロシアに対してオーストリア＝ハンガリー軍の主力を充てることを期待するのは賢明ではないと警告した。というのは、オーストリア軍は南方のセルビア軍を押さえつける必要があったからである。

「大覚書」の第二部は参謀本部の要求を一覧表にしていた。「予備軍の人的資源は軍増強のために十分な量が利用できる」。軍は近年、兵役適格者のわずか五〇パーセントを召集していた。フランスでは、これに対応する人員が八二パーセントも召集されていたに過ぎなかった。フランスの比率を単純に適用すれば、モルトケとルーデンドルフは、ドイツが同様に三〇万人の青年男子を徴兵できると主張した。この数字はおよそ平時兵力の一・五倍に当たる増強であった。さらなる要求として、六〇〇人から八〇〇人への大隊戦力の増強、「本来あるべき」第三大隊を各連隊に加えること、新しい三個軍団の創設が含まれた。

このようにして参謀本部は作戦目標と部隊編制との間にあった溝を明らかにした。参謀本部の部隊戦力の五〇パーセントに関わる要求は、興奮と官僚的内紛から生み出されたものではなかった。そうではなくて、モルトケはルーデンドルフに急かされて陸軍増強の「失われた時間」――一八九七年から一九〇五年――を一挙に埋め合わせることと、ヴェルディ・ドュ・ヴェルノワの「国民皆兵」の実現を追求したのである。

陸軍省としては、参謀本部の計画がドイツ帝国の脆弱な社会的・経済的・組織的構造に大変革をもたらすということを完全に理解していた。工業化時代における近代的な大衆軍の創設は、必然的に国内政治上の安定の保証者としての軍の主要な機能の放棄を伴うであろう。すべての兵役適格者を訓練するための莫大な費用は、軍が今までより帝国議会の好意に頼ることになる。帝国議会は予算を管理しており、議会内では、脅威と見なされた社会民主党が最大党派を形成していた。潜在的な将校の補充人員を拡大する要求は、さらに「望ましい階層」出自の者の軍の立場を弱めることになるだろうと、ヘーリンゲンはもう一度強調した。明らかに陸相は、ビスマルクによって作られた国家を大規模に変革する気はなかった。国民の完全な動員を要求するもう一つの戦略は民主主義のなかでのみ可能であり、陸相が何としても避けようとしていたことであった。したがって、アルノ・メイヤーが適切に「旧体制の粘り強さ」と表現したものは、プロイセン・ドイツ国家の急進的改革を妨げていた。陸軍省軍需局長フランツ・ヴァンデル将軍ははっきりとルーデンドルフに警告した。「もし君が軍への要求を続けるのであれば、ドイツ人を革命へと駆り立てることになるだろう」[*57]。

皇帝の支持でヘーリンゲンは勝利した。三個軍団の創設は、新しい軍事予算が一九一六年にその役割を終えるまで延期された。前任者であるシュリーフェンと同じく、モルトケはその計画の推進のために辞表を出さなかった。そして辞表に代わって、陸相との文書交換に甘んじたままであった。再び、プロイセン・ドイツの戦略文化は軍内部でさえも政策合意を打ち切った。騒ぎを起こしたルーデンドルフは、参謀本部からデュッセルドルフの連隊への異動を受け入れた。

一九一三年二月、帝国議会は一億八三〇〇万マルクの継続支出と並んで、八億八四〇〇万マルクの一時支出による一三万七〇〇〇人の兵力増強を受け入れた。これはモルトケとルーデンドルフが要求した量の半分以下であったにもかかわらず、一九一三年の陸軍予算はドイツ史において最大のものであった。フランスは、三年現役制の導入でこれに反応し、一六万の訓練済みの兵士による現役部隊を増強した。フランスの人口の二・一パーセント（ドイツの二倍に当たる）が結果として、軍の下に参集することとなった。ロシアはその軍事支出を九億六五〇〇万ルーブルへと増額し、すべてのヨーロッパ諸国より多く支出していた。[*58] 協商国が一九一六年から一七年にはこれらの措置を完了するであろうという予測は、ベルリンの計画立案者に全ヨーロッパ戦争がこの時期に勃発するであろうと想像させるきっかけとなった。

四　戦略の実践——世界大戦

戦略計画の立案者の運命論的な雰囲気を考慮すれば、彼らが一九一四年の世界大戦の勃発を歓迎したことは驚くには当たらない。ドイツの歴史家フリッツ・フィッシャーが否定したにもかかわらず、一九一四年に勃発した戦争は世界列強への挑戦ではなかったし、ヨーロッパ大陸でのドイツの確固たる覇権は計画さえなかった。むしろ、それは軍事力によってヨーロッパの外交路線を修正し、一八七一年の利益を確保するために自ら招いた包囲を断ち切る試みであった。モルトケの視点からは、戦争を先延ばしにするより、むしろ今行うことが望ましいと考え、次のように述べた。「我々は、フランスとロシアの軍の拡充が十分ではない今以上適切に攻撃を行うことはないだろう」。モルトケはまた帝国宰相とベルリンとウィーンの「深く根を張った同盟感情」を思い出し、オーストリアがセルビアに対して迅速に攻撃することを勧めた。[*59] モルトケは、「歓喜に満ちた雰囲気」に気づき、ベルリンに派遣されていたバイエルン軍事全権であったカール・フォン・ヴェーニンガー将軍は陸軍省を訪れ、

「あらゆるところで喜びの表情に満ち、廊下では握手をしている。一人一人が困難を克服したために自分自身を祝っているのだ」とバイエルン政府に報告した。「ハムレットのように悩む」ベートマン＝ホルヴェークだけが、ドイツの「暗黒への跳躍」に不安を抱いていた。海軍内局長ゲオルグ・アレクサンダー・フォン・ミュラー提督は、政府がロシアを侵略者であるかのように見せてくれていたので、「雰囲気は素晴らしい」と証言していた。*60

ミュラーは核心を突いていた。「赤の脅威」のここ数十年の恐れは根拠がないことが証明された。ヴィルヘルム二世は、社会民主党の指導者を逮捕することを強く望んだただ一人の人物であった。政府は一九一四年七月二十四日にこの警告を不要であるとして撤回した。ベートマン＝ホルヴェークは賢明にも戦争努力の背後で社会民主党の党員を集めるために七月三十日のロシアの動員を利用した。そして、彼は社会民主党の指導者に「白書」を提示した。この「白書」は、「協商国の政策の連環」が近年「我々をこれまで以上にきつく包囲していた」ことを証明するように作られていた。*61 この本の三〇の資料の半分は偽物であり、それでも「白書」は巧みに作られていた。社会民主党の議員幹部会は、八月三日の戦時公債を賛成七八対反対一四でもって可決した。国内の休戦あるいは「城内平和（*Burgfrieden*）」の裏にあった階級闘争の明らかな中止は、治安維持部隊としての役割を恐れられていた軍隊を不必要なものとした。その代わりに一八五一年のプロイセン法に基づいて、戦時包囲下の国家の治安は二六個の軍団副司令官と約三〇の要塞司令官の手に委ねられた。*62

ドイツは、一九一四年の時点で長期戦の準備をしていたのであろうか。その答えは完全な否である。まずドイツとオーストリアは、体系的な戦争計画を打ち立てることに失敗した。どちらの首脳部も戦争が産業と連携するであろうことを認識していなかった。それぞれが独立した政治目的を追求し、他国にほとんど照会することなく作戦計画を作成した。オーストリア軍は東部戦線への正確な部隊数、ロシアに対する全部隊の詳細な情報の提供と具体的な軍事作戦の明確化をモルトケに約束させようとしたのだが、ドイツは確固たる保証を拒絶し、それどころかオーストリアとの同盟から対ロシア戦争への全面的関与を求めた。

もちろん、ドイツの参謀本部とオーストリアの参謀本部との関係は、シュリーフェンの退役以後、劇的に改善されていた。モルトケとドイツの参謀総長に対応するべく、オーストリアのフランツ・コンラート・フォン・ヘッツェンドルフ男爵は定期的にモルトケと文書を交換し、個人会合を取り決め、それぞれの国の演習に出席し、情報を共有していた。しかしそれでも、両国とも相手にもっとも重要な部分の考えや計画を提示する用意がなかった。コンラートは、ロシアと同時にセルビアに戦端を開く意図を一度もドイツ側へ十分に知らせなかった。モルトケは、彼自身が東部への部隊配置の詳細を明言することを拒否していた。両国は「肩を並べて」ともに戦うといういつものロマン化された確約を発表せずに、むしろ伝説的な忠誠の誓いである「ニーベルンゲンの誓い」を発表することを選んだ。したがって、ウィーン駐在ドイツ軍事全権委員であったカール・フォン・カゲネック准将が、一九一四年八月一日に「誰もが、二人の参謀総長がお互いの個人的な親密さから合意に至るのだという考えに頼りきっていた」と嘆いたことは驚くに値しない。[*63] 事実としては、この種の合意は何も存在しなかった。

　問題の一部は個人に関することであった。モルトケは根本的に用心深く内向的だったのと反対に、コンラートは活力に満ち不撓《ふとう》不屈であった。モルトケは計画を上級の参謀に委任していたが、コンラートは自分の仕事場で一人で作業し、無数の高度な構想力が必要な作戦研究（セルビア、イタリア、モンテネグロ、ルーマニア、ロシア、あるいはそれらの幾つかが結び付いたもの）を行っていた。コンラートは宮廷や政府に対し、こうした計画の迅速な実行を要請し行動した。モルトケは断固として政治的議論のなかに入ることを拒絶したが、コンラートは政府を急進的な外交構想と予防戦争に追いやろうとしていた。「国家、国民、王朝の運命は、外交会議ではなく戦場にて決せられる」とコンラートは皇帝と政府に述べた。[*64] 軍事力のみが多民族帝国のナショナリズムの遠心力を阻止し、オーストリア軍の文化的悲観主義――フランスとプロイセンによって被った敗北に由来する十九世紀の挫折からきたもの――を救うことができた。コンラートにとって、戦争だけが政治のための手段であった。

　ドイツもまた、長期戦に適合した軍隊、産業、財政を持っていなかった。帝国議会は、八月に一五五〇億マルク、一日当たり約一億マルクの戦時公債を可決した。シュパンダウのユリウス塔に密かに蓄えられていた一八七一年のフランスの賠償金の残りを含む名高いホーエンツォレルンの戦争資金は、二億五〇〇〇万マルクであった。この数字は、二日間の戦争能力しか十分に維持できなかった。弾薬用の硝酸塩、マグネシウム、ゴム（一九一三年にドイツは一〇〇パーセント輸入していた）、綿、羊毛、銅（九〇パーセントが輸入）、革（六五パーセントが輸入）、鉄鉱石（五〇パーセントが輸入）はまったく備蓄がなかった。一九一四年八月、軍は実業家ヴァルター・ラーテナウの下で陸軍省原料供給局を編成し、遅まきながら原料資源計画の完全な欠乏を改善する努力を行った。だが、ドイツに不足していた資源を補うために、管理の中央集権化を目指したラーテナウの試みは、現実的なものというよりも理論上のものであった。ドイツは戦争の期間中に押収した個人資本、資産、投下資本の代金を一度も支払わなかった。危険をはらんだデモの後で一九一六年五月に設立された特別食糧供給局は、一日に一人当たりほんの一七〇グラムのパンを保証したに過ぎなかった。栄養と医療の完全な不足は、戦争の間の生活で七六万三〇〇〇人のドイツの一般市民を犠牲にした。事実、幼児死亡率は一九一四年の水準から五〇パーセント上昇した。軍の規模が一九一四年の五〇〇万人から戦争終結時の一一〇〇万人に、また全人口の七・五パーセントから一六・五パーセントに増大したように、軍が効果的に徴兵を行ったことは、熟練労働者の払底をいっそう深刻にした。ベルリンはこの労働力流失を埋めるために女性労働力を動員することはなかった。[*65]イギリスの一六〇万人と比べて、およそ七〇万人の女性だけが一九一四年から一八年の間に労働力に加わった。

最終的に、国家の命運はシュリーフェンの壮大な計画の成否にかかっていた。一九一三年の陸軍予算以来、モルトケは二つの新たな軍団と六個の予備師団を加え、シュリーフェンの頃から一三個師団を増強した。ドイツ軍が大いに軽視していた「技術的」側面は、自動車輸送部隊の導入と兵站への関心の強化によって改善された。一九一四年の動員と同時に、モルトケは東部戦線に九個師団、西部戦線に七〇個師団（そのうち、ロレーヌ地方には一六個師団があった）を展開することができた。[66] この部隊は四二日間で三〇〇マイルを行軍し、フランス軍七四個師団、イギリス軍二〇個師団、ベルギー軍六個師団を決定的に敗北させる予定だった。シュリーフェンが計画した包囲による決定的な戦いの構想の魅力と高揚した「一九一四年の精神」による奮起が、軍をパリに進軍させた。それは一カ月でマルヌの停止で行き詰まることとなった。

厳しい現実は、ドイツが十九世紀の道具、すなわち人と馬で総動員の戦争に乗り出したことであった。マーチン・ファン・クレフェルトは、ドイツの進軍の途方もない規模と負担が結局敗北を確実にしたことを明らかにしている。[67] 弾薬消費予想は四〇年前の旧式のものであった。一日当たり道路二〇マイルを占有し、食糧と飼葉一三〇トンを消費した一個軍団の補給に必要とした車両の数は、一八七〇年以降、二倍の一一六八台となった。二万八〇〇〇人の鉄道敷設部隊の努力にもかかわらず、前進するドイツ軍の鉄道輸送の終点はしばしば前線から八〇から一〇〇マイル離れていた。人と馬は、特に右翼において極度の疲労から軍の前進を遅らせた。実際に戦闘部隊を輸送するためには一万八〇〇〇台のトラックが必要だったであろう。しかし、ドイツは四〇〇〇台しかトラックを保有しておらず、しかもその六〇パーセントはマルヌ川への到達前に故障していた。一五〇万人の兵員、つまりドイツ陸軍の八五パーセントが一三の線路によって一〇日間で西部戦線に到達したことでさえも、かなりの奇跡であった。

戦略的見地において、マルヌ川での停止は国家が準備していた唯一の方策が破綻したことを意味した。フランドル地方での「海への競争」と呼ばれたものも、東部戦線におけるタンネンベルクやマズール湖での劇的な勝利のどちらも、この事実を覆い隠すことはできなかった。十一月十八日に戦争は行き詰まった。イープルでの血なまぐさい攻勢は、フランドル地方の泥のなかに沈み、ロシア軍〔の反撃〕はウッジ付近の東部の進撃を鈍らせた。モルトケの後任であるエーリヒ・フォン・ファルケンハインは、「有利な講和」をもたらすようなドイツの勝利はもはや達成できず、併合なしの交渉による講和しかないとベートマン゠ホルヴェークに伝えた。参謀総長は戦場での挫折によって完全に意気消沈し、「現状維持」への回帰を準備していた。

だが、こうした事態は起こらなかった。「穏健な」文民といわれたベートマン゠ホルヴェークは、今やドイツの戦略の形成に戦争目的という新たな要因を組み込んだ。一九一四年十一月十九日、帝国宰相は外務省にファルケンハインの立場を伝え、全体的な悲観主義を認めなかった。ベートマン゠ホルヴェークは、今や戦争が確実に長期戦となったことを認めたが、戦争の延長は「ドイツの勝利と見なす」ことができると主張した。彼は国家が「途方もない犠牲の代償」を必要とすると述べた。これは、ポーランドのほとんどがドイツの手に残らねばならないことを意味していた。ドイツ帝国の同盟国の戦争目的もまた、戦闘の継続を左右することになっていた。最終的に、国家存続に影響を及ぼす事態についてさえ、帝国宰相は皇帝との謁見を求めることを断念した。これはドイツの戦略文化を示す行動によるもので、ヴィルヘルム二世が謁見を「文民」による「統帥権」の侵犯であると考えることを恐れていたためである。[*68]

このようにして一九一四年の冬の重大な時期に、人的・物的資源に関する国家戦略環境を見直し、あるいは既存の戦略文化における変化を考慮する代わりに、ドイツは人的・物的予備で相手に大きく劣っている事実にもかかわらず、躊躇なく消耗戦を選択したのである。シュリーフェンの包囲と殲滅の攻勢戦略は、フリードリヒ大王時代の防勢戦略を研究することなく産み出された。フリードリヒ大王時代の防勢戦略は、その対角線上にあるもっとも重大な敵の攻撃に対抗するために内戦の利を活用するものであった。「物量戦」への戦争の変容は、ハンス・デルブリュックが「枯渇」戦略、あるいは「消耗」戦略（*Ermattungsstrategie*）と名付けた統帥術《アート》の退廃をもたらした。こうしたものはヴェルダンで最悪の状況を迎えた。

多くの点で、ヴェルダンはドイツの戦略の形成の失敗の原因についての極限的な実例として役立つ。一九一五年の有名なクリスマスの覚書において、ファルケンハインは、イギリスをドイツ「包囲」の敵対連合の首謀者と見なし、「不実なアルビオン」に対する二重の間接的な打撃を提案した。洋上で、ファルケンハインはイギリスがいっそう必要とした外国からの補給を断つ無制限潜水艦作戦の開始を計画し、地上では、「大陸におけるイギリスの道具に対して」壊滅的な攻撃を実行することとした。特に、参謀総長は西部のフランス軍の消耗によってイギリス、フランス、ロシアに対する消耗戦に勝利することを提案した。

作戦を計画するなかで、ファルケンハインはシュリーフェンが示した万能薬であった包囲戦ばかりでなく、彼が「大規模な突破の不確実な方法」と呼んだものも拒絶した。参謀総長は、「狭い正面の戦線に限定する作戦」を代わりに選択した。つまり、塹壕で防備された地点に兵員が力任せに突撃していく伝統的な正面攻撃である。ファルケンハインは「フランス第一線地域の後背にある」ヴェルダンの要塞化された突出部を、「これを維持するためにフランス参謀本部が持っているすべての兵力を注ぎ込まざるを得ない」対象と認識した。ファルケンハインは「我が軍が目標に到達するか否か」は取るに足りないことであると断言していた。作戦の目的は、フランス軍を「死に至らしめるための」出血であった。後に、ファルケンハインは、「一度もヴェルダンを占領する意図を持っていなかった」ことを認めた。この町は、単にフランス軍の生血を消耗することを企てた巨大な吸血カップとして役立った。フランスの士気は、ファルケンハインにとって「重点」であった。勝利は、ムーズ川ではなくパリにある。一八七〇年から七一年のパリでの政治的動揺の記憶が、「フランスの士気への効果は甚大なものとなるであろう」というファルケンハインの楽観的な予言をもたらしたのかもしれない。

ファルケンハインは、後に「ムーズの挽肉」、あるいは「ムーズの粉砕機」と評されることになる大虐殺を完全に予測していた。防御陣地によって強化された相手側の有利さにもかかわらず、彼はドイツ兵二人当たりフランス兵五人の損耗率を楽観的に予測していた。現実には、この計算はドイツ側三三万六八〇〇人に対しフランス側三六万二〇〇〇人を数えた。ファルケンハインの最後の「切り札」は、北部におけるイギリス軍の予期された反攻であった。西部戦線での別の地域での救援攻撃という場面にダグラス・ヘイグを誘い出し、そのうえでムーズの粉砕機へとイギリスを引き込むことで、ファルケンハインは協商国の損失を増やすつもりだった。だが、ヘイグの反応にかかわらず、フランス軍は「出血死するだろう」ということは明白であった。[*69]

ファルケンハインは、その新しい残忍な戦略を一切外部に漏らすことを潔しとしなかった。唯一ヴィルヘルム二世だけが、クリスマスの覚書を見た。そしてそれに賛成した。ベートマン＝ホルヴェークも、陸軍兵站監フーゴ・フォン・フライターク＝ローリングホーフェン、皇太子ヴィルヘルムの参謀長であったコンスタンティン・シュミット・フォン・クノーベルスドルフ――まさしく攻勢の責任を負っていた人物――も、攻撃の性質とその方向性を聞いていなかった。また、ファルケンハインはウィーンと計画を調整していなかった。事実、オーストリアは、イタリアに対する独立した「懲罰的遠征」のためにロシア戦線から最良の部隊を秘密裏に引き抜いていた。結果として、ロシア軍はガリシアにおけるオーストリア＝ハンガリー軍の陣地を突破し、チロルにおけるハプスブルク軍の攻勢は無残に失敗した。[*70] ベルリンもウィーンも、いまだに連合戦争の本質である協調について理解してはいなかった。

ファルケンハインの賭けは、ムーズ川の両岸に対峙するドイツ、フランス両軍にひどい損害を与えた。陣地戦が続いた。マイケル・ガイヤーが論ずるように、他のどの戦いよりも、ヴェルダンは「戦略、作戦構想、戦術の相互関連性の完全な解体と近代的戦争手段の活用不能を象徴していた。そして何にもまして、莫大な損害をもたらして、プロフェッショナルな戦略が袋小路に陥ったことを示した」[71]。ファルケンハインがヴェルダンの大失敗の結果、ヒンデンブルクとルーデンドルフの二頭政治にしぶしぶその地位を譲り渡したとき、ドイツ海軍が大戦における唯一のドイツの戦略理念として登場した。すなわち、協商国間を結び付けていたすべての海上交通に対する無制限潜水艦作戦が登場したのである。

ティルピッツは戦略思想家ではなかった。現代的な官僚的管理者であり、一流の策略家、評論家や宣伝家というべき人物であった。彼は一八九八年以後イギリスに次ぐ世界第二位の艦隊を建造するためにドイツの中産階級の大部分を結集した。有名な一九一二年十二月の「戦争会議」で、ティルピッツは戦争準備にあと一八カ月かかると弁解した。二〇カ月後にドイツ外洋艦隊は、予定より遅れて第一次世界大戦に八隻の戦艦と一三隻の大型巡洋艦を全部投入した。ティルピッツは、事実上シュリーフェンのカンネーの戦いに対する考えを海洋に当てはめた。北海の南中央部でただ一度の決定的な衝突が、イギリスとドイツとの間の問題を決するであろう。つまり、その戦略文化――国家の威信、スポーツマン精神、歴史的伝統――から、イギリスは戦わざるを得ず、「不実なアルビオン」であるイギリスとドイツとの間の問題が決せられるであろうと考えられた。ティルピッツが一九一四年の春季演習に外洋艦隊司令官であったフリードリヒ・フォン・インゲノールに尋ねた答えのない疑問、すなわち、「もし彼らが来なかった場合に、貴官は何をするのだろうか」という問いは、ドイツ帝国艦隊の戦略的洞察力の欠如を暴露していた[72]。

イギリスの遠距離封鎖がドイツ海軍を動揺させたのは驚くには当たらない。外洋艦隊はフランドル地方で前進する陸軍を支援し、英仏海峡を越えてくる部隊輸送を阻む主な努力を何も行わなかった。イギリス沿岸での定期的な「チップ・アンド・ラン」奇襲作戦は、戦略的な効果を何らもたらさなかった。外洋艦隊は「死せる」北海に閉じ込められたままであった。ドイツとイギリスの艦隊が一九一六年五月三十一日にスカゲラクで遭遇したとき――この海戦は最初で最後であったが――、ドイツは戦術的勝利を主張した。しかし、この行動は戦略バランスに何の影響も与えなかった。七月四日に、ドイツ艦隊司令官ラインハルト・シェーア提督は、「この戦争でもっとも成功した艦隊の行動」でさえも、「イギリスに講和を強要する」ことはできないとヴィルヘルム二世に伝えていた。イギリスに有利な「軍事・地理的地位」と「膨大な物質的優位」は、ドイツに不利に作用していた。しかし、その点では「イギリスの経済生活の挫折、つまり貿易に対する潜水艦の使用」という一つの代案が存在した。[*73]このように物量戦の考えは、戦争を海洋に拡大した。

無制限潜水艦作戦の決定において、ドイツはシュリーフェンとファルケンハインの雄大な計画のなかには本質的に何の秘密もないことを証明した。無制限潜水艦作戦の決定は、公的な議論の集中と、海軍将校および経済専門家によって研究された徹底的な可能性の検討の結果行われた。ヴィルヘルム二世、ベートマン＝ホルヴェーク、ヒンデンブルク、ルーデンドルフ、軍令部総長へニング・フォン・ホルツェンドルフが参加した真の意味の戦争会議は、一九一七年一月九日にプレス城で行われた。プレスで行われた議論は、潜水艦による攻撃の結果として、アメリカが介入してくるであろうという重大な問題を含んでいた。ヴィルヘルム二世は、無制限潜水艦作戦が招くであろうアメリカの参戦を「重要ではない」と切り捨てた。ルーデンドルフは「リスクの受け入れ」に合意し、マグヌス・フォン・レヴェッツォー大佐は、アメリカの参戦を「艦隊にとって取るに足りない」ものであると見なした。ドイツ海軍は、潜水艦が六カ月の間一月当たり船舶五〇万トンを沈め、中立国の船舶約二〇〇万トンを海上保険料の高騰によって海から追い払うことができるということで、プレス会議の参加者を納得させた。海軍首脳部は「本心から」イギリスに対する勝利を「保障」した。[*74] ここに、国家戦略は図らずも公的世論、専門的な海軍の助言、学術的な経済予測に基づいて、宮廷、政治、軍事に関わる国家の頂点にいる計画者の審議によって形成された。これは、新しい技術への傾倒を反映していた。この戦略の形成にはどれほどの現実性があったのであろうか。一回もテストすらしていない新兵器に国家の未来を賭けることは、まったく無責任なことであった。なぜなら、最も強力な中立国がドイツの「敵陣営」に加わることで戦況がドイツに不利に働くからである。加えて、ドイツの専門家は経済的要因をあまりにも狭く分析していた。海軍の首脳部は、アメリカの造船能力についての潜在力の大きさを評価できなかった。イギリスの利用可能な総トン数――これには、イギリスによって中立港に抑留されていたドイツの商船を含んでいた――にも誤算があった。彼らには、イギリスが産業を維持し、国民に食糧を供給するのに必要とする月ごとの船舶の正確な数についてのはっきりとした洞察もなかった。ドイツの経済専門家は、一般に小麦の重要性を過大評価し、代用穀物の量を把握することに失敗し、配給制と価格統制を「イギリスの国民的特色」に馴染まないものとして無視した。彼らは、イギリスが最近使用していなかった土地を転換し、アメリカの穀物予備――一九一六年の協商国の乏しい穀物を十分に埋め合わせた――に頼ることによって容易に食糧増産ができることを予測できなかった。また、計画者は、短期間で巨大な近代軍を集めるアメリカ合衆国の能力を誤って判断していた。[*75] この見込み違いは、イギリスが護送船団方式を取り入れるという決断とともに、潜水艦攻撃が失敗した原因となった。この失敗の結果、責任は、間近に迫った大惨事から勝利をつかむための戦略を一一時間で考案したヒンデンブルクとルーデンドルフが負うことになった。ルーデンドルフが国家総動員の考えに帰着したのは驚くべきことではない。この国家総動員の考えは、一九一二年から一三年にかけて参謀本部でその職を賭けて実現しようとしたのと同じものであった。

ヒンデンブルクとルーデンドルフは、二つの面からの攻勢を計画していた。ドイツの人的資源、物的資源の動員と、新たな攻勢戦略である。この過程で、彼らは事実上古いプロイセン軍と君主制の最後の残滓を一掃した。

一九一六年八月、参謀本部は陸軍省にヒンデンブルク計画を提示した。ヒンデンブルク計画は、六カ月で弾薬、重砲、機関砲だけでなく、石炭と鋼鉄のような極めて重要な物資生産の二倍あるいは三倍の生産を要求した。四週間後、予備勤務法は、戦争努力のために十五歳から六十歳までのすべての健康な男女の動員を求めた。軍は道徳を向上させるために、前線と銃後の「愛国的教育」を支援した。特別兵器弾薬調達局は、後にヴィルヘルム・グレーナーの下で「戦争局」に変更されたが、事実上、旧態依然としたプロイセン陸軍省を脇へ押しのけた。果てしない領土的な拡大と財政的賠償の計画が、戦争での犠牲が無駄ではなかったと国民に示すために浮上した。それは、国内の政治改革と社会改革の要求に対して君主制を支えることと同じ意味を持っていた。前線においては、新しく設立された「突撃部隊」と突撃師団が、新たな浸透戦術を発揮した。公式のドイツの戦争史によれば、重点は今や「人と馬」というよりも、むしろ「戦争の機械」になった。兵士は、戦争の「労働者」となった。皇帝は事実上「帝国軍総司令官」ではなくなり、参謀本部はあらゆる戦争努力の中枢となった。参謀本部の優秀な参謀の一人であったマックス・バウアー大佐は、ルーデンドルフの下で「軍事独裁政権」の創設を提案するまでに至った。[*76] もちろんこれは戦争へと国民を動員するためである。効率の追求こそが総力戦の神となった。

「国民皆兵」を目標とした大胆な試みは失敗した。帝国議会は、膨大な数の女性を召集することや予算権を放棄することを望まなかった。産業は、基準、規定数量、価格、賃金を設定する自主性があり、それによって軍を単に戦争物資の消費者にした。「軍と産業の共存」は、ただ理論の中にしかなかった。最初のうちは計画の支持を厭わなかった労働者は、急速に反対に変わっていった。ストライキは一九一六年の二四〇件から、一九一七年の五六二件、一九一八年の九カ月間に四九九九件へと増大した。[*77]

一九一八年の春における西部戦線での賭けも失敗に終わった。機械化戦争における新しい重点であったにもかかわらず、ドイツ軍は機動性の不足に苦しんだ。ドイツ軍の馬は死んでしまった。三万両の利用可能なトラックは、ほとんど木と鉄のタイヤで走っており、一〇万両の連合軍のトラックは対照的に大部分はゴム製のタイヤであった。ドイツが保有していた二〇両の新型のA7V戦車は、連合国軍の八〇〇両の戦車の敵ではなかった。そして、効果的な対戦車砲は生産に入ることさえなかった。真夏に、連合国軍はドイツの攻勢を鈍らせ、軍はその状況を説明するために、新しい言葉「戦いによる解決（*abgekämpft*）」を作り上げた。方向性も目的もなく、戦略は今や戦いのための戦いを意味した。ルーデンドルフでさえ、その参謀に戦略という言葉の使用を禁止した。*78 ドイツは破滅に向かって漂流していた一方で、オーストリア＝ハンガリーという同盟国は単なる従属国になった。

戦争はプロイセンの「国王の軍」を物理的ばかりでなく道徳的にも破壊した。皮肉なことに、国内の敵の一人であったフリードリヒ・エンゲルスは、一八八七年に近代戦に関してドイツでもっとも深い洞察力を示した。その予言は、将来ドイツ帝国が今まで予想もできなかった規模と激しさとなる一つの世界戦争だけを戦うことになるというものであった。「八〇〇万人から一〇〇〇万人の兵士が互いを殺し合い、その過程で今までなかったほどヨーロッパを衰弱させるであろう。三十年戦争の荒廃が三年から四年の短期間でもたらされ、全ヨーロッパ大陸に広がる（であろう）」。エンゲルスは正確に予言していた。「人民と同じく軍の飢餓、疫病、野蛮化」は世界大戦の論理的帰結となるであろう。世界大戦は、「貿易、産業、信用取引」を破綻させ、ヨーロッパの「古い国家」とその「古い政治」を一掃するであろう。*79 ここには、「何ダースもの王冠」が、新たにそれを拾う者すらなく「道端に転がる」であろう。ここには、第一次世界大戦の正確な「戦争像」があった。

結論

一八七一年から一九一八年の間のドイツ国民国家における戦略の形成は、困難だったばかりか失敗であった。ドイツの軍事計画者の「戦争像」は、イギリス、フランス、ロシアが中央ヨーロッパに恐ろしい計画を企んでいるという合理的でない常軌を逸した見方に囚われていた。その結果もたらされたものが、欠陥のある作戦計画——シュリーフェン計画——であり、この計画は国家のもっとも基本的な目的、すなわち国家の存続に失敗した。

権力政治と文化の統一体であった国家政策が、明確に定義されることは一度もなかった。「世界政策」や「ミッテルオイローパ」といったスローガンは、はっきりしないものであった。帝国議会は、政策形成に発言力を持たなかった。軍部は、国家戦略の問題の扱いを模索する際に、ハンス・デルブリュックのような文民の耳障りな批判を拒絶した。外的な脅威に対する見解の相違——陸軍にとってのフランス、ロシアの大陸同盟、海軍にとってのアングロ・サクソン海洋連合——は、国家の最高指導者によっても未解決のままであった。一世紀の間、青年を国策の道具として漠然と徴兵してきたことは、ドイツ独特のことであった。

ドイツの戦略の形成は、計画者の極めて少ない中核グループに依存していた。現実にはそうではなかったとしても、「帝国軍総司令官」であるプロイセン国王兼ドイツ皇帝でもある君主が頂点に立っていた。ヴィルヘルム二世は、大戦略の水準あるいはそれ以外の水準で、統帥権を行使するための歴史的・組織的権限を遂行できなかったことをはっきりと証明した。

ベートマン＝ホルヴェークは、臆病にも帝国宰相として、防衛政策の決定、陸・海軍の戦略や資源の調整で中心的な役割を果たすことを拒否した。上位組織の指示がないままに放置された参謀本部と陸軍省は、軍事組織の本質と目的をめぐって激しく争った。一八八三年の組織改革は、帝国議会の検討から軍の人事政策を隠蔽することを計画していたが、これは軍の行政的統一を破壊し、計画策定の調整を危険にさらした。陸軍の視点から見ればせいぜい「衛星」に過ぎなかったドイツ帝国海軍は、一度も戦略的議論に関与せず、したがって、一九一四年においても軍部間の統合された作戦計画は存在していなかった。ドイツにとって唯一の確固たる同盟国であるオーストリア＝ハンガリーへの不信は、必然的に一つの連合で別の連合に対抗する戦いのための重大な同盟国間の計画を妨害した。ドイツは、大戦略なき戦争に突入したのであった。

軍部は、歴史的経験を誤って解釈し、あるいは自己の脅威認識の強化と「予防戦争」を正当化するためにこれを歪曲した。戦略認識と恣意的なやり方が合わさったヴィルヘルム時代のドイツの戦略文化は、基本的にドイツ統一戦争から生じたものであった。予備役に対する正規軍の優位、参謀本部が立案する中心的計画が絶対に正しいものであるという確信、攻勢を疑うことなく礼賛すること、戦略問題を解決する際の作戦による解決の強調、現代戦の本質が包囲と殲滅という広義の戦闘としてあらかじめ決定された本質のなかで扱われたこと、そして文民に対する軍人の優位といったものが、その例である。シュリーフェンとティルピッツが、デルブリュックによるカンネーの戦いの分析から決戦重視の考えに魅了されたことはまったくの皮肉である。だが、国家の指導者は戦闘に勝っている間、ハンニバルが敗れたという事実に気づかなかったようであるし、カルタゴの陸軍力が最終的にローマの海軍力に屈服したという、より重要な教訓も学ばなかったようである！[*80]

ドイツの計画者は、「最悪のケース」の考えに固執していた。カプリヴィからシュリーフェンまで、軍と政治首脳部は、ドイツとオーストリア＝ハンガリーが平和を愛し、誠実であると主張した一方で、潜在的な敵を奸智に長け、攻撃的であると描いた。様々な事実が、ドイツが脅威を受けているということを否定していたが、人種的な固定観念は想像上の危険を強めるように作用した。「包囲」され最終的には没落してしまうという思い込みが、「予防」戦争の計画を生んだ。一九一四年七月におけるこの種の未来像は、全ヨーロッパ戦争のみがヨーロッパにおけるドイツ帝国の現在の不安定な地位を向上させるであろうと軍部に確信させた。国家戦略の形成という政治と軍事が共存する場で、参謀本部は作戦計画を一九〇五年から一二年まで帝国宰相と陸軍大臣のいずれにも秘密にしていた。陸軍の戦力構成が作戦目的に適合していないことに気づいたとき、参謀本部は一九一三年の陸軍予算をめぐる危機を悪化させた。

一八九〇年のビスマルクの解任以後、ドイツは戦略環境の転換に適応することに失敗した。伝統的な十九世紀の「キャビネット・ウォー」は、アメリカ南北戦争が証明し、大モルトケが予言したように、長期の産業大衆戦争に道を譲った。国内政治の安定の保証者であったプロイセン軍の歴史的役割は、現代戦に必要であった国民の兵役への動員を妨害した。すべての兵役適格者の徴兵は、ユンカーが独占していた将校団の拡大を意味し、今後「民主化」と他の「望ましくない階層」へと将校の地位を開放することであった。まさしく、「国王の軍」の存在が問題となった。

「赤の脅威」という強迫観念によって、軍隊の拡大がさらに制約された。この恐怖は社会的変化を避けるために短期戦を求めたばかりか、農村人口が減少していたにもかかわらず、「信頼できる」農村から軍の兵士の大部分を徴兵するという陸軍省の決定を強化した。戦略計画の立案者は、長期にわたって維持されたイギリス、フランス、ロシアの協商という数的優位に立つ敵の脅威に直面していた。しかし、この敵の優位に対抗するためには、社会民主党の牙城であった大都市の膨大な人的資源を利用するしかなかった。ヴェルディ・ドュ・ヴェルノワによる「国民皆兵」の理念は、プロイセン・ドイツの軍事官僚国家の軍事エリートの多くにとって革命を意味した。一九一三年と一六年以後、この理念を現実化しようとするルーデンドルフの試みは、部分的な成功をもたらしたに過ぎなかった。

ビスマルク以後、ドイツの戦略の形成において手段と目的は均衡が取れないままであった。シュリーフェンは、特に、作戦上の計算の妥当性に関する妄想に固執していた。一九〇五年の大構想は現実には存在しない軍を基盤としていたが、その後継者は開戦時に「本来あるべき」八個軍団をできる限り準備する必要があった。兵站はほとんど注目されず、シュリーフエンは、明らかに兵士が自活することを期待していた。長期の産業戦争に関する人的・物質的予備の動員は拒絶された。そのような努力は、すでに今にも壊れそうな第二帝政の社会・

政治構造を潜在的に破壊することを意味していたからである。シュリーフェン計画は、このように初めから絶望の下に生まれた政策であった。一八七〇年から七一年の作戦の成功に勇気づけられ、歪められた「戦争像」によって動機付けられたシュリーフェンは、国家の未来を西部戦線でのサイコロの一振りに賭けた。プロイセン・ドイツ特有の戦略文化においてのみ、純粋に作戦上の軍事計画が政策形成の最高の地位の議論を経ることなしに国家戦略となり得たのであった。しかも、参謀本部は憲法上の権限のない部局であった。この計画が、その政策的・物質的裏付けに対して責任を負っていた帝国宰相や陸軍大臣の二人に七年間も秘密だったことは、ドイツ特有のことであった。

賭けが一九一四年九月のマルヌ川で失敗したとき、国家目標と戦略目的の再検討は行われなかった。戦争目的の問題はそれ自体問題を招くことになり、この緊要な段階での戦略の形成を歪めた。まさに参謀総長であったファルケンハインでさえも、軍が「破綻した組織」であり、シュリーフェン計画の実行に失敗し、ドイツの勝利の機会が失われたことを認めた。ベートマン＝ホルヴェークは、敗北から重要な反省を得ずに、併合と賠償のために戦争の継続を推進した。それ以来、戦略目的は戦争目的と密接に結び付いた。状況を再度検討する際に、一九一四年十一月に帝国宰相が皇帝への謁見の要求を控えたことは、これが皇帝の「統帥権限」を「侵害」することを恐れたためであり、これはドイツ政府の戦略計画の本質を示している。

ドイツの戦略の形成はヴェルダンで極限に達した。ファルケンハインは、フランス軍に出血させる戦略を選択し、前任者が尊重した作戦構想である包囲と突破を拒絶した。最高司令官である皇帝にのみその意図を知らせた参謀総長は、フランスを消耗させ、それによって「真の敵」であるイギリスに間接的な打撃を与えるという野蛮な試みを行い、「ムーズの粉砕機」で自国の優秀な軍を破壊した。ファルケンハインの消耗戦略は、敵と味方の両方にこの上なく上手く働いたのである。

無制限潜水艦作戦を実行するというドイツ帝国海軍の大胆な戦略的主導権は、同じように失敗に終わった。徹底的な経済統計分析を基盤とし、政府や個人を出所とする多くのところから助言の提供を受けていたとはいえ、作戦は重大な誤算のために失敗した。古い救済策——護送船団——が潜水艦の技術的な革新を相殺した。成功を実現できなかったとき、「不実なアルビオン」のイギリスに六カ月で勝利するという海軍の保証は期待に反した結果となった。海軍首脳部は国民の信頼を失った。最大の過ちは、大国の中立国であったアメリカ合衆国がドイツに敗北をもたらし得るほどの報復能力を持っていたことを予測できなかったことであり、アメリカが現実にまた報復するであろうということを予測できなかったことであった。

第三次最高統帥部のルーデンドルフとヒンデンブルクは、一九一六年中頃以後のドイツの戦略形成における最後の章を書いた。事実、ルーデンドルフは総司令部において「戦略」という用語や、さらには「作戦」という用語を使用することさえも禁止した。しかしその一方で、彼の参謀が使うことが許されたのは、「戦術」という概念だけであった。戦略上の優先順位は依然として変わらないままであった。東部戦線におけるロシアの崩壊にもかかわらず、西部戦線における勝利が追求された。一九一八年春のフランスでの「ミハエル」攻勢における浸透戦術は、一時的に有効であることを証明したが、いかなる戦略構想もこの攻勢の背後にはなかった。ミハエル攻勢の勢いが衰え、ルーデンドルフの参謀も戦闘の中止を勧めたにもかかわらず、ルーデンドルフは戦争はそれでも継続されねばならないと力なく答えた。〔敵国から〕莫大な併合と賠償金を獲得することだけが、国内改革勢力からホーエンツォレルン君主制を救うことができる唯一の方法だったからである。*81

ドイツの戦略は、純粋に軍事的な観点から考案されたために失敗した。アンドレアス・ヒルグルーバーは、戦略の有効性に関する複雑ではあるが、適切な評価の基準を提起している。ヒルグルーバーによれば、現代戦の確固たるイデオロギー的・権力政治的構想を達成するためには、内政・外交政策、戦略的・心理的戦争計画、経済生産・軍需生産を国家の指導者があらゆるレベルで調整し、統合する必要があるという。*82 ビスマルク以後のドイツの政策形成者はこうした努力に失敗した。彼らは、総力戦を目的とした国民の動員のために保守的なプロイセン・ドイツ国家を変革することを望まなかった。その試みは、第一次世界大戦の経験に学んだ後の世代にもちこされたのであった。

(1) 陸軍の国内政治上および対外的機能については、Wolfgang Petter, "Armee und Flotte in Staat und

Gesellschaft," in Dieter Langewiesche, ed., *Das deutsche Kaiserreich 1867/71 bis 1918: Bilanz einer Epoche* (Freiburg and Würzburg, 1984), pp. 117-126を参照。

(2) 例えば、レオ・ガイル・フォン・シュヴェッペンブルクは、一九四九年に至ってもB・H・リデルハートに述べている。「クラウゼヴィッツは大学の教授によって読まれるべき理論家であったというのが、我々参謀本部に属する者が持っていた見解であった」。Williamson Murray, "JCS Reform: A German Example?," in *JCS Reform: Proceedings of the Conference* (New Port, 1985), p. 82を参照。

(3) Holger H. Herwig, "The Dynamics of Necessity: German Military Policy during the First World War," in Allan R. Millett and Williamson Murray, eds., *Military Effectiveness*, Vol. 1 (Boston, 1988), pp. 80-82を参照。

(4) Hans-Ulrich Wehler, *Das deutsche Kaiserreich 1871-1918* (Göttingen, 1973), p. 162.

(5) Gordon A. Craig, *The Politics of the Prussian Army 1640-1945* (Oxford, 1955), pp. 178, 220. 徴兵された兵士は、現役で三年、現役予備役で四年、そして改革された郷土防衛軍で五年勤務した。

(6) Verdy to Waldersee, 24 February 1889, in H. O. Meisner, ed., *Aus dem Briefwechsel des Generalfeldmarschalls Alfred Grafen von Waldersee*, Vol. 1 (Berlin and Leipzig, 1928), pp. 224 ff.

(7) Manfred Messerschmidt, "Die Armee in Staat und Gesellschaft-Die Bismarckzeit," in Michael Stürmer, ed., *Das kaiserliche Deutschland: Politik und Gesellschaft 1870-1918* (Düsseldorf, 1970), pp. 100-101を参照。

(8) Wilhelm Deist, "Die Armee in Staat und Gesellschaft 1890-1914," in Stürmer, ed., *Das kaiserliche*

Deutschland, pp. 313-316. 国王の統帥権は、一八四九年のフランクフルト憲法四十四条に規定されていた。

(9) Waldersee to Edwin von Manteuffel, 8 February 1877, in Gerhard Ritter, *Staatskunst und Kriegshandwerk: Das Problem des "Militarismus" in Deutschland*, Vol. 2 (Munich, 1965), p. 361.

(10) Reinhardt Höhn, *Sozialismus und Heer*, Vol. 3 (Bad Harzburg, 1969), pp. 67-68; Deist, "Armee in Staat und Gesellschaft," pp. 317-318.

(11) Stig Förster, *Der doppelte Militarismus: Die deutsche Heeresrüstungspolitik zwischen Status-Quo-Sicherung und Aggression 1890-1913* (Wiesbaden, 1985), pp. 25-26. 一八九一年十一月のコメントはヘーンから引用。Höhn, *Sozialismus und Heer*, Vol. 3, pp. 71-72; *Ibid*., pp. 108-115.

(12) Förster, *Der doppelte Militarismus*, p. 93.

(13) J. Alden Nichols, *Germany After Bismarck: The Caprivi Era 1890-1894* (New York, 1958), p. 212.

(14) Förster, *Der doppelte Militarismus*, p. 105 から引用。

(15) Germany, Reichstag, Stenographische Berichte 1903/04, Vol. 198, p. 1529, session of 4 April 1904; Einem to Schlieffen, 19 March 1904, cited in Germany Reichsarchiv, *Der Weltkrieg 1914 bis 1918: Kriegsrüstung und Kriegswirtschaft: Anlageband* (Berlin, 1930), p. 91; Wilhelm Deist, ed., *Militär und Innenpolitik im Weltkrieg 1914-1918* (Düsseldorf, 1970), Vol. 1, pp. xxxv-xxxvi.

(16) Förster, *Der doppelte Militarismus*, pp. 133-134.

(17) Bernhard von Bülow, *Denkwürdigkeiten*, Vol. 3 (Berlin, 1930), pp. 197-198 から引用。

（18） Deist, "Armee und Gesellschaft," pp. 318-319; Förster, *Der doppelte Militarismus*, pp. 191-192. 一九一二年一二月にプロイセン陸軍省は、ヒンデンブルクの命令を他の軍団司令部に伝えた。

（19） Heeringen to Moltke, 20 June 1913, in *Kriegsrüstung und Kriegswirtschaft: Anlageband*, p. 180.

（20） Bernd F. Schulte, *Die deutsche Armee 1900-1914: Zwischen Beharren und Verändern*（Düsseldorf, 1977）, p. 278から引用。

（21） Alfred von Schlieffen, "Der Krieg in Gegenwart," in *Gesammelte Schriften*, Vol. 1（Berlin, 1913）, p. 17.

（22） Ritter, *Staatskunst und Kriegshandwerk*, Vol. 2, p. 244から引用。

（23） Graf Moltke, *Die deutschen Aufmarschpläne 1871-1890*, in Ferdinand von Schmerfeld, ed.（Berlin, 1928）, pp. 64-66を参照。

（24） Gunther E. Rothenberg, *The Army of Francis Joseph*（West Lafayette, IN, 1976）, pp. 113 ff. を参照。

（25） Eberhard Kessel, *Moltke*（Stuttgart, 1957）, pp. 747-748から引用。また、Gunther E. Rothenberg, "Moltke, Schlieffen, and the Doctrine of Strategic Envelopment," in Peter Paret, ed., *Makers of Modern Strategy from Machiavelli to the Nuclear Age*（Princeton, 1986）, pp. 306-311（ガンサー・E・ローゼンバーク「モルトケ、シュリーフェンと戦略的包囲の原則」、ピーター・パレット編、防衛大学校「戦争・戦略の変遷」研究会訳『現代戦略思想の系譜——マキャヴェリから核時代まで』ダイヤモンド社、一九八九年）を参照。

（26） Messerschmidt, "Armee in Staat und Gesellschaft," pp. 103-105; Detlef Bald, "Zum Kriegsbild der militärischen Führung im Kaiserreich," in Jost Dülffer and Karl Holl, eds., *Bereit zum Krieg: Kriegsmentalität im wilhelminischen Deutschland 1890–1914* (Göttingen, 1986), p. 151; Wolfgang Mommsen, "The Topos of Inevitable War in Germany in the Decade before 1914," in Volker R. Berghahn and Martin Kitchen, eds., *Germany in the Age of Total War* (London, 1981), pp. 23–45.

(27) Jehuda L. Wallach, *The Dogma of the Battle of Annihilation: The Theories of Clausewitz and Schlieffen and Their Impact on the German Conduct of Two World Wars* (Westport, CT, and London, 1986), pp. 196–198.

(28) Caprivi to the Prussian War Ministry, 27 August 1891, in *Kriegsrüstung und Kriegswirtschaft: Anlageband*, pp. 45–50.

(29) Förster, *Der doppelte Militarismus*, pp. 39, 55–56.

(30)「現代の戦争」("Der Krieg in der Gegenwart") は一九〇八年に書かれた。原本はフライブルクの連邦文書軍事史料館にある。*Nachlass Schieffen*, N 43, Vol. 101. この論文は一九〇九年の *Deutsche Revue* で発表された。

(31) Dieter Fricke, ed., *Die bürgerlichen Parteien in Deutschland: Handbuch der Geschichte der bürgerlichen Parteien und anderer bürgerlicher Interessenorganisationen vom Vormärz bis zum Jahre 1945*, Vol 1 (East Berlin, 1968), p. 574; Messerschmidt, "Armee in Staat und Gesellschaft," pp. 109–110; Deist, "Armee in Staat und Gesellschaft," pp. 330, 333; Roger Chickering, "Der 'Deutsche Wehrverein' und die Reform der deutschen Armee 1912–1914," *Militärgeschichtliche Mitteilungen* 25 (1979), pp. 7–34

を参照。

(32) Friedrich von Bernhardi, *Deutschland und der nächste Krieg* (Stuttgart, 1912) の諸所から引用。Daniel Frymann [Heinrich Class], *Wenn ich der Kaiser wär': Politische Wehrheiten und Notwendigkeiten* (Leipzig, 1912), pp. 74-76.

(33) Moltke to his wife, 19 August 1911, cited in Eliza von Moltke, ed., *Helmuth von Moltke. Erinnerungen, Briefe, Dokumente 1871-1916: Ein Bild vom Kriegsausbruch, erster Kriegsführung und Persönlichkeit des ersten militärischen Führers des Krieges* (Stuttgart, 1922), p. 362.

(34) Ludwig Baron Rüdt von Collenburg, *Die deutsche Armee von 1871 bis 1914* (Berlin, 1922), p. 36.

(35) Förster, *Der doppelte Militarismus*, pp. 36-56.

(36) *Kriegsrüstung und Kriegswirtschaft*, Vol. 1, *Die militärische, wirtschaftliche und finanzielle Rüstung Deutschlands von der Reichsgründung bis zum Ausbruch des Weltkrieges* (Berlin, 1930), p. 52; Rüdt von Collenberg, *Die deutsche Armee*, p. 50.

(37) *Kriegsrüstung und Kriegswirtschaft*, Vol. 1, p. 54; Michael Geyer, *Deutsche Rüstungspolitik 1860-1980* (Frankfurt, 1984), p. 58.

(38) Hans Ehlert, "Marine- und Heeres-Etat im deutschen Rüstungs-Budget 1898-1912," *Marine-Rundschau 75* (1978), pp. 316-318, 321.

(39) Hans Herzfeld, *Die deutsche Rüstungspolitik vor dem Weltkriege* (Bonn and Leipzig, 1923). 以下の多くは上記のハンス・ヘルツフェルトの文献から引用。

(40) いまだ基本文献である Gerhard Ritter, *Der Schlieffenplan: Kritik eines Mythos* (Munich, 1965) を参照。また、L. C. F. Turner, "The Significance of the Schlieffen Plan," in Paul M. Kennedy, ed., *The War Plans of the Great Powers, 1880–1914* (London, 1979), pp. 199–221 も参照。

(41) Craig, *Politics of the Prussian Army*, p. 281.

(42) Christian Stahl, "Der Grosse Generalstab, seine Beziehungen zum Admiralstab und seine Gedanken zu den Operationsplänen der Marine," *Wehrkunde* (January 1963), pp. 6–12; Holger H. Herwig, "From Tirpitz Plan to Schlieffen Plan: Some Observations on German Military Planning," *Journal of Strategic Studies* (March 1986), pp. 53–63 を参照。

(43) Theobald von Bethomann Hollweg, *Betrachtungen zum Weltkriege* (Berlin, 1919), Vol. 1, p. 167; Vol. 2, p. 7.

(44) Moltke to General Franz Baron Conrad von Hötzendorf, 10 February 1913, in Österreichisches Staatsarchiv-Kriegsarchiv, Conrad Archiv, B. Flügeladjutant, Vol. 3; Franz Conrad von Hötzendorf, *Aus Meiner Diestzeit 1906–1918*, Vol. 4 (Vienna, Leipzig, and Munich, 1923), p. 259.「合同最高司令部の問題は一度も戦争以前に提案されなかった」。

(45) Gossler to Schlieffen, 8 June 1899, in *Kriegsrüstung und Kriegswirtschaft: Anlageband*, pp. 57–59.

(46) Schlieffen to Gossler, 19 August 1899, in *ibid.*, pp. 60–67; Gossler to Schlieffen, 19 October 1899, in *ibid.*, pp. 68–72.

(47) Ludwig Baron Rüdt von Collenburg, "Graf Schlieffen und die Kriegsformation der deutschen

Armee," *Wissen und Wehr* 10 (1927), pp. 624 ff. から引用。

(48) Schlieffen, "Der Krieg in der Gegenwart," in Hugo von Freytag-Loringhoven, ed., *Cannae* (Berlin, 1925), p. 280. オーストリア・ドイツ軍は九三万人であり、フランスとロシアは一六〇万人であった。Rüdt von Collenberg, *Die deutsche Armee*, p. 61.

(49) Ritter, *Staatskunst und Kriegshandwerk*, Vol. 2, pp. 256–258; Wallach, *Dogma of the Battle of Annihilation*, p. 58.

(50) *Kriegsrüstung und Kriegswirtschaft*, Vol. 1, pp. 93, 99; Schulte, *Die deutsche Armee*, pp. 61–66.

(51) Rüdt von Collenberg, *Die deutsche Armee*, p. 95; Förster, *Der doppelte Militarismus*, p. 225.

(52) Herzfeld, *Deutsche Rüstungspolitik*, pp. 47, 58, 146, 155.

(53) Moltke to Heeringen, 25 November 1912, in *Kriegsrüstung und Kriegswirtschaft: Anlageband*, pp. 146–148.

(54) John C. G. Röhl, "Die Generalprobe: Zur Geschichte und Bedeutung des 'Kriegsrates' vom 8. Dezember 1912," in Dirk Stegmann, Bernd-Jürgen Wendt, Peter-Christian Witt, eds., *Industrielle Gesellschaft und politisches System: Beträge zur politischen Sozialgeschichte: Festschrift für Fritz Fischer zum 70. Geburtstag* (Bonn, 1978), pp. 357–373 を参照。

(55) Bernd F. Schulte, "Zu der Krisenkonferenz vom 8. Dezember 1912," *Historisches Jahrbuch* 102 (1982), p. 196; Heeringen to Moltke, 9 December 1912, in *Kriegsrüstung und Kriegswirtschaft: Anlageband*, p. 156.

(56) Moltke to Bethmann Hollweg, 21 December 1912, in *Kriegsrüstung und Kriegswirtschaft: Anlageband*, pp. 158–174. 一九一二年から一三年の陸軍の議論に関係する史料のほとんどは、近年フォルカー・R・ベルクハーンとヴィルヘルム・ダイストによって新たに出版されることとなった。Volker R. Berghahn and Wilhelm Deist, eds., *Rüstung im Zeichen der wilhelminischen Weltpolitik: Grundlegende Dokumente 1890–1914* (Düsseldorf, 1988), pp. 371 ff.

(57) Herzfeld, *Deutsche Rüstungspolitik*, p. 77 から引用。

(58) William C. Fuller, Jr., *Civil-Military Conflict in Imperial Russia 1881–1914* (Princeton, 1985), p. 227.

(59) Imanuel Geiss, ed., *Julikrise und Kriegsausbruch 1914*, Vol. 2 (Hanover, 1964), p. 299 を参照。

(60) Bernd F. Schulte, "Neue Dokumente zu Kriegsausbruch und Kriegsverlauf 1914," *Militärgeschichtliche Mitteilungen* 25 (1979), p. 140; J. C. G. Röhl, "Admiral von Müller and the Approach of War, 1911–1914," *The Historical Journal* 12 (1969), p. 670; *Jurikrise und Kriegsausbruch*, Vol. 2, document 1000c; Karl Dietrich Erdmann, ed., *Kurt Riezler: Tagebücher. Aufsätze. Dokumente* (Göttingen, 1972), pp. 182–183.

(61) Dieter Groh, *Negative Integration und revoltionärer Attentismus: Die deutsche Sozialdemokratie am Vorabend des Ersten Weltkrieges* (Berlin, 1973), pp. 626–627, 642, 651, 670, 684, 692: Holger H. Herwig, "Clio Deceived: Patriotic Self-Censorship in Germany after the Great War," *International Security* 12 (1987), p. 8 を参照。

（62） Deist, ed., *Militär und Innenpolitik*, Vol. 1, pp. xxxi, xl.

（63） Gordon A. Craig, "The World War I Alliance of the Central Powers in Retrospect: The Military Cohesion of the Alliance," *Journal of Modern History* 37 (September 1965), pp. 337-338から引用。また、Ludwig Beck, "Besass Deutschland 1914 einen Kriegsplan?," in Hans Speidel, ed., *Studien* (Stuttgart, 1955), pp. 102 ff.; Gerhard Ritter, "Die Zusammenarbeit der Generalstäbe Deutschlands und Österreich-Ungarns vor dem Ersten Weltkrieg," in *Zur Geschichte und Problematik der Demokratie. Festgabe für Hans Herzfeld* (Berlin, 1958), pp. 523-549も参照。

（64） Ritter, *Staatskunst und Kriegshandwerk*, Vol. 2, pp. 282-286.; Rothenberg, *Army of Francis Joseph*, p. 178.「コンラートはその計画を成し遂げるための解決策がなく、遂行する手段を持っていないことを忘れていたにもかかわらず、紙の上ではいつでもほとんどナポレオンのような勝利を収めた」。

（65） Wehler, *Deutsche Kaiserreich*, pp. 200-203.

（66） Wallach, *Dogma of the Battle of Annihilation*, p. 66.

（67） Martin van Creveld, *Supplying War: Logistics from Wallenstein to Patton* (New York, 1977), pp. 109-141（マーチン・ファン・クレフェルト、佐藤佐三郎訳『補給戦――何が勝敗を決定するのか』中央公論新社、二〇〇六年）.

（68） Ritter, *Staatskunst und Kriegshandwerk*, Vol. 3 (Munich, 1964), pp. 59-61, 597.

（69） Erich von Falkenhayn, *General Headquarters 1914-1916 and Its Critical Decisions* (London, 1919), pp. 209-218; German Werth, *Verdun, Die Schlacht und der Mythos* (Bergisch Gladbach, 1979) から諸所

を引用。デルブリュックについては、Arden Bucholz, *Hans Delbrück & The German Military Establishment: War Images in Conflict* (Iowa City, 1985), pp. 94-110を参照。

(70) Wallach, *Dogma of the Battle of Annihilation*, pp. 170-177.

(71) Michael Geyer, "German Strategy in the Age of Machine Warfare, 1914-1945," Paret, ed., *Makers of Modern Strategy*, p. 536（マイケル・ガイヤー「機械化戦争時代――一九一四～一九四五年におけるドイツの戦略」『現代戦略思想の系譜――マキャヴェリから核時代まで』四七〇頁）.

(72) Albert Hopmann, *Das Logbuch eines deutschen Seeoffiziers* (Berlin, 1924), p. 393から引用。Rear Admiral Karl Hollweg to Rear Admiral Wolfgang Wegener, 15 March 1919, in Bundesarchiv-Militärarchiv, Nachlass Wegener, N 607, Vol. 2も参照。

(73) Bundesarchiv-Militärarchiv, Nachlass Levetzow, N 239, box 19, Vol. 2.

(74) Bernd Stegemann, *Die Deutsche Marinepolitik 1916-1918* (Berlin, 1970), pp. 71 ff.

(75) Holger H. Herwig, *"Luxury" Fleet: The Imperial German Navy 1888-1918* (London and Atlantic Highlands, NJ, 1987), pp. 197-198.

(76) Herwig, "Dynamics of Necessity," pp. 96-97; and Wehler, *Deutsche Kaiserreich*, p. 213を参照。

(77) Geyer, *Deutsche Rüstungspolitik*, pp. 104-105; Wehler, *Deutsche Kaiserreich*, p. 206.

(78) Herwig, "Dynamics of Necessity," pp. 94-95, 99.

(79) Friedrich Engels's introduction to Sigismund Borkheim, "Zur Erinnerung für die deutschen Mordspatrioten. 1806-1807," dated 15 December 1887, in Karl Marx and Friedrich Engels, *Werke*, Vol.

21 (East Berlin, 1969), pp. 350-351.

(80) Bucholz, *Hans Delbrück*, pp. 63-64 を参照。

(81) Holger H. Herwig, "Admiral *versus* Generals: The War Aims of the Imperial German Navy 1914-1918," *Central European History*, 5 (September 1972), pp. 208-233 を参照。

(82) Andreas Hillgruber, "Der Faktor Amerika in Hitlers Strategie 1938-41," in Wolfgang Michalka, ed., *Nationalsozialistische Aussenpolitik* (Darmstadt, 1978), pp. 493-525.

第十章　疲弊した老大国
——大英帝国の戦略と政策（一八九〇〜一九一八年）

ジョン・グーチ
小谷賢訳

一八九〇年にアルフレッド・セイヤー・マハンが、イギリスの戦略におけるイギリス海軍の歴史的優越性について断言している。マハンは一六六〇年から一七八三年までのイギリスのシー・パワーを調べ上げ、アングロサクソンの指導者を励ますような以下の結論を導いた。その結論とは、過去二〇〇年の間、イギリスはその海上覇権を通じて、「世界でもっとも偉大な商業国家」として君臨してきたということである。それは、力に頼った二つの必要条件である「広域にわたる健全な商業活動と強大な海軍」[*1]を有していたからであった。マハンは、イギリスが他の競争相手に対して商業的優越性を保ち続けた古き良き世紀を想い描いていた。そのような意識は、三年後に、ジョセフ・チェンバレンがイギリスのインド支配を「パックス＝ブリタニカ〔イギリスによる平和〕」という造語で形容したことにも表れている。この言葉は、イギリスがその制海権によって急速にヨーロッパでもっとも偉大な国家となった一八一五年以降の時代を表す言葉となっていった。だが一八九〇年までに、この優越の時代は過去のものとなった[*2]。その後の戦略的・経済的な現実によって、イギリスは疑義を投げ掛けられ、挑戦を受け、そしてその戦略的信念を変更したのである。

　ヴィクトリア朝中期は、イギリスに困難な戦略的選択を迫るような国際情勢ではなかった。イギリスは工業生産力がピークに達した一八六〇年代から、ヨーロッパ内外の「新たな」勢力が台頭することによって次第に衰退していくのである。この流れのなかで戦略の重要性は、一八九〇年以降に顕在化し、世紀の変わり目においては不可避なものとなっていった。イギリスは帝国のすべての拠点にいつでも、どこにでも梃入《てこい》れできなくなったことにより、困難な選択をせざるを得なくなったのである。程なく、ビスマルク後の野心的なドイツがヨーロッパにおける準覇権国の地位に満足できなくなり、それがイギリスのヨーロッパ大陸関与戦略を発展させることになった。これはイギリス陸・海軍の戦略思想を初めてさらけ出す結果となったのである。そして一九一四年八月以降にイギリスが直面したのは、従来の戦略ではとても解答を導き出せないような諸問題が複雑に絡み合った戦争であった。大まかにいって、一八九〇年から一九一八年までのイギリスの政策は、次の三つの時期に分けることができる。まずは一八九〇年から一九〇四、〇五年頃までの世界戦略におけるイギリスの地位を修正し再整理した時期、次いで、より厳密にそして細部まで戦略的議論を続けた次の一〇年間、そして最後に、気力が萎《な》えるとともに大きな戦略問題が噴出したことで特徴付けられる四年間の壊滅的戦争〔第一次世界大戦〕の時期である。

一八九〇年以降のイギリスの政治戦略を理解するための鍵は、広範な外交目標、ヨーロッパと世界の勢力均衡状態の変動、そして、一国を支援して他国に対処するような戦略的選択肢の三つの事項の相互関係にあった。他方、軍事戦略は、軍隊と利用可能な他の資源を方向付け、そして選択することに依存していた。イギリスの戦略とは、イギリスの政策と同様に、イギリスの国益を守るために連続した現実的手段をとることであった。したがって、国益が徐々に変化すれば、戦略も自ずから変化していくのである。

世界各地の植民地における伝統と連結している圧力の変化が、イギリスの戦略を形成してきた。「世界中の問題を解決するような根本的原則などはない」と、一八九九年にカーゾン卿が述べている。*3 彼は若干誇張していたのであるが、このイギリス外相の議論を注意深く検討すれば、そこには洗練された原則が存在しているのである。第一の原則は現状維持政策であり、イギリスはこの目標を達成するために様々な問題に直面したが、一八九〇年以降、現状維持勢力として存在できる余地はなかった。一八九四年から九五年、そして一八九八年に日本とアメリカが大国として台頭し、イギリスに対抗する世界的な勢力が、まずは東から、次いで西から生じてきたのである。世界各地で大国が勃興してイギリスの地位を脅かしたため、イギリスの戦略は勢力均衡を再び作り出すことを継続しなければならなかった。イギリスの緩慢な衰退を防ぐために、公式・非公式の両面で、限られた資源でなんとかやりくりするための絶え間ない努力が必要とされたのである。

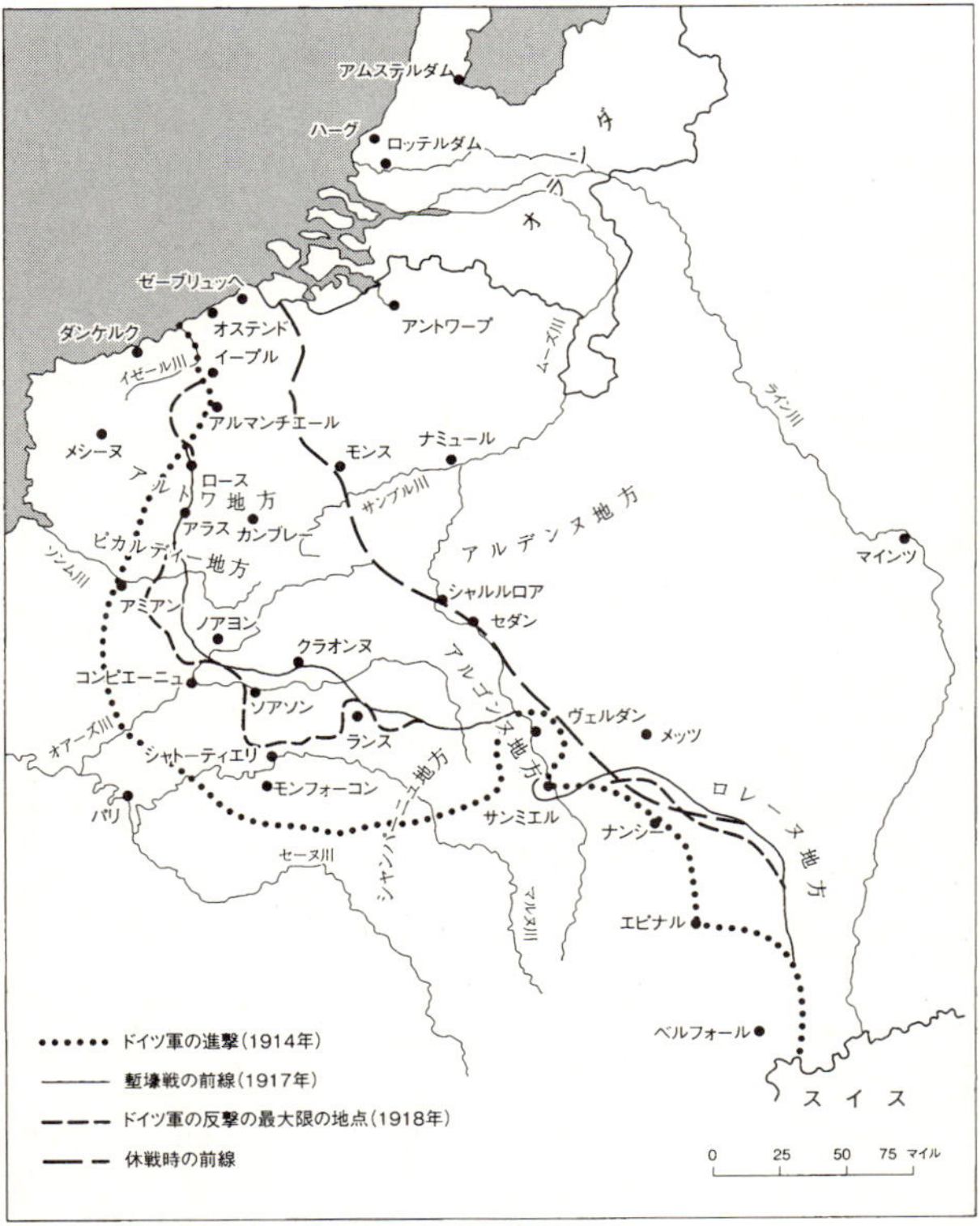

図 10-1　第一次世界大戦の西部戦線

出典：John Laffin, *Brassey's Battles: 3,500 Years of Conflict, Campaigns and Wars, from A-Z*
(London: Brassey's, 1986), p. 464.

このような過程によって、外交および戦略の機微な分野で他国との関係を絶えず再定義することになった。一八八二年から九八年にかけてのフランスとの競争関係においては、エジプトとスーダンが焦点であった。ロシアの拡張政策による長期的脅威は、東地中海、ペルシャ、インドにまたがっていた。ロシアが旅順港を押さえたことは、それまでイギリスが優位に立っていた中国の分割問題に新たな問題を投げ掛けるものであった。イギリスは世界各地に権益を有していたため、他国との競争関係によって戦略の焦点が常に変化するという事態を招いた。ソールズベリー卿が悲しげに漏らしたことには、彼が一八八〇年に外務省を去るときには誰もアフリカに関心を抱いていなかったが、その五年後に復帰したときには誰もアフリカ以外のことに関心を抱かなくなっていた。*4

イギリスの政策における第二の原則は、ヨーロッパでの勢力均衡を維持することであった。ホワイトホール〔イギリス政府官庁街〕は真の意味で、勢力均衡を維持するためにどのような政策を形成すればよいかということに関しては熟知していたのである。*6 しかし、歴代の外務大臣は、政治的・軍事的な勢力均衡を検討したことはなかった。*5 小規模の常備軍しか持たなかったことに加えて、強固な同盟関係も構築していなかったイギリスは、現実的に見て、ヨーロッパ大陸への直接的な軍事介入をちらつかせて威嚇する能力を持たなかった。このことは、パーマストン首相が一八六四年に受けた屈辱〔プロイセンがデンマーク領のシュレスヴィヒとホルシュタイン両公国を併合する際、イギリスは単独で介入したが、フランスとの協調介入では失敗した〕を見ても明らかである。しかしその四〇年後、イギリスの政治家および軍人は、ヨーロッパで覇権を打ち立てようとするドイツに直面することになる。この問題によって、陸・海軍力のどちらを重視するのかといった議論が生じ、その結果、イギリスは戦略の重心を海軍力から陸軍力に転換したのであった。

第三の原則は、「自由な人々のための自由裁量」である。[*7] 一八九六年二月、ゴーシェン海相はこの言葉を以下のように解釈した。「どのような状況であれ、我々には選択する自由がある」。[*8] この表現は、どのような状況であっても、政府がその後継者の決定を縛ることはできないという含蓄深いものである。[*9] また、たとえ政府が世論の分裂のためどの程度の支持を得られるかが予測不可能な状態であっても、戦争を行う際には圧倒的な世論の支持が必要であるということでもある。ソールズベリー卿は以下のように提案している。

何が開戦事由（*casus belli*）となるのか説明してみなさい。それを聞けば私はイギリスがとるべき行動について推測することができるであろう。しかし、もしその口実を聞かなければイギリスの政策については予測できないかもしれない。我々は一般的な利益のみに基づいた議論によって決定することはできないのである[*10]〔そして、そこには世論という要素が必要なのである〕。

ソールズベリー卿が世論を気にしたのには理由がある。一八九五年から九六年にかけて生じたトルコによるアルメニア人虐殺はイギリスの世論を激昂させ、そのために、イギリスは海峡問題で対露・親トルコ的政策をとれなくなっていたのである。

イギリス政府は「光栄ある孤立」の利点を宣伝してきたにもかかわらず、一九〇二年には日本との同盟関係に入った。一八九九年に議会に提出された問題の多い報告書——パリ条約（一八五六年）およびベルギーの領土保全を保障した極めて重要な多国間保障条約（一八三九年）の両条約で定められたイギリスの義務条項への言及が抜け落ちていた——によれば、スウェーデン、ノルウェー、オスマン＝トルコ帝国のアジア地域、ポルトガルの海外植民地、プロイセンの全領土あるいは一部の領土、ギリシャ、セルビア、モルダヴィア、ワラキア、ルクセンブルクのすべてに対する防衛の義務を、イギリスが一手に引き受けることになっていたのである！[*11] イギリスは、直面するであろう困難な戦略的問題に対して無邪気すぎたのである。

このようにイギリスの外交政策の原則は、その戦略の形成上、何の助けにもならなかった。しかし、イギリスは特定の場所に関しては、その戦略的利益を極めて迅速、確実に定めることができた。こうして一八九八年七月、ゴーシェンはバルフォア首相とランズダウン外相の支持を得て、スペインがアルヘシラス〔イギリス領ジブラルタルと隣接した町〕にあるスペイン女王の台座に砲台を取り付けようとしたことが、戦争の口実に等しいと判断したのである。[*12] コンスタンティノープルは、もう一つの事例を示している。そこは、変動する戦略世界のなかの〔基準を示す〕定点であったが、一八九六年以降、イギリスはボスフォラス・ダーダネルス海峡の防衛のみに重きを置かなくなった。代わりに、エジプトやナイル川流域が死活的な地域になり、一九一一年七月にアスキス首相はイギリスの戦略的・商業的利益がモロッコの防衛にあると論じた。*13

イギリスは世界帝国、商業国家として、世界各国に権益を有していた。物理的地図が戦略を決定するうえで重要な要素となり、世界中に植民地が点在するというだけではなく、潜在敵国とイギリス領土との間の距離から海軍に重点が置かれるようになった。しかし、物理的地図は固定されているが、戦略的地図はまた別のものである。イギリスの戦略策定者は、現地の政治情勢と通信の発達状況によって異なる地球の様々な地域の重要性、価値観、戦略的脆弱性と防護性に関し、多くの困難な問題に直面した。政治は、フランスが潜在敵国である以上、モロッコ沿岸からフランス勢力を追い払うことを要請した。同じように、技術の発達によって、イギリスはクリミア戦争の再来を求める一切の考えを捨て去る必要があった。というのも、カスピ海横断鉄道が完成したことで、アフガニスタンへ通ずるロシアの補給ルートが、黒海に派遣されるイギリスのどの遠征部隊も届かない奥地を通るようになったのである。

国境問題もイギリスの戦略に問題を投げ掛けており、しばしば選択肢が制限されるか、あるいは負担が増加するという困難が生まれた。一八九二年、イギリス海軍はソールズベリー卿に対し、トルコの協力なくしては海峡への派兵もロシアからコンスタンティノープルを防衛することも不可能であるということを報告した。その三年後、ソールズベリー卿は再び戦略を政治に合わせようと試みた。彼は海軍大臣を思い浮かべながら、「コンスタンティノープルをロシアの手から守ることは（中略）我々の政治信条にとって死活的事項である」と述べ、イギリス海軍がボスフォラス・ダーダネルス海峡を守れるということを皆に期待させたのである。[*14] ゴーシェンは、ボスフォラス・ダーダネルス海峡の防衛に無頓着な者に限ってそのような考えを持つものだと、辛辣だが正確に答弁した。結局、一九〇七年二月、ガリポリ半島への上陸を試みることは無意味であるとして、グレイ外相は外務省のトルコに対する戦略的選択は限られるだろうという提言を認めざるを得なかった。トルコの独立と海峡の自由航行を認めた一八八七年の地中海協定によって手を縛られたイギリスは、結局、陸・海軍が何もできないという事実を認識したのである。

戦略的地図が間接的にイギリスに影響を及ぼしていた。その他の国家は、配当を得るために地球上の一カ所に影響力を行使していた。特に、ロシアがその良い例である。一九〇〇年、ソールズベリー卿はロシアが引き起こすことが予想される問題を要約して次のように述べている。「もしロシアのシベリア鉄道が完成すれば、中国の大部分を支配しようとするだろう。もしアフガニスタンを防衛できなければ、ロシアは中国を棄ててインドに進攻するかもしれない」。[*15] イギリスは、ある地域の脅威に備えるために他の地域から撤退する必要に迫られていたのである。一八九三年七月、ローズベリー首相は海軍大臣スペンサー伯爵にこう語った。「残念ながら、あなたは地中海艦隊を増強しなければならないだろうが（中略）今日の状況とフランスの価値観によってすべては可能になるのである」。[*16] この場合、ローズベリーは地中海を強化するために太平洋の部隊を弱める準備をしたのである。地域的な海軍大国として日本およびアメリカが勃興したことで、イギリスは間接的な影響を受け、状況はより複雑化した。

このようにホワイトホールが直面した戦略的問題の複雑さによって、文官、陸軍軍人、海軍軍人の協力体制を促すような行政システムが誕生することになった。一八九〇年、ハーティントン委員会は、首相の下に防衛委員会を創設し、陸軍最高司令官の職を廃止してヨーロッパ大陸的な参謀本部を設置することを提案した。海軍はそれまで内部の委員会によって運営されていたが、それはそのまま残された。*17 このような行政機構の強化によって、所管の大臣に対する戦略的提言の質を高めることになったのである。

軍部や陸軍・海軍大臣は、以下の二つの理由からこのような極端な改革には躊躇していた。リベラルな大臣は、軍部の発言力が増すようなこうした好戦的なシステムに好意的ではなかった。そして軍部自体も、それぞれの自立性を重んじていたことから協力には懐疑的であった。しかし、イギリスは改革を進め、一八九一年には陸海軍合同委員会を設置し、一八九三年以降、植民地防衛委員会の権限を現地の防衛事項だけに狭めた。*18 しかし、単に組織をいじり回しただけの対応であったため、戦略問題を討議し、解決策を提示するという場を提供できなかった。

一八九五年のソールズベリー内閣の登場は、新たな段階の始まりとなった。デヴォンシャー公爵（この人物は、ハーティントン侯爵として、一八九〇年に委員会体制を支持する報告書を提出した）が、陸・海軍大臣と大蔵大臣からなる新たな内閣防衛委員会の長に就任したのである。彼は委員会が軍部内の協力とその機能を増すために必要であると考えていた。デヴォンシャー公爵によれば、委員会は陸・海軍省に「彼らがどのように任務を遂行し、そのためにはどれぐらいの資源が必要か、今以上に問題を検討する」[*19]ことを要求する存在であった。それでも政治家が戦略決定に参画するのは現実的ではなく、いまだに理想のままとなっていたのである。

イギリスの戦略は内閣と軍部の領域であったにもかかわらず、大臣は新たな組織についてあまり関心を持たなかった。七年後、デヴォンシャー公爵は幻想から目覚めたように書いている。「単に陸・海軍の最良の人材を集めて防衛問題を検討させるだけでは、問題の解決には至らない」[*20]。ソールズベリー卿が翌年に気づいたように、一八九九年に発生した第二次ボーア戦争によって、イギリスの戦略策定システムの欠陥および効果的な政軍間の対話の必要性が明らかになった。[*21]一九〇二年に海軍大臣は、防衛委員会に代わって帝国防衛委員会が設置されたことを熱心に語った。「それは内閣国防評議会と、鋭敏化した立場を和らげようとしていた軍部と国際問題担当各省との間の連携を迅速化し、政府の決定を方向付ける問題の政治的側面について知り得るという利点があった」[*22]。一九〇四年には、常設の事務局を備えた。帝国防衛委員会は、帝国の戦略問題を議論し解決するための組織となった。たとえすべての問題が万人が満足いくように解決が得られないとしても、イギリスが直面する多くの問題で合意が形成され、より広い世界的な立場から、ヨーロッパ、特に顕在化しつつあったドイツの脅威に対して戦略を再検討することができたのである。[*23]

一八九〇年から九八年までの間、陸・海軍の予算はほとんど同額であり、一八九九年から一九〇三年には陸軍の予算が海軍を上回り始めていた。しかし、一八九〇年代を通して戦略的に重要とされたのは海軍の方であった。[*24] 一八八九年の海軍国防法によって、八隻の第一級の戦艦と六二隻の艦艇の建造のために二一五〇万ポンドの予算が承認され、そして、イギリス海軍の建艦計画として「二国標準主義」が策定された。この建艦計画は、フランスとロシアとの競争に直面して一八九三年に改正されたが、一九〇一年に世界の軍備が再定義されるまで優位を保つことができた。ある前提の下で部隊規模の目標を設定した海軍戦略を宣言したことにより、イギリスは仮想敵に対し艦隊を効果的に使用することができた。

二国標準主義とイギリス海軍の戦略的優位性は、シー・レーンがイギリスにとっての生命線であるということと不可分であった。食糧および資源の輸入に圧倒的に依存しているという商業国家・産業国家としてのイギリスの立場により、戦争時における海軍の第一の任務は海上交通路の防衛であった。貿易についての防衛戦略の必要性は、一八八九年の演習においてイギリス海軍がフランス海軍による通商破壊を防ぎきれないことが判明してから、常に検討されてきた。歴代の海軍情報部長は、この戦略課題について常に注意を払っていたのである。[*25]

海軍はドーヴァー海峡を管制し、敵によるイギリス進攻を事前に防ぐことも重要な任務であった（この任務は陸軍もまた独自に主張していた）。さらに海軍は、本土から植民地への海上交通路を防衛し、海外の基地を維持し、潜在的な敵国による封鎖に備え、地球のいかなる場所においても外国が大英帝国の国益に挑戦した場合に備え戦闘を準備していた。これらのことは、なぜ海軍力がイギリスの戦略において中心的役割を果たしてきたかの説明にもなるし、一九〇三年、海軍軍拡競争に直面したセルボーン海相が、「他の諸国にとって海軍とは単に贅沢品でしかない」[*26]と主張したことも頷ける。日本を除く他の競争国はそうではないが、イギリスは海戦で一度でも負ければ、国の存在そのものを危険にさらすことになるのである。

これらの条件下にあって、当時の海軍の戦略や計画に対する不用意な取り組みには驚かされるが、海軍は十九世紀のほとんどのあいだ単純な戦術的な示威行動だけで優位を維持してきたのである。[*27]その結果、海軍は幾つかの本質的な領域で職業的な無知をさらけ出すこととなった。その他の事でも一方向の戦略的思考しか発達しなかったが、そういった事実として、海軍は十九世紀最後の四半世紀に生じた劇的な技術革新を経験し、主力艦艇の性能を向上させたことが挙げられる。[*28]ジュリアン・コルベットが戦略的思索のために後に「機能しない海軍士官組織」と訴えたことは何ら影響を及ぼさなかったし、一八九〇年にマハンが彼の処女作を出版するまでコルベットの幅広い見識は見向きもされなかった。[*29]

その結果、海軍軍人は戦争に赴く騎士のような様相を呈することになる。一九〇一年、ウォルター・カー卿が、新たなドイツ海軍の脅威に対して海軍の訓練をするという考えなど念頭になく、快活な筆致で、「起こるかどうか分からない未来の出来事に対して思いを巡らすことなど無駄である」[*30]と書き記した。一九〇三年十二月、日本とロシアの衝突の可能性が報じられたとき、セルボーン海相はカーに対して中立を保っている間に政府がとるべき策を尋ねた。それに対してカーは、「私はずっとこのような状況を想定してきた。しかしこのような場合、何が起こってもよいように万全の準備をする以外の方策などないのだ」[*31]と答えている。海軍大臣はイギリスが介入しなければならない状況に関しては明確な考えを持っていたが、実際イギリス海軍に何ができるのか、海軍大臣が首相の意向を確かめる必要があるのかといった問題に関してはまったく想定していなかったのである。

もし何らかの計画が存在したとしても、それらは現場には知らされないことが多かった。この点に関しては、一八九三年九月、海軍提督のマイケル・シーモア卿がスペンサー伯爵に不平を漏らしている。一九〇四年に海軍提督のジョン・フィッシャー卿が海軍大臣に就任しても、こうした状況は変わらなかった。フィッシャーの考えによれば、戦争とはちょっとした警句（「まず叩け、強く叩け、そしてどこでも叩け」）を知っていれば事足りるものなのである。[*32]こうして一九〇四年以降、海軍が対ドイツ戦に関する戦略計画を立てざるを得なくなったとき、幕僚の不足から戦術と戦略が混同される有様となり、一九一二年まで計画をまとめることができなかったのである。これは陸軍と比べても相当な不手際であった。

十九世紀後半の陸軍戦略は論点が限られていたため、海軍の戦略よりも立案が容易であった。陸軍省がもっとも重視したのは、フランスによるイギリス本土上陸作戦の防衛とロシアによるインド進攻の防衛であった。この二つの問題は、すべての陸軍戦略が繰り返してきた根本的事実をさらけ出すものであった。その根本的事実とは、戦略の伝統と嗜好が常に陸軍を小規模に制限してしまおうとする動きに結び付くということである。長年、陸軍は手段と目的の不均衡に反発してきた。一九〇四年に軍のある権威が書いたところによると、「イギリス陸軍の歴史を学んでいる生徒がよく気づいているのは、戦争を開始するときに兵力が十分揃っていることなどほとんどないということである」[*33]。しかし、一九一一年までに陸・海軍は来るべきヨーロッパの戦争について議論し、その折にヘンリー・ウィルソン少将は、イギリスが大陸型の強大な陸軍を有していないことから、独自の大陸戦略を工夫したのである。十九世紀を通してイギリス本土進攻に対する恐怖がイギリス社会を脅かしており、こうした恐怖を和らげるために一八八九年に海軍国防法が制定された。国防における海軍の一義的な役割を否定することで、陸軍をロンドン防衛の要《かなめ》に据えたのであった。このようにようやく問題が検討され始めたのだが、水際防衛か内陸防衛かといった問題は取るに足らないものとされてしまった。本土防衛の必要性によって拡充された陸軍が様々なケースを想定することは、一八九九年のボーア戦争の勃発までほとんど不可能であった[*34]。

ボーア戦争で相当な兵力を展開したことは、一個歩兵連隊も残置していないイギリス本国が裸同然になったことを意味した。その結果、世論から警戒が喚起されたことは驚くに当たらない。フランス、ドイツ、ロシア各国の陸軍が海軍と連携して、フランスの上陸作戦を含む合同演習を行ったため、その翌年は特に不安が高まった。帝国防衛委員会の最初の仕事は、まず誰がイギリス本土防衛の責任を負うのか、そしてその主体は陸軍か海軍かということを規定することであった。一九〇三年にはアーサー・バルフォア首相の主導で戦略問題に関する調査が行われ、海軍に都合の良い決断が下された。さらに一九〇八年および一九一三年から一四年に調査が行われたが、それらはバルフォアが行った調査を踏襲したものに過ぎなかった。

一八八四年、ロシアはメルヴ〔現トルクメニスタン〕に進攻し、翌年にはアフガニスタン国境のペンジャを制圧したため、ロシアによるアフガニスタン国境を越えたインド進攻が、イギリス本土に対する進攻よりも現実味を帯びてきた。一八九〇年に陸軍省が下した結論は、ロシアを押さえ込むためには、アフガニスタンに軍を派遣して、カブール―カンダハル線でロシアの進攻軍を迎え撃つというものであった。前回のクリミア戦争のときと同様に、ロシア軍を打ち破るには、トルコの支援を受けるかたちでもう一度クリミア戦争を戦う必要があると考えられた。[*35] しかし、この数年のうちにそのような協力への希望は儚《はかな》くも消え去ってしまった。そのためにインド防衛戦略は、インド亜大陸そのものだけを守るものになり、戦争の際に要求されるインド兵の数は飛躍的に増大していった。一九〇三年には四カ月で一〇万人もの多くのインド兵が要求されることとなったのである。帝国防衛委員会の書記官のジョージ・シドナム・クラーク卿は、イギリス軍が戦場で使用するラクダの数を計算して要求していた。一九〇五年までにキッチナーは、アフガニスタンには一五万五〇〇〇人の兵力が必要であると吹聴しており、その規模の軍隊の補給を支えるためには五〇〇万頭を優に超えるラクダが要求されたが、それは現地の供給能力をはるかに超えた頭数であった。[*36]

インド総督のカーゾン卿は、イギリスの勢力をペルシャ南部まで拡大するために、インドでは前方展開戦略の採用を望んだ。しかし、このインドの前方展開戦略をめぐる問題は、インド防衛とそれに必要とされる膨大なマン・パワーが今後イギリスの全体的な軍事政策を左右する基本方針となっていくのかという問題に比べれば、さしたる重要な意義はなかった。陸軍は、このインド防衛問題を予算獲得の武器として最大限に活用した。[*37] インドへの要求はボーア戦争の教訓とともに顕在化し、そのことは陸軍元帥ロバーツ卿が一九〇三年一月に書き残している。「(1)将来の作戦においては大規模な徴兵が必要である。(2)我々の予備役はそのような要求に応えられるほど十分ではない」。[*38] しかし、省庁間の政治闘争をめぐる問題と並んでホワイトホールが真に恐れたのは、もしロシアがインドとアフガニスタンを結ぶ鉄道網を押さえた場合、次にロシアはどのような行動をとるのかということであった。[*39]

イギリスの戦略形成の核心部は、世界中における脅威の顕在化と、それに対する防衛と経済の均衡という永遠ともいえる課題を常に抱えていたのである。一九〇〇年から一四年にかけて、イギリスは二つの戦略的ジレンマに直面していた。第一は世界の幾つかの地域における交渉や譲歩による安全保障であり、第二はイギリスが一〇〇年にもわたって避け続けてきたヨーロッパ大陸への軍事介入であった。第一の問題は政治的解決が可能であり、陸・海軍間の論争が第二の問題を左右していた。

同じ頃、ロバーツとキッチナーが推進したインドにおける反ロシア戦略は、日本、アメリカ、ドイツ各国海軍の勃興と衝突した。セルボーンは、カーゾン総督に対する手紙のなかでその戦略の問題を述べている。「毎年各国の海軍がその軍備を拡張するなかで、イギリス海軍の力を維持し続けること、それと同時にアジアにおいてもっとも強力な陸軍力と相対することは並大抵のことではない」[*40]。

一九〇四年から〇五年の日露戦争の結果によってロシアの脅威は減少したが、完全に消え去ったわけではなかった。ジョージ・クラーク卿が述べているように、インド防衛は外務省の焦点であり続けた。彼は兵站《へいたん》分野におけるロシアの脅威を消し去ることに執念を注いでいたのである。外務省が認めたように、もし現実にロシアがアフガニスタンに侵攻した場合、イギリスは必要とされる巨大な兵力に予算を充てることも編成することもしないので防ぎようがなかった。このような難問に直面して、外務省は一九〇七年に英露協商の締結に踏み切ったのである。

こうした視点によれば、イギリスは日英同盟や英仏露三国協商によって戦略・外交上の転換を図ったことになる。この転換は、一九〇一年にイギリスが海上における二国標準主義の限界を認識したときに始まっていた。その結果、イギリスは世論に対しては二国標準主義の継続を訴えつつ、実際はフランス、ロシアのどちらかとの戦争を視野に入れていたのである。そして一年も経過しないうちにドイツの脅威が顕在化してくると、こちらがより危急の問題となった[*41]。

アメリカの海軍拡張を調査することで、イギリスはその拡張計画が実行されるのは不可避的な流れであると諦めた。一九〇二年三月、ソールズベリー卿は以下のように記している。「それはとても悲しむべきことではあるが、私が心配しているのはアメリカが前に進まざるを得なくなって、我々との間の均衡が保てなくなることなのだ[*42]」。イギリスのアメリカ観は、アメリカが「人種的な兄弟」であるという意見から、アメリカとの戦争は不可避であるといったものまで幅広いものであった。[*43] そしてその結果は、イギリスによる迅速な撤退である。一九〇四年から一九〇六年の間に、イギリスの陸・海軍はカナダとカリブ海の拠点から撤退し、アメリカと戦争した場合にイギリスがカナダを失うのは明白となった。[*44] 戦略的合理性から見れば、このような撤退は何ら目新しいものではない。グレイ伯爵が一八四六年に〔海外の〕帝国領土からの撤退を指揮し、その六年後にはカナダの守備隊の縮小を既に実行していた。[*45] しかし今回のものは部分的撤退というよりも、完全な戦略的放棄といってもよい。イギリスがカナダ防衛を不可能であると見なしたことはカナダ側に通知されず、イギリスの政治家の一部を困惑させた。

一九〇五年までにイギリス海軍は、アメリカの勢力圏においてアメリカ海軍に対抗することができなくなっていた。これは日本海軍に対しても同じことがいえた。対馬海戦〔一九〇五年に行われた日本海海戦〕における日本海軍の勝利は、日本が地域的海軍大国であることを実証したのである。極東における脅威がなくなったことで、一九〇二年の日英同盟はこの地域の戦略バランスを確立したといえる。フランスおよびロシアとの協商関係もイギリスにとっては都合の良いものであった。マイケル・ハワード卿の言葉を借りれば、それは「和平のための極めて効果的な外交功績[*46]」であった。イギリスは長い間確立していた外交の原則から離れることで、一九〇二年から一九〇七年にかけて相当の戦略的利益を実現させた。

一九〇〇年に海軍情報部はドイツが将来の戦争における仮想敵国になると判断し、一九〇二年には陸軍省も独自にこの結論にたどり着いた。十九世紀のイギリスの経験によれば、陸・海軍力を保有し、かつヨーロッパの覇権を目指すような大国は存在しなかった。したがって、イギリスはこのような国家と対抗する準備ができていなかったのである。それから一二年もの間、イギリスが問題解決のためにしたことといえば、帝国防衛委員会の設置ぐらいであった。

一八九七年、チャールズ・キャルウェル少佐は、それまでの、陸・海軍は別々の軍隊であり、それぞれが異なった戦場を有し、相互にほとんど関係を持たないという考えに対して異論を唱えた。彼は制海権の確保が陸軍の部隊展開に不可欠な要素であると信じていたのである。「海軍の優越性を認めるような偉大な戦略的原則は、大陸国が戦場に投入する軍団と比較すれば取るに足らないものであるが、時において大きな問題に転化するかもしれず、それが我々の国家戦略の土台となりつつある」[*47]。このような考え方はまだ抱負程度のものであったが、キャルウェルは一八九四年の日清戦争、一八九八年の米西戦争、一九〇四年から〇五年の日露戦争の教訓として、海上作戦が「戦争で重要な役割を果たしたこと」、並びに、「制海権を最終的に獲得できるかどうかは陸上戦闘によってこれまで決定されてきたということを学んだ」[*48]。

そのような水陸両用の統合戦略思想は、一九〇五年の夏、ドイツの脅威が公式に認められるようになると、もっとも効果的な対処法であると見なされるようになった。ちょうどその頃、海軍は帝国防衛委員会の小委員会において統合作戦の展望に興味を示していた。そして、キャルウェルは陸軍省の作戦部の一員としてこの統合計画を熱心に推進した。もしフランスと同盟を結んで、シュレスヴィヒ＝ホルシュタイン州の東岸から上陸作戦を行えば、四〇万人のドイツ兵をフランスとの国境から引き離せると試算した。[*49] しかし冷静に考えると、ドイツの防衛部隊を突破するのに十分な兵力が割かれていなかったことで、この計画は非現実的であるとされた。一九〇五年十月三日に陸軍省は、実行に伴って生じる損害が大きいとしてこの統合作戦計画を撤回したのである。

三年後、陸軍省作戦部長スペンサー・ユーアート陸軍少将と海軍省情報部長エドモンド・スレイド海軍少将がお互いの協力を認め合ったことで、統合戦略が再び議論されることになった。スレイドはドイツがジーランド諸島を確保して、商船と海軍の待避場所にすることに対抗するため、バルト海の航行を自由にしておくことを望んだ。[*50] ユーアートの参謀はバルト海での作戦が危険であるとしてユーアートに反対し、その代わりにフランス、ベルギーへの直接介入を主張していた。[*51] しかし、一九〇九年に統合作戦は帝国防衛委員会の関心を引かなくなり、代わりに対ドイツ戦略が計画されるようになった。ドイツのフランス攻撃の危険に比べると、バルト海における作戦はそれほど重要な意味を持つとは考えられていなかったのである。

海軍省は、ジュリアン・コルベットの戦略をもとにした統合作戦に賛成していた。コルベットはスレイドに考えが近く、フィッシャーにも影響を与えていた。[*52] 海軍が陸軍を火力で支援するという概念——この言葉は、エドワード・グレイ卿の言葉であり、フィッシャーは上機嫌で採用した——は、一九一一年に出版されたコルベットの『海洋戦略における諸原則』の核心を占めるものであった。さらに同年、イギリス海兵隊のジョージ・アストン少将が、陸軍大学におけるキャルウェルの議論をまとめた講義録を出版した。[*53] しかし、一九一一年八月二十三日の帝国防衛委員会議において、対ドイツ戦略は議論されたものの、統合作戦が提供できる材料はほとんどなかった。なぜなら、イギリス・フランス連合軍が正面からドイツ軍を打ち破れば、統合作戦のような周辺での戦闘が効果をもたらす前に戦争は終わっているだろうと予測されたからである。

海軍省の二つ目の戦略的選択肢はドイツの海上封鎖であったが、これも同じような反対にぶつかった。一八九〇年代の海軍は敵国の海上貿易ルートを攻撃するよりも、イギリスの海上交通ルートを守る任務を重視していたため、海上封鎖は現実味のない戦略であり、そもそもそれを成功させるためにはドイツに対する数の優位とその作戦を支える港が必要であった。しかし、一九〇二年以降、ドイツとの戦争が意識されるにつれて、海上封鎖はより危急の課題となっていった。海軍士官は、イギリスとドイツとの戦争が経済・商業システムの衝突であると見なしていたため、海上封鎖がその戦略の根幹となったのである。

一九〇三年、海外貿易ルートの保護と食料供給に関する検討が行われ、海軍情報部長は他国がイギリスに対して海上封鎖を行うことは道義的不法行為であると断罪した。「そこには人道に対する疑問が生ずる。あなた方は国を守るために四〇〇〇万もの人々が飢えることを許容できない。なぜなら、そこには女性や子供も含まれるからである」[*54]。その頃、ルイス・バッテンベルクもこのような考えに同調していたが、海軍省は、ドイツやフランスはイギリスに比べると海上封鎖に弱いと主張した。そして、海上封鎖論争に転換が訪れる。海上封鎖が防衛的予防策から攻撃的性格を有することになった。ドイツの脅威が大きくなると、バッテンベルクのような良識的思考は受け入れ難い贅沢な戦略となっていくのである。

一九〇八年までに海軍士官のある一部のグループが海上封鎖を主張していた。彼らが論じたのは、イギリスの地理的位置と海上での優位性がドイツを窒息させることができるという主張であった。そのなかの一人が書いたところによると、「海上封鎖の実施は、遅かれ早かれハンブルクの道路にペンペン草を生やす原因となり、飢餓と廃墟を広めていくことになるだろう」[55]。海軍は詳細な貿易データを集めてこの理論を実証しようとしたが、実際のところ、ドイツは考えられていたよりも自給率が高かった。

海軍は行動方針として経済戦争を強調することに失敗し、その提案のインパクトはなくなっていった。また海上封鎖は根本的な問題を抱えていたのである。海軍情報部のスレイド提督が一九〇八年に認めたように、ドイツに対する経済封鎖はベルギーとオランダが中立である限りは意味をなさない。一九一一年八月二十三日の帝国防衛委員会において、海軍大臣アーサー・ウィルソン提督が海上封鎖の戦略的可能性について検討したが、その内容のまずさもあって彼は説得力を失った[56]。その後、海軍省はこの考えを捨てたが、ハンキー卿の貢献によって海上封鎖の思想は帝国防衛委員会に留められた[57]。

海上封鎖には二つの根本的な弱点があった。第一は、まずドイツの戦争遂行能力が海外からの輸入品に頼る度合いを過度に見積ったこと、第二は、それが時間のかかる戦略であったことである。海上封鎖によってドイツが戦争に訴えることを抑止しても、それは脅しの戦略にしかなり得なかった。もし抑止に失敗してフランスが陥落すれば、海上封鎖が効果を発揮するまでにドイツがヨーロッパを支配するであろう。前者の問題は状況の把握に失敗したことであり、後者は逃れられない欠陥であった。

一九一四年までの一〇年間、海軍上層部において一致した戦略が不在であったことは、イギリスの防衛政策における海軍の優位を損なった。しかもほとんどの海軍士官が、艦隊決戦というただ一つの戦略を信奉していたのである。マハンはこうした考えに理論的な根拠を与えたので、海軍は彼の考えを歓迎した。一九〇四年、海軍省は以下のような考えを提示した。「海戦の歴史は一般原則の真実を論証するものである。制海権の本質は攻撃を成功に導くことと海上通商の防衛であり、それこそが一義的な目的である」[58]。マハンによれば、制海権獲得の方法こそが艦隊決戦であった。このことは暗黙のうちにフィッシャーの改革に取り入れられ、明白なかたちで艦隊指揮官に伝えられた。一九〇八年、英仏海峡艦隊に対して出された指令は、「目的はドイツ艦隊との決戦に持ち込むことであり、その他のすべての行動はそこへの布石に過ぎない」というものであった[59]。

しかし海軍内にも、「イギリス海軍は敵艦隊に向かいこれを撃滅する」という単純な理論に対する警戒感が存在していた[60]。そもそも艦隊決戦はまったく戦略などではないし、どのようにしてドイツ外洋艦隊を戦闘に引き込むかという根本的な考察が欠落していたのである。

海戦の位置によって海軍は不利となるが、海軍省は陸・海の統合作戦と海上封鎖を念頭に置いていたため、「戦闘による戦略」というのは敵艦隊が外洋に進出してきてからの話であった。フィッシャーの後継者として海軍大臣となったウィルソンが一九一一年八月二十三日に語ったところによると、海上封鎖それ自体はドイツの経済に何ら影響を与えるものではないが、そうすることによってドイツ艦隊が外海に現れるようになるというものであった。

このように海軍は、ドイツ外洋艦隊の撃滅という目的に対してその方法を提示することができなかった。それだけでなく、ヨーロッパ大陸におけるイギリスの同盟国が早々と敗北するのを防ぐためにどうするのかといった問いに対しても答えることができなかった。これに対して陸軍は、フランスを援護するための選択肢を二つ用意していたのである。

陸軍省は、一九〇二年にはヨーロッパ大陸への干渉の可能性を考慮していた。一九〇五年から〇六年のモロッコ危機によって大陸での上陸作戦計画はさらに進んだ。一九〇五年に英仏間で極秘の軍事会談が開かれたが、イギリス陸軍は準備不足に悩まされることはなかった。この年の初め、陸軍はその戦略に基づいた机上演習を行っていたのである。このような陸軍の戦略立案は、フィッシャーや海軍首脳部が直感的に行っていたやり方とは対照的であった。一九〇五年の机上演習は、翌年のイギリスの戦略を左右するような二つの結果を導き出した。机上演習の分析結果によると、戦争になった場合、最初にドイツがベルギーの中立を侵犯することはないが、もしドイツがベルギーに進攻するとすれば、ドイツ軍はムーズ川より北には展開しないというものであった。また、机上演習によってベルギー軍が弱体化していることも判明したため、以下のような結論が導き出された。「ベルギーに対する明確な軍事支援でもない限り、ベルギーが進攻する敵に対して全力で抵抗を試みると考えることはできない」[*61]。この視点から考えた場合、陸上戦を遂行するための戦略は、それぞれ別個だが互いに関連した二つの方向に枝分かれした。決定的一点に戦力を集中させる戦略を求める主張と、牽制戦略を求める主張とがせめぎ合った。この議論が起こった当初は、戦略的原則の適用が肝要な要素として重要視されたが、結局、議論の当事者は、自分たちの様々に異なる提案を正当化するために戦略的原則を利用するようになった。

ベルギーに関していえば、戦争中の援護が焦点となってくる。一九〇六年四月の計画は、低地諸国に直接陸上部隊を送り込むというものであった。しかし、その夏に陸軍がベルギーを視察してみると、ベルギー側には何の準備もなく、その後五年間は代替案が見つからない有様であった。ベルギー問題は一九一一年八月二十三日の帝国防衛委員会で再び取り上げられた。このときチャーチルとロイド＝ジョージは、開戦後の早期の段階で戦局が悪化した場合に、フランス軍が撤退する可能性があることを示唆するとともに、イギリス軍のベルギー上陸によってドイツ軍を主戦場から引き離す好機が生じることを指摘した。

陸軍作戦部長ヘンリー・ウィルソン少将は、もともとフランスへの直接援護を志向していたため、ベルギー上陸作戦に関心を抱いた。彼は一九一一年九月に次のように書いている。「できるだけ多くのドイツ軍部隊を決戦の場から引き離すことが、我々やフランス軍にとって好都合である」[*62]。したがって、六個師団からなるヨーロッパ大陸派遣軍をドイツ軍の右側面に集中するベルギー軍に貼り付けることが最善であるという結論が導き出された。ウィルソンは他の同僚とは異なり、政治に魅了され、軍事という専門領域から逸脱して英仏同盟にベルギー、デンマーク、ロシアを加えようと画策していた。これは彼にしてみれば、軍事計画に適合させるうえでも必要な方策であった。

この提案を実現するべくウィルソンは陸・海の伝統的な垣根を越えてしまったため、叱責を受けることになった。陸軍参謀総長ウィリアム・ニコルソン卿は、イギリス陸軍の規模がフランス国境の防衛とベルギー支援にはあまりにも小さすぎることを理由に、ベルギーとの同盟を拒否した。[*63]その結果、わずかに六個師団しか投入できないイギリスの能力が、その戦略の形成において常に大きな問題となった。しかし、ウィルソンはインドから部隊を引き抜くことを画策していたが、インド総督からの反対に遭った。[*64]その年の夏までに彼は計画を断念したが、一九一四年八月五日、ジョン・フレンチ卿がアントワープにイギリス陸軍を送ることを提案した際にこの問題が再燃した。

ベルギー戦略は息を吹き返したかに見えたが、そのような戦略はフランス防衛作戦に比べると二義的な意味しか持たなかった。この問題を検討していく過程で、軍事問題は一九〇二年から〇七年の間に生じた外交政策の大転換に巻き込まれ、イギリスは新たな外交・戦略ヴィジョンを練り直さなくてはならなくなっていたのである。ウィルソンの前任者であったスペンサー・ユーアート将軍は、「協商政策を基礎にしなければならない。そうしなければ我々の唯一の選択肢は利己的な孤立しか残されなくなり、ヨーロッパを制覇したドイツと向き合わなければならなくなるだろう」[*65]と述べた。ユーアートの結論は、イギリスは陸・海でフランスを援護しなければならない、そして陸上でフランス軍と連携することがベルギーを守る最善の策であるというものであった。[*66]「ベルギー戦略」に対するユーアートの関心が一時的で気まぐれなものだったにもかかわらず、後任のウィルソンも同じような考えを持ち、フランスへのイギリス軍派遣を真剣に検討したのである。

イギリス軍が大陸に戦略的地点を確保することはタイミングの問題でもあった。まず公式には、フランス・ドイツ間で戦争の危機が高まったとしても迅速なイギリス軍の介入は考えられていなかった。帝国防衛委員長であったジョージ・クラーク卿は、戦争の勃発が「起こり得る結末」であるとは信じていなかった。それ故、イギリスの介入というのは「慎重を期する要因」であった。[*67]この発想は仏独間での戦闘の開始と、イギリスの介入との間にズレが生じることを示唆していたのである。しかし、一九〇八年から〇九年の冬にかけて帝国防衛委員会がこの問題を検証したところ、取り得る選択が変化していた。以前から緒戦が決戦とはならないと主張していたウィリアム・ニコルソン卿は、今や緒戦が死活的に重要であると強調するようになっていた。その理由は、物量の問題よりもむしろ心理的なもの、すなわち、少数のイギリス軍でも緒戦に貼り付けておいた方がフランス軍の士気を高めることになるからである。この考えはクラウゼヴィッツに起因するものであり、グレイ、ホールデーン、アスキスらの介入消極派に対する反論として有効な理屈であった。

「フランスと共に」（軍事計画ではこれを「WF（With France）」と略記した）という戦略におい

てさらなる検討材料が残っているとすれば、イギリスが大陸に派遣できるのは六個師団までであるということであった。ドイツ軍が西部戦線に進出し、前線に展開する部隊数とその地域における輸送道路(彼はその道路を自転車で偵察した)を検討した結果、ウィルソンは独自にフランス軍三九個師団に対してドイツ軍四〇個師団という数を弾き出した。この数に比べると、イギリス軍六個師団はいかにも少ないが、三国協商という枠組みで考えれば数的優位となるのである。

ウィルソンはこの戦略予測を政治家に知らせることはなかったが、彼は陸軍大学の講義でこの見解を説明している。この講義から、「フランスと共に」の戦略とイギリス軍の限られた部隊数との間にできた溝を埋める発想が生み出された。ウィルソンは、もし機動性に重点を置いた訓練によって、ヨーロッパ大陸派遣軍を機動性のある「空飛ぶ部隊」に仕上げることができるならば、「我々は我々と同じ数の敵を打ち負かすだけではなく、敵部隊の壊滅も可能である」[*68]と信じていた。

この戦略は根拠のない理屈ではなく、きちんとした計算に基づいたものであるという事実によって、陸軍は一九一一年八月に勝利を収めた。陸軍の提案は、ヨーロッパにおけるイギリスの利益とそれらを守ることがどれほど重要なのかを海軍の提案よりもはるかに明確に示していたのである。この結論を導き出したことによって、陸軍は新たな戦略的「原則」——迅速な介入の重要性——を打ち出した。ウィルソンの仮説が現実的でなかったことは驚くに当たらないが、第一次世界大戦前夜にそれまで十九世紀を通じてイギリスの戦略の中心であり続けた海軍は陸軍にその座を譲ったのである。しかし、いざ戦争が始まってみると、すべての仮説が間違っていたことが明白になり、陸・海軍の統合戦略のみが強力な大陸同盟を打ち負かすことができるという事実だけが実証されたのであった。

イギリスの戦略の安定性と一貫性を求める試練は一九一四年の夏に訪れた。いつ、どのような状況において武力行使を行うかを決定するため、七月と八月の状況が、それ以前まで議論されてきた戦略的諸原則に政治的に合致するか否かを検証する必要性に迫られていた。その検証の意味するところは、イギリスに対する脅威を明白にすることによって、閣僚の戦争への決意を固めることであった。このように、一旦、大きな問題を解決してしまえば、軍人や政治家たちは、いつ、どこで、どのように大陸へ派兵するのかといった戦略的問題に対して真剣に詰めていかざるを得なくなるからである。

一九一四年七月二十九日から八月十二日にかけて行われた政治的・軍事的な論争は、「一九一四年八月の戦争に介入するという内閣の決定は、それまでの戦略的・政治的な原則から根本的に逸脱するものではない」という主張を切り崩していった。[*69] このような論争は、戦争に対する積極性というよりもむしろ消極性を示していた。一九一二年十一月にグレイがカンボンに宛てた手紙によると、イギリスの対仏支援はいまだ決定事項ではないということが明らかである。このとき、一八三九年のベルギー中立を保障した条約までが議論の対象となった。元来、イギリスの戦略というものは固定的原則に縛られず、行動の柔軟性を確保するものであり、一九一一年にフランス戦線の左翼にイギリス陸軍を展開するという決断が再考されたのである。このような状況下において、半公開の討議と秘密のプロセスを経た「政策決定」は、間もなく不幸な結果を導くことになる政治および軍事の政策決定の基本型として確立されることになった。

アスキス内閣は、フランスやベルギーに対する政治的・道義的義務を負おうとはしなかった。一九一四年七月二十九日、アスキス内閣はいかなる大陸への介入をも拒否したのである。続く二日後の会議において、「行動の自由」こそがイギリスの原則であり、国益こそが判断基準であるという提案が採決された。しかし、八月二日の会議でエドワード・グレイ卿は、フランスが一九一二年の英仏海軍条約に基づいてその艦艇を地中海に置いているため、ドイツ海軍のドーヴァー海峡からフランス沿岸におけるいかなる作戦もイギリスの脅威にはならないという事実をドイツ側に伝えるべきである、と彼の同僚を説得した。サミュエル・ウィリアムソンが指摘するように、これは明らかに「原則」からの逸脱であり、参謀会議が内閣の決定に大きな影響を与えた例となった。[*70] グレイは、その日の二度目の会議でベルギーの中立が侵犯された事態を想定し、八月三日の下院での演説でベルギーの中立の侵犯はどのように取り繕っても敵対行為に当たると宣言したのである。[*71] すべてではないが多くの政治的原則は外交に依存しており、内閣と下院議員の両者は取り得る手段を説得しなければならなかった。

ドイツのベルギー侵犯とそれに続く八月四日のイギリスによる対ドイツ宣戦布告は、外交から戦略への政策の転換であった。八月五日に臨時招集された戦争評議会において、陸上戦略には三つの根本的な問題が生じていることが明らかになった。それらは、(1)イギリス軍は独立して行動するのか、それとも共同作戦をとるのか、(2)どこに部隊を展開するのか、(3)いつ戦うべきなのか、という三つの問題であった。これらの議論において、従来の戦略的原則など当てにはならなかったのである。フレンチ帝国参謀総長は決定的な地点に大兵力を集中するという原則を基礎とした署名付きの一通の覚書を提出したが、元作戦部長で二つの大陸派遣軍団のうちの一つの軍団司令官であるジェームズ・グリアソンは、八月五日の会議を支持していた。両者とも本質的な問題に関しては、まったく意見を異にしていたのである。[*72]

戦争評議会のメンバーとして、内閣の有力大臣と一名の海軍上層部(ここではバッテンベルク海軍大臣)、そして一三名以内の陸軍軍人が参加していた。そのなかには間もなく陸軍大臣となるキッチナー卿、ヨーロッパ大陸派遣軍総司令官ジョン・フレンチ卿、二つの軍団司令官であるダグラス・ヘイグ卿とジェームズ・グリアソン卿、そして陸軍の最先任の将軍であり、四カ月前にアスキス首相から「もうろくした」と思われていた元帥のロバーツ卿であった。[*73]

このような集まりは、アスキスが一時的に陸軍省を受け持った一九一四年三月のカラッハの「反乱」の余韻もあって、陸軍が正常ではなかったことの表れであった。その頃、フレンチは帝国参謀総長を辞任し、その後任にチャールズ・ダグラス卿(同じく八月五日の戦争評議会に出席していた)が就いており、陸軍軍人の決断にはどのような自信もなかった。評議会は政治家の希望を実際の政策決定に活かす仕組みであり、イギリスの陸軍参謀本部とともに戦略問題に対する理解を深めるためのものでもあった。ある歴史家によれば、「戦略の話し合いにおける陰気な予兆が、最初の二年間の政策を動かしていたのである」[74]。

一方、フレンチの議論がモブージュにイギリス大陸派遣軍を送るという参謀本部の計画の下敷きとなったが、その引き換えとして、フレンチはアントワープへの派兵を断念せざるを得なくなった。このような計画の明瞭さにもかかわらず、健全な戦略的原則とされたのは「即興的かつ野心的」な計画であった[75]。フレンチはイギリスの戦略が行動の柔軟性を維持しなければならないという教義を信じていた。彼にとってイギリス大陸派遣軍の存在意義は、フランス陸軍と同じというよりも、その戦略的予備であるという意味合いが大きく、一九〇九年にすべて待ち受け態勢にいるように指示している[76]。フレンチが提案したのは、外交官が好んだイギリス軍の「行動の自由」の保持であった。しかし、チャーチルは、フランス艦隊との協力がなければ、イギリス海軍はドーヴァー―カレー間の輸送路を確保できないと主張していた。

アントワープへのイギリス派兵案が退けられると、イギリス大陸派遣軍の集中場所はウィルソンの推すモブージュかキッチナーの推すアミアンかに絞られた。しかし、ヘイグは、介入はしばらく経ってからでよいとして、迅速な派兵そのものに疑問を呈した。ヘイグは二、三カ月の時間を稼ぐことで、イギリス国内から部隊をかき集め、訓練を施し、イギリス大陸派遣軍に合流させようとしていた[77]。しかし、根本的な戦略問題は単純かつ現実的であった。この場合では、イギリス大陸派遣軍が共同作戦をとるのか、単独作戦をとるのか、そしてイギリス軍の貢献は予備軍的扱いでよいのかという問題に絞られていた。こうした問いに対するヘイグの関心は介入の時期であり、フレンチは介入する場所にこだわった。

早期介入が戦略的に重要であるという原則はもはや合意を得ており、ヘイグの意見は少数派となっていた。作戦会議では、ロバートの提案によって、イギリス大陸派遣軍の介入場所を重視するフレンチの提案が採用された。それと同時に、六個師団の派兵も決定された。しかし次の日、ドイツ軍の攻勢とイギリス市民による暴動を恐れたことで、内閣はこの決定をひっくり返し、四個師団派兵と状況に応じてもう一個師団をフランスに派遣することにした。六日後の八月十二日、フランスからの圧力を上手く利用したヘンリー・ウィルソンの策によって、キッチナーは事前に参謀本部が提案したモブージュへのイギリス大陸派遣軍の派兵を許可したのである。

一九一四年七月の終わり、開戦へのぎりぎりの時期に生じた「戦略問題」は、二つの顕著な特徴を有していた。まず、イギリス陸・海軍は何の戦略的裁量権も与えられておらず、各々が望む戦略を政治家に「売りつける」必要があった。次に、イギリス陸・海軍は合意された戦略も戦略的原則すらも有していなかったのである。平和時の曖昧な戦略が、戦争という炎にくべられようとしていた。

イギリスはその主力部隊をフランス軍の左翼に配置することで戦争に介入した。一九一四年八月四日から九月十二日の間に実に四七万八八九三名もの志願兵が殺到することになったのである。このような市民の熱狂によって、一九一六年まで徴兵することなく十分な予備役を得ることができた。[78] しかし、戦争がそれまで予測できないような形態をとり始めたため、政治はこの前代未聞の状況に対応した戦略を打ち出さなければならなくなった。

既に一九一四年十二月には、西部戦線の北方で手詰まりの状況が生じており、イギリスはそれまで考慮されていなかった長期戦に突入した。政治家は、国家資源の中期的投入といった新たな問題に直面した。アスキス政権は自由主義経済を堅持し、「普段通りの仕事」として通常の財政・産業政策を推進していた。その間にもキッチナーは消耗戦略に傾いており、それは志願兵からなる「新しい陸軍」による国土防衛や、チャーチルのいうように敵部隊を「少しずつ削り取る」戦略であった。キッチナーは、現地司令官やフレンチの要請にもかかわらず、ヌーヴ・シャペル、フェストゥベルト、ロースの戦闘において消耗戦の決意をしていた。明らかに彼は一九一六年に決戦に持ち込む前までに、消耗戦に訴えるつもりであった。[79] キッチナーの狙いは、最初の二年間はイギリスの同盟国に耐え忍んでもらい、その間に力を温存したイギリスが最終的に決着をつけるということであった。それが合理的かどうかはさておき、いずれにしてもキッチナーの戦略には根本的な欠陥が内在していた。それは、ウィリアム・ロバートソン卿が一九一五年十二月に指摘しているように、「我々が待っている間に敵が決戦を仕掛けてきたらどうするのか」という問題である。[80]

イギリスがドイツとの決戦を先延ばしにしている間に、同盟国は弱り果てて崩壊してしまうかもしれない。帝国参謀総長ロバートソンは、彼がもっとも重要であると考えていた西部戦線に専念するよう政治家に働きかけた。ロバートソンは、西部戦線に集中すればいずれドイツ軍を負かすことができると信じていたのである。

イギリスが全力を挙げて正面の西部戦線に兵力を投入するか、もしくは「周辺戦略」をとるかの議論で、ロバートソンは前者を支持した。キッチナーに後押しされたチャーチルやモーリス・ハンキー官房長官ら「東部戦線派」は、新たな戦術か新兵器でも生み出されない限り、西部戦線は勝者のいない殺戮《さつりく》の場と化すであろうと主張した。彼らの議論は、ドイツのような中部ヨーロッパの国に対しては側面からの攻撃こそが有効であり、そのためにはイギリスの海軍力を適切に使うことと、ドイツの脆弱な同盟国を叩くことでドイツの崩壊を早めることが重要であるというものであった。[*81] しかし、ダーダネルス作戦（一九一五年四月～一九一六年一月）の失敗は、周辺地域での上陸作戦がイギリスの作戦能力を大きく超えているため困難であるということを証明するだけに終わった。

一方、ヘイグとロバートソンを筆頭とする「西部戦線派」は、二つの伝統的戦略概念に立脚していた。それらは、兵力の集中運用が勝利を導くということと、敵の主力を叩くことが決戦を制するということであった。一九一六年十二月にロイド＝ジョージが政権を握ると、西部戦線であまりにも多数の人的被害を被ったことから、イタリア半島という周辺に注目が集まっていった。そして最後には、一九一八年三月、西部戦線におけるドイツの大攻勢が西部戦略に多大な影響を及ぼした。おそらく西部戦線派の戦略概念は正しいものであったのだろうが、彼らは結局、その机上の理論を実際の戦闘に結び付けることができなかったのである。[*82]

フランスにおいては新たな総司令官のヘイグが、一九一六年から一七年にかけて多くの犠牲を出す割に実りのない攻勢を仕掛けていた。彼の信じた伝統的戦略は、平地で敵と遭遇し、予備部隊の方に敵と抗戦させてその威力を殺ぎ、最後は主力部隊によって敵を殲滅《せんめつ》するというものであったが、問題は、塹壕戦という新たな状況下でそういった戦略が機能するかどうかであった。[*83] このような伝統的戦略に固執するあまり、ヘイグは現実の軍事技術から目を逸《そ》らしていった。一九一八年までにイギリス軍は、それぞれの火力を組み合わせるような新たな戦術を編み出すことができなかったのである。[*84] またヘイグは、ヘンリー・ローリンソン卿が一九一六年に編み出したような「嚙み付いて離さない」という選択肢も無視していた。さらに、ロバートソンは戦死者にこだわらないヘイグの戦い方に苦言を呈したが、ヘイグはこれも無視した。一九一七年四月、ロバートソンは「敵の前線を突破する代わりに敵の軍隊を打ち負かす、これは自分よりも相手に損害を多く与えることなのである。もしこの古い原則が守られているならば、（中略）戦死者はずっと少なくなるだろう」[*85] と述べている。自らの原則を信じるあまり、ヘイグはこの種の助言を無視し続けた。そして、イギリス国王と保守党の強力な後ろ盾のお陰で、ヘイグは戦争を通じて生き残ることができた。しかし、それは彼の部下にとっては不幸な出来事であったろう。

ヘイグはロバートソンとともに、西部戦線の重要性については一致していたが、そこにイギリスの全兵力を集中することは不可能であった。イギリスは自らの戦略目標とともに、同盟国であるフランスやロシアの目標も考慮しなくてはならなかった。[*86] さらにイギリスは、ヨーロッパの外でも部隊を展開しなければならなかった。一九一五年三月、ロバートソンは驚いた調子で反省している。「我々がカレーからコンスタンティノープルを繋ぐ前線で戦っているというのは幻想であった」[*87]。それは、繋がった一つの前線ではなかったのである。トルコが参戦した一九一四年十一月から、イギリスはヨーロッパと中東の二カ所で戦わなければならなかった。さらに、一九一六年までにイギリス軍は、フランスやフランドル地方と同様に、エジプトやサロニカでも戦っていたのである。

イギリスは同盟国の戦略を勝手に決めることはできなかったし、フランスはイギリスが同盟国の戦略に従うように政治・軍事面から圧力をかけていた。ソンム作戦はヴェルダンで泥沼にはまったフランス軍を救護する目的で計画されたが、ロバートソンは同盟軍がばらばらに戦っているのを認識しつつ、サロニカ作戦を終わらせようとはしなかった[*88]。他方、ロシアへの援助が忌々しいダーダネルス作戦の主目的であり、イギリスの戦力はどんどん分散していった。ロイド＝ジョージがオスマン＝トルコ帝国のほんの一部の領土に目が眩んで、ロバートソンにさらなる戦力の分散を命じたのであった。

ここにきて戦争前のイギリス軍の戦略思考と計画の準備不足が表面化した。イギリスはヨーロッパ大陸の同盟諸国との共同作戦をほとんど検討もせず、単独の作戦にこだわっていた。一九一五年十二月のシャンティリー会議によってようやく同時攻勢への決定がなされたが、これは後から見ると見事な失敗の一つであった。イギリスは多方面作戦という機会を利用した。ロバートソンがサロニカ作戦で行ったような敵戦力の分散に失敗したのである。

一方、一九一四年のイギリス海軍戦略は、領海内で敵の輸送路を遮断することと、ドイツ外洋艦隊を公海へおびき出すことであった。作戦的にこれは予防的なものであった。一九一四年十二月のフォークランド諸島での戦闘の後、ドイツの海上艦艇は公海から姿を消した。イギリスは地理的条件によって防衛的戦略を採用できたが、逆にいえば、攻勢を仕掛けることができなかったのである。提督のジョージ・キャラハン卿が戦争前に言及したのは、破壊力を持つようになった機雷と魚雷を狭い水域で使用した際の戦闘であった。「我々は地理的条件によって、敵艦隊が向こうから決戦を挑んでこない限り、こちらから攻勢に訴えることはできなくなった」[*89]。

もし地理的条件が海軍戦略を困難にしているのであれば、技術の発展はその戦略をさらなる危機に追いやった。一九一四年九月二十二日、クレッシィ、ホーグ、アボウキーの三隻のイギリス巡洋艦がたった一隻のUボート〔ドイツ潜水艦〕に沈められたことは、水上艦艇が潜水艦の攻撃に脆弱であることを露呈した。六日後、ジェリコ提督は、チャーチル海相に潜水艦の脅威がなくなるまで艦隊を危険水域に派遣しない方針を伝えた[*90]。一カ月後、ジェリコはこの方針を前進させ、チャーチルに話した。「もし英独の艦隊が遭遇して、敵艦隊が急にこちらの艦隊から方向転換をして離れた場合、それは機雷か潜水艦による待ち伏せがあると考えられる」[*91]。

一九一六年五月三十一日、何度かの出撃の後、ドイツ外洋艦隊はユトランド沖でイギリス主力艦隊に遭遇した。ジェリコはより良い砲撃位置を確保するため、敵艦隊からの方向転換を命じた。二度目の遭遇の際、イギリス艦隊は六分間の戦闘でドイツ艦隊に甚大な損害を与えたが、ドイツの魚雷攻撃を避けるために反転してしまった。ジェリコは敵艦隊を打ち負かすために戦術的な危険を冒すよりも、イギリスの制海権とイギリス主力艦隊の維持という戦略的必要性を優先させたのである。

たとえジェリコがマハンの戦略に則ってドイツ艦隊を撃滅していたとしても、その勝利がイギリスにとっての戦争の帰趨に影響を与えることはなかったであろう。少なくともチャーチルは、最初の回顧録の草稿でそのように書いている（後に彼は考えを変えるが）。しかし、もしドイツが勝利していれば、北海におけるイギリスの制海権は維持できなくなったし、それが戦争の帰趨に何らかの影響を与える可能性があった。いずれにしても実際に生じた結果は、今や海上戦闘の回数も減少し、手詰まりとなったということである。ドイツ海軍が積極的に北海に進出してイギリス海軍と戦火を交えなかったことは、戦略的なフラストレーションをイギリス側に溜めさせることになった。戦後、ビーティー提督はこう書き残している。「〔敵は〕我々が望む機会——正面からの撃ち合い——を与えてくれなかった」[*92]。

開戦時、海軍は海上封鎖という伝統的戦略を再検討していたが、様々な理由によってそれは限定的な効果しか上げることができないと判断された。技術的には、機雷、潜水艦、沿岸砲撃の発達によってドイツ沿岸での海上封鎖はほとんど不可能であった。その代わり、ドーヴァー海峡やスコットランド海域のような場所であれば、商船の通行を阻止するなどの封鎖が可能であった。しかし、それ以上に外交的な問題が立ちはだかっていたのである。「暫定」

および「無条件」戦時禁制品（中立国から交戦国への禁輸物資）の品目を変更したり、「連続航海」（中途の寄港によって中断されても一つの連続した航海と見なされること）の適用拡大に向けて意気込んでいたにもかかわらず、イギリスは中立国の圧力に屈し、そのために海上封鎖戦略の有効性が損なわれる結果となった。[*93] 一九一七年四月六日にアメリカが参戦して初めて、海上封鎖は十分に効果を発揮することになるのである。

アメリカの参戦前夜、イギリス海軍首脳部の間では海上封鎖の効果に関して意見が分かれていた。ビーティーは海上封鎖が戦争の帰趨を決定すると考えていたし、ジェリコは「陸上が確実である分、海上においても」敵部隊の撃滅が決定的であると信じていた。[*94] 一九一七年秋、もはや海上決戦がないと考えた海軍はその戦略を変更し、二つの目的を追求するようになっていた。「一つは相手側の国民に圧力をかけ、その政府にこちらの条件を呑むよう仕向けること、そして次に、我々の戦争遂行が妨害されないように向こうからの圧力に抵抗すること」。[*95] 後者こそがイギリスの文官と軍人を悩ませていた問題であった。

対ドイツ海上封鎖の影響は徐々に出てきたが、ドイツは大陸から物資を得ることができたので効果は相殺された。一九一六年から一七年にかけて、初めてドイツの食糧不足とその価格上昇が深刻な問題となり始め、それを改善するためにドイツの指導者層は抑圧的な方策をとることになった。[*96] 食糧供給の漸減は、貧弱な国内の食糧生産と流通組織の失策であった一面もある。ドイツは一九一七年までこうした問題を真剣に検討しなかった。一九一八年まで海上封鎖によってドイツの輸入量は戦争前と比べて二五パーセントも減少し、これはドイツ国民の士気に多大な影響を与えることになる。確かに、当時の人々はドイツの海上封鎖が効果を上げたと信じていたし、戦後のイギリスにおいてもその効力は信じられていた。しかし、最近の研究が明らかにしているのは、「ドイツの人々はしばしば寒さと飢えに悩まされたが、（中略）どのような不満があれ、ドイツという国が餓死することはなかった」[*97]ということである。

海上戦闘は戦争前の目論見通りにいかず、潜水艦は戦争前の予測を見事に覆した。戦争開始にいたる数年間、イギリス海軍の参謀は潜水艦を海上艦隊の補助的兵器と見なしていた。これは、潜水艦による商船攻撃というものがそれまで考えられていなかったことから生じたものである。それまでの伝統的なルールは、商船への攻撃は攻撃の前に警告し、乗客が退避してから攻撃を仕掛けるというものであった。外洋航行能力を備えるようになった潜水艦は、一九一五年二月四日にドイツが海での「総力戦」を宣言してから明らかにイギリス商船の脅威となったのである。このような戦いはアメリカの抗議によって一九一五年夏にいったん休戦となったが、ドイツは一九一七年二月一日に攻撃を再開した。

イギリス海軍省はこのドイツの潜水艦攻撃に対して従来からの作戦技術で対処しようとしたが、潜水艦の探知の難しさから攻撃すらできなかった。輸送路のパトロールや対潜水艦戦は従来の海での戦闘の方式に従ったため、無駄な損害を重ねた。五七二隻のイギリスのパトロール船が航行する英仏海峡において、一九一六年九月の一週間だけで、三隻のUボートは一隻の損害も被ることなく三〇隻ものイギリス側の船を沈めたのである。[*98] Uボートの対処法を見つけるためにジェリコ海軍相は苦心したが、結局、護送船団方式しかなかった。海軍は護送船団方式の導入に抵抗し、一九一七年に二つの理由――護衛に差し向ける艦船の数が多めに試算されたことと、民間船は陣形を組めないと信じられていたこと――から護送を断った。*99アメリカ軍の参戦によってアメリカ海軍が護送を担うことになったが、イギリス海軍は造船数よりも損害の数の方が大きくなる一九一八年七月までその態度を変えなかったのである。

結　論

一八九〇年、イギリスは大戦略を持たない大帝国であった。中央の戦略は現地の防衛計画と大して変わらず、帝国内に点在する拠点防衛の難しさもあまり認識されていなかったのである。一九〇〇年から〇七年にかけて行われたアメリカ、日本、フランス、ロシアに対する外交的対応は、イギリスが直面する不可避な現実に即して実際的な調整を行う意味があった。イギリスの外交官は、彼らが納得できるような戦略を作り上げようとしていたのである。

戦略的ジレンマに対する政治的解決という方法は、一九一四年以前のイギリス戦略に見られた際立った特徴である。他方、陸・海軍の間で統一した戦略的見解を持てないことも特徴的であった。帝国防衛委員会の設立によっても、陸・海軍の対立を解消することができなかったのである。戦争中は陸軍の戦略優先主義と海軍の作戦能力の限界が明白となり、双方とも戦略的な欠陥を抱えていることを露呈した。〔政治家の〕ロイド＝ジョージと〔軍人の〕へイグおよびロバートソンとの間の激しい確執は、戦争中のイギリスが文官、軍人双方に受け入れられるような政治および軍事戦略を取り入れることに失敗した証《あかし》であった。[*100]

今日から振り返ると、一八九〇年から一九一八年の間にイギリスが平和時と戦争時における別々の戦略を必要としていたことは明らかである。平和時に帝国の維持を追求することに加え、軍事支出を最小限に抑えるような決定は、イギリスに二つの選択肢しか残さなかった。それは、実際不可能な帝国の維持を曲芸のような政策でごまかし続けるか、あるいは外交政策によって潜在的な敵の数を減らしていくことであった。最初の一〇年で前者の方法がとられ、イギリスの政策決定者は一九〇二年から〇七年まで従来の政策判断基準から一時的に乖《かい》離《り》したが、その後、伝統的手法へと回帰していった。一九一四年七月三十日までにドイツを思い留まらせるようなフランスへの明確なコミットメントを決定できなかったことは、イギリスがそれまでの外交政策を戦争中も変更できないことを示唆していた。結局、イギリスにおける政策と戦略との関係は、一八九〇年から一九一四年までの間、基本的には変わることがなかったのである。

イギリスの戦争に対する伝統的戦略は、イギリス海軍の能力に加え、ヨーロッパ大陸諸国の状況によってイギリスが限定的な陸軍能力しか保持できなかったという歴史的条件に拠るところが大きかった。その結果、好まれる政策はソンムやパシャンデールにおける血なまぐさい敗走に見られるような直接的介入よりも、間接的な影響力の行使であった。ドイツ国内を混乱に陥れた海上封鎖の成功とヘイグの直接介入の失敗は、その後、戦間期の政策決定者に飛行機や戦車の利用といった間接的なアプローチを推奨することになる。このように第一次世界大戦は、将来の軍事戦略に大きな影響を与えることとなったが、イギリスの大戦略に関してはほとんど変わらないままであった。

（1） Alfred Thayer Mahan, *The Influence of Sea Power upon History 1660–1783* (1890; London, 1965), pp. 539, 540.

（2） G. S. Graham, *The Politics of Naval Supremacy* (Cambridge, 1965), pp. 121-125.

（3） Curzon to Lord George Hamilton, 6 September 1899. J. A. S. Grenville, *Lord Salisbury and Foreign Policy: The Close of the Nineteenth Century* (London, 1970), p. 297から引用。

（4） Muriel E. Chamberlain, "*Pax Britannica?*" *British Foreign Policy 1789–1914* (London, 1988), p. 146.

（5） Paul M. Kennedy, "Great Britain before 1914," in Ernest R. May, ed., *Knowing One's Enemies: Intelligence Assessment before the Two World Wars* (Princeton, 1984), p. 194.

（6） Keith Robbins, *Sir Edward Grey: A Biography of Lord Grey of Falloden* (London, 1971), p. 154を参照。

（7） この言葉はウィリアム・ハーコート卿が一八九七年四月十三日に述べたものである。Christopher Howard, *Splendid Isolation: A Study of Ideas Concerning Britain's International Position and Foreign*

Policy during the Later Years of the Third Marquis of Salisbury (London, 1967), p. 37 を参照。

（8） *Ibid.*, p. 22.

（9） Chamberlain, "*Pax Britannica?*," pp. 80–81, 160; Grenville, *Lord Salisbury*, pp. 8, 167, 345; Robbins, *Sir Edward Grey*, p. 152. また、これと異なる見解――つまり、「フリー・ハンド」がイギリスの外交政策にとって便利な作り話であったという見解――については、Keith M. Wilson, *The Policy of the Entente: Essays on the Determination of British Foreign Policy, 1904–1914* (Cambridge, 1985) を参照。

（10） Grenville, *Lord Salisbury*, p. 364.

（11） C. 9088: "Treaties containing guarantees or engagements by Great Britain in regard to the territory or government of other countries," *Accounts and Papers* CIX, 1899. 詳細な議論については、Howard, *Splendid Isolation*, pp. 44–67 を参照。

（12） Thomas J. Spinner, Jr., *George Joachim Goschen: The Transformation of a Victorian Liberal* (Cambridge, 1973), pp. 207–210.

（13） Robbins, *Sir Edward Grey*, p. 241.

（14） Salisbury to Goschen, 3 December 1895. Spinner, *George Joachim Goschen*, p. 198 から引用。

（15） Salisbury to Northcote, 8 June 1900. Grenville, *Lord Salisbury*, p. 296 から引用。

（16） Rosebery to Spencer, 29 July 1893. Peter Gordon, ed., *The Red Earl: The Papers of the Fifth Earl Spencer 1835–1910*, Vol. 2 (Northampton, 1986), p. 226 から引用。

（17） この主題をまとめた最良の要約は依然として、John Ehrman, *Cabinet Government and War 1890–*

1914 (Cambridge, 1958), especially pp. 6–66 である。

(18)　Luke Trainor, "The Liberals and the Formation of Imperial Defence Policy 1892–95," *Bulletin of the Institute of Historical Research* 42 (1969), pp. 188–200.

(19)　Minutes, 3 November 1895. Spinner, *George Joachim Goschen*, p. 192 から引用。

(20)　Selborne Papers, Devonshire to Selborne, 24 November 1902, Bodleian Library: Selborne Box 30.

(21)　Franklyn Arthur Johnson, *Defence by Committee: The British Committee of Imperial Defence, 1885–1959* (London, 1960), p. 52.

(22)　Selborne Papers, Lord Walter Kerr to Selborne, 31 December 1902, Selborne Box 31.

(23)　帝国防衛委員会に関する学術的検討は相当行われてきたが、その政治的・戦略的影響力については一致した見解がない。既に引用したアーマンおよびジョンソンの研究に加え、特に、N. H. Gibbs, *The Origins of Imperial Defence* (Oxford, 1955); J. P. Mackintosh, "The Role of the Committee of Imperial Defence before 1914," *English Historical Review* 67 (1962), pp. 490–503; Stephen Roskill, *Hankey: Man of Secrets*, Vol. 1 (London, 1970); Nicolas d'Ombrain, *War Machinery and High Policy: Defence Administration in Peacetime Britain 1902–1914* (London, 1973); John Gooch, *The Plans of War: The General Staff and British Military Strategy c.1900–1916* (London, 1974); John Gooch, "Sir George Clarke's Career at the Committee of Imperial Defence, 1904–1907," *Historical Journal* 18 (1975), pp. 555–569; John W. Coogan and Peter F. Coogan, "The British Cabinet and the Anglo-French Staff Talks, 1905–1914: Who Knew What and When Did He Know It?" *Journal of British Studies* 24 (1984–85), pp. 110–131 を参照。

(24) Jon Tetsuro Sumida, *In Defence of Naval Supremacy: Finance, Technology, and British Naval Policy 1889–1914* (London, 1989), Table 15 を参照。

(25) Arthur J. Marder, *The Anatomy of British Sea Power: A History of British Naval Policy in the Pre-Dreadnought Era 1880–1905* (Hamden, CT, 1964), pp. 84–104.

(26) *Ibid.*, p. 13.

(27) C. I. Hamilton, "Naval Power and Diplomacy in the Nineteenth Century," *Journal of Strategic Studies* 3 (1980), pp. 74–88.

(28) Bernard Brodie, *Sea Power in the Machine Age* (Princeton, 1941) [reprint, Greenwood Press, 1969]; Karl Lautenschlager, "Technology and the Evolution of Naval Warfare," *International Security* 8 (1983), pp. 12–16.

(29) Admiral Sir Reginald H. Bacon, *A Naval Scrap-Book 1877–1900* (London, n.d.) [1925], pp. 264–265; *From 1900 Onwards* (London, 1940), p. 33.

(30) Marder, *Anatomy of British Sea Power*, p. 463 から引用。

(31) Kerr to Selborne, 21 December 1903. Keith Neilson, "A 'Dangerous Game of American Poker': Britain and the Russo-Japanese War," *Journal of Strategic Studies* 12 (1989), p. 64 から引用。

(32) Marder, *Anatomy of British Sea Power*, p. 347 を参照。

(33) Lt. Col. Walter H. James, *Modern Strategy: An outline of the principles which guide the conduct of campaigns to which is added a chapter on modern tactics* (Edinburgh and London, 1904), p. 21.

(34) 侵略問題に関する権威ある業績については、H. R. Moon, "The Invasion of the United Kingdom: Public Controversy and Official Planning 1888-1918," Ph.D. University of London, 1968 を参照。また、I. F. Clarke, *Voices Prophesying War 1763-1984* (London, 1966) も参照。

(35) Public Record Office, Memorandum by Lt. Gen. Brackenbury and Maj. Gen. Newmarch, 30 April 1890, W.O. 106/48/E3/2.

(36) インドの戦略に関する詳細な議論については、Gooch, *The Plans of War*, pp. 198-237 を参照。

(37) カナダにおける戦争のための軍事計画については、John Gooch, *The Prospect of War: Studies in British Defence Policy 1847-1942* (London, 1981), pp. 52-72 を参照。

(38) Balfour Papers, Roberts to Sandars, 17 January 1903, B. L. Add. Mss. 49725.

(39) Beryl J. Williams, "The Strategic Background to the Anglo-Russian Entente of August 1907," *Historical Journal* 9 (1966), p. 364.

(40) Selborne to Curzon, 4 January 1903. Christopher Wyatt, "Military and Strategic Defence Considerations in the Making of the Anglo-Russian Entente," B. A. dissertation (Leeds University, 1989).

(41) Aaron L. Friedberg, *The Weary Titan: Britain and the Experience of Relative Decline, 1895-1905* (Princeton, 1988), pp. 178-179.

(42) Selborne Papers, Salisbury to Selborne, 13 March 1902, Selborne Box 4.

(43) Stephen R. Rock, "Risk Theory Reconsidered: American Success and German Failure in the Coercion of Britain, 1890-1914," *Journal of Strategic Studies* 11 (1988), pp. 342-364.

(44) S. F. Wells, "British Strategic Withdrawal from the Western Hemisphere, 1904-1906," *Canadian Historical Review* 49 (1968), pp. 335-356.

(45) Hew Strachan, "Lord Grey and Imperial Defence," in Ian F. W. Beckett and John Gooch, *Politicians and Defence: Studies in the Formulation of British Defence Policy* (Manchester, 1981), pp. 8-10.

(46) Michæl Howard, *The Continental Commitment: The Dilemma of British Defence Policy in the Era of the Two World Wars* (London, 1972), p. 30.

(47) C. E. Callwell, *The Effect of Maritime Command on Land Campaigns since Waterloo* (Edinburgh and London, 1897), p. 3.

(48) C. E. Callwell, *Military Operations and Maritime Preponderance: Their Relations and Interdependence* (Edinburgh and London, 1905), p. 128.

(49) Public Record Office, "British Action in Case of War with Germany," 28 August 1905, W.O. 106/46/E2/10.

(50) National Maritime Museum, Slade Diary, 15 January 1908, MRF 39/3.

(51) Public Record Office, "Considerations affecting the operations of a British military force in Denmark in the event of war between the U.K. and Germany," 12 June 1908, W.O. 106/46/E2/15.

(52) Marder, *Anatomy of British Sea Power*, p. 385.

(53) G. G. Aston, *Letters on Amphibious Wars* (London, 1911).

(54) Avner Offer, *The First World War: An Agrarian Interpretation* (Oxford, 1989), p. 272から引用。

(55) Ottley to McKenna, 5 December 1908. Arthur J. Marder, *From the Dreadnought to Scapa Flow, Volume I: The Road to War 1904–1914* (London, 1961), p. 379 から引用。

(56) 一九一一年八月二十三日の会議の記述については、Samuel A. Williamson, *The Politics of Grand Strategy: Britain and France prepare for War, 1904–1914* (Cambridge, MA, 1969), pp. 187–193 を参照。

(57) Offer, *The First World War*, pp. 293–298.

(58) Marder, *Anatomy of British Sea Power*, p. 84.

(59) Marder, *From the Dreadnought to Scapa Flow*, Vol. I, p. 367.

(60) National Maritime Museum, Slade Diary, 28 March 1908, MRF 39/3.

(61) Public Record Office, Strategic War Game, 1905, pp. 13–14. W.O. 33/364.

(62) Wilson, *The Policy of the Entente*, pp. 130–131 から引用。

(63) Imperial War Museum, Minute, 1 September 1911, Wilson 2/70/16.

(64) Imperial War Museum, Wilson Diary, 26 August and 7 November 1911, Haig to Wilson, 7 September 1911, Wilson 2/70/17.

(65) Ewart Diary, 7 February 1908.

(66) Public Record Office, "Our Position as Regards the Low Countries," 8 April 1907, Cab. 18/24.

(67) Public Record Office, Clarke to Kitchener, 5 January 1906, P.R.O. 30/57/34.

(68) Imperial War Museum, "Lecture on Initiative & on Power of Manoeuvre," December 1909, Wilson 3/3/15W.

(69) David French, *British Strategy and War Aims, 1914–1916* (London, 1986), p. 20.

(70) Williamson, *The Politics of Grand Strategy*, p. 355.

(71) この演説については、Viscount Grey of Falloden, *Twenty-Five years 1892–1916*, Vol. 2 (London, 1925), pp. 294–309 を参照。

(72) "Memorandum by the General Staff on the Effect of the Loss of Sea Power in the Mediterranean on British Military Strategy" (1 July 1912), in E. W. R. Lumby, ed., *Policy and Operations in the Mediterranean 1912–14* (London, 1970), pp. 53–55. グリアソンの干渉については、Wilson Diary, 5 August 1914 を参照。

(73) Asquith to Venetia Stanley, 21 March 1914, Michæl and Eleanor Brock, eds., *H. H. Asquith Letters to Venetia Stanley* (Oxford, 1985), p. 59. この原因はクラー事件にあるが、ロバーツは深くこれに関与している。

(74) Richard Holmes, *The Little Field Marshal: Sir John French* (London, 1981), p. 196.

(75) George H. Cassar, *The Tragedy of Sir John French* (Newark, 1985), p. 84.

(76) フレンチの戦略家としての側面に焦点を当てた刺激的な「修正主義」の議論については、William J. Philpott, "The Strategic Ideas of Sir John French," *Journal of Strategic Studies* 12 (1989), pp. 458–478 を参照。

(77) Haig to Haldane, 4 August 1914, in Gerard J. De Groot, *Douglas Haig 1861–1928* (London, 1988), p. 146; Wilson Diary, 5 August 1914.

(78) Peter Simkins, *Kitchener's Army: The Raising of the New Armies, 1914–1916* (Manchester, 1988), pp. 75, 325. この問題全体を考察するには、Keith Grieves, *The Politics of Manpower, 1914–1918* (Manchester, 1988) を参照。

(79) David French, "The Meaning of Attrition, 1914–1916," *English Historical Review* 103 (1988), pp. 385–405.

(80) Sir William Robertson, *Soldiers and Statesmen 1914–1918*, Vol. 2 (London, 1926), p. 200.

(81) ハンキーの重要な「ボクシング・デー〔十二月二十六日〕の覚書」については、Lord Hankey, *The Supreme Command 1914–1918*, Vol. 1 (London, 1960), pp. 244–250; S. W. Roskill, *Hankey*, Vol. 1, pp. 244–250 を参照。

(82) この議論についてまとめた最良の文献は依然、Robert Blake, ed., *The Papers of Douglas Haig 1914–1919* (London, 1952), pp. 31–32 である。

(83) Tim Travers, *The Killing Ground: The British Army, The Western Front and the Emergence of Modern Warfare, 1900–1918* (London, 1987), pp. 86–97; De Groot, *Douglas Haig*, pp. 172, 201–202.

(84) 軍事技術と教義に関する全体的な問題については、優れた研究である Shelford Bidwell and Dominick Graham, *Firepower: British Army Weapons and Theories of War 1904–1945* (Boston and London, 1982) を参照。

(85) Robertson to Haig, 20 April 1917. David R. Woodward, ed., *The Military Correspondence of Sir William Robertson* (London, 1989), p. 179 から引用。

(86) イギリスの戦争目的の推移およびイギリスと連合軍との関係については、M. G. Ekstein-Frankl, "The Development of British War Aims, August 1914–March 1915," Ph.D. University of London, 1969; V. H. Rothwell, *British War Aims and Peace Diplomacy 1914–1918* (Oxford, 1971); David French, *British Strategy and War Aims 1914–1916* (London, 1986) を参照。

(87) Robertson to Wigram, 24 March 1915. Woodward, *Sir William Robertson*, p. 10 から引用。

(88) Robertson to Mahon, 6 March 1916. *Ibid.*, p. 38 から引用。同じく、David Dutton, "The 'Robertson Dictatorship' and the Balkan Campaign in 1916," *Journal of Strategic Studies* 9 (1986), pp. 64–78 を参照。

(89) "Admiral Sir George Callaghan's Review of the War Plans after Manœuvres 1913," in B. McL. Ranft, ed., *The Beatty Papers*, Vol. 1 (London, 1989), p. 85.

(90) Jellicœ to Churchill, 30 September 1914, in A. Temple. Patterson, ed., *The Jellicœ Papers* (London, 1966), pp. 71–72.

(91) Jellicœ to Churchill, 30 October 1914, in *ibid.*, p. 76.

(92) "Address given by Admiral Sir David Beatty... 24 November 1918." Ranft, *The Beatty Papers*, pp. 571–572 から引用。

(93) A. J. Marder, *From the Dreadnought to Scapa Flow*, Vol. 2, *The War Years: To the Eve of Jutland 1914–1916* (London, 1966), pp. 372–377.

(94) A. J. Marder, *From the Dreadnought to Scapa Flow*, Vol. 3, *1917: Year of Crisis* (London, 1969), pp. 40–41.

(95) A. J. Marder, *From the Dreadnought to Scapa Flow*, Vol. 5, *1918-1919: Victory and Aftermath* (London, 1970), p. 298.

(96) G. Feldman, *Army, Industry and Labor in Germany 1914-1918* (Princeton, 1966), pp. 334-343.

(97) Offer, *The First World War*, p. 53. また、ジェイ・ウインターの分析によれば、「第一次世界大戦でドイツを敗北に追い込んだのは、ドイツの戦争経済の破綻であった」とされる。J. M. Winter, *The Great War and the British People* (London, 1985), p. 19.

(98) Paul M. Kennedy, "Britain in the First World War," in Allan R. Millett and Williamson Murray, eds., *Military Effectiveness*, Vol. 1 (Boston and London, 1988), p. 58.

(99) 護送船団方式の導入とハンキーがその導入に際して果たしたとされる役割については、Stephen Roskill, *Hankey*, Vol. 1, pp. 353-358, 379-382を参照。

(100) 最近における最良の研究については、David Woodward, *Lloyd George and the Generals* (Newark, NJ, 1983) を参照。

第十一章　決定的影響力を行使する戦略
――イタリア（一八八二～一九二二年）

ブライアン・R・サリヴァン
源田孝訳

はじめに

一九一八年の後半にかけて、イタリアはついにヨーロッパにおける大国の地位を獲得した。オーストリア＝ハンガリーは解体し、ドイツは敗戦で国力を消耗し、ロシアは戦争と革命で混乱し、フランスとイギリスは戦争の代償によって経済的に疲弊していた。しかし、これらの生き残った国々が再び力を取り戻すや否や、イタリアは大きな試練に直面した。イタリアにとって不幸だったことは、イタリアの指導者が近代史から正しい教訓をほとんど学ばなかったことであった。イタリアが継続的な成功に必要とされる基本原理の維持に失敗したことは、幾つかの深刻な教訓を我々に連想させる。そのなかでおそらくもっとも注目すべき教訓

図 11-1　第一次世界大戦における地中海・イタリア

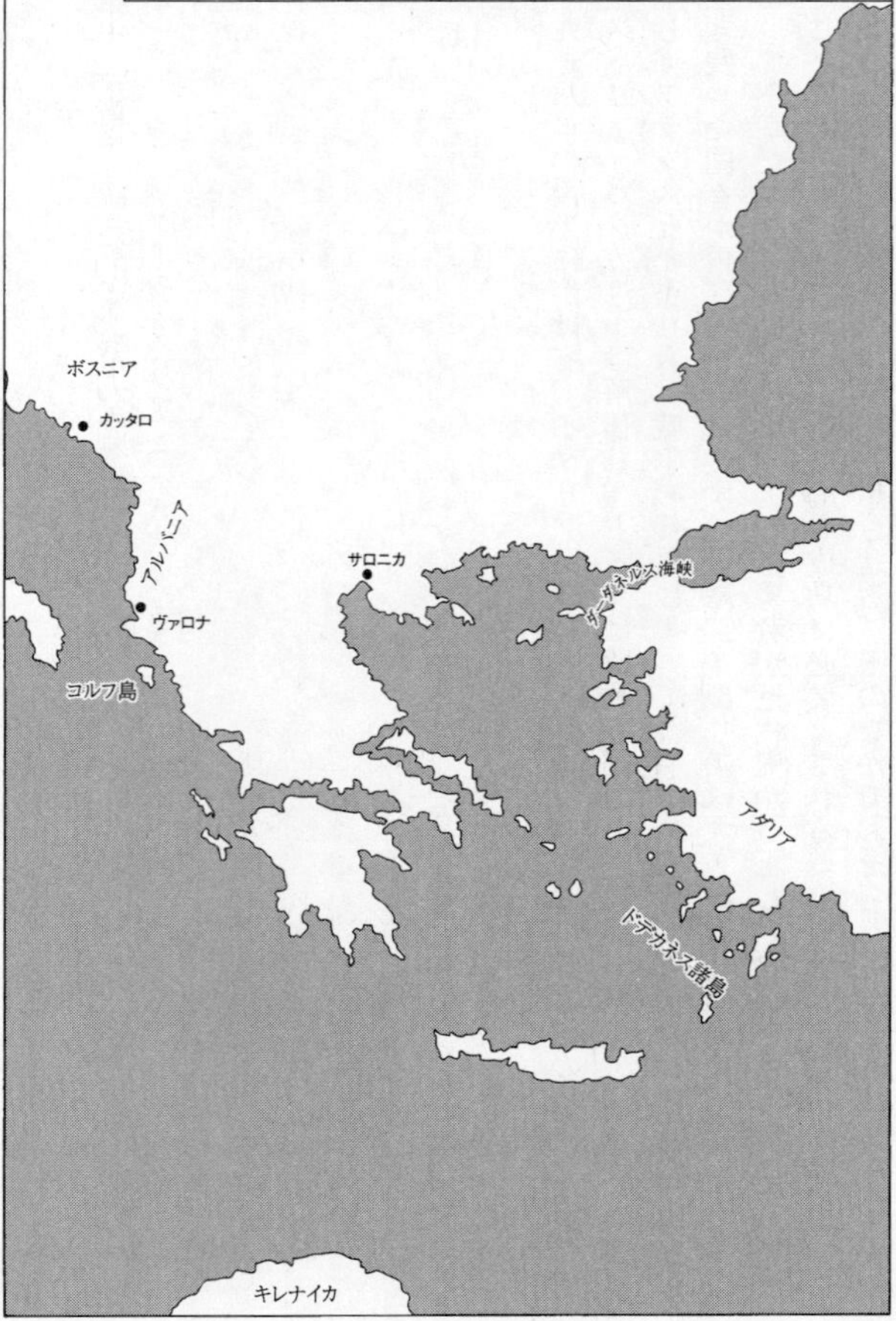

ウィーン
ブレンナー峠
ジュリアアルプス
南チロル
トレンティノ
イゾンツォ川
リュブリャナ
サヴォイア
ミラノ
トリノ
ピアヴェ川
ポー川
ヴェネツィア
イストリア
フィウメ
ジェノヴァ
ポーラ
クロアチア
ニース
ラ・スペチア
ダルマティア
トゥーロン
リヴォルノ
アペニン山脈
アドリア海
コルシカ
ローマ
ナポリ
カステランマレ
サルディニア
シチリア
マルタ
チュニジア
地中海
トリポリ
トリポリタニア

は、国民、軍隊、政府の団結を欠いたまま軍事力の行使を国家戦略の主要な手段に据えた場合には、悲惨な結果を招く可能性があるという教訓である。クラウゼヴィッツも戦争を成功裏に遂行するためにはこの団結が必要不可欠であると説いている。*1

イタリア王国は、高度に中央集権化された民主的な立憲君主制の下で戦われた、一八四八年から七〇年にかけての五次にわたる戦争を通じて形成された。この間、イタリアの外交を担ったのは国王、首相、外務大臣だけであった。イタリアの軍事問題も、憲法およびこれらの戦争を通じて確立した慣例により、国王、陸軍大臣、海軍大臣の専管事項となった。このように区画化され、統率の取れていない体制であったにもかかわらず、イタリア半島は統一されたのである。

しかし、一八六一年のカヴール首相の死去後は、イタリアは国家戦略の分裂傾向によって、一八六六年のオーストリア＝ハンガリーとの戦争で軍事的敗北を喫し、さらに、ヴィットーリオ＝エマヌエーレ二世がプロイセンに宣戦布告しようと仕掛けた一八七〇年にも、同様の事態が繰り返される一歩手前までいった。それにもかかわらず、イタリア人は国家統一運動(*Risorgimento*)〔一八二〇年のカルボナリ党による立憲革命で開始され、一八七〇年のローマ占領で達成されたイタリアの国家統一運動〕を——その実態の細部に触れない限り——紛れもない大偉業として回顧することができると自らに言い聞かせていた。事実、一八五八年のフランスとの同盟や一八六六年のプロイセンとの同盟の締結、そして同盟国の定期的な鞍替えにより、イタリアはわずかな外交努力で多くの成果を得ていた。その結果、外交政策、軍事政策、国家戦略を調整するための非効率的な体制は、一九一五年まで実質的に変わることはなかった。[*2]

一　イタリアの国家戦略の模索——一八八二〜一九〇〇年

国家統一から数十年後の国家戦略の目標とその達成手段についてイタリアの支配階級に質問したとすれば、彼らは困惑したであろう。クラウゼヴィッツ流にいうならば、このような質問に答えるには、政策目標に見合った資源を持つことの必要性、そして政治指導者と軍事指導者との緊密な連携を確保することとの必要性について、ある程度理解していることが前提となる。だがイタリアでは、そのような認識はクラウゼヴィッツ本人に対する認知度と同様、欠落していた。[*3]しかも、そのような質問に答えるためには、そもそも国家目標の定義付けをしなければならないのである。

一八七〇年以降、イタリアの知識人は、自国がフランスとオーストリア＝ハンガリーからの攻撃に脆弱であると考えていた。しかし、多くのイタリア人は国家の生存以上に、イタリア人居住者を抱えながらも依然としてハプスブルク家によって支配されているトリエステとイストリアの「未返還地」、あるいは未回収地（*terre irredente*）の回復を希望していた。また、一七九六年にオーストリアに併合されるまでヴェネツィアが統治していた戦略的に重要な海岸であるダルマティアの獲得を夢見る者もいた。さらに、一八六〇年にフランスに割譲したニースとサヴォイアの返還、あわよくばコルシカや英領マルタの獲得をもイタリアの国家的要求に含める者もいた。

しかし、国家統一から数十年間、そのようなイタリア人の希望が、イタリアの外交および軍事政策に対する権限を一手に握っていた人物――すなわち国王――の実際の政策に直接的な影響を与えることはほとんどなかった。一八六一年に制定されたイタリア憲法の元となった一八四八年のサルディニア王国基本法（*statuto*）第五条は、次のように規定していた。「行政権は国王のみに委ねられる。国王は最高位にある国家元首であり、すべての陸・海軍を統帥し、宣戦を布告し、平和条約、同盟条約、通商条約および他の国王との条約を締結し、これらを国益や安全保障上の必要性に応じて直ちに（国会の）議院に報告する」[*4]。一九四五年にいたるまで、イタリアを統治した三人の国王と彼らに仕えた大臣らは、こうした戦争と秘密外交に関する権限を最大限に利用した。かつてのサヴォイア王家は、数世紀にわたって戦争と策謀を外交政策の主要な手段にしていた。ヴィットーリオ＝エマヌエーレ二世も、一八七八年初頭に没するまで、成功する見込みがあればいかなる方面でも密使を派遣して軍事的栄光と領土拡張を追求したが、一八七〇年以降は失敗続きであった。ウンベルト一世の場合、好戦的で陰謀を好み、多少愚鈍でさえあった彼の父親ほど粗暴ではなかったが、征服によって名声と権力を獲得するという資質は受け継いでいた[*5]。

イタリアの統一がローマ帝国復活の第一歩であるという意識は、国家統一運動でもっとも重要な役割を果たした何人かの人物、特にジュゼッペ・マッツィーニを突き動かしていった。一八七〇年のローマ陥落とそれに続くローマへの遷都により、こうした帝国主義的な傾向は強まっていった。しかし、イタリア経済が脆弱であったため、それ以上の領土拡大はできなかった。一八九七年まで毎年、疲弊したイタリアの国家予算の平均三四パーセントが国家統一戦争に要した累積債務の支払いに充てられた。結局、このような自らを古代ローマ人に重ね合わせたいという願望、すなわち古代ローマ精神（*Romanità*）が、現実の実行能力を伴わない状況のなか、その後七〇年間にわたってイタリアに災いをもたらし続けたのである。*6

イタリア帝国主義の最初の標的となったのはチュニジアであった。チュニジアはシチリアに近い戦略的要衝でイタリア移民が急増している土地でもあり、古代カルタゴと同一視されていた。一八八一年にフランスがこの北アフリカの王国を占領すると、イタリアの支配階級は激怒し、あるいは恐怖に陥った。イタリア全土が激昂に包まれるなか、陸軍は増強され、戦争計画を策定する実質的な権限を持つ最初の陸軍参謀長が任命された。ウンベルト一世は、ドイツおよびイギリスと反フランス同盟の交渉を開始した。ウンベルト一世と重臣らは、このヨーロッパで最強の陸軍国と海軍国の庇護を受ければ、フランスの抵抗を乗り越え、バルカン半島、地中海、そしてアフリカで帝国主義的な目標を追求できるのではないかと期待した。

最終的に実現したのはドイツとの同盟のみであった。それでも、ビスマルク首相は、イタリアの提案には同意したものの、ドイツがオーストリア＝ハンガリーとの間で締結している既存の軍事・外交同盟にイタリアが加わるよう求めた。イタリアのフランスに対する怒りはオーストリア＝ハンガリー二重帝国に対する敵意を凌ぐものであり、ウンベルト一世のドイツに対する称讃の念は、彼のハプスブルク家に対する嫌悪感を超越するものであった。こうして一八八二年五月、イタリアは〔ドイツおよびオーストリア＝ハンガリーと〕三国同盟を締結した。その見返りとして、イタリアはこの同盟によってイギリスとの紛争に巻き込まれることはないとの確約を取り付けた。

ウンベルト一世は、三国同盟の締結によってハプスブルク家がイタリアとの国境線に対する懸念を和らげ、オーストリア＝ハンガリーがバルカン半島への勢力を拡大させることを望んだ。そうすれば、イタリアは未回収地の一部を見返りとして要求することができる。しかし、イタリアの憲法制度により、国王はこのような計画や同盟の存在でさえも国民や議会から秘密にすることができた。*7

三国同盟は一九一五年までイタリアにとって盾というよりも足枷《あしかせ》であった。ビスマルクとその後継者やオーストリア＝ハンガリー人は、イタリアの弱点をよく理解しており、総じて軽蔑的な態度でイタリアに対応した。ドイツがイタリアの植民地政策を軍事資源の浪費であるとして止めさせようとしたのも故なきことではなかった。一八七〇年から一九〇八年までの間、イタリア政府によって最善の努力が尽くされたにもかかわらず、年平均の軍事予算はフランスの七分の一、オーストリア＝ハンガリーの二分の一しかなかった。イタリアでは一九一五年まで毎年、兵役資格年齢に達する成年男子の数は政府によって装備調達が可能な人数をはるかに越えていた。

しかし、イタリア陸軍を悩ませた根本的な問題点は物質的なものではなく精神的なものであった。一八六七年の参謀本部の新設や一八八二年の陸軍参謀長の任命にもかかわらず、イタリアは軍事思想の体系の構築に大きく失敗していたのである。サルディニア陸軍の伝統も影響してか、イタリア陸軍には明らかに反知性主義の空気が満ちており、将校と市民社会が接触する機会もなく、自由な発想には敵意が向けられた。サルディニア陸軍の最高司令部では創造性よりも服従が重視されていた。イタリア陸軍も、地域主義が蔓延し、悪党がはびこり、政治的および経済的に鬱屈した状態に悩まされていた新国家での警察任務に従事しなければならなかったため、サルディニア陸軍の悪しき風潮を継承していた。[*8]

このような問題があったため、イタリアによる植民地獲得の野望をビスマルクが心配するのも当然のことであった。しかし、古代ローマ精神がその後の歴代イタリア政権に与えた影響力は大きかった。ビスマルクは一八八二年七月のイギリスによるエジプト占領にイタリアが参加することを拒否したが、一八八五年一月のイタリアによる東アフリカ遠征は阻止することができなかった。[*9]イタリア軍のマッサワ上陸に対する批判に反論するかたちで、イタリアの外務大臣パスクァーレ・スタニスラオ・マンチーニは次のように言い返した。「我々は、地中海にもっとも近い紅海において、地中海の安寧《あんねい》を脅かすあらゆる存在に対する効果的な安全保障の鍵を見つけ出すことができるだろう」。[*10]マンチーニは、イギリスがエジプトから展開すると同時にイタリアも紅海からスーダンに展開し、マフディー帝国に対抗することができると主張した。イタリアとイギリス両国の共同派兵により、地中海における伊英同盟の基盤を確立することができるとされた。

マンチーニは、さらに壮大な野望を抱いていた。彼は、紅海からナイル川へ、さらにサハラ砂漠を越えて北アフリカにまでイタリアの勢力を拡大させるという構想を描いていた。そうすればトリポリタニアの支配とチュニジアの奪回が可能となり、その結果、地中海からインド洋にいたるアフリカ一帯を制圧することができる。イギリスは依然としてスエズを支配することになるが、イタリアはエジプトを迂回することにより、地中海に閉じ込められた状態から解放されることになるだろう。*11

しかし、一方でイギリスがスーダンの再征服の決定を取り止め、他方でイタリアも戦略的要衝であるバブ・アル・マンデブを制圧するために紅海の海岸沿いに展開するというより現実的な目標を選択しなかったため、マンチーニの計画は破綻した。その代案として、イタリアは内陸のエチオピアに目を付けた。イタリアは、一八八七年から八八年にかけてのエチオピア戦争に勝利し、紅海のローマ名であるエリトリアという名前の植民地を正式に建設した。また一八八九年には、インド洋に面したアフリカ沿岸一帯の荒廃した地域の保護者を自任し、ソマリアという名の植民地を建設した。こうしてイタリアは、同じように勢力を拡大しているエチオピア帝国の北東および南東の両地域を支配した。その一方で、イタリアは現実的な戦略に欠けた紛争も同時に引き起こしていた。

三国同盟によって軍事費が増大し、高価な鉄道路線の拡張も行われたが、それらは新ローマ帝国主義とも相まって、イタリア経済にとって大きな負担となった。一八八七年十一月、ジョヴァンニ・ジョリッティは、軍事費を増やし、国民の自由を制約して国威発揚を追い求めるか、それとも民主主義のためあるいは一般農民の生活の向上を願って努力するか、イタリアはそのいずれかを選択しなければならないと議会に警告した。ウンベルト一世とフランチェスコ・クリスピ首相は帝国主義の道を歩むことを選択した。[12]

イタリアにおける国家戦略の策定プロセスは、国家統一運動以来、基本的に変化していなかった。外交政策は国王、首相、外務大臣の三者が依然として密室で決めていた。一八八七年から九一年には、クリスピが一人で首相と外務大臣の両職を兼任した。予算の承認を除いて議会の影響を受けることがなかった軍事政策は、国王と彼の臣下である陸・海軍高級将校によって統括された。外交と軍事戦略を調整し、文民指導者と軍事指導者との間で必要な情報交換を承認することができたのは国王だけであった。ウンベルト一世は情報を独占することで自らの権威を保ったが、一人で国家戦略を調整するほどの知性と教育には恵まれていなかった。

クリスピは、チュニジア奪還を目的とした対仏戦争の承認をビスマルクから取り付けることができなかった。モロッコとトリポリタニアに対するクリスピの思惑も、ドイツとイギリスによって挫《くじ》かれた。イタリアの勢力拡大に対するドイツの支持獲得の失敗、そしてイタリア経済の破綻により、一八九一年に国王ウンベルト一世はクリスピを罷免したが、二年後には再度彼を首相に任命した。[13]

クリスピはエチオピアの征服も試みたが、イタリアの同盟国〔ドイツおよびオーストリア＝ハンガリー〕はイタリアに支援を送ることを拒否した。両国は、東アフリカにおけるイタリアの帝国建設が三国同盟にとって何の利益にもならないと考えた。一方、一八九四年にフランスはロシアと同盟条約を締結したが、この新たに成立した同盟国〔フランスおよびロシア〕は、エチオピアに武器を供与し始めた。これは、東アフリカにおける大イタリア植民地の建設が、フランスによるアフリカを横断する帝国の建設計画を妨げるものと見なされたからである。イギリスは、イタリアがイギリス領ソマリーランドに陸軍を上陸させ、内陸部へ進軍してエチオピア軍を分断することを認めなかった。イギリスはドイツとの敵対関係を強めており、フランスやロシアと協調する方向に動いていたため、ドイツの同盟国との協力を思い留まった。こうして、伊英独三国同盟の可能性は完全に消滅した。*14

たとえ理想的な国際情勢の下にあったとしても、エチオピア征服はイタリアの資源をはるかに越えるものであったであろう。それでも、クリスピにとっては自らの権力、ウンベルト一世にとっては自らの名誉がアフリカでの偉大な勝利にかかっていると考えた。このシチリア出身の首相は、土地を持たないイタリア南部の農民を東アフリカの高原地帯に移住させることで慢性的な社会不安を解消し、さらには移民を帝国主義のために利用することができるとも考えていた。もちろん、そのような動機を国家戦略の一部と見なすことができるかどうかは別問題である。ウンベルトもクリスピも、エチオピア征服にどの程度の軍事力が必要か分かっていなかった。彼らがエリトリアへ派遣した戦力不足の軍隊は、一八九六年三月一日にアドワで大損害を被った。クリスピは直ちに辞任し、彼の権力とイタリアの野心は粉々に砕け散った。

一八八七年から九六年までの間、イタリア陸軍は東アフリカで九五〇〇人の将兵を失った。この戦死率は、ほぼ同期間続いたヴェトナム戦争におけるアメリカ兵の戦死率に匹敵するものであった。これらの戦死者は、不毛地帯における二カ所の植民地建設のために払われた高い代償を象徴するものであった。しかも、それらの土地は大規模な移住にはまったく適さず、将来のエチオピア侵略への足掛かりとしての利用価値しかなかった。国王はアドワでの戦闘から数カ月経っても、報復戦争を求めるような熱狂的な気運を盛り上げることができず、一八九六年十月に、渋々、エチオピア独立を認める条約に調印した。*15

東アフリカでのイタリアの敗北は、国内に最悪の影響をもたらした。イタリアは、一八八八年から九六年まで厳しい経済不況に見舞われていたが、この間、ウンベルトはたとえ装備に優れた小規模の陸軍を創設するためであったとしても、軍事費の削減には応じなかった。国内を安定させ、イタリアの威信を保つためには、大規模な軍隊と高率の徴税を維持する必要があったのである。一八九六年以降の産業の発展により、一八九八年から九九年にかけての財政は統一後、初めて黒字に転じたため、国王は自らの政策が正しかったと考えた。だが、アフリカでの大失敗により、軍部の指揮・命令体制における重大な欠陥が明らかにされたとも国王は認識していた。そのため、一八九九年七月に国王は、王子ヴィットーリオ＝エマヌエーレ三世の下に（陸・海軍大臣を除く）陸・海軍の最高幹部で構成される最高国防会議を設置した。ここに初めて、陸・海軍参謀長は相互に戦略計画を開示することになった。しかし、お互いの戦略の開示は、結果的には戦略の調整に結び付かず、ウンベルト一世もそのような戦略調整を促すことはなかった。〔最高統帥部レベルにおける〕統一の欠如は、その後もイタリアの軍事計画の立案に悪影響を与え続けた。*16

二　大国の地位を追い求めて――一九〇〇～一九〇八年

一九〇〇年七月にウンベルト一世が一人の無政府主義者によって暗殺された。新国王ヴィットーリオ＝エマヌエーレ三世は、議会制度を尊重する姿勢を示し、社会的危機を打開する決意を表明した。また、国王は一九〇〇年から〇一年にかけての雇用不安を受けて、内務大臣ジョヴァンニ・ジョリッティを首班とする政府を立ち上げた。ジョリッティは一九〇三年十一月に首相に任命され、一九一四年三月までイタリア政治に君臨した。ジョリッティには、それまでの首相にはなかった三つの利点があった。第一に、彼はカヴールの登場以降、最初に現れたイタリアでもっとも卓越した政治指導者であった。第二に、ウンベルト一世とクリスピ前首相は自らが引き起こした失敗により、自分たちの手法の信頼性を失ったが、そのことで、ジョリッティは新たに出現した労働者層と下層の中産階級の協力を求める手法に打って出ることができた。そして何よりも第三に、ジョリッティが権力の座にあった時期が、一九五〇年代まで続くことになる大規模かつ持続的な経済発展と産業拡大の時期と重なっていたことが挙げられる。

一八九〇年代以降、ドイツはイタリアの安定化を後押しするとともに、フランスの影響力を抑えるために、イタリアの国内産業へ巨額の投資を続けた。移民からの送金もイタリアの資本の蓄積をもたらした。一八九六年以降は農産物の価格が五〇パーセントも上昇したため、地主の収入が増え、農民の暮らしも多少豊かになった。一八九八年以降、イタリアはヨーロッパでもっとも高い経済成長率を見せた。また、大量移住を敢行したにもかかわらず、イタリアの人口は一八六一年から一九一一年の間に二五〇〇万人から三四七〇万人にまで増加した。これに対して、フランスの人口は三七四〇万人から三八八〇万人へと微増しただけであった。[*17] しかし、一九一三年から一四年の時期にいたっても、イタリアは依然として貧しい農業国であり、イタリア人一人当たりの平均収入はドイツ人の半分、イギリス人の三分の一であった。

一八八二年に、イタリア駐在ロシア大使は、イタリアを大国として扱っているのはあくまでも儀礼上のことだけであって、誰もイタリアが大国であるとは信じていないと述べた。だが一九一四年までに、イタリアはその経済成長に後押しされ、ほとんど余力がないながらも大国の地位に近付いていった。第一次世界大戦前の一〇年間、イタリアは産業基盤の拡大によって陸・海軍力を大幅に増強することができた。この新しい軍事力に、地理的位置と比較的多くの人口という要素が加わったことで、イタリア人は、民族主義者で詩人のガブリエレ・ダヌンツィオが一九〇八年に書いた有名な戯曲、『船（*La nave*）』のセリフにあるように、「船首の防備を固めよ、そして世界へ向けて船出せよ」という言葉を現実の行動に移すことができた。イタリアの指導者は、自分たちの野心を理性を働かせて抑えることがますます難しくなっていった。しかし、イタリアが実際にどの程度の力をつけており、また真の国益がどこにあるのかについては、依然として不明瞭なままであった。[*18]

一八六九年のスエズ運河の開通によって地中海は主要な通商路としての地位を回復したが、この地域は、地理的にはイタリアの支配下にあった。イタリア国内の知識人は、イタリアが北アフリカの近接地域を確保すれば、強力なイタリア艦隊によってイギリスとフランスの東方への連絡線を遮断し、ロシアの西方への拡大を阻止することができることを理解していた。イタリアは、そのような認識の下でチュニジアとトリポリタニアに対する関心を強めていった。また、アドリア海にも別の好機が存在した。イタリアがアルバニアかコルフ島を所有すれば、トリエステからフィウメにいたるオーストリア＝ハンガリーの海上の生命線を制することができると考えられたのである。

しかし、地中海の重要性が高まると同時に、海上におけるイタリアの安全保障に対する危険性も高まっていった。三国同盟は、陸上からの攻撃に対するイタリアの懸念を和らげたが、力に勝るフランス海軍との戦争の可能性は高くなった。イタリア海軍首脳部は限られた資源をできる限り多くの大型戦艦の建造に集中させることを決定した。イタリアは、艦船の数こそフランスには及ばないが、戦艦を集中させればフランスの戦隊を個別に撃破することができると考えられた。特に、個々のイタリアの戦艦がフランスの戦艦に匹敵するかあるいは凌駕するものであれば、その可能性はいっそう高くなると考えられた。こうして、イタリア海軍の戦略家は、青年学派（*Jeune École*）〔戦闘力を向上させた小型艦艇を中心とした海軍戦略を支持していたフランス海軍の士官グループ〕の考え方を否定し、マハン〔アメリカの海軍戦略家〕

流の考え方に強い影響を受けるようになった。イタリア海軍首脳部は、戦艦の優位性を確保することに重点を置くようになった。

こうしてクリスピは、後先を考えることなく、海軍力の増強に経費を割いた。一八九〇年にイタリア海軍の戦力はイギリス、フランスに次いで三番手となった。しかし、クリスピの誇大妄想の夢が潰《つい》えると、一九〇〇年には、イタリア海軍の戦力は六番手に落ちた。それでも陸軍予算に対する海軍予算の比率は、一八八〇年にはわずか二一パーセントであったのが、一八九〇年には三九パーセント、一九〇〇年には五一パーセントにまで増加し、それ以降はその規模を維持し続けた。こうして、一八九八年以降の政府歳入の増加により、第一次世界大戦開始時まで海軍の予算は増加し続けた。ヴィットーリオ＝エマヌエーレ三世は海軍に肩入れし、オーストリア＝ハンガリー海軍に対する優勢を確保するよう迫った。ドレッドノート級戦艦〔一九〇六年にイギリス海軍が竣工させた一万八〇〇〇トン級の戦艦で、新技術により火力と機動力を向上させた革新的な戦艦〕の時代が到来すると、イタリア海軍はフランス海軍の戦艦とのパリティー〔均衡〕を追求しながら、オーストリア＝ハンガリー海軍に対する優位性を拡大させることが可能となった。イタリア海軍は一九〇九年に最初のドレッドノート級戦艦〔排水量二万三〇〇〇トン、三〇・五センチ砲九門を搭載した戦艦コンテ・ディ・カヴール〕を起工し、一九一五年までにさらに九隻を起工した。しかし、弱体な製鉄産業と海軍予算の伸び悩みにより、建造期間は長期化していった。[*19]

イタリアの陸地における国境線はイタリア陸軍にとって利点であり、また悩みの種でもあった。アルプス峠はイタリアと西ヨーロッパ、中部ヨーロッパ、東ヨーロッパとを繋ぐ通路であった。大規模なヨーロッパ戦争がアルプスの北側で勃発したとしても、イタリアは南フランス、オーストリア、あるいはバルカン諸国への別の進入経路の開閉を操作することができた。同じく、相当規模の敵の戦力の動きを封じ込めることもできた。さらに、バルカン半島に距離的に近く、また国家統一運動以来、国内ではナショナリズムへの傾倒もあったため、オスマン＝トルコ帝国およびハプスブルク帝国内で不満を抱える民族との物理的・精神的な結び付きが生まれた。一方、フランスおよびオーストリア＝ハンガリーとイタリアとの間にある山岳国境地帯は、相手側が斜面の上方に位置していたため、その防衛は困難であった。国境の防衛線が突破されれば、肥沃なポー渓谷、トリノ、ミラノ、ジェノヴァの三点を結ぶ三角形の産業地域が脅威にさらされることになる。イタリアの海岸線は長く、サルディニア島やシチリア島と同様、非常に脆弱でもあった。またアペニン山脈は急峻なため、半島のいずれか一方の側の海岸と山脈との間の狭い無防備な平地にしか主要な南北鉄道を建設することができなかった。半島は距離が長く、鉄道網も未整備であったため、軍隊の動員には時間がかかり、海から砲撃を受けた場合には動員が停止する恐れもあった。[*20]
また、特に東部方面で顕著であったが、国境を守備する要塞の不足や野砲の不足という軍事的な問題も残されていた。こうした弱点を抱えていたため、イタリアは強力な同盟国なしでは攻守両面において軍事的勝利を収めることが困難であった。確かに、一八九六年以降の繁栄により、一八九〇年代初期には年間約二億四〇〇〇万リラであった陸軍予算が、一九一〇年から一一年にかけて三億七〇〇〇万リラにまで膨れ上がったというのも事実である。しかし、武器の価格高騰とヨーロッパ諸国の熱狂的な軍拡競争があったため、――一九〇六年以降かつてないほど多くの軍事費を投入したにもかかわらず――、イタリア陸軍は、他のヨーロッパ列強の陸軍と比べて依然として劣勢であった。[*21]

三国同盟はイタリアの弱点を補完するものであったが、イタリアは、一八八二年にウンベルト一世とその重臣が渇望した海外領土をどれ一つとして獲得することができなかった。二〇年に及ぶフランスとの敵対関係はイタリア経済に多大な負担を与えていた。そのためアドワの戦いの後、ウンベルトはフランスとの友好関係の回復に同意した。対仏交渉に当たったのは一八六九年から七六年まで外務大臣を務めていたエミリオ・ヴィスコンティ・ヴェノスタであった。ヴェノスタは、普仏戦争ではフランスに対する支援を拒否し、チュニジアの占有をイタリアの主要な目標に据えた人物でもあった。

一八九六年十月、ヴェノスタはこの野望を放棄し、チュニジアをフランスの保護国として認めた。その見返りとして、フランスはトリポリタニアに関する交渉に応じることに同意し、一九〇〇年十二月には両国間で交換公文が取り交わされた。この交換公文のなかで、イタリアはフランスがモロッコに対して絶大なる利害関心を持っていることを認め、フランスは自国がモロッコに進出した場合にイタリアがトリポリタニアを占領することに同意した。こうした合意内容よりも重要であったのは、イタリアが三国同盟に参加する主要な動機が弱まったことであった。[*22]

一八九七年十一月にヴィスコンティ・ヴェノスタがオーストリア＝ハンガリーとの間で交わした合意も、イタリアの外交政策に新たな方向性を与えるものであった。それは、バルカン半島におけるトルコの支配の終了とともに、アルバニアを中立国として独立させるという内容の合意であった。アドワの戦い以降の国内的な不安要因と対外的な脆弱性を考えれば、この取り決めはイタリアにとって最善の策だった。しかし、この合意は、より強力なイタリアがバルカン半島においていっそうの影響力を追求することを示唆していた。[*23]

ヴィットーリオ＝エマヌエーレ三世は、イタリアの経済成長や対外政策に対する王室の強い関心を梃子《てこ》に、こうしたイタリア外交における方針転換を推進していった。ヴィットーリオ＝エマヌエーレ三世は国内で芽生え始めた民主主義を容認したが、外交問題に関しては憲法で規定された自らの特権を堅持した。この国王は、彼自身がイギリス大使に述べたように、自らを「歴代内閣に仕える（外交分野における）永久職の国務次官のような存在」であると認識していた。[*24] 一九〇三年十一月に首相に就任したジョリッティは社会改革に没頭しなければならず、また彼はイタリアの外交政策において国王が強い役割を果たすことを完全に擁護していたため、外交における王室の影響力は高まっていった。しかし、この国王は、既にジョリッティの登場以前から、三国同盟とフランスとの間の等距離外交を推進していた。[*25]

一九〇〇年以降、イタリアの小規模な外交運営体制はフランスとの緊張緩和の推進に忙殺された。一九〇二年六月、イタリアとフランスは、両国がモロッコとトリポリタニアに進出するという一九〇〇年の合意を推し進めた。両国は、いずれか一方が自国の安全を守るための戦争に突入した場合、相互に中立的立場を維持することを約束した。外交が軍部の権限の範囲外であるとの原則に反して、当該合意内容は陸軍参謀長タンクレディ・サレッタ将軍の耳に入った。しかし、サレッタ将軍がその合意内容を意図的に知らされていたかどうかは定かではない。[*26]

一九〇四年の英仏協商の締結は、アフリカにおけるイタリアの植民地獲得の帰趨に影響を与えるものであった。その後発生した一九〇五年のモロッコ危機と一九〇六年のアルヘシラス会議は、フランスとドイツ・イタリアがいかに拮抗する関係に発展していったかを示す出来事であった。イタリアは、フランスとの間で合意されたトリポリタニアに対する要求を取り下げることなしには、ドイツのモロッコ獲得の要求を支持することはできなかった。[*27] 一九〇六年十二月、イタリア・フランス・イギリスの三カ国は、東アフリカに関する協定に署名した。イギリスとフランスは、エリトリアとソマリアに隣接しているエチオピアの領域をイタリアの勢力範囲として認め、エチオピアが崩壊した場合は、イタリアがこの二つの植民地にエチオピア一帯を加えることに同意した。[*28]

こうして、イタリアの三国同盟への参加を促した動機はほぼ完全になくなった。イタリアは、アフリカに対して抱いていた野望をほぼ完全に実現させ、フランスからの攻撃に対する保護も保障され、イギリスとは同盟の枠の外で協力関係を築くことができた。イタリアは、ドイツおよびオーストリア＝ハンガリーと交わした協定の精神に反することで、これらの目的を達成したのであった。しかし、かつてイタリアが享受していた安全は、もはや三国同盟によって保障されることはなかった。

一九〇〇年以降、バルカン半島をめぐってイタリアとオーストリア゠ハンガリーとの間で利害衝突が激化するにつれて、両国間の戦争の可能性が高まった。さらに、フランスとの関係改善はイタリアに大きな利益をもたらした。一九〇六年にイタリア国立銀行とパリの銀行グループは、八〇億リラに上るイタリア国債の金利を年率五パーセントから三・七五パーセントへ下方修正することで合意し、一九一一年にはさらに三・五パーセントにまで引き下げた。ドイツからの財政支援はイタリアにとって依然重要であったが、かつてのような圧倒的な影響力は失っていた。[*29] また、イタリアの国力が増大したにもかかわらず、ドイツとオーストリア゠ハンガリーはイタリアに対して依然として軽蔑感を抱いていた。イタリアとオーストリア゠ハンガリーとの間で小競り合いが生じると、ドイツはいつでも、より強大で信頼の置けるゲルマン民族の同胞に味方した。一方、オーストリア人にとっては、イタリアの不満に配慮する理由はほとんどなかった。

オーストリア゠ハンガリーがこうした態度をとることができたのも、ある意味では、優勢な国力の裏打ちがあったからであった。一八九〇年から一九一三年にかけて、オーストリア゠ハンガリー二重帝国の人口は四二六〇万人から五二一〇万人へと二二・三パーセント増加したが、イタリアの人口は、移民の国外流出により、わずかに三〇〇〇万人から三五一〇万人へと一七パーセントの増加（ただしアフリカの植民地に居住している一五〇万人の国民は含まない）を見せたに留まった。イタリアの国民総生産は、一八八〇年にはオーストリア゠ハンガリーの七一パーセントであったが、一八九〇年には六一パーセント、一九〇〇年には五五・六パーセントにまで低下した。イタリアは一九〇七年から〇八年にかけて深刻な不況に見舞われたため、国民総生産はさらに低下し、一九一〇年にはオーストリア＝ハンガリーの五二・五パーセントになった。一八六〇年から一九一〇年にかけて、オーストリア＝ハンガリーの国民総生産の成長率はイタリアの成長率を毎年一・七六から一・〇五パーセント上回っていた。第一次世界大戦前の一〇年間、オーストリア＝ハンガリーの潜在工業力はイタリアのほぼ二倍であり、さらにイタリアの産業がほぼすべて輸入した鉄鉱石と石炭に依存していたことは、オーストリア＝ハンガリーの優位性をいっそう際立たせた。[30] しかし、一九一〇年以降は、イタリアの経済力は顕著な回復を見せ、国民総生産も一九一三年にはオーストリア＝ハンガリーの六〇パーセントにまで達した。フランスと比較してみると、イタリアの経済成長の速さがよりはっきりと分かる。一九一〇年のイタリアの国民総生産はフランスの四六・八パーセントであったのが、一九一三年には五七パーセントにまで上昇した。[31]

これに対して、イタリアの軍事費はオーストリア＝ハンガリーにほぼ匹敵するものであった。イタリアは一九〇〇年から一三年の間、軍事費に約一二億二〇〇〇万現実ドル〔経常ドル〕を投入したが、この金額はオーストリア＝ハンガリーが投入した一四億六〇〇〇万ドルの八四パーセントに達した。イタリアの海軍予算は四億二五〇〇万ドルであり、オーストリア＝ハンガリーの二億五〇〇〇万ドルをはるかに越えていた。陸軍予算においてもイタリアは七億九九〇〇万ドル投入しており、これはオーストリア＝ハンガリーが投入した一二億五六〇〇万ドルの六四パーセントであった。この間のイタリアの国民総生産がオーストリア＝ハンガリーの約五五パーセントであったことを考えると、このイタリアの軍事支出には目を見張るべきものがある。一九〇八年になると、オーストリア＝ハンガリーはこれに呼応するように軍事費を大幅に増やしたが、イタリアも同様の手段で対抗した。一九一四年、イタリアの人口はオーストリア＝ハンガリーのわずか六七パーセントであったが、イタリア軍の総兵力は三四万五〇〇〇人であり、オーストリア＝ハンガリーの四四万四〇〇〇人の七八パーセントに達していた。*32

一九〇〇年以降は、重要な国内改革がさらにイタリアの国力を充実させた。一八九六年から一九〇〇年にイタリア国内をばらばらに引き裂いていた問題は、ジョリッティの改革が功を奏して大幅に改善したが、その一方で、オーストリア＝ハンガリーにおける社会不安と民族問題は年々悪化していった。その結果、二十世紀最初の一〇年間のイタリア国内の雰囲気は総じて楽観的なものであり、オーストリア＝ハンガリー国内のそれとは著しく対照的であった。バルカン半島におけるオーストリア＝ハンガリーとの衝突にイタリアを駆り立てたものは、まさに、この急激な経済発展とイタリア人の愛国心であった。

三　三国同盟の崩壊——一九〇八〜一九一四年

イタリアでは、一九〇七年から〇八年の景気後退により深刻な問題が生じていた。不況から脱却するため、イタリアはバルカン諸国への輸出を増加しようと積極的な事業展開を開始した。しかし、オーストリア＝ハンガリーは、バルカン半島と自国経済とを結び付けるための鉄道事業を支援し、イタリアの動きを牽制した。さらにローマ政府は、一九〇八年のウィーン政府によるボスニア・ヘルツェゴヴィナ併合の際、見返りを得ることができなかった。こうして三国同盟に魅せられた主要な動機の一つであった未回収地の一部獲得の機会が大幅に減少した。当時のイタリア政府にはなす術《すべ》がなかった。その一方でオーストリアに対する憎悪は再燃し、トリエステ、イストリア、ダルマティアを手に入れたいという想いも強まっていった。一九〇八年以降、世論が力をつけるようになると、政治と経済がイタリアの国家戦略に与える影響力も大きくなっていった。*33

ジョリッティは民主的な政治システムを導入する前に、安定かつ繁栄した社会を作り上げることを改革の目標に掲げた。イタリアの憲法と議会運営はそのような変化に適応し得るものであったが、外交と軍事問題に対する国王の大権は、民主主義とは相容れないものであった。民主制に移行する前段階にある議会が軍事問題に影響力を与えようとしただけで、国王はこれをはねのけた。そのため、ジョリッティも外務大臣も、イタリア外交における新たな方向性については、将軍や提督に知らせなかった。奇妙なことに、あるいは立憲体制を尊重する想いがあったからかもしれないが、国王は外交問題に対する自らの考えを軍事指導者に伝えることはなかった。イタリアは大衆政治によって生じた変化と外交政策の転換にその政軍体制を適応させることができなかったため、災難に見舞われることになる。

一九〇四年に海軍運営の失態に対して左派から非難が向けられたが、ジョリッティは議会による調査委員会の設置に同意することでこれを鎮めた。三年後には、陸軍についても同様の調査委員会を設置した。こうした議会による干渉を見越していた国王エマヌエーレ三世は、既に一九〇六年三月の勅令により、陸軍参謀長にとって有利となるかたちで陸軍大臣の権限を弱めていた。国王への報告は陸軍参謀長が行い、陸軍大臣は議会への対応を任された。一九〇七年十二月には、セヴェリーノ・カサナがイタリアで初めて文民出身者として陸軍大臣に就任した。一九〇八年初頭に出された二つの勅令により、陸軍参謀長の権限はさらに強化された。同時に、カサナ陸軍大臣は最高国防会議を拡大して陸・海軍大臣を加え、首相を議長に据えた。

一八九六年六月以来、陸軍参謀長であったタンクレディ・サレッタ将軍が一九〇八年初めに健康を害したため、彼の代わりとなる人材が必要となった。ルイージ・カドルナ将軍がサレッタの有力な後継者と見られていたが、カドルナ将軍は陸軍に対する完全な指揮権を要求した。エマヌエーレ三世とジョリッティはこの要求を無視し、代わりに、親独家のアルベルト・ポリオ将軍を起用することに同意した。ポリオ将軍は、イタリアの外交政策と軍事政策とが乖離《かいり》しつつある時期に、陸軍の最高指揮官となった。*34 イタリア国内の世論、経済的利害、外交政策はすべて、オーストリア＝ハンガリーとの衝突の可能性が高まる方向性を示していた。例えば、ボスニア危機後の一九〇九年十月に、イタリアの外交官はウィーン政府との関係を修復しようとし、両国はお互いの協議なしにバルカン半島をめぐってロシアといかなる合意も結ばないことを約束した。しかし、その数日後、ロシア皇帝ニコライ二世とロシア外務大臣の二人がヴィットーリオ＝エマヌエーレ三世のもとを訪れ、ウィーン政府が一九〇四年に、イタリアとオーストリア＝ハンガリーとの間で戦争が勃発した場合、ロシアは中立を維持するという約束を同国から取り付けていたことを明らかにした。そのため、イタリアはバルカン政策をめぐってお互いに協調するというロシアの提案を受け入れることとなった。イタリアはまた、ボスフォラス・ダーダネルス海峡のロシア艦隊に対する開放を目指していたロシアの活動を支援することに同意し、他方で、ロシア側はイタリアのトリポリタニアに対する要求を受け入れた。これらの合意内容は、両国の国王、首相、外務大臣のみが知るところであった。[*35]

ポリオはこうした問題について知らされていなかったが、将来起こり得る戦争に向けて準備する必要があることは認識していた。彼はウィーンからの情報によって、オーストリア＝ハンガリー陸軍首脳がイタリアに対する予防戦争を望んでいることに気づいていた。当初はジョリッティの反対に遭ったが、議会はイタリア北東部の国境線沿いにおける軍用鉄道の敷設と防衛力の強化を認めた。ポリオはグラッパ山脈とピアヴェ川を結ぶ線の防衛体制の準備も計画していたが、この防衛線は実際に一九一七年から一八年にかけて死活的に重要な地域となった。海軍はオーストリア＝ハンガリーとの戦争を想定し、アドリア海のイタリア側における停泊地の欠如を補うため、ダルマティアの軍港を攻略する計画を立てた。サレッタは上陸作戦に陸軍部隊を派遣することを拒否したが、ポリオと陸軍大臣パオロ・スピンガルディ将軍は四万人の兵力でダルマティアの軍港を攻略する計画を練った。

こうした状況があったにもかかわらず、ポリオは依然としてフランスとの戦争計画を進め、三国同盟と三国協商との間の戦略的なバランスを維持しようと考えていた。だが、こうした軍事計画の分裂は、政府が陸軍首脳部を孤立状態に置いていることの表れであった。ポリオは、一九〇二年のフランスとの中立条約について明らかに知らされていなかった。国王と政府は、イタリアが三国同盟から次第に距離を置くのをカモフラージュするために軍事指導者を利用していたのかもしれない。そもそも、ヴィットーリオ＝エマヌエーレ三世がポリオを陸軍参謀長に任命したのもこうした動機が背景にあった可能性がある。なぜなら、ポリオ将軍はまれなことにドイツびいきかつオーストリアびいきであり、オーストリア人の妻を娶《めと》り、流暢なドイツ語を話したからである。

一九〇一年から一一年には三度目の一連の危機が発生し、これにより、イタリアはヨーロッパの外に政策の比重を移すことになった。イタリア人のなかでも教養のある右派勢力は、たとえトルコとの戦争に発展したとしても、トリポリタニアを占領すべきであると主張し始めた。[*36]ジョリッティ首相と外務大臣アントニオ・ディ・サン・ジュリアーノ侯爵は、一九一一年中頃までに行動を開始することを決定した。その決定は、イタリアの国家戦略の形成に影響を与えた新旧双方の勢力の結合を意味していた。一九一〇年三月から一九一四年十月にかけて三人の首相の下で外務大臣を務めたディ・サン・ジュリアーノは、その後四半世紀におけるイタリアの外交政策の大枠を設定した。ディ・サン・ジュリアーノはクリスピと同様、シチリア出身であったため、イタリアが海外に肥沃な土地と豊富な資源を獲得する必要があるという考えが身に染み付いていた。彼はまた古代ローマ精神の信奉者でもあり、一九一〇年十月には当時のルイージ・ルツァッティ首相宛てに、「古代ローマ帝国に匹敵し、世界各地に拡大し、その労働力によってそれらの地域に豊かさをもたらすような、古代ローマ帝国と手法は異なれども同様の結果に導く偉大なイタリア」について自分たちは考える必要があるという手紙を書いた。[*37]

ディ・サン・ジュリアーノは、まずフランスおよびオーストリア＝ハンガリーとの均衡の維持に努めた。彼はフランス人が嫌いであったが、イタリアの脆弱性はフランスとのさらなる融和を必要としていることを理解していた。また、彼はハプスブルク家の衰退あるいは崩壊によって、大セルビア主義とロシアが結び付くこと、あるいはドイツの介入を招くような空白地帯がバルカン半島に生まれることを心配した。いずれの場合も、イタリアはバルカン半島から締め出されることになるからであった。

ディ・サン・ジュリアーノはドイツの力に敬意を払い、イタリアがドイツに依存していることを認めた。彼はクリスピと同様、イタリアの領土拡大のために三国同盟を利用しようとした。ディ・サン・ジュリアーノはイタリアの勢力図をアルバニア、トリポリタニア、エチオピア、そしてオスマン＝トルコ解体後はトルコ南西部にまで拡大しようとした。そのような帝国が誕生すれば、イタリアは地中海東部を支配することができ、強い経済的基盤が保障されることになる。外務大臣は未回収地に対する要求を放棄する代わりに、他の領土取得の目標を達成するために同盟国の協力を取り付けようとした。しかし、そうした協力が得られないことが分かると、彼はオーストリア＝ハンガリーに対してより敵対的な姿勢を示すようになった。また彼は、自らの目標を達成するための手段を提供してくれるのはドイツではなく、イギリスであるかもしれないと思い始めるようになった。

まもなく、ディ・サン・ジュリアーノは、国王を説得して自らの構想に同意させた。ヴィットーリオ＝エマヌエーレ三世は、植民地の拡大そのものがイタリアにとって贅沢な願いであると考えていたが、イタリアの戦略的地位を高めることが予測される地中海地域での領土獲得を承認した。国内では、ディ・サン・ジュリアーノの反民主主義的な姿勢は、ジョリッティの政策と好対照をなしており、立憲君主制とも多少のずれがあった。理論上は、イタリア憲法の規定では国内政治と外交が切り離されていたため、ジョリッティとディ・サン・ジュリアーノはそれぞれの目標に向かってお互いに協調し合うはずであった。しかし、実際には、外交と国内政治を分けるという古い二分法は、ディ・サン・ジュリアーノが外務大臣に就任したときには既に廃《すた》れていた。したがって、ディ・サン・ジュリアーノはイタリア外交において時代遅れの手法を採用したことで、国内政治に致命的な影響をもたらしたのである。

一九一一年までに、ジョリッティは民主的な統治システムを導入するために国内体制を整えた。産業の拡大によって社会党の支持者は大幅に増えていたが、ジョリッティは、彼の計画する民主制にとって社会党が最大の障害となり、同時にもっとも確実な人材補給源にもなると考えていた。社会党はジョリッティが提示した閣僚の椅子を拒否したものの、民主主義体制下で暗黙の政治的連携を結ぶことに興味を示した。一九一一年六月、ジョリッティはほぼ完全なかたちの男子普通選挙法案を議会に提出した。*38

しかし、ジョリッティのこの合意形成型の政治は、左派と右派の両勢力に対する譲歩を余儀なくさせた。右派には、イタリア帝国主義の主要な理論提唱者である国家主義者だけでなく、ジョリッティが議会内で連携していた重要な保守派勢力も含まれていた。当時の政治状況下でこうした勢力に対して譲歩するということは、イタリアによるトリポリタニア獲得を意味していた。一九一一年初夏に起きた第二次モロッコ危機は、ジョリッティとディ・サン・ジュリアーノを行動に駆り立てた。イタリアがトリポリタニアを獲得する前にフランスがモロッコを併合してしまえば、パリ政府はもはやローマ政府の外交的支援を必要としなくなり、一九〇二年の協定は無視されることになりかねない。八月にこの問題の検討をジョリッティに命令されたポリオは、この新たな事態に対応するためにダルマティア遠征計画を練り直した。しかし、ジョリッティは迅速な行動を指示せず、ポリオもまた、すぐに戦争が始まるとは予想していなかった。

しかし、ディ・サン・ジュリアーノが海軍参謀次長と偶然顔を合わせたことがきっかけとなり、行動が開始された。そのときディ・サン・ジュリアーノ外相が驚いたことに、周辺の海域の情勢によれば、トリポリタニア上陸作戦は遅くとも十一月までに敢行しなければならず、その機会を逃せば、遠征は一九一二年四月まで不可能となるということを聞かされたのである。ディ・サン・ジュリアーノとジョリッティは、国際情勢が良好な間に行動することを決断した。議会は閉会中であったため、ジョリッティは平和主義者である社会党議員による抗議を避けることができた。ジョリッティはポリオに通告した後、トリポリタニア進攻の困難性について警鐘を鳴らす陸軍による一二年越しの調査結果を顧みることなく、九月半ばに本格的な準備を開始した。陸軍参謀長は、五〇〇〇人から六〇〇〇人のトルコ軍守備隊は、イタリア軍が短期間で勝利を収めるうえで深刻な障害とはならないと分析し、首相を勇気づけた。九月二十三日にフランスとドイツがモロッコに関する合意に達すると、ヴィットーリオ＝エマヌエーレ三世はジョリッティに対してトルコに最後通牒を突き付ける許可を与えた。[*39]

ジョリッティとディ・サン・ジュリアーノは、自分たちが思慮深さと大胆さを見事に兼ね備えつつ行動していると信じていた。彼らは有効な外交手段を講じ、フランスとの合意の効力が失われるかもしれないぎりぎりの瞬間を選んだ。しかし、二人とも軍事問題について教育を受けてきたわけではなく、またそのような人物と接触する機会もなかった。そのため、二人とも戦争に勝利する見込みについて正確な判断を下すことができなかった。さらに悪いことに、リビア戦争がイタリアおよびヨーロッパ全体に与え得る衝撃について、その外交的・軍事的・経済的・国内的な影響力を評価するための統合的機能を有する評議会が政府内部に設置されることもなかった。また、ヴィットーリオ＝エマヌエーレ三世は、こうした問題を扱う能力は彼の祖父や父に比べて長《た》けていたものの、そのような複雑な問題を自らの力だけで的確に分析する能力までは持ち合わせていなかった。仮にエマヌエーレ三世が国家戦略を効果的にまとめ上げる能力を有していたとしても、憲法上の手続きに対する彼の思いがそのような行動に走るのを留まらせたであろう。

十月三日に、一七〇〇人のイタリア海軍水兵によって慌てて敢行されたトリポリ上陸作戦で開始されたリビア戦争は、第一次世界大戦の原因となった危機の一つであった。不安定ながらも均衡が維持されていたヨーロッパの同盟体制は、イタリアがその狭間で巧みに行動する余地を与えたが、イタリアが自らの国力を増強させるために戦争を開始すると、その均衡は維持できなくなった。ジョリッティが侵略政策を採用せずに外交的手段で目標を達成しようとしたならば、決定的影響力を行使するという彼の政策はイタリアに利益をもたらし、ヨーロッパの平和の維持に貢献したかもしれない。

しかし、目標達成のために軍事力を行使することは、列強にとって正当な手段と見なされていた。さらにイタリアの場合、ジョリッティとディ・サン・ジュリアーノ、そしてヴィットーリオ＝エマヌエーレ三世は、国家統一運動の負の遺産の影響を受け、戦争を手段として用いるという先人の方法に倣《なら》おうとした――ただし、まったく異なる状況の下で。国王、首相、外務大臣は、外交政策と軍事政策に対する自律的権限を憲法によって保障されていたため、議会や世論の束縛を受けることもなかった。しかし、イタリアのように比較的脆弱で国内的にも不安定な国家にとって、戦争は危険な行為であった。事実、リビア戦争の開始は、イタリア――とその政策立案者――にとって、一九四九年まで続くことになる一連の危機の端緒となったのである。

トリポリタニア占領のための戦争は、すぐさま、土地の支配権をめぐるアラブ住民との闘争へと発展した。四万四〇〇〇人の兵力からなるイタリア遠征軍と、その司令官であるカルロ・カネヴァ将軍は、やがて聖戦へと発展するゲリラ戦争に対して無力であった。カネヴァ軍は、トリポリタニアの主要な海岸の町と、その東部に隣接するキレナイカ州の町を幾つか占領することに成功した。しかし、カネヴァは、それ以上のことは——海岸全体と、近接する内陸部のオアシスを占領するようジョリッティに命令されるまで——何もしなかった。カネヴァ軍は、彼らの側面に付きまとう捉えどころのないベドウィン部隊を蹴散らしつつ、不毛の土地を横断するようにゆっくりと進路を切り開いた。しかし、こうした作戦行動は、勝利に結び付くものではなかった。既成事実を示すことが賢明であると認識していたジョリッティは、十一月五日にトリポリタニアとキレナイカをイタリアの植民地に併合するようヴィットーリオ＝エマヌエーレ三世を説得した。その間、サハラ砂漠の奥地では、トルコ軍が北方のイタリアの脅威に対抗するために、ボルク、エンネディ、ティベスティから守備隊を撤退させていた。トルコ軍が同地を去るとフランス軍がここに入り、現在のチャドの北半分に当たる地域を占領した。この知らせがローマに届いたのは数カ月後のことであった。

戦争が長引くに連れて、ジョリッティは次第に絶望的になっていった。増援部隊の派遣によって、カネヴァ軍の兵力は一〇万人に膨れ上がったが、戦争終結の見込みは立たなかった。ジョリッティはダーダネルス海峡への入り口を守備する要塞に対する攻撃も視野に入れ、海軍の作戦範囲を紅海と地中海東部へ拡大することに同意し、一九一二年五月にはエーゲ海南部のドデカネス諸島の制圧を許可した。バルカン半島での内乱の勃発を恐れ、ヨーロッパ列強の支援が得られないことに気づいたトルコ政府は、最終的に停戦交渉に応じた。

このようなトルコの苦境に勇気づけられたセルビア、モンテネグロ、ギリシャ、ブルガリアは、バルカン同盟を結成し、トルコをヨーロッパから追い出す気運を高めていった。バルカン同盟諸国は、九月三十日に動員を開始した。その結果、トルコは十月十八日にアウキィ条約を締結し、イタリアによるトリポリタニアとキレナイカの領有を承認した。イタリアは、トルコ軍がリビアから撤退する代わりにドデカネス諸島を明け渡すことを約束した。しかし、トルコは一九一八年まで完全に撤退しなかったため、イタリアもギリシャ人が居住するこれらの島々を統治し続けた。イタリアは、北アフリカの二つの新たな植民地において、ベドウィンと彼らを指導するトルコ人に対する作戦を継続させるために、六万人の兵力——これは平和時のイタリア陸軍兵力の約二五パーセントに当たる——を割かなければならなかった。ベドウィンとの戦いは一九三二年まで断続的に続いた。[*40]

イタリアの損失は軽微であり、戦死者は三五〇〇人から四〇〇〇人、負傷者は四三〇〇人から五〇〇〇人に留まった。しかし、財政的負担は大きく、およそ一七億リラに上った。それに比べて、一九一〇年度から一一年度にかけて陸・海軍に割り当てられた費用は五億七七〇〇万リラであった。リビア戦争により、陸軍は武器、弾薬、装備の備蓄を短期間で使い果たした。リビア作戦に増援部隊を派遣する必要があったため、陸軍のほぼすべての部隊において訓練度や兵力規模で深刻な落ち込みが生じた。イタリア海軍は戦争で備蓄弾薬の大部分を消耗し、戦艦の損耗も激しかった。しかし、一八六六年以来、初めて重要な任務を遂行したことにより、海軍は貴重な作戦経験を積むことができた。[*41]

リビア戦争はイタリアの外交政策と軍事政策の調整にも悪影響を与えた。ジョリッティとディ・サン・ジュリアーノは、ポリオや国王の主席補佐官であったウゴ・ブルサティ将軍とは連絡を取らず、直接カネヴァに命令を下して北アフリカ作戦を指揮した。一九一二年六月、ポリオは戦争開始から九カ月も経過していたにもかかわらず、自分が依然として外交的状況について何も知らされていないことに不満を述べた。さらに一九一二年十一月の植民地省の設置により、既に混乱状況にあった軍民関係に別の要因が加わった。それ以降、陸軍は——事前協議を条件とせずに——陸軍を軍事作戦に投入する権限を持つ、文民を長とする二つの省と争うことになった。ヴィットーリオ＝エマヌエーレ三世は、結局、カドルナが正しかったという考えに至った。やはり陸軍は、文民の干渉を受けない陸軍参謀長によって指揮されなければならないと国王は考えた。国王は、時期の到来を待って状況を改善するための提案を行った。*42

リビア戦争のもう一つの影響は、三国同盟を明らかに強固にしたことであった。イタリアは北アフリカのトルコ軍守備隊をフランスが支援していると誤解していたため、フランスとの関係は悪化した。ディ・サン・ジュリアーノは、モロッコとトリポリタニア・キレナイカが併合されたことにより、一九〇二年のフランスとの協定は効力が失われたと考えた。北アフリカには依然多くのイタリア陸軍が釘付けにされたままであったため、イタリアはあえてオーストリア＝ハンガリーと事を構える状況にはなかった。こうして、ディ・サン・ジュリアーノは、一九一二年十二月に三国同盟を更新することにした。イタリアの陸・海軍参謀長は条約の内容について知らされなかったが、戦争が切迫した場合は、その条約の内容についいて知らされる旨の言質を取り付けた。軍部首脳は一九〇二年の中立協定の存在について知らされていなかったため、彼らは対仏戦争計画の立案作業を続けることになった。

リビア戦争後、ポリオは陸軍が弱体化したため、フランス軍がイタリアの西海岸へ上陸作戦を決行することを恐れた。ポリオは自らの個人的な不安をドイツに伝え、その結果、三国同盟各国の軍隊同士で二つの軍事協定が締結された。一九一三年十一月には、長期間にわたる交渉の末、海軍協定が締結された。後に補足的合意も追加されることになるが、この海軍協定は、イタリアとオーストリア＝ハンガリーの艦隊がドイツの地中海艦隊とともにフランス海軍に対抗し、フランス領北アフリカと地中海のフランス港湾とを結ぶ輸送路を分断するため、三国の艦隊をオーストリア＝ハンガリー軍の統一指揮下に置く手続きを確立した。また、三国の陸軍代表者会談は、フランスとの戦争に備えて、ライン地方へ軍隊を派遣するというかつてのイタリアの計画を復活させることを決定した。イタリアがそれまで考えていたようなプロヴァンス地方への上陸作戦や、フランス国境のアルプス山脈を越えた攻撃作戦のいずれも、もはや実現不可能となっていた。一九一四年二月、ヴィットーリオ＝エマヌエーレ三世は、ドイツがフランスに進攻した場合、ドイツとともにフランスへ三個軍団――全陸軍兵力の四分の一――を派遣する計画に同意した。ポリオ将軍も、独自に、ロシアに対するイタリア軍の使用についてオーストリア＝ハンガリーと協議した。こうした協議が行われていたにもかかわらず、イタリア軍首脳はオーストリア＝ハンガリーが両国の国境沿いで軍備を整えていることも含め、同国のイタリアに対する敵対心が垣間見えることに懸念を抱き続けていた。[*43]

第二次バルカン戦争は、バルカン半島を以前よりもさらに大きく不安定化させた。一九一三年の七月と十月に、オーストリア＝ハンガリーは軍事行動を起こしてセルビアを威嚇した。二回とも、イタリアはそのような状況下ではオーストリア＝ハンガリーを支援する義務がないとウィーン政府に伝えた。同時にイタリアは、ギリシャに対してはオーストリア＝ハンガリーが用いていた手法を採用した。イタリアはギリシャに対してアルバニア南部からの撤退を要求したが、イタリアがドデカネス諸島に留まる意図が明白であったため、ギリシャの世論を怒らせた。イタリアにとって、このギリシャ人が住む島々の占有は、トルコ南西部に侵入し、そこの豊富な鉱物資源を獲得するための足場を作ることを意味していた。

これらの危機の裏には、バルカン半島をめぐるイタリアとオーストリア＝ハンガリーとの間の深刻な対立が隠されていた。オーストリア＝ハンガリー国内では少数派のイタリア系住民が依然として弾圧されており、そのことが両国の関係をさらに悪化させていた。一九一四年中頃に、ディ・サン・ジュリアーノは駐伊ドイツ大使に対し、バルカン半島に対するオーストリア＝ハンガリーの一方的な勢力拡張はイタリアとの戦争をもたらすと警告した。しかし、既にリビア戦争がバルカン半島を不安定にさせていたことは明らかであった。そのこともまた、イタリアとオーストリア＝ハンガリーとの戦争の蓋然性を高めた要因であった。リビア戦争は、ジョリッティが社会党との間で築き上げてきた脆《もろ》い政治的繋がりをも引き裂いた。ベニート・ムッソリーニを含む社会党内の過激派は、一九一一年十月の動員に対して暴力的な抗議運動を組織した。革命論者は党の支配権を再び掌握し、暴力革命を再度呼びかけるために、戦争に反対する社会党員の憤りを利用しようとした。政治舞台において対立する両極にいる人々もそれぞれの立場を強硬化させていった。同年後半に国家主義者は軍備増強、経済的自立、保護政策、ストライキ禁止を求めて戦うことを決定した。その数年前、ジョリッティは軍国主義と帝国主義の風潮のなかでイタリアの自由主義を存続させることはできないと警告していた。リビア戦争の結果、イタリア国内での政治的偏向が進んだことにより、ジョリッティの予言は現実のものとなりつつあった。ジョリッティによって実施された最大の国内改革――一九一二年の普通選挙制に近い制度の導入――の結果成立した不安定な議会は、彼に対して、より良い時期に政府に復帰するという希望を抱かせつつも退陣を勧めた。国王エマヌエーレ三世は、ジョリッティの代わりとして、新政府の首班にアントニオ・サランドラを指名した。サランドラは反民主的自由主義の思想と熱烈な愛国主義者としての自らの立場を誇りにしていた。ディ・サン・ジュリアーノは、何の苦労もなくサランドラの外務大臣として留任することができた。*44

四　中立と参戦――一九一四～一九一五年

オーストリア＝ハンガリーのフランツ・フェルディナンド皇太子がサラエヴォで暗殺されたその日、ポリオ将軍は心臓発作に襲われ、七月一日に他界した。ヴィットーリオ＝エマヌエーレ三世は陸軍参謀長および戦時の陸軍最高司令官にルイージ・カドルナ将軍を任命し、カドルナは七月二十七日に就任した。その時点で、オーストリア＝ハンガリーとセルビアとの間で戦争が発生することは確実視されていた。七月三十一日には、ヨーロッパで全面戦争が起こる可能性が高くなった。カドルナはイタリアが三国同盟側に付いて参戦することを想定し、ポー渓谷がフランスによる進攻の脅威にさらされることになるにもかかわらず、すべての兵力をドイツに派遣する準備を進めた。しかし、八月一日の閣僚会議で、イタリア政府は中立政策をとることを秘密裏に決定した。

サランドラは外交に未熟であったため、外務大臣が大幅な裁量権を手にした。ディ・サン・ジュリアーノは、セルビアに対するオーストリア＝ハンガリーの行動がヨーロッパ大戦をもたらすと予測していた。そのような戦争の勃発も、あるいはセルビアの壊滅も、彼の望むところではなかった。しかし、一九一三年の戦争のときとは異なり、今回の戦争ではドイツがオーストリア＝ハンガリーを無条件に支援していることにディ・サン・ジュリアーノは気がついていた。彼は、イタリアにとって最善の政策は、イギリス海軍による封鎖や攻撃を伴うであろう全面戦争の局外に留まり、さらにオーストリア＝ハンガリーがバルカン半島で領土を獲得した場合にはその見返りを要求することであると考えた。ディ・サン・ジュリアーノはトリエステ、あるいは最低でもアルバニアにあるヴァロナ港の獲得を望んでいた。*45 セルビアに対するオーストリア＝ハンガリーの最後通牒は何の前触れもなく出されたため、イタリアは同盟国への支援を拒否することができた。三国同盟の条約によれば、そのような場合には事前協議が必要とされたからである。条約はさらにイタリアに見返りを与えることも保証していた。ディ・サン・ジュリアーノは、七月二十六日、サランドラに次のように助言した。「早急な決断は必要ではない。（中略）我々は、国内外のすべての人が我々の態度や決定に関して確信を持てないように仕向け、そうすることで、何らかの現実的な利益を獲得しなければならない」[*46]。

しかし、ウィーン政府は、イタリアがセルビアとの戦争に参戦しない限りいかなる見返りも与えないと主張した。ドイツ軍支援のための軍隊派遣というカドルナの作戦計画をエマヌエーレ三世が承認した直後の八月二日に、イタリア政府は中立宣言を出した。この決定に対して世論は圧倒的な支持を送ったが、カドルナは愕然とした。カドルナはフランスに対する戦争準備を中止し、オーストリア゠ハンガリーとの戦争計画に着手するよう求めるサランドラに歩み寄らなければならなかった。

ディ・サン・ジュリアーノは、最善の行動計画について、サランドラとカドルナの方針に異を唱えた。ディ・サン・ジュリアーノは長期消耗戦によってドイツが最終的に勝つことを期待したが、イタリアがイギリスとの長期間の戦闘に堪えられないことも知っていた。イタリアは石炭の輸入によってエネルギー需要のほぼ九〇パーセントを賄っており、その石炭の多くは海上輸送に頼っていた。イギリスが八月四日に宣戦布告すると、ディ・サン・ジュリアーノはイギリス海軍がイタリアの運命を左右することになると考えた。事態の推移を見守るなか、彼は非交戦国として三国同盟に留まることを提案した。イタリアは、いずれかの陣営が優勢になった時点で勝利者側に立って参戦するべきであり、フランスとオーストリア＝ハンガリー両国がともに著しく弱体化することになれば、それは申し分のない結果といえる。サランドラとカドルナはイタリアの中立宣言によって三国同盟は終わったと確信した。両者ともに、オーストリア＝ハンガリーとの戦争に突入するのであれば、短期間で終わることを期待した。カドルナはすぐにでも全兵力の動員に着手したかった。カドルナはイタリアが直ちに戦争に介入しなければ、イタリアは両陣営から軽蔑され、また戦争後には孤立してしまうと主張した。かつての同盟国側が勝利すれば、オーストリア＝ハンガリーは戦後すぐにイタリアを攻撃すると彼は予測した。どのような結果になっても、イタリアは孤立し、それまで以上の軍備負担を強いられることになるだろう。しかし、もしイタリアが三国協商を支援するならば、イタリアは両陣営のバランスを覆して巨大な力を得ることができるとカドルナは主張した。

　しかし、ディ・サン・ジュリアーノとサランドラは、イタリア軍がカドルナの計画を実行に移す能力に欠けていると考えた。サランドラの陸軍将校団に対する評価は低かった。一九一四年三月に、ポリオはサランドラに対して、士官、下士官、砲兵、および機関銃の数が著しく不足しているため、陸軍の戦闘能力は極めて低いという警告を与えていた。七月になると、サランドラ首相は、リビア戦争の影響により、総動員された一二六万人の兵力のうち完全装備を施すことができるのは七三万人分しかないことを知らされた。そのため、サランドラはカドルナに動員許可を与えず、事態の推移を見守ることにした。イギリス軍とフランス軍がマルヌの会戦で勝利したとき、サランドラとディ・サン・ジュリアーノは参戦する一歩手前であった。しかし九月下旬には、戦争が膠着状態に陥ったことが確認された。カドルナでさえ、動員の発令は翌年の春まで待つことが望ましいと判断していた。[*47]

ディ・サン・ジュリアーノは十月十六日に死亡した。サランドラは後任の外務大臣にシドニー・ソンニーノを任命したが、彼は外交官としても戦略家としても著しく資質を欠いていた。前任者とは異なり、ソンニーノは直ちに片方の側に付いて参戦するつもりであり、あくまでもイタリアの国力を増強するために戦争を利用しようという考えであった。十一月初めにソンニーノは、交戦する両陣営の指導国であると目されたイギリスとドイツとの交渉を開始した。一九一五年初頭には、ソンニーノと国王はともに連合国側に付いて参戦することが望ましいと考えるようになっていたが、協議は三月上旬までゆっくりと続けられた。その時点で、ソンニーノは、オーストリア＝ハンガリーからの譲歩はほとんど期待できないと考えるようになった。彼はまた、連合国軍がダーダネルス海峡で上陸作戦を実行するという情報を入手した。もし連合国軍の上陸に続いてイギリスとフランスがバルカン半島に進攻するのであれば、イタリアはその時点で既に参戦している必要があった。

ソンニーノはイギリスに対して同盟案を提示するよう駐英大使に指示した。ソンニーノはカドルナの影響を受け、短期戦を見越していたので、貸し付けに関する合意や、海軍または陸軍の支援に関する約束は求めなかった。三月後半には、イギリスはソンニーノの要求の大部分を受け入れるよう、他の同盟諸国を説得していた。その間、オーストリア＝ハンガリーはドイツの圧力を受け、イタリアが中立を保障すれば、その代償としてトリエステの大部分を割譲することに合意した。ソンニーノはこの提案に失望し、ウィーン政府が譲歩内容を追加することを拒否したため、連合国側に付くことを選択した。一九一五年四月二十五日、英仏連合軍はガリポリに上陸した。その翌日、イタリアと連合国代表は一カ月以内のイタリア参戦を義務付けたロンドン秘密条約に調印した。イタリアが五月三日に三国同盟を脱退すると、これに動揺したオーストリア＝ハンガリーはさらなる領土提供を申し出たが、既に時宜を逸していた。国王と閣僚たちは戦争を欲していたが、カドルナがイタリアの参戦について知ったのはサランドラの言葉を偶然耳にした五月五日であり、参戦からわずか三週間前のことであった。「何だと？ 私は、何も聞いていないぞ」とカドルナ陸軍参謀長は叫んだという。カドルナは、直ちに遅れていた軍隊の動員を開始させた。[*48] 戦略を形成するための機関がイタリアに存在しなかったことと、同じく軍隊を調整するための組織体制が未整備であったことが、またもや混乱と遅れを生じさせたのである。

カドルナ陸軍参謀長は、一九一四年の終わりまでに作戦計画を練り上げた。その計画によれば、イタリア軍はオーストリア＝ハンガリー国境の防衛線を突破した後、最初の二週間でイストリアに向けて四〇から六〇マイル進軍して大規模な戦闘を遂行し、さらにリュブリャナ渓谷へ向けて四〇から六〇マイル進み、開戦から二カ月目の終わりまでに二度目の決戦を行うというものであった。その後は、ハンガリー平原の端に沿って北東へ進撃してウィーンに到達し、一九一五年の初秋までに完全勝利を達成するという目算であった。[*49]

カドルナのこの作戦計画は四つの想定に基づいていた。第一に、カドルナは、最新兵器の存在は防御側を戦術的に極めて有利な立場に置くものであるというパリとベルリンの駐在武官の警告を無視し、イタリア軍が正面攻撃によって国境沿いの山岳地帯を突破することができると信じていた。第二に、カドルナは、イタリア自身による攻撃に加え、ロシア、セルビア、場合によってはルーマニアも、ハプスブルク帝国に対する同時集中攻撃に参加するのではないかと期待した。一九一四年に、オーストリア＝ハンガリーはわずかに四八個師団しか動員できなかったのに対して、イタリアは四六個師団、セルビアは一一個師団、ルーマニアは一〇個師団、ロシアは九三個師団を動員することができた。一九一四年に多大な損害を被ったロシアは、ドイツに対抗するために軍隊を分散させなければならなかった。しかし、オーストリア＝ハンガリー軍は一九一五年の春までに士官の三分の一を失っており、兵力は大幅に減少していた。第三に、カドルナは、動員開始から二五日後には作戦を実行に移すことができると考えていた。第四に、カドルナは軍事的効率性を極限まで追求するため、利用可能な資源をすべて彼の計画した大攻勢に注ぎ込むつもりであった。これらの想定は、最後の点を除いて、すべて誤りであることが明らかとなっていった。[*50]

イタリア海軍参謀長、伯爵パオロ・サオン・ディ・レヴェル提督の作戦計画は、より慎重なものであった。サオン・ディ・レヴェル提督は、ロンドン条約の調印については（その具体的な内容はともかく）知っていたが、その他の問題に関していえば、カドルナ以上に情報を与えられていなかった。五月中旬を過ぎても、サオン・ディ・レヴェル提督にはイタリア参戦の日は知らされなかった。五月二十三日になってようやく、ソンニーノはその日の真夜中に戦闘が始まることをサオン・ディ・レヴェル提督に知らせたのである。[*51]

それでもサオン・ディ・レヴェル提督は最善の努力を尽くした。リビア戦争および一九一四年から一五年にかけての海軍の作戦行動を研究した彼は、イタリア海軍が小型艦艇、潜水艦、航空機の能力を過小評価していると判断していた。彼はまた、ドレッドノート級戦艦がいかに機雷と魚雷に脆弱であるかも理解していた。サオン・ディ・レヴェル提督は、一九一三年三月に海軍参謀長に就任すると、新たに小型艦艇の建造に比重を移そうとした。しかし同時に彼は、莫大な費用のかかる排水量三万四〇〇〇トンのカラッチョロ級超ドレッドノート級戦艦〔三八センチ砲八門を装備した強力な新鋭戦艦〕四隻の建造を発注するよう議会を説得した。

イタリアが最後に建造した前ドレッドノート級戦艦の費用は四〇〇〇万リラであり、最初に建造したドレッドノート級戦艦の費用が七〇〇〇万リラであったのに対して、カラッチョロ級戦艦の建造費は一億リラと見積られていた。しかし、リビア戦争に向けて軍事費が増大した一九一二年から一三年の時期でも、海軍予算はわずか三億六二〇〇万リラであった。サオン・ディ・レヴェルにとって、あらゆる種類の戦艦を自分の望む数だけ建造することなど明らかに不可能であったが、彼はそうしようとしたため、戦艦の建造は大幅に遅れ、海軍は新造艦の不足に陥っていった。

一九一三年に海軍協定が結ばれた後も、サオン・ディ・レヴェル海軍参謀長はイタリアが依然としてフランスの攻撃には脆弱であると考えていた。ジェノヴァ、ラ・スペッツァ、リヴォルノ、カステラメヤに存在する四つの主要な海軍造船所はすべて西海岸に面していたが、初めの三カ所は、トゥーロンにあるフランスの地中海海軍基地と極めて近い場所にあった。サオン・ディ・レヴェルは政府に対して、より大規模な船隊の建造か、あるいは同盟の変更のいずれか一方を選択する必要があると警告した。このような警告もあって、イタリア政府は一九一四年八月に中立を宣言したのである。オーストリア＝ハンガリーに対するアドリア海戦は、連合国に対する地中海戦争よりも困難なものではなかった。しかし、サオン・ディ・レヴェルは彼が必要とする小型艦艇に不足しており、連合国の方も、彼が一九一五年五月に要請していたイタリア海軍への駆逐艦の支援を拒絶した。*52

サオン・ディ・レヴェルにはこうした諸々の制約がある一方で、カドルナの計画に自らの計画をすり合わせなければならないという制約もあった。サオン・ディ・レヴェルは、アドリア海南方にイタリア艦隊を集結させ、アドリア海北方とダルマティア沿岸部では小型艦艇の活躍に期待した。サオン・ディ・レヴェルは、小型艦艇で可能な限り多くの敵国戦艦に損害を与えるか、あるいはそれらを撃破し、その後、優勢な海軍力を用いてオーストリア＝ハンガリー海軍との艦隊決戦に持ち込む考えであった。しかし、イタリア陸軍が進撃して圧力をかけない限り、敵艦隊はポーラ海軍基地から出撃してこないだろうと彼は考えた。その間、イタリア海軍のドレッドノート級戦艦は、オーストリア＝ハンガリー海軍がダルマティア諸島を盾にしてイタリア南部の海岸都市やイタリア商船を攻撃した場合に備えて、ブリンディシ港とタラント港に停泊させることにした。イタリア陸軍がポーラ海軍基地を封鎖すれば、イタリア艦隊はヴェネツィアへ移動し、海岸からの側面砲撃を受けるカドルナの軍隊を敵の艦砲から防衛するか、あるいは陸軍の進撃によって追いやられた敵の艦隊と交戦するという目算であった。

サオン・ディ・レヴェルはカタロにある敵の海軍基地への上陸攻撃作戦も計画していた。作戦行動によって艦隊決戦が起きるかもしれないが、カタロ海軍基地さえ押さえることができれば、イタリア海軍はアドリア海最南端までの制海権を確保することができる。また、ダルマティアを確保すれば、戦争終結後、アドリア海東部沿岸に対するイタリアの発言力は高まり、強力な南部スラヴ国家の誕生を阻止することもできる。サオン・ディ・レヴェルは、イタリアの東部沿岸の安全が完全に保障された状態で戦争が終結することを望んだ。しかし、カドルナは、ダルマティア上陸作戦の提案に対し、砲兵一個大隊以上の支援を海軍に与えることを拒否した。カドルナは、大規模な上陸作戦が危険な軍隊の分散を招くと考えていたからである。その後、戦争の残りの期間を通じて陸軍と海軍の計画はほとんど調整されないまま、別々に策定されていった。[*53]

カドルナは、植民地に対しても同様の考えを持っていた。一九一四年と一九一六年にエチオピアがエリトリアとソマリアを攻撃する動きを見せても、彼は東アフリカへの増援部隊の派遣に反対した。もはやカドルナはリビアを重要視していなかった。アラブ人は一九一四年九月に攻撃を開始し、その勢いはイタリア人を海に追い落とすほどのものであった。

フランスによるティベスティ占領を遅れて知ったイタリア軍は、フランス軍の勢力拡大を食い止めるためにサハラへ進軍した。しかし、イタリア軍の通信・連絡網は、いまだ征服されずにいたベドウィンによって切断され、その後イタリア軍はベドウィンによる反撃に見舞われた。カドルナは増援を拒否しただけでなく、トリポリタニアにいるイタリア軍を本国に任務復帰させるために撤退させた。一九一五年中頃になると、イタリアはわずかな数の沿岸都市しか確保していなかった。しかしイタリアは、ドイツ潜水艦の補給地点として利用されないよう、また来るべき再征服の基地とするため、それらの都市を粘り強く保持した。

そのような状況にあったため、ソンニーノはイタリア植民地省が掲げた目標が常軌を逸したものであると考えた。というのも、植民地省は、イタリアの勢力をリビアからチャド湖、あるいは可能であればギニア湾にまで広げ、エチオピアを完全に支配し、アラビア半島をイギリスと共同支配し、両国間で不和が生じた場合は、アフリカにあるポルトガル植民地を両国で均等に分け合うという目標を立てていたからであった。ソンニーノは、ロンドンでの交渉でそのような要求を提案することを拒否した。[*54]

このように、軍・民間あるいは陸・海軍間での協議や協力、相互理解が欠けていたため、既に参戦前から、イタリアが国家目標を達成する見込みはなかった。カドルナの戦略と植民地省による植民地拡大計画とは相互に矛盾するものであった。ソンニーノは、ディ・サン・ジュリアーノやサランドラと同様に陸軍をあまり評価していなかったため、カドルナがオーストリア゠ハンガリーの奥地まで進撃することができるかどうかについては懐疑的であった。

外務大臣は、カドルナにとってはせいぜいイタリア国境に隣接する未回収地のうちの数カ所を確保することが関の山だと考えていた。

ソンニーノは、領土を獲得するために、軍事作戦ではなく外交を重視し、植民地の強奪にはほとんど興味を示さなかった。一九一五年四月三日に彼は次のように記している。「我々が参戦する唯一の重要な理由は（中略）アドリア海における我々の軍事的優位を確保することである」。ソンニーノは、アフリカや中東の領土獲得をめぐるイギリスとの紛争を回避することが最善の道であると説いた。また彼は、大戦後にロシアが地中海方面へ海軍力と政治的プレゼンスを展開してボスフォラス・ダーダネルス海峡を制圧することを恐れた。そのため彼は、フランスとロシアという二つの敵対勢力の狭間にイタリアが据えられた場合に備えて、イギリスの支援を欲した。サオン・ディ・レヴェルの影響を受けたソンニーノは、イタリア海軍にとって堅固な基地となるアドリア海の制海権確保を目標に据えた。また、ロシアに対する防波堤としてオーストリア＝ハンガリーが存続することを望んだ。しかし、特にオーストリア＝ハンガリー二重帝国が崩壊し、ロシアと同盟関係に入る強大なセルビアが戦争によって出現した場合も想定して、アドリア海においてイタリアが覇権を握ることを望んだ。

さらにソンニーノは、イタリアがヨーロッパ大陸と地中海において領土の分け前に与ることを要求し、連合国からその約束を取り付けた。その内容とは、トリエステと南チロルからブレンナー峠までの地域、イストリアおよびイストリア以北のジュリア＝アルプス山頂までの地域（ただしフィウメを除く）、ダルマティア、ヴァロナおよび（セルビアに占領されたばかりであるが）アルバニア中部にまで勢力範囲が伸びているヴァロナの後背地、ドデカネス諸島の永久統治権、そして南西トルコの地中海沿岸のアダリア地方の割譲であった。これとは対照的に、ロンドン条約のなかの植民地の取り扱いに関する唯一の規定は曖昧なものであった。その規定によれば、イギリスとフランスがドイツの植民地を獲得した場合、イタリアは、エリトリア、ソマリア、リビアの国境地帯における「ある程度の公平な代償」のみ獲得することができると約束されただけであった。さらにイタリアは、この条約で「フランス、イギリス、ロシアと共同し、これらの国に敵対するすべての国家に対して」戦争を遂行することを約束した。

ユーゴスラヴィア国家建設の支持者らは、ロンドン条約が署名される前にその存在を知り、ダルマティアを除いてソンニーノのバルカン半島に対する要求をすべて受け入れた。しかし、イギリスとフランスの要求にもかかわらず、ソンニーノはこの目標の再考を拒絶した。こうして彼は、セルビア人を敵に回しただけでなく、ローマ政府よりもウィーン政府による統治を望んでいたスロヴェニア人やクロアチア人をも敵に回すことになった。ソンニーノは、イタリアの敵に加勢する行動をとってしまったのである。*55

カドルナが最初の攻撃を開始する前から、既に短期間での勝利の可能性はなくなっていた。五月上旬、ドイツ軍はゴルリッツ＝タルヌフ攻勢でロシア軍を撃破した。同時期にトルコは、ダーダネルス海峡で連合国軍の上陸を阻止していた。この間、ロシアはルーマニアの領土拡張の野望に異を唱えていたため、ルーマニアは参戦を見送った。イタリアは、バルカン半島における領土計画が妨げとなり、セルビアとの軍事協力が得られなかった。オーストリア＝ハンガリー軍に対する連合国軍の攻撃を集中させるという戦略計画も破綻した。カドルナの軍隊のみが、彼の戦略遂行に必要な兵力に達していなかった。さらに悪いことに、戦争突入を察した世論は、参戦の決意を固めた一部の少数派による騒々しいデモにもかかわらず、五月初旬には参戦に断固反対する立場をとっていた。ジョリッティが一九一五年春にローマへ帰還すると彼は多くの支持を集め、その結果、ドイツによるゴルリッツ＝タルヌフ突破とダーダネルス海峡上陸作戦の失敗により意気消沈していたサランドラ政権は、五月十三日に辞職に追い込まれた。

この決定的な瞬間にヴィットーリオ＝エマヌエーレ三世は行動を起こした。ローマとミラノに集まった群衆は戦争を求めたが、国王はサランドラの辞表を受理せず、議会が参戦を支持しない場合、退位すると宣言した。ジョリッティは、国民の大多数が平和を望んでいることを認識していたが、参戦を阻止することができるのは君主制が崩壊した場合のみであるという考えに至った。彼は革命を引き起こしたくなかったため、沈黙せざるを得なくなった。戦争を阻止する実力を有する唯一の指導者を失ったことにより、議会の多数派を占めていた民主勢力は、国王とその重臣の方針におとなしく従わざるを得なかった。サランドラはカドルナに動員の再開を命じたが、既に一週間という貴重な時間が失われていた。五月二十四日に、ウィーン政府が最後通牒を拒絶した後、国王は開戦を宣言した。*56 ロンドン条約の合意によればイタリアはドイツと戦うことになっていたが、議会は外交関係の断絶のみ決定した。それでもイタリアはその後一五カ月間、何十万人ものイタリア人労働者がいるドイツと緊密な経済関係を維持した。特にスイス経由による両国の貿易は活発であった。イタリア海軍士官が保有していたドイツ海軍に関する機密文書の提供をイギリス海軍士官が要請しても、サオン・ディ・レヴェルはこれを拒否した。このように、イタリアはカドルナの戦略の下、オーストリア＝ハンガリーとの二国間戦争に局地化するように戦争を進めようとした[*57]。

五　第一次世界大戦とイタリア――一九一五～一九一八年

カドルナは一九一五年五月後半までに三五個歩兵師団を国境沿いに配備し、オーストリア＝ハンガリー軍一四個師団および一個師団相当のドイツ山岳部隊と対峙《たいじ》させた。オーストリア＝ハンガリーは、四月の終わりにはロンドン条約が署名されたことを知っていた。しかし、ゴルリッツ＝タルヌフの突破口を開くのにてこずったため、増援部隊の派遣は遅れていた。それでも、カドルナ軍はイゾンツォ川まで到達するだけでも一カ月間の激闘を要した。しかも、イタリア軍は主要な敵の前線をどれ一つとして突破することができなかった。政府がカドルナに開戦日を知らせなかったこと、サランドラの一時的な辞任劇による突然の動員停止、そしてイタリア軍の組織的な機能不全のため、当初二五日間と計画していた動員が完了するのに六週間もかかった。歩兵は勇敢に戦ったが、拙劣な作戦指導、不十分な参謀活動、大砲と弾薬の不足を埋め合わせることはできなかった。こうしてイタリア軍は敵の主要な抵抗線を撃破する最良の戦機を逃してしまった。そして、その後の塹壕戦という現実を目の当たりにすると、いかにカドルナの戦争計画が不適切なものであったかが明らかとなった。[*58]

カドルナは一九一五年六月下旬以降、攻撃ができなくなる秋雨の降る季節に入るまで、四回にわたる連続的な攻勢を命令した。これらの攻勢によって犠牲者は四〇万人に達したが、イタリア軍はほとんど前進することができなかった。オーストリア＝ハンガリー軍首脳はロシア戦線で勝利を収めていた兵力を縮小し、イタリア軍を阻止するために十分な兵力を東部戦線からイタリア戦線に投入した。イタリア軍の損害はあまりにも大きかったため、カドルナはイタリア戦線から軍隊を分散させることができなくなっていた。ソンニーノがアルバニア領土の一部の占領を主張すると、カドルナはトリポリタニアで苦境に立たされている守備隊から兵力を割いてアルバニアに送ることを提案した。カドルナ陸軍参謀長は、連合国軍がサロニカに上陸し、一九一五年後半にセルビアが崩壊した時点になってようやく、ヴェローナへ部隊を派遣することに渋々ながらも合意した。[*59]

カドルナは戦場で勝利を収めることはできなかったが、ローマの文民を抑えつけることには成功した。イタリア政府はそれまで数十年にわたって将校を無視し酷使してきたが、その報いを受ける時がきた。サランドラは、カドルナが戦略と作戦の両面でローマ政府からのいかなる干渉も受け付けないことに気がついた。国王の完全な支持を得ていたカドルナは、イタリア北東部の問題を処理するうえで、まるで独裁者のように振舞った。どの政治家もカドルナの許可なしに戦争地域に入ることができず、またカドルナは、当初、軍事計画の内容を内閣に知らせることすら拒絶していた。

それでもカドルナは、一九一五年秋までに、ある程度はローマ政府と協力する必要があることに気づいた。しかし、カドルナと内閣との関係は、あたかも主権国家間の外交関係のような様相を呈していた。彼は軍部を文民に服属させることを拒絶しており、そうした彼の考えと矛盾する憲法解釈も拒絶していた。サランドラは国王に陸軍参謀長の解任を要請しようと考えたが、代わりとなる適任者を見つけることができず、カドルナの後任が別の態度をとることが確実であったため思い留まった。その結果、カドルナの権限は大きくなり、彼はイストリア高原の端に沿ってすべての資源を投入させるためにその権限を利用した。*60

一九一六年になるとカドルナ将軍の戦略が的中するようになった。カドルナ将軍は、ブルシーロフ将軍の攻勢に対応するために敵の兵力が分散されたことも味方して、六月にはトリエステからの反攻を中止した。イタリア軍は八月のゴリツィア占領という初めての大勝利によって勢いを取り戻し、ついにはドイツに宣戦布告した。ソンニーノは、緊迫した状況下でのカドルナ将軍の冷静沈着ぶりに感銘を覚えた。他方、サランドラは春の反攻を防ぐための準備が不足しているとして、公然とカドルナを非難した。しかし、今やカドルナが尊敬を集めていたためにサランドラの評価は凋落《ちょうらく》し、無名の長老パオロ・ボセリがサランドラの後任として首相の座に就いた。

一九一六年の作戦行動により、イタリア軍には、オーストリア＝ハンガリー軍をイゾンツォ川の向こうに押し返すと同時に、バルカン半島、中東、アフリカでの領地を占領することができるほどの兵力を持ち合わせていないことが明らかになった。カドルナは、国外で自国軍隊をより有効に活動させることができるという考えを受け付けなかった。この点に関し、カドルナは西部戦線で彼と同じ立場をとる者たちと見方が一致していた。しかし、カドルナは、政府からほぼ完全に独立した立場にいたため、自らの個人的な戦略を国家全体に適用させることができた。彼はイギリスの主要な増援部隊をフランスからイタリアに送り込むための支持をイギリス首相から取り付け、一九一七年にはイギリス首相ロイド＝ジョージが一月にローマで開かれた会議でになると訴えた。しかし、イギリス首相ロイド＝ジョージが一月にローマで開かれた会議でこの考えを提示すると、英仏の軍事指導者はこれに反対し、同案は撤回された。結局、イタリアの孤立状況は変わることはなかった。*61

カドルナが上陸作戦に兵力を割くことに反対し、オーストリア＝ハンガリー海軍も艦隊による作戦行動をとらなかったため、イタリア海軍は第一次世界大戦の最初の二年間はほとんど戦果を上げることができなかった。その間、アドリア海に面した良港とダルマティア諸島という自然要塞の存在に助けられたオーストリア＝ハンガリー海軍の小型艦艇とドイツ海軍の潜水艦が、自由自在に攻撃と撤退を繰り返し始めた。イタリアは、地中海とアドリア海で連合国海軍を統一指揮下に置く案を拒否していたこともあり、海軍の洋上作戦は大きく制約されていた。

イタリア海軍内部では、海軍参謀長サオン・ディ・レヴェルが、国王によって艦隊司令官に任命されたアブルッツィ公爵ルイージ・ディ・サヴォイアと衝突した。アブルッツィ公爵は積極的な艦隊作戦を敢行し、オーストリア＝ハンガリー海軍を挑発して大規模な洋上決戦に持ち込むべきだと主張した。一方、サオン・ディ・レヴェルは、特別に有利な状況でない限り、貴重な大艦隊を危険にさらすことは無謀であると考えた。その代わり、サオン・ディ・レヴェルは小型艦艇による攻撃的な掃討作戦を提案した。しかし、イタリア海軍には小型艦艇が不足していたため、そうした掃討作戦も限定的なものに留まった。アドリア海沿岸の多数のイタリアの都市が無差別爆撃を受け、また破壊工作と潜水艦攻撃によって三隻の主要艦が失われると、一九一五年十月にサオン・ディ・レヴェルは海軍参謀長を解任された。サオン・ディ・レヴェルはヴェネツィア艦隊司令官に降格となり、アブルッツィ公爵が事実上の海軍の最高指揮官となった。

ヴェネツィアに赴いたサオン・ディ・レヴェルは、航空機、魚雷、潜水艦によってオーストリア軍を攻撃するため、より綿密な計画を立てた。その間、イタリア海軍は、敗戦によってアルバニア沿岸に退却していたセルビア軍を避難させ、一九一五年十二月から一六年四月にかけてセルビア軍をコルフ島に輸送した。しかし、オーストリア＝ハンガリーとドイツはセルビアとモンテネグロを征服したことで、東アドリア海に対する支配をいっそう強め、地中海へも容易に進出することができるようになっていた。その結果、両国の潜水艦作戦は成功を重ね、それに対してイタリア海軍と連合国海軍は協力体制の不備により、効果的に対応することができなかった。

一九一七年の初めには、イタリア海軍がドレッドノート級以前の戦艦一隻を機雷で失い、またドレッドノート級戦艦一隻を破壊工作活動で失うなか、アブルッツィ公爵の戦略の失敗が明らかとなった。戦艦は機雷と魚雷に対して極度に脆弱であり、護衛艦艇の数も不十分であった。イタリア海軍のドレッドノート級戦艦は、一〇〇日間のうちわずか一日しか洋上で活動せず、オーストリア＝ハンガリー海軍の戦艦と海戦でまみえることは一度もなかった。一九一七年二月にヴィットーリオ＝エマヌエーレ三世はアブルッツィ公爵に圧力をかけて辞任させ、サオン・ディ・レヴェルを海軍参謀長兼イタリア艦隊司令長官に任命した。国王は、必要な小型艦艇の数がそろえば、サオン・ディ・レヴェルが自ら立案した戦略を実行に移すだろうと考えた。それまでの間、戦争の主な焦点は陸上に注がれた。*62

カドルナは一九一七年五月にイゾンツォ川での攻撃を再開した。彼は六一個の歩兵師団と四個の歩兵型騎兵師団からなる陸軍を編制し、夏の間に、さらに四個の軽歩兵師団を加えた。しかし、カドルナはこの部隊の大部分をわずか六カ月間で失った。八月中旬から九月中旬にかけて行われた一一回目の攻勢でカドルナの部隊はオーストリア＝ハンガリー陸軍を壊滅状態の一歩手前まで追い込んだが、最大の勝利と呼べるような攻勢をかけることができたのは最初の二週間だけであった。その後は、五月から十月にかけて六八万人の兵が負傷し、部隊の疲労が極限に達していたにもかかわらず、敵軍が瓦解しつつあるとの確信を抱いていたカドルナ将軍は攻勢を続行した。その一方でドイツは、自国の大切な同盟国が滅びゆくのを見過ごすことはできなかった。ロシアが崩壊したため、ドイツは一九一七年十月までにイタリア戦線に七個師団を投入することができた。同盟国側は攻勢を開始することに合意した。

一九一七年秋までにカドルナの部隊は開戦前の国境線から最大一八マイルしか進むことができなかったが、その間の戦死者は三〇万人、負傷者は七〇万人、傷病者は一八〇万人に上った。これはイタリア軍の勇敢さとカドルナの非情さによってもたらされたものであった。第一次世界大戦が終わるまでに、イタリア軍は三四万人の兵士（一一人に一人の割合）を軍法会議にかけ、数千名の兵士を銃殺隊に処刑させた。さらにカドルナは、かつてのローマ帝国の慣行を復活させ、攻撃に対する意気込みが不十分であると判断された部隊を選別して処刑することもあった。カポレットの会戦前夜のイタリア陸軍は、肉体的にも精神的にも既に消耗しきっていた。

大多数のイタリア人は一度も戦争を支持することなく、ただ受身の立場でこれを受け入れていただけであった。一九一七年中頃には、イタリア国民は困窮を極めていた。食物と石炭の供給は危険水域に達するほど落ち込んでいた。インフレーションにより、多くの工業労働者と農業労働者が飢餓に苦しむほど賃金の相対的な価値は低下した。一九一七年八月一日、目前に迫っていたカドルナの攻撃によってオーストリア゠ハンガリーが崩壊することを恐れた教皇ベネディクト十五世は、全ヨーロッパの人々に向けて「無益な虐殺」を止めるよう説いた。八月後半にトリノで発生したパン暴動が大規模な反乱へと発展したため、秩序を回復させるために陸軍が投入された。九月になると、それまで交渉による和平を高らかに主張していた社会党指導部の一部は、冬までに戦争を終結させるよう主張し、なかには軍人に脱走を勧める者もいた。

カドルナは、本国で発生していた裏切り行為とも呼べる状況にますます悩まされるようになった。一九一七年春、傷病者として陸軍から除隊されていたムッソリーニはカドルナに軍部独裁政権の樹立を持ちかけたが、カドルナはこの提案を退けた。しかし夏になるとカドルナは、破壊活動の拡大を政府が収拾させることができなければ、この軍部独裁政権の樹立計画を実行に移すと政府に警告した。イタリアでは、軍事作戦が政治目標の達成のために遂行されることを確保するメカニズムは一度もできていなかった。しかし、一九一七年後半に状況は一変した。カドルナは、自己の自律的および独裁的権限により、自らの限られた軍事的視野に基づいて戦争の政治的な方向性を決定付けることができるようになった。

こうした危機の最中の一九一七年十月二十四日には、同盟国軍がカポレットでイタリア軍の前線を突破し、イタリア軍に綻《ほころ》びが見え始めた。ドイツとオーストリア＝ハンガリーはこれに驚き、イタリアを打ち破ることができるかもしれないと考えるようになった。イタリア軍の敗北の直接的な原因は、ドイツ軍が戦術面と作戦面で卓越していたこと、そしてイタリア軍の防御態勢に大きな欠陥があったからであった。しかし、その後に起こったイタリア軍の総崩れと脱走兵の大量発生は、カドルナの戦略上の誤り、彼の無謀な指導体制、そして彼の行動に対する政府の支配の欠如に起因するものであった。カドルナは敗戦を弁解するために、臆病者の部隊が幾つかあったことを公然と非難するとともに、社会主義者による反戦プロパガンダとローマ法王による平和への呼びかけが「軍事的な痛手」であったと彼らを暗に批判した。なお悪いことに、カドルナは、当初は被害の大きさを誇張しながらも、その後一転して単独講和を勧めるなどして政府を混乱に陥れた。

しかし、ピアヴェ川とグラッパ山脈とを結ぶ線まで七〇マイルほど部隊を後退させると、カドルナは正気を取り戻し、残存部隊を再編させた。しかし連合国の圧力もあり、国王もカドルナが自国の軍隊と国民の信頼をもはや失っていると判断したため、より政治的手腕のあるアルマンド・ディアス将軍がカドルナの後任として抜擢されることになった。国内では、十月三十日に、ヴィットーリオ・エマヌエーレ・オルランドという剛毅な新首相が誕生していた。ヴィットーリオ＝エマヌエーレ三世とオルランドは、イタリアが戦争を続けるべきだと判断した。イタリア経済はもはや連合国軍の援助なしでは立ち行かなくなっており、また、これほどの苦難の末に敗北したとなれば、革命が発生するおそれもあった。*63

大方の予想に反して、イタリア軍はヴェネツィア東部および北部のピアヴェ川とグラッパ山脈との間の戦線を維持した。一方、ローマでは政治家同士の議論が紛糾し、最高司令部も浮き足立っていた。一九一八年一月、陸軍参謀長のディアスは、三二万人の戦死者、三五万人の脱走兵および落伍者に加えて、大砲六九〇〇門のうち三八〇〇門の喪失という損害を受けたため、陸軍の再建に着手した。それと同時に、イタリア史上初めて、国民の大多数が政治的に団結するという現象も起きた。それまでの歴代のイタリア政権は、戦争を行ううえで大衆の支持を得ようとしたことがなかった。しかし、カポレットの敗戦の衝撃とピアヴェ川での英雄的な防衛戦は、一般のイタリア人でも理解でき、支持できるような大義をもたらしてくれた。それは、すなわち祖国（*la patria*）の防衛であった。元社会主義者であったムッソリーニもその一人であったが、国論に深い亀裂が生じていることを認識していたイタリア人にとって、このような自然発生的な国民団結の気運の高まりは、国民が持っている潜在的な力の大きさを際立たせ、その力を活かすことができなかった従来の政治の無力さを浮き彫りにさせるものであった。*64

それでも、オルランドとディアスは国民と軍人の双方の士気を高める必要があると感じていた。陸軍は、戦争に勝利すれば政府は小作農民出身の兵士に対して耕作地の所有を認めることを約束するという宣伝活動を開始した。さらにオルランド政府は、過去の歴代の政府よりも効率的に国家の経済資源を戦争のために集中させることができた。陸軍は、一九一八年六月にはカポレットの会戦以前の水準にまで火力を回復させ、十一月には大砲の数が九〇〇〇門に達した。しかし、一九一八年のこのような成果は、連合国からの大規模な援助があったからこそ達成できたものであった。

オーストリア＝ハンガリーの鉄鋼生産量は、依然としてイタリアの生産量の三倍であった。イタリアは、連合国内で生産された石炭、鉄鋼、鉱石を利用して初めて戦場で敵と対峙することができた。動員された五九〇万人のうち大部分が小作農であったため、食糧生産量は大幅に低下した。連合国の輸送船によって運ばれる連合国産の小麦によってイタリアの軍隊と国民の食糧が賄われ、特に一九一七年から一八年にかけては、そうした状況が顕著であった。それでも、イタリア軍兵士と労働者は、イギリスやフランスの国民に比べてはるかに過酷な栄養状態にあった。

一九一三年から一四年の政府支出は二五億リラであったが、その九二パーセントは税収によって賄われた。一九一七年から一八年の政府支出は二五三億リラに達したが、税収分はそのうちのわずか二三パーセントであった。国債の発行によって一九一五年から一八年の間に一五三億リラを調達し、連合国とアメリカからさらに一四五億リラを借り入れた。こうした負債を抱えた結果、イタリアは一九三〇年代まで自由な行動がままならなくなった。[*65]

カポレットの会戦以降のイタリアの国力低下により、ムッソリーニのような過激な国家主義者でさえも、オーストリア＝ハンガリーの分裂に向けて活動している民族主義団体と協力することが得策であると考えるようになった。こうして、遅まきながら、政治戦術がイタリアの戦略に組み込まれていった。しかし、オーストリア＝ハンガリー国内の民族対立を利用するためには、ユーゴスラヴィア人の国家建設のためにダルマティアを放棄する必要があった。一九一八年四月のローマ代表者会議で、ポーランド人、チェコ人、ルーマニア人、セルビア人、ユーゴスラヴィア人、イタリア人の各代表は、オーストリア＝ハンガリーを民族ごとに分断することに同意した。だがソンニーノはダルマティアを諦めることができず、オーストリア＝ハンガリー軍の捕虜で構成されたチェコ人部隊をイタリア軍内部で編制することについてのみ渋々承諾した。その一方で、ユーゴスラヴィア人部隊の編制については、ソンニーノはディアスの要請にもかかわらず反対の立場を貫いた。オルランドはソンニーノが愚かであると考えたが、彼を更迭した場合に生じる政治的な影響を恐れた。結局、一九一八年の九月に、ディアスは内閣にこの問題を審議させた。その結果、政府はユーゴスラヴィア人の活動を支援することを発表した。だが、イタリアの戦略的地位が大きく向上したにもかかわらず、ソンニーノは依然としてダルマティアを手放すことに反対した。その結果、イタリア指導部は、オーストリア＝ハンガリー領土内で民族的な反乱を起こさせることに失敗したのである。[*66]

イタリアと連合国との協力により、イタリア陸軍は一九一八年の春の終わりには息を吹き返した。その結果、イタリアは一九一八年六月に、ピアヴェ川を越えて進攻してきたオーストリア＝ハンガリー軍の「平和攻勢」を撃退し、約一五万人の損害を相手に与えることができた。しかし、兵力は消耗し、砲弾の供給も尽きており、さらにイタリア軍の攻勢能力に対する疑念を払拭することが依然としてできなかったため、ディアスは反攻を思い留まった。フランス方面では連合国軍が勝利を収め、オーストリア＝ハンガリー軍が瓦解する兆候も一段と強まった。さらに、イタリアによる攻勢を望む政治的圧力が高まっていたにもかかわらず、それから四カ月間もイタリア軍は攻勢を躊躇し続けた。西部戦線で連合国軍がヒンデンブルク防御線を撃破し、フランス軍もサロニカの飛び地から抜け出すことができた。こうして連合国軍は南方からオーストリア＝ハンガリーに圧力をかけることができるようになった。一九一八年九月になってようやく、ディアスは、戦争が一九一九年までに終結するかもしれないと気づき始めた。ソンニーノは、フランス軍がアルバニアへ進軍してギリシャ人とセルビア人に同地を明け渡し、その結果、セルビア人が自分たちの手でダルマティアを押さえてしまうのではないかと心配した。最終的にソンニーノは折れて、オーストリア＝ハンガリーの崩壊を容認した。それでも、ディアスとその幕僚が行動に打って出たのは、陸軍がこのまま行動を起こさなければ政府は連合国との関係で「真の危機」に直面することになるというオルランドの警告があったからであった。

ディアスは慌てて準備を整え、カポレットの会戦から一周年を迎えた日に攻勢を命じた。三日後、イタリア軍の攻撃はオーストリア゠ハンガリー軍の果敢な抵抗を受けて失敗に終わった。しかし、ハプスブルク帝国の崩壊と帝国領内で発生した民族革命により、後方地域に駐留していたオーストリア゠ハンガリー軍の部隊に反乱が飛び火した。イタリア軍の攻撃と塹壕の背後で起きている反乱に挟まれた結果、オーストリア゠ハンガリー軍の前線は十月二十九日に突破された。イタリア軍は快進撃を続けて勝利を収め、十一月三日には休戦協定が締結された。

イタリア海軍も、終戦を勝利で迎えようとしていた。海軍司令官に復帰したサオン・ディ・レヴェルは、対潜水艦作戦に力を注いでいた。彼は、イタリアの戦争遂行に不可欠な物資の七〇パーセントがジブラルタル海峡とジェノヴァを結ぶ海上ルートを経由して運ばれていることを理解していた。しかし、提督は海軍軍人としての神聖なるエゴイズム（*sacro egoismo*）を実践していた。サオン・ディ・レヴェルはイギリスとフランスにイタリア船舶の保護を要求する一方で、イタリア海軍の駆逐艦隊をアドリア海に集結させた。彼は機会をうかがってアルバニアとダルマティアを占領しようと目論んでいたのである。

イタリア海軍首脳部は、戦争よりも連合国との政治的な駆け引きに力を入れた。サオン・

ディ・レヴェルは、カポレットの会戦後のイタリア軍の立て直しとロシアの戦線離脱により、大戦後もイタリアはアドリア海を支配することができると確信した。アメリカはイタリアに対してダルマティア上陸作戦の決行を提案し、フランスは自国のドレッドノート級戦艦をコルフ島に配備する計画を示した。その他、イギリスは地中海で統一海軍司令部を創設する提案を行ったが、いずれの提案もアドリア海におけるイタリアの覇権を阻止する陰謀であると疑ったサオン・ディ・レヴェル提督は、これらの提案を巧みにかわすことに成功した。さらに、連合国とアメリカの圧力があったにもかかわらず、サオン・ディ・レヴェルは戦艦を作戦行動に参加させて危険にさらすことを拒絶した。彼は大戦後の不測の事態を見越して、イタリア艦隊を温存したかったのである。

イタリア海軍は、所有する革新的な兵器を用いて敵の海軍に対して目覚ましい勝利を収めることができた。一九一七年十二月、イタリア海軍は高速魚雷艇でトリエステ湾を襲撃し、オーストリア＝ハンガリー海軍の前ドレッドノート級戦艦を撃沈した。一九一八年六月初めには、オトラント海峡の堰を攻撃するために出撃したオーストリア＝ハンガリー海軍艦隊を別のイタリア海軍高速艇が襲撃し、魚雷攻撃によって敵のドレッドノート級戦艦を撃沈した。イタリア海軍のこれらの勝利は、小型艦艇を重視するサオン・ディ・レヴェルの考え方が正しかったことを証明するとともに、アドリア海に外国の主要戦艦は不必要であるという彼の議論を補強した。

一九一八年三月以降、イタリア海軍は連合国海軍の支援を受け、アドリア海で敵海軍の潜水艦に対する優位性を徐々に確保していった。イタリア海軍の小型艦艇は、十月には北部地域を除くアドリア海全域を制圧した。十一月一日夜半には、二人のイタリア水兵が泳いでポーラ海軍基地に潜入し、爆破装置を仕掛けた。爆弾によって撃沈されたオーストリア＝ハンガリー海軍の前ドレッドノート級戦艦は、新生ユーゴスラヴィア海軍の旗艦になるとイタリア海軍首脳部が目星を付けていた艦船であった。こうしてイタリア海軍はアドリア海の制海権を獲得した。十一月中旬には、イタリア海軍はダルマティア海岸全域に部隊を上陸させた。イタリア陸軍および海軍は、ともに劇的勝利を収めて終戦を迎えることができた。*67

六　厳しい講和の成果――一九一八～一九二二年

イタリアは多大な犠牲を払って第一次世界大戦に勝利した。戦場では約六八万人の兵士を失い、その後数年間で三万人の兵士が戦傷によって命を落とした。一九一四年から一九年の間だけでも、戦費は約二六五億リラに上った。さらに一九一九年から二四年の戦後処理で一〇八億リラを消費した。*68 とはいえ、ロンドン条約は、この巨額の投資に見合う大きな利益を保証してくれるはずであった。すなわち、イタリアは偉大な勝利によって列強の仲間入りを果たすはずであった。一九一五年には予測できなかった状況――ロシア帝国、オーストリア＝ハンガリー二重帝国、オスマン＝トルコ帝国の崩壊――が一九一九年前半に起きたため、イタリアはさらにその野望を膨らませた。イタリアはルーマニア、ウクライナ、そしてコーカサス山脈にある石油、穀物、鉱物資源を獲得し、クロアチアと紅海東部沿岸地域を保護領とする計画に着手した。

しかし、イタリアはすぐに幻想から覚まされることになった。ヴェルサイユ講和会議に参加したイタリア代表は、イタリアの国力と戦功に対する連合国やアメリカの評価に比べ、自分たちの野望が過大であることを思い知らされた。イギリス、フランス、アメリカは、新たな大国が出現することに反対した。さらにソンニーノは、将来のフランスがユーゴスラヴィアと同盟を組んで戦う戦争に備えてダルマティアを要求したため、状況を悪化させた。その結果、連合国は、自分たちが保有を望まない領土については、会議に招かれていたギリシャやユーゴスラヴィアに与える方が得策であると判断した。イタリアは、新たな戦後目標を達成するどころか、ロンドン条約で約束されていたものでさえ獲得することができなかった。この期待外れの結果は、イタリア軍最高司令部に直接的な影響を与えた。一九一七年後半にオルランドとディアスが新たな関係を築いたことが功を奏して、軍指導部は初めて外交政策の決定に密接に関わるようになっていた。陸軍参謀本部は、ヴェルサイユ会議で提示した領土要求計画の立案に参画し、オルランドとソンニーノを補佐するために参謀を会議に派遣した。

一九一八年後半にイタリア陸軍は、海軍が占領したダルマティア、フィウメ、モンテネグロの一部に増援部隊を派遣し、アルバニアに対する支配も強めた。またイタリア軍はイギリスの反対にもかかわらず、一九一九年三月から五月にかけてトルコの様々な地域に進駐した。フランスがイタリアの勢力拡大政策に対抗してギリシャとユーゴスラヴィアを支援したため、イタリア陸軍参謀本部は両国との戦争を視野に入れ、早ければ一九一八年十二月にユーゴスラヴィアを崩壊させることを目的とした計画を立案した。さらに、一九一九年春には、連合国とアメリカが支援するギリシャとの間で、小アジアの支配権をめぐる戦争が起きる可能性もあった。イタリアは一九一八年十一月に北アフリカの植民地を再び征服する計画を立て、一九一九年一月にイタリア陸軍はリビアへの兵力投入を開始した。*69

イタリアによる勢力拡張は一九一九年前半に絶頂に達した。フィウメ、ダルマティア、小アジア西部に対するイタリアの要求に連合国とアメリカが反対すると、オルランドとソンニーノはヴェルサイユ会議から退出した。彼らは直ちに呼び戻されることを期待していたが、会議はイタリア不在のまま続けられた。一週後、オルランドとソンニーノは自分たちの誤りを悟って会議に復帰したが、既にイタリアの立場が弱くなっていることは明らかであり、イギリスとフランスは両国だけでアフリカにおけるドイツ植民地を分配した。イタリアは、リビアとソマリアの境界線上にある不毛地帯を断片的に分け与えられただけであった。やがて、リビアの再征服に要する負担があまりにも大きいことが分かったため、イタリアは自国の主権を認めさせる代わりに、リビアのアラブ人に自治権を与えた。

領土問題に対するイタリアの不満の埋め合わせとして、イギリス首相ロイド＝ジョージは、ロシアとオスマン＝トルコの崩壊後、その跡地であるコーカサス地方に誕生した幾つかの共和国を保護領としてイタリアに分け与えた。オルランドはグルジアとアゼルバイジャンに派遣するために一〇万人規模の部隊を準備するようディアスに命じ、ますます重要になりつつあったエネルギー資源、具体的にはバクー油田に対する独占権を確保しようとした。しかし、こうした利権確保の可能性も、ヴェルサイユ講和会議でのオルランド政権の失敗に対する国民の憤懣を和らげるものではなかった。一九一九年六月十九日には内閣不信任案が可決され、オルランドに代わってフランチェスコ・サヴェリオ・ニッティが後継内閣の首班に就任した。*70 ニッティはコーカサス地方への兵力展開を取り止め、フィウメに駐留するイタリア軍守備隊を縮小した。ニッティはトルコにおける領土併合のすべてを断念し、一九二〇年春から同地域に駐留するイタリア軍の大部分を撤退させ始めた。連合国はイタリアにアルバニアの委任統治権を与えたが、アルバニアでは暴動が多発し、さらにマラリアも蔓延していたため、現地に一二万人規模のイタリア軍を維持するためには延べ数十万人規模の軍隊を投入しなければならなかった。結局、イタリアはアルバニアに約二〇億リラも無駄に費やした後、一九二〇年夏までにイタリア軍をヴァロナへ撤退させた。

ニッティは、逼迫した財政状況と政治的な衝動に突き動かされて行動していた。一九一九年十一月に行われた戦後初の総選挙では、左派が議会でその勢力を強めた。イタリア経済はほとんど破綻に瀕していたため、政府はカポレットの会戦後に帰還兵と交わした約束を果たすことができなかった。溢れる失業者、進むインフレ、そしてボリシェヴィキ革命の成功というお手本により、イタリア社会党には多くの人材が集まった。同時に、教会は左派の革命勢力の主張に対抗するため、カトリック系革新主義の「人民党」の設立を支援した。これら二つの大衆政党は、下院五〇八議席のうち二五六議席を獲得した。しかし、両政党は対立関係にあったため、連立政権は樹立されなかった。だが大多数の右派勢力は、カポレットの会戦の前から陸軍の妨げになっていると非難されていたこの二つの集団が、今や権力を握りつつあると見ていた。左派は一九一九年から二〇年にかけて、戦争を支持した者に軽蔑的態度をとることで、自らの立場に対する自信を深めていった。兵士、特に将校は、制服姿で公衆の場に出ることが危険であることに気づき始めた。イタリア全土でストライキやデモが多発するなか、ニッティ政権は社会秩序の維持に苦慮した。*71

ニッティは経済的および社会的混乱が深刻化したため、一九二〇年六月に辞職に追い込まれた。イタリアの救世主としてジョリッティが首相に復帰した。その後ジョリッティは、国家主義者、新たなファシスト運動家、多くの帰還兵などの怒りを買いながらも、イタリアの弱点に見合ったかたちで外交政策を処理するという困難な任務を継続した。一九二〇年八月にジョリッティは、ヴァロナを放棄することを決定した。外務大臣カルロ・スフォルツァはユーゴスラヴィアと交渉し、ロンドン条約よりも有利な条件でユーゴスラヴィアとの間の国境線の線引きに関する合意を取り付けた。イタリアはダルマティアに対する他の諸々の要求を取り下げる代わりに、ザラ地区とその近接の後背地、そしてダルマティア諸島のなかの四つの島を獲得した。その一方で、フィウメについては、イタリアに隣接する独立国家としての誕生を認めた。

スフォルツァはギリシャやトルコとも交渉して協定を締結した。イタリアは、イギリスがキプロスに領土を返還したのと同じように、ドデカネス諸島をギリシャに割譲することに同意した。その一方で、スフォルツァは、キプロスを無期限にイギリス領として認める代わりに、エーゲ海諸島に対するイタリアの事実上の恒久的主権を認めさせるという約束をイギリスから秘密裏に取り付けていた。一九二一年二月に、スフォルツァはトルコの民族主義者から経済的見返りを受けることを条件として、トルコからイタリア軍の残存部隊を撤退させることに同意し、六月にはトルコからの撤退を完了させた。こうして大戦後のイタリア帝国の夢は終わりを告げた。[*72]

右派勢力からは憤慨の声が出たが、ニッティとジョリッティの両政権は拡張政策を放棄していたわけではなかった。むしろ、彼らはオルランドとソンニーノよりも現実的な目標を設定していた。イタリアは大戦で台頭し、その近代兵器産業は巨大化していた。しかし、この兵器産業を含め、イタリアの産業は全般的に原材料および市場へのアクセスがあって初めて存続し得るものであった。

第一次世界大戦前にジョリッティは、イタリアの国有鉄道と海軍に対して燃料を石炭から石油に転換するよう命じ、イタリア経済を石炭依存型から石油依存型へ移行させようとしていた。しかし、一九二〇年代初頭になっても、イタリアのエネルギー需要量の八三パーセントはイギリス産が大部分を占める輸入石炭によって供給され、輸入した石油は総需要量のわずか四パーセントに過ぎなかった。ニッティとスフォルツァは石油資源獲得のため、バルカン半島、トルコ、コーカサス地方に目をつけた。イタリアには産油地帯を占領する手段がなかったが、ニッティとスフォルツァはこうした地域に産業製品と武器を供与する代わりに石油と天然資源を入手するというかたちで、イギリスやフランスの支配が及ばない地域への経済的進出を図る政策をとることができると考えた。

イタリア経済の低迷により、一九一八年後半から一九二一年半ばにかけてリラの価値が急激に下落した。しかし、それにともなって輸出向けイタリア製品の価格も急激に下がった。平和的協調による東方拡張政策は、本質的には、イタリア統一直後に確立された伝統を継承したものであった。もちろん、いつの日か復活を遂げたイタリアが再び東方に対する領土拡大政策を追求する可能性は残されていた。

結局、右派勢力は一九一九年から二一年にかけてイタリアが「骨抜きの勝利」に甘んじたと嘆いたが、現実には、イタリアは和平協定から多くの利益を得ていた。イタリアの国境の向こう側では依然としてフランスが、大戦で深手を負いながらもいずれは復興を遂げることになるであろうドイツと対峙していた。弱体化したイギリスは、その帝国領と国境を接するアメリカと日本による直接の挑戦を受けており、将来はドイツと共産主義国ロシアの脅威にさらされる可能性が高かった。これとは対照的に、イタリアはアルプス山脈に沿った国境線によって安全が確保されていた。西側には、イタリアの脅威になるにはあまりにも多くの血を流しすぎたフランスが存在し、北側および東側にはオーストリア＝ハンガリーの廃墟のみが残されていた。ハプスブルク、オスマン＝トルコ、ロマノフの各王朝の崩壊とホーエンツォレルン家の敗北により、イタリアは中央ヨーロッパとバルカン半島に対して政治的影響力を行使し、経済的進出を図ることができた。ドイツはやがて復活すると見られていた。こうしてイタリアは、大戦の戦勝国と敗戦国が再び敵対関係に陥れば、いずれか一方の側に決定的影響力を与えることができる立場にあった。*73

イタリアは、不幸なことに、旧態依然の権威主義的な戦略的意思決定プロセスと、新たな民主的政治体制とを統合させる手段を欠いていた。従来の権力保持者同士の間でも衝突が繰り返された。海軍提督らはダルマティアの獲得を望み、植民地省の官吏はアフリカでの領土拡張を要求した。賢明な将校たちはダルマティアの防衛など不可能であると考え、植民地の数を増やせばアルプスを守るための兵力が少なくなることを知っていた。第一次世界大戦後の歴代のイタリア首相は、こうした問題を内部で解決するための調整機関を欠いており、また公的な場でこれを解決するために世論を統制することもできなかった。戦争による莫大な負担によって右派勢力と左派勢力との間の溝はいっそう深まっており、合意の形成は困難となっていた。また双方の対立により、危険な帝国主義的企てを促すような軍事的・外交的・植民地主義的な圧力を世論が抑制することも期待できなくなっていた。何よりも悪いことに、国王は消極的ながらも断固たる態度でイタリアでの民主主義の試みに反対した。

現実に根差した国家戦略は、イタリアの右派勢力にとってあまりにも捉えどころのないものであった。一九一九年末に国家主義者は、旧連合国に対する報復戦争への足掛かりとしてハンガリー、ブルガリア、トルコ、ドイツとの同盟を主張した。こうした姿勢はたちまち陸軍将校団の間に広がり、国王にも影響を与えた。ムッソリーニも、自身のファシズム運動が全国的な政治勢力へと発展するにしたがって、同様の政策を採用した。しかし、イタリア陸軍の青年将校のなかにはハンガリーとの同盟を支持する者もいたが、残りの者は再びヨーロッパ戦争を起こすことは誤りであると考えていた。彼らはアフリカで再び勢力拡大を図るべきだと主張し、一九二〇年前半には新たにエチオピアと戦争をするべきだとの議論も浮上した。

イタリア帝国主義の復活は、既にムッソリーニのローマ進軍の前に起きていた。一九二〇年八月、スフォルツァとソンニーノは、それまでの外交政策が政府に対する軍隊の忠誠心を弱めるものであったとの見解で一致した。スフォルツァはこの意見に共感しつつも帝国主義者の声に耳を傾けるだけであったが、ソンニーノはハンガリー、ブルガリア、トルコとの同盟を積極的に支持した。一九二一年の半ばにイヴァノ・ボノミがジョリッティに代わって首相に就任すると、国家は新たな戦争に突入した。オーストリア゠ハンガリーの崩壊を達成させたイタリア指導部は、今度はフランスとその勢力下にあるユーゴスラヴィアとの戦争を視野に入れ始めた。一九二二年一月、ボノミは一九一九年にアラブ人と交わした合意を破棄し、リビアを再征服する作戦の開始を命じた。この作戦はボノミの後継者のルイージ・ファクタの下でさらに拡大していった。*74

イタリアの軍首脳部は、将来の戦争に向けて既に作戦計画を立案し始めていた。しかし、政府の財政破綻にともない、希望する戦力とそれに必要とされる資源との乖離《かいり》は大きくなっていった。こうした状況下にありながらも、一九二一年から二二年のワシントン海軍軍縮会議では、イギリスがイタリアとの協力体制を維持するという誤った憶測が立てられていたため、イタリア海軍は仮想敵国であるフランス海軍に対して圧倒的優位を確保することができた。一九一四年八月の時点では、フランス海軍は六八万九〇〇〇トンの艦艇を保有していたが、これに対し、イタリア海軍は二八万六〇〇〇トンの艦艇しか保有していなかった。フランス海軍の艦艇の建造は一九一四年から一八年の期間はほとんど滞っていたが、大戦後はイタリアの敵対心を察知し、九隻もの戦艦を含む新造艦の建造を進めていた。また、戦艦に対するイタリア提督らの信頼は変わらなかったが、経済的な困窮状態により、カラッチョロ級戦艦四隻の建造を中止せざるを得なかった。

ワシントン海軍軍縮会議は、こうしたフランスとの絶望的な軍艦建造競争からイタリア海軍を救うことになった。イタリア海軍首脳は、主力艦保有比率において、フランス海軍の八〇パーセントを確保することができれば上出来だと考えていた。しかし、驚くべきことに、イギリスの支援によってイタリアは主力艦の保有比率をフランスと均衡させることができた。その後、イタリア海軍は潜水艦や小型艦艇の建造に専念することができた。これらの新造艦によって、イタリア海軍はアドリア海でフランスがユーゴスラヴィアに接触するのを阻止し、脆弱なイタリア沿岸部に対してフランスが海上封鎖を敷くのを防ぎ、さらには地中海と大西洋におけるフランスの通信・連絡経路を遮断することができた。イタリア海軍の提督は主力艦の総トン数でフランスを追い抜き、地中海海戦でフランスを打ち破るという夢を抱き始めた。しかし、イタリア海軍全体の考え方はさらに野心的なものになっていった。サオン・デイ・レヴェルは、第一次世界大戦の経験と国内の右派勢力の野心を考慮した結果、イギリスがイタリアを地中海の内側に封じ込める動きをするはずだと確信するようになった。一九二二年八月に、サオン・ディ・レヴェル提督はジブラルタルとスエズにあるイギリス海軍基地がイタリアに脅威をもたらしていると上院に警告した。海軍参謀本部は、こうしたイタリアの勢力拡大に対する障害にどう対処するべきか計画を練り始めた。*75

陸軍内部でも新思考が誕生していた。計画立案者のなかには、肥大化し、かつ装備の行き届かない戦前の陸軍体制を廃止して、火力が強く、機動性にも優れ、高度の訓練を受けた一五個程度の常備師団への改編を提案する者もいた。そのような軍隊は戦争時の広範囲な作戦を可能とさせるものではないが、戦争勃発時にはイタリアの敵を個別に撃破してくれるであろう。他にも、小規模の常備軍とそれを支える全国民訓練制および皆兵制を基盤とするスイス式に倣《なら》った軍備体制を敷くことにより、六五個師団に相当する「国民総武装（nation in arms）」の国家を樹立することができると提案する軍事戦略家もいた。

十分な検討を加えた結果、将軍たちはいずれの考えも却下した。保守的な陸軍最高指導部は、たとえ少ない予算によって訓練が行き届かず、装備も貧弱で兵力が大幅に不足していたとしても、平和時に三〇個師団を基幹とする陸軍を維持する方を望んだ。将軍たちは、戦車や航空機を軸とする新たな戦争理論に依然として懐疑的であった。彼らはそのような軍事革新を理解することができず、イタリアがそのような革新的兵器を使いこなせるとも思っていなかった。むしろ、彼らは一九一五年当時と同じように、騎兵部隊の援護を受けた歩兵と砲兵を基盤とする陸軍を編制しようとした。伝統的な路線に従って編制された陸軍は、従来のように軍事専門家である将校団の指揮下に置かれることになるが、一九一五年から一七年のときもそうであったように、今度はフランスやユーゴスラヴィアの脅威、あるいはオーストリアに対するドイツの脅威に対処するため、広範囲な作戦を可能とする部隊が必要だと考えられた。[*76]

しかし一九二二年春には、イタリアの政治指導者はアルプス山脈における塹壕戦をはるかに超える規模の戦争計画を立てていた。一九二二年四月、ファクタ政権が地中海からイギリスを追い出し、地中海をイタリア人にとって自分たちの海（*mare nostrum*）〔地中海を自分たちの海と見なして勢力を拡大する古代ローマ時代からの野望〕にしようとしていることを確信したチャイム・ワイツマンは、シオニズム運動に対する支援をイタリア政府に働きかけるのを止めた。一九二二年六月にイタリアと外交交渉を行ったイギリス外交団もワイツマンと同様の印象を受けた。さらにイギリスは、イタリアがエチオピア征服を決断していることにも気がついた。イギリスは、イタリアが征服に必要な経済的および軍事的資源を欠いていたにもかかわらず、尋常ならざる野望を抱いていることに驚かされた。[*77]

こうした動きがあったにもかかわらず、イタリアの軍首脳は伝統的政策がイタリアを再び偉大な国家として復活させるということを信じていなかった。戦後内閣は、社会党による革命の脅威とカトリック系「人民党」に象徴されるローマ法王の影響力の前に無力に見えた。実際には、一九二一年六月に内閣が倒れる前にジョリッティはこれらの野党の裏をかいて国家を正常の状態に取り戻していた。しかし、右派勢力や多くの将校は、自由民主主義体制の下では軟弱な政府しか保障されないと考えた。

一九二一年から二二年のボノミ政権とファクタ政権がファシストの猛威を阻止できなかったため、自由主義的政治家の無力さはいっそう明確になり、今や左派と対等に張り合うことができるのはファシストだけのようであった。一九二二年中頃には、陸・海軍首脳は国内の安定を維持し、大国にふさわしい外交を展開することができるのはファシストだけであると考えるようになった。ムッソリーニが君主制を維持する意志があることを明らかにすると、ディアスやサオン・ディ・レヴェル、そして他の陸・海軍指導者が抱いていた疑念は薄らいだ。ファシストが「ローマ進軍」を実行している最中、陸軍がムッソリーニ首相の誕生を望んでいるとディアスから聞かされたヴィットーリオ＝エマヌエーレ三世は、この黒シャツ党指導者のムッソリーニをローマに呼んで政権の樹立を委任する以外に方法はないと考えた。[*78] 一九二五年初めまでに、ムッソリーニは独裁体制を敷き、戦争に向けての行進を開始した。

ムッソリーニは、イタリアをヨーロッパ諸国が雌雄を決する場面で決定的影響力を持つ位置に据えようとした。一九三〇年三月、ムッソリーニはファシスト党事務局長アウグスト・トラティに次のように語っている。「一九三六年から四〇年の間に第二のヨーロッパ大戦が間違いなく勃発する。我々はその日に備えて力を蓄えておく必要がある。今後単独で行動する術を身につけることができれば、イタリアはその地理的および歴史的位置付けにより、大規模な戦争の仲裁者となれるだろう。（中略）その日こそ、イタリアが真に偉大な国家になるときなのである[*79]」。

ムッソリーニは、これまで国家戦略を実行に移すことができなかったのは、外交、軍事、経済政策を調整することに失敗してきたためであるということを正しく認識していた。ムッソリーニはまた、国家目標を達成するためには国民の支持を獲得することが重要であることも理解していた。一五年間に及ぶ専制支配のなかで、ムッソリーニは必要な権限を一手に掌握していった。しかし、彼は野心と自負心を持ちながらも、現代のカエサルとして成功を収めるために必要な人格と知性を欠いていた。

ムッソリーニはイタリア史から真の教訓を学んでいなかった。クラウゼヴィッツは現代の戦争が予測不能であること、そして戦争を政策の手段として行使する場合には大きな危険が伴うことを警告していた。このことは、イタリアのように国民が窮乏状態にあり、軍事的な潜在能力にも限界があり、不安定で保守的な軍事指導者を抱える国家にとって、まさしく真理であった。この現実は、既に一八九五年から九六年、一九一一年から一二年、そして特に一九一五年から一八年にかけて、イタリア人の前に残酷なかたちで現れていた。これらの期間に起きた戦争は、まったく予期しない方法で展開し、統制のきかない大衆の力を解き放ち、国家指導者の当初の予測よりもはるかに多くの犠牲をもたらした。*80

しかし、一九三〇年代初頭におけるムッソリーニの展望によれば、決定的影響力を行使する戦略には大きな利点があった。現実的な見方をするならば、この戦略が目標とするところは、ドイツに対抗しながらヨーロッパの勢力均衡を維持する見返りに、フランスから植民地の割譲という譲歩を引き出すことであった。第一次世界大戦前には、この戦略によってイタリアはリビアを獲得することができた。一九三五年から三六年にかけて、ムッソリーニはエチオピアを獲得するために、彼の前任を務めた自由主義者の手法を踏襲した。しかし、リビア戦争がイタリア軍の戦力を低下させると同時にヨーロッパを大戦に導く一因となったのと同じように、エチオピア戦争もイタリアの財政を破綻させてムッソリーニの軍事力を弱体化させた。また、各国がエチオピア戦争に注意を振り向けている間に、ヒトラーにラインラント進駐を決行させる余裕を与えてしまった。このようなドイツの行動やその他のドイツによるヴェルサイユ条約違反に対して連合国があまり強い反応を示さなかったため、ムッソリーニはヒトラーの方へ強く傾斜していった。しかし、ムッソリーニは一九三六年から三九年にかけてドイツと連合国との間で揺れ動き続け、フランスとイギリスからさらなる譲歩を得ようとした。イタリア軍がエチオピア戦争とスペイン内戦の痛手からまだ回復しきれていなかった一九三九年九月に、ヒトラーはヨーロッパを新たな大戦に巻き込んでいった。*81 栄光をつかむ夢に陶酔しきっていたムッソリーニは、その夢の実現に立ちはだかる大きな障害を無視していた。一〇カ月間の遅疑逡巡の末、一九四〇年六月にムッソリーニは参戦の決断を下した。当初は、理想的な時期に参戦が決断されたと考えられ、一九一五年から一八年のときと比べてわずかな犠牲を払うだけでイタリアは広大な帝国を築くことができると見られていた。しかし実際には、ムッソリーニは一九一五年当時のイタリアの指導者よりもはるかにひどい失敗を犯した。一九一一年から一九年のイタリアの政策（様々な失敗も含めて）と一九三五年から四三年におけるムッソリーニの国家運営とを比較するときほど、ムッソリーニの愚行が際立つことはない。仮に枢軸国が第二次世界大戦に勝利を収めたとしても、ナチス・ドイツが支配するヨーロッパでファシスト・イタリアははたして立ち行くことができたであろうか。イタリアの国益という観点から見ても、イギリス、フランス、アメリカが構築した一九一九年以降の戦後体制の方が、ヒトラーの提唱した「新秩序」よりもはるかに望ましいものであった。

わずかな投資で莫大な利益を獲得することができると信じるのは愚者だけである。戦争で偉大な勝利を獲得するためには、富と人命――通常は両方――を大量に注ぎ込まなければならない。大戦で国家が決定的な役割を果たすためには、国民が大きな代償を払わなければならない。イタリアは、決定的影響力を持つ国になるという現実離れした戦略を実行したことにより、一九一五年から一八年の大戦では没落の危機に瀕し、一九四〇年から四五年の大戦では現実に破滅への道をたどった。その後、イタリア人が学んだことは、彼らのように最終的に豊かになった国であっても、国家目標を達成するためには戦争よりもはるかに有効な手段があるという事実である。

（1） Carl von Clausewitz, *On War*, ed. and trans. Michael Howard and Peter Paret (Princeton, 1984), p. 89; Michael Howard, *Clausewitz* (Oxford, 1988), pp. 72-73. カール・フォン・クラウゼヴィッツ著、篠田英雄訳『戦争論』岩波文庫、上中下巻、一九六八年

(2) Denis Mack Smith, *Italy and its Monarchy* (New Haven, 1989), pp. 3-6, 23-34; Christopher Seton-Watson, *Italy from Liberalism to Fascism: 1870-1925* (London, 1967), pp. 34-35.

(3) John Gooch, "Clausewitz Disregarded: Italian Military Thought and Doctrine, 1815-1943," in Michæl I. Handel, ed., *Clausewitz and Modern Strategy* (London, 1986).

(4) Shepard B. Clough and Salvatore Saladino, *A History of Modern Italy: Documents, Readings, and Commentary* (New York, 1967), p. 67.

(5) Denis Mack Smith, *Victor Emanuel, Cavour and the Risorgimento* (London, 1971), pp. 367-368; idem, *Italy and its Monarchy.* このことは次の随所で述べられている。 Gætano Salvemini, *La politica estera dell'Italia dal 1871 al 1914* (Florence, 1944), pp. 34-49.

(6) Seton-Watson, *Italy*, p. 16; B. R. Mitchell, *European Historical Statistics 1750-1970* (London, 1978), p. 5; Federico Chabod, *Storia della politica estera italiana dal 1870 al 1896*, 2 Vols. (Bari, 1976), Vol. 1, pp. 289-313; Giorgio Rochat and Giulio Massobrio, *Breve storia dell'esercito italiano dal 1861 al 1943* (Turin, 1978), p. 71.

(7) Chabod, *Storia della politica estera*, Vol. 2, pp. 602-604; Massimo Mazzetti, *L'esercito italiano nella triplice alleanza* (Naples, 1974), pp. 22, 30; Zaghi, *P. S. Mancini*, pp. 31-76; Salvemini, *La politica estera*, pp. 63-69; Seton-Watson, *Italy*, pp. 31, 106-114, 202; Ugoberto Alfassio Grimaldi, *Il re "buono"* (Milan, 1980), p. 164; William A. Renzi, *In the Shadow of the Sword: Italy's Neutrality and Entrance Into the Great War, 1914-1915* (New York, 1987), pp. 1-5; Mack Smith, *Italy and its Monarchy*, p. 79; Rinaldo

Petrignani, *Neutralità e alleanza: Le scelte di politica estera dopo l'Unità* (Bologna, 1987).

(8) Filippo Stefani, *La storia della dottrina e degli ordinamenti dell'esercito italiano*, 3 Vols. (Rome, 1984–85), Vol. 1, *Dall'esercito piemontese all'esercito di Vittorio Veneto*, pp. 259–262, 293, 569–570; Ferrucci Botti and Virgilio Ilari, *Il pensiero militare italiano dal primo al secondo dopoguerra* (*1919–1949*), (Rome, 1985), pp. 37–41; Brian R. Sullivan, "A Thirst for Glory: Mussolini, the Italian Military and the Fascist Regime, 1922–1936," Ph.D. dissertation, Columbia University, 1984, pp. 34–47; Virgilio Ilari, *Storia del servizio militare in Italia*, 4 Vols. (Rome, 1989–1991), Vol. 2, *La "nazione armata"* (1871–1918), pp. 91–344.

(9) Ottavio Barié, "Italian Imperialism: the First Stage," *The Journal of Italian History* (Winter 1979); Petrignani, *Neutralità e alleanza*, pp. 358–360.

(10) Roberto Battaglia, *La prima guerra d'Africa* (Turin, 1958), p. 180.

(11) Carlo Zaghi, *P. S. Mancini, l'Africa e il problema del Mediterraneo, 1884–1885* (Rome, 1955), pp. 89–112; Petrignani, *Neutralità e alleanza*, pp. 381–393; Sidney Sonnino, *Diario 1866–1912*, Benjamin F. Brown, ed. (Bari, 1972), pp. 516–517.

(12) Rochat and Massobrio, *Breve storia*, pp. 66–83; Nino Valeri, *Giovanni Giolitti* (Turin, 1972), pp. 88–89.

(13) Seton-Watson, *Italy*, pp. 80, 154, 161–163; Renato Mori, *La politica estera di Francesco Crispi* (*1887–1891*), (Rome, 1973); Sonnino, *Diario 1866–1912*, p. 153; Battaglia, *La prima guerra*, pp. 395–397.

(14) Seton-Watson, *Italy*, pp. 176–181; C. J. Lowe, "Anglo-Italian Differences over East Africa, 1892–1895, and their Effects upon the Mediterranean Entente," *The English Historical Review* (April 1966).

(15) Alfassio Grimaldi, *Il re "buono"*, pp. 319–329; Battaglia, *La prima guerra*, pp. 563–807; Sonnino, *Diario 1866–1912*, pp. 183–264; Stefani, *Dall'esercito piemontese*, p. 264; Seton-Watson, *Italy*, pp. 182–185.

(16) John Gooch, *Army State and Society in Italy, 1870–1915* (New York and London, 1989), pp. 110–111.

(17) Seton-Watson, *Italy*, pp. 284–297; Alberto Acquarone, *L'Italia giolittiana* (*1896–1915*), Vol. 1, *Le premesse politiche ed economiche* (Bologna, 1981), pp. 39–41; Mack Smith, *Italy and its Monarchy*, p. 184; Mitchell, *European Historical Statistics*, pp. 4, 5, 47; Richard Bosworth, *Italy and the Approach of the First World War* (New York, 1983), pp. 8–16.

(18) R. J. B. Bosworth. *Italy, the Least of the Great Powers* (New York, 1979), pp. 2–5; idem, *Italy and the Approach of the First World War*, pp. 51–76; Denis Mack Smith, *Italy: A Modern History* (Ann Arbor, 1969), p. 253.

(19) Ezio Ferrante, *Benedetto Brin e la questione marittima italiana* (*1866–1898*), (Rome, 1983); *Il pensiero strategico navale in Italia* (Rome, 1988), pp. 13–19; idem, "The Impact of the Jeune École on the Way of Thinking of the Italian Navy," *Marine et technique au XIXe siècle: Actes du colloque international: Paris, École militaire, les 10, 11, 12 juin 1987* (Paris, 1988); idem, "Potere marittimo" *Storia militare d'Italia 1796–1975* (Rome, 1990), pp. 192–198; Paul G. Halpern, *The Mediterranean Naval Situation,*

1908–1914 (Cambridge, MA, 1971), pp. 187–193; Mack Smith, *Italy and its Monarchy*, pp. 178, 180–181.

(20) Salvemini, *La politica estera*, pp. 17–20; John Gooch, "*Italy Before 1915: The Quandary of the Vulnerable*," in Ernest R. May, ed., *Knowing One's Enemies: Intelligence Assessment Before the Two World Wars* (Princeton, 1984), pp. 205, 217–226.

(21) Lucio Ceva, *Le forze armate* (Turin, 1981), p. 97; Gooch, "Italy Before 1915," pp. 224–228; Rochat and Massobrio, *Breve storia*, pp. 69, 71, 153–154; Stefani, *Dall'esercito piemontese*, pp. 301–302, 538–582.

(22) Seton-Watson, *Italy*, pp. 35–36, 202–213.

(23) Enrico Serra, "Note sull'intesa Visconti Venosta-Gulochowski per l'Albania," *Clio*, July–Sept. 1971.

(24) J. Rennell Rodd, *Social and Diplomatic Memories*, 3 Vols. (London, 1922–1925), Vol. 3, p. 25.

(25) Mack Smith, *Italy and its Monarchy*, pp. 156–163, 175–176.

(26) Seton-Watson, *Italy*, p. 329; Sergio Romano, "Il riavvicinamento italo-francese del 1900–1902: diplomazia e modelli di sviluppo," *Storia contemporanea*, Feb. 1979; Enrico Decleva, "Giuseppe Zanardelli: liberalismo e politica estera," in Roberto Chiarini, ed., *Giuseppe Zanardelli* (Milan, 1985), pp. 265–279; Massimo Mazzetti, *L'esercito italiano*, pp. 201–203.

(27) Luigi Albertini, *The Origins of the War of 1914*, 3 Vols. (Oxford, 1952–1957), Vol. 1, pp. 162–175.

(28) Seton-Watson, *Italy*, p. 362.

(29) ibid., p. 293; Paul M. Kennedy, *The Rise and Fall of the Great Powers: Economic Change and Military Conflict from 1500 to 2000* (New York, 1987), p. 206. ポール・ケネディ著、鈴木主税訳『大国の興

七——一五〇〇年から二〇〇〇年までの経済の変遷と軍事闘争』草思社、上下巻、一九八八年。

(30) Kennedy, *The Rise and Fall*, pp. 199, 204; *The Statesman's Yearbook* (London, 1914), pp. 1041-1043; Paul Bairoch, "Europe's Gross National Product: 1800-1975," *Journal of European Economic History* 5 (1976), pp. 281, 283; idem., "International Industrialization Levels from 1750 to 1980," *Journal of European Economic History* 11 (1982), pp. 284, 292, 299; David F. Good, *The Economic Rise of the Habsburg, Empire, 1750-1914* (Berkeley, 1984), pp. 238-241.

(31) Bairoch, "Europe's Gross National Product," pp. 281, 283.

(32) Rochat and Massobrio, *Breve storia*, p. 68; Walter Wagner, "Die K. (U.)K. Armee-Gliederung und Aufgabenstellung," in Adam Wandruszka and Peter Urbanitsch, eds., *Die Habsburgermonarchie 1848-1918*, Vol. 5, *Die bewaffnete Macht* (Vienna, 1987), p. 591; Kennedy, *The Rise and Fall*, p. 199; Gunther E. Rothenberg, "The Austro-Hungarian Campaign Against Serbia in 1914," *The Journal of Military History* (April 1989), pp. 127-129. これらの数字は、イタリアのリビア戦争の戦費一七億リラ（ほぼ三億三〇〇〇万ドル）を除外しているが、ボスニア・ヘルツェゴヴィナを併合するためのオーストリア＝ハンガリーの戦費は含んでいる。

(33) Edoardo Del Vecchio, "Penetrazione economica italiana nell'area degli slavi del sud (1878-1896)," *Storia delle relazioni internazionali*, 1985, Vol. 2; Seton-Watson, *Italy*, pp. 342-346.

(34) Ceva, *Le forze armate*, p. 97; Marco Meriggi, "Militari e istituzioni politiche nell'età giolittiana," *Clio*, Jan.-March 1987, pp. 63-84; Gooch, *Army*, pp. 129-132; idem, "Italy before 1915," p. 208; Lucio Ceva,

"Ministro e Capo di Stato Maggiore," *Nuova Antologia*, Oct.-Dec. 1986; idem, "Capo di Stato Maggiore e politica estera al principio di secolo," *Il Politico*, Jan. 1987.

(35) Seton-Watson, *Italy*, pp. 338, 347-348.

(36) Gooch, *Army*, pp. 134-139; idem, "Italy before 1915," pp. 209-210; Stefani, *Dall'esercito piemontese*, p. 595; Renzi, *In the Shadow*, pp. 34-35, 39; Mack Smith, *Italy and its Monarchy*, pp. 179-180, 194-195.

(37) Gioacchino Volpe, *Italia moderna, 1815-1915*, 3 Vols. (Florence, 1943-52), Vol. 3, p. 322.

(38) Seton-Watson, *Italy*, pp. 263-271, 281-283, 349-365; Mack Smith, *Italy and its Monarchy*, p. 185; Bracalini, *Il re "vittorioso"*, pp. 64-65, 98; Renzi, *In the Shadow*, pp. 36-43, 55-56; Bosworth, *Italy and the Approach*, pp. 110-112; Bosworth, *Italy*, pp. 1-39, 299-376, 418-419.

(39) Francesco Malgeri, *La guerra Libica* (Rome, 1970), pp. 25-140; Gooch, *Army*, pp. 138-140; Fortunato Minniti, "Gli Stati Maggiori e la politica estera italiana," in Richard J. B. Bosworth and Sergio Romano, eds., *La politica estera italiana (1860-1985)*, (Bologna, 1991), pp. 106-107; David G. Herrmann, "The Paralysis of Italian Strategy in the Italian-Turkish War, 1911-1912," *English Historical Review* (April 1989).

(40) Gooch, *Army*, pp. 140-147; John Wright, *Libya, Chad and the Central Sahara* (Totowa, NJ, 1989), pp. 118-119; Halpern, *The Mediterranean*, pp. 193-196; Giorgio Rochat, "L'esercito italiano nell'estate 1914," *Nuova rivista storica*, May-Aug. 1961, p. 312; Rochat and Massobrio, *Breve storia*, p. 165.

(41) W. C. Askew, *Europe and Italy's Acquisition of Libya, 1911-1912* (Durham, NC, 1942) p. 249;

Sergio Romano, *La quarta sponda: La guerra di Libia, 1911/1912* (Milan, 1977), p. 254; Rochat and Massobrio, *Breve storia*, p. 162; F. Coppola d'Anna, *Popolazione, reddito e finanze pubbliche dell'Italia dal 1860 ad oggi* (Rome, 1946), pp. 85-88; Ceva, *Le forze armate*, pp. 104, 112-113; Halpern, *The Mediterranean*, pp. 195-196, 198-201; Francesco Malgeri, "La campagna di Libia (1911-1912)," in *L'esercito italiano dall'unità alla grande guerra*, p. 325.

(42) Meriggi, "Militari e istituzioni politiche," pp. 89-90; Bosworth, *Italy*, pp. 423-435.

(43) Halpern, *The Mediterranean Naval Situation*, pp. 226-263; Gooch, *Army*, pp. 134-155; Mazzetti, *L'esercito italiano*, pp. 265-414; Minniti, "Gli Stati Maggiori e la politica estera," p. 111.

(44) Seton-Watson, *Italy*, pp. 381-410; Albertini, *Origins*, Vol. 1, p. 523.

(45) Albertini, *Origins*, Vol. 2, pp. 225-320; Gooch, *Army*, pp. 158-159; Angelo Gatti, *Un italiano a Versailles (Dicembre 1917-Febbraio 1918)*, (Milan, 1958), pp. 355-359, 438; Renzi, *In the Shadow*, pp. 59-82; Mack Smith, *Italy and its Monarchy*, p. 199; Ezio Ferrante, *Il Grande Ammiraglio Paolo Thaon di Revel* (Rome, 1989), pp. 53-54, 184-187.

(46) DDI, (4), XII, no. 560.

(47) Bosworth, *Italy and the Approach*, pp. 17, 122-133; Rochat, "L'esercito italiano," pp. 319-348; Gooch, *Army*, pp. 153-154, 159-163; Bracalini, *Il re "vittorioso"*, p. 118; Luigi Mondini, "La preparazione dell'esercito e lo sforzo militare nella prima guerra mondiale," in *L'esercito italiano dall'unità alla grande guerra*, pp. 333-336; Gatti, *Un italiano*, pp. 356, 438-439; Renzi, *In the Shadow*, pp. 83-102.

(48) Sonnino, *Diario 1914-1916*, Pietro Pastorelli, ed. (Bari, 1972), pp. 22-129; Bosworth, *Italy and the Approach*, pp. 133-135; Seton-Watson, *Italy*, pp. 426-431; Mack Smith, *Italy and its Monarchy*, pp. 203-214; David Stevenson, *The First World War and International Politics* (New York, 1988), pp. 51-55; Gatti, *Un italiano*, pp. 441-442.（カドルナ将軍の引用個所）. Renzi, *In the Shadow*, pp. 103-269 は、イタリア外交を的確に描いている。

(49) Rochat, "L'esercito italiano," p. 332, n. 2; Mondini, "La preparazione dell'esercito," pp. 346-347; Gatti, *Un italiano*, pp. 440-442.

(50) Stefani, *Dall'esercito piemontese*, pp. 504-522; Gooch, *Army*, pp. 164-169; Gunther Rothenberg, *The Army of Francis Joseph* (West Lafayette, IN, 1976), pp. 184-185; idem, "The Austro-Hungarian Campaign," p. 129; Holger H. Herwig, "Disjointed Allies: Coalition Warfare in Berlin and Vienna, 1914," *The Journal of Military History* (July 1990), p. 265.

(51) Renzi, *In the Shadow*, pp. 212, 261-262.

(52) Ferrante, *Il Grande Ammiraglio*, pp. 50-54, 178, 195; Aldo Fraccaroli, *Italian Warships of World War I* (London, 1970), pp. 42, 51, 71-72, 99-100, 116; Renzi, *In the Shadow*, pp. 212-214.

(53) Minniti, "Gli Stati Maggiori e la politica estera italiana," pp. 103-104, 109-110, 115-116; Paul Halpern, *The Naval War in the Mediterranean, 1914-1918* (London, 1987), pp. 84-92; Ezio Ferrante, *La grande Guerra in Adriatico nel LXX anniversario della vittoria* (Rome, 1987), pp. 29-33.

(54) Angelo Del Boca, *Gli italiani in Africa Orientale. Dall'unità alla Marcia su Roma* (Bari, 1976), pp.

844-854; Sonnino, *Carteggio, 1914-1916*, Pietro Pastorelli, ed. (Bari, 1974), pp. 75-77, 326, 521; Robert L. Hess, "Italy and Africa: Colonial Ambitions in the First World War," *Journal of African History* 1 (1963); Giovanni Buccianti, *L'egemonia sull'Etiopia* (Milan, 1977), pp. 1, 15; MacGregor Knox, "Il fascismo e la politica estera italiana," in Bosworth and Romano, *La politica estera italiana*, p. 288; Wright, *Libya, Chad and the Central Sahara*, p. 120.

(55) Ferrante, *La grande guerra in Adriatico*, pp. 14-16; Clough and Saladino, *A History of Modern Italy*, pp. 308-310; Sonnino, *Carteggio 1914-1916*, pp. 51-63, 364-369 (quote, 365), 375-377, 383-388; idem. *Diario 1914-1916*, pp. 114, 121-124; Minniti, "Gli Stati Maggiori e la politica estera," pp. 114-115; William I. Shorrock, *From Ally to Enemy: The Enigma of Fascist Italy in French Diplomacy, 1920-1940* (Kent, OH, 1988), p. 9; Seton-Watson, *Italy*, pp. 435-436.

(56) Seton-Watson, *Italy*, pp. 436-449; Renzi, *In the Shadow*, pp. 221-228; Gooch, *Army*, pp. 169-170; Gatti, *Un italiano*, pp. 442-444.

(57) Gerd Hardach, *The First World War 1914-1918* (Los Angeles and Berkeley, 1977), p. 240; Mack Smith, *Italy and its Monarchy*, pp. 217, 224; Ferrante, *Il Grande Ammiraglio*, pp. 57-58.

(58) Seton-Watson, *Italy*, pp. 450-451; Renzi, *In the Shadow*, p. 219; Gatti, *Un italiano a Versailles*, p. 441; Ceva, *Le forze armate*, pp. 117-179; John Gooch, "Italy during the First World War," in Allan R. Millett and Williamson Murray, eds., *Military Effectiveness*, 3 Vols. (Boston, 1988), Vol. 1.

(59) Ceva, *Le forze armate*, pp. 122-123; Seton-Watson, *Italy*, pp. 450-455; Stefani, *Dall'esercito*

piemontese, pp. 624–625; Sonnino, *Carteggio 1914–1916*, pp. 576–580, 585–586, 592–596, 601–605, 610–615, 640–642.

(60) Meriggi, "Militari e istituzioni politiche," pp. 91–92; Seton-Watson, *Italy*, pp. 457–458; Bracalini, *Il re "vittorioso,"* p. 114; Gordon A. Craig, *The Politics of the Prussian Army 1640–1945* (Oxford, 1964), pp. 195–196; Gatti, *Un italiano*, pp. 260, 386–387, 428.

(61) David Lloyd George, *War Memoirs*, 6 Vols. (London, 1934), Vol. 3, pp. 1434–1452; Ceva, *Le forze armate*, p. 127; Llewellyn Woodward, *Great Britain and the War of 1914–1918* (London, 1967), p. 261.

(62) Halpern, *The Naval War*, pp. 118–119, 125–164, 333–338; Ferrante, *Il Grande Ammiraglio*, pp. 56–74; idem, *La grande guerra in Adriatico*, pp. 35–65; Montanari, *Le truppe italiane in Albania*, p. 53; Rodrigo Garcia y Robertson, "Failure of the Heavy Gun at Sea 1898–1922," *Technology and Culture*, (July 1987), p. 551.

(63) Ceva, *Le forze armate*, pp. 127–143; Seton-Watson, *Italy*, pp. 465–485; Bracalini, *Il re "vittorioso,"* pp. 124–125; Rochat and Massobrio, *Breve storia*, p. 186; Stefani, *Dall'esercito piemontese*, pp. 626–633, 678; Ilari, *La "nazione armata,"* pp. 444, 462–467; Vittorio Emanuele Orlando, *Memorie 1915–1919* (Milan, 1960), pp. 229–230, 254, 312–313.

(64) Ceva, *Le forze armate*, pp. 143–146; Renzo De Felice, *Mussolini il rivoluzionario* (Turin, 1965), pp. 362–418; Gatti, *Un italiano*, pp. 16–17.

(65) Ceva, *Le forze armate*, pp. 144–147, 167–170, 175–179; Seton-Watson, *Italy*, pp. 485–489; Hardach,

The First World War, pp. 133, 136; Mitchell, *European Historical Statistics*, p. 224; Coppola d'Anna, *Popolazione*, p. 85.

(66) Seton-Watson, *Italy*, pp. 495–497; Sonnino, *Diario 1916–1922*, pp. 262–264, 291–298; idem, *Carteggio 1916–1922*, Pietro Pastorelli, ed. (Bari, 1975), pp. 392–393, 410–412, 483.

(67) Halpern, *The Naval War*, pp. 307–411, 426, 567; Ferrante, *La grande guerra in Mediterraneo*, pp. 70–121; idem, *Il grande ammiraglio*, pp. 69–76; Frank Freidel, *Franklin D. Roosevelt: The Apprenticeship* (Boston, 1952), pp. 362–364.

(68) Ilari, *La "nazione armata,"* p. 443: Ceva, *Le forze armate*, p. 166; Francesco A. Répaci, "Le spese delle guerre condotte dall'Italia nell'ultimo quarantacinquennio (1913–14, 1957–58)," *Rivista di politica economica* (April 1960), table 10. 数値はすべてインフレ前の一九一三年のイタリア・リラを基準としている。当時のリラは、同年のアメリカ・ドルの五分の一の価値であった。

(69) R. A. Webster, "Una speranza rinviata. L'espansione industriale italiana e il problema del petrolio dopo la prima guerra mondiale," *Storia contemporanea* (April 1980), pp. 221, 225–234; Raffaele Guariglia, *Primi passi in diplomazia* (Naples, 1972), pp. 64–67; Sonnino, *Diario 1916–1922*, pp. 308–313, 316–320, 326, 331–332; Ivo J. Lederer, *Yugoslavia at the Paris Peace Conference* (New Haven, 1963), pp. 71–75; Stevenson, *The First World War*, pp. 283–285; Vincenzo Gallinari, *L'esercito italiano nel primo dopoguerra 1918–1920* (Rome, 1980), pp. 48–49, 74; Angelo Del Boca, *Tripoli bel suol d'amore 1860–1922* (Bari, 1988), pp. 360–361.

(70) Seton-Watson, *Italy*, pp. 528–536; Enrico Serra, *Nitti e la Russia* (Bari, 1975), pp. 17–19; Matteo Pizzigallo, *Alle origini della politica petrolifera italiana (1920–1925)* (Varese, 1981), pp. 8, 99–100; Gallinari, *L'esercito italiano*, pp. 103–107; Del Boca, *Tripoli*, pp. 361–369.

(71) Seton-Watson, *Italy*, pp. 547–553; Montanari, *Le truppe italiane in Albania*, pp. 183–230, 388–389; Gallinari, *L'esercito italiano*, pp. 163–179.

(72) Roberto Vivarelli, *Il dopoguerra in Italia e l'avvento del fascismo* (Naples, 1967), pp. 465, 520, 593–594; Lederer, *Yugoslavia*, pp. 135–136, 176, 240–241; Seton-Watson, *Italy*, pp. 579–584.

(73) Bosworth, *Italy*, p. 419; R. A. Webster, *Industrial Imperialism in Italy, 1908–1915* (Berkeley, 1975), p. 334; idem, "Una speranza rinviata," pp. 219–221; Sonnino, *Diario, 1916–1922*, p. 339; Serra, *Nitti e la Russia*, pp. 25–35; Pizzigallo, *Alle origini*, pp. xi, 12, 19–20, 23–47; Giorgio Petracchi, "Italy at the Genoa Conference: Italian-Soviet Commercial Relations," in Carole Fink, Axel Frohn and Jürgen Heideking, eds., *Genoa, Rapallo, and European Reconstruction in 1922* (Washington and New York, 1991), pp. 167–170; Carlo Sforza, *Contemporary Italy: Its Intellectual and Moral Origins* (New York, 1944), pp. 226–227; Bracalini, *Il re "vittorioso"*, p. 141, n. 5; Mack Smith, *Italy*, p. 319; *Documents on British Foreign Policy*, 1st series, Vol. 4, No. 4 (以下、*DBFP* と略記); *ibid.*, XIII, nos. 66, 98, 193; *ibid.*, XVII, nos. 69, 82, 403; *ibid.*, XXII, nos. 147, 198.

(74) Giorgio Rochat, *l'esercito italiano da Vittorio Veneto a Mussolini (1919–1925)*, (Bari, 1967), pp. 174–175; Alexander De Grand, *The Italian Nationalist Association and the Rise of Fascism in Italy*

(Lincoln, NE, 1978), pp. 102–105; Giorgio Rumi, "Mussolini, 'Il Popolo d'Italia' e l'Ungheria 1918–1922," *Storia contemporanea* (Dec. 1975); Seton-Watson, *Italy*, pp. 535–539, 554, n. 3, 602–603; Buccianti, *L'egemonia sull'Etiopia*, pp. 197–200; Sonnino, *Diario 1916–1922*, pp. 357–363; Sergio Romano, *Giuseppe Volpi* (Milan, 1979), pp. 103–108; Del Boca, *Tripoli*, pp. 390–411; Shorrock, *From Ally to Enemy*, pp. 15–18.

(75) Ferrante, *Il Grande Ammiraglio*, p. 203; Giovanni Bernardi, *Il disarmo navale fra le due guerre mondiali (1919–1939)*, (Rome, 1975), pp. 42–48, 60, 72–73, 83–84, 107, 130–133, 142–144; Knox, "Il fascismo e la politica estera italiana," p. 297.

(76) Gallinari, *L'esercito italiano*, pp. 163–179; Virgilio Ilari, *Storia del servizio militare in Italia*, Vol. 3, *"Nazione Militare" e "Fronte del lavoro" (1919–1943)*, (Rome, 1990), pp. 32–63; Botti and Ilari, *Il pensiero militare*, pp. 26, 44–66; Filippo Stefani, *La storia della dottrina e degli ordinamenti dell'esercito italiano*, Vol. 2, tomo 1, *Da Vittorio Veneto alla 2a guerra mondiale* (Rome, 1985), pp. 51–66, 111–123, 153–164, 432–439, 517, 565–568, 599–629.

(77) Chaim Weizmann, *The Letters and Papers of Chaim Weizmann*, Bernard Wasserstein, ed. (New Brunswick, NJ, 1977), Vol. 2, series A, pp. 80–81; Public Record Office FO371/19983 Palestine 1938 E4842, Weizmann to Ormsby-Gore, 15 July 1936; *DBFP* (1), Vol. 4, Nos. 5, 126; *ibid.*, Vol. 5, Nos. 87; *ibid.*, Vol. 6, Nos. 244, 258, 309; *ibid.*, Vol. 22, Nos. 698; *ibid.*, Vol. 24, nos. 1, 2, 4, 6, 7, 8.

(78) Adrian Lyttelton, *The Seizure of Power: Fascism in Italy 1919–1929* (Princeton, 1988), pp. 1–93;

Rochat, *L'esercito italiano*, pp. 397–408; Ferrante, *Il Grande Ammiraglio*, pp. 83–84.

(79)　Augusto Turati, *Fuori dell'ombra della mia vita. Dieci anni nel solco del fascismo*, A. Fappani, ed., (Brescia, 1973), p. 21.

(80)　Brian R. Sullivan, "The Impatient Cat: Assessments of Military Power in Fascist Italy, 1936–1940," in Williamson Murray and Allan R. Millett, eds., *Calculations: Net Assessment and the Coming of World War II* (New York, 1992); Clausewitz, *On War*, pp. 585–594. カール・フォン・クラウゼヴィッツ著、篠田英雄訳『戦争論』岩波文庫、上中下巻、一九六八年

(81)　Arianna Arisi Rota, "La politica del 'peso determinante': Nota su un concetto di Dino Grandi," *Il Politico*, Jan. 1988, pp. 105–106, 112–113; Knox, "Il fascismo e la politica estera italiana," pp. 312–314, 330; Giuseppe Maione, "I costi delle imprese coloniali," in Angelo Del Boca, ed., *Le guerre coloniali del fascismo* (Bari, 1991), pp. 412–417.

本書は二〇〇七年一一月一〇日、中央公論新社から刊行された。

ちくま学芸文庫

戦略《せんりやく》の形成《けいせい》 上——支配者《しはいしや》、国家《こつか》、戦争《せんそう》

二〇一九年九月十日 第一刷発行

編著者 ウィリアムソン・マーレー／マクレガー・ノックス／アルヴィン・バーンスタイン

監訳者 石津朋之（いしづ・ともゆき）／永末聡（ながすえ・さとし）

訳　者 歴史と戦争研究会（れきしとせんそうけんきゅうかい）

発行者 喜入冬子

発行所 株式会社 筑摩書房

東京都台東区蔵前二―五―三 〒一一一―八七五五

電話番号 〇三―五六八七―二六〇一（代表）

装幀者 安野光雅

印刷所 明和印刷株式会社

製本所 加藤製本株式会社

ISBN978-4-480-09941-9 C0120